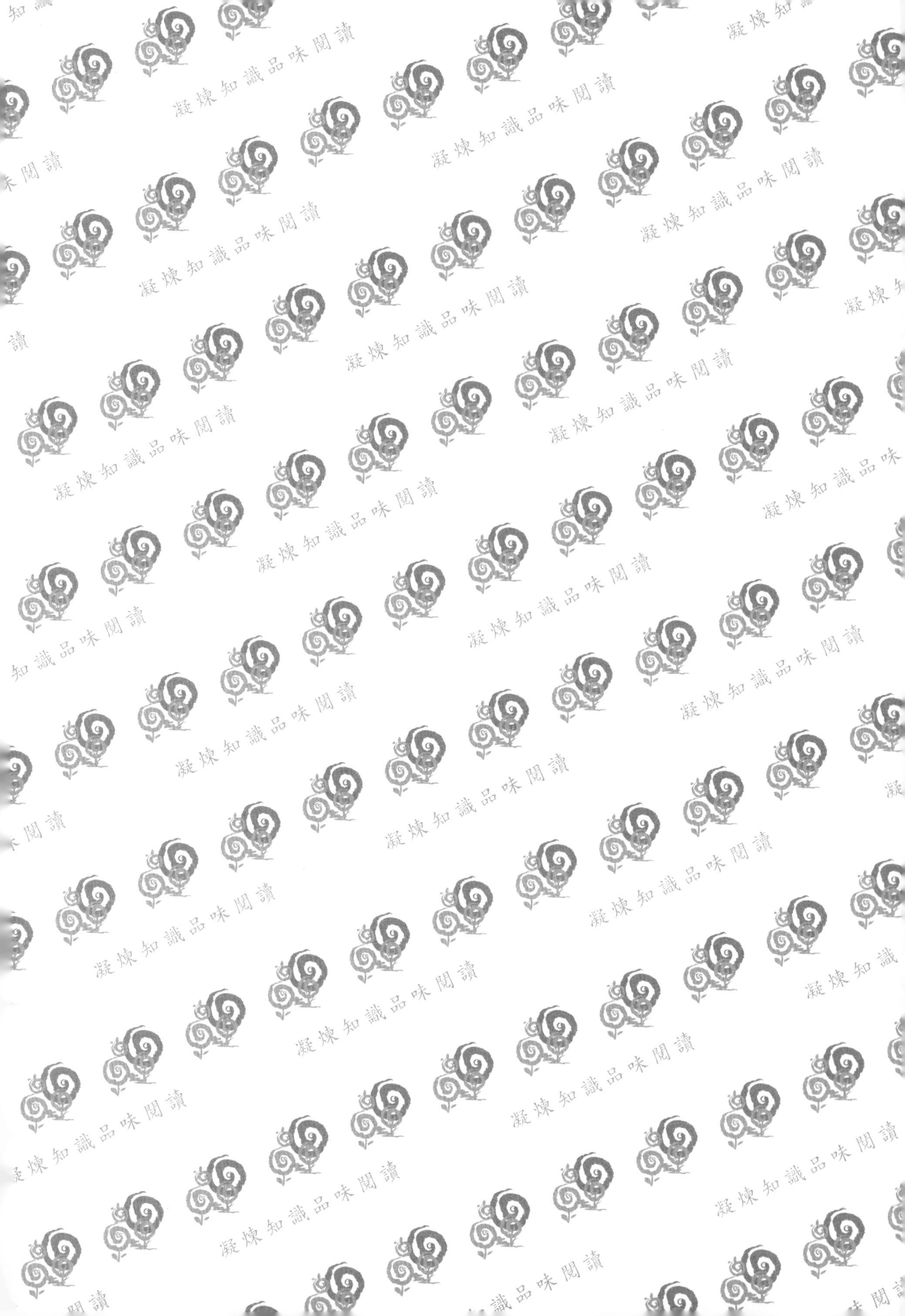

Textbook of

Clinical Microbiology:

Bacteriology and Mycology

臨床微生物學

細菌與黴菌學

第九版

五南圖書出版公司 印行

九版序

本書自 2006 出版以來，歷經 18 年，承蒙各界的支持，一本簡單易懂的中文書已成為國內學習臨床微生物入門的書籍，同時也是許多醫護相關人員重要的參考指南。這幾年來微生物及感染的變化極大．新冠病毒造成全球性流行、各種新興感染症及再現性感染症與日俱增，國內外對 BSL-2 以上實驗室的生物安全規範日趨嚴格，而醫院感染控制的各項指標、抗生素的合理使用，早已成為國內醫院評鑑的重點項目，因此一本最新的臨床微生物書籍又能適合國內的規範更加重要。

第九版一如往常，各章節都有更新，各種新的微生物檢測方法，已逐漸取代傳統臨床微生物的鑑定方式。這些新科技的應用在我國也已改變許多微生物實驗室的作業方式，能快速提供鑑定結果，供臨床醫師做為病人預防、診斷與治療的依據。

本書能獲得改版發行，除感謝各位老師在百忙中撥空參與更新章節外，五南圖書出版公司王俐文主編及金明芬責任編輯鼎力支持也一併感謝。本書雖經再三校正，仍難免有疏漏之處，有待各位先進不吝指正。

吳俊忠
亞洲大學 醫學檢驗暨生物技術學系
中華民國一百一十三年七月二十六日

序

雖然在臨床微生物學的領域中，國內外已有多本撰寫相當好的中英文書籍，但我在成大教授多年臨床微生物學，每年總會有學生抱怨上課內容太多、菌名太多、太難記，而學生也反映閱讀外文書太慢，不能讀完上課的內容，而目前中文書的內容又過多，並不適合初學者的需求，因此，大家都希望能有一本淺顯易懂的中文臨床微生物學來作為初學者的入門書。在與全國各校教授臨床微生物學的老師們討論後，大家同意共同分擔章節來撰寫初學者必備的臨床微生物知識。15 位參與的老師，在百忙中利用課餘時間撰寫此書，格外辛苦。

本書的特點，除以淺顯易懂的文字表達外，所採用臨床微生物的圖片均自行拍攝或由國內專家提供相當珍貴。此外，相關章節的病例討論及參考資料也大多能引用國內學者的學術論文期刊，讓初學者了解臺灣的現狀。本書很多章節內容寫得相當精簡，不能涵蓋所有細菌的屬與種，只以臨床常見之病原菌為主，對於書中未能詳述的細節，讀者可進一步利用參考資料查閱。本書除適合醫技系初學者外，也適合醫學系學生、醫院醫檢師、感染科醫師，感控人員及相關醫護人員學習使用。

本書能如期出版，首先要感謝全國醫技系老師的支持，臺大醫院薛博仁醫師提供許多珍貴的圖片、成大醫技系曾鈺晶小姐、黃嘉新及鄭獻文先生的行政支援、五南醫護圖書出版公司翁千雅主編的鼎力支持，在此一併感謝。本書雖經再三修正，但唯恐仍有疏漏之處，煩請各位先進給予指正。

吳俊忠

〔總校閱簡介〕

吳俊忠

現職：亞洲大學醫學暨健康學院院長
亞洲大學醫學檢驗暨生物技術學系講座教授
美國微生物學院院士

學歷：美國賓州費城天普大學微生物暨免疫研究所博士
美國賓州費城湯姆斯傑佛遜大學臨床微生物研究所碩士
美國賓州費城湯姆斯傑佛遜大學醫事技術系學士

經歷：陽明交通大學生物醫學暨工程學院院長
陽明大學生物醫學暨工程學院院長
陽明大學生物醫學暨工程科技產業博士學位學程主任
陽明大學醫學生物技術暨檢驗學系講座教授、特聘教授
成功大學醫學院行政副院長、醫學檢驗生物技術學系特聘教授
教育部生物技術科技教育改進計畫醫衛分子檢驗類組召集人
財團法人高等教育評鑑中心評鑑委員
成功大學醫學院醫學檢驗生物技術學系副教授、教授兼系主任
成功大學醫學院分子醫學研究所教授兼所長
成功大學傳染性疾病及訊息研究中心主任
成功大學醫學院附設醫院病理部技正、總醫檢師、醫檢師
科技部「人體微生物相專案研究計畫」召集人
衛生署疾病管制局顧問
衛生福利部傳染病防治諮詢委員會生物安全組咨詢委員
社團法人中華民國醫事檢驗師公會全國聯合會理事長
台灣微生物學會理事長、常務理事、監事
亞洲醫學實驗科學會理事兼財務長
全球華人臨床微生物暨感染症學會常務理事
美國加州聖地牙哥司貴寶研究機構分子生物醫學部博士後研究員
美國賓州費城湯姆斯傑佛遜大學附設醫院臨床微生物醫檢師
馬偕醫院臺北院區檢驗室醫檢師

〔作者簡介〕（依姓氏筆劃排序）

吳雪霞

學歷：臺灣大學醫學院微生物學研究所博士
臺北醫學大學細胞及分子生物研究所碩士
臺北醫學大學醫事技術學系學士

經歷：臺北醫學大學醫學檢驗暨生物技術學系講師、助理教授、副教授
臺北醫學大學醫事技術學系助教
臺北醫學大學附設醫院技士

周以正

現職：中華醫事科技大學醫事檢驗生物技術學系助理教授

學歷：清華大學生命科學研究所博士
清華大學輻射生物研究所碩士
中山醫學大學醫事技術系學士

經歷：行政院國科會生物處博士後研究員
中華醫事科技大學生物科技研究所助理教授
臺南市醫檢師公會常務理事

周如文

現職：衛生福利部疾病管制署結核病防治研究中心研究員兼主任
陽明大學微生物及免疫研究所兼任教授

學歷：美國俄亥俄州立大學生物化學博士

經歷：衛生署疾病管制局研究檢驗中心研究員
衛生署疾病管制局疫苗中心副研究員
衛生署預防醫學研究所副研究員

林美惠

現職：長庚大學醫學生物技術暨檢驗學系副教授

學歷：長庚大學生物醫學研究所博士
臺灣大學微生物學研究所碩士
中山醫學大學醫技系學士

經歷：長庚大學醫學生物技術暨檢驗學系助理教授
長庚大學醫學生物技術暨檢驗學系講師
長庚大學醫學生物技術暨檢驗學系助教

胡文熙

學歷：美國明尼蘇達大學獸醫微生物研究所博士
美國羅德島大學動物病理研究所碩士
輔仁大學生物系學士

經歷：陽明大學醫學生物技術暨檢驗學系教授兼主任
陽明大學醫事技術學系系主任
陽明大學醫學生物技術研究所所長
美國華特雷德醫學中心研究員
美國杜克大學博士後研究

洪貴香

學歷：成功大學基礎醫學研究所博士
成功大學分子醫學研究所碩士
中山醫學大學生物醫學科學系學士

經歷：成功大學醫技系博士後研究員

孫培倫

現職：林口長庚醫院皮膚科副教授
長庚大學醫學系副教授
ISHAM Asia Fungal Working Group 委員

學歷：臺灣大學生命科學院生態學與演化生物學研究所博士
臺灣大學醫學院臨床醫學研究所碩士
高雄醫學院醫學系醫學士

經歷：林口長庚醫院皮膚科助理教授
臺北及淡水馬偕紀念醫院皮膚科主治醫師
臺東馬偕紀念醫院皮膚科主治醫師

張長泉

學歷：臺灣大學農業化學系生化組博士
臺灣大學醫學院生化學研究所碩士
中興大學植物病理學系學士

經歷：成功大學醫學院醫學檢驗生物技術學系教授
成功大學醫學院醫事技術學系副教授
美國衛生研究院博士後研究
食品工業發展研究所副研究員、研究員、正研究員

張益銍

現職：亞洲大學醫學檢驗暨生物技術學系副教授
學歷：中興大學獸醫學系博士
陽明大學醫學生物技術暨檢驗學系暨研究所碩士
中國醫藥學院醫事技術學系學士
元培醫專檢驗科
經歷：亞洲大學生物科技學系副教授
中國醫藥大學醫學檢驗生物技術學系助理教授
中台醫護科技大學醫學檢驗生物技術學系兼任助理教授
中國醫藥大學醫學檢驗生物技術學系講師
中國醫藥學院醫事技術學系助教
社團法人台中市及南投縣長期照顧發展協會學術顧問

彭健芳

學歷：高雄醫學大學醫學研究所博士
高雄醫學大學醫學研究所碩士
高雄醫學大學藥學士
經歷：高雄醫學大學醫學技術學系系主任
高雄醫學大學醫學系實驗診斷學助教、講師、副教授、教授
高雄醫學大學附設中和紀念醫院檢驗部微生物檢驗室主任
高雄醫學大學附設中和紀念醫院檢驗部總級醫檢師
高雄醫學大學醫學檢驗生物技術學系教授

湯雅芬

現職：高雄長庚紀念醫院感染管制課
學歷：輔英科技大學學士
經歷：小港醫院微生物組

曾嵩斌

現職：高雄醫學大學醫學檢驗生物技術學系教授
學歷：臺灣大學醫學檢驗暨生物技術學系博士
臺灣大學醫事技術學系暨研究所碩士
臺灣大學醫事技術學系學士
經歷：高雄醫學大學 醫學檢驗生物技術學系助理教授、副教授、教授兼系主任
臺灣大學醫學檢驗暨生物技術學系博士後研究員

楊宗穎

現職：馬偕醫學院醫學檢驗暨再生醫學學系助理教授
學歷：高雄醫學大學醫學檢驗生物技術學系博士
高雄醫學大學醫學檢驗生物技術學系碩士
高雄醫學大學醫學檢驗生物技術學系學士
經歷：義守大學醫學檢驗技術學系助理教授
高雄醫學大學液態生物檢體暨世代研究中心博士後研究員

楊翠青

現職：陽明交通大學醫學生物技術暨檢驗學系特聘教授
學歷：中興大學分子生物學研究所博士
臺灣大學醫學檢驗暨生物技術學系碩士
臺灣大學醫學檢驗暨生物技術學系學士
經歷：中國醫藥大學醫學檢驗暨生物技術學系講師、副教授、教授

廖淑貞

現職：臺灣大學醫學院醫學檢驗暨生物技術學系教授
臺灣大學醫學院附設醫院兼任醫檢師
臺灣微生物學會理事
學歷：臺灣大學微生物學研究所博士
臺灣大學生化學研究所碩士
臺灣大學醫事技術學系學士
經歷：臺灣大學醫學檢驗暨生物技術學系助理教授、副教授
臺灣大學醫事技術學系助教、講師
臺灣大學醫學院附設醫院兼任技正

褚佩瑜

現職：高雄醫學大學醫學檢驗生物技術學系教授
學歷：高雄醫學大學醫學研究所博士
經歷：高雄醫學大學醫學檢驗生物技術學系副教授

蔡佩珍

現職：成功大學醫學院醫學檢驗生物技術學系教授
成功大學醫學院附設醫院兼任醫檢師
學歷：成功大學醫學院基礎醫學研究所博士

成功大學醫學院醫事技術學系學士
經歷：國家實驗研究院國家實驗動物中心副研究員
慈濟大學醫學檢驗生物技術學系副教授
嘉南藥理科技大學藥學系助理教授

蘇伯琦

現職：慈濟大學醫學檢驗生物技術學系教授
學歷：臺灣大學醫學檢驗暨生物技術學研究所博士
臺灣大學醫學檢驗暨生物技術學研究所碩士
成功大學醫事技術學系學士
經歷：慈濟大學醫學檢驗生物技術學系助理教授、副教授
元智大學生技所助理教授

蘇玲慧

學歷：澳洲西澳大學生醫系微生物組碩士
臺灣大學醫事技術學系學士
經歷：長庚醫院林口醫學中心醫檢教研部感控研究組長
長庚醫院林口醫學中心臨床病理科緊急檢驗組暨分子診斷組組長
長庚大學醫學生物技術暨檢驗學系兼任講師、助理教授、副教授

目　錄

第 10 章　革蘭氏陽性菌——分枝桿菌屬（周如文）

第 11 章　革蘭氏陽性桿菌——放線菌目（周以正）

第 12 章　革蘭氏陰性桿菌——腸桿菌科（蘇伯琦）

第 13 章　革蘭氏陰性桿菌——非發酵性桿菌（吳雪霞）

第14章　革蘭氏陰性桿菌——弧菌菌屬、產氣單胞菌菌屬、彎曲桿菌菌屬（張益銍）

第15章　革蘭氏陰性桿菌——挑剔菌／其他少見菌（褚佩瑜）

第16章　厭氧性革蘭氏陽性細菌（廖淑貞）

第17章　厭氧性革蘭氏陰性細菌（廖淑貞）

第18章　密螺旋體、疏螺旋體、鉤端螺旋體（胡文熙）

第 1 章

臨床微生物總論

彭健芳

內容大綱

學習目標

- 細菌的構造。
- 臨床微生物檢驗用培養基。
- 臨床檢體的收集與處理。
- 血清免疫學診斷與分子生物技術。
- 臨床微生物實驗室的品管。
- 微生物實驗室的生物安全。

1-1 總論

一、細菌的構造（Bacterial structure）

細菌的構造是原核細胞，除了細胞壁以外，原核細胞的內部構造都比眞核細胞簡單。

1.細胞外膜（Cell envelope）

大部分的細菌都有細胞外膜，它是由細胞壁以及細胞膜所組成。

(1)**細胞壁**（Cell wall）

菌體之表層有堅韌的細胞壁圍住細胞膜。細胞壁可保護菌體，抵抗外界物理性損害，例如：低滲透壓或低溫等。有些細菌之細胞壁外層有莢膜（capsule）或黏液層（slime）。細胞壁下層的細胞膜和其內容物統稱爲原質體（protoplast），由此伸出菌體外之特殊構造有鞭毛（flagella）和線毛（pili）。鞭毛與細菌的運動有關，線毛則與細菌之附著以及行接合生殖有關。細胞質內尙有：類核體（nuclear body）、核糖體（ribosome）與包涵體（inclusion Body）等。有些細菌在細胞質內有內芽孢（endospore）。細菌之細胞壁位於細胞膜外。正常細菌除了黴漿菌（*Mycoplasma*）皆有細胞壁。

細胞壁主要功能是保持菌體形狀與其堅韌性，使菌體免於破裂。細菌由於細胞膜有主動運送（active transport）系統，例如：胺基酸糖及無機離子等，可從低濃度之環境透過細胞膜進入高濃度之細胞質。

細胞壁構造的主要成分是 Peptidoglycan（murein, mucopeptide），由於 Peptidoglycan 的交互錯綜連接，造成細胞壁之堅韌。革蘭氏陽性細菌的細胞壁比革蘭氏陰性細菌細胞壁厚。因此革蘭氏陽性細菌要較革蘭氏陰性細菌能抵抗較高的內部滲透壓。細菌的 Peptidoglycan 是由 N-Acetylglucosamine 與 N-Acetylmuramic Acid 兩分子交替連接所組成的骨架。兩個鄰近的 Peptidoglycan 再經由 D-alanine 形成多胜鏈而成連接梁（crosslinking）。

(2) 細胞質膜（Cytoplasmic membrane）

細胞質膜位在細胞壁下，作爲菌體細胞內部與外部的屏障，由雙層磷脂質（phospholipidbilayer）以及其間的蛋白質所構成。細胞膜是半透膜，能將菌體所需之成分及巨分子物質留在菌體內，同時能自外界吸取營養物，以供體內之需。因此細胞膜具選擇性。同時細菌的主動運送系統（active transport）之進行，係在細胞膜之脂層自由流動。

2.革蘭氏陽性細菌與革蘭氏陰性細菌之差異

(1)**革蘭氏陽性細菌**

革蘭氏陽性細菌之細胞壁幾乎全由厚且緊密的 Peptidoglycan 及 Teichoic Acid 所形成的聚合體組成。

(2)**革蘭氏陰性細菌**

革蘭氏陰性細菌之細胞壁雖較革蘭氏陽性細菌爲薄，但其化學組成則較爲複雜。革蘭氏陰性細菌的細胞壁只有兩層的 Peptidoglycan，沒有 Teichoic Acid。革蘭氏陰性細菌另外有外膜（outer membrane）位於 Peptidoglycan 層之外，外膜比單層的 Peptidoglycan 厚。外膜有三種成分：脂質層（lipid bilayer），蛋白（protein）和脂多醣體（lipopolysaccharide）。

3.菌體外部構造（External structure）

菌體外部構造重要的有莢膜（capsule）、鞭毛（flagella）和線毛（pili）。

(1)**莢膜**（Capsule）

爲一種無固定形狀的黏滑狀的膠狀膜，通常其化學組成爲多醣（polysaccharide），但在 *Bacillus anthracis* 爲多個 D-Glutamate 形成的多胜肽（polypeptide）。

⑵**鞭毛**（Flagella）

鞭毛為完全由蛋白質構成的細線型構造。構成鞭毛的組成單位是由一鞭毛蛋白（flagellin）蛋白質。鞭毛是細菌的運動小器官。鞭毛的基體埋於細胞膜上與細胞膜或細胞壁連接，環鈎（hook）與鐵絲（filament）〔例如：L 環（L-ring）〕連接細胞壁的脂多醣體層。

⑶**線毛**（Pili, Fimbriae）

革蘭氏陰性的細菌在其表面有很堅韌的附屬物稱為線毛，由 Pili 蛋白所構成。線毛較鞭毛更為纖細而短。線毛有兩種，其中一般線毛（ordinary pili），有助細菌附著宿主細胞；另有一種線毛叫性線毛（sex pili），當細胞行接合生殖時，扮演相當重要的角色。

4.細菌的染色[1]

觀察細菌，染色步驟是一個很重要的工具，可以幫助微生物學家對於所分離的菌種進行分類與鑑定。細菌的染色方法有很多種類，最常用的是革蘭氏染色（Gram stain）。細菌可依據革蘭氏染色反應結果分為革蘭氏陽性或革蘭氏陰性，這是細菌在鑑定過程中一個重要的特徵。抗酸性染色（acid-fast staining）步驟則是應用於辨識分枝桿菌（*Mycobacteria*）是否存在痰液、支氣管沖洗液等。有許多特殊染色步驟使用於芽胞、鞭毛、細胞壁與核酸等染色，這些染色技術對於菌種分類上的應用較少，較常用於觀察菌體的特殊構造。

⑴**革蘭氏染色**（Gram stain）

1883 年，革蘭氏（Christian Gram）發展了革蘭氏染色（Gram stain）。直到今日，真正的生理化學反應在整個染色過程中仍有些不清楚。細胞壁的通透性是主要決定一個菌體細胞的革蘭氏染色反應結果。因為革蘭氏陽性菌的菌體細胞壁的生理化學差異性比革蘭氏陰性菌對於結晶紫—碘複合物（crystal violet-iodine complex）的滯留性較強而呈現紫黑色的菌體，不受 95% 酒精的脫色作用。反之，革蘭氏陰性菌體因為結晶紫—碘複合物沒有滯留性，在 95% 酒精作用下會將結晶紫流失，於對比染色時，因沙黃液（safranin O）的顏色而呈現紅色。同時，菌體細胞壁的化學組成的存在與否，會改變菌體的染色性，例如：Nucleoprotein、Ribonucleic acid、Polysaccharide 從菌體萃取出來時，或者細胞壁受抗生素作用而抑制其合成等。革蘭氏染色除了觀察純培養的菌體外，更能應用於臨床檢體的直接鏡檢。可作為病原菌快速的初步檢定。例如：體液、不受汙染的膿瘍、軟組織的感染物、男性尿道分泌物等。病患尿液的直接鏡檢，可作為是否是感染症的依據。

臨床檢體的鏡檢，包括菌體的型態、數目及細胞的完整性。膿細胞的核會因為革蘭氏染色呈粉紅色。革蘭氏染色反應常受某些因素的影響而改變。菌體培養的時間在 18 ～ 24 小時，其染色反應正常。但若培養的時間過久而使菌體老化，會改變菌體的染色性，尤其是革蘭氏陽性菌，會因而變成革蘭氏陰性的反應。抑制菌體細胞壁合成的抗生素，會造成革蘭氏陽性菌對脫色液的敏感性增加而脫色。

臨床檢體的顯微鏡檢查有下列三個目的：

① 中性球（neutrophils）的數目和比例可以顯示發炎反應的形式和輕重度。痰液的革蘭氏染色，可以判定痰液的品質。若鱗狀上皮細胞的數目在低倍顯微鏡（100x）下觀察，小於 10 個，而中性球大於 25 個時，表示痰液的品質是細菌性感染，屬於有臨床意義的檢體。

② 立刻知道檢體的品質，檢體中所出現的細菌，菌絲、酵母菌等，可提供訊息，作為初步的實驗診斷，給予特殊治療。

③ 直接鏡檢配合需氧菌培養可以觀察是否有厭氧菌的存在。

⑵**抗酸性染色**（Acid-fast stain）

菌體的細胞壁含豐富的長鏈脂肪酸，使細菌對於 Carbolfuchsin 的染色不會被酸性酒精（3% HCl alcohol）脫色。這些細菌（主要爲 *Mycobacteria* species）被稱爲抗酸菌（acid-fast）。抗酸性染色的直接鏡檢，可以快速偵測結核病的病患，也可以作爲藥物療效的評估。

傳統式抗酸性染色法爲 Ziehl-Neelsen 法，需要加熱幫助染色劑滲透入菌體的蠟質之細胞壁。Kinyoun 氏法又稱爲冷染色法（cold-stain-method），因染色劑的濃度提高，或加入表面活性清潔劑（如 Tergitol），而不必加熱，染色效果同 Ziehl-Neelsen 法。分枝桿菌的螢光染色（fluorochome stain for *Mycobacteria*），使用螢光劑（例如：Auramine 和 Rhodoamine）可顯示抗酸菌的存在。在螢光顯微鏡下觀察，菌體是呈現黃色菌體，背景則是 Potassium Permanganate 的對比染色。螢光染色下，在 25 倍的生物鏡下，可觀察到抗酸菌的存在。

因爲抗酸菌有高度感染性，染色過程的操作最好在生物安全櫃內進行，包括抹片的製備是來自臨床檢體、混合菌株的標本和純種培養的菌體。抹片的製備可以直接來自臨床檢體，或者檢體經過消化去汙濃縮而來。抹片的製備，在玻片上讓其自然乾燥，在 65℃的電器上放置 2 小時，可使菌體不活化，固定之。

⑶**美藍染色**（Methylene blue stain）

美藍染色適用於觀察 *Haemophilus influenzae* 和 *Neisseria meningitidis* 的存在，因爲這兩種菌屬使用革蘭氏染色所呈現革蘭氏陰性的紅色並不明顯。使用美藍染色，則多核白血球細胞染色成藍色，*H. influenzae* 菌體則呈現深藍，背景則爲灰色。

⑷**直接鏡檢方法**（Direct smear examination）

① Potassium hydroxide 直接鏡檢方法

Potassium hydroxide（KOH）載置法（KOH mounting）使用 10% KOH 等量與皮屑、指甲或毛髮混合蓋上玻片，於火焰上稍微加熱，放置室溫 30 分鐘後，鏡檢。用以觀察是否有黴菌菌絲體的存在。

② India Ink 鏡檢（india ink preparation）

使用等量的 India ink 與 CSF 混合，然後蓋上玻片鏡檢。觀察 *Cryptococcus neoformans* 的存在與否。

二、臨床微生物檢驗用培養基（Culture media for clinical microbiology）[1]

培養基製備的目的是提供微生物的生長、存活，或繁殖之用。其他的目的，包括：選擇性的生長、生化特性的鑑定、色素的產生等。使用於臨床微生物培養與鑑定的培養基常有多種形式的製備，例如：液體、半固體、固體培養基。爲了方便運送檢體或菌種、常製備成管狀、錐瓶狀、平板或圓瓶狀。微生物的生長需要複雜的養分，包括：氮化物、碳化物、維生素等。臨床微生物的生長大部分屬於異營菌（heterotrophic）需要氮源、碳源，不同於自營菌（autotrophic）的微生物能利用氮元素或氨、硝酸鹽當作氮源。

1.培養基的組成分（Composition of culture media）

天然物質如肉類、牛奶、蛋和馬鈴薯，直接加入製備成培養基或萃取成分來製備培養基。蛋白腖（peptone）是培養基最重要的營養來源。它是蛋白質（肉類、植物、牛奶）以酸、鹼或消化酵素經由水解得到水溶性物質。蛋白腖是提供培養基中氮源。但是蛋白腖的來源不同，成分亦不同。來自於明膠（gelatin）的蛋白腖不含 Tryptophan 或碳水化合物，適合非挑剔性細菌的生長；來自於牛奶、肉類、酵母菌的蛋白腖則含有不同的碳水化合物。洋菜（agar）萃取自紅海藻（*Rhodophyceae*）常用於製備固體培養基。微生物的生長對酸鹼度有嚴格的要求，否則其生長可能部分或完全受到抑制。pH 值的測定應以培養基最終使用之型態（final-use state），例如：液體、半固體或固體培養基所測定的 pH 值爲準。一些培養基中含有不同的呈色的指示劑，例如：Phenol red、Bromthymol blue、Bromcresol purple 和 Neutral red。Methylene blue 和 resazurin 是常用的氧化─還原指示劑，氧化態分別呈藍色和紅色，還原態則均呈白色。培養基中常加入抑制劑使培養基具有選擇性，可以抑制某些微生物的生長，且較容易發現某些微生物的存在。抑制劑可分爲四大類，包括：染料、重金屬、化學藥物和抗生素等。

(1)**染料**

例如：Crystal violet 加入培養基可抑制 G（＋）菌，有利於 G（－）菌的分離，例如：MacConkey agar 培養基。

(2)**化學藥物**

有 Sodium Azide、高濃度 NaCl、Potassium tellurite、Sodium selenite、Sodium dodecyl sulfate、Phenylethanol。

(3)**重金屬**

有 Bismuth 等。

(4)**抗生素**

可有效抑制某些型態的微生物，因此加入培養基可當作選擇性藥物。常用的抗生素，包括：Kanamycin、Vancomycin、Chloramphenicol、Gentamicin、Colistin、Nalidixic acid、Sulfadiazine、Cycloheximide。

2.培養基功能的種類（Functional types of culture media）

某一特定培養基的組成不同，會決定培養基的用途。一般性用途的培養基（general purpose medium）是提供微生物生長，例如：Nutrient agar 和 Tryptic soy agar。Blood agar plate（BAP）培養基是一般性培養基，例如：Tryptic Soy Agar 加入 5 ～ 10% 綿羊血製備而成，主要使用於高挑剔性微生物的培養（表 1-1）。

表 1-1　Tryptic Soy Agar

Trypticase	15 g
Peptone	5 g
Sodium Chloride	5 g
Agar	15 g
蒸餾水	1,000 ml
Final	pH 7.3 ± 0.2

說明：

(1)配方如上。
(2)依商品標示，稱適當克數，溶於適量之蒸餾水中。
(3)加熱攪拌，沸騰 1 分鐘使成溶液。
(4)在 121℃滅菌 15 分鐘。
(5)滅菌後，冷至 45 ～ 50 ℃，加入 5% 無菌去纖維之綿羊血混合均勻。
(6)倒平板，製成血液瓊脂平板。

特定細菌增菌用培養基（enrichment medium），例如：Selenite Broth、Tetrathionate Broth、GN Broth 主要是 *Salmonella* 和 *Shigella* 的增菌培養基；Chocolate agar 是致病性 *Neisseriae* 增菌培養基。選擇性培養基（selective medium），例如：EMB（表 1-2）、MAC、HEK、XLD（表 1-3）、SS、Sodium azide agar、CNA 等，其功能是某特定型態或種屬的微生物分離培養基，抑制某一菌叢中的其他微生物的生長。培養基可以因爲選擇性的程度不同而有區別，例如：高度選擇性培養基（brilliant greena-gar）可抑制其他微生物而只讓所選擇的菌種生長。例如：Group A selective strep agar（內含 5% Sheep Blood）是

使用於咽喉培養（throat culture）時，Group A streptococci 的分離。

表 1-2 Eosin-Methylene Blue Agar（EMB）

Peptone	10 g
Lactose	5 g
Sucrose	5 g
Dipotassium Phosphate	2 g
Agar	13.5 g
Eosin Y	0.4 g
Methylene Blue	0.065 g
蒸餾水	1,000 ml

說明：

(1) 配方如上。
(2) 按商品標示，稱好精確克數，加入適當蒸餾水中，pH 調至 7.2 ± 0.2。
(3) 加熱經常攪拌至完全溶解。
(4) 在 121℃滅菌 15 分鐘。
(5) 冷卻至 50℃，倒平板。
若要抑制 Proteus 的擴散，可在 1,000 ml 培養基中加 3.65 g Agar（濃度為 5%）。
目的：該培養基用於選擇性分離革蘭氏陰性桿菌，並區分 Lactose 醱酵及非醱酵性菌。

表 1-3 XLD Agar

Xylose	3.5 g
L-Lysine	5.0 g
Lactose	7.5 g
Sucrose	7.5 g
Sodium Chloride	5.0 g
Yeast Extract	3.0 g
Phenol Red	0.08 g
Sodium Desoxycholate	2.5 g

表 1-3 XLD Agar（續）

Sodium Thiosulfate	6.8 g
Ferric Ammonium Citrate	0.8 g
Agar	13.5 g
蒸餾水	1,000 ml，pH 值為 7.5 ± 0.2

說明：

(1) 配方如上。
(2) 稱 XLD Agar 溶於適當量蒸餾水中。
(3) 加熱攪拌至完全溶解（不能於 121℃滅菌 15 分鐘）。
(4) 冷卻至 50℃。
(5) 倒平板。
目的：該培養基用於選擇性分離 *Salmonella* 和 *Shigella*。

區別性培養基（differential medium），例如：TSI Agar、SIM、Urea Medium、VP Semisolid、Citrate Agar 等培養基，含有某些成分可以使某一純培養菌種表現出特異的生化反應而被鑑定，或者是在一混合的菌叢中表現特異菌落型態而被鑑定。例如：TSI agar 是一區別性培養基應用於（－）腸內細菌來判定醱酵 Lactose、Glucose、Sucrose 的能力，以及硫化物的產生（表 1-4）。

表 1-4 Triple Sugar Iron Agar（TSIA）

Peptone	20 g
Sodium Chloride	5 g
Lactose	10 g
Sucrose	10 g
Glucose	1 g
Ferrous Ammonium Sulfate	0.2 g
Sodium Thiosulfate	0.2 g

表 1-4 Triple Sugar Iron Agar（TSIA）（續）

Phenol Red	0.025 g
Agar	13.0 g
蒸餾水	1,000 ml，調 pH 至 7.3

說明：

(1) 成分如上。
(2) 依商品標示，稱好 TSIA，加入適當量蒸餾水中。
(3) 分裝 5 ml 於 15×103 mm 試管中，在 121℃滅菌 15 分鐘。
(4) 排成斜面，使斜面長 3.8 cm，基底 2.5 cm。
(5) TSI Agar 用於鑑定革蘭氏陰性桿菌，可測定醣類醱酵及 HS 產生，TSI Agar 之判讀需在 18～24 小時爲之。

Mannitol Salt Agar 內含 7.5% NaCl 可抑制大部分的細菌，而使 *Staphylococcus* 分離。同時，因爲 *Staphylococcus* species 中對 Mannitol 醱酵的能力不同，若能利用 Mannitol 而產酸，可使 Phenol Red 變黃色，當作 *Staphylococcus aureus* 的分離鑑定之用。臨床微生物分離用培養基（isolation media）是以一般性營養培養基搭配選擇性培養基合併使用。

3. 培養基的選擇（Selection of culture media）

瓊脂平板固體培養基比較常用。但液體培養基應用在初次的分離培養較容易，例如：體液、活體組織、深部組織抽取液中所含菌量很少，可以放在液體培養基中先行增菌，再次培養於固體平板培養基上。於液體培養中放置 4～5 天來增菌，適合於 *Brucella* 菌屬的血液培養或者是 *Cardiobacterium hominis* 的培養來確定是否爲心內膜炎病患。

培養基可分爲選擇性或非選擇性培養基。非選擇性培養基不含有抑制劑可提供大部分的微生物的生長。含 5% 綿羊血平板培養基是常用的非選擇性培養基適用於臨床檢體培養用。馬血或綿羊血，再添加 Isovitalex 所製備之平板培養基適合於 *H. influenzae* 的分離培養。人類血液平板培養基適用於 *Gardnerella vaginalis* 的培養與鑑定，因該菌於綿羊血平板上不會溶血，但在人血平板上會出現溶血現象，可提供初步判斷。

血液平板培養基中加入抗生素可當作選擇性培養基之用。例如：Kanamycin 和 Vancomycin 加入血液培養基製備成 KV 瓊脂平板，使用於 *Bacteroides* 菌屬的分離。若加入 Bacitracin、Novobiocin、Colistin、Cephalothin、Polymyxin B 製備成 Campy-BAP，使用於 *Campylobacter jejuni* 的分離培養。Colistin 和 Nalidixic acid 或者 Phenylethyl alcohol（PEA）agar。加入血液瓊脂不抑制 Gram negative 細菌，提高 Gram Positive 細菌分離率。Eosin methylene blue（EMB）培養基因含有 Bile Salts 的抑制劑，Eosin Y 和 Methylene blue 則可抑制 Gram Positive 細菌和作爲酸性的沉澱指示劑，所以可以做腸內菌屬的選擇性培養基。Selenite 肉汁培養基是一種增菌性培養基，可抑制 *E. coli* 或其他共生菌的生長，促進數量較少的 *Salmonella* 和 *Shigella* 的生長，而提高分離陽性率（表 1-5）。

臨床檢體作黴菌的培養，所使用的培養基與細菌培養不同。一般，同時使用兩種的培養基，確保檢體中不同的黴菌都能生長。第一類的培養基爲非選擇性培養基，例如 Brain-heart infusion agar 能充分提供養分讓不同種類的黴菌生長。Sabourauds's dextrose agar 亦可作爲黴菌初步的分離培養基，但對一些挑剔性的致病性黴菌，尤其是二形性黴菌（Dimorphic fungi）較不適合。此時，Potato flake agar、Inhibitory mold agar，或者是 Sab-

表 1-5 常用初步分離培養基的選擇（Selection of Primary Culture Media）

培養基	預期分離物	備註
Chocolate Agar	*Haemophilus influenzae*、*Neisseria gonorrhoeae*、*Neisseria meningitidis*	降低 Agar 濃度可增加 Agar 溼度
Colistin-Nalidixic Acid Agar	革蘭氏陽性菌	
EMB	革蘭氏陰性桿菌	
Blood Agar Plate	革蘭氏陽性菌與陰性菌腸內菌	可觀察溶血性
XLD Agar	*Salmonella*、*Shigella*	

ouraud's's dextrose agar 與 Brain-heart infusion agar 的混合培養基（SABHI）是受推薦的。Sabourauds's dextrose agar 通常被使用於人體的上皮組織皮癬菌（Dermatophyte）的培養分離以及婦女陰道分泌物的酵母菌（Yeast）的培養分離。Mycosel 或者 Mycobiotic agar 爲 Sabourauds's dextrose agar 再加入 Cycloheximide 和 Chloramphenicol，主要使用於皮癬菌的培養分離。Sabourauds's dextrose agar（2%）常用於各種黴菌的增菌次培養，能促進孢子的生成，並提供黴菌菌落特性的觀察。Czapek's agar 常使用於 Aspergillus species 的增菌次培養，有助於不明種類的黴菌，在鑑定上的參考。第二類的培養基，對黴菌的分離較具選擇性。通常於常用培養基中加入一或多種抗生素，包括 Penicillin（20 U /ml），Streptomycin（40 U/ml），Gentamicin（5 μg/ml）或 Chloramphenicol（16 μg/ml）可抑制細菌的生長。Cycloheximide（0.5 μg/ml）可抑制一些環境中腐生性黴菌的過度生長。但，Cycloheximide 會抑制 *Cryptococcus neoformans* 和 *Aspergillus fumigatus*；因此，另一種不具選擇性的培養基必須同時平行接種，以免喪失分離的機會。所有的黴菌培養均放置於 30℃ 培養箱。但第二套的培養基應放置於 35℃培養箱，方便二形性黴菌的酵母菌型（Yeast form）的分離。所有的黴菌培養，至少要培養 14 ～ 30 天，才能發黴菌培養陰性的報告。

臨床上，黴菌的藥物感受性試驗常使用下列這兩種培養基來測定，如 MOPS [3- (N-morpholino) propanesulfonic acid]-buffered standard RPMI 1640 medium 或 Mueller-Hinton agar。所謂 MOPS-buffered standard RPMI 1640 medium 係 RPMI 1640 medium 再加入 L-glutamine + 2% glucose + MOPS buffer（0.165 moles/liter），但不含 sodium bicarbonate。MOPS 是一種兩性離子緩衝液（zwitter ionic buffer），在 pH = 7.0 下不會與抗黴菌藥物發生拮抗作用。因此，這種培養基 RPMI 1640 broth 可用作抗黴菌藥物的稀釋液，亦可使用於抗黴菌藥物的感受性實驗。臨床上，抗黴菌藥物可分爲水溶性（例如 fluconazole, caspofungin）與非水溶性（例如 amphotericin B, anidulafungin, itraconazole, ketoconazole, posaconazole, voriconazole）。屬於非水溶性抗黴菌藥物需先以適當的溶劑如 Dimethyl sulfoxide（DMSO）處理，才適合進行抗黴菌藥物的感受性實驗。RPMI-1640 broth 適用於各種酵母菌型黴菌（Yeast）和絲狀體黴菌（Mold）進行抗黴菌藥物感受性試驗（Broth dilution method）之用，測定對抗黴菌藥物的 MIC 值。然而，固態的 RPMI-1640 培養基（Solidified RPMI1640 medium）則使用於 Etest（AB Biodisk, Solna, Sweden）試劑之 MIC 值測定。另外，於 Mueller-Hinton agar 再添加 2% dextrose 和 methylene blue（0.5 μg/ml），調整 pH = 7.0 ～ 7.2 則使用於常規的瓊脂平板（agar-plate）之抗黴菌藥物感受性試驗。因 2% dextrose 和 Methylene blue（0.5 μg /ml）能促進酵母菌型黴菌（Yeast）的生長，會形成明確的抑制圈。所以，此培養基適用於紙錠法（Disk diffusion method）之抗黴菌藥物感受性試驗，測定各種酵母菌型黴菌（Yeast）和絲狀體黴菌（Mold）對抗黴菌藥物的 MIC 值。目前臨床上，常用的商品有 ATB FUNGUS 3 試劑（bioMerieux, Inc., France），Sensititre YeastOne（TREK Diagnostic Systems），Vitek 2 Colorimetric/Turbidity test（bioMerieux）和 NeoSensitabs Tablets（Rosco Diagnostica, Taastrup, Denmark）等。

三、臨床檢體的收集與處理[2]（Collection and processing of clinical specimens）

要確定是否為感染症，選擇適當的培養技術或利用免疫血清學方法偵測人體內抗原或抗體的效價高低是必要的實驗診斷。儘管現在已有新型的非培養方法來偵測病原體的存在與否，但最終的證實，培養技術仍然是不可缺少的。因此，醫檢人員應該以熟練的經驗選擇適當的檢體來培養，同時利用常規技術，以便儘早發現病原體的存在。培養時，檢體的收集技術也是重要的一環，會影響培養的結果，導致某一細菌是否確實為感染症的病原菌。若檢體的收集方式錯誤，不僅導致不能發現重要病原菌，錯將人體的正常菌叢或者共生菌當成致病菌，往往會造成不正確的治療。

感染症實驗診斷的結果與臨床標本收集的選擇，時間性和方法等息息相關。許多微生物在人體的感染症中隨病程的變化，體液中的分布，不同器官部位有不同發現率。以及這些微生物會受到不同藥物的影響而成長或死亡。成功地分離出病原菌，有助於感染症的實驗診斷。因此檢體的收集，應該盡可能地採集，最有可能病原體存在的地方或部位（圖 1-1）。

1. 檢體收集注意事項（Fundamental consideration of specimens collection）

有時候，送達實驗室的檢體不適合作培養檢查，若勉強接種培養，其結果反而會導致不正確的資訊給醫師，造成錯誤的診斷與不適當的治療。所以，實驗室必須嚴格規定臨床檢體受理與拒絕的規則，使檢體的品質能合乎培養的條件。

檢體要確實地採集於感染部位，盡可能避免汙染感染器官鄰近部位的共生菌。例如：利用咽喉拭子（throat swab）從扁桃腺窩（peritonsillar fossae）採集檢體分離 *Streptococcus* 時，要避免有口咽（oropharynx）分泌物的汙染；痰（sputum）或下呼吸道分泌物的收集要避免有口與咽分泌物（oropharyngeal secretions）的汙染。創傷部位分泌物要採檢自深層部位，須避免接觸到鄰近部位；泌尿道檢體的採檢，避免不充分的沖洗步驟。女性陰道分泌物要避免汙染到子宮內膜物（endometrial sample）。膿瘍部位檢體要利用適當抽取針頭採檢，抽取自深層部位膿瘍病灶處，避免採取自表淺處傷口分泌物，而使檢驗結果有偏差錯誤。

利用棉棒拭子去採取大部分的檢體是不容易得到良好的培養檢體，抽取式針頭或者導管則是受到鼓勵使用。適當的時機去收集檢體會提高培養的陽性率。同時，要了解各種感染症在人體變化的過程，才能決定收集檢體的適當時機。收集檢體的適當時機如下所示：

(1) 採取痰液培養可作為細菌性肺炎的實驗診斷，不必每天培養，連續 1 ～ 3 天即可。
(2) 要確定病患是否為敗血症，則需在 24

小時，採取三套的血液培養即可。

(3) 菌血症的確定則至少取兩套血液培養，以便提高病原菌的發現率。

(4) 常規性的培養如痰液、尿液或傷口分泌物，僅需在24小時做一次培養即可。

(5) 肺結核病例的實驗診斷則需連續三天，採取清晨第一次，深咳的痰液。

(6) 糞便的細菌培養，則需在有確實的臨床症狀才採取。

(7) 避免收集 24 小時的檢體尤其是痰液或者尿液做培養，因爲汙染或過度生長的危險因子很大。

(8) 人體尿液的酸鹼度 pH 值則低於 5.5，或者滲透壓很高，或者尿素濃度太高，均會抑制細菌的生長。

(9) 若細菌能生長在人體的尿液，表示人體的防衛機制有缺陷。足夠量的檢體去進行細菌培養例如血液培養，成人至少需 3 ～ 5 ml 血液量，孩童則需 2 ～ 3 ml 的血液。

(10) 痰液或氣管沖洗液則需 0.5 ml 以上，才能反應出病人的症狀。

檢體請驗的拒收標準如下：

(1) 檢驗申請單與檢體上病人姓名不符。

(2) 檢驗申請單未註明檢體種類及檢驗項目。

(3) 以不適當檢體請求檢驗厭氧培養，例如：痰、中段尿、褥瘡潰瘍、導尿液、咽喉、陰道分泌物、皮膚、糞便、口腔、環境標本、迴腸手術標本、胃洗液、支氣管洗液、膿瘍。

(4) 拭子檢體請求檢驗厭氧菌培養，但沒有置於厭氧攜送容器之中。

(5) 請驗細菌及黴菌血清學檢查，但將血液置入培養瓶或培養基內。

(6) 申請檢查的項目與所選擇的容器種類不符合。

(7) 痰液採取不當。

(8) 請求抗酸菌培養，但檢體以棉棒或抹片採取。

(9) 請驗抗酸菌檢查痰液檢體未使用 50cc. 離心管收集。

(10) 申請淋病雙球菌、腦膜炎雙球菌或嗜血桿菌檢查，但檢體沒有以巧克力培養基運送。

(11) 同一檢體，同時做多種檢查。

(12) 乾燥拭子檢體。

(13) 容器破裂或管口沒有拴緊，以致檢體外溢。

(14) 24小時尿或痰，供結核菌或黴菌培養。

(15) 尿液置於室溫超過兩小時。只收到檢體申請單而未收到檢體。

使用適當的採集器具、檢體容器和培養基可使病原菌的發現率提高。使用消毒的容器收集大部分的檢體。容器的設計必須考慮方便採集，尤其當病患自己採集時。痰液或者尿液的收集容器應爲廣口設計。容器蓋子應能緊密避免運送時滲漏。使用拭子採檢時，材質若爲棉花可能殘留的脂肪酸會抑制細菌的生長，若材質爲 Calcium alginate 則可能釋出毒性物質，亦會抑制挑剔性細菌的生長。拭子頭若選用 Dacron 或 Polyester 材質則比較適當。使用拭子收集檢體，應快速接種培養。咽喉拭子採檢後，應迅速放入運送培養基（transport medium）或者溼潤的容器中，避免細菌的死亡。而且，盡快在 48 小時內接種。

常用的運送培養基，包括半固體的 Stuart 氏或 Amies 氏運送培養基。拭子採檢作厭氧培養時，容器中所含的運送培養基必須有 10 公分以上的高度，避免氧氣的傷害。檢體採集後應迅速接種培養基。例如：直腸拭子（rectal swab）應立刻接種於 XLD 平板培養基，或者 EMB 平板培養基上，又或放入 GN（Gram-negative）增菌培養基中。泌尿道分泌物則直接放入培養巧克力平板培養基作 *Neisseriae gono-rrhoeae* 的分離。上呼吸道分泌物要培養分離 *Bordetella pertussis*，則接種在 Bordet-Gengou 培養基上。盡可能要在病患尚未使用抗生素之前採集檢體。對抗生素相當敏感的菌種（例如：咽喉中的化膿性鏈球菌（β-hemolytic group A streptococcus）、生殖道的淋病雙球菌（*N. gonorrhoeae*）、腦脊髓液中的 *H. influenzae* 或（*N. meningitidis*）檢體採集作細菌分離培養時，應該在抗生素使用之前。

採檢的容器，外表應該有正確的標示。每一個培養容器，要標示清楚病患的資料，包括：姓名、病歷號碼、檢體別、主治醫師、採集日期。任何一個檢體要清楚標示要求培養的類別，例如：需氧菌、厭氧菌、黴菌或者抗酸菌的培養。屬於一般性常規培養，或者某一種病原菌的特殊培養等，方便檢驗室工作人員處理。

2.臨床檢體的接種技術（Inoculation methods of clinical specimens）

使用適當的技術來接種臨床檢體在細菌培養基上，對於細菌的分離與鑑定的過程是非常重要。這些過程，包括：從固體培養基上得到單一的菌落、避免汙染以及移殖菌體於培養基上、在移殖過程避免氣相的產生、使用適當方法使得純菌體生化反應能有正確生長特性。尤其是高度致病力病原菌，例如：*Bacillus anthracis*、*Mycobacterium tuberculosis*、*Histoplasma capsulatum* 等更應該注意在生物安全性操作箱內來處理。

⑴**瓊脂平板的平板畫線法接種**（Inoculation of agar plates streak）

平板畫線法主要使用於分離微生物得到純培養，應用於具有多種混合菌種的臨床檢體的處理方式。從平板培養基上分離所得的菌落可應用於細菌的研究，包括：菌落型態、溶血反應、菌落的顏色等特徵，可以協助菌體的鑑定。所使用的瓊脂平板表面必須光滑，溼潤，但不可含太多水分。放置冰箱的平板培養基，使用前應該回溫到室溫。檢體接種的接種環的材質和構造會影響接種步驟的成功與否。接種環與接種針的材質包括有鎳、白金和鋁等。其特性是無毒性，經過加熱後，冷卻迅速為最重要的選擇。因為畫線接種是一種稀釋技術，逐漸減少微生物的數目。最後，在平板畫線區會出現單一的菌落。平板四區畫線技術，也可以應用於檢體中微生物數目的半定量。

⑵**試管培養基接種**（Inoculation of tubed-type media）

試管培養基有：斜面固體培養基、半固體和液體培養基。依培養基的型態，使用不同的接種棒包括接種環或者接種針。一般而言，接種環（loop）使用於檢體的接種，而接種針（needle）使用於移殖少量純培養菌落到試管的培養基上。菌體生長於斜面培養基或液體，可提供大量的細菌生長。若接種於選擇性或區別鑑定培養基則可以用來鑑定細菌。生長於半固體培養基的各種混合培養，則可移殖於固體培養基以便得到純培養物。若將純培養物接種在半固體培養基可當作菌種來源，測試菌種的生化反應特性。

⑶**純培養物的準備**（Preparation of pure culture）

為了鑑定某一臨床菌株，純培養的微生物體是需要的。純培養的來源是從平板培養基上的單一菌落取得。單一菌落被轉移到液體培養基，製備成純培養，進行各種生化試驗或者再度接種於區別鑑定培養基上，來判定某一種不知名的微生物。

3.臨床檢體的培養技術（Techniques for the culturing of specimens）

臨床檢體的培養，是將臨床檢體塗劃在培養基上，必須在實驗室特定區域來操作，稱之爲劃域培養區（Streak-Out Area）。將檢體接種在培養基上時，應在隔離的無菌操作箱（Laminar Flow）進行。工作人員要戴手套，口罩等避免受感染。

當臨床檢體收集運送到微生物實驗室，微生物的分離與鑑定的流程如下：

A. 選擇適當的培養基來接種檢體。
B. 選擇適當的溫度和環境來培養，使大部分的微生物能生長。
C. 從接種的培養基上，挑選可疑的菌落，進行生化反應試驗來鑑定。
D. 針對某一些已經確定的菌種來進行藥物感受性試驗。

(1)**臨床檢體的培養技術**（Techniques for the culturing of specimens）

使用鎳或白金材質的接種環（loop）和接種針（needle wire）來處理檢體。其處理流程如下：

① 使用接種環挑起少量的檢體塗布在平板培養基上。接種檢體在平板培養基上，可使用棉棒、接種環等。但檢體接種後，應使用培養環將接種的檢體塗開於平板的四個區域上稱之爲四區劃線培養。
② 接種環當每一次塗布後，要消毒，冷卻後再使用。
③ 劃域培養的目的是將檢體中的細菌，稀釋成獨立的菌落形成（colony-forming units, CFU）。所得到菌落要再次培養於適當的培養基上得到純培養（pure ）進一步作區別鑑定。
④ 劃域接種檢體於血液平板上，可將檢體穿刺於血液平板內，則較容易發現 β 溶血鏈球菌，因爲對氧敏感的溶血素較容易成形。
⑤ 劃域接種技術可用以半定量檢體中的菌落數。使用經過已校正過的接種環如 0.01 ml / loop 或 0.001 ml / loop 浸入尿液中，之後直接塗布於平板培養基上，計算平板上的菌落乘以稀釋因子，可評估尿液中所含的細菌數目，這種技術大約有 ±50% 的誤差，尤其是使用 0.001 ml / loop 的接種環。
⑥ 試管中的培養基型態可分爲液體、半固體（0.3 ～ 0.5% Agar）。半固體培養基適用於運動性試驗。
⑦ 斜面培養基如 TSIA 培養基必須利用穿刺劃域法，才可判定反應結果。首先將利用針狀接種環，挑起少量菌種，穿刺培養基中，再抽出培養基，再來回劃 S 型於斜面培養基上。
⑧ 半固體培養基的接種方式，是將針狀接種環穿刺接種後，沿著穿刺線抽出接種環。
⑨ 體液的檢體可使用血液培養瓶來收集，分離培養，可增加 50% 分離率，對細菌性腹膜炎的診斷助益很大。
⑩ CSF 應先離心，然後取沉澱物培養於適當的培養基，尤其是 *Cryptococcus neoformans* 的分離。

微生物培養的溫度會影響其生長的速度，大部分的微生物可生長於 35℃，因此培養箱大都設定在 35℃。但是，特定的細菌如 *Campylobacter jejuni* 可以生長於 42℃，適合於分離培養之溫度。大部分微生物在 5 ～ 10%CO_2 下，可促進其生成。*C. jejuni* 則需於 5%O_2 下才能生長。大部分黴菌則適合於 30℃下生長。*Yersinia enterocolitica* 則需培養於室溫，當在 35℃下時亦可生長，不過其菌落較小而且需 24 小時的培養。大部分微生物在 70% 溼度下，生長得最好。尤其 *Helicobacter pylori* 和 *Neisseria gonorrhoeae* 於較高溼度下，生長得最好。

⑵**培養結果的判讀**（Interpretation of cultures）

經過 24 ～ 48 小時培養後，初步的判讀需特殊的技術與經驗。包括革蘭氏染色、菌落型態、菌落周圍所表現之代謝活性，例如：溶血、顏色等。

① 菌落型態的特性（Gross colony characteristics）

包括：菌落的正面型態種類（panctiform、circular、filamentous、irregular、rhizoid、spindle）、側面型態種類（flat、raised、convex、pulvinate、umbonate、umbilicate）緣型態種類（entire、undulate、lobate、erose、filamentous、curbed）。菌落的大小隨菌種不同有不同的直徑大小（mm）。在血液板上，要描述每個菌落的溶血特性。黃色溶血菌落呈現在血液平板上，革蘭氏陽性球菌呈聚集狀排列初步判定為 *Staphylococcus*：針狀，透明狀完全溶血菌落呈現在血液平板上，而且菌體是鏈狀排列的革蘭氏陽性球菌，可能是 *Streptococcus*。此外，每種菌屬會呈現不同的氣味，例如：*Pseudomonas* species 呈葡萄汁味道、*Proteus* species 呈現焦味巧克力、*Eikenella corrodens* 呈漂白水味道、*Alkaligenes faecalis*（*Ordans*）新鮮現切蘋果味、*Corynebacterium* species 具水果味、*Nocardia* 和 *Streptomyces species* 發霉地下室味道、*Clostridium* species 具糞便臭味以及 *Pasteurella multocida* 有辛辣味等。

② 革蘭氏染色觀察（Gram stain examination）

菌體的型態為桿狀或球型，Gram-Positive 菌呈現藍黑色，Gram-Negative 則為紅色。菌體的排列，特殊結構（spore, metachromatic gra-nule）的描述。配合菌落的型態和菌體細胞的 Gram 氏染色性可以初步判為種菌屬（Genus）。

③ 生化試驗（Biochemical test）

菌種的鑑定尚須依據菌株的生化或代謝活性來判定，所以必須將菌體次培養在一系列區別試驗培養基（differential test media），結果的判定必須再多一天的培養。例如：TSIA、Citrate、Urea、MR-VP、MIO、SIM 等為常用的區別培養基。

4. 檢體運送（Specimen transport）

臨床檢體運送的目的，是要採集檢體的品質不受汙染或損壞檢體中病原的存活。因此，需要適當的容器，要保溫、抗壓、避免乾燥。超過四天以上的運送，使用 −20℃的冰箱是需要的。痰液作分枝桿菌或黴菌時，應使用 Propylene 材質的容器。玻璃的容器容易破損，不建議使用。尿液最慢在收集後兩小時內必須接種於培養基。

運送檢體的運送培養基常見者，如 Stuart、Amies 和 Cary-Blair 等。這些運送培養基的成分不含有生長養分，例如：醣類（carbohydrate）、蛋白腖（peptone）等，僅有鹽類的緩衝液，可以維持細菌的活性，並不能繁殖生長。

各種運送培養基中所含有的 Sodium thiogly-colate 是一種還原劑可以促進厭氧菌的發現率。另外含有少量的 Agar（0.4%）使培養基形成半固體狀，可防止培養基的氧化作用以及運送過程中不會流掉。

Stuart 氏運送培養基（per liter）的成分含：

Sodium Chloride	3 g
Potassium Chloride	0.2 g
Disodium Phosphate	1.25 g
Monopotassium Phosphate	0.2 g
Sodium Thioglycollate	1.0 g

Calcium Chloride	1 %
Magnesium Chloride	1 %
Agar	4.0 g

Amies 氏運送培養基（per liter）的成分含：

Sodium Chloride	8.0 g
Potassium Chloride	0.2 g
Calcium Chloride	0.1 g
Magnesium Chloride	0.2 g
Monopotassium Phosphate	1.15 g
Disodium Phosphate	1.0 g
Sodium Thioglycollate	1.0 g
Agar	3.6 g

Cary-Blair 氏運送培養基（per liter）的成分含：

Sodium Chloride	5.0 g
Disodium Phosphate	1.1 g
Sodium Thioglycollate	1.5 g
Agar	5.0 g

pH 8.0 ± 0.5

5.呼吸道檢體（Specimens of respiratory tract infections）

呼吸道感染症，生理構造上，呼吸道可分爲上呼吸道（口腔、鼻咽腔）和下呼吸道（咽口、支氣管、氣管、肺泡）。上呼吸道的感染部位，咽喉拭子（Throat Swab）的採檢在咽峽炎的診斷上是必須要的細菌培養。但是人體咽喉部位存在許多的正常菌叢。在臨床診斷上，要注意所分離的種類及其菌量的數目。其正常菌種常見者有：α-hemolytic *Streptococci*（*Streptococcus mutans* 和 *S. salivrius*）、*Neisseria species*（包括 *N. gonorrhoeae*）、Coagulase（－）*Staphylococci*、*Haemophilus hemolyticus*、*Stre-ptococcus pneumoniae*、Enterobacteriaceae、*Candida albicans*、β-Hemolytic *Streptococci*（不包括 Group A）。

⑴**鼻咽腔的培養**（Nasal swab culture）

鼻咽腔的檢體較不具臨床診斷價值。但是被應用於流行病學的研究，是否爲要病菌的帶菌者，例如：*Staphylococcus aureus*、*Streptococcus pyogenes*、*Corynebacterium diphtheriae* 或 *Neisseria meningitidis*。*Bordetella pertussis* 的分離也可以考慮使用鼻咽腔的培養，也可以應用於病毒感染的實驗診斷。

⑵**咽喉拭子的培養**（Throat swab culture）

主要針對鏈球菌性咽峽炎（streptococcal pharyngitis）。在病變部位後咽（posteriorpharynx）、扁桃腺（tonsillar area）常會有化膿性滲出物，爲主要的臨床標本，黏膜性潰瘍部位要考慮做其他培養，不單是咽喉拭子的培養。咽喉拭子標本要採集自後咽（posterior pha-rynx）處，需要病人口腔張大，深呼吸，頭向後仰。舌頭以壓舌片按住，棉棒在扁桃腺體（tonsillar pillars）和壅垂（uvula）處採集。要注意不可接觸鄰近旁邊部位的正常菌株。收集後的咽喉拭子應迅速放入含運送培養基的管子中，送檢驗室處理，尤其是要分離 Group A streptococcus 的菌株，應將咽喉拭子接種在含 5% 綿羊血的血液平板，因此利用接種環穿刺在血液平板培養基中，比較容易觀察到鏈球菌的溶血素（包括耐氧、不耐氧），經過 18 ～ 20 小時培養，可觀察 β- 型溶血菌落，進一步確認。若使用含有 Sulfamethoxazole-trimethoprim 的血液平板的選擇性培養基，對 Group A *Streptococcus* 的分離會更明顯地被觀察出來。白喉病患懷疑 *Corynebacterium diphtheriae* 要使用 Cystine-Tellurite agar，Loeffler s serum Glucose medium 以及 5% Sheep Blood Agar。Bordet-Gengou Agar 則使用於 *Bordetella pertussis* 的分離。另外，Regan-Lowe agar（內含有活性碳、馬血、Cephalexin）爲百日咳桿菌很好的分離培養基。

⑶**痰液的培養**（Sputum culture）

應用於下呼吸道感染的實驗診斷，下呼吸道感染，包括氣管、支氣管或肺部。臨床症狀伴有咳嗽以及痰液的產生。不同菌種的感染，病患的痰液會有病理的變化，例如：大葉性肺炎常來自 *Streptococcus pneumoniae*、*Klebsiella pneumoniae*、*Legionella pneumoniae*。若爲 *K.pneumoniae* 感染常會有膠狀痰液。壞死性肺炎常與 *Pseudomonas aeruginosa* 和 *Serratia marcescens* 有關。肺膿瘍常可見到厭氧菌和 *Staphylococcus aureus*。空洞狀病變主要來自 *Mycobacterium tuberculosis*、*Histoplasma capsulatum* 和 *Coccidioides immitis*。

痰液的收集需要避免口腔分泌物的汙染，不能是唾液，必須是採自深咳出來的痰液標本。可先告知病患，清洗口腔去除正常菌叢。早上第一次的咳痰含有多量濃縮的菌種較容易分離到病原菌。24 小時的連續收集容易汙染，不建議採用。痰液的採集應使用廣口的收集瓶，避免病患自己汙染或醫護人員受到汙染。所採集的痰液應該迅速送檢，若放置冰箱不可超過 20 小時。抗酸菌檢查的痰液放置室溫幾天後，抗酸菌會逐漸減少，但 20 天後，仍然可見到抗酸菌的存在。懷疑爲抗酸菌的痰液，必須事先經過消化、去汙染處理，才能接種在培養基進行抗酸菌的培養。

6. 胃腸道檢體（Specimens of gastrointestinal tract infections）

⑴ **上胃腸道的培養**

上腸道感染的實驗診斷，常見的上胃腸道病變常伴隨噁心、嘔吐、上腹部絞痛。胃或十二指腸發炎常會導致疼痛。由於胃酸的 pH 很低，99% 的食物中的細菌因而被殺死，但是制酸胃藥、胃部切除術會導致胃酸不足，引發胃部殺菌能力的下降。另一方面，*Candida albicans*、*Aspergillus* 容易生長在酸性環境下，容易侵犯免疫缺陷病患。*Helicobacter pylori* 是與胃炎與十二指腸潰瘍有關。*Helicobacter pylori* 具特殊致病因子會分解尿素釋放氨離子，而使菌體外因具鹼性雲霧狀而存活在酸性胃內的黏膜內。爆發性胃炎常因爲食物中含有多量病菌，例如：*Staphylococcus aureus*、*Salmonella* species，*Clostridium perfringens* 和 *Bacillus cereus* 等所釋放的毒素所致。上胃腸道的檢體，胃部活體組織，胃部活體組織的採取是常用於分離 *H. pylori*。十二指腸液抽取，主要使用於梨形鞭毛蟲症和擬圓蟲症的實驗診斷。

⑵ **下胃腸道的培養**

下胃腸道的感染常收集糞便和直腸拭子作實驗診斷，常見的臨床症狀是腹瀉。其形成是病原菌繁殖產生毒素，通過黏膜引起腸壁的發炎。同時，腸腔內充滿了液體而發生下痢。腹瀉性糞便的收集，要使用乾淨的廣口瓶，且附有緊密的蓋子。容器內含有 Buffer-glycerol saline 溶液或 Cary-Blair 溶液才保持致病菌的活性。直腸拭子常使用於新生兒或虛弱病患。*Shigella* species 或 *Clostridium difficile* 的分離常使用之。直腸拭子收集檢體應放入運送培養基中，避免乾燥保持病原菌的活性，例如：Amies Transport Medium。直腸拭子採集時，應是以生理食鹽水潤溼，旋轉地插入肛門括約肌部位即可，不必深入直腸內的糞便。

腸道內有大量的正常菌叢存在，因此一些致病菌的分離與培養常需使用選擇性的培養基，例如：*Salmonella* 和 *Shigella*。高度選擇性培養基，如 Wilson-Blair bismuth sulfite agar，只能使用於糞便中 *Salmonella typhi* 的分離。GN 和 Selenite 增菌培養基使用於糞便的增菌，提高 *Salmonella* 的分離率。但是增菌時間在 4 ～ 8 小時後，必須次培養於適當的培養基，否則正常菌叢仍然會再度繁殖。Phenylethyl alcohol agar（PEA Agar）和 Colistin-Nalidixic acid agar（CNA Agar）則使用於 *Staphylococci* 和 Yeast 的分離。*Campylobacter jejuni* 則使用 *Campylobacter-selective* agar 來分離培養。*Vibrio* species 的培養，應使用 Thiosulfate Citrate Bile Sucrose Agar（TCBS agan）來分離培養。*Yersinia enterocolitica* 的選擇性培養基爲 Cefsulodin-Irgasan-Novobiocin Agar（CIN agar）。*Aeromonas* species、*Plesiomonas* species 的分離如同腸內細菌的 *E. coli*、*Arizona*、*Edwardsiella tarda* 等使用 EMB、MacConkey Agar 來分離培養不會有困難。但是 Sorbitol MacConkey Agar 是針對 *E. coli* O157:H7（Sorbitol-Negative）的分離之用。引起僞膜炎的 *Clostridium difficile* 是使用 Cycloserine-Cefoxitin-Egg Yolk-Fructose Agar（CCFA Agar）來篩檢。

7. 泌尿道檢體（Specimens of urinary tract infections）

尿道可分爲二個部位：上尿道（包括腎臟、腎盂和輸尿管）和下尿道（膀胱尿道）。上尿道感染是上升型，病原菌來自膀胱經由輸尿管進入腎臟。腎盂炎和腎盂腎炎爲常見的併發症。上尿道的感染也可能來自菌血症病患血液中的細菌進入絲球體和腎皮質，而導致膿瘍或急性化膿性腎盂腎炎。上尿道炎的臨床症狀是發燒（有時惡寒）和疼痛，頻尿急尿和無尿。下尿道感染是指膀胱有時擴散到攝護腺（男性）和尿道（女性）。排尿時會灼熱感、濁尿、疼痛。菌尿和化膿水的形成是尿道感染的徵兆。所以，尿液的細菌培養是能確定發炎形成的原因。

(1) **尿液的收集**（Collection of urine specimen）

由於尿道常有微生物生長，尿液的收集常會有陰道口的細菌汙染，因此汙染菌和確定的病原菌要區分中段尿收集技術（midstream collection technique），尿液經常採用中段尿，以清潔後瞬間截取法（clean-catch technique）取得。尤其是婦女的尿液收集更該如此。其步驟是先以 2 ～ 3 片紗布以肥皂水潤溼，前後擦拭泌尿道，再以無菌生理食鹽水沖洗即可。中段尿收集後，放入無菌廣口瓶，緊密蓋子，迅速送檢（兩小時內），避免細菌在尿液過度繁殖，影響尿液菌落的計數。因爲菌落數（CFU）的多少顯示尿道是否受感染。若無任何感染症，尿液菌落數應在 10^3 CFU/ml 以下，反之，尿道感染，菌落數大都 10^5 CFU/ml 以上。導尿收集尿液（catheter collections），利用導尿技術收集尿液要盡量避免，除了不能自然排尿的病患。導尿往往會引發院內感染，尤其是女性病患。導尿收集尿液，不能從尿袋中的尿液來作細菌培養，會有汙染的可能，應該利用導尿管直接採集尿液，先排出幾毫升的尿液。才收集中段尿液。屬於 Foley 材質的導尿管不適合收集尿液，因爲這種材質容易吸附尿道中的細菌而汙染。

(2) **尿液的培養**（Culture of urine sample）

需要同時使用 5% 綿羊血血液平板與 EMB 培養基來接種檢體 Colistin-Nalidixic Acid 血液平板則適合於 G（+）菌的分離。懷疑 *Neisseria gonorrhoeae* 時，使用 Chocolate Agar 才會生長。尿液的細菌培養需計算菌落數，若大於 10^5 CFU/ml 時，對於培養出來的細菌才進行菌種的鑑定和藥物感受性試驗。若菌落數在 10^4 ～ 10^5 CFU/ml 之間，或者所分離的菌種超過兩種時，要愼重評估其臨床意義。菌落數在 10^2 CFU/ml 以下，若是自然排尿的檢體，感染的機會很低，但是在導尿或膀胱穿刺所得檢查仍是有臨床意義。若是急性尿道炎，而且爲腸內桿菌時，即使爲 10^2 CFU/ml 的菌落數，仍然是有意義的。另一方面要考慮實驗室的半定量計數，有很大的偏差。

8. 生殖道檢體（Specimens of genital tract infections）

男性急性生殖道淋病，常會有化膿性尿道分泌物出現。以革蘭氏染色觀察抹片可見到細胞內，G（－）雙球菌。女性病患也會有尿道分泌物，但臨床症狀比較複雜，常伴隨子宮頸炎、陰道炎、陰唇炎等。常見的病原菌有 *Neisseria gonorrhoeae*、*Chlamydia trachomatis* 等。

男性尿道口分泌物，直接以窄頭棉棒（Rayon 或 Dacron）伸入管道 3 ～ 4 公分，停留 15 秒使之浸潤到分泌物，取出即可。分泌物可檢出 *N. gonorrhoeae*。但 *C. trachomatis* 是細胞內寄生，在上皮細胞內，所以要分離培養 *C. trachomatis* 時，棉棒要旋轉 360 度，使能取得上皮細胞。因為 *N. gonorrhoeae* 和 *C. trachomatis* 對溫度和乾燥相當敏感，採取的檢體應迅速放入運送培養基內保持菌體的活性，提高培養的陽性率。女性病患的檢體要採取自子宮頸口和尿道的分泌物。子宮頸口的分泌物採取，應使用子母式的收集管，較大的拭子是去除子宮頸的黏液，較小的拭子收集檢體之用。

尿道的分泌物採取如同男性病患的方式，以棉花棒拭子採集檢體，直接接種於適當的培養基，如 Transgrow 運送培養基（內含 CO_2 和 Modified Thayer-Martin Agar）

9. 中樞神經系統檢體（Specimens of central nervous system infections）

急性腦膜炎的臨床症狀會使人頭部疼痛、頸部僵硬、輕微發燒昏睡。細菌性腦膜炎人體中 CSF 的細胞計數達 500 ～ 2,000 Neutrophils/ml，結核性腦膜炎則在 200 ～ 2,000 Neutrophils/ml。細菌性腦膜炎時，CSF 中的 Glucose 量會下降，Protein 量會上升。腦膜炎會盛行於不同的年齡層，新生兒的病變與母親的陰道中的正常菌叢有關。Group B streptococci 和 *E. coli* 最常見，*Listeria monocytogenes*、*Klebsiella pneumoniae*、*Serratia* species、*Pseudomonas* species、*Staphylococcus aureus* 等感染的機率較低。6 個月到 5 歲的病患則感染 *Haemophilus influenzae* 最多，其次為 *Neisseria meningitides* 和 *Streptococcus pneumoniae*；成人者以 *S. pneumoniae* 為多；年輕以 *N. meningitidis* 較普遍；老年人則常感染 *E. coli*。厭氧菌的感染好發於腦膿瘍，包括：Anaerobic *streptococci*、*Bacteroides melaninogenica*、*Fusobacterium nucleatum* 等。常見需氧菌則為 α-Hemolytic streptococci、*S. aureus*、*S. pneumoniae* 等。

(1) **腦脊髓液（CSF）檢體的採集**

腦脊髓液通常是取自腰椎穿刺。由第三與第四節腰椎間的中線部位穿刺入脊髓蜘膜，整個過程須以最嚴格的無菌操作技術進行。將腦脊髓液裝入無菌 CSF 試管，送至檢驗室。所採集的 CSF 分為三支試管，第一管作細胞計數與區別染片計數，第二管作革蘭氏染色和培養，第三管作 Protein 和 Glucose 測定，以及 VDRL、Cryptococcal antigen、Cytology 等。CSF 檢體的染色觀察，CSF 染色觀察有助於腦膜炎的實驗診斷。同時進行革蘭氏染色和 Methylene blue 染片觀察，有助於 Gram（－）桿菌的篩選，因它們會呈現深藍色。CSF 檢體的抗原偵測，直接抗原偵測應用於具夾膜的抗原，如 *H. influenzae*、*N. meningitides*、*S. pneumoniae* 和 Group B Streptococci 等。可快速診斷腦膜炎的病原菌。Cryptococcal antigen 的偵測除了採集 CSF 外，尚可使用血液和尿液來操作。偽陽性反應會發生在 Cryptococcal latex agglutination 中，尤其是類風溼性因子（Rheumatoid factor）。此時、可以使用 Pronase 來處理這些血清，再測試之。

⑵CSF 檢體的培養（CSF Culture）

CSF 檢體中病原菌的不同，應該使用不同的培養基來培養分離，Chocolate agar 使用於 *Haemophilus influenzae* 和 *N. meningitidis*，而 Blood Agar Plate 使用於 β-Hemolytic Group A streptococcus、*Listeria monocytogenes* 和 *Flavobacterium meningosepticum*、Enterobacteriaceae 等。*Cryptococcus neoformans* 也可以生長於 Chocolate agar 和 Blood agar 上，不過使用 Brain Heart Infusion Agar，更容易生長。懷疑 *Mycobacterium tuberculosis* 感染，CSF 最少需 5 ml，經過離心，接種於 Lowenstein-Jensen egg medium 和 Middlebrook 7H11 Agar。

10.創傷和膿瘍檢體（Wound pus and abscesses）

膿液出現於膿瘍或　管內或黏膜皮層表面時，表示局部敗血症的現象。外來的傷口感染與人體受到外傷有關。內生性的創傷和膿瘍則與 Appendicitis、Cholecystitis、Cellulitis、Dental Infection、Osteomyelitis、Empyema、Septic Arthritis、Sinusitis 有關。

臨床檢體的採集，外表的傷口經常會汙染到外面環境的細菌，使用拭子來採集，往往不能反映感染症的病因。使用針頭穿刺抽取法，取得深部組織的滲出液，適合於需氧和厭氧的培養。人體上的採集部位，事先以外科肥皂，70% 酒精來消毒。檢體採集時間，應在 30 分鐘內完成，避免影響厭氧菌生長。使用拭子來採集時，採檢後，應迅速放入運送培養基中，避免乾燥，細菌容易死亡，若是厭氧菌的培養，應放入厭氧菌的運送培養基內，若爲膿汁，應放入眞空採集瓶內送檢。臨床檢體的培養，基本上，傷口和膿瘍的檢體，使用 5% Sheep Blood Agar，EMB Agar 和 Chocolate Agar 是必需的。Thioglycolate Broth（內含 Hemin、Vitamin K_{12}）可使用於厭氧菌培養，或者厭氧菌培養的血液平板培養基。若懷疑 *Sporothrix schenckii*，使用 Inhibitory Mold Agar 是一種選擇。

11.眼睛耳部和鼻竇檢體（Specimens of eye, ear and sinus infections）

眼睛感染細菌時，結膜部位會有化膿分泌物產生，可從淚口 Cut-De-Sac 部位採集。懷疑砂眼時，刮取（使用白金刀片）結膜部位的黏膜來染色觀察。Chlamydial 抗原偵測（antigen detection）系統是使用螢光單株抗體來偵測，出現 *C. trachomatis* 的 Elementary Element 爲陽性反應，其敏感度爲 95%。懷疑爲 *Haemophilus influenzae* 所引起的結膜炎，Chocolate Agar 和 Hemophilus Isolation Media 爲適當選擇。*Pseudomonas aeruginosa* 引起的結膜炎，會迅速造成病患失明，應小心並快速地培養、分離，告知臨床醫師。

Aspergillus niger 和 *Fusarium* 等黴菌常見於眼睛和耳部感染造成中耳炎或黴菌性角膜炎。鼻竇的檢體必須以針頭抽取，進行需氧和厭氧培養，慢性鼻竇炎常由多種的厭氧菌感染所致。

12.血液檢體（The blood）

敗血症（septicemia）造成病患發燒、惡寒、心悸、虛弱，是來自血液中細菌過度繁殖且分泌毒素，超過人體噬菌體的呑噬作用。菌血症（bacteremia）則是細菌從人體各個部位進入血流。菌血症可分三種：⑴暫時性菌血症的細菌，可能來自胃腸道的正常菌叢，口腔牙齒中的正常菌株；⑵斷續型菌血症（intermittent bacteremia）則是從感染部位斷斷續續地進入人體血流中；⑶持續性菌血症則是說明細菌已經直達血流。免疫健康的宿主，可以在 30 ～ 45 分鐘內，將冒然侵入血流的細菌清除掉。肝臟和脾臟扮演重要角色，Neutrophils

的角色不可缺少，具莢膜的細菌比較困難清除，需依靠特異抗體的協助。因此虛弱或免疫缺陷的病患，即使在幾個小時後，也不容易清除體內血液中細菌。

⑴**血液的採集**（Blood collection）

血液的採集及其培養，因爲敗血症的死亡率在 40% 以上，因此快速地從血液培養分離出細菌，具重要的實驗診斷價值。爲避免皮膚上細菌的汙染，靜脈採血部位要注意消毒，首先以肥皂清洗，無菌水沖洗，塗 1 ～ 2% 碘液於皮膚表面 1 ～ 2 分鐘，最後以 75% 酒精去除碘液。血液培養，大部分採用靜脈抽血，不建議採血管引流採血（catheter blood culture）。同時，人體血液有可能潛在性的病媒，HIV 感染或肝炎病毒的存在，抽血的針頭或注射器要小心處理，避免受感染。

採血作血液培養，24 小時內，超過三次採血作培養，並不會提高培養的陽性率。統計結果，80% 的陽性率與第一套採血有關，90% 的陽性率與第二套採血有關，99% 的陽性率與第三套採血有關。因此血液培養，至少必須送兩套血瓶。但是懷疑爲群體感染菌血症（community-acquired bacteremia），單套血瓶即可。

血液培養，應該在抗生素治療之前採血，以免抗生素的活性影響細菌的生長。病患若循環式體溫變化時，採血時機應當在體溫上升前半小時，此時，循環的血液中微生物的濃度最高，陽性率的培養也最高。血液培養時，採血瓶是適當的運送容器內有 45 ml 的培養基，分爲需氧菌培養瓶和厭氧菌培養瓶，病患一般採血 10 ml，各分 5 ml 注入需氧菌培養瓶和厭氧菌培養瓶。大部分商品化血瓶內含有 5 ～ 10% CO_2 來促進需氧菌的生長。黴菌菌血症的培養一般採需氧菌血瓶來取代，也可以培養。血液培養時，採血量的多少，依血瓶的體積來設定，45 ml 的培養基加上 5 ml 人體血液使之 1：10 稀釋，並放置於 70 ml 容積的瓶中來震盪培養是最適當的。依統計的結果，若血量從 8 ml 增加到 16 ml，可增加 10% 的陽性率。成人的血液培養的採血量不應少於 5 ml，孩童則只需 1 ～ 2 ml 的血液即可。

⑵**血液培養**（Blood culture）

血液培養基爲顧及多種細菌的生長大都採用 Tryptic soy broth、Brain-heart infusion Broth、Columbia broth 和 Brucella broth 等。培養基內均含有抗血液凝固劑，例如：Sodium polyanethol sulfonate（SPS）（0.025 ～ 0.05%）。抗血液凝固劑的使用，主要原因是凝固血內的 Neutrophil 和 Macrophage 仍然有活性會使細菌不容易存活；另一方面，SPS 可抑制 Neutrophil 和某些抗生素的活性，例如：Streptomycin、Kanamycin、Gentamicin、Polymyxin；SPS 也可沉澱 Fibrionogen B-Lipoprotein、B1C Globulin，以及血清中的補體活性。SPS 的缺點是會抑制某些細菌的生長，例如：*Gardnerella vaginalis*、*N. meningitides*、*N. gonorrhoeae* 和 *Peptostreptococcus*。不過 SPS 的抗菌活性，可以加入 1% Gelatin 來中和。針對血液中 *Mycobacterium* species 的培養，以 Middlebrook 7H9 Broth 爲基礎設計的培養基被廣泛使用於 AIDS 病患或免疫缺陷的病人。血液培養的觀察，血瓶放置 35℃下培養，前 6 ～ 18 小時，要開始觀察，陽性會呈現溶血、產氣或混濁。若使用傳統人工觀察的血瓶，應每天觀察一次，記錄其變化。一般需氧菌若呈現陽性變化，再次培養於適當的培養基上。比較挑剔細菌則需 10 ～ 30 天的培養，例如：*Eikenella corrodens*、*Cardiobacterium hominis* 和 *Actinobacillus* species。自動、電腦連線偵測血液瓶培養系統，自動偵測血液瓶培養系統，商品化的自動血瓶培養偵測儀，陸續上市，被臨床實驗室採用，來替代人工判讀的誤差。包括：Bact/

Alert（Organon Teknika, Durkam NC, USA）、BACTEC 9240/9120 和 ESP 系統（Difco Laboratories, Detroit MI, USA）。

13.組織和活體切片檢體的培養（Culture of tissue and biopsies）

組織和活體切片可使用消毒紗布盛置或適當的無菌容量來採集。若以福馬林（Formalin）處理的檢體是不適合於細菌培養。骨髓的培養有助於 Brucellosis、Histoplasmosis、Tuberculo-sis 的鑑別診斷。

四、免疫血清學診斷與分子生物技術（Immunoserologic diagnosis and molecular biological techniques）

微生物感染症的實驗診斷除了培養技術外，非培養技術的開發日新月異，不僅可彌補培養的失敗，亦可更快速診斷病原的存在。非培養技術之實驗診斷可分爲兩大類：一爲免疫血清學診斷，一爲分子生物學的診斷技術。免疫血清學診斷技術的原理是依據具抗原性的病原菌存在人體內、引發宿主細胞產生抗體。所以，臨床檢體中菌體抗原的偵測和病患體內抗體的種類及其效價的評估、是感染症的實驗診斷之重要工具。分生技術開發的依據爲微生物的遺傳物質是核酸（DNA 或 RNA）。所以，某一特定 DNA 或 RNA 出現在臨床檢體中，代表某一病原體的存在。分生技術應用於偵測病原體的存在，不僅可應用於培養不易的病原體，亦可應用於免疫血清學不易診斷的病原體。

1.臨床微生物免疫血清方法（Immunoserologic methods in clinical microbiology）[3, 4, 5]

新開發的免疫分析在血清學診斷中可以偵測人體內抗原或抗體的變化，可作爲感染症的快速診斷。

⑴沉澱反應（Precipitation reaction）

要形成沉澱現象，一個分子抗原至少有兩個抗原決定點（epitopes）。兩價的抗體與多價抗原交錯結合，形成晶格狀（lattice）的大分子複合物而沉澱。沉澱反應往往需要一個小時以上到一天的時間才看得見結果。沉澱反應必須確認是否有僞陰性的結果，是來自 Prozone 現象或 Postzone 現象。若抗體過多（prozone 現象），僞陰性反應是因爲分子格子結構的不平衡，而不會形成沉澱線。反之，若 Postzone 反應是抗原過多，抗體完全被抗原所飽和，則沉澱線也不會形成。

懷疑有 Prozone 現象或 Postzone 現象時，病人血清要稀釋一系列來操作。沉澱反應可表現在水溶液或明膠中。水溶液相（water phase）的沉澱反應，例如：毛細管沉澱反應，使用已知的抗原或抗體來偵測未知的抗體或抗原。明膠相（agarose phase）的沉澱反應，是使用 1% Agarose 的明膠平板，挖洞，放置抗原或抗體來檢測抗體、抗原。常見的明膠相沉澱反應有單向（single diffusion）和雙向（double diffusion）之分。

免疫擴散法（immunodiffusion assays）中，單相擴散系統（single-diffusion system），抗體是融合在明膠中而菌體的抗原會擴散與抗體作用形成沉澱物，說明菌體抗原的存在。試管法，抗原覆蓋在含抗血清的明膠上，則會形成一個或多個的沉澱域。放射狀免疫擴散法（radial immunodiffusion），抗體融合在明膠中放置於玻片上，在明膠中央挖一個小洞，內置含抗原的檢體。經過一段作用的時間（30℃，24 小時）。抗原會呈放射狀滲透；則與明膠中的抗體形成圖形沉澱線，直徑的大小反應出抗原的濃度高低。所以，可以半定量抗原的濃度。

雙向擴散法（double diffusion），分別將抗原與抗體放置在相隔一定距離處，使之相互擴散，則在抗原與抗體中間處形成沉澱線。雙向擴散法，須48小時才可以判讀結果。若使用電流的電泳法可使雙向擴散快速（30～60分鐘）得到判讀結果，稱之爲相對電流免疫電泳分析法（Countercurrent Immunoelectrophoresis, CIE）。傳統相對擴散法應用於黴菌感染的血清學診斷，例如：Aspergillosis、Blastomycosis、Histoplasmosis 和 Coccidioidomycosis。

⑵**凝集反應**（Agglutination reaction）

凝集反應是顆粒狀或不溶性的抗原與其對應之抗體交錯結合形成堆積現象（Clumping）。使用菌體細胞、紅血球或合成乳膠顆粒外部覆蓋著特定抗原或抗體，去偵測可溶性的抗體或抗原。凝集現象的產生表示抗體－抗原相互作用之故。例如：Rubella 病毒抗體的偵測是利用乳膠顆粒上帶有 Rubella 病毒抗原與病患血清作用，觀察凝集現象的產生。咽喉拭子上的 Group A Streptococcal 抗原的偵測，是將拭子使用硝酸，酵素來萃取菌體抗原，再與乳膠顆粒（內含有 Group A Streptococcal 抗體）作用，凝集現象的產生表示抗原的存在。

凝集反應的敏感度比沉澱法高，可以半定量去測定抗原、抗體的濃度。例如：測定人體 CSF 中 *Cryptococcus neoformens* 的莢膜抗原來評估人體治療的效果，若 CSF 中的抗原效價持續上升，或很高表示治療後的回復發作；若效價明顯下降則是治療有效的表現。乳膠（La-tex）是凝集反應中常用的顆粒（其他，例如：Bentonite、Collodion、Tanned Erythrocytes 和 Charcoal），惰性、活性穩定，可以吸附不同的抗原，包括：蛋白質、醣類和 DNA。例如：蛋白質與乳膠能夠共價結合形成穩定連鎖結構（stable linkage），可與抗原或抗體分子發生最佳的反應，爲乳膠凝集反應（latex agglutination）。

共構凝集反應（coagglutination）常用於偵測細菌抗原，例如：Streptococcal Groups、*Neisseria meningitides*、*N. gonorrhoeae*、*Hemo-philus influenzae*、*Streptococcus pneumoniae* 等。S. aureus 菌體具有表面 Protein A 可與免疫球蛋白的 Fc 部分結合，而讓 Fab 部分與抗原結合。所以當 Staphylococcal cell 發生凝集反應現象，是爲陽性反應表示抗原－抗體發生交錯結合現象。

使用覆蓋著抗體的乳膠細胞或 Staphylococcal Cell 來偵測體液中的微生物抗原，尤其是可溶性莢膜抗原已有多種的菌種引起急性或慢性腦膜炎時可以偵測出來。例如：*Haemophilus influenzae*、*Streptococcus pneumoniae*、*Neisseria meningitides*、Group B Streptococci、*Escherichia coli* 和 *Cryptococcus neoformans*。這些商品化試劑於 15 分鐘內就可完成鑑定，敏感度達 90% 以上，特異性在 97～99% 之間。乳膠凝集反應也可應用於菌株的分型或菌種的區別作快速實驗診斷。例如：從尿液或血清中去區別細菌性肺炎的病原培養是 *Streptococcus pneumoniae*，或者是 *Haemophilus influenzae* Type b，或是其他菌種。

⑶**免疫分析法**（Immunoassays）

免疫分析法依所標記的反應物不同，可分爲：放射性免疫分析法、酵素免疫分析法、螢光免疫分析法與冷光免疫分析法。酵素免疫分析（Enzyme Immunoassay, EIA）常用於臨床微生物，本方法主要使用於偵測檢體中抗體的存在，與微量平板中所含的固相內所結合的抗原（immobilized antigen）發生反應，再加入具標記（Target）的抗球蛋白（antiglobulin）使之反應，此標記物通常爲 Alkaline phosphatase 或 Horseradish peroxidase 所示標記的抗人免疫球蛋白（anti-human immunoglobulin），最後的步驟是加入酵素基質而產生呈色的最終產物，以比色機測定之。EIA 方法，應用於偵測臨床檢體中黴菌、細菌的抗原，包括莢膜抗原，例如：*S. pneumoniae*、*H. influenzae* type b 和 *N. meningitides*，以及 Group A Streptococcus 細胞壁抗原（圖 1-2）。

⑷**免疫螢光技術**（Immunofluorescence method）

免疫螢光技術是結合免疫學和組織化學或細胞化學法，偵測微生物（細胞）表面細胞抗原和抗體。此技術是利用一個特異性抗體上標記有螢光結合物（A conjugate antibody）去偵測抗原和抗體。本方法可以偵測和定位出抗原存在的地方，亦可偵測抗體作爲感染症的回溯性診斷。要偵測抗原時，特異性抗體先結合於螢光素（Fluorescein isothiocyanate），加入放置在玻片上的細胞或組織切片，則會與抗原結合固定形成穩定的免疫複合體，於螢光顯微鏡下觀察，在黑色背景下呈現蘋果綠，橘黃色的物體爲陽性反應。

免疫螢光技術可分爲直接或間接法。直接法用於抗原的偵測，間接法則可以作爲抗原和抗體的偵測。直接免疫螢光技術（direct immuno-fluorescence），本方法是使檢體與標示的抗血清作用 15 ～ 30 分鐘於 35 ～ 37℃的溼潤的環境下，洗掉未反應的試劑，空氣下乾燥，於適當的螢光顯微鏡和濾片下觀察結果。間接免疫螢光技術（indirect immunofluorescence），檢體（抗原）先與玻片上的免疫血清在 35 ～ 37℃下作用 30 ～ 45 分鐘（結合物當作第二次抗原），以 PBS 沖洗後，與具螢光素標示的抗血清（Fluorescein-conjugated anti-Human antibody）反應，再沖洗掉多餘的反應物，在螢光顯微鏡下，螢光的出現表示抗原的存在。本方法簡單、快速、特異性高，但敏感性較低。

2.分子生物技術（Molecular biological techniques）[6, 7]

DNA 雜交試驗（hybridization）是最早使用於細菌間相關性的探討。DNA 雜交試驗應用於臨床微生物，因而有不同探針的開發。DNA 探針被應用在抗藥性基因的偵測以及挑剔性細菌，例如：*Mycobacterium* 和 *Legionellae* 的檢出。核酸增幅作用（nucleic acid amplification）使得病原菌的檢出、鑑定以及特性分析更方便，微生物的鑑定不再需要靠體外培養。核酸增幅作用，可分爲三大類：

A. 標的物增幅系統（Target amplification system）：例如：Polymerase Chain Reaction（PCR）技術。

B. 探針增幅系統（Probe amplification system）：例如：Ligase polymerase chain（LCR）技術。

C. 信號增幅系統（Signal amplification system）：例如：Branched DNA（bDNA）探針技術。

⑴**核酸探針及其應用**（Technology and application of nucleic acid probes）

使用一段單股的核酸探針與互補鏈的核酸進行特異性的雜交反應，可以偵測特異性 DNA 或 RNA 的存在。核酸探針的大小可以只有 20 個核苷酸（nucleotide），或大到幾千個核苷酸。雜交反應的基本原理是包括 dsDNA 的變性成單股，以及使用經過標示（labeling），具互補性 ssDNA 去偵測其特異的 ssDNA。探針的雜交反應可以證明遺傳的相關性（即核苷酸系列的同質性）。應用在微生物的實驗診斷，核酸探針可使用於細菌培養的確認替代傳統，費時繁瑣的步驟，也可使用於不易培養的細菌的偵測。

早期的探針使用放射性同位數例如 P 來標示，使用自動放射呈像系統（autoradiography）來偵測。非放射性探針（non-radioprobe）

則使用酵素（horseradish peroxidase、Alkaline phosphatase）或者親和性標示物（affinity label），例如：Biotin 去偵測雜交物的存在。冷光探針（chemiluminescent probe）分析則使用溶液試藥來進行。對於沒有雜交的標示探針利用水解去除。因爲這一系列反應均用一管溶液中進行，因此反應過程快速，不過需要使用冷光儀（chemiluminometer）來偵測。

DNA 探針技術與雜交反應也可使用於組織切片或活體切片，稱爲固定雜交反應（In situ hybridization）。目前使用 Biotinylated probe 來偵測的藥劑爲多。偵測的確認是使用 Avidin-Horseradish peroxidase（Avidin-HRP）再加上 HRP 酵素的作用基質（substrate），發生呈色反應可使用可見光波來偵測。In Situ Hybridization 也常用於困難培養的病毒，例如：Human Papillomaviruses、Epstein-Barr Virus、Hepatitis B Virus 和 HIV-1 的偵測之用。

核酸探針技術比傳統方法的費用來得高，但因時間上來得短，仍然爲未來的趨勢。某些病原菌，尤其是不容易利用傳統的培養方法來測定時，使用直接的探針偵測是受到肯定的。另一方面挑剔性的細菌，例如：*Neisseria gono-rrhoeae* 和 *Chlamydia trachomatis* 的偵測也可使用。直接的探針偵測比傳統培養方法來得敏感，但比 PCR 技術則較差。培養結果的鑑定，例如：*Histoplasma capsulatum*、*Blastomyces der-matitidis*、*Coccidioides immitis* 和 *Cryptococcus neoformans* 直接的探針偵測是快速、便捷的方法，具很高的特異性和敏感性。

探針試驗已經使用於 *Mycobacteria* species 的鑑定。BACTEC 培養系統呈現陽性反應時培養物可以直接進行 Mycobacterial probe 試驗，而快速地鑑定出分枝桿菌的菌種。DNA 探針目前已成功地應用於細菌中困難鑑定的菌株，例如：*Mobiluncus* species、*Campylobacter* species、*Legionella* species、*Haemophilus ducreyi*、*Chlamydia trachomatis*、*Mycobacterium kansassi*、*Mycobacterium avium*、*Mycobacterium intracellulare* 和 *Mycobacterium paratuberculosis* 等。細菌所表現的毒素的基因，例如：*Staphylococcus aureus* 所產生的 Enterotoxin A、B、C 和 Toxic Shock Syndrome Toxin 1 等基因，都可使用探針來確認，其他例如：Shiga-like toxin I、II 基因、*E. coli* 和 *Clostridium perfringens* 的腸毒素基因也是如此。細菌所表現的抗藥基因也已有探針的設計去確認，例如：對 β-Lactam 的抗藥基因，Quinolone 的抗藥基因等（圖 1-3）。

⑵PCR 技術（Methodology of PCR）

PCR 是一種標的物基因增幅系統（Gene Target Amplification System）。即某基因 DNA 的標的物序列已知，放大此段序列的數量達到可以偵測的濃度。PCR 基因增幅作用是一種高感度技術，可使少量 DNA 或 RNA 序列增幅放大到可以偵測出來之門檻的訊號，而且是具特異性，針對某標的物來進行反應。PCR 反應，目前均使用自動、電腦控制的加熱儀，稱爲 PCR 循環加熱儀（PCR Thermal Cycler）。

反應過程的組成分有：分析對象的 dsDNA（template dsDNA），寡核苷酸引子（oligonu-cliotide Primers），dNTP 和 *Taq* DNA polyme-rase，共置於一支小離心管（0.2 ml），混合均勻，置入 PCR 儀內的小槽中。循環加熱儀可以自動上溫、維持與冷卻，起先使 DNA 變性反應，然後重複進行 DNA 合成，再變性成單股核苷酸。初次的變性步驟在 95 ～ 100℃使 dsDNA 溶解變性成單股核苷酸，此時，所使用的引子在冷卻下會與互補性的 DNA 序列黏合。在 *Taq* DNA polymerase 協助下，會進行 DNA 序列的合成作用。如此，重複地加熱變性－引子黏合－引子延伸 DNA 合成作用等反應，而達到某一 DNA 序列的擴幅作用。標準的 PCR 步驟，大約在 30 ～ 50 次的循環作用，可以達到增幅作用。

PCR 產物的偵測，常使用明膠電泳法，使用 Agarose 或 Acrylamide 備製成膠片，再以 Ethidium Bromide 染色後，置於 UV 光下的照明箱（transilluminator）觀察。PCR 產物也可使用一般合成的標示探針互補於 Amplified DNA 的部分或一部分以雜交反應來確認。

Multiplex PCR 技術則是使用多對引子（primer pair），同時針對多個標的物基因（target molecules），同時進行多個 PCR 過程，可以同時得到多個的擴幅產物。Multiplex PCR 已經被應用於 *Clostridium difficile* 中 Toxin A 和 Toxin B 之結構基因的偵測。以及 Oxacillin-Resistant *Staphylococcus aureus* 菌株的 *mecA* 基因的偵測。

Nested PCR 技術則是使用第一組引子、同時進行增幅反應幾回合後，得到 PCR 產物再使用第二組引子進行增幅反應，第二組引子的設計是針對第一組引子（primer）所得到的 PCR 產物的中間核苷酸序列區域來增幅。因此第二組引子是限制在第一組引子的增幅物的巢穴區之意（nested）。Nested PCR 相當敏感但需要轉移第一次 PCR 產物到另一支反應試管中，再進行另一次的 PCR 反應，會造成汙染。

一般的 PCR 技術大都是針對單一病原的偵測。但臨床醫師所面對的病患大都是不同的病症。由於病症的病原的異樣性頻率高，而且很少能在使用培養法與特殊的病原檢測上能一起解決。臨床上，BioFire FilmArray™ 系統（bioMérieux 公司）目前被認爲擁有快速而且可同時偵測多項病原的優勢及 Nested Multiplex PCR 不同的引子設計邏輯，可提高病原體核酸偵測的敏感度及特異性，成爲病症感染病原診斷新工具。這技術目前已可延伸發展爲全自動化平台，臨床檢體可以直接上機完成所有病原體核酸偵測流程，並快速得到偵測報告供感染症診斷參考，包括腦膜炎、肺炎、菌血症、腸胃炎等病症。BioFire FilmArray™ 系統除了應用多重 Nested PCR 原理，並結合了微流體偵測設計及高解析度核酸熔融曲線方法進行分析，提供給臨床症候群病原體檢測（Syndromic testing）的服務，同時也有效地提高多種病原體共同感染的檢出率。BioFire FilmArray™ 系統在 2020 年又推出一系列新的呼吸道感染測試組合。針對 COVID-19 新冠病毒，將現有的呼吸道測試條進行了升級，可在 45 分鐘內同時檢測包含 SARS-COV2 在內的 22 種標的病原。與一般 SARS-COV2 PCR 測試使用 RdRP（RNA 複製酶）、核蛋白或包膜蛋白做爲基因標的不同，BioFire FilmArray™ 系統針對 SARS-COV2 病毒同時檢測的棘狀蛋白和細胞膜蛋白的基因位點進行鑑定，且檢測下限可以達到 160 copies/ml，因良好的偵測效能獲得全球第一個 SARS-COV2 FDA de novo 創新驗證許可。因應血流系統感染，推出第二代的血流感染測試條，可以在一小時左右偵測陽性血液培養瓶內常見 43 種病原相關標的，包含 11 種革蘭氏陽性菌、15 種革蘭氏陰性菌、7 種黴菌和 10 種抗藥基因。因此，BioFire FilmArray™ 系統可協助臨床診斷縮短所需的時間，包含促進抗菌藥物合理使用、協助感染控制、改善患者的預後、縮短住院天數、節省醫療成本等。已有許多具臨床效益的研究文獻發表。

鏈置換增幅作用（The Strand Displacement Amplification, SDA）的原理，是利用某一種限制性內切酶（restriction endonuclease）作用於 dsDNA 某一部位，使之一單股成切口；但在 DNA Polymerase 作用下會合成某一互補 ssDNA，而已有切口的 DNA 鏈會被在 DNA 合成過程中所置換。SDA 技術被使用於 *Mycobacterium tuberculosis* 在痰液中的偵測。

⑶**結合苷鏈反應**（Ligase chain reaction, LCR）

結合酶鏈反應是一種探針增幅系統（Probe Amplification System），當單股核苷酸標的物 DNA（target DNA）與寡核苷酸探針（oligo-nucleotide Probe）反應，這些探針會彼此尾端接尾端式的結合於標的物 DNA 上，即耐熱的 DNA 結合酶（DNA ligase）會使這兩個探針結合在一起，經過加熱使之與標的物 DNA 分開，而這結合的探針（ligated probe）與標的物 DNA（target DNA），再分別與互補的探針結合，則第一次的結合的探針（ligated probe）會與互補的探針（oligonucliotide probe）結合或配對，而標的物 DNA（target DNA）再重複與兩個互補的探針（oligonucliotide probe）黏合如此循環，得到多個探針增幅（probe amplification）產物。這些探針增幅產物結合於 Biotin 或酵素上而得到具標示的探針結合的產物（ligated probe product）而被偵測（圖 1-4）。

⑷**限制性內切苷片段長度多樣化分析**（Restriction-fragment length polymorphism, RFLP）

使用不同的限制性內切酶（restriction endonuclease），例如：*Eco*RI、*Hind*III、*Bam*HI 作用於菌體的質體 DNA（plasmid DNA）或染色體 DNA（chromosomal DNA），而得到長度大小不同的 DNA 片段，經過 Agarose 明膠的電泳分析，與 Ethidium bromide 的染色，於 UV 下觀察，每種菌株 DNA 所形成特有的多樣化的內切酶，不同長度片段圖形，長度大小不同的 DNA 片段的多樣化，是因限制性內切酶作用所致，稱為限制性內切酶片段長度多樣化分析（Restriction-Fragment Length Polymorphism, RFLP）。RFLP 分析法可以探討院內感染的菌種的同源性。

RFLP 分析再配合 DNA 探針，利用轉漬法使 DNA 轉漬到 Nitrocellulose 膜上，以 DNA 探針進行雜交反應。若為放射性的：P DNA 探針，則利用 Autoradiography 來偵測某特定基因的存在。若為 Biotinylated DNA 探針，則其 Avidin-horseradish peroxidase 結合後，使用酵素基質，使之作用而形成呈色的條狀的陽性反應。若本法應用於偵測菌體的 rRNA 的特性，稱之為核醣核酸分型（ribotyping）。

核醣核酸分型（ribotyping）廣泛使用於細菌的流行病學的特性分析。另外，PCR 技術配合 RFLP 分析法用於分析菌體的 16S rRNA，可以確認新品種的微生物存在，或者各種微生物之間的相關性。PCR 產物定序法（PCR-sequenc-ing）：PCR 產物經過定序，分析核苷酸序列其間的變化，可描述細菌或黴菌的型別，包括：*Mycobacteria*、*Legionella pneumophila*、*Clostridium difficile*、*Helicobacter pylori*、*Mycoplasma pneumoniae*、*Aspergillus* species 和 *Cryptococcus* species 等。細菌抗藥基因之檢測，例如：引起結核菌對 Rifampin 抗藥性之 *rpoB* 基因，係定點變異（point mutation）所至。*rpoB* 抗藥基因的偵測，首先以特異性之引（5'-GGGAGCGGATGACCACCCA-3' 和 5'-GCGGTACGGCGTTTCGATGAAC-3'）進行 PCR，得 350 bp PCR 產物經過定序，分析核苷酸序列的變化，可描述細菌 rpoB 抗藥基因的特性。

⑸**脈衝式明膠電泳分析**（Pulsed-field gel electrophoresis, PFGE）

脈衝式明膠電泳分析是 RFLP 的另一種分析法。菌體細胞放入明膠（agarose）製作的拴子內，就地使菌體細胞溶解，再以限制性內切酶作用成大小不同的 DNA 片段。這些 DNA 片段放置脈衝式電泳槽內，其中的電場大小會週期性改變而不是固定。本方法可使量少而且大分子量 DNA 片段很清楚地分開。

PFGE 常使用於分子流行病學研究，分析不同菌種基因的特性。

⑹細菌分子診斷在分枝桿菌的分類、鑑定爲例之應用[8]

針對分枝桿菌的 65-kDa 熱休克蛋白基因（heat shock protein gene）所設計的引子組（Primer Set），Tb11（5'-ACCAACGATG-GTG-TGTCCAT-3'）和 Tb12（5'-CTTGTC-GAACCG-CATACCCT-3'），進行 PCR 增幅作用。得到 439 bp DNA 片段，再以 *BstE*II 和 *Hae*III 作限制性內切酶分析，由電泳分析所得到的圖譜，可作爲分枝桿菌的分類及鑑定，包括結核菌與非結核分枝桿菌。商品化套組試劑對結核菌之專一性探針分子鑑定系統，能在 3 ～ 4 小時時間內完成鑑定。雖然鑑定成本較昂貴，但特異性與敏感性高，已在臺灣地區被使用。其原理是利用基因——探針增幅結核菌基因直接試驗法（Mycobacterium Tuberculosis Direct, MTD Test），作用的目標是結核菌 rRNA。由 Reverse transcriptase 和 dNTP 合成 cDNA，再以 RNA polymerase 作用，得大量 RNA，利用冷光標識 DNA 探針與之 RNA 作用形成 RNA：DNA 雜交體（hybrid），使用雜交保護分析法（hybridization protection assay, HPA），藉冷光儀來偵測是否有 *Mycobacterium tuberculosis* complex rRNA 的存在。整個過程只在一個試管內完成檢測。

⑺MALDI-TOF 質譜儀在臨床微生物的應用

近年來，基質輔助雷射脫附游離飛行式質譜儀（matrix-assisted laser desorption ionization-time of flight, MALDI-TOF）應用於蛋白質研究的技術成熟，進而拓展到微生物蛋白質的指紋圖譜，使臨床微生物的鑑定有更快速、簡易、準確、高載量、少量菌體即可鑑定、強大資料庫、自動化操作以及試劑便宜等優點，因此越來越廣泛使用。MALDI-TOF 質譜儀的基本原理分爲三個部分：①使用雷射將分子離子化：使用特殊基質與樣品混合，溶劑揮發後樣品與基質形成共價結晶，經由雷射激發作用下，基質做爲離子化過程中的能量傳遞的載體，將分子離子化。②測量離子的質荷比：離子化後形成具有不同質量及電子比（m/z）的離子，較輕的離子會率先抵達，較重的離子則稍遲。③使用飛行時間生成質譜：透過離子抵達時間的前後，經離子偵測器轉換接收訊號爲圖譜呈現。由於相同的物種其圖譜內容具一致的特性，將樣本圖譜與已知圖譜資料庫比對，就可完成微生物菌株的鑑定。圖譜資料庫系統是 MALDI-TOF 質譜儀平台另一個關鍵組成部分，對於資料庫系統分析圖譜的方法，各廠商都建立自己獨特的方式，包含實際測試的菌株數量與圖譜、直接以圖譜分析或以圖譜爲基礎再深入分析圖譜等。臨床微生物實驗室常規使用 MALDI-TOF 質譜儀流程，依照不同機型及菌株類別採用不同的樣品前處理；一般流程是在培養基上長出來的單一菌落，直接塗到樣品板上，再加入基質溶液混合，晾乾後將樣品板放入儀器內，之後由儀器測試分析。依照檢體的數量，檢驗報告可以在 5 分鐘到 1 ～ 2 小時發報告。

布魯克（Bruker Daltonics Inc.）MALDI Biotyper CA 系統於 2007 年開始推動 MALDI-TOF 質譜儀應用於歐洲地區臨床微生物的鑑定，生物梅里埃（bioMérieux Inc.）VITEK MS 系統於 2011 年上市，反而成爲全球第一家於 2013 年 8 月通過美國食品藥物管理局（FDA）認證應用於臨床微生物的鑑定。目前臺灣地區，醫院使用的 MALDI-TOF 質譜儀都是上述兩個品牌。基於 MALDI-TOF 質譜儀的便利及快速，已落實於臨床微生物實驗室常規鑑定細菌、酵母菌、黴菌及分枝桿菌等，但對於志賀氏菌（*Shigella* species）的鑑定仍是有其限制性。有特定的資料庫會碰到常見的肺炎鏈球菌（*Streptococcus pneumoniae*）及草綠色鏈球菌（Viridans streptococci）無法區分等。由於 MALDI-TOF 質譜儀的鑑定結果影響因素很多，包含儀器保養維護、校正、品質管制、試劑品質、樣品板清洗及資料庫分析等問題都會影響鑑定的結果，而且各廠商的規範也不太一樣。因此美國臨床實驗室標準協會（CLSI）於 2017 年製定 M58 標準（CLSI M58 1st edition）說明基質輔助雷射脫附游離飛行式質譜用於培養後微生物的鑑定方法（Methods for the Identification of Cultured Microorganisms Using Matrix-Assisted Laser Desorption/Ionization Time-of-Flight Mass Spectrometry），而且針對技術、流程、品質管制及方法的限制等均有詳細的規範。例如：儀器應在每次測試檢體前要自動執行儀器校正、每個上機日應執行品管並留下記錄、樣本盤應有獨立條碼以便追蹤等的建議及規則。

許多診斷血液感染研究文獻指出：病發後六小時內，若每延遲一小時，病人存活率就會降低 8%，所以 MALDI-TOF 質譜儀目前應用在血液培養陽性時有三個應用方向：①用陽性血瓶肉湯過濾，過濾後的菌株上機鑑定，可當天發報告。②陽性血瓶次培養 5 ～ 6 小時，有形成菌落即上機鑑定，可當天發報告。③陽性血瓶次培養 18 ～ 24 小時，上機鑑定，可隔天發報告。無論是哪個方法，都比傳統方法提早 4 ～ 48 小時。因此，縮短細菌鑑定的時間，提供醫生準確的臨床檢測報告，可提早擬定病人治療計劃方向或抗生素降階治療，縮短病患住院時間，增加存活的機率。總之，MALDI-TOF 質譜儀的方法應用在臨床微生物的鑑定，已成為重要的檢驗技術和手段，並翻轉了傳統的鑑定流程及觀念。最大的影響是縮短檢驗報告時間，協助醫師治療病患的方案增加準確性。MALDI-TOF 質譜儀提供簡單的操作流程、降低技術門檻的學習時間、菌株庫範圍廣，之前可能被忽略的菌株現在可以容易地鑑定出來。另外，使用者也可用 MALDI-TOF 質譜儀建立新的菌株圖譜庫，目前也有許多研究者分析菌株的抗藥圖譜片段並建立成新抗藥研究圖譜庫。

五、臨床微生物室的品管（Quality control in the clinical microbiology laboratory）

1. 品管的計畫（QC program）

微生物室的品管是一個進行性、整體性的工作，其目的是確保最終的結果是可以接受的程度，具有準確性（Precision）與正確性（Accuracy）。

2. 熟練度試驗計畫（Proficiency testing）

熟練度試驗計畫的成功與否為整個品管計畫所必要。每個實驗室要參與院外的（外部品管）熟練度計畫與自定要求（內部品管）來評估自己的經驗。參與項目要有基本的要求，包括細菌學、黴菌學等。在細菌學中，必須包括：Enterobacteriaceae、Gram Positive 桿菌、Gram Positive 球菌及其他 Gram Negative 菌。實驗室要以平常臨床工作的流程來進行實驗，不應該與其他實驗室做交流式的討論。熟練度實驗成績低於 80% 的比例時是不合格的，要重新檢討。

3. 標準操作流程手冊（Standard operating procedure manual, SOPM）

標準操作流程手冊要自定，要定期修正。

4. 工作人員的訓練（Personal training）

臨床工作人員要定期接受在職訓練，熟練度測試，使工作的誤差降低。在職教育中要教育工作人員對安全性的認識，受到感染的預防。預防將實驗室的病原菌散播到家裡。

5.藥物感受性試驗（Antimicrobial susceptibility testing）

藥物感受性試驗的各種抗生素紙錠的活性，每週要測試一次。使用的標準菌種，包括：*Escherichia coli*（ATCC 25922）、*Staphylococcus aureus*（ATCC 25923）、*Streptococcus fecalis*（ATCC 29212）和 *Pseudomonas aeruginosa*（ATCC 27853）。

6.培養基、試劑和消耗品的測試（Monitoring culture media、reagents and supplies）

內部品管項目的測試，包括：各種培養基的品管、試劑活性的評估，以及各種商品化耗材的準確性。每個批號的培養基的品質均需測試其活性，尤其一些活性較不穩定的培養基，例如：*Campylobacter* species 選擇性培養基、致病性 *Neisseriae* species 分離培養基，另外，厭氧菌分離之 Kanamycin-Vancomycin Blood Agar 等，否則會影響實驗室的培養結果。培養基活性的測試，可使用標準菌種來進行。

7.實驗室儀器設備的校正及測試（Monitoring laboratory equipment

實驗室常用的儀器，平常要維修與保養，例如：培養箱、冰箱、冷凍箱、水浴或烤箱。CO_2 培養箱的 CO_2 濃度，每天要測試。儀器有任何故障應盡快找尋原因，加以修護。

六、微生物實驗室的生物安全（Biosa-fety in the microbiology laboratory）

1.微生物實驗室生物安全的原則（Biosafety principles of medical laboratory）

微生物實驗室的生物安全系統是指經由防護原則、安全的技術及操作，達到預防病原體、毒素暴露或溢出之意外事件。其目的是要減少或消除工作人員在工作環境中暴露於具有潛在性危險的物質的機率。人體在微生物實驗室工作往往有多種途徑會從實驗室得到傳染病，例如：以汙染的雙手擦拭眼睛或鼻子，或在離心或振盪過程中吸入氣霧浮質，以及從液體培養物的濺出物而接觸。有時因不小心將手指放入口腔而吞入微生物。檢體操作過程因受針刺而經皮接種而感染病菌。在臨床微生物實驗室最常受波及的感染症為：志賀桿菌性痢疾（shigellosis）、沙門桿菌病（salmonellosis）、結核病（tuberculosis）、布魯氏桿菌病（brucellosis）和肝炎（hepatitis）。微生物實驗室的危險因子不僅可以延伸到鄰近的實驗室，更有可能被工作人員帶到家庭中。例如操作具高度感染性的傷寒桿菌（*Salmonella typhi*）等。

只有當進行實驗室的傳染性微生物的操作過程得到安全的管理，才能降低工作人員暴露於危險病原菌的可能性。微生物實驗室的生物安全最重要的基本原則是嚴格遵守標準的微生物操作步驟及技術。從事有關感染性微生物或材料的工作人員必須了解微生物潛在的危險性，也必須受過訓練而且熟悉處理該物體的操作步驟及技術。實驗室負責人有義務安排工作人員接受該種安全訓練。工作人員除了熟悉操作步驟及技術外，實驗室應提供安全的設備與操作流程的管理，以保護工作人員安全。安全設備包括生物安全操作櫃，密閉的操作櫃用以降低或避免暴露於具傳染性的生物材料之下。生物安全操作櫃是最主要的設備，主要是防止在微生物操作過程中所產生的噴濺及空汙感染。安全設備包括個人防護裝備，如個人防護服、防毒面具、安全眼鏡或眼罩。在處理危險的生物材料時，各種裝備都必須配合其他的安全設備一併使用。

微生物實驗室的設計必須符合所要處理微生物的危險級數。主要的目的在於提供一種屏障來保護實驗室裡內外人員及保護在實驗室外社區中的人們及動物，免於受到因意外事件由實驗室向外洩露的微生物的感染。例如，在生物安全一級及二級實驗室中暴露風險直接與病原接觸有關，或接觸到汙染的工作環境（生物安全等級之定義詳述於第八小節）。因此，實驗室中的二級屏障要包括實驗室工作區應該與公共出入口分開，包括去除汙染的設備（如高壓滅菌設備）及洗手的設備。當空氣傳播風險增加時，較高級層級的初級安全防護及多重的二級屏障就必須加入，以防止感染性的微生物外洩至環境中。這種設計可能包括特殊的排氣係統（可控制氣流的方向），排放的廢氣必須有去除感染原的空氣處理系統，出入口區域的管制，實驗室入口的空氣屏障，或採用分離式的建築物來達到隔離實驗室的目的。

2. 生物安全的教育和訓練（Biosafety education and practices）

醫療機構應該制定安全手冊，讓所有員工與安全管理人員參閱。明白實驗室有關的感染性生物材料的危險性。工作人員須先接受實驗室安全相關的訓練，才能從事實驗室檢驗工作。安全管理人員要對新進員工介紹注意事項並定期進行在職訓練。實驗室之操作人員須先經過適當的技術訓練後，方可進入實驗室內操作感染性生物材料，而且定期接受實驗室安全相關的在職訓練。實驗室安全在職訓練內容必須包括下列項目：國內外相關法規及規範、實驗室生物安全之原理、實驗室生物安全等級之判定與標示、標準作業管制。安全方案應該包括來自於實驗室獲得的傳染的調查（例如B型肝炎病毒、愛滋病病毒、結核病的感染），疫苗施打的政策，以及約束高度敏感的實驗室工作人員職責之規範（例如孕婦等）。洗手是所有工作人員所必須強調的項目。所有員工的雙手每當需要工作時要保持無菌狀況。使用肥皂搓揉手指是重要的步驟。殺菌劑產品並不會比肥皂方便有效。

3. 有害廢料的處置管理（Waste disposal management）

所有生物材料懷疑受病原菌汙染時，丟棄前應完全滅菌，包括：沒有使用的病患檢體、培養物、庫存的微生物，以及一些尖銳物品如針筒、針頭、刀片等。感染性廢料必須以高壓滅菌鍋滅菌後丟棄。感染性廢料，包括：培養基平板、試管、試藥瓶等應以雙層防漏、韌度高的塑膠袋裝置。若是吸管、拭子、破碎的玻璃物件應放入硬厚紙板容器內滅菌後丟棄。其過程必須遵守感染控制的流程和生物安全的規定，因為不適當的處置有害廢料是導致微生物實驗室意外事件的主要來源。通常實驗室要編寫適當處置的標準流程，包括：處置有害廢料的處理、意外事件的處理、感染性病原菌濺出的處理，讓所有員工確定熟悉這些適當的流程指南。具潛在性感染的有害廢料應該立即分開處理，放置於堅固的袋子，外面標示著有害廢料的圖騰。一些尖銳物品則使用具備防刺、防漏的容器處理。結核菌殺菌消毒劑應該常規使用於實驗桌表面和器械汙染的清除，具殺菌的肥皂或含酒精的拭手劑應該使用於雙手的消毒。

感染暴露後的控制（Postexposure control）必須確實執行，所有微生物檢驗室發生的任何暴露意外事件必須向安全督導管理人員報告。同時，將受感染工作人員安排送到職業病科接受醫師的諮詢，立即接受預防性治療，而且探討意外事件發生的原因，並列入記錄，訂定防治辦法。

4. 微生物實驗室標準的安全措施（Standard microbiological biosafety practices）

所謂標準的防備措施就是來自於病患的體

液和血液均應該當作具潛在性感染物來處理。所有醫療員工無論是在微生物檢驗室的外面或裡面，均須遵守標準的防護措施。在微生物檢驗室的外面收集和處理檢體時，每位員工應該帶手套穿實驗衣，小心處理針頭和刀片，將尖銳物品丟棄於硬厚容器。標準的防備措施和實驗室工作場所的安全措施最重要的目的是保護工作人員防止來自於實驗室獲得的傳染。微生物檢驗室標準的操作防護措施，包括處理血液或體液，以及送到微生物檢驗室的所有分泌物和排泄物（血清、精液、體液、唾液陰道分泌物）及帶有血跡的其他檢體。限定只有工作人員可以在實驗室活動。在微生物檢驗室，工作人員注意的要點如下：

(1) 時常保持謹慎注意處理病患的體液和血液，要假設所有病患都是感染愛滋病或血液中帶有病原菌。
(2) 當病患的體液和血液可能會濺出時，要適當使用隔離裝備防護皮膚與黏膜的暴露，包括隨時帶手套、面罩、口罩和防護實驗衣，尤其是在有濺汙或小水滴的形成時。
(3) 尖銳物品丟棄於硬厚容器，避免遭受尖銳物品的刺傷。
(4) 使用藥皂或含酒精拭手劑，遵從手腕消毒之步驟。脫下手套或遭受汙染時立即經由充分的洗手，以及其他皮膚外表來防護。當處理感染性材料之後，以及要離開微生物檢驗室之前，工作人員應該使用肥皂搓揉手指。
(5) 不可吃東西、喝飲料、抽菸、使用化妝品，不可裝卸隱形眼鏡，不可修剪指甲、嚼鋼筆。食物和飲料不可放置於微生物檢驗室。
(6) 使用拋棄式塑膠吸管，絕對禁止以口吸吸管，應改用吸管輔助器。
(7) 桌面的汙染物每天要清除或當汙染濺出時也要隨時清除。
(8) 進行實驗室工作，要穿戴適合的個人防護裝備，離開實驗室之前要脫掉。
(9) 使用合身的乳膠手套，增進手套的適用性。
(10) 當實驗室操作過程中會產生大量的氣霧或濺出物時，務必使用圍阻屏障設備。

5. 微生物檢驗室的工作環境（Microbiology laboratory environments）

微生物檢驗室的設計應該考慮人體工學的概念，包括：工作　、抽屜、書櫥架子、隔板、鑰匙板、照明、房子的空間。天花板與工作臺燈光要足夠。告示牌、布告欄和交通標示要讓員工和訪客清楚看到。審慎的投資人體工學的概念與新的美學理論，可使工作效率和舒適提高。生物性危害標誌應該張貼在微生物檢驗室門口，以及任何可能有感染性物質的設備（如：冰箱、培養箱、離心機）。微生物檢驗室的空氣處理系統應該將氣流從低危險區吹向高危險區，不可逆向。理想的微生物檢驗室應該在負壓環境，而且空氣處理系統不可循環使用。選用的生物安全操作櫃所造成感染性浮游氣霧的程度，應該符合檢驗室安全規定。許多傳染病，例如：鼠疫（plague）、兔熱病（tularemia）、布魯氏桿菌病（brucellosis）、結核病（tuberculosis）和退伍軍人病（legionellosis）可能經由吸入感染性浮游顆粒而感染。因爲血液可能含感染性病毒顆粒，培養血瓶穿刺的次培養必須要使用防護隔板防止浮游顆粒的存在而感染。有些檢體在培養前的處理過程，例如切碎、碾磨、震盪，以及製備抹片鏡檢等均會產生浮游顆粒，操作過程要在物安全操作櫃內進行。

微生物檢驗室隱藏著許多可疑的危險病菌，對經驗不純熟的工作人員常會面臨許多危害。因此，只允許工作人員接近。訪客尤其是年輕孩童是不鼓勵的。結核菌檢驗室、病毒檢驗室尤其是嚴禁訪客。保管人員應具備能力可以區別廢料容器中是傳染性材料或非傳染性材料。小心防止一些昆蟲，例如蟑螂出沒於微生物檢驗室。小蝨子會爬過培養基平板，沾染上微生物到其他地方。室內的花草可能成爲小昆蟲的來源，應該從微生物檢驗室中清除。

6.生物安全操作櫃（Biological safety cabinets）

生物安全操作櫃的準備措施，是保護工作人員與工作環境減少暴露於有害的生物材料，避免浮游顆粒或傳染性病菌的感染。生物安全操作櫃內所存在的傳染性物質常以高效率過濾網（HEPA）過濾消毒。生物安全操作櫃的設計，依照使用的需求分爲三大類。第一類和第二類生物安全操作櫃就能提供有意義的水準，保護工作人員與工作環境。

第一類生物安全操作櫃（Class I BSC）是容許操作櫃內沒有消毒的空氣通過操作櫃和檢驗材料，但排出的空氣要消毒。因爲抽氣至外面，操作櫃內呈負壓狀況，操作的地方是位於操作櫃前面開放部位。它的設計是使用於一般性微生物的研究，但毒性較低的微生物處理之用。

第二類生物安全操作櫃（Class II BSC）可以讓消毒的空氣通過操作櫃和檢驗材料，排放外面的空氣以也經過消毒。空氣的流程是通過濾網阻止汙染物進入操作櫃。又稱爲直立式層流生物安全操作櫃。第二類生物安全操作櫃具備高效率過濾網（HEPA）過濾消毒。HEPA過濾的直立式空氣層流設施可以保護操作櫃的材料不受外來的汙染物所汙染。第二類生物安全操作櫃依據內部流速與通過 HEPA 過濾再次循環使用的空氣的百分比不同，第二類生物安全操作櫃再分類爲 A 型和 B 型。A 型第二類生物安全操作櫃可讓 70% 的空氣通過 HEPA 過濾網再循環，有 30% 新鮮的空氣進入操作櫃。一般，A 型第二類生物安全操作櫃（Class IIA BSCs）被使用於微生物的操作需要 BSL-2 和 BSL-3 的屏障設備。B 型第二類生物安全操作櫃（Class II B BSC）是將廢氣排放到外面。B 型第二類生物安全操作櫃適用於放射性同位素、有毒化學物質、致癌物質的操作。

第三類生物安全操作櫃（Class III BSC），因爲完全密閉、呈負壓狀況提供工作人員高度防護不受感染。空氣進出操作櫃均完全過濾消毒，操作傳染性檢驗材料所穿戴的手套是附屬和密封於操作櫃。提供最高級措施保護工作人員與工作環境，故可使用於 BSL-3 和 BSL-4 的屏障設備。

7.個人保護裝備（Personal protective equipment）

醫療機構應該提供微生物實驗室工作人員所需要的個人保護裝備，避免在工作過程中接觸危險的物質因受感染而生病。個人防護裝備，如：個人防護服、防毒面具、安全眼鏡或眼罩。這些保護裝備包括防止微粒物質的侵入，使用處置容器收納尖銳的東西，以適當支架放置玻璃瓶，用托盤收納體積小而危險物品如培養血瓶、使用手提式吸管分注器、採用不能滲透性的長袍、實驗外衣、丟棄式手套、口罩、具保護裝備的離心機和 HEPA 式人工呼吸防護器。HEPA 式人工呼吸防護器對於處理肺結核病患的醫護人員是需要的，清理含病原菌溢出物的工作人員也是需要的。使用時，要注意人工呼吸防護器密合度的測試，穿戴是否正確，避免失去效果。N-95 人工呼吸防護器常使用於微生物檢驗室。

微生物檢驗室應該穿著實驗室工作服，離開實驗室時要脫掉實驗衣。由於雙手和前臂容易暴露於含血液的體液，工作服必須是長袖而且戴上手套來操作達到保護的效果。如果實驗衣遭受體液的檢體或病原菌溢出物的汙染，應立即以高壓滅菌處理，清洗再使用。在微生物檢驗室工作，不具滲透性的長袍實驗衣是不需要的，除非要處理已知含有大量傳染性的溢出物。

8. 實驗室生物安全等級與病原微生物依其危險性為基礎之分類（Biosafety level and classification of biologic agents based on hazard）

⑴ **實驗室生物安全等級**（Biosafety Levels）

爲了要減少來自於實驗室獲得性傳染的發生，將病原微生物依其傳播的危險性爲基礎而作分類，方便預防措施和抗生素治療的處理，以作爲判定的準則。不同類別病原微生物的分類，必須分別說明適當的預防裝備、實驗室的設備和操作程序，讓實驗室工作人員有所遵照。這個準則稱爲實驗室生物安全等級（biosa-fety levels, BSLs）。一般，分爲四個實驗室生物安全等級，包括合併使用初級和第二級阻隔屏障來處理特定的微生物的工作。每種生物安全等級的設計都要確保工作人員和環境在處理特定病原菌的安全。處理生物安全第一等級危險群微生物時，其危險性最低；生物安全第四等級危險群微生物的處理則需要最好的防護。

實驗室生物安全第一等級管制標準（biosafty level 1, BSL-1），是屬於最低級的屏障或微生物安全等級，完全依據標準實驗室操作流程。微生物實驗的操作過程可在開放工作臺進行，因爲已知此微生物對於健康成人不會造成感染，例如枯草桿菌（*Bacillus subtilis*），但是對幼童、年老及免疫力差的個體也是會引起機會性感染。所以，該等級實驗室用以處理對健康成人不引起發病的活微生物。它提供一種最基本的安全防護，除了標示的微生物操作及洗手檯外，並無任何初級或二級屏障。一般醫院或檢驗所的生化、血液、血清免疫、尿糞等常規檢驗等檢驗室，都歸類爲第一等級生物安全實驗室。

生物安全第二等級實驗室（BSL-2）的流程一般被應用於處理有中等風險的微生物、這些微生物會引起不同層次的疾病。操作過程會產生高度經空氣或噴濺散播風險的微生物則必須在初級安全防護設備（例如生物安全操作櫃Class II-A BSC）中操作。在初級屏障中，例如噴濺隔離板、面部防護設備、外袍及手套均須配戴。二級屏障中，如洗手及廢器物除汙染設施均爲必備的。生物安全第二等級實驗室常見於醫院的細菌檢驗室。

生物安全第三等級實驗室（BSL-3）的流程主要應用於危險性微生物的防護，主要靠浮質的產生而散播，例如結核菌（*Mycobacterium tuberculosis*）或 *Coxiella burnetii*。工作人員可能遭遇的危險，包括刺傷、食入、空汙感染這些病原。一級及次級屏障應用來防止感染性空汙散播至鄰近區域、社區及環境。因此，所有生物安全第三等級（BSL-3）的微生物操作均在生物安全櫃或其他密閉的設備中進行。二級屏障包括管制實驗室之進出及一個特別的排氣系統，用以降低感染性空汙的外洩。如醫院或檢驗所的結核菌檢驗室、病毒檢驗室。有些結核菌實驗室是屬於二級和三級之間的生物安全實驗室，我們稱之爲 P2（+）生物安全實驗室。

生物安全第四等級實驗室（BSL-4）的流程主要應用於操作危險性、海外來的微生物或會引起個人高風險的生命威脅性疾病。此種病毒不但會經由空氣傳播，而且目前無藥物及疫苗可用，例如伊波拉病毒。對工作人員可能的傷害包括暴露在感染性空汙下的呼吸系統，暴露在感染飛濺液的黏膜。所有的操作要在第三等級生物安全操作櫃（Class III BSC）內工作。須要完整的個人防護裝備。應在三級生物安全操作櫃內穿著全身、正壓供氣性個人防護服。這種實驗室通常是一棟分離的建築物或是在一間擁有排氣及廢物處理系統、可以防止活的微生物外洩至外界環境的大實驗室中的單獨隔離區。

⑵**病原微生物依其危險性爲基礎之分類**（Classification of biologic agents based on hazard）

一般而言，病患檢體對工作人員是比微生物的培養接種有較高的危險性，因爲病患檢體中可能存在不知道其性質的微生物。生物安全第一等級危險群微生物（Biosafety level 1 agents）與人類健康成人之疾病無關。這些微生物被使用於微生物實驗課程教材提供初學者練習之用，包括枯草桿菌（*Bacillus subtilis*）和 My *cobacterium gordonae*。操作生物安全第一等級危險群微生物的注意事項，包括良好的標準實驗技術即可。

生物安全第二等級危險群微生物（Biosafety level 2 agents）在人類所引起的疾病很少是嚴重的，而且通常有預防及治療的方法。常見於臨床檢體，包括所有感染症常見的病原菌，以及 HIV 和一些較不常見病原菌。處理這些檢體含有生物安全第二等級危險群微生物時，要符合使用生物安全第二等級注意事項。這種安全等級除了包括基本注意事項外，在進行工作的場所有進出實驗室的限制、處理病原菌的工作人員的訓練、具勝任監督人的管理，以及會產生氣霧的檢體的處理應在生物安全操作櫃內操作。員工應有 B 型肝炎疫苗的接種。炭疽桿菌（*Bacillus anthracis*）和鼠疫桿菌（*Yersinia pestis*）已成爲生物戰劑，現歸類爲生物安全第三等級危險群微生物。

生物安全第三等級危險群微生物（Biosafety level 3 agents）在人類可以引起嚴重或致死的疾病，可能有預防及治療之方法。其流程被推薦用以處理下列情況如可能有病毒存在的臨床檢體，生長中的結核菌（*Mycobacterium tuberculosis*）培養物，引起全身性感染的黴菌之菌絲體狀態，以及對某些微生物生長的數量比病人的檢體中還多時。其注意事項除了包括生物安全第二等級注意事項外，尙須注意實驗室設計和管理控制如有傳染性危險物質實驗室的空調的流動，以及工作人員的防護衣和手套等規範。生物安全第三等級危險群微生物的工作人員應保留工作之前的人體內血清，以便與發病急性期的血清作比較。例如法蘭西氏土倫桿菌（*Franscisella tularensis*）和布魯氏菌屬（*Brucella* spp.）曾經發生過生物戰劑事件，現已歸類爲生物安全第三等級危險群微生物。此類微生物都會藉氣霧來散播。

生物安全第四等級危險群微生物（Biosafety level 4 agents）在人類可以引起嚴重或致死的疾病，但通常無預防及治療之方法，包括某些病毒，如 arbovirus、arenavirus、filovirus 需要使用最高的防護設施。工作人員和所有的臨床材料均需要去汙消毒乾淨後才能離開實驗室。所有操作流程均需要以最大的防護來處理。尤其需要防護衣和第三類生物安全操作櫃。具潛力的生物戰劑，如 smallpox virus（天花病毒）需要以生物安全第四等級的防護設施來處理。生物安全第四等級危險群微生物是面對致命危險性的工作，經由氣霧來散播，而且沒有可利用的疫苗或治療。

9.傳染性物質的運送（Mailing biohazardous materials）

具有感染性微生物或檢體必須以危險物品來運送。不具有感染性微生物或檢體可以診斷試劑或臨床檢體來包裝和郵寄。事實上，屬於傳染性物質，而且在大部分臨床實驗室會相互運送的以結核菌（*Mycobacterium tuberculo-*

sis）培養物居多。如果實驗室主管不能確定病患是否是屬於感染性的微生物，臨床檢體的郵寄要審慎地以危險物品來運送，而不是以一個診斷臨床檢體來郵寄。運送屬於傳染性微生物或檢體要以三重包裝袋子來包裝，再放入堅硬的瓶中。不管是空運或陸上運送均必須符合標準。適當的包裝和運送傳染性物質是控管的重點。任何一個醫療機構需要有受過良好訓練的人員來專門負責處理。託運人必須完全負責具備一個安全而且適當的包裝來運送，若發生事故也要完全負責。傳染性微生物或檢體應該以含吸附性物質來打包，再放入外面標示有危險字樣的塑膠袋子。這是第一層包裝，再放入第二層容器，此層經常是一種防水的硬塑膠郵包。當第二層容器密封後，再放入第三層纖維板的容器。

學習評估

1. 革蘭氏陰性細菌與革蘭氏陽性細菌的細胞壁之差異。
2. 革蘭氏染色（Gram Stain）之步驟與原理。
3. Eosoin methylene blue（EMB）培養基作爲選擇性培養基的原理。
4. 應用於血液檢體的血液培養基之特性。
5. 應用於黴菌的藥物感受性試驗的培養基之特性。
6. 生物安全操作櫃的設計之分類。
7. 說明 MALDI-TOF 質譜儀的方法應用在臨床微生物的鑑定的基本原理。
8. 說明微生物實驗室生物安全的原則。
9. 說明微生物實驗室工作人員所需要的個人保護裝備。
10. 說明 RFLP（Restriction-Fragment Length Polymorphism, RFLP）分析法可以探討院內感染的菌種同源性的原理。
11. 說明生物安全第三等級危險群微生物（Biosafety level 3 agents）的特性。
12. 說明生物安全第三等級實驗室（BSL-3）的流程主要應用的特色。

參考資料

1. **Ayers, L. W. Microscopic examination of infected materials, p.152-198. In C. R. Mahon, D. C. Lehman, and G. Manuselis (ed.).** 2007. *Textbook of Diagnostic Microbiology*, 3rd (ed). Saunders, Elsevier Inc. St. Louis, Missouris, USA
2. **Roberts L. Specimen collection and processing, p134-151. In C. R. Mahon, D. C. Lehman, and G. Manuselis (ed.).** 2007. *Textbook of Diagnostic Microbiology*, 3rd (ed). Saunders, Elsevier Inc. St. Louis, Missouris, USA
3. **Forbes, B.A., D.F. Sahm and A.S. Weissfeld. Immunochemical methods used for organism detection, p.147-158, In B.A. Forbes, D.F. Sahm and A.S. Weissfeld(ed.).** 2007. *Bailey and Scott's Diagnostic Microbiology* 12th, The C.V. Mosby Co., St. Louis, Mo., USA
4. **Lehman D. C. Immunodiagnosis of infectious diseases, p234-271, In C. R. Mahon, D. C. Lehman, and G. Manuselis (ed.).** 2007. *Textbook of Diagnostic Microbiology*, 3rd ed. Saunders, Elsevier Inc. St. Louis, Missouris, USA
5. **Forbes, B.A., D.F. Sahm and A.S. Weissfeld. Serologic diagnosis of infectious diseases, p.159-171, In B.A. Forbes, D.F. Sahm and A.S. Weissfeld(ed.).** 2007. *Bailey and Scott's*

Diagnostic Microbiology 12th, The C.V. Mosby Co., St. Louis, Mo., USA

6. **Forbes, B.A., D.F. Sahm and A.S. Weissfeld. Nucleic Acid-Based Analytic Metyhods for Microbial Identification and Characterization, p.120-146, In B.A. Forbes, D.F. Sahm and A.S. Weissfeld (ed.).** 2007. *Bailey and Scott's Diagnostic Microbiology* 12th. The C.V. Mosby Co., St. Louis, Mo., USA
7. **Mahlen, S. D. Application of molecular diagnostics, p.272-302. In C. R. Mahon, D. C. Lehman, and G. Manuselis (ed.).** 2007. *Textbook of Diagnostic Microbiology*, 3rd ed. Saunders, Elsevier Inc. St. Louis, Missouris, USA
8. **Forbes, B.A., D.F. Sahm and A.S. Weissfeld. Laboratory Safety, p.45-61, In B.A. Forbes, D.F. Sahm and A.S. Weissfeld(ed.).** 2007. *Bailey and Scott's Diagnostic Microbiology* 12th, The C.V. Mosby Co., St. Louis, Mo., USA
9. **教育部**。《分子檢驗》。分子檢驗與生物資訊教學資源中心，教育部顧問室。中華民國 93 年出版。
10. **行政院衛生署疾病管制局**。《實驗室生物安全等級原則性規定》。中華民國 93 年 5 月出版。
11. **行政院衛生署疾病管制局**。《生物安全第三等級實驗室安全規範》（第二版）。中華民國 100 年 3 月出版。
12. **行政院衛生署疾病管制局**。《2011 ～ 2012 感染性物質運輸規範指引》。中華民國 100 年 3 月出版。
13. **Hannah M. C., Barbara C., Andy S. et al.** Clinical evaluation of the BioFire® Respiratory Panel 2.1 and detection of SARS-CoV-2. J Clin Virol. 2020; 129: 104538.
14. **Eckbo EJ, Locher K, Caza M, Li L, Lavergne V, Charles M. et al**. Evaluation of the BioFire® COVID-19 test and Respiratory Panel 2.1 for rapid identification of SARS-CoV-2 in nasopharyngeal swab samples. Diagn Microbiol Infect Dis. 2021; 99:115260.
15. **Venere C., Tiziana D., Liliana G., Giulia M. et al.** Comparing BioFire FilmArray BCID2 and BCID panels for direct detection of bacterial pathogens and antimicrobial resistance genes from positive blood cultures. J Clin Microbiol. 2021; 03163-20.

第2章

疾　病

楊宗穎、曾嵩斌

内容大綱

學習目標

- 了解人體各系統／組織，包含：呼吸道、消化道、泌尿道、生殖道、血流循環、中樞神經與其他無菌部位等的常見致病菌與其感染途徑和臨床症狀。
- 各系統／組織的檢體採集、運送、微生物分離、培養與結果判讀的方法。

2-1 呼吸道感染（Respiratory tract infections）

一、一般性質

呼吸道是人體對外環境的窗口之一，依照其部位，以聲帶爲界可分爲上與下呼吸道：上呼吸道包含鼻、咽、喉與鼻竇，緊鄰口鼻並可與外界直接接觸，駐有對健康無害的正常菌群，而這些微生物也成爲人體上呼吸道的一道保護膜，使得其他致病性微生物不易入侵進而感染；下呼吸道包含氣管、支氣管與肺臟，透過聲帶緊閉可使肺腔成爲一個間歇性的密閉空間，透過壓力與纖毛、黏液等呼吸道過濾系統幫忙，使得肺腔成爲一個無菌的環境。

上呼吸道感染包含普通感冒、流行性感冒、鼻咽炎、急性咽扁桃腺炎、喉炎與會厭炎等。約 95% 普通感冒由病毒感染所引起，其中鼻病毒爲大宗，其後則爲流感病毒、腺病毒、腸病毒與呼吸道融合病毒，病毒感染時無需使用抗生素治療，但若合併咽喉炎發生則可能爲細菌感染（約 15%）[1]，須經由醫師指示進一步使用抗生素治療，常見的致病細菌有化膿性鏈球菌、肺炎鏈球菌、流感嗜血桿菌、白喉棒狀桿菌、貝氏考克斯菌等[2]。下呼吸道感染包含氣管炎、支氣管炎與肺炎等，氣管炎與支氣管炎多爲病毒所引起[1]，而肺炎則多爲細菌引起，包含流感嗜血桿菌、金黃色葡萄球菌、克雷伯氏肺炎菌、退伍軍人桿菌、披衣菌、黴漿菌、貝氏考克斯菌等，此外，嚴重肺炎也可能由冠狀病毒所引起，如嚴重急性呼吸道症候群冠狀病毒（SARS-CoV）、中東呼吸症候群冠狀病毒（MERS-CoV）與 2019 冠狀病毒（COVID-19）等[3]。

上呼吸道緊鄰口鼻直接與外界環境接觸，駐有正常菌群，故在實驗室進行診斷時應避免對非致病菌進行鑑定與藥敏試驗；下呼吸道則爲間歇性的密閉空間，具有呼吸道過濾系統使其成爲無菌環境，然而下呼吸道檢體排出／採集時常需經過上呼吸道，可能遭其汙染，在確保採檢過程無汙染情形下，即使培養出上呼吸道正常菌群，仍應發出報告予臨床醫師進行臨床意義的判斷。

二、臨床意義

1. 上呼吸道感染

上呼吸道感染包含許多疾病，一般成年人每年約遭受 1～3 次的上呼吸道感染，兒童則可能高達八次，據統計 2015 年約有 170 億件病例，其中多數爲普通感冒，可見其發生頻率相當高[4]。除普通感冒外，急性咽喉炎（pharyngitis）也是常見的上呼吸道感染之一，常見的致病菌包含病毒以及鏈球菌（Streptococci），其中又以化膿性鏈球菌最爲重要（*Streptococcus pyogenes*，屬於 A 群 β 溶血鏈球菌），患者在化膿性鏈球菌咽喉炎痊癒後可能引發鏈球菌癒後疾病（post-streptococcal illness），如急性風溼熱與腎絲球腎炎等[5]；其次，白喉棒狀桿菌可能引發白喉（diphtheria），進而產生全身系統性感染症，百日咳桿菌引發百日咳（pertussis），貝氏考克斯菌（*Coxiella burnetii*）可由上呼吸道感染產生 Q 熱（Q fever）。然而少部分正常人的咽喉也可能檢出致病菌，如腦膜炎雙球菌（*Neisseria meningitides*）、金黃色葡萄球菌（*Staphylococcus aureus*）、流感嗜血桿菌（*Haemophilus influenza*）、肺炎鏈球菌（*Streptococcus pneumoniae*）等，但若患者非咽喉炎患者，則此分離菌株不具臨床意義。除了一般上呼吸道感染患者外，鼻腔檢體採集也可用於院內感染控制（nosocomial infection control）的管理，院方應經常性檢查醫護人員鼻腔內的微生物種類，特別是對甲氧西林抗藥性金黃色葡萄球菌（Methicillin-resistant *S. aureus*, MRSA），或其他細菌的帶原情形，以作爲院內感染控制與流行病學調查的依據[6]。

2.急性下呼吸道感染

涉及氣管、支氣管與肺臟的急性感染可被歸類爲下呼吸道感染，患者症狀常包含咳嗽、痰液產生、發燒與呼吸急促等，痰液爲常見的下呼吸道檢體，可透過直接咳出、拍擊與姿位引流、氣管穿刺抽取或支氣管鏡檢收集等[7]，最好在投予患者抗生素前進行檢體採集。病毒性肺炎常見於小於兩歲的嬰幼兒，其病原包含呼吸道融合病毒（respiratory syncytial virus, RSV）、人類間質肺炎病毒（human metapneumovirus, hMPV）、流感病毒／副流感病毒（influenza/parainfluenza virus）與腺病毒（adenovirus）[8]。此外，成人也可能受到水痘、德國痲疹等病毒感染而引發病毒性肺炎，兒童或成人的病毒性肺炎後，經常會因 β-streptococci、pneumococci、金黃色葡萄球菌、流感嗜血桿菌以及腦膜炎雙球菌引發續發性細菌感染（secondary bacterial infections），進而導致更嚴重的併發症；細菌性肺炎較常見於老年人，也可見於部分兒童（也可能爲病毒 - 細菌的共同感染）；兒童細菌性肺炎可能由流感嗜血桿菌、肺炎鏈球菌、金黃色葡萄球菌、肺炎黴漿菌（*Mycoplasma pneumoniae*）、肺炎披衣菌（*Chlamydia pneumoniae*）等引起。成人肺炎的病原菌與上述相似，退伍軍人桿菌（*Legionella pneumophila*）的感染也是可能原因之一[9]，此外因嬰幼兒免疫系統尚未足夠成熟，也可能遭受眞菌—卡式肺囊蟲（*Pneumocystis jirovecii*, 前名 *Pneumocystis carinii*）、隱球菌（*Cryptococcus*）與麴菌屬（*Aspergillus*）感染[10]。

3.慢性下呼吸道感染

久咳、大量痰液、呼吸短促與運動效率下降等爲慢性下呼吸道疾病常見的症狀[11]，感染致病菌後患者常引發慢性支氣管炎或慢性氣管肺炎，因痰液檢查常出現多種可能的致病菌，例如肺炎鏈球菌、流感嗜血桿菌、卡他莫拉菌（*Moraxella catarrhalis*）、金黃色葡萄球菌、綠膿桿菌（*Pseudomonas aeruginosa*）、結核分枝桿菌（*Mycobacterium tuberculosis*）與非結核分枝桿菌（non-tuberculous mycobacteria, NTM）等，除細菌外，部分黴菌引發的急性感染也可能在治療過程轉化爲亞急性或慢性的病程[10]。上述病菌中，結核桿菌引發的肺結核病是最主要的慢性下呼吸道感染之一，同屬的非結核分枝桿菌也可能會引發相似的疾病，特別是鳥型分枝桿菌（*M. avium* complex，其中 *M. avium* 和 *M. intracellulare* 最爲常見）以及 *M. kansasii*[12]。而治療慢性呼吸道時也需注意其他致病菌的侵襲，例如貝氏考克斯菌（*Coxiella burnetii*）可能在治療期間感染，並導致惡化產生急性感染症[13]。

三、培養特性與鑑定法

上呼吸道檢體包含鼻腔／鼻咽腔拭子（nasal/nasopharyngeal swab）、咽喉拭子（throat swab）、鼻竇清洗液（sinus wash）與鼻腔／鼻咽腔抽出液（nasal/nasopharyngeal aspirate）；下呼吸道檢體包含痰液（sputum）、氣管穿刺抽取液（transtracheal aspirate）、氣管內吸取液（endotracheal aspirate）、支氣管肺泡沖洗液（bronchoalveolar lavage）、支氣管刷（bronchial brush）、肺臟組織（lung tissue/biopsy）等。上呼吸道以鼻咽拭子最爲常見，而下呼吸道則是以較不需侵入性採集的痰液最爲常見，檢體應於患者感到呼吸道不適後的三日內進行採集，且最理想的時機爲患者尚未使用任何抗生素或其他療程前進行。

上呼吸道充滿各式正常菌群，其中也包含可能致病／無症狀帶原的細菌（如肺炎鏈球菌、奈瑟氏球菌屬、腸桿菌屬等）、病毒（如鼻病毒、冠狀病毒等）、黴菌（如白色念珠菌），因此拭子類檢體的採集須注意盡量避免接觸患部（紅腫部位）外的區域以減少汙染，而實驗室判讀結果過程也需以分離的種類與菌量比例進行判斷主要的致病菌，必要時須將分離到的多種結果報告提供臨床醫師以利應變。此外，拭子類（swab）的檢體需以帶有塑膠／金屬桿子的無菌發泡棉頭（多爲聚酯纖維（PET）材質）進行採集，棉花材質的棉棒頭帶有脂肪酸成分，可能殺死百日咳桿菌，導致診斷失眞，若疑似爲百日咳患者，應於臨床採集檢體後直接進行培養接種，否則需以 1% 的酪蛋白氨基酸培養基（casamino acid medium）保存，並於採集後兩小時運送至實驗室進行培養。拭子類檢體通常需要保持溼潤（保存於運送用培養基），並保存於攝氏 2～8 度以維持檢體活性並防止汙染微生物的過度增長。遇特殊檢體則需以特殊培養基進行培養，例如疑似百日咳的患者，其檢體需以 Bordet-Gengou agar 或 Regan-Lowe agar 進行培養，必要時於培養基可添加抗生素 cephalexin 以提高培養基的選擇性[14]；而疑似感染白喉棒狀桿菌時，檢體需以 cystine-tellurite-blood agar、Hoyle's agar 或 Loeffler's agar slant 進行培養[15]。

下呼吸道檢體常見痰液，可由患者深咳取得，採集過程需教育患者如何避免口水的汙染，可透過口腔黏膜細胞數量進行檢體品質管理，檢查口水汙染程度[16]。檢體採集後應保存至無菌容器並且盡速送至實驗室進行培養，若無法則將檢體保存於攝氏 2～8 度並於 48 小時內進行檢體處理。此外，疑似結核病患者的痰液檢體需以三日三次的檢體採集來增加分枝桿菌的檢出率。清晨採集爲最佳時間，此時痰液量最多且尙未接受外界過度汙染，針對無法自然取痰的患者，如無法深咳或長期臥床患者可透過幾種方式取得檢體：1. 於清晨尙未飲水與進食前由胃部抽取，因人於睡眠期間會反射地將痰液呑入胃中，檢體取得後需迅速送往實驗室進行中和以保持檢體活性；2. 以溫的（約 37℃）10% 食鹽水噴霧誘發病人產生痰液（aerosol-induced sputum）並抽取；3. 透過支氣管鏡檢方式刷取或沖洗取得支氣管沖洗液／刷取檢體；4. 穿刺頸部喉頭皮膚抽取氣管穿刺抽取液；5. 以氣管切開術取得的氣管抽取液等。痰液培養時挑取帶血化膿或取含有顆粒部分的檢體進行試驗，若檢體過於黏稠則先以等體積之二硫蘇糖醇（dithiothreitol, DTT）或乙醯半胱氨酸（N-acetyl-L-cysteine, NAC）進行消化[17]，而後加入中性緩衝液後，離心並去除上清液，留下的檢體以 1～2 毫升的 0.2% 牛白蛋白溶液（bovine albumin solution）重新懸浮，並接種至 Blood agar plate 或 Chocolate agar plate 等營養且非選擇性培養基，或挑取幾種選擇性培養基進行接種，如 MacConkey agar、Eosin methylene blue agar、Mannitol salt agar、Columbia naladixic-acid agar 等，針對分枝桿菌則需以 Löwenstein–Jensen medium、Middlebrook 7H10 agar、Middlebrook 7H11 agar 等。除了將檢體進行處理與培養以外，若懷疑感染嗜肺性退伍軍人桿菌或部分病毒（如單純皰疹病毒、巨細胞病毒、腺病毒等）也可以透過直接免疫螢光抗體染色法進行檢查[18,19]。

2-2 泌尿—生殖道感染（Urinary-Genital tract infections）

一、一般性質

泌尿系統爲人類的排泄系統，由腎臟、輸尿管、膀胱與尿道組成，近年來因次世代定序的進步，研究顯示人體膀胱具有正常菌叢[20]，因此推稱尿液不再是完全無菌的檢體，健康人膀胱菌叢常見的菌屬包含普雷沃氏菌屬（*Prevotella*）、埃希氏菌屬（*Escherichia*）、腸球菌屬（*Enterococcus*）、鏈球菌屬（*Streptococcus*）或檸檬酸桿菌屬（*Citrobacter*）等，性別之間尿路菌相組成的主要差異在於某些屬的豐度，例如棒狀桿菌屬（*Corynebacterium*）和鏈球菌屬在男性中更豐富，或乳桿菌屬（*Lactobacillus*）在女性中更豐富；而尿道與外界環境可能直接接觸，故該部位常見正常菌叢，如表皮葡萄球菌（*Staphylococcus epidermidis*）、糞腸球菌（*Enterococcus faecalis*）、α- 鏈球菌，與少部分可能帶有大腸桿菌或棒狀桿菌屬等[20]。泌尿道感染可分爲上／下泌尿道感染，下泌尿道感染包含尿道炎與膀胱炎；若下泌尿道感染處理不愼則可能惡化，使感染上行至腎臟導致上泌尿道感染—急性腎盂腎炎（acute pyelonephritis），而尿液檢體培養是判定泌尿道感染的重要依據[21]，因此採檢應避免受到外尿道正常菌叢汙染，實驗室培養結果也須謹愼判斷病原菌。

女性生殖系統主要由子宮與卵巢兩個部分構成，卵巢透過輸卵管與子宮連接，卵子生成後會沿著輸卵管進入子宮，並在與精子結合後著床於子宮；子宮會分泌陰道及子宮分泌物，是受精卵／胎兒成熟的地方，而陰道口爲子宮對外的開口，藉由子宮頸與子宮相連。男性生殖系統由陰莖、陰囊、前列腺等器官組成，精子由睪丸生成並存於副睪，而前列腺圍繞輸精管並分泌前列腺液混合精子爲精液。正常內生殖道（女性的子宮、卵巢；男性的睪丸等）爲無菌狀態，但外生殖道（女性陰道；男性陰莖）直接與外界接觸，因此表面有正常菌群，如女性陰道有乳酸桿菌、大腸桿菌等[21]；男性泌尿道與生殖道開口爲同一個，因此菌叢相似，未割包皮的男性可能帶有恥垢分枝桿菌（*Mycobacterium smegmatis*）[22]，正常菌叢可提供宿主生物性的防護屏障，使宿主較不易受到致病菌感染，然而若疑似生殖道感染的患者，同樣在採集檢體時需小心正常菌叢的汙染。

二、臨床意義

全球泌尿道感染占院內感染的 30%[23]，而根據臺灣疾管局統計約占臺灣院內感染 40%，爲主要院內感染症之一，常見於長期住院的老年患者。泌尿道感染源自於尿道內微生物的定殖引起的發炎感染，下泌尿道感染包含尿道炎、膀胱炎和前列腺炎，患者會有尿道搔癢、排尿灼熱感、頻尿、排尿困難等症狀，若下泌尿道感染治療不當，則感染可能上行至上泌尿道並引發上泌尿道感染（腎盂腎炎）並出現發燒與腹痛等症狀。泌尿道感染常見多個部位同時感染，通常女性泌尿道感染機率大於男性，因女性尿道較短且靠近肛門口，微生物僅須通過較短的距離即可感染膀胱，且易受腸道正常菌群感染，常見的病原菌如大腸桿菌、克雷伯氏菌屬、其他腸桿菌屬、綠膿桿菌、葡萄球菌屬、白色念珠菌等。尿液檢體的細菌培養與定量是泌尿道感染最常見的實驗室診斷方法，在患者清除易汙染的前段尿液後，採集中段尿液進行細菌定量培養，定量結果每毫升超過 10^5 個細菌量則定義爲泌尿道感染[24]，少部分患者可能出現兩種不同的病原菌，但若分離結果具三種以上不同菌種時，可能是檢體採集時遭受汙染。除了細菌培養以外，實驗室可搭配尿液鏡檢如計數嗜中性球數目增加檢驗數據的臨床意義，若在高倍視野下發現超過 30 個的嗜中性球，則可能為急性泌尿道感染。除直接鏡檢計數外，各種新興生物標的（biomarker）診斷方法也不斷推陳出新，未來也可透過這些生物標的進行快速診斷[25]。

一般而言，女性外生殖道附有正常菌群形成的生物性屏障保護宿主，除非在異常情況，如傷口或免疫力低下等，否則正常菌群不會對宿主造成疾病，且陰道環境常為酸性，也可避免病原菌的貼附與孳生。育齡婦女的正常菌群型態通常與青春期／絕經後婦女不同[26]，因雌激素的變化導致陰道環境酸鹼值改變進而影響正常菌群型態。青春期與絕經後婦女的生殖道常見菌叢包含葡萄球菌與棒狀桿菌等，而育齡婦女常攜帶大量的兼性厭養菌，如腸桿菌、乳酸桿菌、鏈球菌等，其中常見 β- 溶血性鏈球菌（無乳鏈球菌）的帶原，雖對母體無害，但可能透過生殖過程傳染給新生兒，引發肺炎、腦膜炎與敗血症等。此外，源自腸胃道的酵母菌雖常見於女性陰道，然而酵母菌並非正常菌群且可能造成感染，在一般健康女性陰道中易被清除。生殖道感染可分為內源性與外源性[27]，內源性感染包含免疫失調或是外生殖道的傷口遭受自身腸道菌的感染等，而外源性感染即為外來的病原菌，其中最常見以性傳播的方式傳染（即為性傳染病）。內源性感染常見於女性，包含細菌性陰道炎、白色念珠菌感染等；外源性感染疾病可見於兩性，其中病原菌包含細菌—砂眼衣原體（*Chlamydia trachomatis*，披衣菌；引起淋巴肉芽腫（lymphogranuloma venereum, LGV））、淋病雙球菌（*Neisseria gonorrhoeae*；引起淋病）、梅毒螺旋桿菌（*Treponema pallidum*；引起梅毒）、杜克氏嗜血桿菌（*Haemophilus ducreyi*；引起軟性下疳）；病毒—單純皰疹病毒（herpes simplex virus）、人類乳突病毒（human papillomavirus）、人類免疫缺乏病毒（human immunodeficiency virus）；寄生蟲—陰道毛滴蟲（*Trichomonas vaginalis*；引起滴蟲性陰道炎）。除急性感染症以外，生殖道感染也可能為男性與女性帶來不孕等的後遺症，或對新生兒造成垂直感染等其他不良影響。

三、培養特性與鑑定法

尿液檢體的採集可使用中段排尿法（midstream urine）、導尿法（catheterized urine）、膀胱鏡檢（cystoscopy）、恥骨上方穿刺抽取法（suprapubic aspiration）等，然而導尿法常因導尿管的滯留而進一步的增加病人感染的風險，據統計有 80% 的院內泌尿道感染是由導尿管的安裝所引起[23]，因此除了無法自然排尿的患者，否則應減少使用導尿法採集檢體。

收集於廣口無菌檢體杯的尿液檢體須盡速送至實驗室進行培養，且檢體不可進行離心，否則可能出現偽陽性的結果，定量尿液檢體含菌量的方法有二：

1. 平板倒注法（Pour plate technique）[28]——以生理食鹽水將尿液檢體進行 10 倍的序列稀釋，並且將原檢體與稀釋後的檢體取定體積均勻分布於固體培養基上，於培養後進行菌落計數並回乘稀釋倍數以取得每毫升尿液的細菌含量，以此最可直接反應患者泌尿道感染的嚴重程度。
2. 標準接種環方法（Calibrated-loop method）——以標準化接種環垂直沾取檢體後將尿液培養至營養培養基（如 BAP）與選擇性培養基（如 EMB），培養後計數菌落數，並將結果依據使用的接種環大小，回乘稀釋倍數 10^2 或 10^3 即可得知每毫升菌落數。此外，提取檢體角度、檢體杯的開口與沾取時的手法均會影響檢體細菌量的準確性[29]，因此標準化接種環的操作與訓練對於臨床檢出的準確性相當重要。

除了直接培養以外，可視臨床需求進行尿液的快速檢驗，例如尿液直接顯微鏡觀察，混勻並取 0.01 ml 的新鮮尿液檢體置於乾淨玻片上，進行革蘭氏染色後以油鏡觀察，若尿液檢體中每毫升有 10^5 的含菌量，有 90% 機率可以直接觀察到細菌[21]。也可透過沉澱物收集管離心後，取其沉澱物進行塗片染色等方式，檢測玻片上的菌量、白血球數量等，可初步判斷是否有泌尿道感染。此外，透過尿液檢驗試紙測試多種生化指標，如細菌感染時常出現的指標——白血球、蛋白質等，搭配白蛋白試紙（albumin）、格里斯試驗（Griess test，測試細菌的亞硝酸還原酶）進行檢驗，提高檢驗數據的臨床意義，目前已有針對白血球、亞硝酸、蛋白質與血液的快速檢驗試紙上市，如 Geratherm®。此外，除了中央實驗室檢驗外，現行臨床開始提倡定點照護檢驗（POCT），因此目前也開發臨床直接呈色的尿液檢驗設備[30]，可用於床邊即時檢測泌尿道感染。

生殖道檢體多以拭子爲主，透過一支或兩支無菌拭子進行採集，針對不同的診斷目的採集不同的檢體，針對女性，子宮頸檢體是將拭子棉頭完全沒入子宮頸後輕轉 5～10 秒鐘採集，拭子抽出時須避免碰觸陰道壁、陰道口、外陰部等，以避免正常菌群的汙染。若陰道壁有明顯膿瘍或分泌物，可以拭子刷取分泌物作爲陰道炎檢體檢體；人類乳突瘤病毒檢體則需刷取陰道壁並將拭子保存於特定容器；孕婦的 β 鏈球菌檢查則需取陰道拭子（部分單位會加取肛門拭子），於陰道口／肛門口深 2 公分處輕轉後取出；對於子宮內分泌物也可透過導管採集，將導管插入子宮後以負壓吸取，可降低陰道的檢體汙染風險；盆腔膿腫則需透過進針抽取，並裝於無菌容器送交實驗室。針對男性，採集前列腺或精囊檢體，透過前列腺按摩或是排尿法採集，排尿法前列腺檢體採集時，患者需攝取 500 毫升飲用水，並維持 2～4 小時不可排尿，待患者有尿意後，將包皮上翻並清潔尿道口，尿出的前 10 毫升爲尿道檢體，後續排尿 200 毫升中取 10 毫升做爲膀胱檢體，而後再次排尿取 10 毫升即爲前列腺檢體。檢體採集後應盡速送往實驗室進行處理（30 分鐘內爲佳），檢送過程應盡量避免將檢體置於冰上，因部分生殖道病原菌對溫度敏感，如淋病雙球菌於低溫環境就會死亡，降低檢出率。

生殖道檢體送至實驗室後須盡速處理，若有兩套檢體則可以進行革蘭氏抹片染色的直接鏡檢，觀察是否有胞內雙球菌（intracellular diplococci）存在，可初步診斷患者是否患有淋病；若在陰道抹片上觀察到線索細胞（clue cell）則可能爲陰道加德納菌（*Gardnerella vaginalis*）感染。疑似淋病患者的檢體可用 Transgrow 做爲運送培養基[31]或 Stuart's transport medium，增加淋病雙球菌在運送時的存活率，直接培養可使用巧克力盤（chocolate agar）、Thayer-Martin（TM）agar、modified Thayer-Martin（MTM）agar 等，使用的冷藏培養基需於室溫中回溫至少 30 分鐘，否則容易導致淋病雙球菌的檢出率下降。而針對疑似砂眼衣原體（*Chlamydia trachomatis*，披衣菌）感染的檢體，可使用 McCoy 或 HeLa 細胞株進行培養，並透過螢光免疫抗體試劑觀察培養後的細胞中是否含有包涵體（inclusion body），或是以抹片鏡檢找尋基體（elementary bodies）的存在，可作爲感染的初步診斷。此外針對披衣菌的檢體也可透過核酸增幅試驗

（nucleic acid amplification test, NAATs）等分子生物技術進行快速檢驗[32]。針對單純皰疹病毒（HSV）的感染檢驗，可採用拭子檢體進行細胞培養、聚合酶鏈鎖反應或使用血清檢體進行抗體偵測。

2-3 胃腸感染（Gastrointestinal infections）

一、一般性質

消化道系統上至口腔下至肛門，依十二指腸第四節的柴茲氏韌帶（treitz ligament）作爲界線分爲上與下消化道，上消化道的胃酸（約 pH=3）進入十二指腸第一節後即被中和至 pH=6 以免灼傷其以下器官，在胃袋酸性環境中大多細菌都會被胃液強酸殺死，僅有胃的幽門與十二指腸間有胃幽門螺旋桿菌（*Helicobacter pylori*）可透過中和胃酸與鑽入宿主胃壁存活。下消化道爲十二指腸後段至肛門，該環境含有大量的腸道正常菌群，正常人腸道帶有 10～100 兆個細菌[33]。腸道菌群的組成依照宿主生活、飲食、用藥等習慣有所不同，腸道菌叢可互相制約進而不造成疾病，近年來越來越多研究指出腸道菌叢的失衡與宿主的許多非腸胃道疾病相關，例如躁鬱症、肥胖、糖尿病等[33]。腸胃道感染依照致病菌可分爲細菌性或病毒性感染，常有腹痛、噁心、嘔吐、腹瀉甚至發燒等症狀。胃幽門螺旋桿菌爲少數可在胃部存活的細菌，80% 的胃幽門螺旋桿菌的帶原者並不表露病癥，部分宿主因胃酸中和與胃壁的破壞產生不適，輕則胃部疼痛與發炎，重者可能產生胃潰瘍、引發胃癌或胃淋巴癌[34]。食物中毒是腸胃道感染常見的形式，嘔吐型食物中毒多爲米飯類食物引起（多爲熱穩定性毒素引起），而腹瀉型食物中毒則多爲肉類或海鮮所引起（多爲熱不穩定性毒素引起），其病原菌包含創傷弧菌（*Vibrio vulnificus*）、腸炎弧菌（*Vibrio parahaemolyticus*）、金黃色葡萄球菌（*S. aureus*）、大腸桿菌（*E. coli*）、仙人掌桿菌（*Bacillus cereus*）、沙門氏菌（*Salmonella*）、志賀氏菌（*Shigella*）、轆腸梭狀桿菌（*Clostridium botulinum*，肉毒桿菌）、產氣莢膜梭狀桿菌（*Clostridium perfringens*）、唐菖蒲伯克氏菌（*Burkholderia gladioli*）等。弧菌屬（*Vibrio* spp.）多分布於海洋，常見於海鮮類食物中毒，弧菌的繁殖相當快速，尤其夏季爲弧菌食物中毒的高峰季節[35]，因其食物中毒多半爲生食海鮮，所以將海鮮食物煮熟是最好的預防方式（弧菌於 80 攝氏度 1 分鐘內即可完全殺死）。金黃色葡萄球菌多分布於人的表皮、鼻腔等，引起食物中毒的原因並非細菌本身，而是金黃色葡萄球菌產生的腸毒素（enterotoxins）[36]，一旦金黃色葡萄球菌汙染食物並定殖五小時以上將產生腸毒素，該毒素在沸水 30 分鐘烹煮後仍有活性，不易去除。大腸桿菌常分布於水、土壤、人體腸道等，爲常見的細菌之一，多數大腸桿菌並不致病，然而透過噬菌體或質體等方式獲得了毒力因子後[37]，將演化爲病原性大腸桿菌，依照其毒力因子可分爲幾型，其中最嚴重的是腸出血性大腸桿菌（Enterohemorrhagic *E. coli*, EHEC），常見血清型爲 O157:H7，在美國曾引發多次乳製品、肉品等食物中毒的大流行[37]，也曾在歐洲（尤其德國）引起嚴重的蔬菜食物中毒事件；其症狀包含發燒、全身性溶血、尿毒症等，導致重症患者需要進行血液透析或輸血治療。仙人掌桿菌常見於土壤，爲常見食物中毒細菌之一，受汙染的食物須透過煮沸 20 分鐘以上才可完整去除汙染[38]。沙門氏菌常在人體或動物的腸道發現，當食物或飲水被糞便汙染時，生食這些食物可能造成感染：老人與小孩屬於高風險族群，可能出現敗血症等疾病[39]。臘腸梭狀桿菌需要無氧環境進行繁殖，故常見於香腸或罐頭類等食物，其產生的肉毒毒素（botulin）為一種神經性劇毒（致死劑量為 0.5 微克），可透過煮沸 10 分鐘以上去除[40]。產氣莢膜梭狀桿菌常見於人體或動物腸道，通常會汙染肉類、肉製品等食物，當烹煮後的肉類在外界環境冷卻過久容易受到產氣莢膜梭狀桿菌的汙染，並且導致食物中毒[41]，同時產氣莢膜梭狀桿菌也是臺灣學校內集體食物中毒常見的致病源之一。此外，除了食物中毒可能引起腹瀉外，內源性腸道細菌也可能引起腹瀉：一般腸道菌叢可以互相制衡，但宿主在使用抗生素後可能引發腸道菌叢失衡，導致困難梭狀桿菌（*Clostridium difficile*）繁殖引起抗生素關聯性腹瀉（antibiotic-associated diarrhea）[42]。病毒性胃腸道感染常見腹瀉嘔吐等症狀，其病原菌包含輪狀病毒（rotavirus）、諾羅病毒（norovirus）、沙波病毒（sapovirus）、星狀病毒（astroviruses）與腺病毒（adenovirus）等[43]。主要以輪狀病毒與諾羅病毒為大宗，傳播方式多以食物傳遞，然而隨著輪狀病毒疫苗的普及，諾羅病毒感染數可能很快超過輪狀病毒，成為嚴重小兒胃腸炎的常見原因[44]。寄生蟲性胃腸感染常發現於開發中或未開發國家，透過攝入未受淨化的水源或食物引起[45]，常見的致病寄生蟲包含梨形鞭毛蟲（*Giardia lamblia*）、雙核阿米巴（*Dientamoeba fragilis*）、痢疾阿米巴（*Entamoeba histolytica*）、類痢疾阿米巴（*Entamoeba dispar*）、芽囊原蟲（*Blastocystis hominis*）、圓孢子蟲（*Cyclospora cayetanensis*）和小隱孢子蟲（*Cryptosporidium parvum*）等。

二、臨床意義

據統計，全球每年約有六百萬孩童死於胃腸感染，每日有超過兩千名孩童發生胃腸感染，是小於五歲孩童死亡的第二主因[46]，其中未開發或開發中國家尤為嚴重。胃腸道感染後的症狀，取決於病原菌與宿主胃腸道細胞的交互作用，細菌可透過毒素、貼附或侵襲等方式影響患者的腸胃壁，進而產生嘔吐、水狀便、血便、菌血症等症狀[46]：

1. 透過分泌毒素影響宿主，例如：仙人掌桿菌分泌的嘔吐毒素（cereulide，emetic toxin）、金黃色葡萄球菌與霍亂弧菌分泌的腸毒素（enterotoxins）、困難梭狀桿菌與胃幽門螺旋桿菌分泌的細胞毒素（cytotoxins）、臘腸梭狀桿菌（肉毒桿菌）分泌的神經毒素（neurotoxin）、腸炎弧菌分泌的溶血素（hemolysins）等。
2. 病原菌貼附宿主腸胃道細胞，導致腸胃道細胞吸收、分泌功能或滲透壓異常，間接破壞細胞，導致血便、腹瀉等症狀，例如：腸病原性（enteropathogenic）或腸出血性（enterohemorrhagic）大腸桿菌等。
3. 病原菌直接侵襲宿主腸胃道細胞，直接破壞上皮細胞，偶爾可能進入患者血流導致菌血症或系統性疾病，例如：志賀氏菌（*Shigella*）、沙門氏菌（*Salmonella*）、腸侵襲性（enteroinvasive）大腸桿菌等。

根據飲食習慣不同，各地常見的食物中毒案例與病原菌不盡相同，近年來臺灣細菌性食物中毒案例較常見仙人掌桿菌與金黃色葡萄球菌，次之則為腸病原性大腸桿菌、沙門氏菌與創傷弧菌，較少見肉毒桿菌[35]。根據美國疾管局統計，食物中毒案件常見金黃色葡萄球菌、大腸桿菌、沙門氏菌與李斯特菌（*Listeria monocytes*）等，其中沙門氏菌為大宗，每年在美國造成一百萬件以上的食物中毒案例。除前述病原菌外，曲狀桿菌屬與肉毒桿菌也可能造成食物中毒，但其案例較少。仙人掌桿菌（*B. cereus*）引起的食物中毒可分爲嘔吐型與腹瀉型，嘔吐型的仙人掌桿菌食物中毒可能源自於室溫放置過久或保存不當的米飯、澱粉等食物，細菌於食物內分泌嘔吐型毒素（emetic toxin），爲一種熱穩定毒素且潛伏期較短（約四小時以內），即使重新加熱也無法去除；腹瀉型仙人掌桿菌食物中毒則可能源自於肉類及其加工品等，細菌於食物中分泌熱不穩定腸毒素影響宿主胃腸道，潛伏期約八小時以上，可引發水樣便等症狀，部分案例可能出現混合型嘔吐下痢的症狀[38]。金黃色葡萄球菌（*S. aureus*）汙染的食物可能帶有熱穩定的腸毒素，患者在食物中毒後常出現嘔吐及腹瀉的症狀。臺灣近年也出現較少見的唐菖蒲伯克氏菌食物中毒案件，其分泌的毒素—邦克列酸（*Bongkrekic acid*）也屬於熱穩定毒素，即使加熱也無法被去除，中毒者常見嚴重症狀、器官衰竭或甚死亡。

霍亂弧菌（*V. cholera*）分泌的霍亂毒素（cholera toxin 或 choleragen）也屬於一種腸毒素，會引發宿主腸道上皮細胞代謝異常，使得電解質與體液過度分泌進到腸道，進而引發水樣便。大腸桿菌（*E. coli*）多數爲非致病性，在多種動物的腸道皆屬於正常菌群，然而一旦獲得特定的致病因子（透過噬菌體或質體等方式），則可能演化爲病原性的大腸桿菌，其中腸出血性大腸桿菌所造成的食物中毒最爲嚴重，可能導致患者腸道出血並產生血便，嚴重時可能造成宿主溶血，並出現溶血性尿毒症候群（hemolytic uremic syndrome, HUS），進而導致患者急性腎衰竭、血小板減少、貧血等症狀[37]。沙門氏菌（*Salmonella*）食物中毒多源自於禽類肉品或其產染（如雞蛋）、牛奶、果汁或受汙染的水果等，也可能經由爬蟲或鳥類寵物汙染食水所致，沙門氏菌食物感染可潛伏高達48小時，且引起發燒、腹瀉等症狀[39]。肉毒桿菌（*C. botulinum*）在食物中毒案例中較爲少見，但其引起的食物中毒案例相對嚴重，因肉毒毒素爲一種神經毒素，透過阻礙副交感神經的乙醯膽鹼分泌，造成患者複視、呑嚥困難與呼吸窘迫等神經症狀[40]。李斯特菌（*L. monocytogenes*）可透過多種不同的食物進行傳播，如即食性食物（生食、海鮮等）、沙拉、蔬果、肉類及其製品等，透過腸道細胞寄生性感染並進入血流；對於老人或免疫不全的患者尤爲危險，此外，穿過腸道細胞進入血流的李斯特菌，甚至可以通過胎盤影響胎兒，因此李斯特菌感染對於懷孕婦人也造成相當的風險[47]。

上述的細菌食物中毒外，胃腸道感染還包含病毒食物中毒、旅人腹瀉（Travelers' diarrhea）、抗生素相關腹瀉（antibiotic-associated diarrhea）與胃幽門螺旋桿菌感染等。病毒性食物中毒常見諾羅病毒、輪狀病毒、腺病毒等，諾羅病毒引起的食物中毒感染潛伏期可達 24～48 小時，包含腹瀉與嘔吐等症狀可能長達三天[44]。旅人腹瀉顧名思義即患者在旅遊期間產生噁心、腹瀉，甚至發燒等症狀[48]，部分患者可能出現血便的症狀，其感染源多半爲細菌（如腸毒性大腸桿菌與曲狀桿菌等），其他感染源包含病毒（如諾羅病毒）與寄生蟲／原蟲（如梨形鞭毛蟲）等。抗生素相關腹瀉源自於患者攝入抗生素後導致腸道菌相失衡所引起，主要病原菌爲困難梭狀桿菌（*C. difficile*），少部分患者可能由諾羅病毒引起[44]。胃幽門螺旋桿菌常感染人體胃部的幽門與十二指腸，透過菌體的脂多醣（lipopolysaccharide）、尿素酶（urease）與空泡細胞毒素（vacuolating cytotoxin）等毒力因子，讓胃幽門螺旋桿菌得以潛入胃壁，並在人體胃部強酸性環境中定殖；潛入胃壁的菌體將導致人體的發炎反應，發炎將導致胃壁細胞病變，嚴重時可能導致癌症[34]。

三、培養特性與鑑定法

胃部爲一強酸環境，因此多數細菌無法長期存活，僅有胃幽門螺旋桿菌能在胃部定殖，透過侵襲胃壁並且利用尿素酶產氨的特性，提高菌體周遭的 pH 值進一步地順利存活定殖與感染。臨床胃幽門螺旋桿菌的檢測多採尿素呼氣偵測法（C^{13}/C^{14}-urea breath test, UBT），透過檢測 C^{13} 或 C^{14} 的尿素代謝情形間接分析是否爲胃幽門螺旋桿菌帶原者[49]；也可採用內視鏡直接觀察並且摘取胃部病灶活體組織，該組織樣本可直接進行快速尿素酶試驗（CLO test，rapid urease test）[50] 進行確認。此外因菌體多數已鑽入胃壁，若要進行實驗室培養則需要將組織檢體均質釋出細菌後，培養至 Brucella agar 或含血的 Columbia blood agar 上，並且給予微氧環境（microaerobic，2～10% O_2、5～10% CO_2，與 0～10% H_2）攝氏 37 度培養[51]。由於胃幽門螺旋桿菌生存條件相對嚴苛，因此檢送實驗室過程，需要將取出的胃部組織新鮮接種，若無法新鮮接種則須將檢體置於含有食鹽水、20% 葡萄糖等運送用溶液冰浴，但仍需於五小時內將檢體處理完畢[51]。

嘔吐型食物中毒案例多由毒素引起，且胃部強酸會將細菌消滅殆盡，故檢體不易培養出細菌；一般若發生集體食物中毒則須通報衛生主管機關前往收集食物檢體，並於兩小時內冰浴送至實驗室進行培養，以確認食物中毒的眞正病原。感染最常收集的檢體爲糞便或直腸拭子[52]，糞便中血液、黏液或顆粒等部分爲最好的檢驗標的，採集約碗豆大小（直徑約 5 mm 或如同人手小指末節大小）裝入糞便專用的無菌塑膠容器迅速送往實驗室檢驗，否則將導致汙染菌叢過度增生，提高檢出病原菌的難度。若無法在一小時內將檢體送達實驗室則需要裝入含有運輸用培養基的容器，如市售的 Cary-Blair、Stuart medium 或 33 mM 的甘油 - 磷酸緩衝液等。若疑似志賀氏菌（*Shigella* spp.）感染時可使用 pH 7.0 buffered glycerol-saline solution 更佳[52]。疑似弧菌屬感染（如霍亂弧菌或腸炎弧菌等）則可以採用鹼性鹽蛋白腖水（alkaline peptone water）作爲運輸用培養基[52]。此外，拭子也可做爲採檢媒介，將檢體置入運送用培養基（如 Cary-Blair、Amies 等）。疑似曲狀桿菌（*Campylobacter*）感染時可使用專用的 campy transtube 或添加了蛋黃（egg yolk）的 Cary-Blair medium 作爲運輸用培養基[52]，並將拭子檢體迅速送至實驗室進行處理。對於疑似原蟲感染（如阿米巴原蟲）的糞便檢體，需在糞便排出後立即收取檢體於糞便檢體塑膠容器，並立即將溫熱的糞便送檢以保持原蟲的活動性，若無法及時送檢則將檢體溫熱於攝氏 37 度的水浴槽待檢，因糞便檢體冷卻後原蟲將失去其運動性，增加檢驗難度，糞便寄生蟲檢驗可透過厚抹片（thick smear）方式進行，提高檢出率[53]。糞便檢體可透過直接抹片染色方式檢測是否有嗜中性球與病原菌，亦可透過免疫分析法，如 ELISA 方法或乳膠凝集法快速檢測致病原，包含沙門氏菌、輪狀病毒甚至胃幽門螺旋桿菌等[54, 55]。針對檢體的直接培養，因腸道帶有大量的正常菌群，所以需以選擇性培養基分離致病菌。糞便與直腸拭子檢體一般接種於營養培養基（如 BAP）與選擇性培養基（如 XLD agar、EMB agar、MacConkey agar 及 PEA agar 等），通常將營養培養基與選擇性培養基配置爲二分盤（bi-plate）方式方便培養後對照。針對疑似抗生素相關腹瀉（又稱僞膜性腸炎）的患者，則可將糞便檢體接種於 cycloserine-cefoxitin fructose agar（CCFA）上分離困難梭狀桿菌（*C. difficile*），菌株培養後會產生酸臭／酸筍味。若疑似產氣莢膜梭狀桿菌（*C. perfringens*），臨床常使用含有 5% 綿羊血的 Columbia agar、

Shahidi-Ferguson-perfringens（SFP）agar、tryptose sulfite cycloserine（TSC）agar 等[41]，另有商品化的呈色培養基 CHROMagar ™ C. perfringens（CHCP）可便於增加培養的敏感性並且透過呈色做初步鑑定。傳統鑑定法係確定致病源最佳的方法，但如前所述，致病菌容易因爲胃酸或檢體保存不當而難以培養得之，因此替代性食物中毒測方法包含：直接針對常見致病源的毒素基因進行 PCR，如產氣莢膜桿菌毒素基因（*cpe*）、金黃色葡萄球菌 C 型腸毒素（*sec*）等；也可利用質譜儀方法偵測未知毒素進行檢測，如液向層析串連三段四極柱質譜儀（liquid chromatograph-triple quadrupole mass spectrometry, LC-TQMS）或極致效能液相層析 - 四極柱飛行時間質譜儀（liquid chromatograph-quadrupole/flying tandem mass spectrometer, LC-QToF）等儀器。

2-4 血流感染（Bloodstream infections）

一、一般性質

人體血液系統是一無菌區域，病原菌不慎由單一感染病灶進入血流，並造成全身性感染。依照病原種類可分爲菌血症（bacteremia）或病毒血症（viremia），因病毒顆粒較小，因此相對容易進入血流形成病毒血症，例如：HIV、HSV、CMV、HAV 等[56]；菌血症通常由傷口、侵襲性感染或由血流較多的器官（例如肺、肝、腎等）感染擴散所致，依照細菌的分布與時間長短可歸類爲暫時性、間歇性或持續性的菌血症。暫時性菌血症的病原菌多由傷口直接進入血液，並限於局部，而後即遭免疫系統清除，也可稱爲無症狀菌血症；間歇性或持續性的菌血症多數係因患者體內帶有一感染源所引起，例如肝膿瘍、肺炎等[56, 57]，也可能引發其他感染症，例如腹腔感染、腦膜炎等。菌血症若未治療得當或因患者免疫系統缺陷，則可能因爲細菌在血流繁殖、分泌毒素、破壞人體細胞等因素，進一步形成敗血症，出現寒顫、發燒、疲倦、心跳加速等症狀，嚴重者可能引發休克、多重器官衰竭、瀰漫性血管內凝血、死亡等，敗血症患者死亡率可高達 50%[57]。血流感染依照患者生理免疫狀況可分爲三類[56]：⑴ 免疫健全者（如小兒、青少年與成人等）；⑵ 因生理狀況而免疫力低下者（如老人或嬰兒）；⑶ 因藥理或病理狀況而免疫力低下者（如愛滋患者、癌症患者、自體免疫患者等）。免疫健全者的血流感染病原菌可見金黃色葡萄球菌（*S. aureus*）、腦膜炎雙球菌（*N. meningitis*）、肺炎鏈球菌（*S. pneumoniae*）、化膿性鏈球菌（*S. pyogenes*）或草綠色鏈球菌（*Viridans streptococci*）等感染源，部分地區也可見沙門氏菌（*Salmonella* spp.）的血流感染，且多數爲社區型感染。老人與嬰兒血流感染病菌相似，包含大腸桿菌（*E. coli*）、克雷伯氏肺炎菌（*K. pneumoniae*）、綠膿桿菌（*P. aeruginosa*）、念珠菌（*Candida albicans*）、表皮葡萄球菌（*S. epidermidis*）或金黃色葡萄球菌等。因病或藥而免疫不全患者的血流感染致病菌則包含相當廣泛，可能遭受所有包含革蘭氏陽性 / 陰性細菌或黴菌的感染。

二、臨床意義

患者的免疫系統機能低下、受抑制或缺陷時，進入血流的細菌不易被清除進而引發全身分布性的菌血症感染，綜述以上因素也導致患者的預後不佳，及時診斷與適當治療成爲患者存活率的關鍵[58]。因此臨床檢驗室的血液鑑定報告流程與效率特別重要，在加上近年抗生素的過度使用導致多重抗藥性細菌四起，因此除了菌種鑑定報告以外，實驗室也須盡速提供醫師病原菌的藥敏試驗結果，以利醫師能夠選擇適當的抗生素治療病患[58]。血流感染常見的致病菌與時間、地域、患者年齡、社區性／醫院性等因素相關，根據 SENTRY 抗藥性細菌監測的統計[59]，全球血流感染的致病菌如表 2-1 所示，1997～2004 年間血流感染致病原第一名爲金黃色葡萄球菌，然而自 2005 年起則爲大腸桿菌；而鮑氏不動桿菌（*A. baumannii*）則由 2005 年起列入前十名，其餘菌種則大同小異，其中包含克雷伯氏肺炎菌、綠膿桿菌、糞腸球菌、表皮葡萄球菌、肺炎鏈球菌、陰溝腸桿菌、屎腸球菌等，可見不同時代的血流感染致病原變遷。除了前述造成血流感染的前十大致病菌外，其他也可見變形桿菌（*Proteus* spp.）、草綠色鏈球菌、厭氧菌中的類桿菌（*Bacteroidies* spp.、梭狀桿菌（*Clostridium* spp.）、白色念珠菌（*Candida albicans*）等的感染原，然而因表皮葡萄球菌如凝固酶陰性葡萄球菌（coagulase-negative staphylococci）常見於人體表面，因此可能爲檢體汙染菌，檢驗過程需格外小心確認其臨床意義[60]。

依照感染來源，血流感染可分爲血管外與血管內感染：血管外感染可由其他感染病灶通過淋巴系統進入血液，例如：泌尿道感染、腦膜炎、肺炎、化膿性關節炎、侵襲性胃腸感染

表 2-1 1997-2016 年間全球常造成血流感染十大細菌[59]

排名＼年份	病菌與其百分比					
	1997-2000	2001-2004	2005-2008	2009-2012	2013-2016	總趨勢
1	金黃色葡萄球菌（22.5%）	金黃色葡萄球菌（22.7%）	大腸桿菌（20.0%）	大腸桿菌（21.3%）	大腸桿菌（24.0%）	金黃色葡萄球菌（20.7%）
2	大腸桿菌（18.7%）	大腸桿菌（20.2%）	金黃色葡萄球菌（19.4%）	金黃色葡萄球菌（18.8%）	金黃色葡萄球菌（18.7%）	大腸桿菌（20.5%）
3	克雷伯氏肺炎菌（6.8%）	克雷伯氏肺炎菌（6.6%）	克雷伯氏肺炎菌（7.8%）	克雷伯氏肺炎菌（8.5%）	克雷伯氏肺炎菌（9.9%）	克雷伯氏肺炎菌（7.7%）
4	綠膿桿菌（5.1%）	糞腸球菌（5.6%）	綠膿桿菌（5.4%）	糞腸球菌（5.3%）	綠膿桿菌（5.4%）	綠膿桿菌（5.3%）
5	糞腸球菌（5.0%）	綠膿桿菌（5.4%）	糞腸球菌（5.1%）	綠膿桿菌（5.2%）	糞腸球菌（5.0%）	糞腸球菌（5.2%）
6	表皮葡萄球菌（4.8%）	表皮葡萄球菌（3.9%）	表皮葡萄球菌（3.4%）	屎腸球菌（3.8%）	表皮葡萄球菌（4.1%）	表皮葡萄球菌（3.8%）
7	肺炎鏈球菌（4.2%）	肺炎鏈球菌（3.5%）	陰溝腸桿菌（3.3%）	表皮葡萄球菌（3.1%）	屎腸球菌（3.4%）	陰溝腸桿菌（2.9%）
8	陰溝腸桿菌（2.9%）	陰溝腸桿菌（3.1%）	屎腸球菌（3.1%）	陰溝腸桿菌（2.8%）	陰溝腸桿菌（2.1%）	肺炎鏈球菌（2.8%）
9	屎腸球菌（1.7%）	屎腸球菌（2.2%）	鮑氏不動桿菌（2.4%）	鮑氏不動桿菌（2.4%）	鮑氏不動桿菌（2.0%）	屎腸球菌（2.8%）
10	無乳鏈球菌（1.5%）	奇異變形桿菌（1.7%）	肺炎鏈球菌（2.2%）	肺炎鏈球菌（1.9%）	肺炎鏈球菌（1.9%）	鮑氏不動桿菌（2.0%）

等，血管外的病灶會間歇性的釋出致病菌至血液，導致發燒、白血球上升等症狀。通常發病初期即可培養出致病菌，最常見引起血流感染的其他感染包含：泌尿道感染（25%）、呼吸道感染（20%）、膿瘍（10%）、外科手術（5%）等。血管內感染的感染源多數來自心血管系統，例如：心內膜炎、細菌性動脈瘤、化膿性血栓靜脈炎或血管內導管感染等。心內膜炎感染可能由拔牙、齒齦炎或牙周病等途徑導致草綠色鏈球菌的侵襲，或人工瓣膜的安裝手術引起表皮葡萄球菌或金黃色葡萄球菌等感染[61]。導管是現今醫療不可或缺的醫療器材之一，由於導管屬於侵入性材料，因此若操作不當或汙染則可能引發導管位置周圍感染或菌血症，導管相關血流感染（catcher-related bloodstream infection）可見於腸胃外營養導管，常用於無法正常進食或吸收不良的住院患者；附著於患者表皮或汙染導管內腔的細菌隨著導管進入血流引發感染，包含菌血症或心內膜炎等[62]。除前述案例外，其他可能由不同病灶移轉至血液引發血流感染的感染症整理如表2-2[58]。

表 2-2　血管外感染病灶移轉至血流感染的致病菌[58]

社區相關		醫院相關	
可能的原病灶	致病菌	可能的原病灶	致病菌
社區型肺炎／照護相關社區型肺炎	肺炎鏈球菌 嗜血桿菌 腸桿菌屬 金黃色葡萄球菌	院內型肺炎／呼吸器相關肺炎	腸桿菌屬 綠膿桿菌 鮑氏不動桿菌 金黃色葡萄球菌
腹腔內感染	腸桿菌屬 厭氧菌 腸球菌	腹腔內感染	腸桿菌屬 腸球菌 念珠菌
泌尿道感染	腸桿菌屬	泌尿道感染	腸桿菌屬 綠膿桿菌 腸球菌
腦膜炎	肺炎鏈球菌 腦膜炎雙球菌 李斯特菌	導管相關感染	腸桿菌屬 綠膿桿菌 葡萄球菌 腸球菌 念珠菌
心內膜炎	金黃色葡萄球菌 鏈球菌 腸球菌	手術部位感染	根據手術部位而有所不同，多爲葡萄球菌
皮膚與軟組織感染	金黃色葡萄球菌 完全溶血鏈球菌 腸桿菌屬 厭氧菌		

重大手術、重大傷病、服用免疫抑制劑或病理性／生理性免疫下降等因素容易引發菌血症，抗生素的即時治療是關乎患者存亡的重要關鍵[63]，然而近年因廣效性抗生素的過度濫用導致多重抗藥性細菌的產生[58]，例如碳青黴素抗藥性腸桿菌（carbapenem-resistant *Enterobacteriaceae*）、碳青黴素抗藥性綠膿桿菌（carbapenem-resistant *P. aeruginosa*）、碳青黴素抗藥性鮑氏不動桿菌（carbapenem-resistant *A. baumannii*）、甲氧西林抗藥性金黃色葡萄球菌（MRSA）、盤尼西林抗藥性鏈球菌（penicillin-resistant streptococci）、萬古黴素抗藥性腸球菌（vancomycin-resistant enterococci）等[58]，都導致臨床用藥的選擇不易且侷限，也凸顯實驗室藥敏試驗的重要性。

三、培養特性與鑑定法

致病菌種類、菌血症成因、採檢過程、採血量、採檢次數、培養瓶的選用與呈陽性時間（time-to-positivity）等因素對於血液培養鑑定過程影響甚鉅。檢體採集完畢後，須盡速送交實驗室進行培養，不可放置冰箱，現行血瓶培養多以自動化機器進行，透過血瓶底部的特殊材質於細菌生長後變色的原理，偵測顏色變化以判別陰／陽性。通常最佳的血液樣本採集時機爲未服用抗生素或未發燒前，然而該時間點的拿捏不易，人體在發燒後即代表血液發生許多免疫反應，其中含有免疫細胞、補體、抗體等都會影響血液培養的結果。因此血液樣本瓶會添加抗凝血劑 0.025% sodium polyanethol sulfonate（SPS）可抑制吞噬細胞、補體與抗體、溶菌素等免疫殺菌作用[64]；對於已經使用抗生素的患者，血瓶中帶有樹酯顆粒可以吸附藥物提升檢出率[64]。

嗜氧血瓶多以 tryptic soy broth（TSB）、Brucella broth、Columbia broth 或 brain heart infusion（BHI）等作爲營養培養基；而厭氧血瓶則是使用 thioglycolate broth、Columbia broth、Schaedler broth 等，且瓶中充塡二氧化碳與氮氣。菌血症病原菌多變，因此面對未知感染源，同時接種二瓶一組的血瓶是標準操作流程，若有疑似營養挑剔菌感染，則須爲其添加特別的養分，例如腦膜炎雙球菌（*N. meningitidis*）與嗜血桿菌（*Hemophilus* spp.）須額外添加 Factor V（NAD）與 Factor X（hemin）。目前臨床血液培養操作建議以培養 5～7 日未呈陽性者回報爲陰性結果，然而有研究指出時間長短不同不影響檢測的敏感度[65]，但若在人力與空間許可時仍建議培養至 7 日，因部分生長較慢或條件嚴謹的菌株，例如退伍軍人桿菌（*Legionella* spp.）、布魯氏桿菌（*Brucella* spp.）等需要較長的培養時間；部分已接受抗生素治療的患者因血中菌含量低，其呈現陽性的時間可能也會拉長。呈陽性時間（time to positivity）也是檢驗結果判讀的重要關鍵，一般而言需氧菌的呈陽性時間較厭氧菌短[66]，服用抗生素後的血瓶呈陽性時間也較未服用抗生素的患者長。此外，呈陽性時間也可作爲經驗性廣效性抗生素治療、預後、移除導管等關鍵因素的評估，例如血流感染患者在初步廣效性抗生素治療前後的呈陽性時間有差異，則表示此療程可能有效，於藥敏試驗報告出爐前無需換藥，反之則須採用其他的廣效性抗生素治療[66]。若患者的呈陽性時間過短（<12 小時）或延長（>27 小時），則表示其預後較爲不佳，且死亡率較高[66]。呈陽性時間也可作爲導管移除與否的關鍵，減少不必要的導管移除與重新安裝，可降低病人感染風險，多數導管相關的血流感染含菌較低，因此呈陽性時間較長[66]。血瓶呈現陽性後，需取出培養液次培養於固態培養基，並進行抹片革蘭氏染色，初步判讀爲陰／陽性球／桿菌或甚至黴菌，於隔日以固態培養基上的菌落進行菌種鑑定與藥敏試驗。傳統血瓶培養方法爲診斷血流感染的重要依據，近年來隨著分子檢驗技術不斷進步，特別是宏觀基因體學（metagenomics）的發展，次世代定序已開始被應用於血流感染診斷的輔助[67]，以減少呈陽性時間所導致的患者不良預後。臺灣近年也因實驗室自行研發檢驗技術（laboratorydeveloped tests, LDTs）特管法通過，數家臨床或業界實驗室紛紛取得認證後，也將此技術導入臨床進行診斷。

2-5 無菌部位感染（Sterile-site infections）

一、一般性質

人體與外界無直接接觸的部位通常爲無菌區域，包含血液、脊髓液、胸膜液、腹膜液、心包液、關節液、骨骼及腹內／胸內多數器官等，因此若在這些位置或檢體中培養出任何微生物，皆可能爲有意義的致病菌，需要進一步加以鑑定。

1.脊髓液（Cerebrospinal fluid, CSF）

脊髓液爲無色漿狀液體，存於中樞神經系統，具有吸震保護中樞神經系統的功能，同時也從血液過濾養分並供給予中樞神經系統。中樞神經系統保護十分嚴密，對外包含顱骨、硬腦膜、蜘蛛網膜等。血腦障壁（blood-brain-barrier）爲緊密排列的內皮細胞，使得血管內的小分子或微生物相對不易進入中樞神經系統。若脊髓液檢出致病菌時表示中樞神經系統受感染，需要緊急照護否則死亡率極高或造成嚴重的後遺症。常見中樞神經系統的感染症包含三大種類—腦膜炎（meningitis）、腦炎（encephalitis）與腦膿腫（brain abscesses）[68]。其中腦膜炎可依照致病菌種類分類爲細菌性、無菌性、結核性與眞菌性的腦膜炎；腦膜炎症狀均大同小異，包含發燒、頭痛、頭頸僵硬、噁心、嘔吐、盜汗、虛弱等，需透過腰椎穿刺抽取脊隨液進行微生物鑑定，才能進一步診斷患者的腦膜炎病因。

2.胸水（Pleural fluid）

肺臟器官與胸腔體壁均有一層膜，個別爲附著在器官（如肺臟）的臟膜與附著在體壁的壁膜。二膜之間有一窄小的空間富含微血管與淋巴管，釋出或回收組織液。該肺腔室膜間的液體即稱爲胸膜液，胸膜液的細胞數目低且蛋白質含量低（約爲 1.5 g/dL），正常液量爲 10～20 毫升[69]，若胸腔發生感染時胸膜腔會因發炎反應而滲入白血球、蛋白質等，依照蛋白質、葡萄糖、外觀等特性可分爲胸膜滲出液或濾出液。若滲出液的淋巴球比例大於 50% 白血球，則可能爲結核病、病毒性感染或其他惡性疾病；但若嗜中性球比例大於 50% 白血球，則可見於細菌性感染，如細菌性肺炎、肺梗塞、早期結核病等。肺炎患者胸膜腔積液後，隨病程惡化混濁狀的胸水變爲膿狀，可能演變爲膿胸。

3.腹膜液（Peritoneal fluid）

腹膜液爲腹腔壁膜與各器官臟膜間的液體，正常液量約爲 50～75 毫升，可作爲臟器與腹腔壁的潤滑與緩衝用途[70]。外觀澄清、淡黃色且帶有少量白血球（約 300 個／毫升）、低蛋白含量等特性，當感染發生時，發炎導致體液進入腹腔，依照蛋白、葡萄糖、外觀等特性可分爲滲出液或漏出液。若滲出液呈現混濁狀，可能爲腹腔內細菌性感染，包含闌尾炎、胰臟炎、腸梗塞、腸管破裂或原發細菌性腹膜炎等；濾出液通常呈現澄清狀，可在心衰竭或因肝硬化致門脈壓過高的患者發現[70]。

4.心包液（Pericardial fluid）

心包由兩層薄纖維彈性囊組成，將心臟與周圍的縱隔結構分開。心包的外層稱爲纖維心包，通常厚度小於 2 毫米；纖維心包內部爲囊狀的漿液性心包，內含有心包液，正常液量約爲 15～50 毫升，漿液性心包與纖維心包緊密貼附在心肌上，並維持心臟在胸腔的位置以及感染和炎症的屏障[71]。若心包炎導致心包液增加時可稱爲心包積液，可能病因包含感染（細菌、病毒、眞菌等微生物）、風溼病、惡性疾病、創傷等原因[71]，感染或惡性疾病時心包液可能呈現混濁狀，若積液達到 100～150 毫升則可能引發心臟壓塞，影響心臟功能與循環。此外，心肌炎可能也會同時引發心包炎，因心肌發炎過程可能導致宿主免疫細胞聚集、蛋白質滲出與組織受損，連帶影響漿液性心包形成心包積液[71]。

5.關節液（Joint fluid）

關節液又稱滑膜液（synovial fluid），其中包含滑膜細胞分泌的玻尿酸（hyaluronic acid）與血漿的濾出液，故爲帶有黏性的澄清無色或淡黃色液體，正常液量約2毫升以內[72]，其功用爲緩衝軟骨、半月板、硬骨等骨骼組織的摩擦。關節在外傷、發炎（如風溼病等）、細菌、黴菌或病毒感染等情形，會產生滑膜積液[72]，並依照產生滑膜積液種類可分爲發炎性、感染性或出血性滑膜液。此外也可透過白血球計數區分爲非發炎性、發炎性與感染性，若大於 75% 的白血球爲嗜中性球，則可推斷患者可能爲細菌感染症。若患者關節因具有大量滑液膜而腫脹，則須盡速以穿刺等方式採出檢體進行檢驗，避免惡化[72]。

二、臨床意義

1.脊髓液（Cerebrospinal fluid, CSF）

多數中樞神經系統感染有極高的死亡率與其他後遺症，屬於緊急醫療，須盡速採檢進行檢驗、診斷並給予適當的治療。中樞神經系統感染常見於致病菌透過血流方式進入中樞神經系統，除了菌血症，也可能因鼻竇炎、中耳炎等鄰近部位感染、肺炎、心內膜炎或生殖道感染等距離較遠的感染，透過血液上行至中樞神經系統造成感染；外源性的因素也會導致直接感染，例如頭部外傷（skull trauma）或手術期間汙染等情形[68]。除了血流傳遞與直接感染外，部分病毒可能透過遊走於周圍神經細胞，進一步感染中樞神經，例如狂犬病毒（rabies lyssavirus）、單純皰疹病毒（HSV）、小兒痲痺症病毒（poliovirus）等。細菌、病毒、眞菌、立克次體、寄生蟲等都可引發中樞神經系統感染，其中腦膜炎可分類爲細菌性、病毒性、眞菌性與結核性等[68]。孩童的急性腦膜炎常引起嚴重後遺症，包含大腦水腫、水腦、大腦疝氣、神經性變化或耳聾等。健康人的脊髓液外觀呈現澄清，蛋白質低且葡萄糖介於 50～75 mg/dL，白血球細胞每毫升少於 5 個，但致病菌引起的腦膜炎將導致患者的脊髓液外觀與成份不同（表 2-3）。實驗室接獲疑似腦膜炎感染的脊髓液檢體時，需先採用革蘭氏染色、印度墨染色（India ink）與抗酸性染色（acid-fast stain），初步區隔細菌、隱球菌與結核菌等致病菌種類。

細菌性腦膜炎（bacterial meningitis）也可歸類爲化膿性腦膜炎（purulent meningitis），係一嚴重的中樞神經感染症，因細菌的繁殖與侵襲相當快速，可能導致患者症狀快速惡化危及生命，常由化膿性致病菌引起，其中肺炎鏈球菌、B 群鏈球菌、腦膜炎雙球菌、李斯特菌、流感嗜血桿菌五種致病菌佔九成以上細菌性腦膜炎的案例[68]。其中 B 群鏈球菌常出現於嬰兒細菌性腦膜炎，生產時經過產道垂直感染；肺炎鏈球菌腦膜炎則好發於 2 歲以下及 18 歲以上成人與老人；腦膜炎雙球菌引起的腦膜炎則常見於 2 歲以上小兒與 18 歲以下青少年患者；李斯特菌感染常見於嬰兒與 60 歲以上患者；流感嗜血桿菌感染則是低比例分布於小兒至 59 歲以下成人；其他致病菌包含金黃色葡萄球菌、克雷伯氏肺炎菌等。細菌性腦膜炎患者的脊髓液外觀常呈現混濁雲狀（表 2-3），每毫升有超過 200 個白血球且其中約九成為嗜中性球，蛋白質含量高且葡萄糖含量低於健康人，可透過革蘭氏染色初步確認致病菌為革蘭氏陽性或陰性細菌。

病毒性腦膜炎（viral meningitis）可歸類為無菌性腦膜炎，病毒可透過血流或神經細胞遊走進而感染中樞神經系統，感染源可分為外源性或內源性的病毒感染。內源性感染多係因病毒潛伏於宿主細胞，並在免疫低下時引起感染；宿主受到外來的病毒感染則稱為外源性感染[68]。主要的病毒性中樞神經系統感染例如常見的腸病毒（克沙奇病毒 coxsackie virus A群、B群、小兒麻痺病毒等）、較少見的 HSV、流行性腮腺炎病毒（mumps virus）、水痘帶狀皰疹病毒（varicella-zoster virus，VZV）、巨細胞病毒（cytomegalovirus，CMV）、EBV、腺病毒、HIV、狂犬病毒、淋巴球性脈絡叢腦膜炎病毒（lymphocytic choriomeningitis virus, LCMV）等。腸病毒（enterovirus）包含克沙奇病毒 coxsackie virus A 群、B 群、小兒麻痺病毒等，多為外源性的感染，透過糞 - 口途徑傳染，常見於幼兒、小兒群聚或個案感染，好發於夏天，對於溫暖地區的好發時間可能延長[73]；HSV 與其他皰疹病毒類（EBV、CMV、VZV）的中樞神經系統感染可能是外源性的原發感染，也可能因長年潛伏在患者體內，當患者免疫力下降（如 HIV 患者或老年人）時再引發的內源性感染[68]。沙狀病毒（包含狂犬病毒與 LCMV 等）寄宿在動物體內，可透過動物抓咬傳染給人類，在已開發國家，寵物通常會給予疫苗降低風險，然而流浪動物與野生動物仍屬危險宿主，應避免過度接觸[74]。病毒性中樞神經感染患者的脊髓液檢體外觀通常為澄清（表

表 2-3　不同感染源腦膜炎之脊髓液檢體主要檢驗結果[68]

腦膜炎感染源分類	外觀	免疫細胞指數	蛋白質（mg/dL）	葡萄糖（mg/dL）	初步檢驗
正常人	澄清；透明	每毫升 <5 個免疫細胞。	15～45	50～75	-
細菌性	混濁；雲狀	每毫升 >200 個，且 90% 為中性球。	>100	<40	革蘭氏染色
病毒性	澄清；少乳白色	每毫升 >5 個，初期中性球為主，24 小時後淋巴球居多。	常 <100	50～75	其他染色陰性，可透過PCR初步鑑定。
真菌性	混濁；雲狀	常每毫升 100～400 個，淋巴球居多。少數隱球菌患者正常。	100～900	<40	印度墨染色
結核性	混濁；雲狀	每毫升 >100 個，前期中性球為主，感染晚期漸漸轉變為淋巴球。	100～900	<40	抗酸性染色

2-3），少數可能呈現乳白狀，免疫細胞數量增加且前期多數爲中性球，感染 24 小時後則以淋巴球爲主，蛋白質含量與葡萄糖含量常與正常值無異，若多種染色觀察不可見病原菌，則可懷疑爲病毒性感染，並透過聚合酶鏈鎖反應（PCR）進行初步快速檢測。

眞菌性腦膜炎（fungal meningitis）常見於新型隱球菌（*Cryptococcus neoformans*）、雙型性眞菌－莢膜組織胞漿菌（*Histoplasma capsulatum*）、粗球黴菌（*Coccidioides immitis*）與皮炎芽生菌（*Blastomyces dermatitidis*）等，免疫不全患者也可能因麴黴屬（*Aspergillus* spp.）、念珠菌（*Candida* spp.）與毛黴菌目（Mucorales）等黴菌感染導致眞菌性腦膜炎[68]。感染後患者脊髓液檢體外觀呈混濁雲狀（表 2-3），免疫細胞數增加且多數爲淋巴球，蛋白質含量增加且葡萄糖含量降低，可透過印度墨染色進行初步的病原菌種類區分，或透過其他乳膠凝集法進行檢驗。

結核性腦膜炎（tuberculous meningitis）主要由結核分枝桿菌引起，其病因可能係由原結核病病灶透過血流上行至中樞神經造成感染，進入中樞神經系統的結核菌可能以無症狀的形式隱匿數月甚是多年，直至患者免疫低下才發病；或由腦膜中的結核肉芽腫破裂釋出結核菌直接造成感染。一般成人除了 HIV 感染以外，也可能因爲年齡、長期酗酒、吸毒、服用類固醇或其他免疫療法引起免疫抑制、慢性心肺疾病或結締組織疾病而感染結核菌[68]。結核菌腦膜炎一般爲慢性感染，症狀與一般急性腦膜炎相似，但病程可能持續超過一個月甚更久[75]，患者脊髓液檢體外觀呈混濁雲狀（表 2-3），免疫細胞數目增加且早期以中性球居多，感染後期多爲淋巴球進入脊髓液，蛋白質含量增加且葡萄糖含量降低，可透過抗酸性染色進行初步檢驗確認病原菌。

腦炎（encephalitis）或腦膜腦炎（meningoencephalitis）常由病毒引起，包含西尼羅病毒（West Nile virus, WNV）與日本腦炎病毒（Japanese encephalitis, JEV）等，兩者均爲蟲媒病毒以蚊蟲叮咬方式傳播，好發於老年人，且多爲居住在蚊蟲盛行的溫暖潮溼地區或季節，如春夏的東南亞[68]。

大腦膿瘍（brain abscess）爲腦部產生化膿性病灶，可能位於硬腦膜外／下或腦組織內，多爲細菌性感染，感染原因可能爲外傷或手術直接感染，或透過血流間接感染而形成大腦膿瘍。若膿瘍不愼破裂，病菌將直接侵襲蜘蛛膜下腔形成腦膜炎，症狀嚴重且死亡率高，根據臺灣統計，高齡、抽菸習慣、敗血症、肺炎、繼發性腦膜炎與肝炎都是大腦膿瘍患者死亡率增加的風險因子[76]。大腦膿瘍的主要致病菌包含金黃色葡萄球菌、草綠色鏈球菌等因外傷或心內膜炎進入神經系統，而腸桿菌、腸球菌等腹內感染的致病菌可透過血流感染大腦產生膿瘍，其他包含嗜血桿菌、類桿菌以及其他厭氧菌也可能引發大腦膿瘍。此外放射菌科的諾卡氏菌屬（*Nocardia* spp.）雖然少見但也能引起大腦膿瘍，且患者預後相較其他致病菌更差[77]。大腦膿瘍尚未破裂的患者通常病灶位置與腦部有相對明顯的界線，患者腦脊髓液雖可見蛋白質上升與免疫細胞浸潤等現象，但葡萄糖含量卻爲正常，且培養結果通常爲陰性。

2. 胸水（Pleural fluid）

正常的胸膜液（胸水）爲澄清淡黃色的濾出液，且不含纖維蛋白原，因此不會凝固。當發炎反應時，血管或組織內因滲透壓改變導致腹腔產生滲出液，滲出液與濾出液特性比較如表 2-4 所示，外觀可能與濾出液相似，但多數爲混濁狀，且未加入抗凝劑時會凝固。患者產生滲出液時常因胸腔感染（pleural cavity infection），胸腔感染概略可分爲三期：滲出期（exudative stage）、纖維滲出與膿瘍形成期（fibrin

表 2-4　濾出液（Transudate）與滲出液（Exudates）區分

檢測項目	濾出液（Transudate）	滲出液（Exudates）
外觀	澄清、淡黃	混濁、膿狀
是否凝固	否	可能
比重	<1.0.15	>1.015
總蛋白	小於血清 <3 g/dL	大於血清 >3 g/dL
葡萄糖	等於血清值	小於血清值
白血球計數	<1000 個 / μL	>1000 個 / μL
細胞分類	>50% 為單核球及淋巴球	中性球增加

exudation and pus formation stage）以及組織期（organization stage）[78]。老年人相對容易產生胸腔感染，感染多數是源自於下呼吸道的感染（例如肺炎與支氣管炎等），因此常見的感染致病菌與下呼吸道感染相似，部分口腔的厭氧菌（如消化鏈球菌屬 *Peptostreptococcus* spp.、普雷沃氏菌屬 *Prevotella* spp. 等）也可能造成胸腔感染[79]。約有 15～40% 的肺炎患者會在患病期間產生胸水與膿瘍[80]，其中 50% 的患者會產生膿胸（empyema）的現象[69]；慢性肺部疾病（如 COPD、結核病等）或免疫缺陷患者也可能出現胸膜液累積或膿胸的併發症；口腔衛生較差的成人也可能因細菌通過口腔與呼吸道的交界進入呼吸道甚至胸腔，進而引起胸腔感染[69]。此外，接受胸腔手術或胸腔創傷的患者，細菌也可通過手術處或創口直接進入胸腔引發胸腔感染[69]。醫院照護相關的胸腔感染患者，其死亡風險通常大於社區感染的患者[81]。

3. 腹膜液（Peritoneal fluid）

腹腔感染依據其感染來源與形式，概略可以分為兩類—原發性（自發性）與繼發性[82]，原發性腹腔感染的患者沒有其他感染病灶，感染源來自患者自體腹腔，與患者年齡、疾病史、飲食習慣等相關。例如：肝硬化患者常因自發性產生腹水，因此容易在腹腔引起感染；也可能因為腎臟透析療程（俗稱洗腎），導管或操作不當導致腹腔汙染引起自發性腹腔感染。繼發性腹腔感染患者感染源通常來自患者體內的其他病灶，透過血流、細胞侵襲或手術外傷等方式進入腹腔引起感染，常見引起繼發性腹腔感染的因素包含：破裂性闌尾炎、大腸憩室炎、胃潰瘍、消化道穿孔、發炎性腸道疾病（如克隆氏症等）、胰臟炎、盆腔炎、外傷與手術等[82]。若患者在自發性或繼發性的腹膜炎痊癒 48 小時後，又復發腹腔感染則可稱為三級腹膜炎（tertiary peritonitis）[82]。除了感染性腹膜炎外，降血壓藥物、膽管或血液中異物（例如金屬鋇）等因素可能引起少見的非感染性腹膜炎[83]，患者腹水無法培養出感染相關的微生物。

腹膜液檢出的微生物與腹腔感染種類與其感染源相關，細菌性腹腔感染致病菌整理如表 2-5[84]，自發性腹腔炎通常與患者分群相關，例如：兒童常見自發性腹腔感染致病菌為肺炎鏈球菌或 A 群鏈球菌；肝硬化患者常見大腸桿菌、克雷伯氏菌屬與肺炎鏈球菌的自發性腹腔感染；腎臟透析患者則為因穿刺或導管等因素，常見表皮菌感染，例如：金黃色葡萄球菌

表 2-5 不同類型腹腔感染與其致病菌 [84]

感染源與患者分群	常見致病菌
自發性腹腔炎（患者分群）	
兒童	肺炎鏈球菌、A 群鏈球菌
肝硬化患者	大腸桿菌、克雷伯氏菌屬、肺炎鏈球菌
腎臟透析患者	金黃色葡萄球菌、表皮葡萄球菌、鏈球菌
繼發性腹腔炎（原病灶）	
胃一十二指腸	鏈球菌、大腸桿菌
膽管	大腸桿菌、克雷伯氏菌屬、腸球菌 厭氧菌（少見）一梭狀桿菌、類桿菌
小腸一大腸	大腸桿菌、克雷伯氏菌屬、變形桿菌 厭氧菌一梭狀桿菌、脆弱類桿菌與其他類桿菌
闌尾炎	大腸桿菌、假單胞菌屬（*Pseudomonas* spp.） 厭氧菌一類桿菌
腹腔膿腫	大腸桿菌、克雷伯氏菌屬、腸球菌 厭氧菌一梭狀桿菌、脆弱類桿菌與其他類桿菌、厭氧球菌
肝臟	大腸桿菌、克雷伯氏菌屬、腸球菌、葡萄球菌 厭氧菌（少見）一類桿菌
脾臟	葡萄球菌、鏈球菌
盆腔炎	淋病雙球菌、披衣菌、生殖道黴漿菌
三級腹腔炎	上述各種致病菌，其中較常見抗藥性綠膿桿菌、腸桿菌、腸球菌、葡萄球菌與念珠菌等。

或表皮葡萄球菌等。繼發性感染通常與其原病灶相關，例如：消化道相關的病灶常見腸道菌（如大腸桿菌、克雷伯氏菌、腸球菌等）引發的繼發性腹腔炎，且隨著消化道的位置越靠近大腸，開始出現較多厭氧菌（如梭狀桿菌、類桿菌等）的可能感染。女性盆腔炎多因淋病雙球菌、披衣菌、生殖道黴漿菌（*Mycoplasma genitalium*）與少見其他厭氧菌等所引起，若為盆腔炎相關腹腔感染，則可能分離出上述致病菌 [82]。三級腹腔炎為復發性的腹腔炎，多因抗生素治療後，抗藥性細菌或黴菌殘存於腹腔並重新定殖，再次產生感染。因此所有自發性或繼發性腹腔炎致病菌均可能成為三級腹腔炎的致病菌，其中抗藥性綠膿桿菌（*P. aeruginosa*）、腸桿菌、腸球菌、葡萄球菌與念珠菌等更為常見 [84]。

4.心包液（Pericardial fluid）

心包炎可因不同病因引發，導致心包液增加，包含病毒性心包炎、化膿性心包炎、結核性心包炎、尿毒或腎臟透析相關性心包炎、心肌梗塞、癌症、輻射與心臟創傷等。若無法歸類於上述因素則可被稱為特發性心包炎，多數特發性心包炎目前認為可能與病毒感染相關[71]。B 群克沙奇病毒（coxsackievirus B）與埃可病毒（ECHO virus）爲常見的病毒性心包炎的致病病毒[71]；化膿性心包炎常由肺腔感染（如膿胸等）、服用免疫抑制劑或手術等引起。患者的心包液呈現混濁雲狀，高蛋白且低葡萄糖含量，其中白血球數目高（多中性球）；常見致病菌包含金黃色葡萄球菌、肺炎鏈球菌、草綠色鏈球菌、流感嗜血桿菌、腸內菌、披衣菌與黴漿菌等[71]。結核性心包炎係由結核分枝桿菌引起，約 1～2% 的肺結核患者可能出現此症狀[71]；免疫缺陷（如 HIV 感染或服用免疫抑制劑）的患者也會增加產生結核性心包炎的風險[71]，患者心包液與化膿性患者相似，但白血球組成多以淋巴球爲主；懷疑爲結核性心包液時可直接透過抗酸性染色進行觀察。

5. 關節液（Joint fluid）

感染性關節炎常出現於老年、糖尿病、類風溼、免疫抑制、創傷或關節手術的患者，最常見的致病菌爲革蘭氏陽性菌，包含葡萄球菌、鏈球菌等；透過創傷或手術方式進入關節腔，導致關節感染。此外，革蘭氏陰性細菌與淋病雙球菌可由原病灶透過血流傳播方式進入關節腔產生感染，例如綠膿桿菌與大腸桿菌可由原泌尿道感染，透過血流方式進而感染髖關節或甚至膝關節[85]；淋病雙球菌常見於 40 歲以下性生活活躍的患者，透過血液產生遊走性關節痛[85]；流感嗜血桿菌則爲 2 歲以下幼兒常見的感染性關節炎致病菌[85]；此外多種導致敗血症的致病菌，例如鏈球菌、類桿菌、壞死梭狀桿菌等，也可透過血流方式感染關節產生關節炎[85]。萊姆病爲伯氏疏螺旋體體（*Borrelia burgdorferi*）引起的全身性疾病，病程中也可能導致關節炎的產生[86]。

三、培養特性與鑑定法

1. 脊髓液（Cerebrospinal fluid, CSF）

中樞神經系統感染患者通常狀況緊急，須趕緊確認致病原，以利醫師給予患者適當的治療。脊髓液檢體通常由醫師以無菌方式進行腰椎穿刺取得，須避免觸診用手套的滑石粉汙染檢體，微生物檢查使用的檢體採檢後須即刻送往實驗室進行培養，不可冷藏，否則無法檢出常見的中樞神經系統致病菌（如肺炎鏈球菌與腦膜炎雙球菌）。實驗室收取檢體須馬上進行離心處理，留取 0.5 毫升檢體回溶沉澱物，取出濃縮的脊髓液檢體進行塗片染色（如表 2-3 所述），初步判定可能的致病菌；另取上清液進行抗原檢查，可通過乳膠凝集法（latex agglutination test）進行定性分析進一步確認病原菌。剩餘的濃縮檢體則以不同的營養培養基進行培養，例如以 Chocolate agar 培養流感嗜血桿菌、腦膜炎雙球菌等；BAP 培養 A 群鏈球菌、李斯特菌、腸內菌等。除透過無菌試管採檢外，脊髓液檢體也可直接打入小兒專用的細菌培養瓶（本用以血液培養）進行細菌培養，也可直接將檢體打入 Thioglycollate 液態培養基直接進行厭氧菌培養，或將檢體打入黴菌培養瓶進行培養。此外也需特別注意部份難培養（hard-to-culture）的致病菌，如致病性鉤端螺旋體（pathogenic *Leptospira*），必要時可採取宏體基因體學（metagenomics）次世代定序方法 87，檢測是否在 CSF 中帶有致病原的 DNA 序列。腦膿瘍患者則可取出其病理組織或抽取腦膿瘍，因腦膿瘍致病菌多爲厭氧菌，因此檢體需置於厭氧菌專用的運輸培養基，盡速送至實驗室進行處理以提升檢出率。實驗室需快速將檢體打碎於生理食鹽水中，並將其培養至 chocolate agar 與 BAP 至少 72 小時（兼性厭氧菌培養）和厭氧菌專用的培養基並以無氧狀態培養至少 5 天，才得以發出陰性報告。

2.其他體液類檢體

胸水、腹膜液、心包液與關節液等體液檢體，通常由醫師通過無菌技術方式採取，並且裝載於合適的採檢容器，例如：無菌容器、厭氧採集瓶、無菌試管等。心包腔鄰近心臟，因此通常搭配超音波或是手術進行時採檢，抽取後需即刻送至實驗室進行檢驗，透過培養與染色等方式確認致病菌。體液類檢體多需進行厭氧菌鑑定，因此檢體多需以不含氧或隔絕大氣的無菌運送檢體容器裝盛送至實驗室。一般需氧細菌雖可在厭氧環境短暫存活，但仍須盡速將檢體接種到適合的培養基，檢體體積大約 3 毫升即可完成細菌分離與鑑定，若需進行結合分枝桿菌的分離時，需盡可能多採集檢體（10 毫升以上）以提升檢出率。化膿性或滲出液檢體有凝固的特性，若採檢過程未以抗凝劑潤溼採檢工具，則必須在採檢容器添加抗凝劑使檢體保持液態以利實驗室操作；抗凝劑不可選用鋰鹽－肝素（lithium heparin）與草酸鹽（oxalate），因二者會影響體液的結晶分析，需以鈉鹽－肝素（sodium heparin）作爲抗凝固劑[72]。感染性體液類檢體因其浸潤範圍大或影響重要器官，因此檢體需進行抹片染色直接觀察，初步給予微生物檢查報告，若使用顯微鏡直接觀察染色抹片時，在一個油鏡視野（1,000 倍視野）下發現一顆細菌，則代表該檢體每毫升含有至少 10^5 個細菌[88]。體液類檢體的處理方式大同小異，液態檢體可直接離心並去除大部分上清液，以剩餘的液體回溶沉澱物濃縮檢體，濃縮後的檢體可接種至合適的培養基，提高培養的檢出率。

學習評估

1. 人體各組織系統常見的致病菌，包含呼吸、消化、泌尿 - 生殖道、血流循環、中樞神經、其他無菌部位等。
2. 人體各組織系統發生感染時，其採檢方法、檢體運送、實驗室保存與處理的注意事項。
3. 各種檢體的微生物檢查結果判讀與其重要性。

參考資料

1. **Bisno, A. L.** 2001. Acute pharyngitis. N. Engl. J. Med.**344**:205-211.
2. **Lee, C. M., S. C. Yeh, H. K. Lim, C. P. Liu, and H. K. Tseng**. 2009. High prevalence rate of multidrug resistance among nosocomial pathogens in the respiratory care center of a tertiary hospital. J. Microbiol. Immunol. Infect. **42**:401-404.
3. **Cascella, M., M. Rajnik, A. Aleem, S. C. Dulebohn, and R. Di Napoli**. 2021. Features, evaluation, and treatment of coronavirus (COVID-19). StatPearls. Treasure Island (FL).
4. **Disease, G. B. D., I. Injury, and C. Prevalence**. 2016. Global, regional, and national incidence, prevalence, and years lived with disability for 310 diseases and injuries, 1990-2015: a systematic analysis for the Global Burden of Disease Study 2015. Lancet. **388**:1545-1602.
5. **Ahmed, S., P. Padhan, R. Misra, and D. Danda. 2021.** Update on post-streptococcal reactive arthritis: narrative review of a forgotten disease. Curr. Rheumatol. Rep. **23**:19.
6. **Dulon, M., C. Peters, A. Schablon, and A. Nienhaus.** 2014. MRSA carriage among healthcare workers in non-outbreak settings in Europe and the United States: a systematic review. BMC Infect. Dis. **14**:363.
7. **Shepherd, E**. 2017. Specimen collection 4:

procedure for obtaining a sputum specimen. Nursing Times [online]. **113**:49-51.

8. **Liu, P., M. Xu, L. He, L. Su, A. Wang, P. Fu**, et al. 2018. Epidemiology of respiratory pathogens in children with lower respiratory tract infections in Shanghai, China, from 2013 to 2015. Jpn. J. Infect. Dis. **71**:39-44.

9. **Brown, J. S.** 2012. Community-acquired pneumonia. Clin. Med. (Lond). **12**:538-543.

10. **Li, Z., G. Lu, and G. Meng.** 2019. Pathogenic fungal infection in the lung. Front. Immunol. **10**:1524.

11. **Burney, P., R. Perez-Padilla, G. Marks, G. Wong, E. Bateman, and D. Jarvis**. 2017. Chronic lower respiratory tract diseases. In: Prabhakaran D, Anand S, *et al.* eds, Cardiovascular, Respiratory, and Related Disorders 3rd eds. Washington (DC).

12. **Huang, H. L., P. L. Lu, C. H. Lee, and I. W. Chong.** 2020. Treatment of pulmonary disease caused by *Mycobacterium kansasii*. J. Formos. Med. Assoc. **119** Suppl 1:S51-S57.

13. **Okimoto, N., T. Kibayashi, K. Mimura, K. Yamato, T. Kurihara, Y. Honda**, et al. 2007. *Coxiella burnetii* and acute exacerbations/infections in patients with chronic lung disease. Respirology. **12**:619-621.

14. **Ohtsuka, M., K. Kikuchi, K. Shundo, K. Okada, M. Higashide, K. Sunakawa**, et al. 2009. Improved selective isolation of *Bordetella pertussis* by use of modified cyclodextrin solid medium. J. Clin. Microbiol. **47**:4164-4167.

15. **Gayretli Aydin, Z. G., G. Tanir, S. Nar Otgun, M. Turan, T. Aydin Teke, A. Kaman**, et al. 2017. Screening of *Corynebacterium diphtheriae*, *Corynebacterium ulcerans* and *Corynebacterium pseudotuberculosis* in throat swab specimens of children with upper respiratory tract infections. Mikrobiyol. Bul. **51**:209-219.

16. **Murray, P. R., and J. A. Washington.** 1975. Microscopic and baceriologic analysis of expectorated sputum. Mayo Clin. Proc. **50**:339-344.

17. **Woolhouse, I. S., D. L. Bayley, and R. A. Stockley**. 2002. Effect of sputum processing with dithiothreitol on the detection of inflammatory mediators in chronic bronchitis and bronchiectasis. Thorax. **57**:667-671.

18. **Declerck, P., and F. Ollevier. 2006.** Detection of legionella in various sample types using whole-cell fluorescent in situ hybridization. Methods Mol. Biol. **345**:175-183.

19. **Cinotti, E., J. L. Perrot, B. Labeille, N. Campolmi, G. Thuret, N. Naigeon**, et al. 2015. First identification of the herpes simplex virus by skin-dedicated *ex vivo* fluorescence confocal microscopy during herpetic skin infections. Clin. Exp. Dermatol. **40**:421-425.

20. **Thomas-White, K., M. Brady, A. J. Wolfe, and E. R. Mueller.** 2016. The bladder is not sterile: history and current discoveries on the urinary microbiome. Curr. Bladder Dysfunct. Rep. **11**:18-24.

21. **Schmiemann, G., E. Kniehl, K. Gebhardt, M. M. Matejczyk, and E. Hummers-Pradier**. 2010. The diagnosis of urinary tract infection: a systematic review. Dtsch. Arztebl. Int. **107**:361-367.

22. **Serour, F., Z. Samra, Z. Kushel, A. Gorenstein, and M. Dan**. 1997. Comparative periurethral bacteriology of uncircumcised and

circumcised males. Genitourin. Med. **73**:288-290.

23. **Iacovelli, V., G. Gaziev, L. Topazio, P. Bove, G. Vespasiani, and E. Finazzi Agro**. 2014. Nosocomial urinary tract infections: a review. Urologia. **81**:222-227.

24. **Kass, E. H.** 1960. Bacteriuria and pyelonephritis of pregnancy. Arch Intern Med. **105**:194-198.

25. **Horvath, J., B. Wullt, K. G. Naber, and B. Koves**. 2020. Biomarkers in urinary tract infections - which ones are suitable for diagnostics and follow-up? GMS Infect. Dis. **8**:Doc24.

26. **Romero, R., S. S. Hassan, P. Gajer, A. L. Tarca, D. W. Fadrosh, L. Nikita**, et al. 2014. The composition and stability of the vaginal microbiota of normal pregnant women is different from that of non-pregnant women. Microbiome. **2**:4.

27. **Patel, V., H. A. Weiss, D. Mabey, B. West, S. D'Souza, V. Patil**, et al. 2006. The burden and determinants of reproductive tract infections in India: a population based study of women in Goa, India. Sex Transm. Infect. **82**:243-249.

28. **McGeachie, J., and A. C. Kennedy. 1963.** Simplified quantitative methods for bacteriuria and pyuria. J. Clin. Pathol. **16**:32-38.

29. **Albers, A. C., and R. D. Fletcher.** 1983. Accuracy of calibrated-loop transfer. J. Clin. Microbiol. **18**:40-42.

30. **Arienzo, A., V. Cellitti, V. Ferrante, F. Losito, O. Stalio, L. Murgia**, et al. 2020. A new point-of-care test for the rapid detection of urinary tract infections. Eur. J. Clin. Microbiol. Infect. Dis. **39**:325-332.

31. **Martin Jr, J. E., and A. Lester.** 1971. Transgrow, a medium for transport and growth of *Neisseria gonorrhoeae* and *Neisseria meningitidis*. HSMHA Health Rep. **86**:30-33.

32. **Meyer, T.** 2016. Diagnostic procedures to detect *Chlamydia trachomatis* infections. Microorganisms. **4**.

33. **Aoun, A., F. Darwish, and N. Hamod.** 2020. The influence of the gut microbiome on obesity in adults and the role of probiotics, prebiotics, and synbiotics for weight loss. Prev. Nutr. Food Sci. **25**:113-123.

34. **Sgouras, D. N., T. T. Trang, and Y. Yamaoka.** 2015. Pathogenesis of *Helicobacter pylori* infection. Helicobacter. **20** Suppl 1:8-16.

35. **Yu, C. P., Y. C. Chou, D. C. Wu, C. G. Cheng, and C. A. Cheng. 2021.** Surveillance of foodborne diseases in Taiwan: a retrospective study. Medicine (Baltimore). **100**:e24424.

36. **Argudin, M. A., M. C. Mendoza, and M. R. Rodicio. 2010.** Food poisoning and *Staphylococcus aureus* enterotoxins. Toxins (Basel). **2**:1751-1773.

37. **Pierard, D., H. De Greve, F. Haesebrouck, and J. Mainil.** 2012. O157:H7 and O104:H4 Vero/Shiga toxin-producing *Escherichia coli* outbreaks: respective role of cattle and humans. Vet. Res. **43**:13.

38. **McDowell, R. H., E. M. Sands, and H. Friedman.** 2021. *Bacillus Cereus*. StatPearls. Treasure Island (FL).

39. **Giannella, R. A**. 1996. *Salmonella*. In: Baron S, eds. Medical Microbiology 4th ed. Galveston (TX).

40. **Cherington, M.** 2004. Botulism: update and review. Semin. Neurol. **24**:155-163.

41. **Bhattacharya, A., S. Shantikumar, D. Beaufoy, A. Allman, D. Fenelon, K. Reynolds,**

et al. 2020. Outbreak of *Clostridium perfringens* food poisoning linked to leeks in cheese sauce: an unusual source. Epidemiol. Infect. **148**:e43.

42. **Mullish, B. H., and H. R. Williams**. 2018. *Clostridium difficile* infection and antibiotic-associated diarrhoea. Clin Med (Lond). **18**:237-241.

43. **Stuempfig, N. D., and J. Seroy.** 2021. Viral Gastroenteritis. StatPearls. Treasure Island (FL).

44. **Koo, H. L., N. Ajami, R. L. Atmar, and H. L. DuPont.** 2010. Noroviruses: The leading cause of gastroenteritis worldwide. Discov. Med. **10**:61-70.

45. **Katz, D. E., and D. N. Taylor.** 2001. Parasitic infections of the gastrointestinal tract. Gastroenterol. Clin. North Am. **30**:797-815.

46. **Fletcher, S. M., M. L. McLaws, and J. T. Ellis**. 2013. Prevalence of gastrointestinal pathogens in developed and developing countries: systematic review and meta-analysis. J. Public Health Res. **2**:42-53.

47. **Matle, I., K. R. Mbatha, and E. Madoroba. 2020.** A review of *Listeria monocytogenes* from meat and meat products: epidemiology, virulence factors, antimicrobial resistance and diagnosis. Onderstepoort. J. Vet. Res. **87**:e1-e20.

48. **Leung, A. K. C., A. A. M. Leung, A. H. C.Wong, and K. L. Hon.** 2019. Travelers' diarrhea: a clinical review. Recent Pat. Inflamm. Allergy Drug Discov. **13**:38-48.

49. **Charest, M., and M. A. Belair**. 2017. Comparison of accuracy between ^{13}C- and ^{14}C-urea breath testing: is an indeterminate-results category still needed? J Nucl. Med. Technol. **45**:87-90.

50. **Shahidi, M. A., M. R. Fattahi, S. Farshad, and A. Alborzi.** 2012. Validation of an in-house made rapid urease test kit against the commercial CLO-test in detecting *Helicobacter pylori* infection in the patients with gastric disorders. J. Res. Med. Sci. **17**:212-216.

51. **Andersen, L. P., and T. Wadstrom.** 2001. Basic bacteriology and culture. In: Mobley HLT, Mendz GL, Hazell SL, eds. *Helicobacter pylori*: Physiology and Genetics. Washington (DC).

52. **Bassis, C. M., N. M. Moore, K. Lolans, A. M. Seekatz, R. A. Weinstein, V. B. Young**, et al. 2017. Comparison of stool versus rectal swab samples and storage conditions on bacterial community profiles. BMC Microbiol. **17**:78.

53. **Parija, S. C., S. Bhattacharya, and P. Padhan.** 2003. Thick stool smear wet mount examination: a new approach in stool microscopy. Trop. Doct. **33**:173.

54. **Morales, A., C. Hurtado, A. M. Madrid, C. Pimentel, and M. N. Espinosa.** 2002. An ELISA stool test to detect *Helicobacter pylori* infection. Rev. Med. Chil. **130**:61-65.

55. **Raboni, S. M., M. B. Nogueira, V. M. Hakim, V. T. Torrecilha, H. Lerner, and L. R. Tsuchiya.** 2002. Comparison of latex agglutination with enzyme immunoassay for detection of rotavirus in fecal specimens. Am. J. Clin. Pathol. **117**:392-394.

56. **Viscoli, C.** 2016. Bloodstream infections: the peak of the iceberg. Virulence. 7:248-251.

57. **Christaki, E., and E. J. Giamarellos-Bourboulis. 2014.** The complex pathogenesis of bacteremia: from antimicrobial clearance

mechanisms to the genetic background of the host. Virulence. **5**:57-65.

58. **Timsit, J. F., E. Ruppe, F. Barbier, A. Tabah, and M. Bassetti.** 2020. Bloodstream infections in critically ill patients: an expert statement. Intensive Care Med. **46**:266-284.

59. **Diekema, D. J., P. R. Hsueh, R. E. Mendes, M. A. Pfaller, K. V. Rolston, H. S. Sader**, et al. 2019. The microbiology of bloodstream infection: 20-year trends from the SENTRY Antimicrobial Surveillance Program. Antimicrob. Agents Chemother. **63**.

60. **Beekmann, S. E., D. J. Diekema, and G. V. Doern**. 2005. Determining the clinical significance of coagulase-negative staphylococci isolated from blood cultures. Infect Control Hosp. Epidemiol. **26**:559-566.

61. **Hubers, S. A., D. C. DeSimone, B. J. Gersh, and N. S. Anavekar.** 2020. Infective endocarditis: a contemporary review. Mayo Clin. Proc. **95**:982-997.

62. **Bond, A., P. Chadwick, T. R. Smith, J. M. D. Nightingale, and S. Lai** . 2020. Diagnosis and management of catheter-related bloodstream infections in patients on home parenteral nutrition. Frontline Gastroenterol. **11**:48-54.

63. **Lee, C. C. , C. H. Lee, M. Y. Hong, H. J. Tang, and W. C. Ko.** 2017. Timing of appropriate empirical antimicrobial administration and outcome of adults with community-onset bacteremia. Crit. Care. **21**:119.

64. **Towns, M. L., W. R. Jarvis, and P. R. Hsueh.** 2010. Guidelines on blood cultures. J. Microbiol. Immunol. Infect. **43**:347-349.

65. **Marginson, M. J., K. L. Daveson, and K. J. Kennedy**. 2014. Clinical impact of reducing routine blood culture incubation time from 7 to 5 days. Pathology. **46**:636-639.

66. **Lambregts, M. M. C., A. T. Bernards, M. T. van der Beek, L. G. Visser, and M. G. de Boer**. 2019. Time to positivity of blood cultures supports early re-evaluation of empiric broad-spectrum antimicrobial therapy. PLoS One. **14**:e0208819.

67. **Greninger A. L., and Naccache S. N.** 2019. Metagenomics to Assist in the Diagnosis of Bloodstream Infection. *J Appl Lab Med.* **3**:643-653.

68. **Archibald, L. K., and R. G. Quisling**. 2013. Central nervous system infections. Textbook of Neurointensive Care. 427-517.

69. **D'Agostino, H. P., and M. A. Edens**. 2021. Physiology, Pleural Fluid. StatPearls. Treasure Island (FL).

70. **Rudralingam, V., C. Footitt, and B. Layton.** 2017. Ascites matters. Ultrasound. **25**:69-79.

71. **Willner, D. A., A. Goyal, Y. Grigorova, and J. Kiel.** 2021. Pericardial Effusion. StatPearls. Treasure Island (FL).

72. **Seidman, A. J., and F. Limaiem**. 2021. Synovial Fluid Analysis. StatPearls. Treasure Island (FL).

73. **CDC** 2006. Enterovirus surveillance – United States, 1970–2005. MMWR Surveill. Summ. 55.

74. **Shih, T. H., J. T. Chiang, H. Y. Wu, S. Inoue, C. T. Tsai, S. C. Kuo**, et al. 2018. Human xposure to ferret badger rabies in Taiwan. Int. J. Environ. Res. Public Health. 15.

75. **Chen, C. H., Y. M. Chen, W. L. Chen, Y. J. Yang, and C. H. Lai**. 2014. Late-onset cerebral vasculitis with tuberculous meningitis: a case report. 內科學誌 . **25**:362-370.

76. **Ong, C. T., C. F. Tsai, Y. S. Wong, and S. C. Chen.** 2017. Epidemiology of brain abscess in Taiwan: a 14-year population-based cohort study. PLoS One. **12**:e0176705.

77. **Kim, S., K. L. Lee, D. M. Lee, J. H. Jeong, S. M. Moon, Y. H. Seo**, et al. 2014. Nocardia brain abscess in an immunocompetent patient. Infect. Chemother. **46**:45-49.

78. **Farjah, F., R. G. Symons, B. Krishnadasan, D. E. Wood, and D. R. Flum**. 2007. Management of pleural space infections: a population-based analysis. J. Thorac. Cardiovasc. Surg. **133**:346-351.

79. **Bartlett, J. G.** 1993. Anaerobic bacterial infections of the lung and pleural space. Clin. Infect. Dis. **16** Suppl 4:S248-255.

80. **Chalmers, J. D., A. Singanayagam, M. P. Murray, C. Scally, A. Fawzi, and A. T. Hill.** 2009. Risk factors for complicated parapneumonic effusion and empyema on presentation to hospital with community-acquired pneumonia. Thorax. **64**:592-597.

81. **Maskell, N.A., S. Batt, E. L. Hedley, C. W. Davies, S. H. Gillespie, and R. J. Davies**. 2006. The bacteriology of pleural infection by genetic and standard methods and its mortality significance. Am. J. Respir. Crit. Care Med. **174**:817-823.

82. **Lopez, N., L. Kobayashi, and R. Coimbra.** 2011. A comprehensive review of abdominal infections. World J Emerg Surg. **6**:7.

83. **Moreiras-Plaza, M., F. Fernandez-Fleming, I. Martin-Baez, R. Blanco-Garcia, and L. Beato-Coo**. 2014. Non-infectious cloudy peritoneal fluid secondary to lercanidipine. Nefrologia. **34**:683-685.

84. **Weigelt, J. A.** 2007. Empiric treatment options in the management of complicated intra-abdominal infections. Cleve. Clin. J. Med. **74** Suppl 4:S29-37.

85. **Hassan, A. S., A. Rao, A. M. Manadan, and J. A. Block.** 2017. Peripheral bacterial septic arthritis: review of diagnosis and management. J. Clin. Rheumatol. **23**:435-442.

86. **Arvikar, S. L., and A. C. Steere.** 2015. Diagnosis and treatment of Lyme arthritis. Infect. Dis. Clin. North Am. **29**:269-280.

87. **Graff K., Dominguez S. R., and Messacar K.** 2021. Metagenomic Next-Generation Sequencing for Diagnosis of Pediatric Meningitis and Encephalitis: A Review. *J Pediatric Infect Dis Soc.* **10**:S78-S87.

88. **Fleming, C., H. Russcher, J. Lindemans, and R. de Jonge**. 2015. Clinical relevance and contemporary methods for counting blood cells in body fluids suspected of inflammatory disease. Clin. Chem. Lab. Med. **53**:1689-1706.

第3章

革蘭氏陽性球菌
——葡萄球菌與相關細菌

林美惠

內容大綱

學習目標

- 葡萄球菌分類與鑑定方法
- 葡萄球菌臨床意義與致病因子
- 金黃色葡萄球菌抗藥機轉
- 凝固酶陰性葡萄球菌
- 其他相關菌種

3-1 一般性質

一、特性

葡萄球菌屬（*Staphylococcus*）及相關球菌屬〔主要為微球菌屬（*Micrococcus*）〕，皆為革蘭氏陽性球菌，特性為觸酶（catalase）陽性，兼性厭氧，無鞭毛不具運動性，不產生孢子。「*Staphylococcus*」此字來自希臘文 staphyle，意思是一串葡萄（a bunch of grapes），因此在顯微鏡下觀察菌體常呈葡萄串聚集，有些也會成對或呈短鏈狀排列（圖 3-1），菌體大小約直徑 0.5～1.5 μm。葡萄球菌廣泛存在於人類、動物、食品以及自然環境中，可在高鹽環境中生長。大部分葡萄球菌屬於非致病性腐生菌，少數葡萄球菌，主要是金黃色葡萄球菌（*Staphylococcus aureus*）可引起人類多種疾病，是重要的院內感染細菌；而微球菌致病力較低，雖然偶爾可由人體皮膚或黏膜分離出，通常只是汙染性質或是人體常在菌。

二、分類

Staphylococcus 在分類上屬於葡萄球菌科（Family *Staphylococcaceae*），目前有超過 50 種 *Staphylococcus* species 被鑑定出來，一般以是否產生凝固酶（coagulase）區分成兩大類；*Staphylococcus aureus*、*Staphylococcus argenteus*，及一些動物菌株 *S. intermedius*、*S. delphini* 為凝固酶陽性外，其他菌種為凝固酶陰性，簡稱為 CoNS（Coagulase Negative Staphylococcus）。與人類感染疾病相關的主要是凝固酶陽性菌種，而凝固酶陰性中比較具臨床意義的菌種，包括 *S. epidermidis*、*S. lugdunensis*、*S. saprophyticus* 與 *S. haemolyticus*，其他菌種與感染症之關聯較不確定或較少見。

Micrococcus 屬於微球菌科（Family *Micrococcaceae*），主要存在於環境以及人的皮膚表面，所以常伴隨 *Staphylococcus* 被分離出來，由於不產生凝固酶，因此會被誤認為 CoNS，但兩者有一些菌種特性和藥物感受性不同能夠加以區分（表 3-1）。

表 3-1 *Staphylococcus* 與 *Micrococcus* 之區分

特性	*Staphylococcus*	*Micrococcus*
Cell wall teichoic acid	+	−
Fermentation of glucose	+	−
Modified oxidase test	−	+
furazolidone (100 μg disk)	S	R
lysostaphin (200 mg/ml)	S[a]	R
Lysosome (50 mg disk)	R	S
bacitracin (0.04 unit disk)	R[a]	S
Growth on 5% NaCl agar	+	+

S: Susceptible; R: Resistant; a: some strains show opposite reaction

3-2 臨床意義

一、金黃色葡萄球菌（*Staphylococcus aureus*）

金黃色葡萄球菌是很常見的細菌，約三分之一的人在皮膚表面或鼻腔內存在有這種細菌但不會造成疾病，此種情形稱爲細菌寄生（colonization）[1]。但因皮膚有傷口或免疫功能低下等原因也會因感染而造成多種疾病。其感染可從較輕微的皮膚、傷口感染，到嚴重的全身性感染甚至會導致死亡。皮膚與軟組織的感染，包括：膿泡病（impetigo）、毛囊炎（folliculitis），以及癤（furuncles）、癰（carbuncles）、蜂窩性組織炎（cellulites）等。嚴重的感染則包括肺炎（pneumonia）、膿胸（empyema）、心內膜炎（endocarditis）、骨髓炎（osteomyelitis）、Scalded skin syndrome（脫皮症候群）、Toxic shock syndrome（毒性休克症候群）等。此外有一些菌株會引起食物中毒（food poisoning），多因爲食入食物中汙染之金黃色葡萄球菌所產生的腸毒素所致。

金黃色葡萄球菌容易黏附在物體表面並聚集生長形成生物膜（biofilm），而臨床上常發現在心導管、人工心臟瓣膜、人工關節等置入性醫療裝置被金黃色葡萄球菌附著而形成生物膜，由於細菌生物膜的抗藥性非常高也很難自汙染的醫療裝置上去除，這使得臨床上對於金黃色葡萄球菌感染的治療更加困難和棘手[2]。

二、銀色葡萄球菌（*Staphylococcus argenteus*）

銀色葡萄球菌爲一種新型葡萄球菌，凝固酶陽性，與金黃色葡萄球菌相比，二者約有百分之十的核苷酸序列差異。銀色葡萄球菌因爲缺乏會產生色素的 *crtOPQMN* 基因，因此菌落呈現白色。在臨床實驗室，無法利用常規的標準鑑別方法來區分兩者，因此銀色葡萄球菌之前總被鑑定成金黃色葡萄球菌，一直到 2015 年才被正式分類和命名[3]。近幾年來，在世界各地分離出的銀色葡萄球菌越來越多，而且能在醫院環境和社區中散播，其感染亦會引起重症甚至導致死亡[4]，因此逐漸受到臨床的重視。

三、表皮葡萄球菌（*Staphylococcus epidermidis*）

在凝固酶陰性葡萄球菌（CoNS）所引起的臨床疾病中，表皮葡萄球菌爲最主要的菌種。表皮葡萄球菌爲人體皮膚、黏膜之常在菌，但也會因伺機性感染而引起多種疾病，最常見於術後感染。而表皮葡萄球菌在臨床上最棘手的問題則是和金黃色葡萄球菌一樣會在置入性醫療裝置上形成生物膜。

四、腐生性葡萄球菌（*Staphylococcus saprophyticus*）

不同於其他 CoNS，腐生性葡萄球菌較少存在於黏膜或皮膚表面，而是容易貼附在泌尿道的上皮細胞，主要跟年輕女性的泌尿道感染有關。而不同於腸內菌的尿路感染，自腐生性葡萄球菌感染患者的尿液培養之菌數常是低於 10^4 cfu/ml，但也被視爲是有意義的感染。

五、路鄧葡萄球菌（*Staphylococcus lugdunensis*）

路鄧葡萄球菌於 1988 年首次在法國里昂被分離出來，因此以法國里昂的拉丁名字 lugdunum 命名之。*S. lugdunensis* 爲凝固酶陰性葡萄球菌，但有些菌株會分泌凝集因子（clumping factors）[5]，導致玻片法凝固酶測試呈現僞陽性（圖 3-2 A），因此容易被誤鑑定爲 *S. aureus*。可以利用試管法凝固酶測試（圖 3-2 B）加以區分。*S. lugdunensis* 可存在皮膚、鼻腔等黏膜表面，會造成軟組織、尿路、心內膜炎或中樞神經等感染。*S. lugdunensis* 比一般的凝固酶陰性葡萄球菌有較強的致病力，近幾年來臨床上陸續發現由 *S. lugdunensis* 引起的侵襲性疾病，文獻也指出 *S. lugdunensis* 感染所引起的心內膜炎死亡率較 *S. aureus* 所引起的為高[6]，因此在臨床上漸漸被重視。

大部分 *S. lugdunensis* 菌株對大多數抗生素仍然保持高感受性，但在 2003 年已發現抗 oxacillin 之 *S. lugdunensis* 菌株出現。而另一研究發現從鼻腔分離之 *S. lugdunensis* 會分泌稱為路鄧素（lugdunin）的分子，可殺死同樣存在於鼻腔中之 *S. aureus*[7]，因此路鄧素或許有發展成為新一代抗生素之潛力。

六、溶血葡萄球菌（*S. haemolyticus*）

S. haemolyticus 屬於 CoNS 的一員，廣泛分布在醫院環境和醫療人員中，是院內感染重要菌種之一。會引起傷口和皮膚軟組織的感染，甚至是心內膜炎、腦膜炎、敗血症等嚴重感染，由於具有形成生物膜能力也跟導管相關的血流感染有關。*S. haemolyticus* 比其他 CoNS 對抗生素的抗性更強，已有許多抗藥性菌株出現，因為會分泌多種毒力因子，目前在臨床分離株中，*S. haemolyticus* 的重要性排名已經成為 CoNS 菌群中的第二位[15]。

七、其他凝固酶陰性葡萄球菌

其他 CoNS 的毒力雖然弱很多，但仍然可能會造成伺機性感染，如：*S. hominis*、*S. simulans*、*S. schleiferi*、*S. warneri* 等，許多 CoNS 與人工瓣膜的心內膜炎有關。

八、黏漿口腔球菌（*Rothia mucilaginosa*，舊名為 *Stomatococcus mucilaginosus*）

屬於微球菌科（Family *Micrococcaceae*）的羅氏菌屬（Rothia），凝固酶陰性，為口咽（oropharynx）及上呼吸道的常在菌，在免疫功能低下的人可能造成心內膜炎、敗血症（septicemia）等疾病，也曾報導與導管相關感染（catheter-related infections）有關。

3-3 結構成分（Structure components）與致病因子（Virulence factors）

1. 金黃色葡萄球菌（*S. aureus*）

(1) **莢膜**（Capsule）

有些金黃色葡萄球菌具有莢膜，目前約有 11 種血清型被鑑定出來。有報告指出，臨床分離的致病性金黃色葡萄球菌主要具有 type 5 或 type 8 莢膜。莢膜可幫助細菌逃脫免疫細胞的吞噬作用（phagocytosis）。

(2) **磷壁酸**（Teichoic acid）

是一種多醣類，類似革蘭氏陰性細菌的 lipopolysaccharide（LPS），連接於細胞壁或細胞膜，並突出於表面，為附著於宿主黏膜表面的重要因子，亦是革蘭氏陽性細菌重要的抗原之一。

(3) Protein A

Protein A 會鑲嵌在金黃色葡萄球菌細胞壁上或被分泌到菌體外，其功能為透過與人類免疫球蛋白 IgG 的 Fc 區域結合以保護細菌免於宿主免疫系統的吞噬作用。而分泌型的 protein A 會與 B 細胞表面的 IgG 或 IgM 的 Fab 區域結合，進而引起 B 細胞凋亡（apoptosis），並藉此降低宿主攻擊細菌的免疫反應[8]。在臨床檢驗室中可藉由偵測細菌 protein A 及 clumping factor 與試劑產生凝集反應，做為快速鑑定。由於 Protein A 基因（*spa*）靠近 3' 端的 X 區域含有數個長度約 24-bp 的重複序列，此重複序列的數目具多型性已被利用於金黃色葡萄球菌的基因分型。

⑷毒素（Toxins）

金黃色葡萄球菌可產生多種毒素，分列如下：

① 細胞毒素（Cytotoxins）：包括 α、β、γ、δ 溶血素（hemolysin），以及殺白血球毒素 Panton-Valentine leucocidin（PVL）等。這些毒素可作用於細胞、紅血球、白血球、吞噬細胞、血小板等，其中 β-hemolysin 又有 hot-cold hemolysin 之稱。PVL 有 LukS-PV 與 LukF-PV 兩個分子組成，基因位於染色體的原噬菌體（prophage）上，近年來發現社區型（community-acquired）MRSA 引起的嚴重皮膚感染或壞死性肺炎（necrotizing pneumonia）與此毒素相關。

② 脫皮毒素（Exfoliative toxins）：是一種絲蛋白酶（serine protease），會切割上皮組織的黏多醣基質而產生水泡，是造成嬰幼兒脫皮症候群（staphylococcal scalded skin syndrome，SSSS）的主要毒素。有 ET-A 及 ET-B 二型，ET-A 為熱穩定型，基因位於染色體的原噬菌體（prophage）上。ET-B為熱不穩定型，基因位於質體上。

③ 腸毒素（Enterotoxins）：約 30-50% 臨床分離的金黃色葡萄球菌會產生腸毒素，其具有耐熱性，100℃加熱 30 分鐘仍然無法將其破壞，對腸道內酵素也具有抵抗力。若吃了汙染腸毒素的食物，會引起食物中毒，症狀為嘔吐及腹瀉。目前發現至少有 24 型的腸毒素，包括 A-E，G-X 等，各型腸毒素均可發生食物中毒，但以腸毒素 A 型最常見，其毒力也最強。

金黃色葡萄球菌的腸毒素屬於超級抗原家族（superantigen family）的一員，其特性為刺激 T 淋巴球的活化、增生並釋放大量的細胞激素（cytokine）和發炎物質（inflammatory mediators）而導致症狀。

④ 毒性休克毒素（Toxic shock syndrome toxin-1, TSST-1）：是女性經期使用衛生棉條造成 menstruation-associated toxic shock syndrome 的主要毒素。毒性休克症候群是一種少見的嚴重疾病，初期會出現發燒、頭痛、肌肉酸痛等類似流感的症狀，但這些症狀常會迅速惡化而危及生命。TSST-1 也是屬於 superantigen。

⑸**酵素**（Enzymes）

金黃色葡萄球菌可產生多種酵素，分列如下：

① 觸酶（Catalase）：大部分的好氧菌在利用氧氣代謝過程中會產生過氧化氫 H_2O_2，而過氧化氫會影響許多酵素活性，因此需要 catalase 也就是過氧化氫酶將有害的過氧化氫轉化為無害的水和氧氣。

② 凝固酶（Coagulase）：凝固酶是鑑別金黃色葡萄球菌和其他葡萄球菌的重要指標。凝固酶有兩種：一種是結合於菌體表面的結合凝固酶（bound form），其能與纖維蛋白原（fibrinogen）結合，使其變成纖維蛋白（fibrin）而導致細菌凝聚，可用玻片法測定（slide method），細菌凝集呈顆粒狀為陽性（圖 3-2 A）；另一種是分泌至菌體外的游離凝固酶（free form），會與血漿中的 prothrombin 反應而被激活，使得纖維蛋白原轉變成纖維蛋

白而導致血漿凝固，採用試管法檢測（tube method），血漿凝固呈果凍狀為陽性（圖 3-2 B）。凝固酶與葡萄球菌的毒力關係密切，凝固酶陽性菌株進入人體後，使周圍血液或血漿中的 fibrin 凝集沉積於菌體表面，保護細菌逃避吞噬細胞的吞噬或胞內消化作用，也能保護細菌不受血清中殺菌物質的破壞。

③ 玻尿酸酶（Hyaluronidase）：可水解宿主結締組織中的玻尿酸而幫助細菌在組織間擴散。Hyaluronidase 被認為與侵襲性感染有關。

④ 脂解酶（Lipase）：分解脂肪，幫助細菌在皮膚或皮下組織擴散。

⑤ 核酸酶（Nuclease）：水解黏稠之 DNA。

⑥ 蛋白酶（protease）：金黃色葡萄球菌可分泌超過十種的胞外蛋白酶（extracellular proteases），有些會切割補體而有效的抑制嗜中性白血球的吞噬作用；有些會分解宿主的膠原蛋白質（collagen）或纖維蛋白質（fibrinogen）幫助細菌擴散；有些則功能還不是很清楚。

2. 銀色葡萄球菌（*S. argenteus*）

一般認為銀色葡萄球菌的毒性和致病性較金黃色葡萄球菌低，但其具有哪些與致病力相關的毒性因子還不是很清楚。最近的研究發現銀色葡萄球菌會分泌腸毒素、α- 溶血素、β- 溶血素、殺白血球毒素 PVL 以及表現和形成生物膜相關的基因[9]。

3. 表皮葡萄球菌（*S. epidermidis*）

一般來說，凝固酶陰性菌會產生的毒力因子比較少，目前所知表皮葡萄球菌重要的毒力因子包括分泌外毒素及產生黏液（slime）。產生黏液的細菌可在物體表面形成生物膜，使細菌極不容易被抗生素殺死。

4. 腐生性葡萄球菌（*S. saprophyticus*）

目前對 *S. saprophyticus* 的毒力因子了解不多，已知有 Ssp（*S. saprophyticus* surface-associated protein）及 Urease 等。

5. 路鄧葡萄球菌（*S. lugdunensis*）

溫韋伯氏因子（von Willebrand factor，vWf）是血管內皮產生的醣蛋白質，主要參與血小板凝集反應幫助血小板止血功能。路鄧葡萄球菌可產生黏附素（adhesins）以及分泌 vWf binding protein 而黏附宿主血漿內的 vWf，進而在血管內生成菌叢，這被認為和宿主產生心內膜炎有關[10]。

3-4 葡萄球菌的抗藥問題

1. 抗 methicillin 金黃色葡萄球菌（Methicillin-resistant *S. aureus*, MRSA）

在 1940 年代早期，青黴素（penicillin）能有效治療金黃色葡萄球菌的感染，但不久後就出現抗 penicillin 的抗藥菌株（PRSA），之後臨床上開始利用甲氧西林（methicillin）治療抗藥菌株，但在不久後就分離出 MRSA（圖 3-3）[7]，到目前為止，MRSA 已廣泛散布至全世界，並成為各地院內感染的主要致病菌之一[11]。MRSA 的感染主要發生在醫療機構內，而感染者多半具有住院史、手術史或長期居住在養護中心等高危險因子的病人，而在 1990 年代開始發現不具有上述高危險因子的社區感染者，因此將社區感染的菌株稱為 community-acquired MRSA（CA-MRSA），而在醫院感染之菌株稱為 hospital-acquired MRSA（HA-MRSA）。根據菌株特性分析發現，CA-MRSA

具有較高的毒性及致病性，而 HA-MRSA 則是具有較高抗藥性[12]。除此之外，兩者造成的感染也不太相同，HA-MRSA 較常造成血液感染、肺炎、手術傷口感染等，而 CA-MRSA 會表現殺白血球素 PVL，則較常造成皮膚和軟組織感染。

目前臨床上應用於治療 MRSA 的抗生素包括 vancomycin、teicoplanin、linezolid、trimethoprim-sulfamethoxazole 等，但近年來也陸陸續續出現對這些藥物產生抗性的抗藥菌株，這使得金黃色葡萄球菌的多重抗藥性成為臨床上一個棘手的問題，也使得未來臨床上用藥的選擇性變少，治療上更加困難。

2. Vancomycin-Intermediate/Resistant *S. aureus* (VISA/ VRSA)

萬古黴菌（Vancomycin）是治療 MRSA 最常使用的藥物。日本在 1996 年首先分離出對 Vancomycin 感受性下降的中度抗藥性菌株（vancomycin-intermediate *S. aureus*, VISA）Mu50，到目前 VISA 在世界各地的分離率已有逐年增加的趨勢。而在 2002 年，美國發現了第一株對 Vancomycin 具有抗性的 VRSA，之後世界各地雖然也陸續有一些報告，但所幸只是零星個案，VRSA 並未廣泛散播開來[3]。

根據美國臨床與實驗室標準協會（Clinical and Laboratory Standards Institutes, CLSI）的定義，VRSA 爲對萬古黴素之最小抑菌濃度（minimum inhibitory concentration, MIC）大於或等於 16 μg/ml 之菌株，VISA 則被定義爲對萬古黴素之 MIC 介於 4-8 μg/ml。對萬古黴素具感受性菌株（vancomycin susceptible *S. aureus*, VSSA）的 MIC 則是小於或等於 2 μg/ml。先前的研究發現，在 VSSA 轉變爲 VISA 的過程中通常會有異質性萬古黴素抗藥性金黃色葡萄球菌（heterogeneous vancomycin intermediate *S. aureus*, hVISA）產生；其定義爲在 VSSA 菌株中約十萬分之一到百萬分之一的機率有一株 VISA，hVISA 的 MIC 和 VSSA 一樣也是小於或等於 2 μg/ml，所以很難用臨床常規檢驗方法偵測，必須利用特殊的 population analysis profile with area under the curve analysis（PAP-AUC）方法來進行確認。hVISA 或 VISA 的臨床分離率增加是金黃色葡萄球菌對萬古黴素產生抗藥性的警訊。

3-5 葡萄球菌的抗藥機轉

1. Penicillin-Resistant *S. aureus*（PRSA）抗藥機轉

細菌在合成細胞壁過程中需要轉肽酶（transpeptidase）進行連接（cross-linking）

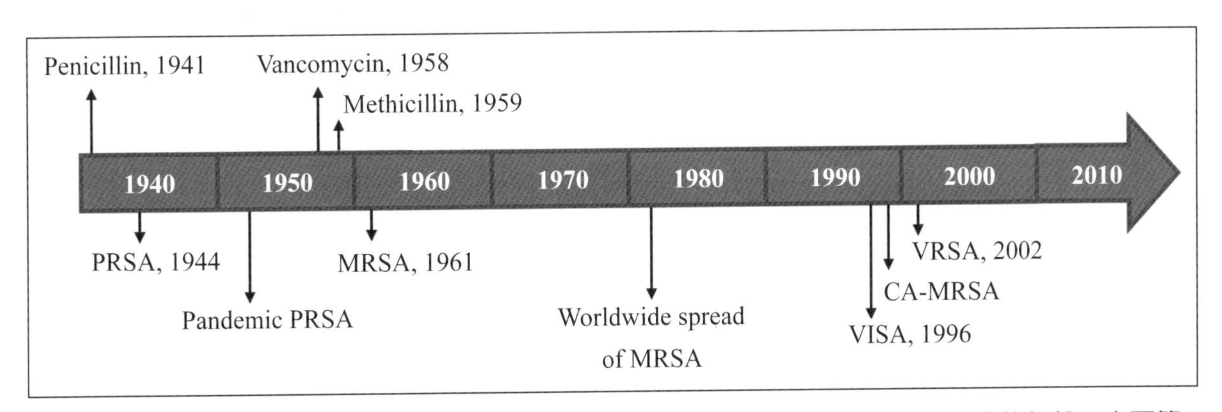

圖 3-3 金黃色葡萄球菌出現抗藥菌株之時間軸。向上箭頭為開始導入此抗生素治療的年份，向下箭頭則是產生抗藥菌株的年份

步驟才能將肽聚醣（peptidoglycan）聚合形成完整的細胞壁。因轉肽酶可與青黴素（penicillin）結合，故又稱爲青黴素結合蛋白（penicillin binding proteins, PBPs）（圖 3-4 A），金黃色葡萄球菌共有五種青黴素結合蛋白，分別爲 PBP1-4 及 PBP2a。

Penicillin 是乙內醯胺（β-lactam）類抗生素，在 1940 年代被用於治療金黃色葡萄球菌的感染，其殺菌機制爲利用 β-lactam 的環狀結構與 PBPs 結合使其失效，進而抑制細胞壁合成而導致細菌死亡（圖 3-4 B）。而金黃色葡萄球菌對青黴素的抗藥機制則是產生青黴素酶（penicillinase），其爲一種乙內醯胺酶（β-lactamase），會水解 penicillin 的 β-lactam 環狀結構，使其失去與 PBPs 結合作用（圖 3-4 C）。

2. Methicillin-Resistant *S. aureus*（MRSA）抗藥機轉

甲氧西林（methicillin）雖然也是屬於 β-lactam 類抗生素，但是對 penicillinase 具有抗性，因此 1960 年代被開發出來後用於治療抗 penicillin 的金黃色葡萄球菌感染。Methicillin 會與 PBPs 相互作用並不可逆地抑制 PBPs 的作用，而抑制細菌合成細胞壁。

金黃色葡萄球菌對 methicillin 產生抗藥性主要是染色體多了一段來自其他細菌的移動性基因片段（mobile genetic element），稱爲 staphylococcal cassette chromosome *mec*（SCC*mec*），該片段含有 *mecA* 基因可轉譯出另一個 penicillin binding protein 2a（PBP2a），其功能與其他 PBPs 相似都具有轉肽酶活性，但 PBP2a 與 methicillin 的親和力非常低，即使 methicillin 可抑制其他 PBPs 的作用，但仍不能抑制 PBP2a 合成細胞壁的作用，因而使得細菌仍能存活（圖 3-4 D）。目前因爲 methicillin 副作用太多已不再使用，而改用副作用較少的苯唑西林（oxacillin）。Oxacillin 是 methicillin 的衍生物，其作用機制與抗藥機制和 methicillin 類似。

3. Vancomycin-Resistant *S. aureus*（VRSA）抗藥機轉

Vancomycin 屬於 glycopeptide 類的抗生素，爲目前用於治療 MRSA 感染的主要藥物，其作用機制爲結合在肽聚醣前驅物（peptidoglycan precursors）C 端的 D-alanyl-D-alanine 上，形成一穩定鍵結的複合體，使得轉肽酶 PBPs 或 PBP2a 無法將此前驅物進行 cross-linking 及加入延長中的細胞壁肽聚醣，因而抑制細胞壁合成（圖 3-5 A）。

抗萬古黴素的抗藥機制是從抗萬古黴素腸球菌（vancomycin-resistant Enterococcus，VRE）中獲得帶有 *vanA* 基因群的質體而來。該質體可合成 VanR、VanS、VanH、VanA、和 VanX 等蛋白質，其中 VanR 和 VanS 爲一組雙分子訊息調控系統（two component system, TCS），主要負責感知胞外抗菌藥物的刺激而活化下游基因表現 VanH、VanA 和 VanX，而將原本肽聚醣前驅物的 D-alanyl-D-alanine 轉變爲 D-alanyl-D-lactate，此轉變所造成的立體阻礙（steric hindrance）使萬古黴素與肽聚醣前驅物的親和力下降約一千倍，使萬古黴素失去作用，因此細菌細胞壁可順利合成而使菌株存活下來（圖 3-5 B）。

4. Vancomycin-Intermediate *S. aureus*（VISA）抗藥機轉

目前認爲金黃色葡萄球菌對萬古黴素具中度感受性的機制是藉由增厚細胞壁，因而抑制萬古黴素擴散至細胞膜與其結合位的作用而達到對萬古黴素中度抗性的能力。有許多研究發現與 VISA 抗藥性相關的基因大多屬於雙分子訊息調控系統，包括 VraSR、GraSR、

WalKR，這些 TCS 都與調控細胞壁合成有關[4]。

3-6 培養特性及鑑定法

一、培養基及菌落型態

葡萄球菌在 5% sheep blood agar 培養基上生長良好，大部分金黃色葡萄球菌呈現 β 溶血，菌落呈金黃色。其他凝固酶陰性葡萄球菌多爲不溶血，菌落成白灰色（圖 3-6）。

二、菌種特性及鑑定法

革蘭氏陽性球菌鑑定流程圖如圖 3-7

1. 金黃色葡萄球菌

(1)**凝固酶試驗**（Coagulase test）

金黃色葡萄球菌與其他葡萄球菌最大的不同爲含有凝固酶。凝固酶主要有兩種形式：黏附在細菌表面的結合型凝固酶（bound coagulase），又稱爲凝集因子（clumping factor），以及分泌的游離型凝固酶（free coagulase），在實驗室有玻片法及試管法兩種測定法。

① 玻片法（slide method），主要測定 bound coagulase

將細菌與凝集試劑（兔血漿）在玻片上混合，若有凝集表示陽性反應。有些菌株因含有莢膜，可能導致陰性反應。此外，*S. lugdunensis* 和 *S. schleiferi* 因會產生凝集因子

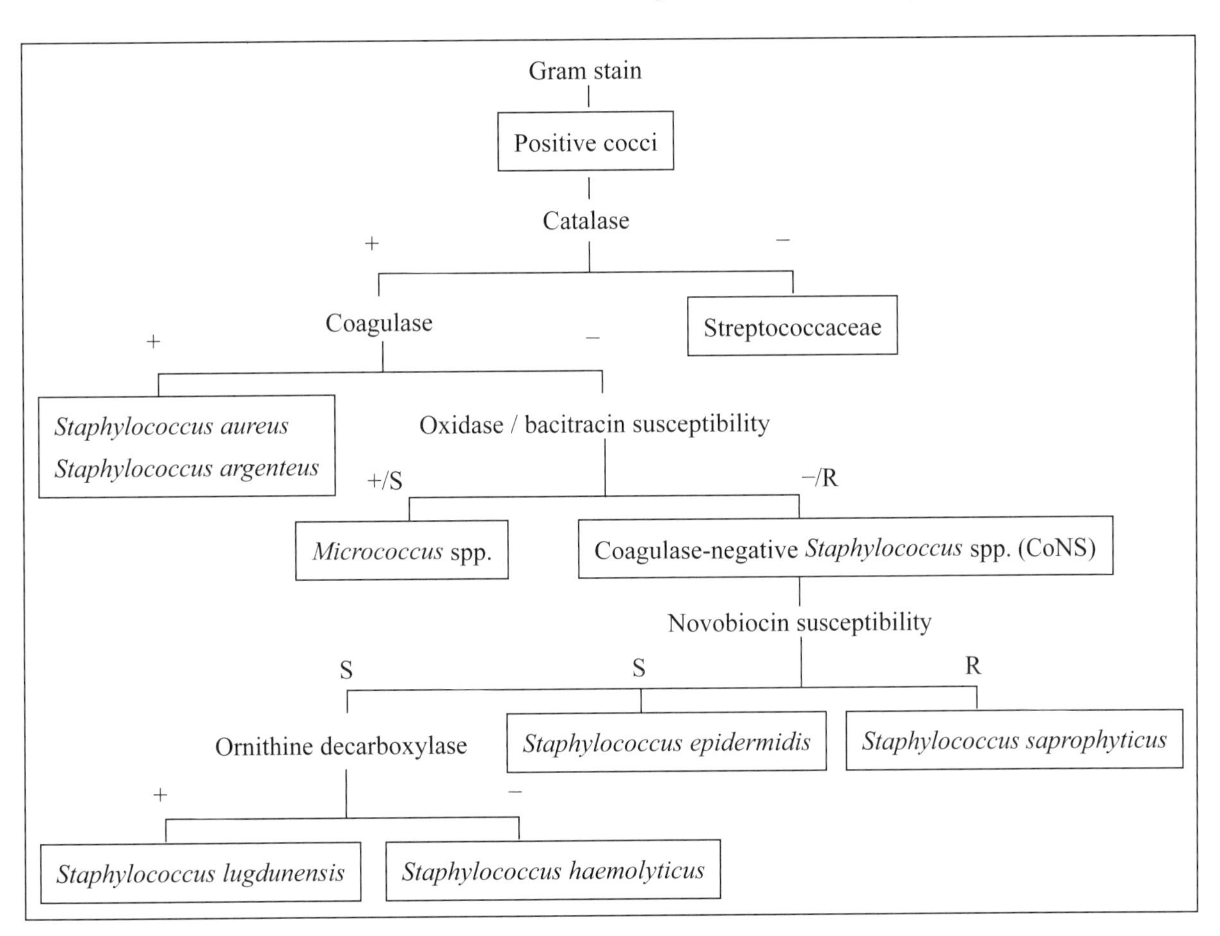

圖 3-7 革蘭氏陽性球菌鑑定流程圖

（clumping factors），因此在玻片法可能會有凝集反應（圖 3-2 A）。因爲玻片法的靈敏度較不佳，所此必須以試管法做確認。

② 試管法（tube method），測定 free coagulase

爲主要測定葡萄球菌凝固酶的方法，在含有凝集試劑的試管中加入菌液，在 37℃反應 2～4 小時，即可觀察。若有凝固現象表示陽性反應（圖 3-2 B）。試管法呈現陰性的葡萄球菌即爲 CoNS。

目前有市售之乳膠凝集試驗套組（latex agglutination kit），比傳統玻片法具有更高的特異性與靈敏度，也比傳統試管法快速，可在 2 分鐘內快速鑑定是否爲金黃色葡萄球菌。

⑵ Mannitol salt agar

Mannitol salt agar（MSA）含較高的鹽分（7.5～10% NaCl），因此能耐高鹽的葡萄球菌在 MSA 上生長良好，而葡萄球菌之外的細菌多半會被抑制。MSA 也含有 mannitol 及指示劑酚紅（phenol red），可以發酵分解 mannitol 的細菌，其菌落周圍將形成黃色。

金黃色葡萄球菌可生長在高鹽的環境且會發酵 mannitol 產酸，因此在 MSA 上菌落周圍變黃色。表皮葡萄球菌和大部分的 CoNS 可生長在高鹽的環境但不具有發酵 mannitol 能力，因此在 MSA 上生長良好，但菌落周圍不變色，還是維持原來培養基的粉紅色。葡萄球菌之外的細菌（例如 *E.coli*），因爲不耐高鹽，所以在 MSA 上無法生長（圖 3-8）。

2. 銀色葡萄球菌

在臨床實驗室，無法利用常規的鑑別方法來區分金黃色葡萄球菌和銀色葡萄球菌，由於銀色葡萄球菌缺乏色素基因 *crtOPQMN*，因此可以利用 PCR 確認是否有此基因來做鑑定。此外，多位點序列分型（multilocus sequence typing, MLST）以及近年來常用於細菌快速鑑定的飛行質譜儀技術（MALDI-TOF MS）也已經可以應用於銀色葡萄球菌的鑑定[13]。

3. 表皮葡萄球菌

實驗室初步鑑定方法（Presumptive identification）是測試對 Novobiocin 具有感受性（susceptible）而對 Polymyxin B 具有抗性（Resistant），或以 phosphatase activity、不會發酵 mannitol 或 trehalose 產酸等方法鑑定。

4. 腐生性葡萄球菌（*S. saprophyticus*）

在臨床檢驗室，在 blood agar plate 上爲不溶血、coagulase test 及 DNase test 皆爲陰性反應、Novobiocin 具有抗性，Polymyxin B 具有感受性，即可鑑定爲 *S. saprophyticus*。

5. 其他凝固酶陰性葡萄球菌

此類細菌菌種之鑑定較不易，可參考表 3-3 所列。

6. 黏漿口腔球菌

此菌之 catalase 反應爲極弱或陰性，菌落呈黏稠狀（mucoid）常牢固的黏附在培養基上。具有 capsule，跟耐高鹽的 *Staphylococcus* 和 *Micrococcus* 不同的是無法在含 5% NaCl 的培養基生長。大部分菌株具有 PYR 陽性、esculin 水解陽性等特性：。

三、藥物感受性試驗

1. 測定 Oxacillin 抗藥方法

實驗室檢驗主要以 Clinical and Laboratory Standards Institute（CLSI）制定之方法爲標準。一般實驗室大多以紙錠擴散法和自動化儀器進行試驗，但某些情況需加上 MIC 或檢測 *mecA* 基因等。對於葡萄球菌測定 oxacillin 之感受性方法簡列如下：

表 3-2 常見 *Staphylococcus* species 之初步鑑定

試驗	*S. aureus*	*S. epidermidis*	*S. saprophyticus*
Hemolysis	β	–	–
Coagulase	+	–	–
Mannitol fermentation	+	–	–
DNase test	+	–	–
Novobiocin (5 μg disk)	S	S	R
Polymyxin B (300 U) (< 10 mm：R)	R	R	S

表 3-3 臨床常見凝固酶陰性葡萄球菌菌種之鑑定

菌種	Novobiocin (5 μg disk)	Polymyxin B	PYR	Urease	Ornithine decarboxylase	D-mannose	D-trehalose
較常分離菌種							
S. epidermidis 群	S	R	–	+	V	+	–
S. haemolyticus 群	S	S	+	–	–	–	+
S. saprophyticus 群	R	S	–	+	–	–	+
S. lugdunensis	S	S/R	+	V	+	+	+
S. warneri 群	S	S	–	+	–	–	+
較少分離菌種							
S. simulans 群	S	S	+	+	–	V	V
S. capitis subsp. capitis	S	S	–	–	–	+	–
S. cohnii subsp. cohnii	R		–	–	–	V	
S. sciuri 群	R		V	+	–	+	

S: susceptible; R: resistant; V: Variable.

(1)紙錠擴散法（Disk Diffusion 方法）

① 培養基：為 Mueller-Hinton agar，不需加 NaCl。

② 接種菌量（Inoculum）：製備細菌懸浮液並調整濁度至 0.5 McFarland，利用棉棒沾菌液以三向畫菌法將菌塗在培養基表面。

③ 紙錠：依 CLSI 制定之方法，若以紙錠法測定 oxacillin 感受性，需以 30 μg cefoxintin 紙錠偵測。

④ 培養時間：16-18 小時。

⑤ 判讀：對於金黃色葡萄球菌及 *S. lugdunensis*，以 30 μg cefoxintin 紙錠，S: ≧ 22 mm，R: ≦ 21 mm，但其餘 CoNS 判讀標準不同（S: ≧ 25 mm，R: ≦ 24 mm）

・注意事項一：由於 *Staphylococcus aureus* 與其餘 CoNS 判讀標準不同，

因此在判讀結果前需確認菌種鑑定的正確性。臨床上有些 MRSA 若以快速法偵測 clumping factor 時，可能呈現陰性情況，要特別注意。

・注意事項二：某些非 *S. epidermidis* 之 CoNS，有時 MIC 為 0.5～2 μg/ml，卻無 *mecA*，因此最好再以 *mecA* 基因或 PBP2a 測定確認。

(2)Oxacillin-Salt Agar Screen：主要用於偵測 ORSA/MRSA

① 培養基：Mueller-Hinton agar 外加 6 μg/ml oxacillin、4% NaCl。
② 接種菌量：如紙錠擴散法。
③ 培養時間：需 24 小時。
④ 結果判讀：一顆菌落以上即為抗藥。

(3)稀釋法（Broth Dilution 或 Agar Dilution）

① Broth dilution: cation-adjusted Mueller-Hinton broth（CAMHB）加 2% NaCl.
② Agar dilution: Mueller-Hinton broth agar 加 2% NaCl.
③ 抗生素濃度
・*S. aureus* 和 *S. lugdunensis*: 2 μg/mL oxacillin。
・除了 *S. aureus* 和 *S. lugdunensis* 以外其他 Staphylococcus spp.: 0.5 μg/mL oxacillin。
④ 接種菌量：Direct colony suspension.
⑤ 培養時間：35℃培養 24 小時
⑥ 結果判讀：

For *S. aureus* 或 *S. lugdunensis*

Oxacillin : S: ≦ 2 μg/ml; R: ≧ 4 μg/ml

For coagulase-negative staphylococci (CoNS)

Oxacillin: S: ≦ 0.25 μg/ml; R: ≧ 0.5 μg/ml

(4)其他檢測方法

① 分子檢測法（Molecular Detection）

大多為利用 PCR 方法直接檢測 *mecA* 基因。其他分子檢測法，包括利用 DNA hybridization 或 branch-DNA 法偵測 *mecA* 基因，效果均佳。除了測定抗藥基因，若能配合細菌的快速檢測，更可達到快速診斷、正確治療的效果。利用高專一性之 anti-PBP2a 單株抗體偵測抗藥菌株的 PBP2a，此法為玻片乳膠凝集法（Slide latex agglutination）。首先將細菌做簡單萃取、加熱、離心後，加上已 coat anti-PBP2a 抗體之乳膠顆粒（latex particles），在玻片上觀察是否凝集（Slide latex agglutination）。此法快速、準確、可惜價格較高。

② 利用質譜儀：基質輔助雷射脫附游離（matrix-assisted laser desorption ionization-time of flight，MALDI-TOF MS）鑑定抗藥菌株。

2. MRSA/ORSA 快速篩檢

針對有高度感染風險的病人進行 MRSA 的快速篩檢，將有助於預防 MRSA 感染，目前已有一些快篩方法，大致分為培養法或非培養（分子檢測）方法，簡列於下：

(1)以培養方法偵測 MRSA

以 Muller-Hinton 培養基添加 2%～4% NaCl 可用來篩選 oxacillin 抗藥性。目前為了方便臨床偵測 MRSA 抗藥性，發展了數種呈色方法，如：BBL CHROMagar MRSA、MRSA ID（bioMerieus, France）與 MRSA select（Bio-Rad, Laboratories, Hercules, CA）等。

近年來也發展了一些新穎培養技術（Novel Culture-Based Assay）來偵測抗藥菌株，例如 BacLite™ Rapid MRSA TEST（3M Healthcare、Berkshine、United Kingdom）是利用生物冷光（bioluminescence）偵測腺

苷酸激酶（adenylate kinase）活性來偵測細菌，此法結合選擇性培養液（selective broth enrichment），培養液中含抗生素 cefoxitin、ciprofloxacin 及 colistin 以讓 MRSA 增生，再利用磁珠微粒分離及 lysostaphin 裂解金黃色葡萄球菌等過程後，偵測腺苷酸激酶的活性，五小時內可得到結果。

⑵以分子檢驗法偵測 MRSA

目前有廠商發展出可在 1～2 小時內偵測血液培養陽性的檢體，並鑑別出葡萄球菌是否爲帶有 *mecA* 基因的抗藥菌株 MRSA，其中包括以多重 PCR（multiplex PCR）爲基礎的 FilmArray BCID panel（BioFir, Durham, NC）和利用化學方法偵測核酸和蛋白質的 Verigene blood culture assay (Nanosphere, Northbrook, IL)，這些系統平台能快速診斷菌血症或敗血症，並提供醫生正確的用藥指引。此外，BD GeneOhm™ MRSA、GeneXpert MRSA（Cepheid, Sunnyvale, CA）與 GenoType MRSA Direct 等也都提供快速的分子檢驗套組。

3. 偵測對巨環類抗生素（macrolide）之抗藥性

巨環類抗生素包括 erythromycin 和 clindamycin，主要抑制細菌蛋白質合成，其中 clindamycin 常用於葡萄球菌引起的皮膚感染。一般來說，erythromycin 和 clindamycin 的藥物感受性結果是一致的，但有些葡萄球菌株在有 erythromycin 存在下會被誘導產生對 clindamycin 的抗性（inducible clindamycin resistance），可利用 modified double-disk diffusion test（D zone test）來偵測。作法爲在進行藥敏試驗時在 erythromycin disk（E15, 15 μg）附近距離約 15～26 mm 處貼上 clindamycin disk（CC2, 2 μg），經過 16-18 小時培養後，結果會顯示 E15 沒有抑制圈，但 CC2 形成很大的 D 形抑制圈。

3-7 預防／流行病學

於 1961 年出現 methicillin 抗藥性金黃色葡萄球菌（MRSA）之後，美國在 1960 年代後期爆發了第一次的 MRSA 大流行，從那時起，MRSA 便在世界各國散播開來，臺灣也在 1980 年代開始重視這個問題，但情況並未改善，反而面臨日趨嚴重的抗藥問題。在 1990 年對臺灣地區的統計，院內感染的金黃色葡萄球菌約 27% 是 MRSA，到了 1996 年增加到 71%，除了院內感染有極高的比率爲 MRSA 外，社區感染抗藥性金黃色葡萄球菌（CA-MRSA）的病例也越來越多。然而，在近十幾年來發現，因爲感控措施的介入使得院內感染 MRSA 的比例在下降中，而且世界各國都有下降的趨勢[14]；根據臺灣院內感染監測系統 2016 年資料顯示，醫學中心加護病房分離之 MRSA 比例從 2007 年的 83.7%，逐年下降至 2017 年的 64.8%。雖然院內感染 MRSA 有普遍下降的趨勢，但是 MRSA 仍是醫療照護相關感染主要的致病菌，因此持續的抗藥菌株的監測和感控措施的介入是必要的。由於 MRSA 的傳播主要是人與人的接觸，因此維持個人衛生、良好的洗手習慣是預防細菌擴散的最重要方法。

3-8 病例研究

有一名 25 歲男性，因打球跌倒膝蓋擦傷，隔天因爲膝蓋脹痛至診所就醫，醫生開了消炎止痛藥膏後回家休息。兩天後整個膝蓋紅腫化膿，並有全身無力和發燒 39 度的症狀，至醫院掛急診，醫生從膝蓋抽出膿液，並進行抽血，將血液檢體和膿液送至細菌室作培養，培養出革蘭氏陽性球菌，Catalase 爲陽性反應。請問醫檢師應如何繼續做鑑定？此患者可能是何種細菌感染？

學習評估

1. 描述 *S. aureus* 與其他 staphylococcus species 的差異。
2. *S. aureus* 含有哪些毒力因子？
3. *S. aureus* 的抗藥機轉爲何？實驗室如何偵測？
4. 哪些試驗可用來快速鑑定 *S. epidermidis*、*S. lugdunensis* 與 *S. saprophyticus*？
5. VISA 是什麼？重要性爲何？
6. *S. argenteus* 和 *S. lugdunensis* 的臨床意義和重要性？

參考資料

1. **Gotz, F**. 2004. Staphylococci in colonization and disease: prospective targets for drugs and vaccines. Curr Opin Microbiol **7**:477-487.
2. **Schilcher, K., and A. R. Horswill.** 2020. Staphylococcal biofilm development: structure, regulation, and treatment strategies. Microbiol. Mol. Biol. Rev. **84**:e00026-19.
3. **Tong, S. Y. C., F. Schaumburg, M. J. Ellington, J. Corander, B. Pichon, F. Leendertz, et al.** 2015. Novel staphylococcal species that form part of a *Staphylococcus aureus*-related complex: the non-pigmented *Staphylococcus argenteus* sp. nov. and the non-human primate-associated *Staphylococcus schweitzeri* sp. nov. Int. J. Syst. Evol. Microbiol. **65**:15-22.
4. **Chen, S. Y., H. Lee, X. M. Wang, T. F. Lee, C. H. Liao, L. J. Teng, and P. R. Hsueh.** 2018. High mortality impact of *Staphylococcus argenteus* on patients with community-onset staphylococcal bacteraemia. Int. J. Antimicrob. Agents **52**:747-753.
5. **Nilsson, M., J. Bjerketorp, B. Guss, and L. Frykberg.** 2004. A fibrinogen-binding protein of *Staphylococcus lugdunensis*. FEMS Microbiol. Lett. **241**:87-93.
6. **Liu, P. Y., Y. F. Huang, C. W. Tang, Y. Y. Chen, K. S. Hsieh, L. P. Ger, et al.** 2010. *Staphylococcus lugdunensis* infective endocarditis: a literature review and analysis of risk factors. J. Microbiol. Immunol. Infect. **43**:478-484.
7. **Zipperer, A., M. C. Konnerth, C. Laux, A. Berscheid, D. Janek, C. Weidenmaier, et al**. 2016. Human commensals producing a novel antibiotic impair pathogen colonization. Nature **535**:511-516.
8. **Kobayashi, S. D., and F. R. DeLeo**. 2013. *Staphylococcus aureus* protein A promotes immune suppression. mBio **4**:e00764-13.
9. **Wu, S., J. Huang, F. Zhang, J. Dai, R. Pang, J. Zhang, et al.** 2020. *Staphylococcus argenteus* isolated from retail foods in China: Incidence, antibiotic resistance, biofilm formation and toxin gene profile. Food Microbiol. **91**:103531.
10. **Liesenborghs, L., M. Peetermans, J. Claes, T. R. Veloso, C. Vandenbriele, and M. Criel, et al.** 2016. Shear-resistant binding to von Willebrand factor allows *Staphylococcus lugdunensis* to adhere to the cardiac valves and initiate endocarditis. J. Infect. Dis. **213:**1148-1156.
11. **Mitevska, E., B. Wong, B. G. J. Surewaard, and C. N. Jenne.** 2021. The prevalence, risk, and management of methicillin-resistant *Staphylococcus aureus* infection in diverse

populations across Canada: A systematic review. Pathogens **10**:393.

12. **Cong, Y., S. Yang, and X. Rao.** 2020. Vancomycin resistant *Staphylococcus aureus* infections: A review of case updating and clinical features. J. Adv. Res. **21**:169-176.
13. **Chen, S. Y., H. Lee, S. H. Teng, X. M. Wang, T. F. Lee, Y. C. Huang, et al**. 2018. Accurate differentiation of novel *Staphylococcus argenteus* from *Staphylococcus aureus* using MALDI-TOF MS. Future Microbiol. **13**:997-1006.
14. **Sader, H. S., R. E. Mendes, J. M. Streit, and R. K. Flamm**. 2017. Antimicrobial susceptibility trends among *Staphylococcus aureus* isolates from U.S. hospitals: Results from 7 Years of the Ceftaroline（AWARE）surveillance program, 2010 to 2016. Antimicrob. Agents Chemother. **61**:e01043-17.
15. **Rossi, C. C., Ahmad, F., and Giambiagi-deMarval, M.** 2024. *Staphylococcus haemolyticus*: An updated review on nosocomial infections, antimicrobial resistance, virulence, genetic traits, and strategies for combating this emerging opportunistic pathogen. Microbiol Res. **282**:127652.

第 4 章

革蘭氏陽性球菌——鏈球菌屬[1]

楊翠青

內容大綱

學習目標

- 鏈球菌分類與鑑定系統
- 鏈球菌致病因子
- 鏈球菌抗藥機轉

4-1 一般性質

鏈球菌（*Streptococcus*）是革蘭氏陽性細菌，屬於厚壁菌門（Firmicutes）的一個屬。菌型球形或卵圓形，常成對或者鏈狀。無鞭毛，不具運動性。大多是兼性厭氧。無觸酶。可發酵簡單的糖類。鏈球菌屬包含了很多個種，其中多數是在人和動物表皮、咽頭、口腔、下消化道、陰道、呼吸道等處的共生菌（commensal flora），也有對人類有益的菌種如嗜熱鏈球菌（*Streptococcus thermophiles*），但其中也有致病菌[2]。

鏈球菌屬依其對紅細胞的溶血能力，在血瓊脂平板（BAP）上菌落的生長特徵，分為α、β及γ溶血性鏈球菌。菌落周圍呈現綠色，為不完全溶血，又稱α溶血。菌落周圍呈現透明，為完全溶血，又稱β溶血。菌落周圍不變色，為不溶血，又稱γ溶血。

α溶血性鏈球菌中主要致病菌種為肺炎鏈球菌（*Streptococcus pneumoniae*）與草綠色鏈球菌（Viridans group streptococci, VGS）。

β溶血性鏈球菌大都是伺機致病菌株，依其細胞壁上醣類（carbohydrates）不同，可分類為多個 Lancefield group。Lancefield group 分型系統適合用於分類大部分的β-溶血性鏈球菌，對分類非β-溶血性鏈球菌的幫助很有限。β溶血性鏈球菌為有兩種不同的菌落型態，一為大菌落（large colony）鏈球菌，具有 group A, B, C, G 或 L 抗原。還有些小菌落（small colony）β溶血性鏈球菌具有 group A, C, F 或 G 抗原，被認為是屬於草綠色鏈球菌。

γ溶血性鏈球菌一般不致病。

4-2 臨床意義

一、Group A **鏈球菌**（Group A Streptococcus, GAS）

1.化膿性鏈球菌（*Streptococcus pyogenes*）[3]

Group A 鏈球菌可引起上呼吸道和皮膚從輕微到垂危之間程度不等的感染。Group A 鏈球菌引起的非侵入性感染，主要繁殖聚集於咽喉部位，引起化膿性炎症，如咽頭炎（pharyngitis）、產褥熱（puerperal fever）、膿皰疹（impetigo）、丹毒（erysipelas）及猩紅熱（scarlet fever）。Group A 鏈球菌引起的侵入性感染往往更嚴重的，但比較少見，如鏈球菌性中毒性休克綜合症（streptococcus toxic shock syndrome, STSS）及壞死性筋膜炎（necrotizing fasciitis）。因此，*S. pyogenes* 被稱為 "flesh-eating bacteria"。Group A 鏈球菌亦可能造成感染後遺症（poststreptococcal disease），如風濕熱（rheumatic fever）及急性絲球性腎炎（acute glomerulonephritis）。

2.GroupA 鏈球菌之毒力因子（virulence factors）包括：

(1)**莢膜**（Capsule）

莢膜成分為 hyaluronic acid，可抑制吞噬細胞的吞噬作用。幼菌大多可見到莢膜，時間長後，可被自身所產的 hyaluronidase 分解而莢膜消失。

(2)**溶血素**（Streptolysin）[4]

主要有 streptolysin S 及 streptolysin O，其不僅造成毒性，且導致菌株在血瓊脂平板可呈現透明溶血表型。Streptolysin S 是一種小分子的糖肽（glycopeptides），無抗原性。對氧穩定，對熱和酸敏感。血瓊脂平板所見透明溶血是由 streptolysin S 所引起，能破壞紅血球、白血球及血小板。Streptolysin O 為含 -SH 基的蛋白質，對氧敏感，遇氧時一 SH 基即被氧化為 -SS- 基，暫時失去溶血能力。Streptolysin O 能破壞紅血球、白血球、血小板及細胞。抗原性強，感染後 2～3 週，85% 以上病人產生 anti-streptolysin O（ASO）抗體，病癒後可持續數月甚至數年，可藉由 ASO 試驗作為診斷依據，常用於疑風濕熱或急性腎小球腎炎患者。Streptolysin O 可被皮膚脂質中的膽固醇抑制，使得受 groupA 鏈球菌感染皮膚的患者無法產生抗體。

⑶**鏈球菌致熱外毒素**（Streptococcal pyrogenic exotoxins, SPEs）

SPEs 是猩紅熱（scarlet fever）的主要致病物質，可使病人臉及上半身產生紅疹。與 *S. pyrogenes*（group A）及 *S. agalactiae*（group B）感染有關，較少發生在 group C 及 group G 鏈球菌的感染。SPEs 為外毒素，熱不穩定（heat labile），具有抗原性，為一超級抗原（superantigen），可活化 macrophage 及 T-helper 細胞，刺激 IL-1、IL-2、IL-6、tumor necrosis factor-alpha（TNF-α）、TNF-beta、interferons 及 cytokines 的釋放，導致病人休克或多重器官衰竭，引起 streptococcal toxic shock syndrome。

⑷M protein[5]

M protein 是 *emm* 基因產物，只存在 group A 鏈球菌。具有抗吞噬（antiphagocytic）作用。M 蛋白由兩條 α-helix 蛋白鏈所組成，利用其 C 端之穿膜結構鑲嵌在細胞膜，蛋白穿越細胞壁，N 端暴露於外。M 蛋白暴露於外的 N 端序列變異性大，使得 M 蛋白產生大於 100 種的血清型（serotypes）。Class I M 蛋白與風濕熱（rheumatic fever）相關性高，class I 或 class II M 蛋白則與急性絲球性腎炎（acute glomerulonephritis）相關性高。

M 蛋白有抗原性。對 M protein 產生的抗體若與心臟細胞產生 cross-reaction，攻擊心臟細胞[6]，則引起風濕熱（rheumatic fever）。風濕熱患者會有發燒、心內膜炎、皮下結節（subcutaneous nodule）、多發性關節炎（polyarthritis）及呼吸道感染等症狀。對 M protein 產生的抗體若與抗原 M 蛋白形成抗原 - 抗體複合體（antigen-antibody complex）堆積在腎絲球，則引起急性絲球性腎炎（acute glomerulonephritis）[7]。急性絲球性腎炎會有水腫、高血壓、血尿、蛋白尿、呼吸道及皮膚感染等症狀。

M 蛋白可與 β-globulin factor H 結合。β-globulin factor H 參與 C3b 的降解，調控補體系統活化旁路途徑（alternative complement pathway）。此外，M 蛋白亦可與 fibrionogen 結合，阻斷補體系統活化旁路途徑之活化。

⑸C5a peptidase

C5a peptidase 可破壞趨化性因子（chemotactic factor）。

⑹**鏈道酶**（Streptodonase）**又名脫氧核糖核酸酶**（Streptococcal deoxyribonuclease, streptococcal DNase）

主要由 group A、group C、group G 鏈球菌產生。此酶能分解粘稠膿液中具有高度粘性的 DNA，使膿汁稀薄易於擴散。

⑺Hyaluronidaes

Hyaluronidase 能分解細胞間質的透明質酸，使病菌易於在組織中擴散。又稱為擴散因子。

⑻**鏈激酶**（Streptokinase, SK），**又稱鏈球菌溶纖維蛋白酶**（Streptococcal fibrinolysin）

SK 是一種激酶，能激活血液中的血漿蛋白酶原（plasminogen）成為血漿蛋酶（plasmin），即可溶解血塊或阻止血漿凝固，有利於細菌在組織中的擴散。

⑼**蛋白 F**（Protein F）

蛋白 F 與表皮細胞的接觸吸附有關，其

可與表皮細胞之 fibronectin 結合。

二、Group B 鏈球菌（Group B Streptococcus, GBS）（*Streptococcus agalactiae*）

Group B 鏈球菌通常存在於腸道、陰道和泌尿系統。GBS 在孕婦可能會造成尿道感染、也可能會引起早產、羊水感染或產後子宮發炎。新生兒的感染大部份是垂直感染，也就是在經過母親產道時被傳染，引起新生兒肺炎、腦膜炎或敗血症[8]。孕婦應在懷孕 35-37 週時，進行 GBS 之篩檢。若孕婦爲 GBS 帶原者，則建議進行分娩期抗生素預防（intrapartum antibiotic prophylaxis）。

三、停乳鏈球菌亞種 equisimilis（*Streptococcus dysgalactiae* subsp. equisimilis）（Lancefield groups A, C, G 及 L）

停乳鏈球菌亞種 equisimilis 在血瓊脂平板（BAP）上，爲大菌落（large colony）β 溶血性鏈球菌，具有 Lancefield group A, C, G 或 L 抗原。其引起的疾病與 group A *S. pyrogenes* 相似，但較少發生。

四、肺炎鏈球菌（*Streptococcus pneumoniae*）

肺炎鏈球菌是上呼吸道正常菌叢之一。但若侵犯至下呼吸道，則會引起肺炎。肺炎鏈球菌是社區型肺炎（community-acquired pneumonia） 最主要的感染菌種，所引起的肺炎佔細菌性肺炎約 95%。其感染的嚴重程度不一，輕微如一般感冒，重則能引起中耳炎、肺炎、腦膜炎等。

有些肺炎鏈球菌具有莢膜，此爲具有致病性的菌種，毒性來自於莢膜上的多醣體（polysaccharide）。多醣體莢膜（polysaccharide capsule）可抑制吞噬細胞之吞噬作用，是最主要的毒力因子[9]。目前以莢膜多醣類抗原可分爲 90 種以上的血清型。有些血清型的菌株毒性較強，大約只有 30 種血清型會造成人類的感染，而臨床上常見的侵襲性感染，大多集中於其中的 10 多種血清型[10]。

肺炎鏈球菌可藉由其肽聚醣（peptidoglycan）、磷壁酸（teichoic acids）及肺炎球菌溶血酶（pneumolysin）動員發炎細胞，引起發炎反應。肺炎球菌溶血酶（pneumolysin）會活化古典補體路徑（classic complement pathway），抑制吞噬細胞之氧爆（oxidative burst in phagocytes），以逃避寄主免疫系統之攻擊。

肺炎鏈球菌細胞壁中之 phosphorylcholine 可與血小板活化因子（platelet-activating factor）結合，有利於菌體入侵不同器官。

五、草綠色鏈球菌（Viridans group streptococci, VGS）

草綠色鏈球菌，大多無法利用 Lancefield serology 分型，是人類口腔和上呼吸道的正常菌群。感染性心內膜主要病原菌，可能造成心內膜炎、腦膜炎。草綠色鏈球菌是一群相當異質性（heterogenous）的細菌，可分成五大群：*mutans* group、*salivarius* group、*bovis* group、*anginosus* group 及 *mitis* group。在血瓊脂平板（BAP）呈現 α 溶血或不溶血是草綠色鏈球菌典型的表型；但有些草綠色鏈球菌會呈現 β 溶血，如 *S. anginosus* group。*S. anginosus* group 菌株爲小菌落 β 溶血（small colony-forming β-hemolytic）具有 groups A、C、F、G 抗原，爲口腔、呼吸道，腸胃道、陰道之正常菌叢[11]。草綠色鏈球菌在巧克力培養基（chocolate agar）上聞起來有奶油糖果（butterscotch）的味道。

4-3　培養特性及鑑定法

根據鏈球菌所致疾病不同，可採取膿汁、咽拭、血液等標本送檢。

一、直接偵測法

1. 革蘭氏染色

直接將檢體進行革蘭氏染色是偵測鏈球菌的快速方法。菌體為球形或卵圓形，呈對或鏈狀排列。肺炎鏈球菌會呈現柳葉刀（lancet）外形，單一或呈對的菌落。以液態培養基培養的鏈球菌在革蘭氏染色，外型觀察時，比較容易觀察到鏈狀排列的外觀。

2. 分生方法

鑑定鏈球菌，PCR 是快速、可靠、可再現的方法。直接從喉拭子（throat swab）檢體偵測 group A 鏈球菌，其敏感度可高達 99-100%。

分子核酸檢測分法可用來對懷孕婦女進行 group B 鏈球菌是否定植（colonization）之篩檢。若為陽性反應，則可考慮進行抗生素治療，以免生產時，胎兒經由產道感染 group B 鏈球菌。

目前已有檢測商品可同時檢測多項下呼吸道感染源。如 FDA-cleared FilmArray Pneumonia Panel，可同時檢測下呼吸道檢體之 8 種細菌、8 種病毒及 7 種抗藥性基因。FilmArray Panel-the Pneumonia Panel Plus 可檢測下呼吸道檢體之 18 種細菌、9 種病毒及 7 種抗藥性基因。此兩種檢測商品皆可檢測 group A 鏈球菌、group B 鏈球菌及肺炎鏈球菌。

3. 抗原偵測（Antigen detection）

鏈球菌有很多抗原適合用於抗原篩檢方法的設計。常使用的技術為 enzyme-linked immunosorbent assay（ELSIA）及 latex agglutination test。抗原篩檢方法依設計方法不同，敏感度 60%-95% 不等。因此，很多微生物學家建議採檢時，收集兩套拭子（swab）檢體。如果第一套拭子檢體利用抗原偵測為陽性反應，則可發陽性報告。如果第一套拭子檢體利用抗原偵測為陰性反應，第二套拭子檢體應進行培養基之接種。為增加鏈球菌咽頭炎的檢出率，建議可將檢體同時接種於血瓊脂平板（BAP）及含有 trimethoprim-sulfamethoxazole（SXT）之血瓊脂平板（BAP）。

Group B 鏈球菌抗原偵測試劑組適合用於偵測新生兒的敗血症及腦膜炎，血清、尿液及腦脊髓液都是可接受的檢體。直接由陰道拭子（vaginal swab）偵測 Group B 鏈球菌，陰道拭子置於 LIM broth 可增加檢出率。

二、培養

1. 培養基

培養鏈球菌主要用血瓊脂平板（5% sheep blood agar）及巧克力平板（chocolate agar）。此外亦可使用革蘭氏陽性菌選擇性培養基（selective media），如 Columbia agar with colistin and nalidixic acid（CNA）及 phenylethyl alcohol agar（PEA）。CAN 培養基可抑制革蘭氏陰性菌、staphylococci、*Bacillus* spp. 及 coryneforms，適合分離混有正常菌叢（normal flora）之檢體。

添加 trimethoprim-sulfamethoxazole（SXT）之血瓊脂平板適用於從喉拭子（throat swab）檢體中分離 group A 鏈球菌；此種培養基可抑制咽喉正常菌叢之生長，但同時也會抑制 groups C、F 及 G β- 溶血鏈球菌。

偵測孕婦生殖道是否有 group B 鏈球菌感染，以拭子從陰道或直腸取得檢體後，將陰道或直腸拭子（vaginal or rectal swab）接種至 Todd-Hewitt broth（例如 LIM）。Todd-Hewitt broth 含有抗生素（gentamicin/nalidixic acid 或 colistin/nalidixic acid），可抑制陰道正常菌叢生長。在 LIM 培養基中 24 小時後，將菌培養至血瓊脂平板或 CHROMagar Strep B。CHROMagar Strep B 對 GBS 的偵測有接近 100% 敏感性。

Bile-esculin 培養基適合用來培養 group D 鏈球菌及腸球菌（enterococci）。Bile-esculin 培養基含有 40% 膽汁、esculin 及檸檬酸鐵（ferric citrate）。Esculin 被水解後產生 esculetin，esculetin 在有鐵鹽的環境下，會呈現深棕色。Group D 鏈球菌及腸球菌（enterococci）在此培養基中，會有深棕色的菌落外觀。

Enterococcsel 培養基是利用 bile-esculin 所設計的選擇性培養基。Enterococcsel 培養基中包含膽鹽可抑制除了 group D 鏈球菌外，其他革蘭氏陽性菌的生長，此外添加 sodium azide 可抑制革蘭氏陰性菌的生長。Group D 鏈球菌及腸球菌（enterococci）在此培養基中，會有深棕色的菌落外觀。

2. 培養條件及時間

大部分鏈球菌爲兼性厭氧菌。5-10% CO_2 環境中是對肺炎鏈球菌較佳的培養環境。具有 β 溶血特徵的菌株，其 β 溶血現象在厭氧條件下，會更明顯。大部分的菌株在接種後 48 小時可在培養基觀察到生長。

3. 菌落外觀與溶血

下列爲鏈球菌在血瓊脂平板上之外觀

(1) Group A 鏈球菌：灰白、光滑、透明或半透明圓形突起菌落。β 溶血，溶血圈大。
(2) Group B 鏈球菌：菌落較 group A 鏈球菌大，光滑、半透明或不透明圓形淡紫色菌落。β 溶血，溶血圈小。
(3) 肺炎鏈球菌：24 小時可形成細小、灰白、透明或半透明有光澤的扁平菌落，周圍有草綠色溶血。培養 48 小時後，由於產生自溶酶，菌體自溶，菌落中央出現凹陷。若有莢膜生成，菌落呈濕潤狀
(4) 草綠色鏈球菌（Viridans group streptococci, VGS）：菌落微小、灰白、半球形、光滑。α 或 γ 溶血。

三、生化試驗

1. Bacitracin（BA）感受性

觀察細菌生長是否受 bacitracin 抑制。Group A 鏈球菌之生長會受 bacitracin 抑制，但 group C 及 group G 鏈球菌也會有抑制的情形。

2. Hydrolysis of L-pyrrolidonyl-naphthylamide（PYR）

測試細菌水解 PYR 的能力。Group A 鏈球菌及 *Enterococcus* 爲陽性。

3. Hippurate 測試

測試菌株是否具有 hippuricase。Group B 鏈球菌（GBS）及 *Enterococcus* 爲陽性。

4. CAMP（Christie, Atkins, Munch Peterson）反應

測試鏈球菌是否可產生一胞外蛋白，加強 *S. aureus* 溶血的現象。Group B 鏈球菌（GBS）爲陽性。

5. Voges-Proskauer 測試

VP 測試是測試菌株在葡萄糖發酵時，是否會產生 acetylmethyl carbinol。陽性反應會產生桃紅色外觀。草綠色鏈球菌之 *S. anginosus* group 爲陽性反應。

6. Optochin（OP）（ethylhydrocupreine dihydrochloride）感受性

觀察細菌生長是否受 OP 抑制。肺炎鏈球菌生長受抑制。此法爲鑑定肺炎鏈球菌的初步方法（presumptive test）。有些草綠色鏈球菌亦受 optochin 抑制。

7. 膽汁溶解試驗（Bile solubility test）

膽汁溶解試驗主要用來區分肺炎鏈球菌及其他 α 溶血鏈球菌。膽汁可導致肺炎鏈球菌裂解，爲陽性反應。此法爲鑑定肺炎鏈球菌的確認方法（confirmatory test）。

8. Bile-esculin 測試

測試菌株在 40% 膽汁環境中，水解 esculin 的能力。此方法主要用來區分 Group D 鏈球菌及腸球菌（enterococci）爲陽性反性，其他鏈球菌則爲陰性反應。

四、鑑定方法

質譜分析（Matrix-assisted laser desorption ionization time-of-flight mass spectrometry）

MALDI-TOP MS 可用來鑑定的鏈球菌種包括 group A 鏈球菌、group B 鏈球菌、肺炎鏈球菌、*S. anginosus*、*S. constellatus*、*S. dysgalactiae*、*S. gallolyticus*、*S. gordonii*、*S. intermedius*、*S. lutetiensis*、*S. mutans*、*S. salivarius*、*S. mitis/oralis* group。但 MALDI-TOP MS 目前仍有侷限。如無法鑑定 *S. dysgalactiae* 之亞種。對肺炎鏈球菌、*S. mitis* 及 *S. oralis* 無法有效地區分。有些革蘭氏陽性菌因其肽聚醣（peptidoglycan）太厚，在進行 MALDI-TOP MS 前，應先進行萃取。

五、血清學診斷

感染 group A 鏈球菌的個體可產生很多不同的抗體，最普遍的包括 anti-streptolysin（ASO）、anti-DNase B、anti-streptokinase 及 anti-hyaluronidase[12]。咽頭炎（pharyngitis）患者常產生多種抗體，然而對膿皮病（pyoderma）患者，anti-DNase B 是較有意義的抗體。血清學的診斷對曾經有過鏈球菌感染並出現後遺症症狀，如風濕熱（rheumatic fever）或急性腎炎（acute glomerulonephritis），但無法從檢體中培養出鏈球菌的患者，特別需要。在感染後，血清抗體上升可達 2 個月之久。S. dysgalactiae subsp. equisimilis 亦會產生 streptolysin O，因此 anti-ASO 力價升高不是專一性診斷 group A 鏈球菌感染的指標。

表 4-1　臨床 β 溶血鏈球菌鑑定方法

Streptococcus	菌落大小	Lancefield 分群	Baci-tracin	PYR	Hip-purate	CAMP	VP
Group A *S. pyogenes*	大	A	感受性	+	-	-	-
Group B *S. agalactiae*	中	B	抗性	-	+	+	-
S. dysgalactiae subsp. *equisimilis*	大	A, C, G, L	抗性	-	-	-	-
S. anginosus group	小	A, C, G, F nontypeable	抗性	-	-	-	+

+, 陽性；-, 陰性

4-4 藥物感受性試驗

一、治療選擇[13]

1.Group A 鏈球菌（*Streptococcus pyogenes*）

針對 Group A 鏈球菌及其他 β- 溶血鏈球菌之感染，penicillin 是治療用藥。目前爲止，β- 溶血鏈球菌對 penicillin 產生抗藥性的報導不多，所以不需進行藥物感受性試驗。如果病人對 penicillin 過敏，則建議使用 macrolide 及 clindamycin 做爲治療選擇。*S. pyogenes* 對 macrolides 之抗藥性已有報導。

2.Group B 鏈球菌（*Streptococcus agalactiae*）

對於 *S. agalactiae* 造成的嚴重感染，建議可以 aminoglycoside 及 β-lactam 合併使用。如果病人對 penicilline 過敏，則建議使用 vancomycin 做爲治療選擇。

3.肺炎鏈球菌

肺炎鏈球菌對 penicillin 抗藥性已多有報導，所以應進行藥敏試驗。以 Minimum Inhibition Concentration（MIC）法測試較佳。對 vancomycin 及 fluoroquinolone 具敏感性[14]。

4.草綠色鏈球菌

草綠色鏈球菌對 penicillin 之抗藥性已多有報導，所以應進行藥敏試驗。建議以 Minimum Inhibition Concentration（MIC）法測試。對 vancomycin 具敏感性。

二、檢驗方法

1.藥物感受性試驗

紙錠擴散法（disk diffusion）、肉湯稀釋法（broth dilution）及瓊脂稀釋法（agar dilution）皆可。

2.D-zone 測試法（D-zone test）

肺炎鏈球菌或 β 溶血性鏈球菌對 erythromycin 呈現抗性（resistant），對 clindamycin 呈現敏感性（susceptible）或中度性（intermediate），則需進行 D-zone 測試，測試菌株是否有誘發 clindamycin 抗性。陽性代表具誘發 clindamycin 抗藥性，即使 clindamycin MIC 落於敏感性範圍，使用 clindamycin 治療可能失效，陰性代表不具誘發 clindamycin 抗藥性，可考慮使用 clindamycin 治療。

D-zone 測試法：將 0.5 McFarland 濃度之菌液懸浮液均勻塗抹於 Mueller-Hinton 培養基表面，將 erythromycin 與 clindamycin 的紙錠貼於紙錠邊緣相隔 12 mm 之距離。置於 35℃ ±2℃，5% 二氧化碳培養箱中，培養 20-24 小時。結果判讀：當 clindamycin 紙錠的抑制環與相鄰的 erythromycin 紙錠呈現鈍形（或 D 型）抑制環時，爲 D-zone test 陽性時，爲誘導性 clindamycin 抗性，clindamycin 應被報告爲抗藥性。

4-5 預防／流行病學

一、Group A 鏈球菌

皮膚或上呼吸道是 Group A 鏈球菌最常感染的部位，所引發的疾病包括皮膚感染、咽喉炎、猩紅熱（scarlet fever）、毒性休克症候群（streptococcal toxic shock syndrome, STSS）及產褥熱（puerperal fever）。

Group A 鏈球菌藉由接觸傳染，但也可以咳嗽、打噴嚏而造成飛沫傳染。

二、Group B 鏈球菌

Group B 鏈球菌是陰道或下消化道之正常

菌叢。孕婦在生產時，新生兒經過產道常造成感染，引起新生兒肺炎；更嚴重可引起新生兒腦膜炎或敗血症。

三、肺炎鏈球菌

肺炎鏈球菌是引起細菌性肺炎最主要的細菌。肺炎鏈球菌也會引起細菌性腦膜炎，僅次於 *Neisseria meningitidis* 及 *Haemophilus influenzae*。肺炎鏈球菌藉由直接接觸或接觸病人之呼吸道分泌物而傳染。

疫苗是預防肺炎鏈球菌最有效的方法[15]。肺炎鏈球菌多醣體（polysaccharide）疫苗（PPSV23）是一種單劑、23 價（23-valent）疫苗。23 價疫苗涵蓋 23 種血清型，適用於成人與兩歲以上兒童。此外還有 13 價結合型肺炎鏈球菌疫苗（PCV13），內含 13 種血清型，適用於出生滿 6 週以上幼兒、青少年、成人與小於 65 歲之長者。

4-6 病例研究

自一心內膜炎患者血液分離 catalase 陰性革蘭氏陽性球菌，α 溶血，BA、OP、CAMP tests 均為陰性，可能是何種細菌，如何進一步鑑定？

學習評估

1. 敘述 group A 鏈球菌的抗原特性及毒素。
2. 哪些方法可用來快速鑑定 group A 鏈球菌？
3. 哪些方法可用來快速鑑定 group B 鏈球菌？
4. 哪些方法可用來快速鑑定肺炎鏈球菌？
5. 草綠色鏈球菌的鑑定方法為何？
6. 肺炎鏈球菌與草綠色鏈球菌的異同為何？
7. 請敘述 penicillin-resistant Streptococcus pneumoniae 的抗藥機轉。

參考資料

1. **Tille, P.** 2022. Bailey & Scott's Diagnostic Microbiology 15th Edition. Chapter 4.
2. **Facklam, R.** 2002. What happened to the streptococci: Overview of taxonomic and nomenclature changes. Clin. Microbiol. Rev. 15:613-630.
3. **Fiedler, T., T. Köller, and B. Kreikemeyer.** 2015. *Streptococcus pyogenes* biofilms formation, biology, and clinical relevance. Front. Cell Infect. Microbiol. **5**:15.
4. **Wannamaker, L. W.** 1983. Streptococcal toxins. Rev. Infect. Dis. Suppl **4**:S723-32.
5. **Metzgar, D. and A. Zampolli.** 2011. The M protein of group A *Streptococcus* is a key virulence factor and a clinically relevant strain identification marker. Virulence. **2**:402-412.
6. **Cunningham, M. W.** 2012. *Streptococcus* and rheumatic fever. Curr. Opin. Rheumatol. **24**:408-416.
7. **Worthing, K. A., J. A. Lacey, D. J. Price, L. McIntyre, A. C. Steer, S. Y. C. Tong, and D. R. Davies.** 2019. Systematic review of Group A *Streptococcal emm* types associated with acute post-Streptococcal glomerulonephritis. Am. J. Trop. Med. Hyg. **100**:1066-1070.
8. **Raabe, V. N. and A. L. Shane.** 2019. Group B *Streptococcus* (*Streptococcus agalactiae*) Microbiol. Spectr. **7**:10.
9. **Paton, J. C. and C. Trappetti.** 2019. *Strepto-*

coccus pneumoniae capsular polysaccharide. Microbiol. Spectr. 7(2).

10. **Balsells, E., L. Guillot, H. Nair, MH Kyaw.** 2017. Serotype distribution of *Streptococcus pneumoniae* causing invasive disease in children in the post-PCV era: A systematic review and meta-analysis. PLoS One. **12:**e0177113.

11. **Baracco, G. J.** 2019. Infections caused by group C and G *Streptococcus* (*Streptococcus dysgalactiae* subsp. *equisimilis* and Others): Epidemiological and clinical aspects. Microbiol. Spectr. 7(2).

12. **Sriskandan, S., L. Faulkner, and P. Hopkins.** 2007. *Streptococcus pyogenes*: Insight into the function of the streptococcal superantigens. Int. J. Biochem. Cell Biol. **39:**12-19.

13. **Haenni, M., A. Lupo, and J. Y. Madec.** 2018. Antimicrobial Resistance in *Streptococcus* spp. Microbiol Spectr. 6(2). doi: 10.1128/microbiolspec. ARBA-0008-2017.

14. **Cherazard, R., M. Epstein, T. L. Doan, T. Salim, B. Bharti, and M. A. Smith.** 2017. Antimicrobial resistant *Streptococcus pneumoniae*: Prevalence, mechanisms, and clinical implications. Am. J. Ther. 24:e361-e369.

15. **Kim, G. L., S. H. Seon, and D. K. Rhee.** 2017. Pneumonia and *Streptococcus pneumonia* vaccine. Arch. Pharm. Res. **40:**885-893.

第5章

革蘭氏陽性球菌——腸球菌及其他觸酶陰性革蘭氏陽性球菌

蔡佩珍

內容大綱

學習目標

- 了解腸球菌及其他觸酶陰性球菌之一般特性
- 了解腸球菌及其他觸酶陰性球菌之分離及鑑定
- 了解萬古黴素抗藥性之腸球菌之臨床重要性

5-1 一般特性

革蘭氏陽性球菌中觸酶陰性之球菌，臨床培養率較高的是以鏈球菌爲主，其次爲本章所要探討之腸球菌及其他觸酶陰性之革蘭氏陽性球菌。

一、腸球菌之一般特性

腸球菌（*Enterococcus*）原本歸屬於鏈球菌（*Streptococcus*）中的 Lancefield group D 鏈球菌，由於大部分的腸球菌細胞壁上具有 group D 抗原。然而，自從 1984 年 16S rRNA 分子分類法建立後，腸球菌屬就分類於腸球菌科（*Enterococcus* fam. nov.）。腸球菌科爲格蘭氏陽性，觸媒陰性反應，其中腸球菌屬是此科中主要的成員，腸球菌屬中有 17 菌種，以糞腸球菌（*E. faecalis*）及屎腸球菌（*E. faecium*）占臨床上最常分離、也最重要腸球菌菌種。Latic acid 是其主要的糖類代謝終產物，所以也隸屬於 Lactic acid bacteria。腸球菌具內生性先天抗藥性（如：克林黴素、頭胞子和氨基醣苷類），且容易獲得和傳播抗藥基因。近十年來，腸球菌從原本不具威脅性的細菌，演變成多重抗藥性的細菌，大大增加患者的發病率及死亡率，也增加了醫療成本。而於 1989-1999 年間美國醫院報導，萬古黴素抗藥性之腸球菌（vancomyci resistant enterococci, VRE）的分離率，自原來的 0.3% 突增至超過 25%，自此之後腸球菌的重要性就廣被大家所重視，臺灣的第一株 VRE，也在 1995 年被發現。

二、其他觸酶陰性球菌之一般特性

觸酶陰性格蘭氏陽性球菌大多數都爲人類正常菌叢，在人類感染疾病中，主要爲伺機性感染．這群菌的外觀及生化特徵，半溶血或不溶血、兼性厭氧，與其他鏈球菌和腸球菌菌株相類似，故常會混淆。雖然臨床上少見，但由於在免疫低下的病患中仍會有這群病原菌之伺機性感染，故仍顯重要。這群菌隸屬 *Firmicutes* 菌門，除了 *Helcococcus*（Clostridia class）及 *Gemella*（*Bacilli* class Bacillales order）外，其餘細菌主要分屬於 *Baicilli* class *Lactobacillales* order 中。

5-2 臨床意義

一、腸球菌之致病性

腸球菌的感染可從腸道移生處，以伺機性感染到腹腔、泌尿道、膽道、血流、心內膜、燒燙傷口及外科手術傷口或其他醫療滯留醫材植入處。腸球菌的感染在各國（包含臺灣）的臨床報告中，位居泌尿道感染的前三名。此外，感染性心內膜炎的感染源中，大約 20% 爲腸球菌。腸球菌的菌血症以常伴隨在多重器官惡性腫瘤轉移，並具高度致死率。然而這些感染都會因爲萬古黴素抗藥性之腸球菌（VRE）的存在而顯得更難治療。抗藥性之腸球菌也有潛在能力將抗藥性基因片段轉移給葡萄球菌 , 增加臨床危險性。有嚴重潛在疾病的老年人、長期住院的免疫缺陷患者、使用侵入性醫療裝置或使用廣效性抗生素治療的患者，皆爲腸球菌院內感染之高危險群。

二、其他觸酶陰性球菌之致病性

此群菌主要是身體中的正常菌叢，位於口腔或上呼吸道（如：*Gemella*、*Abiotrophia*、*Granulicatella*）、皮膚（*Helcococus*）、消化道或由食物獲得（*Lactococci*、*Pediococci* 及 *Leuconostoc*）。此群菌主要爲伺機性感染，病患爲免疫力低下、傷口、心瓣膜受傷、長期住院、抗生素長期使用或侵入性醫材之使用。

因此，若從血液、腦脊髓液、尿液及傷口組織培養出來則具有臨床意義。反之，則為汙染菌居多。

1. *Abiotrophia* 及 *Granulicatella* 先前被認知為營養需求變異或衛星鏈球菌。早期被認為是草綠色鏈球菌 *Streptococcus mitis* 的營養需求變異菌株，後因 16S rRNA 定序而分類清楚。*Abiotrophia* 及 *Granulicatella* 這兩類菌主要存在在口腔中，與引發心內膜炎相關。
2. *Leuconostoc*、*Weissella*、*Pediococcus*，則為萬古黴素內生性抗藥性菌株，並且也會造成人類的感染，菌種包含 *L. mesenteroides*、*L. psedioniesenteroides*、*L. citreum*。
3. *Lactococcus* 是屬於 Lancefield group N 鏈球菌。其中 *L. lactis* 及 *L. garviae* 有被報導可感染人類，其他具運動性的 *Lactococcus-like* 具有 Lancefield group N 抗原的菌則被分類為 Vagococcus，與腸球菌類似。

本章相關的其他觸酶陰性球菌之所有特性整理於表 5-1。

表 5-1　觸酶陰性革蘭氏陽性球菌之一般特性及鑑定

菌種	特性	臨床疾病	鑑定	檢體
Abiotrophia / Granulicatella	口腔正常菌叢（早期認為是鏈球菌變異菌）	心內膜炎、眼睛感染、中樞神經感染、腹膜透析患者的腹膜炎、敗血性關節炎	衛星現象測試（*S. aureus* ATCC 25923）或外加 pyridoxal HCl 促使生長	血液
Aerococcus		心內膜炎、菌血症、椎間盤炎、泌尿道感染、淋巴結炎、腹膜炎		血液
Dolosigranulum	表現型與 Gemella 相似	院內感染肺炎、敗血症、滑膜炎、膽囊炎、胰臟炎		血液、眼睛、呼吸道
Facklamia	與 Globicatella 基因型相近，但表現型有差異		LAP (+) urease (+)	血液、傷口、生殖泌尿道
Gemella		心內膜炎、肺膿瘡、敗血症、腦膿瘡	好氧生長 PYR (+) Esculin hydrolysis (-) （需 7 天反應）	血液
Globicatella		菌血症、泌尿道感染、腦膜炎、寵物化膿性感染	LAP (-) hippurat hydrolysis (-) PYR (+)	血液

表 5-1 觸酶陰性革蘭氏陽性球菌之一般特性及鑑定（續）

菌種	特性	臨床疾病	鑑定	檢體
Helcococcus	微細的 α- 溶血菌落，以 1% 馬血或 0.1% tween 80 的培養基培養觀察	下肢性感染、皮膚、軟組織感染、菌血症、腦膿瘡	PYR (+) API 20 STREP 檢測結果爲 4100413	
Lactococcus	相似於鏈球菌及腸球菌，在 vancomycin 處理後型態爲短球狀，具運動性	心內膜炎、泌尿道感染、敗血症、骨髓炎、腹膜炎、肝膿瘡	PYR (+) LAP (+) 6.5% NaCl（3 天確認） 45℃生長（7 天確認） Arginine hydrolysis (+)	血液、眼睛、傷口
Leuconostoc	具內源性萬古黴素抗藥性宿主免疫力低下並抗生素預先使用，產生胃腸症狀	新生兒菌血症（母親生殖道移生）、骨髓炎、腦膿瘡、短腸症	含 30 μg vancomycin disk 及 50% 綿羊血的 TSA PYR (+) Arginine hydrolysis (-) gas (+)	血液、腦脊髓液、腹膜透析液、傷口
Pediococcus	具內源性萬古黴素抗藥性 Lancefield group D Ag	菌血症、肝膿瘡	含 30 μg vancomycin disk 及 50% 綿羊血的 TSA Arginine hydrolysis (+) gas (-)	血液
Vagococcus	具運動性 Lancefield group N Ag		PYR (+) LAP (+)	血液、腹水、傷口
Weissella	具內源性萬古黴素抗藥性	菌血症、心內膜炎	含 30 μg vancomycin disk 及 50% 綿羊血的 TSA Arginine hydrolysis (+) gas (+)	血液

5-3 培養特性及鑑定法

一、腸球菌之分離鑑定

1.採檢、運送及保存

由於腸球菌對環境的耐受度很高，能耐受高達 pH9.6 的鹼性環境，在 10℃及 45℃環境均能生長。因此，其採檢檢體的運送及保存並沒有太特別的要求。大多數糞便檢體以 Amies 培養液．採集及運送萬古黴素抗藥性之腸球菌，可在室溫或 4℃的條件下存活至少 14 天。脫脂奶中含 10% sheep blood 及 10% glycerol，爲最佳的 −70℃菌種凍管保存條件。

2.培養

來自無菌部位檢體，可接種於 TSA（Trypticase soy agar）、BHI（brain heart infusion）agar、綿羊血盤等培養基，置於 35～37℃一般大氣培養箱生長。而來自非無菌部位的檢體，則需先增殖培養再使用選擇性培養基。

3.菌落型態

在綿羊血片上的菌落型態，爲半徑小於 2 mm 的菌落，糞腸球菌（*E. faecalis*）、*E. durans* 爲完全溶血，而其餘大多數爲部分溶血或不溶血。顯微鏡直接鏡檢革蘭氏染色，菌落型態呈現成對、小、短鏈或小的不規則團聚。通常固態培養基中的菌落型態較呈現球桿狀，而液態培養基中的較呈現卵形或鏈狀，在血液培養嗜氧瓶較呈現鏈狀，而在厭氧瓶較呈現球桿狀，如圖 5-1～5-6。

4.鑑定

此類細菌可生長於 6.5% NaCl，在有 bile salts 中可水解 esculin，如圖 5-7，並且也會水解 pyrrolidonyl-β-naphthylamide（PYR），因此可以與 D 群鏈球菌區分。少部分的菌種具運動性，包含：*E. casseliflavus*、*E. gallinarum*；少部分的菌種有黃色色素，包含：*E. casseliflavus*；少部分的菌種具有觸媒活性：*E. haemoperoxidus*、*E. silesiacus*、*E. plantarum*、*E. bulliens*。傳統生化鑑定可用能否發酵 Mannitol Sorbose 及 Arabinose 及水解 Arginine，用來分別區隔腸球菌五大種類，如表 5-2。

5.快速鑑定

商業化套組，如 API 20S 或 API Rapid ID32 STREP（bioM'erieux）；自動化系統，如 Vitek（bioM'erieux）、MicroScan（Dade MicroScan）及 BD Phoenix（Becton Dickinson Microbiology Systems）等，都是可協助區分腸球菌菌屬的自動化快速鑑定系統。此外，目前大多臨床實驗室已使用 MALDI-TOF 質譜儀，作爲快速正確鑑定大多數的微生物，也包含腸球菌，然而對於腸球菌屬中的菌種鑑定，尙有待資料庫的完全化。

6.分子鑑定法

核酸雜交法或 16S rRNA 序列分析，是目前較常用的鑑定方法學，然而在 1,500 bp 長的 16S rRNA 序列中，有些腸球菌的菌種間只差 2 或 3 個核酸序列，因此區分不易。故也可輔助使用持家基因（housekeeping gene）包含 *atpA*、*pheS*、*rpoA*、*rpoB*、*sodA*、*tufA* 的序列區分菌株。Fluorescence in situ hybridization（FISH）法，也已被美國 FDA 許可，在 1.5 小時內檢測血液培養檢體是否有腸球菌的存在，如：E. faecalis /other Enterococcus species（EF/OE）peptide nucleic acid。目前腸球菌的命名分類，主要靠分子方法學分類，如：序列分析 16s rRNA 的基因或包含：*phes*、*rpoA*、*rpoB* 等。目前可以用 *tuf* 基因做爲腸球菌屬的分子鑑定標誌。2003 年，第一株萬古黴素抗

表 5-2

Group and species	生化反應											
	MAN	SOR	AGR	ARA	SBL	RAF	TEL	MOT	PIG	SUC	PYU	MGR
Group I												
E. avium	+	+	−	+	+	−	−	−	−	+	+	V
E. raffinosus	+	+	−	+	+	+	−	−	−	+	+	V
Group II												
E. faecium	+	−	+	+	V	V	−	−	−	+	−	−
E. casseliflavus	+	−	+	+	V	+	−	+	+	+	V	+
E. gallinarum	+	−	+	+	−	+	−	+	−	+	−	+
E. faecalis	+	−	+	−	+	−	+	−	−	+	+	−
Group III												
E. durans	−	−	+	−	−	−	−	−	−	−	−	−
Group IV												
E. cecorum	−	−	−	−	−	+	−	−	−	+	+	−
Group V												
E. italicus	V	−	−	−	V	−	−	−	−	+	+	+

藥性腸球菌菌株的全基因體被完整定序出來，也開啟對腸球菌更多基因體的了解。

7. 萬古黴素抗藥性腸球菌

由於萬古黴素抗藥性腸球菌的盛行，醫院感控小組需定時監控病患糞便中的萬古黴素抗藥性腸球菌。使用糞便直腸肛門拭子的檢體，接種至含 3～30 μg/ml 萬古黴素的 BHI broth；4～15 μg/ml 萬古黴素 Bile-Esculin broth；4～64 μg/ml 萬古黴素的 Enterococcosel broth。其中 6 μg/ml 萬古黴素的濃度是最廣泛使用的。此外商業化顯色培養基，也是一種快速確認的方法，目前美國 FDA 核准的有 Brilliance VRE agar、ChromID VRE、CHROM agar VRE、Spectra VRE 和 VRE Select。檢體直接接種顯色培養基，需注意是否有僞陽性的情況。

8. 核酸檢驗

直腸肛門拭子檢查萬古黴素抗藥性腸球菌，常使用核酸檢測，用以快速作爲感染控制的決策，以避免 VRE 的擴散。有三種常用系統：

(1) LightCycler vanA/vanB detection assay(Roche Molecular Diagnostics)
(2) GenOhm VanR assay(Becton-Dickinson Microbiology Systems)
(3) Cepheid Xpert van A/van B assay(Cepheid)

菌血症中直接自全血中檢測鑑定腸球菌也有三套系統，主要均以 Multiplex real-time PCR 的方法學爲主，分別是：

表 5-3 腸球菌對醣肽類藥物之抗藥性

表現型	VanA	VanB	VanC	VanD	VanE	VanG	VanL	VanM	VanN
MIC (μg/ml) (resistance level[a])									
Vancomycin	64-1,000 (R)	8-1,000 (I/U)	2-32 (S/R)	64-512 (R)	8-32 (I)	16 (I)	8 (I)	>256 (R)	12-16 (I)
Teicoplanin	16-512 (R)	0.5-1 (S)	0.5-1 (S)	4-64 (S/R)	0.5 (S)	0.5 (S)	0.5 (S)	64->256 (R)	0.5 (S)
基因型	vanA	vanB[b]	vanC[b]	vanD[b]	vanE	vanG[b]	vanL	vanM	vanN
抗性基因所在	Tn1546，位於質體或染色體上	Tn1547或Tn1549或Tn5382，位於質體或染色體上	染色體	染色體	染色體	染色體	染色體	質體	質體
可行接合作用	是	是	否	否	否	是	否	是	是
基因表現	誘導型	誘導型	持續型	持續型	誘導型	誘導型	誘導型	誘導型	持續型
基因產物修飾的五肽末端[c]	D-Ala-D-Lac	D-Ala-D-Lac	D-Ala-D-Ser	D-Ala-D-Lac	D-Ala-D-Ser	D-Ala-D-Ser	D-Ala-D-Ser	D-Ala-D-Lac	D-Ala-D-Ser
常見的菌種	*E. faecalis* *E. faecium* *E. avium* *E. casseliflavus* *E. durans* *E. gallinarum* *E. hirae* *E. mundtii* *E. raffinosus* *E. thailandicus*	*E. faecalis* *E. faecium* *E. gallinarum* *E. durans*	*E. casseliflavus* *E. gallinarum*	*E. faecalis* *E. faecium* *E. avium* *E. gallinarum* *E. raffinosus*	*E. faecalis*	*E. faecalis*	*E. faecalis*	*E. faecium*	*E. faecium*

[a] R: resistant; I: intermediate; S: susceptible.

[b] 有亞型存在：vanB1-3、vanC1-4、vanD1-5 及 vanG1-2。

[c] 由不同的 van- 抗性基因產物 D-Alanine-D-Lactate ligase 或 D-Alanine-D-serine ligase 媒介修飾肽聚糖五肽側鏈末端的胺基酸。

(1) LightCycler SeptiFast Test (Roche Molecular Diacritics)：可直接檢測 *E. faecalis* 及 *E. faecium*。

(2) Magicplex Sepsis real-time test (Seegene Technologies Inc.)：可直接檢測 *E. faecalis*、*E. faecium*、*E. gallinarum* 及同時檢測是否具有 *van A* 及 *van B* 抗藥基因。

(3) T2 Bacteria Panel assay (T2 Biosystems Inc.)：直接自全血中以磁珠濃縮細菌檢測 *E. faecium*。

二、其他觸酶陰性球菌之分離鑑定

1.採檢、運送及保存

檢體收集及傳輸並沒有特別的要求，基本的需氧培養的流程即可，但亦可於厭氧的條件下培養出來。

2.菌落型態

革蘭氏染色爲陽性球菌但並沒有特殊形態，*Abiotrophia* 及 *Granulicatella* 具多形性，依然其培養的營養條件可有成對球菌、成鏈的型態。此群菌可依型態區分爲鏈球菌樣貌或葡萄球菌樣貌。

3.培養

由於此群細菌對營養較依賴，故可使用高營養培養基，如：綿羊血盤、巧克力培養盤及 Thioglycolate broth。特殊如：培養萬古黴素抗藥之 *Leuconostoc* 及 *Pediococcus* 則可使用 Thayer-Martin 培養基；*Abiotrophia* 及 *Granulicatella* 可長於巧克力培養基、含 5% 馬血的 Brucella agar，或 Thioglycolate broth，但在綿羊血片上不生長，需再外加維他命 B6（0.01% pyrodoxal HCl）。*Helcococcus* 生長緩慢，則需要 48～72 小時，大多數細菌可置於 CO_2 培養箱增加培養率。

4.鑑定

首先以革蘭氏染色菌株，用型態分成 (1) 似鏈球菌：形成對或成鏈狀；(2) 似葡萄球菌：成對、四聚體、聚集式。若能以 Thioglycolate broth 培養的細菌染色，應較爲準確。再輔以生化反應，主要以 PYR、LAP、β-glucuronidase、Hippurate hydrolysis 爲主，可協助鑑定這群菌的分類。如鑑定流程圖 5-8。

5.衛星生長現象

Abiotrophia 與 *Granulicatella* 可以用衛星現象測試，在綿羊血盤上，塗布滿待測菌後，使用或未使用金黃色葡萄球菌 ATCC25923，在菌盤中間劃一道，在含 CO_2 的培養箱中培養，互相比較。*Abiotrophia* 及 *Granulicatella* 會有衛星現象（*Ignavigranum* 也會）。

6.分子鑑定法

鑑定目前以 16S rRNA 基因定序及 MALDI-TOF 質譜分析爲主。

5-4 藥敏試驗

一、腸球菌之藥敏試驗

腸球菌具內源性抗藥性，對於 Trimethoprim-Sulfamethoxazole、Cephalosporins、Clindamycin、Aminoglycoside 和 β-lactams 等，具有不等程度的內源性抗藥性，而同時合併使用這些抗生素，則有可能達成加成治療的效果。

除內源性抗藥性外，腸球菌也容易獲得其他抗藥性基因，特別是 high-level-aminoglycoside resistance（HLAR）及 Vancomycin-resistance genes，由於 HLAR MIC 值 >2,000 μg/ml，目前並沒有簡易的紙碇擴散法可進行

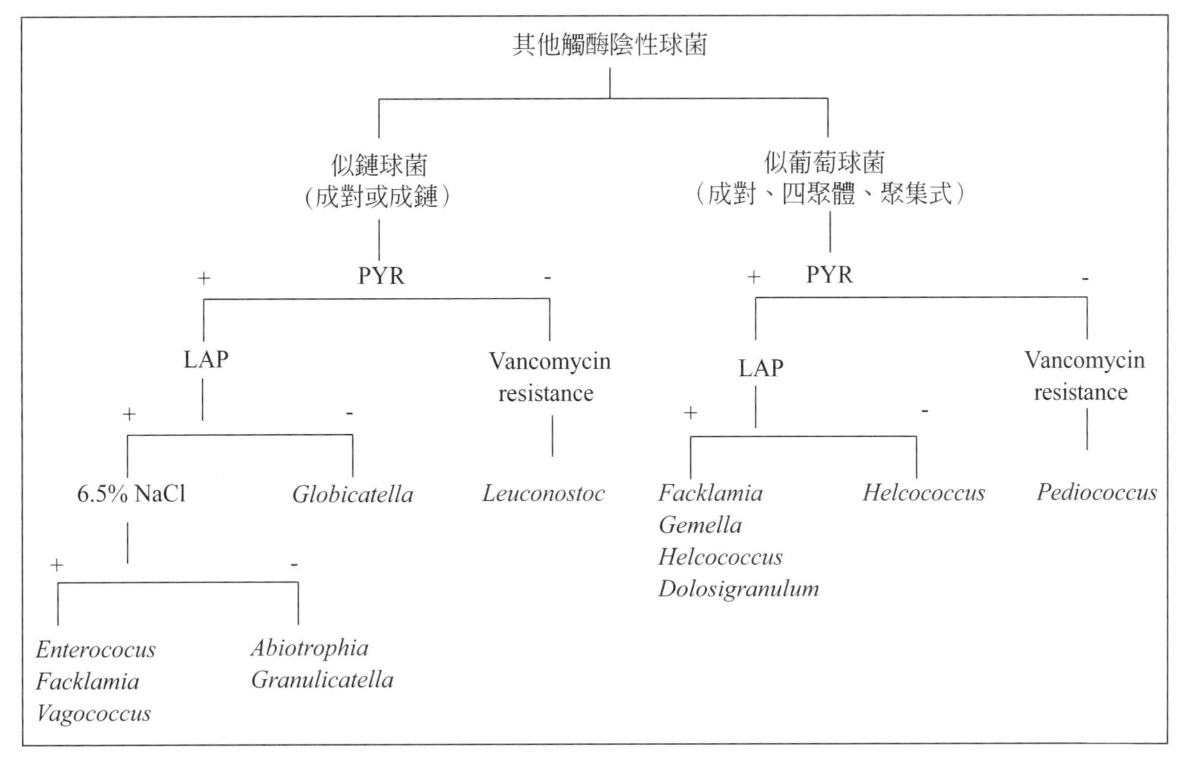

圖 5-8 其他觸酶陰性革蘭氏陽性球菌鑑流程圖

分析。

而在萬古黴素抗藥性腸球菌的檢測，可分爲表現型 VanA（基因型 *vanA*）、VanB（基因型 *vanB*）及 VanC（基因型 *vanC*）。表現型相關特性整理於表 5-3。目前以基因型分類是最常見的，其中 VanA 是最高度抗藥，VanA 及 VanB 常見於屎腸球菌（*E. faecium*）及糞腸球菌（*E. faecalis*），而 *E. gallinarum* 具有內源性的 van C1 基因型，而 *E. casseliflavus* 具有 van C2-4 基因型。VanA 及 VanB 表現型可使用萬古黴素篩選平板（vancomycin screening agar）進行篩選腸球菌。若檢測 MIC 值，VanA 及 VanB MIC 值 >32 μg/ml，而 VanC 則其 MIC 值 <32 μg/ml。

二、其他觸酶陰性球菌之藥敏試驗

此群細菌沒有直接的標準方法可參考。唯 *Abiotrophia* 及 *Granulicatella* 之 MIC 藥敏試驗可參考挑剃菌之肉湯微量稀釋法並添加馬血及 pyridoxal HCl 於 cation-adjusted Muller-Hinton broth（CAMHB）中。

5-5 預防／流行病學

一、腸球菌之流行病學

這類微生物廣泛地存在於自然界中，如：土壤、植物、水、食物及動物（哺乳類動物、鳥類、昆蟲及爬蟲類）。他們主要存在於人類胃腸道，特別以 *E. faecalis* 最常見。腸球菌爲伺機性感染的病原菌，由於常見於糞便檢體中，又加上對許多化學及物理條件具抗性，因此，在環境檢體中測到腸球菌，通常意指的是有糞便的汙染可能。萬古黴素抗藥性腸球菌（VRE）是公共衛生重要的議題，住院患者一旦腸道或泌尿道有萬古黴素抗藥性腸球菌移生，可能就會維持到數周或數個月。因此，感染控制的介入管理是很重要的。

二、其他觸酶陰性球菌之流行病學

此群菌主要是身體中的正常菌叢，位於口腔、上呼吸道、皮膚、消化道或由食物或環境獲得。此群菌之感染主要爲免疫力低下之患者、傷口、心瓣膜受傷、長期住院病患、抗生素長期使用或侵入性醫材而伺機性感染。因此，分離此群細菌須注意是否爲汙染菌，若從血液、腦脊髓液、尿液及傷口組織培養出來則具有臨床意義。

5-6 病例研究

個案一

一位 76 歲男性患者，因腹部脹痛導致休克而住院，住院期間曾引發肺炎，其痰液及抽血培養，均發現有革蘭氏陽性之球菌，6.5% NaCl 陽性，並發現對萬古黴素有抗藥性。

問題

1. 此感染源最有可能爲何？
2. 應如何再進一步確認至菌種層次？
3. 萬古黴素的抗藥性機轉爲何？
4. 萬古黴素的抗藥性表現型有哪些種類？
5. 醫院是否應該介入感染管制措施？

個案二

一位 25 歲年輕女性，拔除智齒後，自覺經常會輕微發燒，偶有寒顫不適，直到後來出現關節酸痛，皮膚上發現小黑點，發燒不斷，入院抽血檢查，發現爲革蘭氏陽性球菌感染之菌血症，觸酶測試陰，但此菌無法在綿羊血盤上生長，醫師診斷爲感染性心內膜炎，持續接受四週抗生素療程後出院。

問題

1. 此感染性心內膜炎最有可能的感染源爲何？
2. 營養有缺陷的革蘭氏陽性球菌應如何確認？
3. 應如何再進一步確認至菌種層次？

學習評估

1. 了解鑑別腸球菌的臨床重要性
2. 了解腸球菌之重要菌種
3. 了解萬古黴素抗藥之腸球菌的鑑定方法
4. 了解萬古黴素抗藥之腸球菌的抗藥表現型及基因型之分類
5. 了解觸酶陰性之革蘭氏陽性球菌的臨床重要性
6. 了解觸酶陰性之革蘭氏陽性球菌的種類

參考資料

1. **Teixera, L. M., M. D. F. S. Carvalho, R. R. Facklam, and P. L. Shewmaker**. 2019. Enterococcus. In K.C. Carroll, M.A. Pfaller, M.L. Landry, A.J. McAdam, R. Patel, S.S. Richter and D.W. Warnock (Ed.). Manual of Clinical Microbiology, 12th ed. American Society for Microbiology, Washington, DC.
2. **Schleifer, K. H., and R. Kilpper-Balz.** 1984. Transfer of *Streptococcus faecalis* and *Streptococcus faecium* to the genus Enterococcus nom. rev. as *Enterococcus faecalis* comb. nov. and *Enterococcus faecium* comb. nov. Int. J.

Syst. Bacteriol. **34**: 31-34.

3. **Ben, R. J., J-J. Lu, T-G. Young, W-M. Chi, C-C. Wang, M-L. Chu, and J-C. Wang.** 1996 Clinical isolation of vancomycin-resistant *Enterococcus faecalis* in Taiwan. J. Formos. Med. Assoc. **95**: 946-949.
4. **Paulsen, I. T., L. Banerjei, G. S. Myers, K. E. Nelson, R. Seshadri, T. D. Read, et al.** 2003. Role of mobile DNA in the evolution of vancomycin-resistant *Enterococcus faecalis*. Science **299**: 2071-2074.
5. **Jackson, C. R., P. J. Fedorka-Cray, and J. B. Barrett.** 2004. Use of a genus- and species-specific multiplex PCR for identification of enterococci. J. Clin. Microbiol. **42**: 3558-3565.
6. **Zirakzadeh, A., and R. Patel.** 2006. Vancomycin-resistant enterococci: colonization, infection, detection, and treatment. Mayo Clin, Proc. **81**: 529-536.
7. **Arias, C. A., and B. E. Murray**. 2012. The rise of the Enterococcus: beyond vancomycin resistance. Nat. Rev. Microbiol. **10**: 266-278.
8. **Hospital Infection Control Practices Advisory Committee (HICPAC)**. 1995. Recommendations for preventing the spread of vancomycin resistance. Infect. Control. Hosp. Epidemiol. **16**: 105-113.
9. **Agudelo Higuita, N. I., and M. M. Huycke.** 2014. Enterococcal disease, epidemiology, and implications for treatment, p 65-99. In Gilmore MS, Clewell DB, Ike Y, Shankar N (ed), Enterococci: From commensals to leading causes of drug resistant infection. Massachusetts Eye and Ear Infirmary, Boston, MA.
10. **National Nosocomial Infections Surveillance System.** 2000. National Nosocomial Infections Surveillance (NNIS)system report, data summary from January 1992-April 2000, issued June 2000. Am. J. Infect. Control **28**: 429-448.
11. **Kristich, C. J., L. B. Rice, and C. A. Arias.** 2014. Enterococcal infection-treatment and antibiotic resistance, p 123-184 In Gilmore MS, Clewell DB, Ike Y, Shankar N (ed), Enterococci: From commensals to leading causes of drug resistant infection. Massachusetts Eye and Ear Infirmary, Boston, MA.
12. **Courvalin, P**. 2006. Vancomycin resistance in gram-positive cocci. Clin. Infect. Dis. **42** (Suppl 1): S25-S34.
13. **Arias, C. A., G. A. Contreras, and B. E. Murray.** 2010. Management of multidrug-resistant enterococcal infections. Clin. Microbiol. Infect. **16**: 555-562.
14. **Christensen, J. J., X. C. Nielsen, and K. L. Ruoff**. 2019. Aerococcus, Abiotrophia, and other aerobic catalase-negative, Gram-positive cocci. In K.C. Carroll, M.A. Pfaller, M.L. Landry, A.J. McAdam, R. Patel, S.S. Richter and D.W. Warnock (Ed.). Manual of Clinical Microbiology, 12th ed. American Society for Microbiology, Washington, DC.
15. **Schleifer, K. H., J. Kraus, C. Dvorak, R. Kilpper-Bälz, M. D. Collins, and W. Fischer.** 1985. Transfer of *Streptococcus lactis* and related streptococci to the genus *Lactococcus* gen. nov. Syst. Appl. Microbiol. **6**: 183-195.
16. **Collins, M. D., and P. A. Lawson.** 2000. The genus Abiotrophia (Kawamura et al.)is not monophyletic: proposal of *Granulicatella gen.* nov., *Granulicatella adiacens* comb. nov., *Granulicatella elegans* comb. nov. and *Granulicatella balaenopterae* comb.nov. Int. J.

Syst. Evol. Microbiol. **50**: 365-369.

17. **Kawamura, Y., X. G. Hou, F. Sultana, S. Liu, H. Yamamoto, and T. Ezaki.** 1995. Transfer of *Streptococcus adjacens* and *Streptococcus defectivus* to *Abiotrophia* gen. nov. as *Abiotrophia adiacen*s comb. nov. and *Abiotrophia defectiv*a comb. nov., respectively. Int. J. Syst. Bacteriol. **45**: 798-803.
18. **Elliott, J. A., and R. R. Facklam.** 1993. Identification of *Leuconostoc* spp. by analysis of soluble whole-cell protein patterns. J Clin Microbiol **31**: 1030-1033.
19. **Collins, M. D., J. Samelis, J. Metaxopoulos, and S. Wallbanks.** 1993. Taxonomic studies on some leuconostoc-like organisms from fermented sausages: description of a new genus Weissella for the *Leuconostoc paramesenteroides* group of species. J. Appl. Bacteriol. **75**: 595-603.
20. **Barros, R. R., M. G. Carvalho, J. M. Peralta, R. R. Facklam, and L. M. Teixeira.** 2001. Phenotypic and genotypic characterization of Pediococcus strains isolated from human clinical sources. J. Clin. Microbiol. **39**: 1241-1246.
21. **Hung, W-C, H-J. Chen, J-C. Tsai, S-P. Tseng, T-F. Lee, P-R. Hsueh, W. Y. Shieh, and L-J. Teng.** 2014. *Gemella parahaemolysan*s sp. nov. and *Gemella taiwanensis* sp. nov., isolated from human clinical specimens. Int. J. Syst. Evol. Microbiol. **64**: 2060-2065.
22. **Ruoff, K. L., D. R. Kuritzkes, J. S. Wolfson, and M. Ferraro.** 1988 Vancomycin-resistant gram-positive bacteria isolated from human sources. J. Clin. Microbiol. **26**: 2064-2068.

第6章

革蘭氏陰性球菌
——奈瑟氏球菌屬和莫拉克氏球菌屬

張益銍

內容大綱

學習目標

- 了解奈瑟氏球菌和莫拉克氏球菌的一般特性。
- 了解奈瑟氏球菌和莫拉克氏球菌之分離鑑定與抗藥性菌株之偵測方法。
- 了解從各種檢體分離奈瑟氏球菌和莫拉克氏球菌之臨床意義，國內外之流行現況及控制措施。

6-1 一般性質

臨床上與人類疾病密切相關的革蘭氏陰性球菌有兩大類，即是奈瑟氏球菌屬（*Neisseria*）及莫拉克氏球菌屬（*Moraxella*）；這些微生物皆屬需氧性或是兼性厭氧性菌種，於厭氧環境中生長時，是以亞硝酸鹽（nitrite）爲電子接受器進行生長代謝，一般在 37℃溫暖潮溼且富含有5% CO_2的有氧環境中生長良好[1]。

奈瑟氏球菌屬至少包含有 25 個菌種，大部分的奈瑟氏雙球菌，除了淋病雙球菌（*Neisseria gonorrhoeae*）和腦膜炎雙球菌（*Neisseria meningitides*）這兩株細菌之外，其餘均是人體呼吸道中的正常菌叢，一般存在於牙齒表面、口腔咽部及鼻咽部，偶爾發現存在於呼吸道、泌尿生殖道的黏膜表層細胞內，在正常情形下除了機會性感染，很少會令人致病[2,3]。對於淋病雙球菌和腦膜炎雙球菌這兩株細菌的菌落培養，在有特殊營養的選擇性培養基（例如：Modified Thayer-Martin 培養基）以 37℃、5% CO_2 的有氧環境培養可以生長良好，獨特的 Modified Thayer-Martin 培養基內，因爲含有許多抗微生物藥劑（例如：Vancomycin 可以有效的抑制革蘭氏陽性菌生長；Colistin 可以有效的抑制革蘭氏陰性菌及腐生性奈瑟氏球菌的生長；Nystatin 可以有效的抑制黴菌的生長；Trimethoprim Lactate 可以有效的抑制變形桿菌的生長），使得強烈致病性的奈瑟氏球菌菌種得以在選擇性培養基中生長出來。而其他的低致病性菌株在營養需求及生長條件上的要求較低，因此在嗜氧情況下，於一般室溫以增殖性的培養基（如巧克力培養基）培養即可生長[1,4]。

淋病雙球菌和腦膜炎雙球菌是奈瑟氏球菌屬中，唯一感染人類時會產生強烈致病性的菌種。此兩種菌種體極端敏感，在惡劣環境中，如低溫、乾燥、陽光及鹼性環境下，會自體合成溶解酶而死亡[1,4]。因此在實驗室中培養該菌種時，其接種速度應盡量迅速，並且接種完成後立即將培養基置入含 5% CO_2 的培養箱中，以避免菌種自體溶解而死亡；由於該菌種培養時易受到脂肪酸及鹽類的抑制生長，所以常於培養基中加入血液成分，以降低抑制物對細菌的生長影響，而該菌種的保存也較一般菌種來得不易保存。

大多數的奈瑟氏球菌種會產生觸酶及氧化酶（圖 6-1、6-2），可氧化各種不同的醣類而產酸不產氣，不會產生去氧核苷酸酶（DNase）以及沒有還原硝酸鹽之能力（表 6-1）。而莫拉克氏球菌種不僅會產生觸酶及氧化酶之外，也會產生去氧核甘酸酶（DNase）及擁有還原硝酸鹽的能力，但對於各種不同的醣類卻無醱酵產酸之能力。

6-2 臨床意義

一、淋病雙球菌（*Neisseria gonorrhoeae*）

淋病雙球菌所造成的性病在開發中及已開發的國家裡是最常見的性病之一，也是屬於全球性的疾病，一般潛伏期爲 2～7 天，傳染途徑主要經由性接觸而造成感染，該菌種易侵犯泌尿生殖道，近年來由於性思想的開放，病原菌除了可以在泌尿生殖道的黏膜發現之外，還可以在直腸和咽喉的黏膜處、關節處以及血液中找到蹤跡，甚至偶發感染成人的眼睛，在於嬰兒的感染方面常是因爲母親感染到該菌種，而胎兒初生之時經由產道而遭受到感染[5]。

淋病雙球菌初期感染容易引起急性化膿性反應，繼而轉變成慢性纖維性病變，常造成泌尿生殖系統的傷害（如：尿道炎、子宮頸內膜炎、輸卵管炎、子宮外孕及不孕），甚至瀰漫

表 6-1 常見的奈瑟氏球菌（Neisseria）和莫拉克氏球菌（Moraxella）之生化特性

Species	Oxidase	Catalase	DNase	Nitrate Reduction	β-Lactamase	Acid Production from			
						Glucose	Maltose	Fructose or Sucrose	Lactose
N. gonorrhoeae	+	+	−	−	+	+	−	−	−
N. meningitidis	+	+	−	−	−[a]	+	+	−	−
N. mucosa	+	+	−	+	−	+	+	+	−
N. sicca	+	+	−	−	−	+	+	+	−
N. flavescens	+	+	−	−	−	−	−	−	−
N. subflava									
Bv.subflava	+	+	−	−	−	+	+	−	−
N. cinerea	+	+	−	−	−	−	−	−	−
N. lactamica	+	+	−	−	−	+	+	−	+
M. catarrhalis	+	+	+	+	+	−	−	−	−

a：表示有 pen A 基因以致於產生 Moderately Penicillin-Resistant Strains.[10]

性的病變（如：骨盆腔炎症：pelvic inflammatory disease, PID），有時候還會侵犯到其他的組織器官（如：敗血性關節炎、直腸炎、咽炎）[4]，於男性病患時會出現急性尿道炎、化膿性分泌物及排尿困難等症狀現象；在女性最常見感染位置爲內子宮頸，除了會造成陰道分泌物增加、排尿困難之外，還會造成子宮頸炎及骨盆發炎，甚至不孕症的發生。新生兒眼炎（ophthalmia neonatorum）乃是由於新生兒接觸到感染的產道所致，一般於出生的時候就給予抗生素或是硝酸銀處理眼睛，若未立即處理，嚴重時眼睛將有失明之虞[4]。

二、腦膜炎雙球菌（*Neisseria menin-gitides*）

在美國每年大約有 3000 個病例發生[6]，由於腦膜炎雙球菌所造成的疾病具有極高的傳染性及嚴重性，在公共衛生和流行病學上仍然是個很令人困擾的問題，而人類是腦膜炎雙球菌的唯一天然致病宿主，腦膜炎雙球菌致病毒性與其結構中多醣類莢膜（capsule）有密切相關性[7]。

該菌好發感染於年輕人（young adults），免疫功能低下或有缺陷（如感染 HIV 病毒）、營養不良、貧窮、生活衛生條件差、暴露於抽菸的環境中以及大學生青少年等都是感染的高危險因素[8]。呼吸道是侵入人體的部位，經由鼻咽吸入聚集增生，於上呼吸道中寄存而沒有產生嚴重疾病者可謂帶原者[7]；於感染初期症狀有：咳嗽、喉嚨痛及頭痛，類似於一般的感冒症狀，然而其後續進程快速，往往於 1～2 天就會有嚴重的症狀發生，例如前額強烈頭痛、持續高燒、意識模糊、頸部僵硬、四肢上皮膚會出現斑點、紫癜或斑丘疹、腎上腺出血（Waterhouse-Friderichsen syndrome）、低血壓，甚至造成瀰漫性血管內凝集（disseminated intravascular coagulation, DIC）、骨壞死、敗血症休克及多重器官衰竭[4, 8]。

臨床上最標準可培養鑑定出腦膜炎雙球菌的檢體來源有血液、腦脊髓液、關節液、胸膜液以及心包液；其中以血液、腦脊液和皮膚切片檢體（skin biopsy）培養作爲診斷依據[8]。

腦膜炎及敗血症是腦膜炎雙球菌菌血症中最常見的併發症[9]，臨床症狀甚爲急性，從菌血症到腦膜炎甚至進展到昏迷狀態，僅需數小時，其死亡率約爲 5～15%[7,10]。患者體內免疫系統降低或者缺乏補體時，往往容易由無症狀的鼻咽感染而轉變成腦膜炎雙球菌敗血症及腦膜炎症狀[11]。由於內毒素和脂質寡多醣體會導致血管性虛脫和敗血性休克的發生，因此穩定血壓成爲治療上的首要目標[8]。

三、其他的奈瑟氏球菌（*Other Neisseriae*）

其他的奈瑟氏球菌對人類而言很少致病，甚至是呼吸道的正常菌群，而這些菌群通常存在於鼻咽、咽喉等處，可於痰液、鼻咽拭子檢體中分離出，偶爾也會於其他檢體（如 Wound、Pleural Fluid）或是身體其他部位分離出菌群，臨床上由疾病中所分離出的菌群，則可能是由於伺機性感染所致。

這些人類非致病性菌群的有：乾燥奈瑟氏球菌（*N. sicca*）、黃色奈瑟氏球菌（*N. flavescens*）、淺黃色奈瑟氏球菌（*N. subflava*）、希奈拉奈瑟氏球菌（*N. cinera*）、黏膜奈瑟氏球菌（*N. mucosa*）及解乳糖奈瑟氏球菌（*N. lactamica*）；其中解乳糖奈瑟氏球菌較爲特別，可以在特殊的選擇性培養基（例如：Modified Thayer-Martin 培養基）中生長[1,2,4]。

四、卡他性莫拉克氏球菌（*Moraxella catarrhalis*）

卡他性莫拉克氏球菌是繼流行性嗜血桿菌及肺炎雙球菌之後，最常見到造成呼吸道感染的細菌。雖然該菌在健康孩童及成人呼吸道中可常發現，但在年長者、氣喘患者、有肺部疾患者、鐮刀型貧血患者以及免疫受到抑制的病人，將很容易受到感染及造成菌血症。感染後臨床病症常造成呼吸道的疾病，這些感染症狀，包括：肺炎、支氣管炎、中耳炎及鼻竇炎、心內膜炎、腦膜炎以及腦膿瘍[12]，其中以慢性阻塞性肺病及中耳炎，是成人感染該菌最常見到的疾病[13]。而對於新生兒及孩童容易因感染此菌而罹患新生兒結膜炎（ophthalmia neonatorum）。

6-3 培養特性及鑑定法

一、病原性奈瑟氏球菌之分離培養基及生長特性

培養病源性奈瑟氏球菌之選擇性培養基種類有很多，包括：Modified Thayer-Martin 培養基、New York City 培養基、GC-LECT 培養基，這些培養基都含有抗生素及殺菌劑，可以用來抑制其他微生物生長，只讓病源性奈瑟氏球菌生長。在 5% 綿羊血液培養基上能讓非病源性奈瑟氏球菌生長良好；而病源性奈瑟氏球菌在 5% 綿羊血液培養基、巧克力培養基或者是上述的選擇性培養基內，於 35～37℃且含有 3～5% 之二氧化碳環境中，亦可生長良好（圖 6-3）。

由於奈瑟氏球菌對於溫度相當敏感，所以培養基再接種前須置於室溫中先行回溫，以避免菌種死亡，這些培養基於接種菌種之後須立即置入 35～37℃含 3～5% 二氧化碳培養箱中培養；淋病雙球菌在初級培養時所得菌株 T1 及 T2 型（於細胞表面上會產生纖毛）[4]，纖毛的產生與該菌的毒力、運動性及抗藥基因的傳遞有著緊密的關係[14]；腦膜炎雙球菌有著各種的毒力因子包含纖毛，不透明相關蛋白質（opacity associated proteins）、脂質寡多糖

體、莢膜多醣體和外膜蛋白。其中脂質寡多糖體結構對於細菌體黏附及定殖宿主細胞具有很重要的角色，以及因與宿主細胞的多醣體結構相仿，所以能夠逃避宿主的免疫防禦機制[8]。

奈瑟氏球菌的鑑定及分型方法有：碳水化合物利用試驗（Cystine-Trypticase Agar 醣類氧化試驗）、免疫學試驗（凝集試驗和螢光抗體試驗）、呈色性酵素受質試驗、基質輔助雷射脫附游離飛行時間質譜儀 Matrix-Assisted Laser Desorption / Ionization Time-of-Flight Mass Spectrometry, MALDI-TOF 法，以及核酸放大分析（nucleic acid amplification tests, NAATs）方法，近年來很多臨床或研究單位多以 MALDI-TOF 法或 NAATs 法取代了傳統的培養鑑定方法，以達快速診斷出奈瑟氏球菌的感染[15, 16, 17]。

1. 於碳水化合物利用試驗中，淋病雙球菌僅會氧化葡萄糖產酸，而腦膜炎雙球菌則會氧化葡萄糖及麥芽糖而產酸（圖 6-4）
2. 凝集試驗是利用抗淋病雙球菌的抗體會與金黃色葡萄球菌（Protein A）結合凝集的原理，用來偵測菌株。而螢光抗體試驗則是利用螢光單株抗體辨認淋病雙球菌的外膜蛋白 B（Protein B）上的某一特殊部位（epitopes），而來偵測菌株。
3. 呈色性酵素受質試驗乃是利用受質經過細菌酵素分解後產生有顏色之產物來區別。
4. 基質輔助雷射脫附游離飛行時間質譜，MALDI-TOF MS 法，利用基質與細菌蛋白質產生共結晶後，由於基質可將巨大能量傳遞給細菌蛋白質，使細菌蛋白質脫附成氣態分子，進而游離成正離子，在飛行時間質譜儀內進行分離及質荷比的檢測分析，最後再藉由資訊的分析而鑑定出菌種名稱[18]。
5. 核酸放大分析方法大概可分為兩大類：以膠體電泳為基礎所呈現基因片段的分型方法及以基因序列為分析基礎的分型方法。以膠體電泳為基礎的分析方法又有下列六種：(1) 依照細菌質體特性的分析方法 Plasmid content analysis。(2) 核醣體分析方法 Ribotying。(3) 脈衝電泳法 Pulsed-field gel electrophoresis，此法優點為擁有很高的區別鑑定能力，但缺點為無法應用於大量檢體的區別鑑定，以及操作時需要較高的技術與耗材費用。(4) *opa* 基因分析方法。(5) 與抗藥性有關的基因分析方法如 *penA*、*gyrA*、*rpoB* 等基因。(6) 其他依照 PCR 方式進行基因放大分析方法如 AFLP, rep-PCR, MLVA。以基因序列為基礎的分析方法有下列兩種：(1) 多種抗原基因序列分型法 Neisseria gonorrhoeae multiantigen sequence typing（NG-MAST），此法可運用分析 *porB* 及 *tbpB* 等兩個蛋白基因，得以區別鑑定出淋病雙球菌。(2) 多基因定序分型法 Multilocus sequence typing（MLST），此方法可運用分析 *abcZ, adk, fumC, gdh, glnA, gnd, ptyD* 等七個 house-keeping 基因，得以區別鑑定出淋病雙球菌[8, 11, 17]。

淋病雙球菌的另一個快速有效的偵測方法為 Superoxol 試驗，於此試驗中只有淋病雙球菌會立即產生激烈冒泡的陽性反應，其他奈瑟氏球菌會產生遲緩微弱的陰性反應。而腦膜炎雙球菌的快速有效偵測方法，有直接測試菌體的莢膜多醣體抗原及血清分群定序分析（sero-grouping sequence typing）等方法，依據莢膜多醣體抗原的化學組成與抗原性，可將其區分為 13 種血清群（serogroup），在這些血清群中較具有致命性的爲 A、B、C、W135、X 以及 Y 等六個族群[8]，而這些血清型的差異，乃在於他們的地理分布和殺傷力的不同，其中以 Group A、B、C 是主要的血清群，在疾病大流行傳統上是由血清群 A 腦膜炎球菌所引起的；血清群 B 是 20 世紀下半葉時期，經常造成地方性和高流行性疾病的原因；而血清群 C 常導致零星爆發和流行[3]。A 與 C 群主要分布於亞洲及非洲，而 B 與 C 群主要分布於美國和歐洲，在開發中國家裡的分布主要是血清型 A[8, 9, 10, 11, 19]。

二、非病源性奈瑟氏球菌之分離培養基及生長特性

非病源性奈瑟氏球菌在血液及巧克力培養基上即可生長，在特殊選擇性培養基上反而無法生長良好。對於各種不同的碳水化合物（除了乳糖之外）普遍都能醱酵產酸，而其中比較特別的解乳糖奈瑟氏球菌（*N. lactamica*），該菌株是會醱酵乳糖產酸。

三、卡他性莫拉克氏球菌之分離培養基及生長特性

卡他性莫拉克氏球菌是一株具有莢膜（capsule）的細菌，藉由外膜上的纖毛（pili）結構黏附感染宿主細胞。一般能在 35℃血液、巧克力及營養培養基中生長，在巧克力培養基上可以長成有車輪形狀（Wagon-Wheel Appearance）之特殊外型，由於本株細菌缺乏碳水化合物醱酵，以及可以產生去氧核糖核苷酸酶（DNase）的能力，所以可以藉此和其他奈瑟氏球菌予於區別。除了可利用培養特性鑑定之外還可以利用分生方法（如 16S rRNA sequencing, quantitative real-time PCR 偵測 *copB* gene）及 MALDI-TOF MS 方法于以鑑定[20]。

6-4 藥物感受性試驗

一、奈瑟氏球菌之抗藥性問題

早在西元 1940 年淋病雙球菌即以盤尼西林（Penicillin）作爲單一的治療藥物，後來由於單一劑量的治療，使得淋病雙球菌的染色體產生突變（chromosomal mutations），爲了因應治療之道，臨床上改採取單一的盤尼西林藥物提高劑量，或者是兩種藥物（Penicillin 及 Probenecid）結合的方式予以治療。

1976 年臺灣本土性第一例淋病雙球菌，被發現產生載有製造出 β-Lactamase 的基因（plasmid-mediated penicillinase-producing *Neisseria gonorrhea*, PPNG），因此對盤尼西林產生抵抗性，而得改用其他藥物測試治療，諸如：Spectinomycin、Cefotaxime[21, 22]。

PPNG 的菌株以 R 植體（R Plasmid）分類共可分成兩類：一種是具有 4.4-MD 的亞洲型（Asia Type），另一種爲具有 3.05-MD 的多倫多型（Toronto type）[21]，這兩型菌株在六、七十年代時，在臺灣都有過病例，而在遠東地區的 PPNG 菌株通常只具有一種形式的抗藥性質體（β-Lactamase R Plasmid），這些 PPNG 菌株在臺灣的分離率都遠較於其他的歐美國家來得高，其主要的原因除了是衛生當局對於社會大衆沒有一套有效的衛生保健策略，且宣導無效之外更因臺灣抗生素的使用已經過於浮濫，致使抗藥性菌株產生，因此操作藥物感受性試驗及交換性藥物種類治療是有其必要性。

過去的 30 年來，淋病雙球菌已發展出對盤林西林、四環黴素、紅黴素、fluoroquinolones、azithromycin 等藥物具有抗藥性[17, 23]，因此自 1990 年開始對於罹患淋病雙球菌感染，均以使用第三代頭孢素（ceftriaxone, cefixime）爲治療用藥[18]，然而近幾年來在日本、法

國、英國、加拿大等國家裡陸續發表出對於第三代頭孢素有產生用藥治療失敗的情形發生，且根據文獻顯示亞洲地區對於 cefixime 對敏感性遠較於其他地區國家來的低，值得特別注意 [24]。

第一個腦膜炎雙球菌對盤尼西林的抗藥性病例，在 1987 年於西班牙被發表出，其病例有中度的抵抗性（an MIC of Penicillin of 0.1 to 1.0 mg/ml）[25]，而臺灣一直到 2001 年才有第一個病例被報告出，其抗藥性也是屬於中度抵抗性 [26]。美國於 2014 年首度發表已有第一個病例被報告出對盤尼西林具有抵抗性，此抵抗現象懷疑是因為盤尼西林結合蛋白 2 基因（penicillin-binding protein 2 gene, *penA*）受到轉形改變所致 [6]。近年來分離具有β-Lactamase 質體及抗四環黴素決定基因（*tetM*）的菌株比例逐年上升，因此對於腦膜炎雙球菌之藥物感受性試驗的操作不容忽視，現在實驗室多以操作瓊脂（agar）稀釋感受性試驗為主。

自 1976 年第一篇文獻報導，卡他性莫拉克氏球菌已有產生 β-Lactamase 酵素至今，現超過 90% 的菌株都已呈現出具有產生 β-Lactamase 的能力，對於 benzylpenicillin, ampicillin, amoxicillin, lincomycin, spectinomycin, azithromycin, cephalosporins, ceftriaxone, ciprofloxacin, 等藥物均已產生抵抗性，應予以停藥或更換其他藥物給予治療，但可以使用二線藥物 amoxicillin-clavulanate 于以治療 [12, 13]。

二、臨床上治療的方法及藥物

淋病雙球菌現今對於傳統的治療藥物盤尼西林以及多種藥物多已具有抗藥性，且治療上常見有報導抗藥性情形發生 [27, 28]，目前在臨床治療上以 ertapenem、sitafloxacin（fourth-generation quinolone）、solithromycin、gepotidacin、ceftriaxone[38] 來治療淋病感染頗具成效的。而對於已有多重抗藥性的淋病菌株，則以 zoliflodacin 來治療具有顯著的活性。由於 lefamulin 對淋病雙球菌具有高度活性，而且幾乎與其他抗生素沒有交叉抗藥性現象，因此也是一個不錯的治療淋病説球菌的選擇藥物。在治療藥物研發的新策略上，可以針對容易引起多重抗藥性產生的 efflux pumps 上著力破壞，進而使得淋病雙球菌對其他抗生素重新產生敏感性 [29]。

近年來研究發現，使用脂肪酸作為新生兒淋病結膜炎的局部治療上頗具成效，因此應用脂肪酸對新生兒結膜炎，以及對咽喉和子宮頸的粘膜表面的預防和治療上具有重要的突破意義 [29]。

腦膜炎雙球菌的治療現常用 penicillin G、Third-Generation Cephalosporins（ceftriaxone and cefotaxime）、Chloramphenicol、Rifampin、Sulfonamides 等藥物，對於 Ciprofloxacin 敏感性近年來已陸續出現抗藥性菌株 [39]。而由於氯黴素在非流行區域常有高抗藥性情形發生，因此使用氯酶素治療只能限定用於流行區域的單劑量肌肉注射治療 [8, 30, 31]，對於腦膜炎雙球菌的治療時間一般為七天；而對於卡他性莫拉克氏球菌的治療則適合使用現還是具有敏感性的紅黴素、四環黴素及 fluoroquinolones 等藥物 [12]。全基因組定序將有助於侵襲性腦膜炎病例的抗藥性基因組的特徵數據建立 [39]。

6-5 預防／流行病學

一、淋病雙球菌之流行病學

淋病雙球菌主要藉由性行為所傳染，其所造成疾病的流行分布於全球性。19 世紀中葉在各國疾病發生率中相當盛行，在美國據估計每年有超過 300 萬人罹患該疾病，在公共衛生及流行病學上而言是相當重要的感染疾病。

感染該病源菌與愛滋病病例增加有著緊密關係[22]。避免多重性伴侶濫交及早期診斷治療可避免感染擴散。篩選去除具有高危險因子的人群，則可以預防疾病的發生及降低盛行率；對於預防新生兒經產道而感染淋病雙球菌造成新生兒眼炎，臨床上常於剛出生嬰兒的眼部，滴入抗生素或硝酸銀以殺死病菌達到預防感染的效果。

由於臨床上有 3～5% 的淋病病人是屬於無症狀性的感染，因此開發快速且專一性高的檢驗試劑，以用來廣泛篩檢高危險因子的人群，在預防醫學上是相當重要且必要的；在流行病學的調查研究上，可以利用藥物感受性試驗結合其他篩選試驗，例如：分析 β-Lactamase 的產生、血清分型（serotyping）、營養需求型（auxotyping），以及質體分型（plasmid）來達到流行病學的確定與建立，即時的解決淋病雙球菌抗生素抗藥性威脅的多種策略進展，是為臨床和公共衛生在控制淋病疾病的擴散蔓延帶來了希望。

利用 Gonococcus 細胞壁上某些特殊結構（eg: transferring-binding protein）所研究開發的疫苗，對於病菌感染上有著巨大抵抗性且極具潛力性的保護作用，是未來疾病防治上一個很重要的研究方向及重點[32]。有研究顯示在接種 B 群腦膜炎球菌結合疫苗的人。竟然對對淋病雙球菌的感染具有部分的免疫力效果產生，這是值得後續再研究開發[29]。利用高通量定序技術方法，將菌種全基因定序（whole-genome sequencing; WGS）將提供一個監測奈瑟氏菌種抗藥性，和疾病暴發之菌種分析調查，更新的分子診斷分析方法[3]。

二、腦膜炎雙球菌之流行病學

腦膜炎雙球菌所造成的腦脊髓膜炎，於近十年來在臺灣之細菌性腦脊髓膜炎病例中的比例不多，造成該疾病的主因是血清型 B 群集 W-135 群；由於 B 群腦膜炎雙球菌（GBM）的莢膜多醣體與人類神經元母細胞表面的 polysialic acid 成分相似，而且該莢膜多醣體所引起的人類免疫反應很弱，致使過去在 B 群腦膜炎雙球菌的疫苗研究發展上難以有突破性的表現[10, 33]。2003 年 Masignani 科學家，在 B 群腦膜炎雙球菌的完整基因組中找到 GNA1870 表面蛋白，利用這個表面蛋白當免疫原，能夠引發顯著的人體免疫反應，對於未來疫苗研發上將會引起重大的進展[34]。再者使用多種莢膜多醣體抗原製備成結合型疫苗（conjugate vaccine）不僅能夠對疫苗型菌株（vaccine-type strains）予以消滅之外，亦能夠對其他未受感染族群提供間接保護（herd immunity），美國及歐洲在 2005 年已開始使用多種莢膜多醣體 A, C, Y, W-135 等型的結合型疫苗，如四價或五價多醣體蛋白質結合疫苗（quadrivalent or pentavalent polysaccharide-protein conjugate vaccines）：Meningococcal polysaccharide Vaccine（MPSV4）和包含菌體外膜蛋白的結合疫苗 Meningococcal conjugate vaccine（MCV4; 4CMenB and MenB-FHbp），已成功的達到保護及預防疾病的成效，在疫苗的研究發展上又是向前邁進了一大步[8, 35, 36]。

該病原菌可以藉由飛沫傳染和接觸傳染，在人口聚集處（如：托兒中心、軍隊、學校、監獄、朝聖團體等）常是高帶原率及爆發疾病的所在，在流行期間於少數正常人的鼻咽內可以找到有腦膜炎雙球菌的存在，減少與帶菌者的接觸，以及對於與病患有密切接觸的人員或家屬給予藥物預防，將是降低流行率發生最有效的措施，而研發出快速篩檢試劑及疫苗，則是可以有效預防疾病的發生[8, 37]。

由於現今交通發達國人出國旅遊頻繁、兩岸三地往來密切、外籍新娘及外籍勞工的大量進入臺灣，使得國人受到境外移入所有感染之細菌性腦脊髓膜炎的機會大大提升。即使在開發中或已開發中的國家裡，因腦膜炎雙球菌感染所造成疾病的例子不多，但因國家人民往來密切，造成腦膜炎疾病的擴散和流行則極有可能，因此開發結合型疫苗（conjugate vaccine）的使用，以及防範疾病的發生和蔓延，在預防醫學及流行病學上是刻不容緩之事，亦是全球性預防疾病一個重要的研究課題[32, 37]。

參考資料

1. **Koneman, E.W., D. A. Stephen, M. J. William, C. S. Paul, and C. W. Jr. Washington.** 1997. Color Atlas and Textbook of Diagnostic Microbiology, fifth edition.
2. **Barrett, S. J., and P. H. Sneath.** 1994. A numerical phenotypic taxonomic study of the genus Neisseria. Microbiology. **140**:2867-2891.
3. **Caugant, D. A, and O. B. Brynildsrud.** 2020. *Neisseria meningitidis*: using genomics to understand diversity, evolution and pathogenesis. Nat. Rev. Microbiol. **18**:84-96.
4. **Mahon and Manuselis, J R.** 2000. Textbook of Diagnostic Microbiology, second edition.
5. **Biais, N., B. Ladoux, D. Higashi, M. So, and M. Sheetz.** 2008. Cooperative retraction of bundled type IV pili enables nanonewton force generation. PLoS Biol. **6**:e87.
6. **Glikman, D., S. M. Matushek, M. D. Kahana, and R. S. Daum.** 2014. Pneumonia and empyema caused by penicillin-resistant *Neisseria meningitidis*: a case report and literature review. **Pediatrics. 117**:e1061-1066.
7. **Tettelin, H., N. J. Saunders, J. Heidelberg, A. C. Jeffries, K. E. Nelson, J. A. Eisen, K. A., et al.** 2000. Complete genome sequence of *Neisseria meningitidis* serogroup B strain MC58. Science. **287**:1809-1815.
8. **Takada, S., S. Fujiwara, T. Inoue, Y. Kataoka, Y. Hadano, K. Matsumoto, et al.** 2016. Meningococcemia in adults: A review of the literature. Intern. Med. **55**:567-572.
9. **Saez-Nieto, J. A., D. Fontanals, J. de Jalon Garcia, de Artola V. Martinez, P. Pena, M.A. Morera, et al.** 1987. Isolation of *Neisseria meningitidis* strains with increase of penicillin minimal inhibitory concentrations. Epidem. Infect. **99**:463-469.
10. **Peltola, H**. 1998. Meningococcal vaccines. Current status and future possibilities. Drugs. **55**: 347-366.
11. **Harrison, O. B., A. B. Brueggemann, D. A. Caugant, A. van der Ende, M. Frosch, S. Gray, et al.** 2011. Molecular typing methods for outbreak detection and surveillance of invasive disease caused by *Neisseria meningitidis, Haemophilus influenzae* and *Streptococcus pneumoniae*, a review Microbiology. **157**(Pt 8):2181-2195.
12. **Al-Anazi, K., F. Al-Fraih, N. Chaudhri, and F. Al-Mohareb**. 2007. Pneumonia caused by *Moraxella catarrhalis* in haematopoietic stem cell transplant patients. Report of two cases and review of the literature. Libyan. J. Med. **2**:144-147.
13. **Perez, A.C., and T. F. Murphy**. 2019. Potential impact of a *Moraxella catarrhalis* vaccine in COPD. Vaccine. **37**:5551-5558.
14. **Newman, L. M., J. S. Moran, and K. A. Workowski.** 2007. Update on the management of gonorrhea in adults in the United States. Clin. Infect. Dis. **44** Suppl 3:S84-101.
15. **Sung, J. W., S. Y. Hsieh, C. L. Lin, C. H. Leng, S. J. Liu, A. H. Chou, et al**. 2010. Biochemical characterizations of *Escherichia*

coli-expressed protective antigen Ag473 of *Neisseria meningitides* group B. Vaccine. **28**:8175-8182.

16. **Pieles, U., Zürcher, W., Schär, M., and Moser, H. E.** 1993. Matrix-assisted laser desorption ionization time-of-flight mass spectrometry: a powerful tool for the mass and sequence analysis of natural and modified oligonucleotides. Nucleic Acids Res. **21**:3191-3196.
17. **Unemo, M., and J. A. Dillon**. 2011. Review and international recommendation of methods for typing *Neisseria gonorrhoeae* isolates and their implications for improved knowledge of gonococcal epidemiology, treatment, and biology. Clin. Microbiol. Rev. **24**:447-458.
18. **Unemo, M., and W. M. Shafer.** 2011. Antibiotic resistance in *Neisseria gonorrhoeae*: origin, evolution, and lessons learned for the future. Ann. N Y Acad. Sci. **1230**:E19-28.
19. **Caugant, D. A., and O. B. Brynildsrud.** 2020. *Neisseria meningitidis*: using genomics to understand diversity, evolution and pathogenesis. Nat. Rev. Microbiol. **18**:84-96.
20. **Mather, M. W., M. Drinnan, J. D. Perry, S. Powell, J. A. Wilson, and J. Powell**. 2019. A systematic review and meta-analysis of antimicrobial resistance in paediatric acute otitis media. Int. J. Pediatr. Otorhinolaryngol. **123**:102-109.
21. **Chu, M. L., L. J. Ho, H. C. Lin, and Y. C. Wu.** 1992. Epidemiology of penicillin-resistant *Neisseria gonorrhoeae* isolated in Taiwan, 1960-1990. Clin. Infect. Dis. **14:**450-457.
22. **Cornelissen, C. N**. 2008. Identification and characterization of gonococcal iron transport systems as potential vaccine antigens. Future Microbiol. **3:**287-298.
23. **Tapsall, J. W., F. Ndowa, D. A. Lewis, and M. Unem**o. 2009. Meeting the public health challenge of multidrug- and extensively drug-resistant *Neisseria gonorrhoeae*. Expert. Rev. Anti. Infect. Ther. **7**:821-834.
24. **Yu, R. X., Y. Yin, G. Q. Wang, S. C. Chen, B. J. Zheng, X. Q. Dai, et al.** 2014. Worldwide susceptibility rates of *Neisseria gonorrhoeae* isolates to cefixime and cefpodoxime: a systematic review and meta-analysis. PLoS One. **9**:e87849.
25. **Pizza, M., V. Scarlato, V. Masignani, M. M. Giuliani, B. Arico, M. Comanducci, et al.** 2000. Identification of vaccine candidates against sero-group B meningococcus by whole genome sequencing. Science. **287**: 1816-1820.
26. **Ben, R. J., C. C. Wang, and M. L. Chu.** 2001. Meningitis due to penicillin-resistant *Neisseria meningitidis* in a 20-year-old man. J. Formos. Med. Assoc. **100**:696-698.
27. **Pogany, L., B. Romanowski, J. Robinson, M. Gale-Rowe, C. Latham-Carmanico, C. Weir, et al.** 2015. Management of gonococcal infection among adults and youth: New key recommendations. Can. Fam. Physician. **61**:869-873.
28. **Unemo, M., C. Del Rio, and W. M. Shafer.** 2016. Antimicrobial resistance expressed by *Neisseria gonorrhoeae*: A major global public health problem in the 21st century. Microbiol. Spectr. **4**:10.1128/microbiolspec.EI10-0009-2015.
29. **Rubin, D. H. F, J. D. C. Ross, and Y. H. Grad.** 2020. The frontiers of addressing antibiotic resistance in *Neisseria gonorrhoeae*.

Transl. Res. **220**:122-137.

30. **Fang, C. T., S. C. Chang, P. R. Hsueh, Y. C. Chen, W. Y. Sau, and K. T. Luh**. 2000. Microbiologic features of adult community-acquired bacterial meningitis in Taiwan. J. Formos. Med. Assoc. **99**:300-304.
31. **Liu, C. C., J. S. Chen, C. H. Lin, Y. J. Chen, and C. C. Huang.** 1993. Bacterial meningitis infants and children in southern Taiwan: emphasis on *Haemophilus influenzae* type B infection. J. Formos. Med. Assoc. **92**:884-888.
32. **Trotter, C. L., J. Mc Vernon, M. E. Ramsay, C. G. Whitney, E. K. Mulholland, D. Goldblatt, et al.** 2008. Optimising the use of conjugate vaccines to prevent disease caused by *Hemophilus influenzae* type b, *Neisseria meningitides* and *Streptococcus pneumoniae*. Vaccine. **26**:4434-4445.
33. **Granoff, D. M., A. Bartoloni, S. Ricci, E. Gallo, D. Rosa, N. Ravenscroft, et al.** 1998. Bactericidal monoclonal antibodies that define unique meningococcal B polysaccharide epitopes that do not cross-react with human polysialic acid. J. Immunol. **160**:5028-5036.
34. **Masignani, V., M. Comanducc1, M. M. Giuliani, S. Bambini, J. Adu-Bobie, B. Arico, et al.** 2003. Vaccination against *Neisseria meningitidis* using three variants of the lipoprotein GNA 1870. J. Exp. Med. **197**:789-799.
35. **Pichichero M, Casey J, Blatter M, Rothstein E, Ryall R, Bybel M, et al**. 2005. Comparative trial of the safety and immunogenicity of quadrivalent (A, C, Y, W-135) meningococcal polysaccharide-diphtheria conjugate vaccine versus quadrivalent polysaccharide vaccine in two- to ten-year-old children. Pediatr. Infect. Dis. J. **24**:57-62.
36. **Read, R. C.** 2019. *Neisseria meningitidis* and meningococcal disease: recent discoveries and innovations. Curr. Opin. Infect. Dis. **32**:601-608.
37. **Tzeng, Y. L., and D. S. Stephens.** 2000. Epidemiology and pathogenesis of *Neisseria meningitidis*. Microbes. Infect. **2**:687-700.
38. **Bristow C. C., Mortimer T. D., Morris S., Grad Y. H., Soge O. O., Wakatake E., Pascual R., Murphy S. M., Fryling K. E., Adamson P. C., Dillon J. A., Parmar N. R., Le H. H. L., Van Le H., Ovalles Ureña R. M., Mitchev N., Mlisana K., Wi T., Dickson S. P., and Klausner J. D.** 2023. Whole-Genome Sequencing to Predict Antimicrobial Susceptibility Profiles in Neisseria gonorrhoeae. J Infect Dis. **227(7)**:917-925.
39. **Mikhari R. L., Meiring S., de Gouveia L., Chan W. Y., Jolley K. A., Van Tyne D., Harrison L. H., Marjuki H., Ismail A., Quan V., Cohen C., Walaza S., von Gottberg A., and du Plessis M..** 2024. Genomic diversity and antimicrobial susceptibility of invasive Neisseria meningitidis in South Africa, 2016-2021. J Infect Dis. **jiae225**.

第 7 章

革蘭氏陽性桿菌——棒狀桿菌屬

周以正

內容大綱

學習目標

- 了解棒狀桿菌的特性。
- 了解白喉桿菌的致病機轉。
- 了解如何自臨床檢體分離鑑定白喉棒狀桿菌。

7-1 一般性質

棒狀桿菌屬（Genus *Corynebacterium*）爲群嗜氧、兼性厭氧或微嗜氧、不產芽孢、不具運動性的革蘭氏陽性不定型桿菌（pleomorphic rods），由於其菌體的一端較另一端爲粗，類似警棍樣的短棒狀（club-shape），因此得名。本屬細菌因其細胞壁與分枝桿菌屬（*Mycobacteria*）及奴卡氏菌屬（*Nocardia*）類似，因此被合成稱爲 CMN 群（CMN Group）細菌。本屬細菌於自然界中分布甚廣，可在清水與海水、土壤與空氣中被分離出來；多爲腐生性細菌，少部分與人類、動植物的疾病有關，非白喉棒狀桿菌（Nondiphtheria *Corynebacteria*）於人體多屬伺機性感染。然而，白喉棒狀桿菌（*Corynebacterium diphtheriae*）可產生強烈的白喉毒素（diphtheria toxin），在人體引起白喉（diphtheria），爲嚴重的病原菌。

白喉棒狀桿菌（*Corynebacterium diphtheriae*）

白喉棒狀桿菌爲一嗜氧、不產芽孢、無莢膜、無鞭毛不具運動性的革蘭氏陽性微彎曲或直桿菌，其菌體長度約爲 2 ～ 6 μm，寬度爲 0.5 ～ 1.0 μm。細胞壁含有 mycolic acid, Grabinose 與 galactose，胜肽聚糖（peplidoglycan）含有 meso-DAP（meso-diaminopimelic acrd）。其菌體的一端較另一端爲粗，類似警棍樣的短棒狀（club-shape），經抹片染色鏡檢後，常見菌體彼此間以銳角排列，呈類似英文字母的 V、L、Y 字型，故又稱爲人字型或中國字樣（Chinese letter character）（圖 7-1）；有時菌體間亦互相平行排列成爲柵狀（palisades）。由於細菌菌體內含有許多由磷酸鹽聚合而成的顆粒，若經甲基藍（methylene blue）或甲苯胺藍（Toluidine blue）染色後著色較深，呈紅紫到深藍色，故稱爲異染顆粒（metachromatic granules），又稱爲 Babes-Ernst 顆粒（Babes-Ernst granules）。然而本屬中各菌種的染色特性均十分類似，因此無法藉由直接抹片染色鏡檢區別白喉棒狀桿菌及其他本屬的常在菌。

白喉棒狀桿菌在有氧環境中生長較佳，最適合生長溫度爲 34 ～ 37℃，可醱酵糖類，產酸不產氣，可在一般的營養瓊脂（nutrient agar）上生長，但在含動物血或血清的培養基中（如 Loeffler's medium 及 Pai medium）生長較佳。在 BAP 中呈現小、灰色邊緣不規則的顆粒狀菌落。Loeffler's medium 含有血清及其他生長因子，可加速白喉棒狀桿菌的生長，並促進異染顆粒的產生。由於亞碲酸鹽可以抑制多數呼吸道常在菌的生長，白喉棒狀桿菌則可將亞碲酸鉀（potassium tellurite）還原成碲酸鉀（potassium tellurium），因此臨床上常用含有亞碲酸鹽（tellurite）的選擇性培養基，例如：Cystine-tellurite medium、Mueller-Miller tellurite medium、Hoyle's tellurite medium 及 Tinsdale agar 等作爲鑑定之用。白喉桿菌在含有亞碲酸鹽的選擇性培養基中呈現灰黑色菌落，可根據其菌落大小、型態、顏色及溶血形式，將白喉棒狀桿菌的菌落分爲重型（gravis）、中間型（intermedius）及輕型（mitis）三種生物型（表 7-1），其世代時間（generation time）分別爲重型 60 分鐘、中間型 100 分鐘及輕型 180 分鐘。近年發現的 Belfanti 生物型已獨立爲 *Corynebacterium belfanti* 一種，其產毒能力最弱且不具有硝酸鹽還原能力。大部分的輕型與部分重型菌株在 BAP 上呈現微量的 β 溶血。

表 7-1 白喉桿菌三種生物型的菌落特徵及致病能力比較

白喉桿菌生物型	blood-tellurite agar菌落型態	世代時間	溶血	液態培養基中之形狀	產毒	致病力
重型（gravis）	大型粗糙、深灰、具有菊花條紋	60 min	－	液面上形成薄膜	＋	最強
中間型（intermedius）	中間型灰黑色粗糙	100 min	－	起初均勻混濁、後期產生顆粒狀沉澱	＋	中等
輕型（mitis）	小型光滑、全黑、中央突出	180 min	＋	擴散式生長均勻混濁	＋	輕微

表 7-2 白喉桿菌三種生物型與 **Corynebacterium belfanti** 的生化反應比較表

var. of *C. diphtheriae*	cystinase	nitrate reduction	glucose fermentation	maltose fermentation	sucrose fermentation	starch fermentation
var. gravis	＋	＋	＋	＋	－	＋
var. mitis	＋	＋	＋	＋	－	－
var. intermedius	＋	＋	＋	＋	－	－
C. belfanti	＋	－	＋	＋	－	－

7-2 臨床意義

一、白喉棒狀桿菌（*Corynebacterium diphtheriae*）

人類為白喉棒狀桿菌的唯一天然宿主（reservoir），因此存在有許多無症狀的帶原者。白喉主要感染兒童，細菌通常藉著飛沫傳染，潛伏期多為 2～5 天；少部分的藉由皮膚接觸傳染。一般而言，白喉桿菌只能在呼吸道中的局部區域增生，無法進入血循造成全身性的散播，但是所分泌的白喉毒素（diphtheria toxin）則可經由黏膜上皮的吸收，除了可造成呼吸道上皮細胞的壞死與發炎反應，使細菌、壞死的上皮細胞、巨噬細胞及纖維蛋白在扁桃腺、咽或喉處形成一層厚的、皮革樣的灰藍到白色的偽膜（pseudomembrane）外，被吸收的白喉毒素亦可藉由循環系統散布全身造成心肌、肝、腎及神經系統的病變。白喉毒素由 A、B 兩個次單位組成，B 次單位可與細胞表面接受體結合，促進 A 次單位進入宿主細胞，A 次單位則為毒力中心，可使負責轉譯的 EF2（elongation factor 2）失去活性，進而阻止宿主細胞的蛋白質合成。鹼性環境（pH7.8～8.0）、氧、鐵離子三因素有助於白喉毒素的產生。

偽膜若不立即插管或是施以氣管造口術，將會導致患者因呼吸道阻塞而致死，窒息死亡為白喉早期死亡的主要原因。約 2/3 的白喉患者其心肌細胞將會受損，心內膜炎為白喉晚期致死的主要原因。並非所有的白喉棒狀桿菌均產生白喉毒素，產毒菌株必須感染攜帶有毒素基因的潛溶性 β 噬菌體（lysogenic β phage）又稱為 Corynephage，除了 *C. diphtheriae* 外，

C. pseudotuberculosis 及 *C. ulcerans* 亦可因爲感染 β 噬菌體而產生白喉毒素造成白喉。

非產毒性白喉棒狀桿菌（Nontoxigenic *C. diphtheriae*）則可造成心內膜炎、化膿性關節炎及嚴重的喉痛。

二、其他棒狀桿菌

1. 棒狀桿菌 JK 群（*Corynebacterium jeikeium*）

原爲人類體表的常在菌，通常僅在免疫抑制或是身體虛弱的患者身上造成感染產生心內膜炎、菌血症，本菌對多種常用之抗生素均具抗藥性，唯對 vancomycin 敏感。

2. 假結核棒狀桿菌（*Corynebacterium pseudotuberculosis*）

爲呼吸道及喉部的常在菌，鮮少造成感染。由於本菌可能產生少量的白喉毒素，因此患者產生較輕微的白喉。

3. 潰瘍棒狀桿菌（*Corynebacterium ulcerans*）

常在牛、馬等動物中產生乳腺炎（mastitis），人類多因與患病動物接觸而感染，由於本菌可能產生少量的白喉毒素，因此患者產生較輕微的白喉。本菌的特性爲：在 BAP 上產生狹小的 β- 溶血環。硝酸鹽還原反應陰性，具有尿素酶（urease）且在室溫下產生 gelatinase。

4. 溶尿棒狀桿菌（*Corynebacterium urealyticum*）

爲一泌尿道感染的病原，與膀胱炎及鹼性黏附性腎盂腎炎有關。本菌生長甚爲遲緩，由尿液檢體中培養需 48 小時方得見小的、不溶血、白色的菌落，本菌無法醱酵葡萄糖，catalase 陽性，由於可產生大量 urease 水解尿素，因此能夠造成尿液鹼化而導致腎結石。本菌對多種抗生素，如 β-lactams 類、aminoglycosides 類及 macrolides 類均具抗性。

7-3 培養特性及鑑定法 [1,2,4]

一、檢體收集

在施用抗生素前以鼻咽拭子採取上呼吸道或其他病灶部位的膿液或滲出物，以 Cary-Blair 輸送培養基送至實驗室。

二、直接抹片鏡檢

檢體直接抹片後經甲基藍（methylene blue）或甲苯胺藍（toluidine blue）染色後出現顯著的異染顆粒，在革蘭氏染色中則呈革蘭氏陽性桿菌，菌體以類似英文字母的 V、L、Y 字型的中國字樣（Chinese letter character）排列；有時則菌體間亦互相平行排列成爲柵狀（palisades）。

三、培養

檢體可培養於 BAP、含 tellurite 的培養基、Loeffler's 培養基與 Pai 培養基中，於 37℃培養 24 ～ 48 小時。

1. BAP

爲非選擇性培養基，來自於呼吸道的潛在病原，例如：*Corynebacterium diphtheriae*，A 群、C 群與 G 群鏈球菌及 *Arcanbacterium haemolyticum* 均在 BAP 生長良好。

2. 含 Tellurite 的培養基

如 Tinsdale agar 及 cystine-tellurite medium 等因含亞碲酸鹽，可以抑制其他呼吸道中常在菌的生長，棒狀桿菌則可將亞碲酸鹽（tellurite）還原成碲酸鹽（tellurium），生長不受影響，故爲棒狀桿菌的選擇性及區分性培養基。棒狀桿菌在此類培養基中通常呈現灰黑色菌落，*C. diphtheriae*、*C. pseudotuberculosis* 及 *C.ulcerans* 則可在灰黑色菌落外圍形成棕色的暈環（brown halo），可藉此特性與其他棒狀桿菌區別。

3. Loeffler 培養基

含有動物血清與其他生長因子，有助於棒狀桿菌生長及異染顆粒的產生。

4. Pai 培養基

爲含蛋培養基，可用來取代 Loeffler 培養基。

四、鑑定

將菌接種於 Loeffler 血清培養基上於 37℃ 培養 20～24 hr 後，再作塗抹標本染色觀察有否典型異染顆粒出現。挑取 tellurite blood agar 上之黑色可疑菌落接種於 DSS(dextrose-sucrose-starch) agar slant 中或生化鑑別套組 ID. NF-18 kit、API Coryne 置於 37℃培養 18～24 小時後，觀察其生化反應。*C. dipththreiae catalase* 陽性，可發酵 glucose 與 maltose；無法發酵 mannitol、sucrose 與 xylose，硝酸鹽還原陽性反應，不具有 urease，reverse CAMP 反應陰性。DSS agar 含有 0.1% dextrose, 0.1% starch, 1% sucrose，可藉著觀察 starch 水解與否來區分重型（陽性，滴 Lugol's solution 後不變色）與中型、輕型（陰性，滴 Lugol's solution 呈棕色）的白喉棒狀桿菌[8]。

C. pseudotuberculosis 與 *C. ulcerans* 均具有 urease，Reverse CAMP 反應均爲陽性，兩者的主要區別在於 *C. pseudotuberculosis* 無法自 starch 與 glycogen 產酸，*C. ulcerans* 則可自 starch 與 glycogen 產酸，此外 *C. pseudotuberculosis* 對 O/129 呈抗性，*C. ulcerans* 則對 O/129 敏感，亦可作爲鑑定的依據。

1. 鑑定流程圖

棒狀桿菌的鑑定流程圖（圖 7-2）。

常見的嗜氧性革蘭氏陽性桿菌鑑定流程圖（圖 7-3）。

2. 鑑定棒狀桿菌的生化反應

常用來鑑定棒狀桿菌的生化反應，如表 7-3。

目前利用 MALDI-TOF 質譜儀已經可以迅速的鑑定出 90 個以上不同的 *C. diphtherine* 菌株。

3. 毒力試驗

由於並非每一株白喉棒狀桿菌均具有產毒

表 7-3 鑑定棒狀桿菌的生化反應

特性 / 菌種	*C. diphtheriae*	*C. ulcerans*	*C. pseudotuberculosis*	*C. jeikeium*
tinsdale halo	+	+	+	−
catalase	+	+	+	+
β-hemolysis	−	+	+	−
nitrate reduction	+	−	−	−
urease	−	+	+	−
gelatin liquefication	−	+	−	−
lipid requirment	−	−	−	+

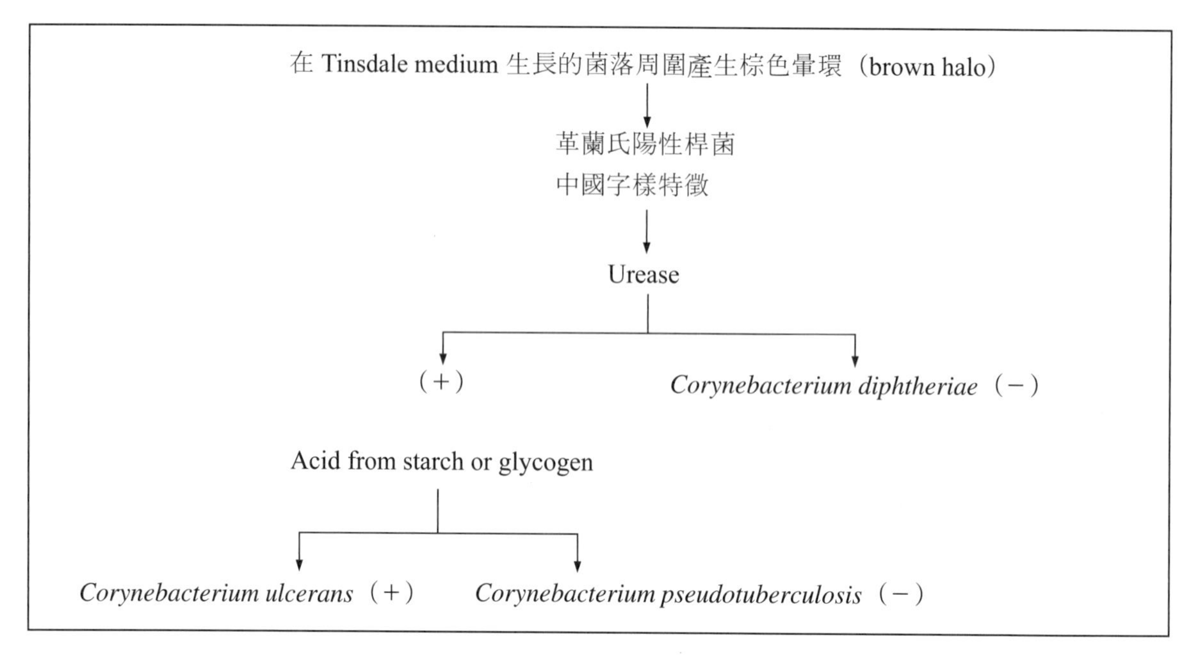

圖 7-2　棒狀桿菌的鑑定流程圖

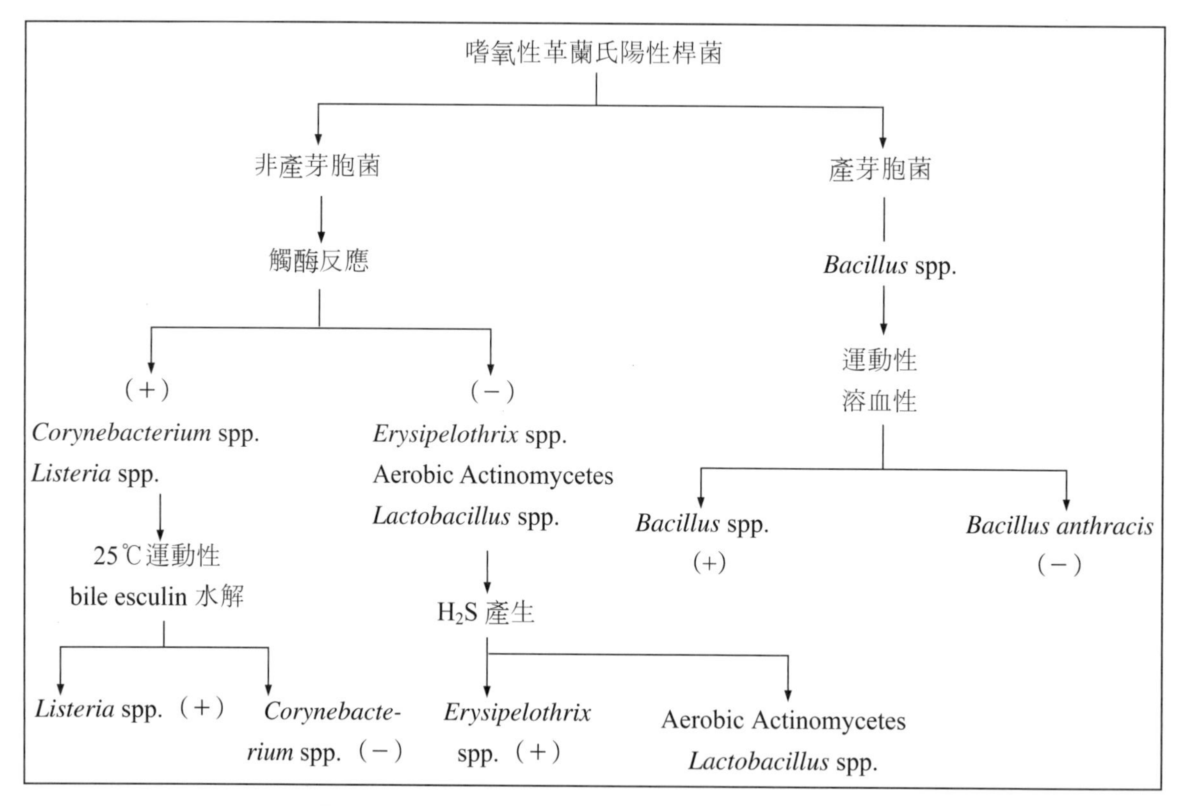

圖 7-3　常見的嗜氧性革蘭氏陽性桿菌鑑定流程圖

能力，因此自臨床檢體所分離出來的所有白喉棒狀桿菌菌株均需操作毒力試驗，以測定其產毒能力，毒力試驗共可分為：活體試驗、組織培養試驗、Elek 試驗及 PCR 分子診斷四種。

⑴**活體試驗**（*In vivo* test）

將培養於 Loeffler 氏培養基的白喉桿菌分別注入兩隻天竺鼠皮下，對照組在注射前兩小時先行於腹腔內施打 1,000 ～ 2,000 單位的白喉抗毒素；實驗組則不做任何保護措施。注射 2 ～ 3 天後觀察實驗組是否死亡，以評估該株白喉桿菌是否具有產毒能力。

⑵**組織培養試驗**

將白喉桿菌分泌物與組織培養的細胞混合培養，觀察其細胞毒殺性（cytotoxicity）作用。

⑶**Elek 試驗**

為一種免疫擴散反應（immunodiffusion），用來鑑定具產毒能力的*C. diphtheriae*。將沾滿白喉毒素抗毒素（diphtheria antitoxin）的長條型濾紙置於培養皿中，再倒入含 20% 馬血清的瓊脂於培養皿內，待瓊脂凝固後，將待測菌以與濾紙垂直的方向劃種，培養 48 小時後，若出現免疫沉澱線，即代表待測菌能夠產生白喉毒素而與抗毒素形成免疫沉澱線。

4. 錫克氏試驗（Schick test）

用來測試受測者體內是否具有可中和白喉毒素的抗體，藉以判斷受測者是否需要接種白喉疫苗[5]。實驗組將白喉毒素皮下注射於受測者的前臂內側；對照組則將受熱破壞（80℃、5 分鐘）的白喉毒素接種於受測者的另一臂上，於注射後 24 ～ 36 小時判讀結果。

⑴**陽性反應**

實驗組注射部位產生紅腫，對照組無任何反應產生。表示受測者體內無白喉毒素抗體，應接種白喉疫苗。

⑵**陰性反應**

兩臂均無反應，表示體內具有白喉毒素的抗體，受測者無需再接種白喉疫苗。

⑶**偽陽性反應**

兩臂雖均出現紅腫現象，但於 72 小時內消退，表示體內已具有白喉毒素的抗體，紅腫現象的產生係因受測者對白喉毒素過敏。

⑷**混合反應**

試驗部位有紅腫及壞死現象產生，對照部位亦有紅腫產生，但紅腫很快消失。表示受測者體內無白喉毒素抗體，且受測者對白喉毒素過敏。

5. 產毒性菌株的分子診斷

利用 PCR 放大產毒菌株的 Tox 基因片段後，經電泳分析，可以快速的診斷出待測菌株是否產生白喉毒素，常用的 Primer，如表 7-4[7]。

7-4 藥物感受性試驗

多數的 *C. diphtheriae* 菌株對 Penicillin G 及 Erythromycin 敏感，因此 WHO 建議以 Penicillin G 及 Erythromycin 作為治療白喉桿菌感染的第一線用藥，Telithromycin、Clindamycin、Levo-floxacin 及 Amoxicillin/Clavulanate 可作為替代性用藥。近年來有零星報告顯示 *C. diphtheriae* 已出現對 Macrolides 及 Lincosamide 類抗生素具抗性的菌株，因此仍有必要操作藥敏試驗。根據 CLSI 在 2016 年發表的指南，藥敏試驗採肉汁稀釋法進行[9]。各種抗生素的 MIC 值，如表 7-5。

7-5 預防／流行病學

白喉好發於溫帶地區，全年雖均可發病但以秋冬之際為最，主要感染於幼兒，由於會引起急性上呼吸道阻塞與神經學的併發症，因此有極高的死亡率。由於健康的帶原者約

表 7-4 常用的 Primer

放大的 *Tox* 基因次單位	Primer 序列	放大長度
A Subunit	Tox 1（5'-ATCCACTTTTAGTGCGAGAACCTTCGTCA-3'） Tox 2（5'-GAAAACTTTTCTTCGTACCACGGGACTAA-3'）	248 bp
B Subunit	6F（5'-ATACTTCCTGGTATCGGTAGC-3'） 6R（5'-CGAATCTTCAACAGTGTTCCA-3'）	297 bp

表 7-5 *C. diphtheriae* 對多種抗生素的 MIC 值

抗生素名稱	MIC值（μg/ml）
Penicillin G	0.025
Amoxicillin / Clavulanate	0.5
Erythromycin	0.016
Clindamycin	0.125
Telithromycin	0.004
Levofloxacin	0.125

占總人口數的 1 ～ 2%，流行期間更可能高達 10～20%，常受到忽視而成爲重要的傳染原。

目前東歐、東南亞、南美洲及非洲的許多國家仍有白喉的局部流行。1990 ～ 1998 年間前蘇聯加盟共和國曾出現大流行，產生 17 萬以上的病例，其中約 4,000 人死亡。中國於 2001 年白喉發生率爲 0.5 ／每 10 萬人，2002 年迄今尚未出現新病例[3]。

預防注射是對付白喉感染的最有效方式。國內已自 2010 年起全面改用五合一疫苗（白喉、破傷風、百日咳、B 型流感嗜血桿菌、小兒麻痺混合疫苗；即 DTaP-IPV-Hib 疫苗）進行接種，於新生兒出生後第二、四及六個月各接種 1 劑。近 30 年來，國內僅在 1988 年出現一名白喉的報告病之外，均不再有疑似病例出現。

7-6 病例研究

個案

四歲男童自莫斯科搭機抵台後，出現中等程度喉嚨痛、輕微發燒、頸部淋巴腺腫大、在軟顎及懸壅垂附近出現灰白色膜，四周伴有發炎現象等症狀。採咽喉檢體培養後，發現感染源爲一革蘭氏陽性桿菌。

問題

1. 臨床上白喉如何與鏈球菌性咽炎、病毒性咽炎及文生氏咽頰炎等作區別？
2. 如何做白喉的確認診斷？

學習評估

1. 白喉桿菌的致病機轉爲何？
2. 如何鑑定白喉棒狀桿菌？

3. 產毒性白喉桿菌菌株應如何做確認診斷？

參考資料

1. **Brooks, R.** 1981. Guidelines for the laboratory diagnosis of diphtheria. World Health Organization. Lab 81.7.
2. **Efstratiou, A., K. H. Engler, I. K. Mazurova, T. Glushkevish, J. Vuopio-Varkila, and T. Popovic.** 2000. Current approaches to the laboratory diagnosis of diphtheria. J. Infect. Dis. **181:**138-145.
3. **Efstratiou, A. and R. C. George. 1996.** Microbiology and epidemiology of diphtheria. Rev. Med. Microbiol. **7:**3142.
4. **Efstratiou, A. and P. A. Maple.** 1994. WHO manual for the laboratory diagnosis of diphtheria. Geneva: World Health Organization, No.ICP-EPI038 (C).
5. **Engler, K. H., T. Glushkevich, I. K. Mazurova, R. C. George, and A. Efstratiou.** 1997. A modified Elek test for detection of toxigenic corynebacteria in the diagnostic laboratory. J Clin Microbiol. **35:**495-498.
6. **Kisely, S. R., S. Price, and T. Ward.** 1994. *'Cory-nebacterium ulcerans'*: a potential cause of diphtheria. Commun. Dis. Rep. CDR Rev. **4:**R63-64.
7. **Nakao, H. and T. Popovic.** 1997. Development of a direct PCR assay for detection of the diphtheria toxin gene. J. Clin. Microbiol. **35:**1651-1655.
8. **Iida, H., M. Kumagai, T. Karashimada and T. Nakagawa.** 1958. DSS-Agar in the bacteriological diagnosis of diphtheria carries. Japan J. Microb. **2:** 403-405.
9. **CLSI.** 2016. Methods for antimicrobial dilution and disk susceptibility testing of infrequently isolated or fastidious bacteria, 3rd. ed. CLSI guideline M45. Clinical and Laboratory Standards Institute, Wayne, PA.

第8章

革蘭氏陽性桿菌
——李斯特菌和類丹毒桿菌屬

周以正

內容大綱

學習目標

- 了解李斯特菌及豬類丹毒桿菌的一般特性。
- 了解李斯特菌及豬類丹毒桿菌的培養鑑定方式。

8-1 一般性質

一、李斯特菌屬（*Listeria*）

李斯特菌屬廣泛存在於自然界中，可從土壤、灰塵、廢水、牛隻、飼料、動物糞便和水產品等中被分離出來，共包含：*L. monocytogenes*、*L. innocua*、*L. seeligeri*，*L. welshimeri*、*L. ivanovii*、*L. murrayi*、*L. marthil*、*L. rocourtiae*、*L. fleischmannii* 與 *L. weihenstephanesis* 等超過 20 餘個菌種，其中只有單核球增多性李斯特菌（*L. monocytogenes*）可引起人類疾病[4, 5]。雖然 *Listeria monocytogenes* 廣泛地分布於自然界，可造成多種野生動物及家禽家畜的疾病，但此菌引起的人類感染症並不常見，一般常侷限於特定的族群，如：新生兒、老年人、孕婦，以及細胞性免疫反應有缺陷的患者。*L. ivanovii* 主要感染反芻類動物，進而造成人類感染。

單核球增多性李斯特菌（*L. monocytogenes*）是革蘭氏陽性兼性厭氧桿菌（大小為 0.4 ～ 0.5×0.5 ～ 2 μm）（圖 8-1），不會形成芽孢，本菌可在 pH 5.5 ～ 9.5 的環境下生存；亦可存活於含 10 ～ 12% NaCl 的環境中；最適生長溫度爲 30～37℃，然而其生長溫度範圍甚廣可在 0 ～ 50℃下生存，能夠在 4 ～ 6℃的低溫下繁殖，並可在 4℃冷藏中生存達數個月之久。此菌於室溫下具有鞭毛具運動性，表現出具特徵性的翻滾運動（tumbling motility）；在半固態的培養基中會呈現特殊的傘狀運動（umbrella motility）（圖 8-2），但在 37℃不具運動性，這些特性可作爲此菌鑑定的重要依據。

二、豬類丹毒桿菌（*Erysipelothrix rhusiopathiae*）

豬類丹毒桿菌（*Erysipelothrix rhusiopathiae*）爲兼性厭氧的革蘭氏陽性桿菌，其形態類似李斯特菌，但菌體較爲細長（0.2 ～ 0.5 μm×0.8 ～ 2.5 μm）。本菌可在偏鹼的環境（pH 6.7 ～ 9.2）中生存，最佳生長溫度爲 30 ～ 37℃，可在 5 ～ 42℃下生存，但無法在 4℃以下生存。不產生鞭毛、不具運動性。此菌廣泛地分布於動物及環境中，主要生長在健康豬隻的扁桃腺處，亦是其他脊椎動物的正常菌群，常可由綿羊、雞和魚類分離出[2]。

8-2 臨床意義

一、李斯特菌屬（*Listeria*）

單核球增多性李斯特菌（*L. monocytogenes*）是一種兼性胞內寄生菌（facultative intracellular pathogen），可在巨噬細胞、上皮細胞以及人工培養的纖維母細胞內生長，具有毒力的菌株會產生溶血素 Listeriolysin O（由 hly 基因所編碼）、Internalin（例如 InlA、InlB、InlC 等）與兩種 phospholipase C（PlcA 與 PlcB）等毒力因子。Internalin 爲李斯特氏菌入侵上皮細胞所必需，可與上皮細胞表面的接受體 E-cadherin 結合，此結合促成細菌被呑噬進入細胞內。呑噬小體（phagosome）內之酸性 pH 値會將李斯特氏菌的 Listeriolysin O 和 phospholipase C 活化，進而將呑噬小體的外膜破壞，使細菌釋放到細胞質中，隨後細菌開始複製並經由 ACT A 蛋白質的作用將細菌推向細胞膜表面，在該處形成僞足（filopod）幫助細菌轉移感染至相鄰的細胞。當細菌進入巨噬細胞後，可經循環系統將細菌帶到肝、脾而導致散布性感染。

因爲李斯特菌可在巨噬細胞內複製，並在細胞內移動，所以可逃過抗體的作用，因而體液性免疫反應對於控制李斯特菌的感染並不具重要性，故細胞性免疫反應有缺陷的個體易造成嚴重的感染[8]。

李斯特氏菌可由牛奶、乳酪、蔬菜及肉類中被分離出來，並可在食物及冰箱的冷藏室表面形成生物膜，感染的主要途徑是透過吃下遭受汙染的食物，雖然多數患者不引起嚴重併發症，但是孕婦或免疫功能不全的病患，是敗血症和腦膜腦炎併發症的高危險群。1～10%健康的成人糞便中可分離出此菌。

李斯特氏菌可經由胎盤感染胎兒，若胎兒在子宮內感染，將引起嬰兒敗血性肉芽腫症（granulomatosis infantiseptica），它的特徵是多重器官產生散布性膿腫以及肉芽腫，造成死產或是流產。若嬰兒在出生時或出生後受感染，則在2～3週出現腦膜炎或腦膜腦炎，並伴隨有敗血症，死亡率約60%。

健康成年人感染李斯特菌時大多沒有病徵，或只出現類似感冒的溫和症狀，但細胞性免疫反應缺陷的病人則會引起較嚴重的症狀，腦膜炎是成年人李斯特菌感染最常見的形式，器官移植病人、癌症患者，以及孕婦若罹患腦膜炎時，應懷疑是受李斯特菌感染。菌血症病人可能會有寒顫和發燒的病史，或是出現急性高燒和低血壓，具有嚴重免疫缺陷的患者以及敗血症孕婦所生產的嬰兒可能導致死亡[7]。

二、豬類丹毒桿菌（*Erysipelothrix rhusiopathiae*）

此菌爲人畜共通病原菌（zoonotic pathogen），可引起豬的流行性丹毒以及其他動物的偶發性感染。人類感染一般與職業有關，通常因傷口接觸細菌而造成感染，如：肉販、魚販、獸醫或廚房工作人員，因常直接接觸魚、肉較易被感染，通常在手及手指出現疼痛、發炎、浮腫以及產生界限明顯的紫斑，稱爲類丹毒（erysipeloid）。一般病灶可在感染後2～4週內自然痊癒，很少產生併發症，但少數病例會產生敗血症及心內膜炎。因工作關係而常會接觸到魚、肉者可戴手套降低感染的危險性。

8-3 培養特性及鑑定法

一、李斯特菌屬（*Listeria*）

1.抹片直接鏡檢

本菌雖爲革蘭氏陽性桿菌，然而因常呈短鍊狀排列，於直接抹片染色鏡檢時又常呈球桿菌狀，因此常與β溶血的鏈球菌混淆。如果自臨床檢體中（如CSF）操作革蘭氏染色鏡檢，通常可同時在胞內及胞外的發現革蘭氏陽性球桿菌，因與肺炎球菌、腸球菌、棒狀桿菌和嗜血桿菌非常類似，需仔細加以區分。

2.培養

李斯特菌可在一般培養基生長，在固體培養基只需經18～24小時即可長出小而圓形的菌落，單核球增多性李斯特菌在BAP呈β溶血現象，並可與*Staphylococcus aureus*產生CAMP反應，但無法與*Rhodococcus equi*產生CAMP反應；李斯特菌於室溫下在液態或半固態培養基中具特徵性的翻滾運動方式，也可用來幫助此菌的初步鑑定。若要從汙染有其他快速生長菌的檢體中分離出此菌時，則可使用選擇性培養基LPM agar（Lithium chloride phenylethanol moxalactam agar）、modified Oxford agar及PALCAM agar（Polymyxin-acriflavin-lithium chloride-ceftazidime-aesculin-mannitol agar）培養。或經冷增菌處理後（將檢體置於4℃冰箱四週，每隔一段時間取出檢體行次培養），再接種於BAP上。李斯特氏菌在modified Oxford agar中爲直徑1～3 mm、灰黑色菌落周圍有棕黑色暈環（halo）；在PALCAM agar上則呈直徑2 mm、灰綠色中央有黑色凹陷周圍有棕黑色暈環的菌落。

此外李斯特氏菌在產色素培養基CHRO-

表 8-1　各種 Listeria 的生化反應

菌種	β-hemolysis	CAMP S. aureus	CAMP R. equi	mannitol	rhamnose	xylose
L. monocytogenes	+	+	−	−	+	−
L. ivanovii	++	−	+	−	−	+
L. innocua	−	−	−	−	V	−
L. welshimeri	−	−	−	−	V	−
L. seeligeri	+	+	−	−	−	+
L. marthii	−	−	−	+	V	−
L. grayi	−	−	−	+	V	−

表 8-2　HlyA 的 Primer 序列

放大基因	Primer序列	放大DNA長度（bp）
HlyA	5'-CATTAGTGGAAAGATGGAATG-3' 5'-GTATCCTCCAGAGTGATCGA-3'	703

Magar™ Listeria呈藍色周圍有白色暈環菌落。在 ALOA® agar（Agar Listeria acc. to Ottaviani & Agosti）中，*Listeria monocytogenes* 菌落爲藍綠色周圍有不透明暈環；*Listeria innocua* 則爲不具有暈環的藍綠色菌落。

3.生化反應

多數的李斯特菌屬的細菌其生化反應爲觸酶（catalase）陽性、氧化酶（oxidase）陰性、醱酵葡萄糖產酸不產氣、可以耐受 4% 膽鹽、水解 esculin、VP 陽性、甲基紅試驗（methyl red test）陽性、可水解馬尿酸鹽（hippurate）、不產生Indole、H_2S、硝酸鹽還原陰性及尿素酶陰性。可利用溶血性、CAMP 現象及糖類醱酵反應區分各種李斯特氏菌（表8-1）。

血清學試驗亦可用來作爲確認鑑定，可依據細菌的體抗原（O 抗原）及鞭毛抗原（H 抗原）將單核球增多性李斯特氏菌區分出 13 種血清型，其中 90% 以上的人類感染症與血清型 1/2a，1/2b 以及 4b 有關。一般而言，血清分型對於流行病學的研究助益不大，目前 PFGE 和 RAPD 分型法被廣用於流行病學的研究 1, 6。MALDI-TOF-MS（matrix-assisted laser-desorption ionization-time of flight *mass spectrometry*）質譜儀近年來開始應用於 *L. monocytogenes* 的鑑定與快速分型上。

4.分子診斷

由於單核球增多性李斯特菌（*L. monocytogenes*）可產生 Listeriolysin O 溶血素，因此可藉聚合酶鏈反應（PCR）放大編碼 listeriolysin O 的 HlyA 基因，作爲快速診斷的依據，其 primer 如表 8-2。本法目前常用於自食品中篩檢 *L. monocytogenes* [3]。

二、豬類丹毒桿菌（*Erysipelothrix rhusiopathiae*）

對疑似罹患類丹毒的病人應採集病灶組織

生檢體進行培養並作確認診斷；敗血症及心內膜炎患者則需進行血液培養。此菌為革蘭氏陽性桿菌，但初次分離時，極易被脫色而呈陰性。

本菌通常可生長在一般培養基中，在含有 5% CO_2 的環境下可促進其生長，在 BAP 中呈 α 型溶血，菌落可為平滑圓形或粗糙型；由平滑菌落挑菌作抹片行鏡檢所見之菌體呈短桿狀，而粗糙菌落的菌體則為長絲狀。不具運動性、觸酶（catalase）及氧化酶（oxidase）陰性、可發酵 glucose 與 lactose、產 H_2S、Methyl red 試驗陽性、VP 試驗陰性、不產 Indole、不產尿素酶（urease）、無法水解 esculin，具有 gelatinase，室溫培養於 gelatin stab culture 時呈試管刷樣生長，為本菌的重要生化特性。

8-4 藥物感受性試驗 [9, 10]

一、李斯特菌屬（*Listeria*）

單核球增多性李斯特菌（*L. monocytogenes*）對目前常用的抗生素，如：ampicillin、penicillin、erythromycin 及 tetracycline 等均為敏感。臨床上常建議以 penicillin 或 ampicillin 作為治療李斯特菌症的第一線用藥（表 8-3）。對 penicliiin 過敏的患者則可以 trimethoprim-sulfamethoxazole 做為替代性用藥。Aminoglycosides 與 penicillin 合併使用對治療李斯特菌症具有協同效果（synergistic effect）。此外 *L. monocytogenes* 對 cephalosporins、fosfomycin 與 fusidic acid 等抗生素有內生抗藥性，臨床上 cephalosporins 不適用於李斯特菌症的治療。

二、豬類丹毒桿菌（*Erysipelothrix rhusiopathiae*）

目前鮮少有抗藥性菌株出現，對各種抗生素的 MIC 值，如表 8-4，通常病患可使用 penicillin、erythromycin、cephalosporin 或 clindam-ycin 來治療 [9]。

Listeria 與 *Erysipelothrix* 的區別

Listeria 與 *Erysipelothrix* 各項生化試驗的比較，如表 8-5。

表 8-3 *Listeria monocytogenes* 對各種抗生素的 MIC 值

抗生素名稱	MIC值（μg/ml）
Ampicillin	0.38
Gentamicin	0.25
Amoxicillin	0.38
Streptomycin	8.00
Vancomycin	1.50
Erythromycin	0.38
Tetracycline	1.00
Ciprofloxacin	0.75
Chloramphenicol	6.00
Trimethoprim-Sulphamethoxazloe	0.023

表 8-4 *Erysipelothrix rhusiopathiae* 對各種抗生素的 MIC 值

抗生素名稱	MIC值（μg/ml）
Penicillin	≤ 0.01
Cefotaxime	0.06
Clindamycin	1.00
Imipenen	≤ 0.01
Erythromycin	0.06
Tetracycline	1.00
Ciprofloxacin	0.06
Chloramphenicol	0.12

表 8-5 *Listeria* 與 *Erysipelothrix* 各項生化試驗的比較

試驗名稱	*Listeria*	*Erysipelothrix*
catalase	+	−
hemolysis	β	α
nitrate reduction	−	−
25℃ motility	+	−
MR/VP	+/+	+/−
H_2S production	−	+
growth at 4℃	+	−
growth in 10% NaCl	+	−
hippurate hydrolysis	+	−
tellurite reduction	+	−
gentamicin susceptibility	S	R

8-5 預防／流行病學

單核球增多性李斯特菌（*L. monocytogenes*）正常存在於土壤、水、腐敗的蔬菜、植物以及許多動物的腸道，雖然人體帶菌的比例仍不清楚，但估計約有 5 ～ 10% 健康個體的糞便可分離出此菌。

單核球增多性李斯特菌亦是一種人畜共通的病源菌，可引起動物（家畜及老鼠）的腦膜炎、腦炎、敗血症、心內膜炎、流產；在人體則可造成人類的李斯特氏症（Listerosis）。人類李斯特菌症是一種偶發性疾病，全年皆可能發生，不過在溫暖的季節會有較高的發生率，通常是食用遭汙染的牛奶、起司、未洗淨的蔬菜和未煮熟的肉類（如冷盤）等所造成。此菌可在相當寬廣的 pH 範圍和低溫環境生長，因此，食物遭受此菌汙染後即使經過低溫冷藏，李斯特菌仍可繼續增殖而達到可以引起感染所需的菌數。近年來，李斯特氏菌所造成的食物中毒的案例日益增加，以美國為例每年約有 2,500 個人類李斯特菌症產生，其中造成約 500 人死亡。對於健康的人而言李斯特氏菌的感染僅出現類似輕微流感的症狀，但對孕婦、癌症患者、老年人和免疫抑制的病人可能造成腦膜炎、心內膜炎、流產或死產等重症的危險。本菌可經由胎盤垂直感染胎兒，造成死產與流產。

李斯特菌感染所引起的死亡率（約 20 ～ 30%）高於其他的食因性疾病。此外，畜牧場之工人與獸醫若不小心而感染，可能會有皮膚病、敗血症或致死腦炎症狀出現；禽肉加工廠工人於處理一些感染李斯特菌之禽類時，可能感染由李斯特菌所引發之結膜炎。

我國雖未曾發生過嚴重的李斯特菌症的流行，但李斯特菌可由食物造成的敗血症、腦膜炎等嚴重症狀並可造成 30% 左右的致死率，為了加強食品衛生管制，行政院衛生署於 1992 年起即公告要求李斯特菌不得在食品中檢出。

類丹毒桿菌所造成的感染具有自限性（self-limit），類丹毒（erysipeloid）一般多可在感染後 3 ～ 4 週痊癒，亦可用 penicillin、cephalosporin、erythromycin 等治療。

8-6 病例研究

個案

某 38 歲腎臟移植的婦女出現寒顫、急性高燒、低血壓及類似腦膜炎等症狀，經問診後知道曾經食用過生乳酪。採取其腦脊髓液做革蘭氏染色鏡檢後發現有革蘭氏陽性球桿菌存在。

問題

1. 如何區別李斯特菌、肺炎球菌、腸球

菌、棒狀桿菌和嗜血桿菌所造成的感染？

2. 臨床上鑑定李斯特菌的流程爲何？

學習評估

1. 李斯特菌與其他 β 溶血的鏈球菌應如何鑑定？
2. 李斯特菌與豬類丹毒桿菌的區別爲何？
3. 如何自食品或臨床檢體中分離鑑定李斯特菌？

參考資料

1. **Bibb, W. F., B. Schwartz, B. G. Gellin, B. D. Plikaytis, and R. E. Weaver.** 1989. Analysis of *Listeria monocytogenes* by multilocus enzyme electrophoresis and application of the method to epidemiologic investigations. Int. J. Food Microbiol. **8:**233-239.
2. **Biblier, M. R.** 1988. *Erysipelothrix rhusiopathiae* endocarditis. Rev. Infect. Dis. **10:**1062-1063.
3. **Borucki, M. K. and D. R. Call.** 2003. *Listeria monocytogenes* serotype identification by PCR. J. Clin. Microbiol. **41:**5531-5540.
4. **Conner, D. E., V. N. Scott, S. S. Sumner, and D. T. Bernard.** 1989. Pathogenicity of foodborne, environmental and clinical isolates of *Listeria monocytogenes* in mice. J. Food Sci. **54:**1553-1556.
5. **Farber, J. M. and P. I. Peterkin.** 1991. *Listeria monocytogenes*, a food-borne pathogen. Microbiol. Rev. **55:**476-511.
6. **Kerouanton, A., A. Brisabois, E. Denoyer, F. Dilasser, J. Grout, G. Salvat, and B. Picard.** 1998. Comparison of five typing methods for the epidemiological study of *Listeria monocytogenes*. Int. J. Food Microbiol. **43:**61-71.
7. **Nieman, R. E. and B. Lorber.** 1980. Listeriosis in adults: a changing pattern. report of eight cases and review of the literature, 1968-1978. Rev. Infect. Dis. **2:**207-227.
8. **Pine, L., S. Kathariou, F. Quinn, V. George, J. D. Wenger, and R. E. Weaver.** 1991. Cytopathogenic effects in enterocytelike Caco-2 cells differentiate virulent from avirulent *Listeria* strains. J. Clin. Microbiol. **29:**990-996.
9. **Venditti, M., Gelfusa, V., Tarasi, A., C. Brandimarte, and P. Serra.** 1990. Antimicrobial susceptibilities of *Erysipelothrix rhusiopathiae*. Antimicrob. Agents Chemother. **34:**2038-2040.
10. **Wiggins, G. L., W.L. Albritton, and J. C. Fee-ly.** 1978. Antibiotic susceptibility of clinical isolates of *Listeria monocytogenes*. Antimicrob. Agents Chemother. **13:**854-860.

第 9 章

革蘭氏陽性桿菌——桿菌屬

周以正

內容大綱

學習目標

- 了解炭疽桿菌的臨床症狀、致病機轉。
- 了解炭疽桿菌的分離鑑定方式及預防治療措施。
- 了解引起的食物中毒的蠟狀桿菌的致病機制及分離鑑定方法。

9-1 一般性質

一、桿菌屬（Genus *Bacillus*）

桿菌屬（Genus *Bacillus*）爲一群革蘭氏陽性產芽孢桿菌，總數達 162 種，大多爲嗜氧性或是兼性厭氧性腐生菌，對酸、鹼具有較大的耐受力，多數菌種可生存於 pH 2 ～ 10 的環境之下，生長溫度範圍極廣，可在 5 ～ 75℃ 的溫度下生存，因此本屬細菌能在極惡劣的環境下生存，通常可由水、土壤、空氣和食物中分離出來，很少造成人類疾病。與人類疾病有關的桿菌屬菌種僅有引起炭疽病的炭疽桿菌（*Bacillus anthracis*），及引起食物中毒的蠟狀桿菌或稱爲仙人掌桿菌（*Bacillus cereus*）。

炭疽桿菌（*Bacillus anthracis*）

⑴細菌特徵

炭疽桿菌爲一專性嗜氧（obligate aerobic）的革蘭氏陽性產芽孢桿菌，菌體通常約爲 1 ～ 1.3×3 ～ 10 μm，經常排列成鏈，於有氧環境下產生芽孢，芽孢位於菌體中央，呈卵圓形，能在土壤中存活數年至數十年。在 BAP 上呈現灰色、粗糙、扁平、不規則、不溶血、有磨砂玻璃外觀、直徑 4 ～ 5 mm，如水母頭或蛇髮女妖頭狀（medusa-head）的菌落。培養於 5 ～ 10% CO_2 環境中可促進其莢膜的產生。不具運動性、不在血液瓊脂平板上產生溶血及不能在 PEA（phenylethyl alcohol agar）中生長，爲炭疽桿菌與其他桿菌屬細菌最明顯的差別。此外，炭疽桿菌可生存在 7% NaCl 及 pH < 6 的環境中。炭疽桿菌的繁殖體抵抗力不強，容易被一般的消毒劑給殺死，但所形成的芽孢抵抗力很強，在乾燥的室溫環境中可存活數十年，在動物毛皮中可存活數年，牧場一旦被汙染，芽孢可存活數年至數十年，煮沸 10 分鐘可將芽孢殺死。

⑵毒力因子[1]

莢膜與外毒素爲炭疽桿菌的主要毒力因子。炭疽桿菌的莢膜主要組成爲由 polyglutamic acid 所形成的蛋白質，莢膜除了能夠抵抗宿主巨噬細胞的呑噬作用外，不尋常的 D-glutamic acid 結構亦能抵抗宿主蛋白酶的水解，因此毒力菌株必須具有莢膜結構，與莢膜生合成有關的基因（*capA*、*capB*、*capC*、*capD* 與 *capE*）均位於質體 pX02 上。此外，炭疽毒素（anthrax toxin）爲一種外毒素，由三種不同的蛋白質所組成，分別稱爲水腫因子（edema factor）、保護抗原（protective antigen）及致死因子（lethal factor）[2]。保護抗原（protective antigen）能夠促進水腫因子及致死因子進入呑噬細胞內。致死因子（lethal factor）爲 metallo-protease，可阻斷 mitogen-activated protoni kinase（MAPK）細胞訊號傳導途徑，刺激巨噬細胞分泌 TNFα 與 IL-1β，造成休克及猝死。水腫因子（edema factor）爲一種 adenylate cyclase，一旦進入呑噬細胞內，會造成呑噬細胞內 c-AMP 增加，而抑制其呑噬能力[7]。致死因子與水腫因子均須與保護抗原結合才能進入細胞，實驗證明若缺乏保護抗原的配合，致死因子與水腫因子將無法進入細胞達到上述的效果。編碼保護性抗原的基因 *pagA*、編碼致死因子的基因 *lef* 與編碼水腫因子的基因 *cya* 則均位於質體 pX01 上。pX01 的 *atxA* 基因可編碼一個 transacting 調控蛋白可以活化 *pagA*、*lef* 與 *cya* 三個基因的表現；pagA 基因產物則可調控毒素基因的表現。未攜帶 pX01 與 pX02 質體的菌株不具毒力。

二、仙人掌桿菌、蠟狀桿菌（*Bacillus cereus*）

蠟狀桿菌與炭疽桿菌在型態與生化特性上十分類似，兩者間主要的差異在於其具有運動性、不具莢膜、可在 PEA（phenylethyl alcohol agar）中生長、對 Penicillin 具抗性且在 BAP 上呈現 β 型溶血。

三、其他桿菌屬細菌

枯草桿菌（*B. subtilis*）為長橢圓形排列成鏈，芽孢形成位於菌體的正中央，芽孢的直徑大於營養體的短徑，可在最少培養基（minimal media）內生長，在 BAP 培養時，常可看見很大的菌落，呈圓形，有 β 溶血的特性，亦可培養於只含高鹽的 nutrient broth 中，生長溫度範圍 20 ～ 45℃。其主要棲息地為土壤、水、空氣、動物、植物，尤以土壤最為常見，亦可在稻草、穀類（如米和豆類）中發現，能夠能利用葡萄糖、半乳糖、麥芽糖等產酸，屬腐生性細菌很少致病。於人體內為伺機性病菌，可引起腦膜炎、肺炎、敗血症。*B. subtilis* 會產生枯草桿菌素（Bacitracin），可用於治療化膿性感染。亦可作為乾熱殺菌及氧化乙烯殺菌時的生物指示劑。

B. stearothermophilus 目前已重新歸類為 *Geobacillus stearothermophilus* 則可作為高溫高壓滅菌的生物指示劑[6]。

9-2 臨床意義

一、炭疽桿菌（*Bacillus anthracis*）

炭疽桿菌主要引起牛、羊、馬等動物的炭疽病（anthrax），草食動物通常吃了受炭疽桿菌芽孢汙染的草而造成感染；人類則因直接接觸到受感染的動物或動物分泌物及排泄物所汙染的土壤而感染，屬於急性感染，通常患者必須接觸到大量的炭疽桿菌孢子才會發病；以吸入感染為例，美國國防部估計人體之 LD_{50} 約為 8,000 ～ 10,000 個孢子。潛伏期由數小時到七天不等，一般是二天之內。

在人體上依照其發病部為主要可分為三大類[2]：

1. 肺炎性炭疽病（Pulmonary anthrax）又稱為吸入性炭疽（Inhalational anthrax）

經常處理羊毛或獸皮的工人因吸入其上所汙染的炭疽桿菌孢子而造成感染，因此又稱毛工病（Woolsorter's disease）或拾荒者病（Rag-picker's disease），感染初期患者出現類似感冒的症狀，持續 2 ～ 3 天後即進入急性期，除了出現的發燒畏寒、倦怠、頭痛、咳嗽、症狀可能呈現 1 至數天，隨後病程進展快速，突然出現呼吸困難（dyspnea）、發疳（cyanosis）、肋膜積水（pleural effusion）等嚴重呼吸道症狀外，50% 患者會產生腦膜炎，由急性期至死亡所需時間約 24 ～ 36 小時，肺炎性炭疽病的死亡率約為 100%。

2. 皮膚性炭疽病（Cutaneous anthrax）

潛伏期約 2 ～ 6 天細菌由皮膚傷口進入後兩天起在皮膚傷口處逐漸形成無痛、不產生膿、直徑大小約 1 ～ 3 公分的黑色壞死焦痂（eschar），又稱惡性膿皰（malignant pustule），病灶處通常在感染後 1 ～ 2 星期痊癒。多數的人類炭疽病屬於此類，約占所有炭疽病例的 99%，通常不產生全身性的症狀，不經治療之病患死亡率約 10 ～ 20%。然而經適當抗生素治療，死亡率極低。

3. 腸胃性炭疽病（Gastrointestinal anthrax）

較為罕見，僅占炭疽病發總發生率的 1%，患者食入受炭疽桿菌芽孢汙染的食物而受感染，急性腹痛、噁心、厭食、嘔吐與出血性下痢為主要症狀，通常發生在開發中國家，死亡率極高。可從病人糞便檢體中發現炭疽桿菌。

二、仙人掌桿菌、蠟狀桿菌（*Bacillus cereus*）

由於蠟狀桿菌的芽孢可在烹調時的高溫下存活，並能夠在食物保溫的狀態下發芽，因此臨床上蠟狀桿菌引起的疾病以食物中毒為主。在免疫抑制的人體，*B. cereus* 亦曾出現上呼吸道與尿道的感染，少數嚴重病例會出現菌血症，腦膜炎，腹膜炎等系統性感染症狀。此外蠟狀桿菌亦能在眼部造成伺機性感染，眼內炎（endophthalmititis）與因使用隱形眼鏡不當造成角膜炎（keratitis）。

由於蠟狀桿菌能夠產生兩種不同類型的腸毒素，因此依症狀可分為嘔吐型及腹瀉型兩類[3]。

1.嘔吐型（Emetic type）

由一種分子量較小（< 5 kDa）的對熱穩定、耐酸鹼與蛋白酶，不具抗原性的腸毒素（cereulide）所引起，潛伏期較短，約為 1 ～ 6 小時，因此又稱為短潛伏期型；其主要感染源為受蠟狀桿菌的芽孢汙染的米飯，其主要症狀以噁心、嘔吐為主，與金黃色葡萄球菌腸毒素性食物中毒相似，病程可持續 6 ～ 24 小時。

2.腹瀉型（Diarrheal type）

由三種對熱不穩定且具有 pore- forming 能力的腸毒素 hemolysin BL（Hbl）、non-hemolytic enterotoxin（Nhe）與 pore-forming cytotoxin K（Cyt K）所共同造成，這三個腸毒素有協同作用，具有皮膚壞死（dermonecrotic）與細胞毒殺性（cytotoxic）的功能，能夠改變腸道上皮細胞膜的通透性[6]，造成水性下痢。

腹瀉型食物中毒的潛伏期約為 8 ～ 16 小時，又稱為長潛伏期型；主要感染源以肉類或蔬菜為主，由於此對熱不穩定腸毒素的作用與大腸桿菌的 LT 型腸毒素及霍亂毒素類似，均能刺激消化道上皮細胞的 adenylate cyclase-cAMP 系統，因此其主要症狀以下痢為主，本型病程約為 12 ～ 24 小時[9]。

9-3 培養特性及鑑定法[3, 5]

一、炭疽桿菌（*Bacillus anthracis*）

1.直接抹片染色鏡檢

取病灶處的膿、體液、血液或痰檢體直接抹片後經革蘭氏染色鏡檢可見，大的革蘭氏陽性桿菌，菌體大小約為 1 ～ 1.3×3 ～ 10 μm，尾部多呈方形（square-end），菌體中央具卵圓形芽孢的竹節狀排列成鏈的長桿菌。

莢膜染色鑑定：以 M'Fadyean Polychrome methylene blue stain，觀察菌體型態是否為藍黑色、方形的桿菌[1]，莢膜則呈現無色透明。若以 India ink stain 鏡檢，則可在桿狀菌體外發現透明的莢膜。

2.培養

一般實驗室不能進行 *Bacillus anthracis* 的活體培養，檢體處理過程中應避免飛沫產生，需有 BSL-3 等級實驗室才能進行。由於炭疽病患者血液檢體中含有超過 10^8 cfu/ml 的細菌，因此醫檢師處理檢體時需著防護衣，戴手套、口罩以避免感染。

PLET（polymyxin B-lysozyme EDTA-thallous acetate）培養基為炭疽桿菌的高度選擇性培養基。臨床檢體需先經加熱 62.5℃ 15 分鐘或浸入酒精中 30 ～ 60 分鐘處理後再接種於 BAP 或 PLET 等培養基中，於 35℃ 二氧化碳培養箱培養 18 ～ 24 小時後，再觀察菌落特徵。在 BAP 上呈現灰色、粗糙、扁平、不規則、不溶血、有磨砂玻璃外觀、直徑 4 ～ 5 mm，如水母頭或蛇髮女妖頭狀（medusahead）的菌落。若將炭疽桿菌培養於含有低濃度 Penicillin（0.05-0.5 U/ml）的培養

表 9-1 用來診斷 *Bacillus anthracis* 的 Three real-time PCR assay 的 primers 與 probes 的序列與所需的濃度

Target	Primer or probe	Sequence	Concentration (mol/L)
pX01	Forward primer	5' CATTAAAGTTTTGGCTGTATAGTCAA3'	9×10^7
	Reverse primer	5' GGATTTGCAGAAGGAATGGAAA3'	3×10^7
	Probe	〔FAM〕CTGCCACCCTTCG〔MGB〕	2×10^7
pX02	Forward primer	5' CGCTGGCGCTTCAATTCT3'	9×10^7
	Reverse primer	5' AGAGATGACAAAGCAAGGGATGA3'	9×10^7
	Probe	〔FAM〕CCTGCTTTCACTGCTT〔MGB〕	2×10^7
chromosome	Forward primer	5' CCCCATTCAATGTAGCGTTCTAA3'	3×10^7
	Reverse primer	5' CTGTTTTATGTACACAAAGATTCGGAAA3'	9×10^7
	Probe	〔FAM〕TGGCAATCCCC〔MGB〕	2×10^7

〔FAM〕: fluorescein

〔MGB〕: minor groove binder

基中 3 ～ 6 小時後，再加以鏡檢，則可出現大型圓球狀成鏈的菌體，此現象稱為珍珠鏈試驗（string of pearls test），為炭疽桿菌的重要特性。

3. 生化特性

生化特性方面，炭疽桿菌能夠醱酵葡萄糖、trehalose，但是無法利用 mannitol、salicin、arabinose 及 xylose。炭疽桿菌可產生觸酶（catalase），此係與梭菌屬（*Clostridium*）最為顯著的差異。炭疽桿菌亦能產生卵磷脂酶（lecithinase）因此在 Egg Yolk Agar（EYA）中菌落周圍可產生不透明環。此外，炭疽桿菌通常對 Penicillin（10 U/ml）敏感。另外亦可用 API 50CHB 套組進行生化實驗。

4. 分子診斷

目前多採用即時定量聚合酶鏈反應（real time PCR asay）進行 *B. anthracis* 的分子檢測，ABI TaqMan *Bacillus anthracis* Detection kit -real time PCR 鑑定套組，係以質體 pX01 或 pX02 上的毒力基因片段，做為聚合酶鏈反應放大的標的物，若能放大出該毒力因子基因片段，則判斷此菌為炭疽菌。近年來陸續發現，pX01 與 pX02 亦可能存在於其他非炭疽菌的桿菌屬細菌體內；此外某些不具毒性的炭疽桿菌株體內亦無 pX01 與 pX02 質體的存在，若僅以 PCR 放大質體 pX01 或 pX02 上的毒力基因片段的有無來作為分子診斷的依據，將可能造成錯誤的判讀。近年來發現 vrrA 與 Ba813 炭疽菌染色體中特有的 DNA 標記，可做為 *B. anthracis* 的分子鑑種依據。因此美國實驗室反應網絡（Laboratory Response Network；LRN）發展出 LRN-real time PCR assay，利用三套引子組及探針，分別放大、偵測 pX01、pX02 的毒力基因與染色體上的炭疽菌的特有標記，可有效降低誤判機率（表 9-1）。利用即時定量聚合酶鏈，每個反應中 *B. anthracis* DNA 濃度僅需 100 fg，靈敏度可達 100%[7]。

表 9-2 各種抗生素的最小抑菌濃度

藥物名稱	最小抑菌濃度（MIC）μg/ml
Penicillin	0.06 ～ 0.12
Amoxicillin	< 0.06
Ciprofloxacin	< 0.06
Chloramphenicol	4
Clarithromycin	0.25
Clindamycin	< 0.5
Rifampin	< 0.5
Tetracycline	0.06
Vancomycin	1 ～ 2
Erythromycin	1
Ceftriazone	16

5.血清學診斷

RedLine Alert ™ test（Tetracore Inc.）是一種免疫色層分析法（Immunochromatographic assay），係採用對炭疽桿菌 S-layer 中的蛋白質（S-layer protein）具專一性的單株抗體做爲偵測工具，靈敏度達 98.6%，可在 15 分鐘內完成檢測。本套組試劑已獲美國 FDA 核准上市。

二、仙人掌桿菌、蠟狀桿菌（*Bacillus cereus*）

糞便檢體通常先經熱處理或乙醇芽孢選擇法處理後，經稀釋後再接種至 BAP 上，蠟狀桿菌在 BAP 上呈現 β 溶血，菌落直徑 2 ～ 7mm 大量生長處且呈現淡紫色。常用的選擇性培養基有 MEYP（mannitol-egg yolk-polymyxin B agar）、PEMBA（polymyxin B-egg yolk- mannitol-bromothymol blue agar）與 BCM（Bacillus cereus medium）三種，*Bacillus cereus* 在 MEYP agar 中菌落爲粉紅色菌落周圍有不透明暈環（halo）、在 PEMBA agar 中菌落爲鮮藍色周圍有不透明暈環、在 BCM 中則呈藍色周圍有不透明暈環菌落。生化反應方面本菌具有運動性、硝酸鹽還原陽性、對 Penicillin 呈抗性等特性可與炭疽桿菌區別（表 9-3），此外 *Bacillus cereus* 可產生 lecithinase、水解casein、starch與gelatin。生化試驗可用 API CHB ＋ 20E 或 VITEK 2 BCL 進行檢測判讀。由於蠟狀桿菌在正常人的消化道中屬正常菌，因此糞便檢體中培養出此細菌並不能代表有食物中毒的狀況發生，必須數目大於 10^5 細菌 / 每克糞便時才具有臨床意義。*B. cereus* 的嘔吐型腸毒素 cereulide 對 HEp-2 細胞株有細胞毒殺性的作用，因此分析 *B. cereus* 以肉湯培養後的上清濾液對 HEp-2 細胞的毒殺性，可檢測菌株是否產毒。此外套組試劑 Oxoid BCET-RPLA（Oxoid Ltd.）與 TECRA VIA（TECRA Diagnostics）亦可使用於毒素的快速檢測。

9-4 藥物感受性試驗

炭疽桿菌對 Penicillin、Amoxicillin、Ciprofloxacin、Chloramphenicol、Clarithromycin、Clindamycin、Rifampin、Tetracycline，以及 Vancomycin 均有高度感受性。對 Erythromycin 及 Ceftriaxone 具有中等程度感受性，各種抗生素的最小抑菌濃度，如表 9-2。

9-5 預防 / 流行病學

一、流行病學

炭疽病主要發生於農牧業盛行地區，對人類的感染是因職業關係，暴露在受感染動物或其產品的情形下而致病。主要疫區，包括：美

表 9-3 *B. anthracis* 與 *B. cereus* 的特性

特性	B. anthracis	B. cereus
β- 溶血	−	+
運動性	−	+
水解（gelatin）	+	+
硝酸鹽還原	−	+
PEA blood agar 生長	−	+
小白鼠毒力	+	−
String of pearls reaction	+	−
Penicillin（10 U/ml）感受性	+	−

國中、南部，東、南歐，亞洲，非洲，加勒比海地區及中東，美國 1944 ～ 1994 年有 224 個病例，辛巴威 1979 ～ 1985 年有超過 10,000 個病例，皆是皮膚接觸感染。中國目前仍是炭疽病疫區，常在新疆、甘肅、陝西、內蒙古及西藏等牧業發達地區出現病例，根據其衛生部統計 2012 年炭疽病發生率爲 0.02 ／每 10 萬人，致死率甚高。香港於 2003 年亦出現一腸胃道炭疽致死病例[4]。臺灣地區自 1972 年起即未有人感染炭疽病之報告。除了 1999 年北市北投紗帽路梅花騎馬俱樂部出現一例自國外引入的母馬感染炭疽病死亡的疫情外，國內自 1953 年起亦無動物疫情傳出。

由於對於吸入性炭疽的患者，迄今尚無有效的治療法；而且炭疽桿菌形成的芽孢可在土壤、植物上可存活數十年之久，因此近一個世紀以來炭疽桿菌常被用來作爲細菌戰的利器，目前全世界至少有 10 個以上的國家在研發炭疽病的生物戰劑。1979 年蘇聯的斯維爾德洛夫斯克（Sverdlovsk）生物戰劑工廠發生爆炸，致使炭疽病原體的培養菌洩出，造成至少 66 人死亡。蓋達恐怖組織曾經於 2001 年 10 ～ 11 月之間在美國散發含有炭疽桿菌芽孢的信件，共造成 22 例確認的炭疽病例，其中 20 人曾接觸過受炭疽桿菌芽孢汙染的信件，造成 11 例呼吸性炭疽與 11 例皮膚性炭疽，其中 5 人死亡均爲吸入性炭疽的患者。

二、治療與預防

由於 *B. anthracis* 對 10 U Penicillin 呈敏感性，因此臨床上多以 Penicillin 治療 7 ～ 10 天。

Tetracycline、Fluoroquinolone 及 Chloramphenicol 則適用於對 penicillin 過敏的患者。

暴露後的預防（Postexposure prophylaxis, PEP）對曾經接觸或懷疑接觸過炭疽病患的醫護人員與家屬必須嚴密監控其身體狀況，並施以預防性投藥，以預防吸入性炭疽的發生，一般成年人給予 60 天的 ciprofloxacin、doxycycline 或 levofloxacin，以避免潛在的孢子復發，並合併接種三劑量的炭疽病疫苗（接觸後的第 0 週、第 2 週與第 4 週各接種一次）。

在炭疽病的預防方面，疫區的草食動物可以施打減毒疫苗。BioThrax 舊稱爲 AVA（anthrax Vaccine Adsorbed）是唯一經美國 FDA 核准的人用炭疽病疫苗，其主要成分爲純化的保護性抗原（purified protective antigen, PA）與微量的 LF、EF 和細胞壁蛋白（cell wall protein），共需接種五次，第一次接種後，分別在第 4 週，與第 6、12、18 個月分別接種一劑，爲了維持免疫性並需每年再追加一劑。來自疫區的動物皮革製品須滅菌，接觸炭疽患者時則需穿保護衣。

Bacillus cereus 對 Penicillin 及其所衍生的抗生素呈抗性，因此臨床上多以 clindamycin 與 gentamicin 治療。

9-6 病例研究

個案

某 61 歲婦人自新疆旅遊返國後，因發燒而住院，患者主訴曾於新疆參訪皮革加工廠後，出現頭痛、發燒、咳嗽、全身不適等感冒症狀，並在右手前臂內側形成無痛、不產生膿、直徑大小約 1 ～ 3 公分的黑色壞死區。經以廣效性抗生素治療，送醫兩天後患者突然因敗血性休克、呼吸衰竭而死亡。血液培養檢體出現產芽孢嗜氧性革蘭氏陽性桿菌（表 9-4）。

問題

1. 患者可能感染何種疾病？
2. 因使用何種方式加以確認診斷？
3. 如何處理治療或鑑定時所產生的各種醫療廢棄物？

學習評估

1. 敘述炭疽病的臨床特徵及其重要性。
2. 炭疽桿菌的鑑定方式爲何？
3. 如何區別炭疽桿菌與其他桿菌屬細菌？

參考資料

1. **Ascenzi, P., P. Visca, G. Ippolito, A. Spallarossa, M. Bolognesi, and C. Montecucco.** 2002. Anthrax toxin: a tripartite lethal combination. FEBS Lett. **531:**384-388.
2. **Dixon, B.S., M. Meselson, J. Guillemin, and P. C. Hanna.**1999. Anthrax. New Engl. J. Med. **341:**815-826.
3. **Jackson, S.G.** 1993. Rapid screening test for enterotoxin-producing *Bacillus cereus*. J. Clin. Microbiol. **31:**972-974.
4. **Jernigan, D. B., P. L. Raghunathan, B. P. Bell, R. Brechner, E. A. Bresnitz, J. C. Butler, M. Cetron, M. Cohen, T. Doyle, M. Fischer, C. Greene, K. S. Griffith, J. L. Hadler, J. A. Hayslett, M. Layton, R. Meyer, L. R. Petersen, M. Phillips, R. Pinner, T. Popovic, C. P. Quinn, J. Reefhuis, D. Reissman, N. Rosenstein, A. Schuchat, L. Siegal, D. L. Swerdlow, F. C. Tenover, M. S. Traeger, J. W. Ward, S. Wiersma, K. Yeskey, S. Zaki, D. A. Ashford, B. A. Perkins, S. Ostroff, J. Hughes, D. Fleming, J. L. Gerberding, and the National Anthrax Epidemiologic Investigation Team.** 2002. Investigation of bioterrorism-related anthrax, United States, 2001: Epidemiologic findings. Emerg. Infect. Dis. **8:**1019-1028.
5. **Sacchi, C.T., A. M. Whitney, L. W. Mayer, R. Morey, A. Steigerwalt, A. Boras, R. S. Weyant, and T. Popovic.** 2002. Sequencing of 16S rRNA Gene: A rapid tool for identification of *Bacillus anthracis*. Emerg. Infect. Dis. **8:** 1121-1123.
6. **Logan, N. A., A. R. Hoffmaster, S. V. Shado-**

my and K. E. Stauffer. 2011.Bacillus and other aerobic endospore-forming bacteria, p. 381-402. In J. Versalovic(ed.), Manual of clinical microbiology. 10th ed. ASM Press, Washington, D. C.

7. **Parsons, T. M., V. Cox, A. Essex-Lopresti, M. G.Hartley, R. A. Lukaszewski, P. A. Rachwal, H. L. Stapleton and S. A. Weller.** 2013. Development of three real-time PCR assays to detect *Bacillus anthracis* and assessment of diagnostic utility. 2013 .J. Bioterr. Biodef. **S3:** 009.
8. **Kochi, S. K., G. Schiavo, M. Mock, and C. Montecucco.** 1994. Zinc content of the *Bacillus anthracis* lethal factor. FEMS Microbiol. Lett. **124:**343-348.
9. **Turnbull, P. C. 1976.** Studies on the production of enterotoxins by *Bacillus cereus*. J. Clin. Pathol. **29:**941-948.

第 10 章

革蘭氏陽性菌——分枝桿菌屬

周如文

内容大綱

學習目標

- 了解分枝桿菌屬一般性質。
- 了解分枝桿菌致病性。
- 了解分枝桿菌的實驗室診斷。
- 了解分枝桿菌導致疾病的流行病學及防治。

10-1 一般性質

一、分枝桿菌屬（Mycobacterium genus）

分枝桿菌屬的細菌，分類上是放線菌門（Actinobacteria）、放線菌目（Actinomycetales）、分枝桿菌（Mycobacteriaceae）科的分枝桿菌（Mycobacterium）屬，廣泛的分布於自然界中。分枝桿菌屬已知共約有 200 種，可於 http://www.bacterio.net/mycobacterium.html 網站查詢，其中最重要的致病菌爲具人傳人特質的結核菌群（*Mycobacterium tuberculosis* complex）、痲瘋桿菌（*Mycobacterium leprae*），其他大多爲原則上不會造成人傳人感染的非結核分枝桿菌（nontuberculous mycobacterium, NTM）。

分枝桿菌屬係好氧菌；除 *M. marinum* 可在巨噬細胞內移動外，不具移動性（nonmotile）；無鞭毛、內胞子（endospore）或莢膜（capsule）。被分類成革蘭氏陽性細菌係因爲不具外層細胞膜，但是無法如典型革蘭氏陽性細菌被結晶紫（crystal violet）染色。分枝桿菌屬細菌的細胞壁較厚，具疏水性且富含黴菌酸／黴菌酸脂（mycolic acid/mycolates）的性質，染色過程中使用酸性染劑加熱處理，細胞壁一旦經由酸性染劑染色後，則很難被酸酒精脫色，所以稱爲耐酸菌（acid-fast bacilli）。型態上近似於 Nocardia、Rhodococcus 及 Corynebacterium。

許多分枝桿菌屬細菌僅靠簡單的介質即可生長，例如：以氨（ammonia）或胺基酸（amino acids）爲氮源，甘油（glycerol）爲碳源。最適當的培養溫度，依不同菌的種類分布在 25～50℃。並非所有分枝桿菌屬細菌皆可以培養基培養，如潰瘍分枝桿菌（*M. ulceran*）及痲瘋桿菌（*M. leprae*）。生長速度不一，7 日內即生成菌落者爲快速生長菌，而 20 天進行才完成一個分裂週期者爲慢速生長菌。分枝桿菌屬輕微地彎曲或平直，寬度在 0.2～0.6 μm，長度在 1.0～10 μm 之間。

結核病（tuberculosis, TB）是古老的疾病，在有歷史記載前就已經盛行，是臺灣重要法定傳染病之一。結核病的致病原是結核菌群，最早是在 1882 年 3 月 24 日，由德國羅伯特柯霍（Dr. Robert Koch）醫師發表以特殊染色在結核病人肺中以顯微鏡觀測到細菌，並成功在體外（*in vitro*）培養後，再以動物實驗證實爲結核病的病原菌，命名爲結核菌（Bacterium tuberculosis），直至 1896 年才由 Lehmann 及 Neuman 收入 Mycobacterium 屬，此屬只有 *Mycobacterium tuberculosis* 及 *Mycobacterium leprae*。其實，結核菌群是一株系細菌群（clonal bacterial group），核苷酸（nucleotide）組成相近似度高達 99.9%，不易使用傳統檢驗方法（抗酸菌抹片顯微鏡檢查及培養鑑定）鑑別細菌群中的每一成員。結核菌群成員各別具有不同的毒力（virulence）及宿主取向性（tropism），因而造成結核病個案接觸者檢查及感染源頭調查的難度。結核菌群大致上可以劃分爲感染人類及動物的菌種（species）／生態型（ecotypes）：1. 感染人類的演化分支（clade）：結核菌（*M. tuberculosis*）及非洲型結核菌（*M. africanum*）；2. 感染動物的演化分支：牛型結核菌（*M. bovis*）、*M. orygis*、*M. caprae*、*M. pinnipedii*、*M. mungi*、*M. microtii*、*M. suricattae*、Dassie bacilli 及 *M. canettii*。結核菌形態上，呈略爲彎曲的細長桿菌，亦呈多形性（似球狀或長鏈狀）；最適當的生長溫度是 37℃，培養基最佳酸鹼度爲 pH 6.4～7.0。結核菌生長緩慢，約 20 小時分裂一次。結核菌在固態培養基上呈現粗糙菌落；而加德納米德爾布魯克（Gardner Middlebrook）發現結核菌在液態培養基中，會產生繩索（cord）型態（圖 10-2），但是有些非結核分枝桿菌（nontuberculous mycobacterium, NTM）也有此型態。結核菌富含脂質，約占乾燥菌體重量的 40%。尤其是細胞壁含 60% 脂質，可阻擋染劑滲透而不易被染色。

非結核分枝桿菌，約有 200 多種分型。非結核分枝桿菌廣泛的存在環境中，主要存在水中，但也存在土壤、灰塵、食物及某些動物等。倫永氏（Runyon）依非結核分枝桿菌的生長速度（> 或 <7 天）及菌落產生顏色的特徵分爲四群（表 10-1）。第一群（group I）爲緩慢生長的見光產色菌群（photochromogens）；第二群（group II）：緩慢生長的暗產色菌群（scotochromogens）；第三群（group III）爲緩慢生長的不產色菌群（nonchromogens）；第四群（group IV）爲快速生長菌（rapid growers）。一般認爲非結核分枝桿菌人與人傳染的風險極低，因此病人不須隔離治療。非結核分枝桿菌其臨床表現及細菌學檢查，易與結核菌群產生混淆。雖然，非結核分枝桿菌感染的治療上，有些部分與結核病的治療類似。然而，各菌種間變異很大，常須合併一般抗生素及外科治療。

表 10-1　非結核分枝桿菌依倫永氏（Runyon）分類及常見菌種

分群		常見菌種	臨床症狀
第一群	見光產色菌（photochromogens）	*M. kansasii*	肺部及瀰漫性（disseminated）疾病
		M. marinum	皮膚（cutaneous）疾病
		M. simiae	肺部疾病及瀰漫性疾病
		M. asiatcum	肺部疾病
第二群	暗產色菌（scotochromogens）	*M. gordonae*	非病原菌
		M. scrofulaceum	淋巴結炎（lymphadenitis）
		M. szulgai	肺部疾病及淋巴結炎
		M. flavescens	非致病菌
第三群	非見光產色菌（nonphotochromogens）	*M. avium* complex	肺部疾病、淋巴結炎及瀰漫性疾病
		M. xenopi	肺部疾病及淋巴結炎
		M. haemophilum	瀰漫性疾病
		M. ulcerans	皮膚疾病
		M. genavense	瀰漫性疾病
		M. gastri	非致病菌
		M. malmoense	肺部疾病、淋巴結炎
		M. terrae complex	非致病菌
		M. celatum	肺部疾病
第四群	快速生產菌（rapidly growing mycobacteria）	*M. chelonae*	皮膚及瀰漫性疾病
		M. fortuitum	皮膚疾病
		M. abscessus	肺部及瀰漫性疾病
		M. phlei	非致病菌
		M. vaccae	非致病菌

二、痲瘋桿菌

痲瘋桿菌會造成漢生病（leprosy），在臺灣是法定傳染病。命名係為紀念 1873 年挪威籍的漢生（Dr. Gerhard Henrik Armauer Hansen）發現了痲瘋病的致病因子，在醫學上則是將癩病改稱為漢生病。一般認為感染途徑從上呼吸道感染或是經由皮膚的傷口處感染，潛伏期最短是 2.5 個月，最長可達 40 年，平均潛伏期約 3～7 天。痲瘋桿菌無法藉由人工的方式在培養基中培養，平均複製一個世代需要 10～15 天左右，需要接種在 BALB/c 老鼠足墊，進行活體培養，最適生存溫度為 27℃～30℃。抗藥性檢測是藉由老鼠接種定量的痲瘋桿菌（5×10^3）以添加一定比例藥物的飼料飼養 30 週，之後犧牲老鼠並計算足墊內菌量，以確定是否具有抗藥性。

10-2 臨床意義

一、結核菌群

全球預估每 4 人中就有 1 人受到結核菌感染，幸好感染者不見得會發病。但是，如果病患未加以適當的治療，每年平均會再傳染給 10 至 15 人，包含傳染給曾經發病並且完成治療的病人，造成防治挑戰。因此，有效率且準確的實驗室檢驗，可降低結核病對公共衛生的衝擊，確保人民健康。結核病主要傳染方式是經飛沫（aerosol droplet）傳播。一般，帶菌病患會藉由唱歌、說話、咳嗽、打噴嚏、吐痰等，因產生飛沫而散播結核菌。感染方式包含：密切接觸（同居住所、工作場所等）、偶然（casual）接觸、人畜共通（如：牛型結核菌）、醫療使用高劑量卡介苗或疫苗接種副作用等。結核病的致病機轉為：含有結核菌的小於 5 μ 飛沫殘核，若避開宿主的呼吸道纖毛（mucociliary）系統，會直接與肺泡巨噬細胞接觸；若是巨噬細胞不足以殺死結核菌，則會造成感染。如果結核菌順利繁殖，則會宿主引起細胞型免疫反應（cellular mediated immunity）中的遲發型過敏反應（delayed-type hypersensitivity）及造成乾酪性壞死（caseous necrosis）。結核菌的致病機轉，取決於三個重要的因素：結核菌本身的毒性（virulence）、宿主免疫過敏反應的強弱及組織破壞與乾酪性壞死的致病機轉。經過初次結核菌感染後，結核菌素皮膚測試（mantoux tuberculin skin test, TST）或丙型干擾素血液檢驗（interferon-gamma release assay, IGRA）會呈陽性反應。初感染之後，一般人約有 2～5% 會在二年內發病；再者，也會因體內結核菌再度活化而發病（reactivation），終生風險（lifetime risk）約為 2-5%。但如果是免疫不全者（如：HIV 感染個案及糖尿病人等）發病的風險更高。此外，初次感染者，也可能後續受到結核菌再度感染（reinfection）而發病。

結核病自然病史可分為：

1. 潛伏性結核感染（Latent tuberculosis infection, LTBI）

結核病由結核感染期進展至臨床結核病期的時間差變異大，短則數週，長可達一生。進展時間呈指數分布，約 70%～80% 的臨床結核病在感染後 5 年內發生。停留於結核感染期者，無臨床症狀也不具感染性，稱為潛伏性結核感染。結核菌感染的評估，常使用 TST 及 IGRA 血液免疫測試方法。在 1890 年開始使用的 TST 測試，可協助診斷接觸者是否感染，及粗估族群的年感染率。一般在結核菌自然感染或注射卡介苗之後的 4～8 週，TST 試驗出現反應。臺灣自 2002 年起採用 RT23 2 tuberculin 單位的純化蛋白質衍生物（purified protein derivative, PPD），以皮內方式注射後，48～72 小時判讀。新一代的 IGRA 免疫測試法檢測血液中特殊細胞免疫反應，並無法正確區分潛伏感染及活動性（active）結核病。

2.亞臨床結核病（subclinical tuberculosis）

缺乏典型臨床症狀，但可能胸部 X 光或微生物檢測異常。具有代表性的結核病盛行率調查顯示，一般具細菌學證據的結核病患中，有 50.4% 爲亞臨床結核病。雖然，只有大約 50% 的亞臨床結核病患會變爲臨床結核病（clinical tuberculosis），但其可能仍具傳播力（35%），對公共衛生及全球消滅結核病有嚴重影響。於亞臨床階段時，就具病理變化，因此及時鑑別及有效治療至關重要。

3.臨床結核病

一般感染後五年內發病者，爲原發性結核病（primary tuberculosis），超過五年者爲次發性結核病（secondary tuberculosis）。臨床結核病痊癒後，可會再重新停留在結核感染期。已發病過的潛伏性結核感染仍會復發（relapse），其復發的危險性是未發病潛伏性結核感染續發的 1.5～7 倍。初發病時往往無明顯或特異性的症狀，很容易因忽略而延誤病情，咳嗽是最常見之呼吸道症狀，特別是三星期以上的慢性咳嗽。偶爾胸部X光檢查會發現異常陰影；病程發展到中度或重度的肺結核，會有全身性症狀：發燒、食慾不振、體重減輕、倦怠及夜間盜汗等。最常見的血像變化爲末梢血液的白血球數增加及貧血，發生率約 10%。依結核部位（site of tuberculosis disease），約 80% 以上爲肺結核；及約 20% 爲肺外結核，包括：結核性腦膜炎、心包膜結核、腹膜結核、脊椎結核、脊椎以外之骨與關節結核、腸結核、生殖泌尿系統結核，淋巴結核、皮膚結核；胸腔內之肺門或縱膈腔淋巴結核或單純之結核肋膜積液，亦屬於肺外結核。確認結核病的直接佐證是細菌學檢驗，包含：塗片耐酸性染色鏡檢（簡稱塗片）、結核菌群鑑定及抗藥性試驗。

結核菌的抗藥性：原發或初發抗藥性（primary or initial resistance），直接受到抗藥性結核菌感染後發病。續發抗藥性（secondary or acquired resistance），係因爲不當治療或服藥順從性不佳而造成的抗藥。

不曾暴露於抗結核藥物的結核菌，在分裂時因自然的隨機突變產生對特定藥物的抗藥性：一般發生在 isoniazid（INH）抗藥的機率爲 3.5×10^{-6}，對 streptomycin（SM）抗藥的機率爲 3.8×10^{-6}，對 rifampin（RMP）抗藥的機率爲 3.1×10^{-8}，對 ethambutol（EMB）抗藥的機率爲 0.5×10^{-4}；對第二線藥物 *p*-aminosalicylic acid（PAS）或 kanamycin（KM）抗藥的機率約爲 1×10^{-6}。當結核病人肺內有空洞，內含 1×10^{7} 至 1×10^{9} 不具抗藥性的結核菌，若只用單一種抗結核藥物治療，結核菌只須經過 1 次分裂，便可產生 10～1,000 隻抗藥性結核菌。抗藥性結核菌繼續繁殖的結果，病人體內最後全數是抗藥菌。2024 年世界衛生組織將 RMP 抗藥結核菌納入公共衛生優先細菌性病原清單（bacterial priority pathogen list）中，強調監測及防治的重要性。

結核菌若至少同時對 INH 與 RMP 具有抗藥性，即稱爲多重抗藥結核病（multidrug-resistant TB, MDR-TB）；而 2021 年世界衛生組織（WHO）對超級抗藥結核病（extensively drug-resistant TB, XDR-TB）的新定義爲：MDR-TB 且對任一種 fluoroquinolone 抗藥，再加上對 bedaquiline 及 linezolid 任一種藥物具有抗藥性。若以初痰結核菌培養陽性個案爲分母，2023 年本國籍結核病抗藥性監測爲：新案中，8.6% 對 INH，0.7% 對 RMP，8.7% 對 SM，15.9% 對任一抗結核藥物有抗藥性，而 MDR 爲 0.9%。而再治療個案中，10.9%

對 INH，6.5% 對 RMP，12.4% 對 SM，31.3% 對任一抗結核藥物有抗藥性，而 MDR 約爲 6.5%。

二、非結核分枝桿菌

由臨床檢體分離出非結核分枝桿菌，未必代表罹病，有時只是正常的移生（colonization）。非結核分枝桿菌常被視爲環境汙染菌，然隨著診斷技術的進展，非結核分枝桿菌感染可發生在免疫機能正常或低下的病患。尤其是臨床上有慢性肺疾患者，如支氣管擴張症、慢性阻塞性肺疾、塵肺症等，非結核分枝桿菌感染機會較高。再者，病患可分爲先天免疫功能不全（如與干擾素 INF-γ 相關的免疫功能基因出現突變）和後天免疫功能不全（如愛滋病及免疫抑制劑治療等），嚴重的瀰漫性（disseminated）非結核分枝桿菌感染，應考慮病患是否爲先天免疫功能不全或 HIV 感染。非結核分枝桿菌可導致多種器官感染，常見的有慢性肺部感染，淋巴腺感染，皮膚、軟組織，及骨骼感染、人工瓣膜及導管（catheter）感染淋巴腺炎、皮膚病變或者瀰漫性的疾病等。所有懷疑因非結核分枝桿菌引致的肺外感染患者，其檢體除以傳統的病理檢查外，建議應進行塗片及分枝桿菌培養，培養陽性時則須鑑定菌種。

非結核分枝桿菌肺病的診斷：1. 臨床標準：有相吻合之呼吸道症狀，有漸趨惡化之勢，並適當排除其他可能疾病；放射線影像上，持續存在或進行性之肺浸潤或結節、肺空洞。電腦斷層影像則應有多個肺結節或多發性支氣管擴張症；2. 細菌學檢查（任一結果成立）：至少有 2～3 套痰或支氣管沖洗液細菌培養出非結核分枝桿菌；至少一次支氣管沖洗液培養出非結核分枝桿菌；氣管或其他肺切片呈現非結核分枝桿菌感染的組織病理變化，及檢體培養出非結核分枝桿菌。

三、麻瘋桿菌（*Mycobacterium leprae*）

麻瘋桿菌會造成患者的皮膚、周邊神經、黏膜組織及眼部的傷害，對於寄宿在巨噬細胞（macrophages）以及 Schwann 細胞有很強的親和性，而麻瘋桿菌喜好低溫環境的特性讓人體較低溫的部位如四肢、鼻子以及眼瞼容易受到麻瘋桿菌的侵襲。於感染初期，患者的臉部或是四肢皮膚上會有淡白色、淡灰色或是紅色的斑點、斑塊或是小結節，病灶處會有乾燥、無法出汗以及感覺麻痺的現象，之後會造成皮脂分泌異常以及肌肉麻痺導致感染後期手腳變形，侵襲眼部造成眼瞼肌肉麻痺，無法閉眼或是眼球感染造成失明的現象。感染的後期，可能造成患者外觀扭曲變形，使得古代社會對於漢生病患帶有恐慌與歧視的現象產生。患者因爲感覺的喪失無法對痛覺以及觸覺產生反射的反應，因而造成患部的反覆性傷害及發炎的現象以致潰爛壞疽，造成必須截肢的下場。

麻瘋桿菌感染可能導致的癩病反應（reaction），係因麻瘋桿菌感染導致宿主的免疫反應過於強烈，宿主受細胞免疫或抗體免疫的影響，而產生系統性病徵。1966 年發展的 Ridley-Jopling 分類法，可將臨床上及免疫學上觀察到的漢生病分爲五大類：兩種極端分別是結核型漢生病（tuberculoid leprosy, TT）以及腫瘤型漢生病（lepromatous leprosy, LL），中間則有三種過渡時期分別是邊緣腫瘤型漢生病（borderline lepromatous leprosy, BL）、邊緣型漢生病（borderline leprosy, BB）以及邊緣結核性漢生病（borderline tuberculoid leprosy, BT）。WHO 爲便於推行多重藥物治療（multidrug therapy, MDT），建議依菌數、病灶數分爲多菌型（multibacillary, MB）及少菌型（paucibacillary, PB）。麻瘋桿菌的致病力不強，感染力低。只要病人接受抗生素的治療約 3 天後，就不具有傳染力。有 90% 以上的成人對痲瘋桿菌有自然的免疫力，兒童比成人較容易感染。由於漢生病是痲瘋桿菌感染導致，所以並不會藉由遺傳的方式傳給下一代。在自然界中已知的宿主有人及犰狳（armadillos），某些種類的猴子、兔子及老鼠。

10-3 培養特性及鑑定方法

分枝桿菌的實驗室檢驗，必須由經授權的醫檢師或特殊專業技術人員，在有品質保證及安全保障的實驗室內進行。例如：除直接塗片可在具生物安全櫃（biosafety cabinet）的生物安全第一級實驗室操作外；規範痰濃縮塗片及後續的培養皆必須在生物安全第二級負壓實驗室並遵循第三級實驗室操作規範或第三級實驗室中操作。另外，檢體的運送與採集需符合規範，目前臺灣疾病管制署已訂定規範（路徑：首頁（www.cdc.gov.tw）> 專業版 > 通報與檢驗 > 檢驗資訊 > 檢體採檢）。一般檢體種類以痰液最多，收集量至少 3～5 毫升；其他人體之尿液、體液（含腦脊髓液、胸水、腹膜液）、腦脊髓液、胃抽出液、組織等，皆可分離出分枝桿菌。檢體採集方式參閱表 10-2。痰採檢策略為：所有懷疑罹患肺結核的病人必須送痰檢體檢驗至少 2 次，最佳為 3 次，並且至少有 1 次為清晨之痰檢體；後續治療追蹤（follow-up）的第二及五個月，仍須驗痰，但以 2 套為限。收集後，隨即送驗，稍有延誤即需冷藏，以免雜菌生長造成檢體汙染。再者，適當檢體的前處理，除可降低其他菌群的干擾或汙染，另可將分枝桿菌由痰中黏稠的黏液素（mucin）中分離，以提高檢出率。通常採用液化（liquefy）、去汙染（decontamination）、中和（neutralization）與離心（centrifugation）濃縮（concentration）步驟。建議沉澱物先製作塗片後，再加緩衝液中和後進行培養，以避免汙染及提高塗片陽性率。痰檢體常見的去汙染劑及其使用，參閱表 10-3。

傳統檢驗包含四種項目：顯微鏡檢查、細菌培養、菌種鑑定及抗藥性試驗。至於，分子生物檢驗方法則可運用於：快速鑑定及／或抗藥性試驗；分子流行病學調查及監測。

表 10-2　各類檢體的採集

檢體種類	採集方法
痰液	檢體量需至少 5 毫升，採集於無菌痰盒或 50 毫升離心管內。
胸水、腹膜液	取 5 毫升加入等量的無菌蒸餾水，一同放置於 15 毫升離心管內中以避免凝固。
尿液	排掉前段尿液，收集中段尿液至少 50 毫升於採集管中。
腦脊髓液	以無菌透明含蓋子玻璃試管收集 1～2 毫升。
胃抽出液	收集 10 毫升於無菌試管，內含 1 毫升 10% 碳酸氫鈉以中和胃酸，需儘速送檢，本項不建議為外送檢驗。
拭子（swab）	需浸泡於少量 7H9 broth 以防檢體乾掉。
組織	收集於含 7H9 broth 之無菌容器。
其他檢體	以無菌技術採集後，放入無菌試管內送檢。

表 10-3　痰檢體的去汙染劑及其使用要點

去汙染方法	消化去汙染劑
Swab method of Nassau	5% 草酸及 5% 檸檬酸鈉
Petroff's	1:1 v/v 氫氧化鈉及 8% 鹽酸
Modified Petroff's	2%（or 4%）氫氧化鈉及中和緩衝液
NALC-NaOH	氫氧化鈉 -N-acetyl-L-cystein 及磷酸緩衝液
Cetylpyridium	1% cetylpyridium 及 2% 氯化鈉
hypertonic saline–sodium hydroxide (HS–SH)	7%（w/v）氯化鈉及 4%（w/v）氫氧化鈉

表 10-4　塗片結果判定（依據美國胸腔學會標準判讀）

Ziehl-Neelsen染色	Auramine-Rhodamine染色		報告方式
x 1,000	x 250	x 450	
0	0	0	No AFB seen
1-2/300 視野	1-2/30 視野	2-4/150 視野	Scanty，建議重檢
1-9/100 視野	1-9/10 視野	2-18/50 視野	1+
1-9/10 視野	1-9 / 視野	4-36/10 視野	2+
1-9 / 視野	10-90 / 視野	4-36 / 視野	3+
＞ 9 / 視野	＞ 90 / 視野	＞ 36 / 視野	4+

一、塗片鏡檢

塗片鏡檢能迅速提供抗酸菌感染的初步診斷，後續能監測病人接受治療的進展，亦可供直接藥物感受性試驗時稀釋倍數的參考。塗片製作標準，最適當的大小爲寬 1 cm 長 2 cm；最佳的厚度爲能透過玻片（slide）閱讀報紙。塗片方法包含：

1. Ziehl-Neelsen 染色法

爲正統石炭酸複紅（carbolfuchsin）染色法，需要於玻片下加熱使染色劑溶液透到結核菌細胞壁內，以 3% 酸性酒精脫色後再複染，又稱爲熱染法。至少要觀察 300 個視野，皆看不見抗酸菌，才能報告爲抗酸菌陰性。此法敏感度較 Kinyoun 染色法佳，推薦使用。

2. Kinyoun 染色法

爲石炭酸複紅染色法，試劑添加酚（phenol）以使染色劑溶液透到結核菌細胞壁內，因過程不需要加熱，較易脫色。至少要觀察 300 個視野，皆看不見抗酸菌，才能報告爲抗酸菌陰性。不建議使用。

3. 螢光鏡檢法

步驟與 Kinyoun 染色法相同，只是改用 rhodamine-auramine 染劑。此方法較容易觀察到抗酸菌且敏感度高約 10%。螢光染色的抹片一般使用 250～450 倍鏡檢，而石炭酸複紅染色的抹片，則使用 800～1,000 倍鏡檢。由於顯微鏡使用的倍數不同，鏡檢時相同時間內，螢光鏡檢染色抹片的視野較複紅染色抹片廣（約 4～10 倍），所以螢光染色敏感度較好。螢光染色的抹片應於 24 小時內完成鏡檢，否則螢光可能會消失。雖然將經染色的抹片於 5℃隔夜保存可減少螢光的消失，但是最好能於 24 小時內完成，並在進行鏡檢時，才染色抹片。

4. 發光二極體螢光鏡檢法

主要以無需使用暗房的發光二極體（light-emitting diodes, LEDs）取代高壓水銀蒸氣（mercury vapor）、石英鹵素（quartz-halogen）燈泡。其優點為 LED 燈壽命長（10,000 小時），是全彩發光不會發出紫外光，低電流及省電，費用比傳統螢光鏡檢法便宜。此種螢光顯微鏡可切換鏡頭判讀 Ziehl-Neelsen 染色或螢光fluorescence auramine O dye染色塗片。推薦使用。

塗片的敏感度對於一般檢體僅有 40～60%。塗片每毫升痰檢體內含約 5,000～10,000 隻細菌方能檢測出。因此，塗片陰性並不能排除可能之結核病。但是並非所有的塗片陽性，即是罹患結核病；須注意，偽陽性可能發生於實驗室交叉汙染。若痰塗片陽性但結核菌培養呈陰性，此可能是肺結核病人已接受抗結核藥物治療等原因。偽陰性可能原因，如：檢體不佳、檢體過度去汙染、製作時過度脫色、塗片過厚或剝落、顯微鏡操作失當、判讀視野不足、報告填寫錯誤等。

二、細菌培養

細菌培養比塗片敏感，每毫升標本 10～100 隻細菌即可偵測到；陽性培養液需執行菌種鑑定；培養分離之結核菌可供傳統或快速分子生物藥物感受性試驗；確認為結核菌後可提供基因體分析，以做為群聚調查、實驗室汙染分析及流行病學監測等。一般培養溫度視菌種而異，結核菌群為 37℃。此外，使用 5～10% 二氧化碳可促進其生長。分枝桿菌培養常用方法包含：

1. 固態培養法

採用蛋基培養基 Lowenstein-Jensen（LJ）或合成培養基 Middlebrook 7H10 或 7H11 等，LJ 內含孔雀綠（malachite green）及各種抗生素的蛋基及瓊脂培養基，以抑制非分枝桿菌屬菌的生長；合成培養基內含 oleic acid - albumin - dextrose- catalase（OADC）等。培養耗時 4～8 週才有結果。品管指標為初次 LJ 培養的汙染率需控制在 2～5% 之間。

2. 液態培養法

技術基礎為利用螢光偵測細菌生長的耗氧情形，判定陽性培養結果。液態培養基中含酪蛋白（casein）、白蛋白（albumin），並添加抗生素 PANTA（polymyxin B、amphotericin B、nalidixic acid、trimethoprim 及 azlocillin）以降低汙染率。

檢體應同步使用固態或液態培養基進行培養，以增取時效及提高分離率。就檢驗時效而言，使用液態培養基可大幅縮短陽性檢驗結果由六週縮短至二週（陽性結果 7～14 天）；陰性結果需觀察 42 天才發培養陰性的報告。但必須要注意液態培養汙染率高的缺點。

培養結果判定：

(1) 分枝桿菌屬培養陽性：培養陽性菌落染色結果為抗酸菌，則可先發初步培養陽性之報告。將陽性培養基留下，做後續鑑定與抗藥性檢測用。
(2) 分枝桿菌屬培養陰性：培養第八週仍無菌落，則發培養陰性報告。
(3) 汙染：若染色結果為非分枝桿菌屬菌，而是其他細菌或黴菌，判為汙染。

三、菌種鑑定方面

菌種鑑定除參考產色及生長速率等特性外，常用方法包含：

1. 抗原檢測法

臨床實驗室已廣為應用側向流量免疫層析檢測法（Lateral flow immunochromatographic test, ICT）偵測培養陽性菌體中，結核菌分泌的特定 MPB64 抗原，可在 15 分鐘內完成試驗及判讀（菌量太少時可能會有偽陰性，須以其他方法輔助判定）。必須注意有些結核菌群，例如：牛型結核菌（*Mycobacterium bovis*）等，並不具有 MPB64 抗原；特定結核菌如果在 MPB64 基因發生變異，也可能發生偽陰性。所以，針對檢測陰性檢體，仍必須後續觀測固體培養基上的培養結果及菌落型態，必要時以其他方法進行最後鑑定。

2. MALDI-TOF 質譜鑑定法

基質輔助雷射脫附游離飛行質譜儀（matrix-assisted laser desorption/ionization time-of-flight, MALDI-TOF MS），可分析不同分枝桿菌菌各自特有的胞內結構性蛋白質或表面脂質，經與微生物質譜資料庫內圖譜（spectrum）比對，進行專一鑑定及抗藥性檢測。此方法鑑別度及正確性取決於資料庫中所涵蓋病原圖譜的完整性。

3. 分子檢測法

(1) 鑑定結核菌群

利用 *IS6110* 及 *IS1081* 聚合酶鏈鎖反應（polymerase chain reaction, PCR）偵測臨床檢體中約 10～130 隻結核菌，且可於幾小時內完成。若檢體為塗片陽性，其敏感度及特異度高；若檢體為塗片陰性但培養陽性時，其敏感度會下降，但特異度仍高。此外，世界衛生組織建議的即時分子檢驗技術（GeneXpert），約在 2～3 小時即得到檢驗結果。但是不同流行區域檢驗的使用表現（performance）會有差異。

(2) 鑑定並區分結核菌群與非結核分枝桿菌菌種

利用熱休克蛋白 65 聚合酶連鎖反應及限制酶分析（hsp65 PCR-RFLP）。適用於分枝桿菌體。原理為利用分枝桿菌屬共有的 65 kDa 熱休克蛋白（heat shock protein）基因 *hsp65*，以 PCR 增幅檢體中 *hsp65* 核酸片段，再將此核酸片段以 *Bst*EII 及 *Hae*III 限制酶切割，不同菌種可切割成不同核酸片段，再以電泳分析及利用 http://app.chuv.ch/prasite/index.html 資料庫進行鑑定。其他商用試劑，如 DR. TBDR/NTM IVD kit、INNO-LiPA 及 Geno-Type Mycobacterium CM/AS（Hain Lifescience, Nehren, Germany）等，亦可鑑定數種臨床重要非結核分枝桿菌菌種。

(3) 鑑定痲瘋桿菌

利用巢式（nested）PCR，適用於病理或刀片檢體。痲瘋桿菌無法於體外培養，可針對 *M. leprae*-specific repetitive element（RLEP）進行分子鑑定。

四、基因分型

分析結核菌群菌株的基因型別，可追蹤傳播型態及定義群聚事件。由建立基因相關生物資訊資料庫，可了解結核病分子流行病學。常用基因分型方法（圖 10-3）包含：

1. 結核菌散置重複單元 - 可變重複序列分型法（MIRU-VNTR）

結核菌具不同長短且多形性的串聯重複序列（tandem repeat）基因位點，不同菌株具有不同數目的重複序列。利用多重 PCR 方法，將不同串聯重複序列的基因位點放大，估算重複序列數目後，分別給予數字代碼。依每株菌各自的一組代碼，進行關聯性分析。

2. 全基因體序列分析（Whole genome sequencing, WGS）

原理爲將細菌核酸片段化後，續於末端接上轉接子，再置入表面帶有與轉接子互補序列的晶片上；透過 PCR 擴增核酸片段，以螢光標記的去氧核苷酸進行重複性螢光標記、移除與偵測合成反應，以獲得大量的定序資訊。再使用生物資訊分析工具，重組排列所有小片段序列，藉以呈現菌株的全基因體。

10-4 藥物感受性試驗

一、結核菌群

培養陽性菌株經鑑定爲結核菌群後，則需要再進行爲期四週的藥物感受性試驗（drug susceptibility testing）。試驗主要目的爲：開立適當治療藥物、確定用藥成效及照護成果等。

使用初次分離或繼代培養的菌株，常見的藥物感受性試驗方法爲：

1. 固態培養法

使用比例法（proportion method）測試（圖 10-4）。以含藥物培養基和不含藥物培養基所生長之菌落數目加以比較，若含藥物培養基上的菌株生長數目大於不含藥物對照組菌株 1% 生長數目，則判定該菌株對該藥物具抗藥性（resistance）。可測試一線藥物：INH、RMP、EMB 及 SM。測試二線藥物：ethionamide 及 rifabutin。

2. 液態培養法

利用螢光偵測細菌生產耗氧情形，判定陽性培養與抗藥性結果；商業化產品有 BACTEC™MGIT™ System 等。液態培養系統一線藥物僅對 INH 的抗藥準確性較佳，對 RMP、EMB 及 pyrazinamide 稍差，設備與培養基相對昂貴。可測試二線藥物：moxifloxacin、levofloxacin、amikacin、capreomycin、kanamycin、*p*-aminosalicylic acid、linezolid、clofazimine、delamanid 及 bedaquiline。

3. 分子抗藥檢測法

檢測與抗藥相關基因，可以快速確認抗藥性，縮短傳統藥物感受性試驗報告時效。

(1) 分子抗藥性檢驗

世界衛生組織於 2008 及 2016 年推薦線性探針檢測法（line-probe assay）分析抗藥性基因的突變點，GenoType MTBDR 試劑適用於塗片陽性的臨床痰檢體（陰性會有較高比例無法判定）或培養陽性菌株，快速檢測 INH、RMP 及 fluoroquinolone 及二線針劑（kanamycin、amikacin、capromycin）是否抗藥。此類試劑費用高，亦需有配合的硬體設施，人員操作技術要求高。

(2) 自動化抗藥性檢驗

世界衛生組織於 2010 年推薦使用 Xpert MTB RIF，除檢體前處理步驟外，係全自動化檢體注樣處理、核酸萃取、DNA 核酸增殖步驟偵測 RMP 抗藥性。

(3) 基因定序

依藥物對應的抗藥相關基因（表 10-5），執行桑格（Sanger）基因定序分析。藉由抗藥基因與參考基因序列比對發現的變異，參考世界衛生組織 2023 年發布第二版 Catalogue of mutations in *Mycobacterium tuberculosis* complex and their association with drug resistance，判定菌株是否產生抗藥性。另，2024 年建議使用目標次世代定序（targeted next generation sequencing）技術進行抗藥性檢測。

二、非結核分枝桿菌

非結核分枝桿菌的藥物感受性試驗，使用臨床與實驗室標準協會（Clinical and Laboratory Standards Institutes, CLSI）建議的方法及藥物濃度、慢速生長菌（表 10-6）及快速生長菌（表 10-7）。

三、痲瘋桿菌

運用基因序列分析抗檢測藥基因突變，以判定抗藥性。如：dapsone 的 *folpP1* 基因、RMP 的 *rpoB* 基因及 ofloxacin 的 *gyrA* 基因。

表 10-5　抗結核藥物及其對應的主要抗藥基因及功能

藥物	主要抗藥基因	基因功能
Rifampin	*rpoB*	β-subunit of RNA polymerase
Isoniazid	*katG*	catalase/peroxidase
	inhA	enoyl reductase
	ahpC	alkyl hydroperoxide reductase
Ethambutol	*embB*	*embCAB* operon: arabinosyl transferase
	embA	*embCAB* operon: arabinosyl transferase
	embC	*embCAB* operon: arabinosyl transferase
Pyrazinamide	*pncA*	pyrazinamidase
Fluoroquinolones	*gyrA*	DNA gyrase
	gyrB	DNA gyrase
Streptomycin	*rpsL*	S12 ribosomal protein
	gidB	7-methylguanosine methyltransferase
	rrs	16S rRNA-inhibit protein synthesis
Kanamycin	*rrs*	16S rRNA-inhibit protein synthesis
	eis	enhanced intracellular survival gene
Amikacin	*rrs*	16S rRNA-inhibit protein synthesis
Capreomycin	*rrs*	16S rRNA-inhibit protein synthesis
Bedaquiline	*atpE*	ATP synthase
	Rv0678	MmpS5 and MmpL5 efflux pumps
Linezolid	*rrl*	ribosomal protein L4
	rplc	ribosomal protein L3

表 10-6 慢速生長的非結核分枝桿菌藥敏試驗使用的抗生素、操作濃度範圍及 MIC 值

藥物名稱	操作濃度範圍（μg/ml）	MIC值（μg/ml）		
		敏感	中間值	抗藥性
Amikacin	1～128	≤16	32	≥64
Ciprofloxacin	0.125～16	≤1	2	≥4
Clarithromycin	0.06～64	≤8	16	≥32
Doxycycline	0.25～32	≤1	2～4	≥8
Linezolid	1～32	≤8	16	≥32
Minocycline	0.06～8	≤1	2～4	≥8
Moxifloxacin	0.015～4	≤1	2	≥4
Rifabutin	0.12～4	≤2	–	≥4
Rifampin	0.004～4	≤1		≥2
Sulfamethoxazole	4.75～76	≤38	–	≥76
Trimethoprim	0.25～4	≤2	–	≥4

表 10-7 快速生長的非結核分枝桿菌藥敏試驗使用的抗生素、操作濃度範圍及 MIC 值

藥物名稱	操作濃度範圍（μg/ml）	MIC值（μg/ml）		
		敏感	中間值	抗藥性
Amikacin	1～128	≤16	32	≥64
Cefoxitin	2～256	≤16	32～64	≥128
Ciprofloxacin	0.125～16	≤1	2	≥4
Clarithromycin	0.06～64	≤2	4	≥8
Doxycycline	0.25～32	≤1	2～8	≥16
Imipenem	1～64	≤4	8-16	≥32
Linezolid	1～32	≤8	16	≥32
Moxifloxacin	0.015～4	≤1	2	≥4
Sulfamethoxazole	4.75～76	≤38	–	≥76
Trimethoprim	0.25～4	≤2	–	≥4
Tobramycin	0.12～16	≤2	4	≥8

10-5 治療及預防

一、結核病

1.結核病治療

結核病的治療須依醫囑服藥及定時回診。依據病人分類及抗藥性檢測結果，醫師會採取不同處方。相關治療照護可參考疾病管制署的「結核病診治指引」。

2.結核病預防

(1)卡介苗接種

卡介苗（Bacille Calmette-Guerin, BCG）是於 1921 年由法國 Calmette 及 Guerin 醫師研製發明。卡介苗是由具強毒性的牛型結核菌，接種於含有牛膽汁及甘油（glycerin）的馬鈴薯培養基，歷經 13 年共繼代 230 次後，製造而成的減毒菌株。臺灣於 1951 年開始施打卡介苗，自 1981 年自製凍晶乾燥 Tokyo 172 疫苗株卡介苗。接種卡介苗可以降低嚴重的兒童結核性腦膜炎及粟粒性結核病。2016 年臺灣疾病管制署依據卡介苗不良反應主動監測結果，建議接種時間爲出生滿 5～8 個月。

(2)感染控制

病人咳嗽、打噴嚏時務須掩住口鼻，痰須用衛生紙包好，置入馬桶沖掉。居家保持通風。開始治療的二週內，盡量避免外出，如須外出須戴口罩。治療二週後，如無特別症狀，且按醫囑治療，通常可恢復正常生活作息。原則上，感染控制策略包含三項：①行政管理，可降低醫院員工與病人的暴露；②環境控制，可減低傳染性飛沫濃度；確保室內通風提供足夠換氣量，定期監控室內空氣品質（二氧化碳值）；③個人呼吸道防護，此項不得單獨使用，須在前兩種策略實行下，用以保障在特定區域內健康照護人員的安全。

二、非結核分枝桿菌感染

1.非結核分枝桿菌疾病治療

2020 年制定「Consensus Statement of Nontuberculous Mycobacterial Lung Disease in Taiwan」。非結核分枝桿菌屬伺機性感染，一般免疫機能良好者無須治療；但在免疫機能不全者，則易感染而致病。治療藥物中以大環內酯類（macrolide）爲主，氨基酸配醣體類抗生素爲輔。臨床上常造成肺部疾病的非結核分枝桿菌爲(1) *M. abscessus* complex (Mabs)：50% 造成肺部感染，建議使用 macrolide 爲基礎的複方藥，加上 amikacin 及 tigecycline 及 linezolid；(2) *M. kansasii*：易與結核菌造成的病灶混淆。治療上建議使用 RMP 爲基礎的複方藥，及新藥 tedizoid 、clofazimine 療效佳；(3) *M. avaim* complex (MAC)：反覆感染後造成肺葉浸潤及支氣管擴張。治療上使用 macrolide、EMB 及 rifamycin。當治療反應差時，可考慮以外科手術切除病灶。

2.非結核分枝桿菌疾病預防

在醫療機構須採取有效措施預防和控制非結核分枝桿菌醫院感染，如：加強手術器械等醫療用品的消毒滅菌工作、規範使用醫療用水、無菌液體和液體化學消毒劑、嚴格執行無菌技術操作規程及加強監控等。以免造成患者手術切口、注射部位非結核分枝桿菌感染暴發事件，將對病人健康造成危害。

三、漢生病

1.漢生病治療

相關治療照護可參考疾病管制署制定的「漢生病防治工作指引」。「漢生病個案確診及治療醫院」包含：臺大醫院、臺北馬偕醫院、臺中榮民總醫院、成大醫院及衛生福利部樂生療養院等 5 家專責醫院。漢生病的治療方針是採用在 1982 年 WHO 建議的多重藥物治療模式（multidrug therapy regimen, MDT），對於少菌型漢生病患，使用 dapsone 及 RMP，治療期爲 6 個月，追蹤 5 年。而多菌型病患則採用 dapsone、RMP 及 clofazimine，治療期爲一到二年，追蹤 5 年。其他漢生病之用藥選擇，包含：fluoroquinolone、clarithromycin 及 minocycline。完治後如病灶仍未消失，可適度延長治療期程。

2. 漢生病預防

漢生病不遺傳，傳染途徑係與患者長期密切接觸，經由上呼吸道或破損皮膚而傳染。成年人不容易傳染，有 90% 具有先天免疫力。一般，兒童較成人容易傳染，但是接種過卡介苗者被感染機會少。如罹患漢生病，立即至醫療院所皮膚科診療。世界衛生組織建議：在排除漢生病、結核病以及無其他禁忌症的情況下，漢生病的 2 歲以上接觸者，也可考慮單一劑量 rifampicin 藥物（single-dose rifampicin, SDR）進行預防性治療。

10-6 流行病學

一、結核病

依據 2023 年 WHO 的「全球結核病年報」，2022 年全球估計約有 1,060 萬新結核病人，發生率是每十萬人口 133 人。其中6.3% 爲愛滋病毒（HIV）感染共同感染者。根據 WHO 統計，全球每秒鐘有一人是新感染者，全球總人口數約有 25% 已感染結核菌。2022 年約新增 41 萬名 RMP 抗藥／多重抗藥性病人，造成 16 萬人死亡。2023 年臺灣結核病新案數 6,630 人（每十萬人口發生率爲 28），另山地原民區新案數 176 人（每十萬人口發生率 87），外籍新案數 677 人（每十萬人口發生率 9.3）。當年結核病死亡數 457 人（每十萬人口死亡率 2.0）。

二、非結核分枝桿菌疾病

非結核分枝桿菌的流行具地域性，例如：美國 64% 至 85% 是 MAC，其次 *M. abscessus/chelonae*（3%e13%）。歐洲則以 *M. kansasii*、*M. xenopi* 及 *Mycobacterium malmoense* 爲主。亞洲則 34% 是 MAC 及 16% *M. abscessus* complex。以醫院爲單位的研究顯示，臺灣北部 42.3% MAC 及 20.7% *M. abscessus*，中部 34.3% MAC 及 23.1% *M. abscessus*；臺灣南部則 27.7-44.8% *M. abscessus* 及 14.9-27.3% MAC。臺灣 2002～2008 年非結核分枝桿菌肺病發生率，有逐年上升趨勢，由每十萬人口 1.26 人上升至 7.94 人。

三、漢生病

在 WHO 以及各國的努力下，全球漢生病盛行率從 1985 年的每萬人有 12 人降到 2002 年的每萬人只剩 1 人。大部分的國家已經達到 WHO 所制定的根除漢生病（elimination of leprosy）標準，即盛行率在每萬人中爲 1 人確診。

漢生病在臺灣的流行情況歷經清朝、日治時代以及民國政府，對於漢生病的防治以及治療方針都記載於相關文獻中。1945 年臺灣光復後，臺灣總督府癩病療養樂生院更名爲臺灣省立樂生療養院，1952 年樂生療養院引進滴滴實（Diamino-Diphenyl-Sulfone (DDS)/ Dapsone）治療法，增進治癒漢生病的可能性。1982 年更推行 WHO 推薦的多重藥物治療（MDT），2001 年明定漢生病患者不得長期收容，樂生療養院遂不再收納新病患。根據疾病管制署自 2002 年起統計漢生病患新案通報數，每年新增的病例數約在 10 例左右。2023 年確診 9 例，全是境外移入個案。

10-7 病例研究

個案

一名人士連續咳嗽數週、有痰、胸痛、沒有食慾、體重減輕、覺得疲倦，先在診所以感冒治療未見好轉，醫師轉診至醫院胸腔科診治。X 光結果顯現異常，取痰檢體送實驗室檢查。經詢問病史及接觸者的健康狀況後，被高度懷疑為結核病患。

問題

1. 請問須藉由何種檢查，以判定是否為結核菌感染？
2. 請問抗藥性試驗檢驗時機及方法？
3. 請問實驗室如何證明個案的感染源及關聯性？

學習評估

1. 分枝桿菌的分類及致病性
2. 分枝桿菌的鑑別及抗藥性分析
3. 分枝桿菌在公共衛生及流行病學上的意義

參考資料

1. **World Health Organization.** 2023. Global Tuberculosis Report 2023. World Health Organization, Geneva, Switzerland. https://www.who.int/teams/global-tuberculosis-programme/tb-reports/global-tuberculosis-report-2023.
2. **Taiwan Centers for Disease Control.** 2024. Taiwan National Infectious Disease Statistics System. Taiwan Centers for Disease Control, Taipei, Taiwan. https://nidss.cdc.gov.tw/nndss/.
3. **World Health Organization.** 2020. WHO operational handbook on tuberculosis. Module 4: treatment - drug-resistant tuberculosis treatment. World Health Organization, Geneva, Switzerland. https://www.who.int/publications/i/item/9789240007048.
4. **World Health Organization**. 2024.WHO consolidated guidelines on tuberculosis: module 3: diagnosis: rapid diagnostics for tuberculosis detection, 3rd ed. https://www.who.int/publications/i/item/9789240089488.
5. **Wei X., and Zhang W**. 2024. The hidden threat of subclinical tuberculosis, The Lancet Infect Dis., 2024 March; doi:10.1016S1473-3099(24)00069-0.
6. **Taiwan Centers for Disease Control**. 2023. Taiwan Guidelines for TB Diagnosis and treatment. https://www.cdc.gov.tw/File/Get/VSe9FA6KFGI5IcCemIOeQQ.
7. **Clinical and Laboratory Standards Institute (CLSI).** 2018. Susceptibility Testing of Mycobacteria, *Nocardia* spp., and Other Aerobic Actinomycetes; Approved Standard—Third Edition. CLSI document M24-A2 (ISBN 978-1-68440-026-3). Clinical and Laboratory Standards Institute.
8. **Taiwan Centers for Disease Control**. 2020. Manual of Standard Operation Procedure of Communicable Diseases, https://www.cdc.gov.tw/File/Get/Icq-IqB57bJpe-Mv3QDdDQ.
9. **World Health Organization.** 2018. Technical manual for drug susceptibility testing of medicines used in the treatment of tuberculosis. Document WHO/CDS/TB/2018.24. World Health Organization, Geneva, Switzerland. https://www.who.int/tb/publications/2018/

WHO_technical_drug_susceptibility_testing/en/.

10. **Yu, M. C., H. Y. Chen, M. H. Wu, W. L. Huang, Y. M. Kuo, F. L. Yu, et al.** 2011. Evaluation of the rapid MGIT^{TM} TBc identification test for culture confirmation of *Mycobacterium tuberculosis* complex. J. Clin. Microbiol. **49**:802-807.
11. **Huang, W. L., H. Y. Chen, M. Kuo, and R. Jou.** 2009. Performance assessment of the GenoType® MTBDR*plus* Test and DNA sequencing in the detection of multidrug-resistant *Mycobacterium tuberculosis*. J. Clin. Microbiol. **47**: 2520-2524.
12. **Chiang, T. Y., S. Y. Fan, and R. Jou.** 2018. Performance of an Xpert-based diagnostic algorithm for rapid detecting drug-resistant tuberculosis among high-risk populations in a low incident setting, PLoS One **13**:e0200755. doi: 10.1371/journal.pone.0200755. eCollection.
13. **Su, K. Y., B. S. Yan, H. C. Chiu, C. J. Yu, S Y. Chang, and R. Jou.** 2017. Rapid sputum multiplex detection of the *M. tuberculosis* complex (MTBC)and resistance mutations for eight antibiotics by nucleotide MALDI-TOF MS, Sci. Rep. **7**:41486. doi: 10.1038/srep41486.
14. **World Health Organization.** 2018. The use of next-generation sequencing technologies for the detection of mutations associated with drug resistance in *Mycobacterium tuberculosis* complex: technical guide. Document WHO/CDS/TB/2018.19. World Health Organization, Geneva, Switzerland. https://apps.who.int/iris/handle/10665/274443.
15. **Griffith, D. E., T. Aksamit, B. A. Brown-Elliott, A. Catanzaro, C. Daley, F. Gordin, et al.** 2007. An official ATS/IDSA statement: Diagnosis, treatment, and prevention of nontuberculous mycobacterial diseases. Am. J. Respir. Crit. Care Med. **175**:367-416.
16. **Huang, W. L. and R. Jou.** 2014. Leprosy in Taiwan, 2002-2011, J. Formos. Med. Assoc. **113**:579-80. doi: 10.1016/j.jfma.2013.03.002.
17. **Taiwan Centers for Disease Control**. 2024. Taiwan Guidelines for Hansen's Disease.
18. **Wang, J. Y., Lin, M. C. and Shih, J. Y.** 2020. Consensus Statement of Nontuberculous Mycobacterial Lung Disease in Taiwan. Journal of the Formosan Medical Association, **119**(1):E1-E12, S1-S84.

第 11 章

革蘭氏陽性桿菌——放線菌目

周以正

內容大綱

學習目標

- 了解嗜氧性放線菌的一般特性。
- 了解各種嗜氧性放線菌的分離鑑定方法。
- 了解放線菌性足菌症的病原與檢驗方式。

11-1 一般性質

放線菌（*Actinomycetes*）爲一類原核、具有菌絲狀構造、觸酶（catalase）陽性的革蘭氏陽性桿菌。普遍存在於土壤與自然界環境中，亦可由人類的皮膚、鼻咽及消化道中分離，在感染的組織中菌體呈現放射狀因此得名，其大多爲嗜氧腐生性，少數爲厭氧性。由於多數放線菌具有發育良好的分枝狀菌絲，且能產生無性的分生孢子（conidia），依此型態特性放線菌曾被認爲是介於細菌和黴菌之間的物種。然而其菌絲直徑僅 0.5 ～ 1.2 μm 遠較眞菌菌絲纖細，細胞壁中主要組成爲胜肽聚糖（peptidoglycan）不含幾丁質（chitin）與纖維素（cellulose），且不具有膜狀胞器，故分類上仍屬於細菌，歸類於放線菌目（*Actinomycetales*）。臨床上常見的放線菌分布於分枝桿菌科（*Mycobacteriaceae*）、棒狀桿菌科（*Corynebacteriaceae*）、放線菌科（*Actinomycetaceae*）、奴卡氏菌科（*Nocardiaceae*）與鏈黴菌科（*Sterptomycetaceae*）等。本章旨在敘述對人致病的放線菌屬（*Actinomyces*）、馬杜拉放線菌（*Actinomadura*）與鏈黴菌屬（*Streptomyces*）和奴卡菌屬（*Nocardia*）菌種。

一、放線菌屬（Genus *Actinomyces*）

放線菌屬爲不產芽孢、無運動性、無莢膜、兼性厭氧、微需氧或絕對厭氧、非抗酸性的革蘭氏陽性桿菌，具有纖細分枝的菌絲，菌絲無分隔，直徑約 0.5 ～ 0.8 μm。在體外培養 24 小時後菌絲斷裂而呈桿狀或球桿狀，菌體大小約爲 0.6×3 ～ 4 μm。

放線菌大多存在於正常人的皮膚、口腔、上呼吸道、腸胃道與女性生殖道中，致病性不強。個體多因免疫機能低下或皮膚、黏膜障壁瓦解而導致感染，因此在拔牙或外傷時容易引起內源性感染，導致軟組織的慢性或亞急性肉芽腫性炎症，病灶中央常壞死形成膿腫，稱爲放線菌症（actinomycosis）。在患者病灶組織或滲出液中，具有肉眼可見的黃色硫磺狀小顆粒爲其主要特徵，稱爲硫磺樣顆粒（sulfur granules），此即爲放線菌在病變部位因菌絲纏結而成。

二、馬杜拉放線菌屬（Genus *Actinomadura*）

馬杜拉放線菌屬爲嗜氧性、無運動性、不產芽孢、不具莢膜、非抗酸性的革蘭氏陽性桿菌，具有纖細分枝的菌絲，常見於土壤中。某些菌種不具有氣生菌絲，具氣生菌絲者於培養基培養兩週後的成熟氣生性菌絲體（aerial mycelium），常發展成短或長鏈的關節孢子（arthrospores）或分生孢子鏈。不同菌種的氣生性菌絲體具有不同顏色。本屬生長溫度範圍介於 10 ～ 60℃，於 35℃培養兩天後呈黏稠臼齒狀菌落。

三、鏈黴菌屬（Genus *Streptomyces*）

鏈黴菌屬爲嗜氧、非抗酸性、無運動性、具有分枝菌絲的革蘭氏陽性桿菌，本屬菌種目前共有 3,000 種以上，以腐生方式生活，廣泛分布於土壤中。本屬不少菌種可產生抗生素，爲重要的抗生素生產菌。

本屬細菌細胞壁不含黴菌酸，其胜肽聚醣組成主要成分爲 L-diaminopimelic acid（L-DAP）。營養需求不高，可產生直徑 0.5 ～ 2 μm 的不斷裂的菌絲，於一般培養基表面產生氣生菌絲，成熟的氣生菌絲形成孢子鏈。菌落具有特殊的泥土味，小而緻密、不易挑取，粉狀表面呈灰白到黃色、正反面顏色往往不同，通常可依據菌落顏色、孢子鏈的型態及孢子型態作爲鑑種的依據。

四、奴卡氏菌屬（Genus *Nocardia*）

奴卡氏菌爲需氧性放線菌目的一屬，廣泛分布於自然界的土壤及水中，其特徵爲嗜氧性、觸酶陽性、具有直徑約 0.5 ～ 1.2 μm 纖細分枝菌絲的不具運動性的革蘭氏陽性桿菌。因細胞壁具有黴菌酸（mycolic acid），故具有部分抗酸性特性。本屬多數菌種生長於 tap water agar，會產生氣生菌絲，培養一週後氣生菌絲體可將菌落覆蓋成粉末或絨毛狀。

11-2 臨床意義 [6, 10]

一、放線菌屬（Genus *Actinomyces*）

病原性放線菌最常見者爲 *Actinomyces israelii*，此菌主要經傷口或外科手術而感染人體或動物體，引起軟性組織或骨的化膿性肉芽腫病變，在臨床上感染之部位有頸面部、胸部、腹部及全身性部位。感染末期病灶部位會軟化並排出濃汁，胸部的感染會導致慢性支氣管炎。此外，*A. israelii*、*A. naeslundii*、*A. viscosus*、*A. odontolyticus* 與 *A. gernecseriae* 亦可由牙周病或牙齦炎患者的牙菌斑中分離，與齲齒及牙齒根管感染有關。*A. bovis* 則爲獸醫學中常見的病原，曾於菌血症患者血液培養中分離。

二、馬杜拉放線菌屬（Genus *Actinomadura*）[5, 7]

本屬菌種共有 25 種以上，與人類疾病有關者僅 *Actinomadura madurae* 與 *Actinomadura pelletieri* 二種，均爲放線菌性足菌症（Actinomy-cetoma）的病原。放線菌性足菌症是一種慢性局部進行性的感染症，病原菌經傷口侵入皮下，引起丘疹、膿皰，並發展成侷限性肉芽腫。肉芽腫或膿瘍內可見帶有黃、白、紅、黑等不同顏色的硫磺顆粒（sulfur granules）。放線菌性足菌症於熱帶且乾燥的半沙漠地域發生率高。罹病者多是從事農業的農夫或赤足工作者，主要病灶多出現於足部，主因其接觸土壤的病原菌的機會較多，臺灣亦有少數病例。放線菌足菌症的主要病原菌分布於 *Nocardia*、*Actinomadura*、*Streptomyces* 三屬，其中最常見的病原爲巴西奴卡氏菌（*Nocardia brasiliensis*）占總病例數約 26%，其次爲 *Actinomadura madurae* 占 11.5%。

三、鏈黴菌屬（Genus *Streptomyces*）[6]

多數鏈黴菌屬與人類疾病無關，與人類疾病有關者爲索馬里鏈黴菌（*Streptomyces soma-liensis*），主要引起放線菌性足菌症。最近的研究發現 *Streptomyces anulatus* 亦可由痰、傷口、血液與腦部等臨床檢體中分離。

四、奴卡氏菌屬（Genus *Nocardia*）[8]

目前已知的奴卡氏菌超過 85 種以上，多數菌種致病力低，然而因細胞壁具有索狀因子（cord factor；trehalose 6-6' dimycolate）因此可避免巨噬細胞的吞噬作用。病原性奴卡氏菌多屬於伺機性感染，可因外傷侵入皮下組織形成局部性的皮下感染或足菌病；亦可自免疫抑制患者上呼吸道侵入造成肺部感染，進而形成嚴重的中樞神經系統感染。

傳統上認爲引起人類疾病的奴卡氏菌爲星型奴卡氏菌（*N. asteroides*）與巴西奴卡氏菌（*N. brasiliensis*）兩種。前者主要引起免疫功能低下患者的肺部感染；後者則爲因傷口感染造成的局部皮膚感染或足菌症。少數侵襲性病例則有腦膿瘍發生。

利用分子分類法將奴卡氏菌重新分類後，發現在流行病學上有重大的影響，劉等人分析國內四個醫學中心 1998 ～ 2010 年奴卡氏菌感染症後發現：國內每年奴卡氏菌症病例數約爲

10～15例；原發性皮膚感染爲最常見的感染類型，占奴卡氏菌病總病例數的55%，主要的病原爲巴西奴卡氏菌（占76.4%）與犀利喬治奴卡氏菌（*N. cyriacigeorgica*）（占9.1%）。肺部感染占國內奴卡氏菌症的26%，最常見的病原爲犀利喬治奴卡氏菌（占38.5%），其次爲鼻疽奴卡氏菌（*N. farcinica*）（約占15.4%）。瀰漫性感染症則占國內奴卡氏菌病的6%。國內與人類疾病奴卡氏菌種如表11-13。

11-3　培養特性及鑑定法

一、放線菌屬（Genus *Actinomyces*）[6]

兼性厭氧性放線菌可於BHI（Brain heart infusion）培養基與血瓊脂平板上培養，初次培養時6～10%二氧化碳存在下可促進其生長，最適合生長溫度爲37℃，在血瓊脂平板上37℃培養4～6天後，可長出灰白或淡黃色的粗糙型微小圓形菌落。*Actimomyces israelii* 則須於微需氧或厭氧環境下培養，培養4～6天後可於AnBAP上長出灰白或淡黃色的菌落年輕的菌落較小，呈蜘蛛狀菌落（spider colonies），培養較久的菌落呈粗糙臼齒狀（molar tooth shape），若於液態培養基中則呈麵包屑型菌落散布於培養基中。

臨床上放線菌的鑑定，可自膿或痰檢體中尋找硫磺樣顆粒，再將可疑顆粒壓製成抹片，鏡檢是否具有呈放線狀排列的菌絲，必要時取標本作厭氧培養，亦可取生檢體切片染色檢查。放線菌屬菌種可在臨床上各種常用的細菌培養基（如Tryptic soy agar與BAP）及黴菌培養基（如Sabouraud dextrose agar與BHI agar）中生長良好，分解葡萄糖產酸不產

表11-1　1998～2010臺大等四醫學中心奴卡氏菌症病原發生率統計表

菌種	總發生率（%）	肺部感染症（%）	皮膚感染症（%）	瀰漫性感染症（%）
N. brasiliensis	50	3.8	76.4	0
N. cyriacigeorgica	18	38.5	9.1	33.3
N. farcinica	8	15.4	1.8	33.3
N. asiatica	6	7.7	5.5	0
N. nova	5	7.7	5.5	0
N. beijingensis	4	7.7	0	16.7
N. otitidiscaviarum	2	3.8	0	16.7
N. abscessus	1	0	0	0
N. puris	1	3.8	0	0
N. asteroides	1	3.8	0	0
N. carnea	1	0	0	0
N. elegans	1	3.8	0	0
N. rhamnosiphila	1	3.8	0	0
N. transvalensis	1	0	1.8	0

表 11-2 常見病原性放線菌（*Actinomyces* spp.）生化特性

菌名	Oxygene tolerance	catalase	Nitrate reduction	urease	Esculin hydrolysis	Starch hydrolysis	Mannitol fermentation	Raffinose fermentation	Xylose fermentation
A. israelii	A, M	−	+	−	+	−	+	+	+
A. naeslundii	M, F	−	±	+	+	−	−	+	−
A. viscosus	M, F	+	±	±	+	−	−	+	−
A. odontolyticus	M, F	−	+	−	±	−	−	−	−
A. gerencseriae	M, F	−	±	−	+	−	−	−	+
A. bovis	M, F	−	−	−	±	+	−	−	−

氣，在血瓊脂平板上不溶血，亦不形成吲哚（indole）。其他可資鑑定的常用生化反應如表 11-2。

二、馬杜拉放線菌屬（Genus *Actinomadura*）

直接抹片鏡檢

將硫磺顆粒置玻片上，加 1 滴 10% 氫氧化鉀液或生理鹽水，覆上蓋玻片，低倍鏡下觀察，通常白色或黃色顆粒的感染原為 *Actinomadura madurae* 或 *Nocardia brasiliensis*；黃色至棕色顆粒的感染原為 *Streptomyces somaliensis*；粉紅至紅色顆粒的感染原為 *Actinomadura pelletieri*。

Actinomadura madurae 在一般的細菌培養基（如 Tryptic soy agar 及 BAP）與黴菌培養基（如 SDA 及 BHI agar）中生長良好，於 Lowenstein-Jensen medium 生長可促進其氣生菌絲的發育。最適合生長溫度為 30～37℃，無法於 10℃生長。培養兩週後呈蠟狀凸起皺摺微白至黃紅色臼齒狀菌落，具氣生菌絲，孢子鏈呈直或不規則螺旋狀。*Actinomadura pelletieri* 最適合生長溫度亦為 30～37℃，菌落則呈不規則的蠟狀凸起粉紅至紅色類似壓碎的蔓越莓（crushed cranberry）狀菌落，氣生菌絲稀少；本屬菌種不具抗酸性。

馬杜拉放線菌屬均對 lysozyme 敏感，無法生長於含有 lysozyme 的液態培養基中，本屬共同生化特性為可發酵 xylose 產酸、nitrate reduction（+）、casein hydrolysis（+）、tyrosine hydrolysis（+）、gelatin liquefication（+），*Actinomadura madurae* 與 *Actinomadura pelletieri* 則可利用 esculin hydrolysis 加以區別（前者為陽性，後者為陰性）。此外 *Actinomadura madurae* 可發酵 cellobiose 產酸亦可與 *Actinomadura pelletieri* 區別。

三、鏈黴菌屬（Genus *Streptomyces*）

本屬菌種營養需求不高，在一般培養基即可生長，生長溫度範圍介於 25～37℃，多數菌種無法生長於 45℃。適合生長的 pH 值為 6.5～8.0 之間。各個菌種均能利用葡萄糖，無法生長於含有 0.05 mg/ml lysozyme 的培養基中；有較強的澱粉與蛋白質水解能力。病原性鏈黴菌菌種生化特性如表 11-3。

四、奴卡氏菌屬（Genus *Nocardia*）[1,9]

本屬菌種營養需求不高，在一般培養基即可生長，生長溫度範圍為 15～37℃，*N. astoroides* 可在 25～45℃生長，生長速度緩慢，培養於 10% CO_2 環境中可以促進生長，多數菌種於 4～7 天內長出菌落，菌落乾燥、

表 11-3 臨床上常見嗜氧性放線菌的生化反應

species	lysozyme resistance	hydrolysis					gelatin liquefaction	nitrate reduction	Acid from		
		casein	xanthine	tyrosine	hypoxanthine	esculin			galactose	xylose	cellobiose
N.asteroids complex	+	−	−	−	−	+	−	+	+	−	−
N. bransilensis	+	+	−	+	+	+	+	−	+	−	−
N. otitidiscaviarum	+	−	+	−	+	+	−	+	−	−	−
A. madurae	−	+	−	+	+	+	+	+	−	+	+
A. pelletier	−	+	−	+	+		+	+	−	+	−
S. somaliensis	−	+	+	+	−	−	+	−	+	−	−
S. anulatus	−	+	+	+	+	V	+	−	+	+	+

皺縮、蠟樣或粉筆狀，有紅、粉紅、黃、白或紫等不同顏色。若培養於液態培養基中，則常在液面形成一層波皺的薄膜。

經革蘭氏染色後，奴卡氏菌在顯微鏡下可見具有細長的分枝菌絲的革蘭氏陽性桿菌或球桿菌，亦可利用改良式抗酸性染色（脫色劑採用含有 1% 硫酸的酸性酒精），觀察其部分抗酸性（partially acid-fast）的特性。

奴卡氏菌屬與其他放線菌可藉由於本屬菌種對 lysozyme 具有抗性加以區別，所有的奴卡氏菌均可生長於含有 0.05 mg/ml lysozyme 的培養基中。奴卡氏菌利用石臘（parafilm）做爲碳源，可以利用硝酸鹽還原反應，對 casein、tyrosine、xanthine、hypoxanthine 的水解能力與對 gelatin 液化（liquefaction of gelatin）的能力等生化反應區別奴卡氏菌與其他病原性放線菌（表 11-3）。

不同奴卡氏菌種的生化鑑定方式則可依據 (1) 受質水解反應（substrate hydrolysis）諸如 casein、tyrosine、xanthine 與 hypoxanthine 的水解能力。(2) 諸如 arylsulfatase、gelatin liquefaction、carbohydrate utlization 等的反應結果來加以鑑定（圖 11-1）。亦可利用藥敏試驗的結果將同一複合群的菌株分成不同的藥敏型（drug susceptibility pattern type、drug pattern type、susceptibility pattern type）。傳統上把不能水解 casein、tyrosine、xanthine 的奴卡氏菌分類爲星型奴卡氏菌群（*Nocardia asteroides* complex）。

然而星型奴卡氏複合群內的不同菌株的生化特性與藥敏形式差異甚大，且傳統分類方式亦難以鑑定陸續發現的奴卡氏菌新種，因此自 1995 年後，微生物學界開始以分子分類學（molecular taxonomy）的方法重新進行奴卡氏菌的鑑定與分類，目前奴卡氏菌分子分類法的 golden standard 係利用聚合酶鏈反應（polymerase chain reaction, PCR）放大其 16S rRNA 基因片段後，再以 DNA 定序進行分析（PCR-based 16S rRNA gene sequencing analysis），與參考菌種 16S rRNA 基因的序列相似度（similarity）大於 99.8% 者視爲同種，若相似度低於此 cutoff 值時則認爲是不同物種。2000 年迄今 NCBI（National Center For Biotechnology Information）的資料庫中已陸續收集了 85 種以上的奴卡氏菌種的 16S rRNA 基因的序列，其中有數十種新種係由傳統分類法歸類於星型奴卡氏菌群中獨立出來[2,4]。

目前可再搭配 MALDI-TOF 質譜儀，做最後的確認鑑定。

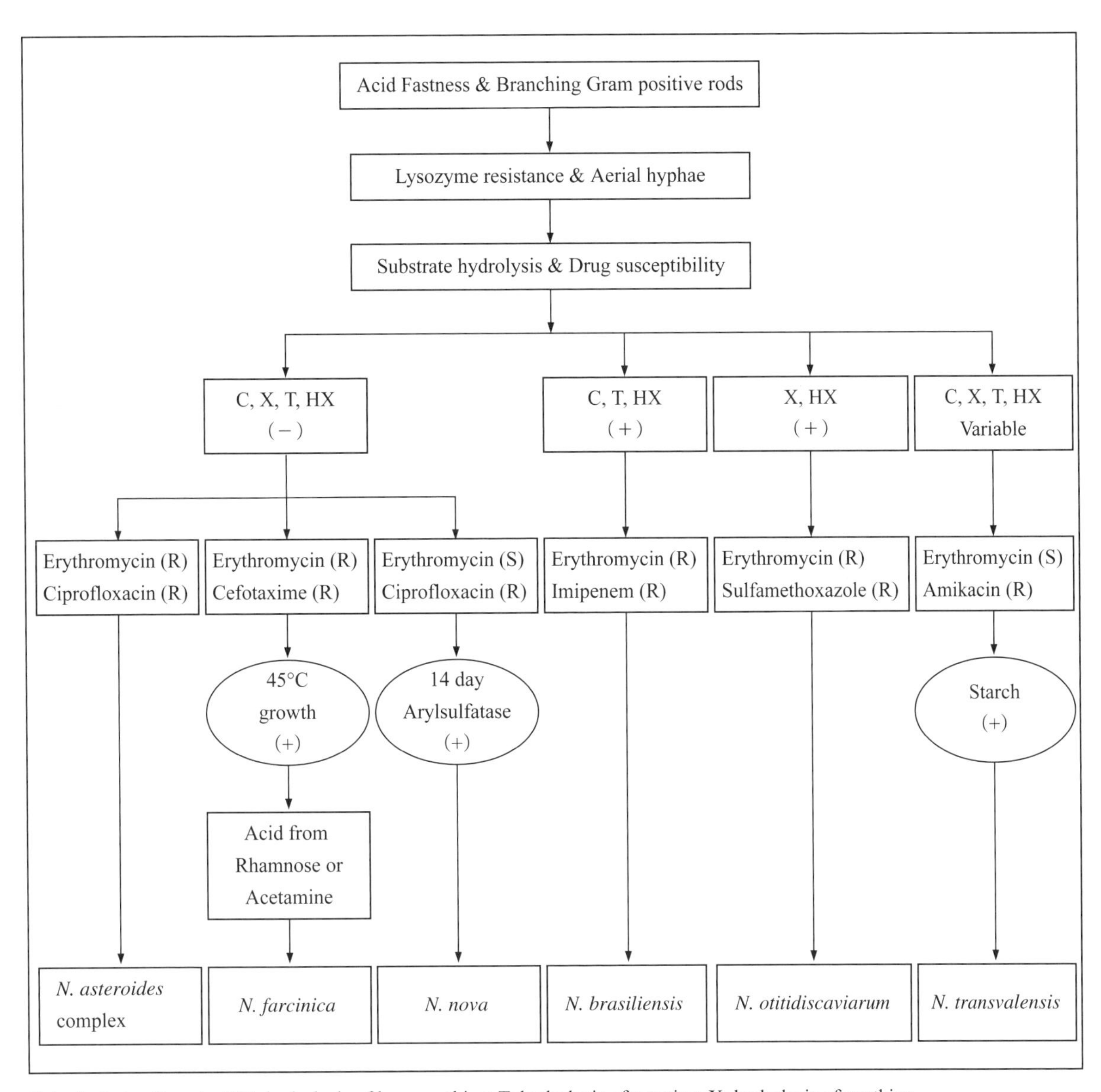

C: hydrolysis of casein; HX: hydrolysis of hypoxanthine; T: hydrolysis of tyrosine; X: hydrolysis of xanthine.

圖 11-1 奴卡氏菌生化鑑定流程

11-4 治療與預防

1.治療（Treatment）

病原性放線菌屬菌種（*Actinomyces* spp.）通常對青黴素敏感，臨床上常以青黴素類抗生素治療，對青黴素敏感的患者則可以 doxycycline 治療。磺胺類藥物克林達黴素、紅黴素或林可黴素亦可作爲治療用藥。

治療 *Nocardia* spp. 與 *Streptomyces* spp. 的感染症，可以同時利用抗生素與適當的清創手術來處理。抗生素治療以 Sulfonamides 爲優先選擇，亦可使用 Sulfamethoxazole-Trimethoprim 或 Tetracycline 治療。

2.預防（Prevention）

足菌症患者多有外傷病史，預防足菌症應

主要保持傷口清潔，必要時應及時清創處理。足菌症早期症狀輕微容易受到忽視，病人到院求醫時，往往情況已經非常嚴重，因此，注意對小創傷的治療是預防足菌症的重要措施。

11-5 病例研究

個案

57 歲女性本身有曾有肺結核病史，持續性咳膿痰二週後來院就醫，在痰液的 Gram stain 檢查中發現了許多革蘭氏陽性分枝狀的桿菌，經抗酸性染色檢查呈紅色陽性絲狀桿菌，接種於 SDA 培養基後於 35℃、5% CO_2 環境中培養三天，出現具有稀薄的氣生菌絲體的白色粉筆樣菌落。

問題

1. 患者可能受到何種病原感染？
2. 如何對待測菌株進行確認診斷？

學習評估

1. 如何區別各種放線目（*Actinomycetales*）中臨床上常見的嗜氧性放線菌？
2. 如何分離放線菌性足菌症的各種病原？
3. 如何區別各種病原性奴卡氏菌？

參考資料

1. **Brown-Elliott, B. A., J. M.. Brown, P. S. Conville and R. J. Wallace, Jr.** 2006. Clinical and laboratory features of the *Nocardia* spp. Based on current molecular taxonomy. Clin. Microbiol. Rev. **19:**259-282.
2. **Helal. M., F. Kong, S. C. Chen, M. Bain, R. Christen and V. Sintchenko.** 2011. Defining reference sequences for *Nocardia* spp. By similarity and clustering analyses of 16S rRNA gene sequence data. PLoS ONE **6:**e19517.
3. **Liu, W. L., C. C. Lai, W. C. Ko, Y. H. Chen, H. J. Tang, Y. L. Huang and P. R. Hsueh.** 2011. Clinical and microbiological characteristics of infections caused by various *Nocardia* species in Taiwan: a multicenter study from 1998 to 2010. Eur. J. Clin. Infect. Dis. Published online: 03 April 2011.
4. **McTaggart, L. R., S. E. Richardson M., Witkowska and S. X. Zhang.** 2010. Phylogeny and identification of *Nocardia* species on the basis of multilocus sequence analysis. J. Clin. Microbiol. **48:**4525-4533.
5. **McNeil, M. M., J. M. Brown, G. Scalise and C. Piersimoni.** 1992. Nonmycetomic *Actinomadura madurae* infection in a patient with AIDS. J. Clin. Microbiol. **30:**1008-1010.
6. **McNeil, M. M., and J. M. Brown.** 1994. The medically important aerobic *Actinomycetes*: epidemiology and microbiology. Clin. Microbiol. Rev. **7:**357-417.
7. **Reisne, B. S., L. Pasarell, and J. S. Smith.** 1993. "Madura foot" caused by *Actinomadura madurae*. Clin. Microlbiol. News. **15:**189-190.
8. **Saubolle, M. A. and D. Sussland.** 2003. Nocardiosis: review of clinical laboratory experience. J. Clin. Microbiol. **41:**4497-4501.
9. **Wallace, JR. R. J., L. Steele G. Sumter and J. M. Smith.** 1988 Antimicrobial susceptibility patterns of *Nocardia asteroides*. Antimicrob. Agents Chemother. **32:**1776-1779.
10. **Yildiz, O. and M. Doganay.** 2006. *Actinomycoses* and *Nocardia* pulmonary infections. Curr. Opin. Pulm. Med.**12:**228-234

第 12 章

革蘭氏陰性桿菌——腸桿菌科

蘇伯琦

內容大綱

學習目標

- 了解腸桿菌科中的致病菌種類與特性。
- 了解腸內菌的培養所用的培養基與培養方法。
- 了解腸內菌鑑定方式與生化特性鑑定原理。

12-1 一般性質

腸桿菌科（*Enterobacteriaceae*）的細菌可以生活在土壤、水和植物表面，也能在人類和動物的腸道中生活。腸桿菌科共同特徵包括：革蘭氏染色為陰性、桿菌或球桿菌的型態、不產生孢子、在有氧環境下生長快速、也可在厭氧環境中生長（所以屬於兼性厭氧菌：facultative anaerobe）。除了 *Plesiomonas* 屬，腸桿菌科的細菌缺乏細胞色素氧化酶（cytochrome oxidase）。另外，大多數腸桿菌科的細菌都能夠發酵葡萄糖（glucose fermentation），以及可將硝酸鹽還原為亞硝酸鹽（nitrate reduction）的能力。

腸桿菌科的細菌依照生化特性的不同，可以進一步分成幾個族（tribe），同一族的細菌依照其他的生化特性和 DNA 的同源程度分類出屬（genus）和種（species），但是有的機構或是相關的書籍並不特別以族做為分類，而是直接辨識屬和種的生化特性。

12-2 臨床意義

腸桿菌科的 *Salmonella enterica*、*Shigella* 和 *Yersinia pestis* 被視為與人類疾病直接相關之致病菌（primary pathogen），而其他腸桿菌科細菌則被視為伺機性致病菌（opportunistic pathogen），這些伺機性致病菌有的是腸道微生物相（normal biota）的一員，有的在環境中存在（土壤或水），通常對住院病人或是免疫力低下的人體（immunocompromised host）造成伺機性感染（opportunistic infection）。

一、*Escherichia coli*（大腸桿菌）

分類於 *Escherichieae* 族。*Escherichia coli* 是 *Escherichia* 屬中最常在臨床檢體中被分離出的菌種，如有需要作流行病學的調查，可將分離出來的 *E. coli* 做血清型分類，利用細菌的 O 抗原（somatic antigen），H 抗原（flagellar antigen）和 K 抗原（capsular antigen）做分型。*E. coli* 造成的感染包括腸胃道疾病（例如：腹瀉）以及腸以外的感染（例如：泌尿道感染、腦膜炎和菌血症），*E. coli* 是細菌性泌尿道感染中最常見的致病菌之一。此外，導致嚴重腹瀉的 *E. coli* 菌株依照其所具有的致病因子和致病機制可分成六類：enterotoxigenic *E. coli* (ETEC)，enteropathogenic *E. coli* (EPEC)，enteroinvasive *E. coli* (EIEC)，enterohemorrhagic *E. coli*/shiga toxin-producing *E. coli* (EHEC/STEC)，enteroaggregative *E. coli* (EAEC) 和 diffusely adherent *E. coli* (DAEC)。

1. ETEC（腸產毒性大腸桿菌）

具有以下兩種腸毒素：熱不穩定毒素（heat-labile toxin, LT）和熱穩定毒素（heat-stable toxin, ST），LT 的胺基酸序列與作用機制和 *Vibrio cholerae*（霍亂弧菌）的霍亂毒素（cholera toxin）相似，由 A 次單元與 B 次單元組成，B 次單元黏附在腸黏膜細胞上後促使 A 次單元進入細胞，A 次單元使細胞內的 cAMP 大量增加，ST 則是使細胞內的 cGMP 大量增加，LT 和 ST 最終造成細胞內的電解質和水分大量排進腸道，患者出現水樣腹瀉（watery diarrhea），糞便排泄物中通常沒有血、黏液或膿，臨床症狀包括腹部痙攣（abdominal cramps），但通常沒有嘔吐與發燒。ETEC 引起的腹瀉有時被稱為旅行者腹瀉（traveler's diarrhea），因為常與先進國家的旅行者旅行至衛生條件不佳的地區，攝入遭汙染的食物或飲用水有關。

2. EPEC（腸致病性大腸桿菌）

EPEC 與 HeLa 細胞或 HEp-2 細胞一起培養時，呈現細菌黏附在細胞表面的現象（adherence）。患者通常是嬰兒，症狀包括輕微發燒，嘔吐與腹瀉，患者的腸壁的微絨毛（microvillus）結構遭到細菌破壞，出現 attaching and effacing lesions（A/E lesions），患者的糞便有大量黏液但少有明顯血液。EPEC 染色體具有一段特殊的 DNA 片段，稱為 locus of enterocyte effacement（LEE），可視為一段 pathogenicity island，在 LEE 中有多個與形成 A/E lesions 相關的基因。

3. EIEC（腸侵襲性大腸桿菌）

EIEC 的致病機制和 *Shigella* 很相似，EIEC 能侵入腸的上皮細胞，在細胞質中複製繁殖後再侵入鄰近的細胞，大部分 EIEC 不具運動性（motility），不發酵或延遲發酵乳糖（lactose）（一般的 *E. coli* 具有運動性並且能發酵乳糖）。患者出現水樣腹瀉，少數患者出現痢疾（dysentery）的現象：包括發燒、腹部痙攣、糞便中有血和白血球（leukocyte），和 *Shigella* 一樣具有 pINV 質體，此質體攜帶多個與 EIEC 致病機制相關的基因。雖然和 *Shigella* 有很多相似處，但是感染劑量（infective dose）遠高於 *Shigella*，大約相差一萬倍，這表示 EIEC 的致病力較 *Shigella* 弱。

4. EHEC/STEC（腸出血性大腸桿菌／產志賀毒素大腸桿菌）

這一類的命名較為不一致，有的使用 EHEC，有的使用 STEC，STEC 包括 EHEC，以下使用 EHEC。第一個 EHEC 被確認的血清型是 O157:H7，此型也常引起嚴重症狀，包括出血性腎病症候群（hemolytic uremic syndrome，HUS），HUS 的症狀包括血小板數低下（thrombocytopenia）、溶血性貧血（hemolytic anemia）和急性腎衰竭（acute renal failure）。患者通常沒有發燒，患者剛開始出現水樣腹瀉，接著出現出血性的腹瀉（hemorrhagic diarrhea），糞便中沒有白血球，這症狀可與 *Shigella* spp. 和 EIEC 引起的痢疾作區別，多數 EHEC 和 EPEC 一樣具有 LEE，也會造成 A/E lesions。此外，EHEC 能產生一種或數種 Shiga toxin（Stx 或稱為 verocytotoxin，Shiga-like toxin），Stx 能夠進入血液循環系統，有的 O157 產生 Stx1，有的產生 Stx2，有的能產生 Stx1 和 Stx2，Stx 由五個 B 次單元與一個 A 次單元組成，B 次單元黏附在腎絲球內皮細胞（glomerular endothelial cell）表面的 globotriaosylceramide（Gb3）後促使 A 次單元進入細胞，A 次單元破壞細胞的蛋白質合成，最終損害細胞。

5. EAEC（腸凝集性大腸桿菌）

EAEC 利用其纖毛 aggregative adherence fimbriae（AAF），使菌體不僅黏附在腸道的上皮細胞表面，並且像磚塊堆疊（stacked bricks）。患者有水樣腹瀉，糞便中沒有血和白血球，症狀持續兩週以上，通常發生在小孩。

6. DAEC（瀰散性附著性大腸桿菌）

DAEC 具有纖毛（fimbriae），稱為 F1845，瀰散性的附著在細胞表面（不是像 EAEC 般的堆疊），腹瀉患者通常是小孩。DAEC 也能造成小孩或孕婦的泌尿道感染 [1]。

二、Genus *Shigella*（志賀氏桿菌屬）

分類於 *Escherichieae* 族。人類是 *Shigella* 屬的菌株（*Shigella* spp.）的天然宿主（natural reservoir），疾病的傳染途徑為糞口途徑，病人汙染的食物，飲水，指甲甚至蒼蠅都能傳播此菌，個人的衛生習慣在此菌的傳播上扮演重要的因素。*Shigella* spp. 並非腸胃道微生物相的一員，各種（species）皆能導致桿菌性痢疾（bacillary dysentery），此疾病特徵是發燒、腹部痙攣，在水樣腹瀉後接著出現糞便中有血、黏液和膿（有大量的 neutrophils）。患者在攝入菌體後 1～3 天後出現症狀，菌體剛開始在小腸複製繁殖，之後分布至結腸，侵入黏膜，甚至造成腸阻塞（ileus）。每一種 *Shigella* 導致的疾病嚴重度不相同，*S. sonnei* 導致的疾病程度輕微，甚至有些患者沒有症狀。*S. dysenteriae* type 1 毒性最強，致死率約 5～10%。*Shigella* spp. 能產生毒素促使細胞（上皮細胞和巨噬細胞）吞噬細菌，*Shigella* spp. 在進入細胞後，能分解並脫離吞噬泡（phagocytic vacuole）後，在細胞質複製繁殖並侵入鄰近的細胞，*S. dysenteriae* type 1 能產生 Shiga toxin，就如同在 EHEC 介紹過的，Shiga toxin 破壞細胞的蛋白質合成。有的分類方式是依照 group antigen 將 *S. dysenteriae* 稱爲 *Shigella* serogroup A（Group A），然後依序是 *S. flexneri* 爲 Group B，*Shigella boydii* 爲 Group C，*S. sonnei* 爲 Group D，在本文還是維持種的名稱，表 12-1 列出這四種 *Shigella* 在生化特性上的差異。*Shigella* 和 *Escherichia* 的 DNA 序列非常相近，但是 *Shigella* 有以下特性可以和 *Escherichia* 區別：(1) *Shigella* 不具運動性；(2)*Shigella* 不具 lysine decarboxylase；(3) 除了少數 *S. flexneri*，*Shigella* spp. 發酵葡萄糖時不產生氣體；(4) 除了少數 *S. sonnei* 會緩慢發酵乳醣，大多數的 *Shigella* spp. 不發酵乳醣。

三、Genus *Edwarsiella*（愛德華氏菌屬）

分類於 *Edwarsielleae* 族。*Edwarsiella* 屬有三個種，只有 *E. tarda* 會造成人類疾病，而且是屬於伺機性感染。*E. tarda* 的主要天然宿主是蛇、蟾蜍、海龜、淡水魚，*E. tarda* 造成的疾病最常見的是傷口的感染，特別是與水中意外造成傷口有關，嚴重時可因傷口的潰瘍進一步形成菌血症或肌壞死。*E. tarda* 最主要的特徵是能產生大量硫化氫（H_2S）。

四、Genus *Salmonella*（沙門氏桿菌屬）

分類於 *Salmonelleae* 族。*S. bongori* 只有零星報告與人類腸炎有關，多在變溫動物和環境中被分離出來。*Salmonella* 屬中與人類疾病最相關的是 *S. enterica*，以下再分六的亞種（subspecies），分別是 *Salmonella en-*

表 12-1 *Shigella* **spp. 的生化特性**

生化測試	*S. dysenteriae*	*S. flexneri*	*S. boydii*	*S. sonnei*
Mannitol [a]	–	+	+	+
ONPG [b]	30% [d]	–	10% [d]	+
Ornithine [c]	–	–	–	+

a：發酵甘露醇（mannitol）。
b：*o*-nitrophenyl-β-D-galactopyranoside（ONPG）。
c：具有 ornithine decarboxylase（鳥胺酸去羧酶）。
–：少於 10% 的菌株在此測試爲陽性。
+：大於 90% 的菌株在此測試爲陽性。
d：30% 的 *S. dysenteriae* 與 10% 的 *S. boydii* 在 ONPG 測試為陽性。

terica subsp. *enterica*（又稱為 subspecies I，大部分血清型屬於這個亞種）、*Salmonella enterica* subsp. *salamae*（又稱為 subspecies II）、*Salmonella enterica* subsp. *arizonae*（又稱為 subspecies IIIa）、*Salmonella enterica* subsp. *diarizonae*（又稱為 subspecies IIIb）、*Salmonella enterica* subsp. *houtenae*（又稱為 subspecies IV）、*Salmonella enterica* subsp. *indica*（又稱為 subspecies VI）。但臨床上，*Salmonella enterica* 已經超過 2500 種血清型（serotype），各血清型所導致的症狀嚴重程度或是流行分布的情況並不相同，又為了和過往的文獻能有所連結，所以目前在文章中第一次提到時會列出屬名、種名、血清型（例如 *Salmonella enterica* subsp. *enterica* serotype Typhi，其中 serotype 可以寫 ser. 或 serovar），文章隨後只提到屬名、血清型（例如 *Salmonella* Typhi），種和亞種是斜體並小寫，血清型是不斜體並且首字母大寫，沙門氏桿菌曾歷經一段命名變化的歷史，以上是目前統一的命名方式，但是讀者在閱讀過往的文獻時，可能會遇到 *Salmonella* Typhi 被寫成 Salmonella typhi 或 *Salmonella typhi* 的困擾。*Salmonella* 血清型主要依 O 抗原（somatic antigen）和 H 抗原（flagellar antigen）做分型，少數依 K 抗原（capsular antigen）分型，K 抗原在 *Salmonella* 稱為 Vi 抗原（取名來自 virulence），Vi 抗原（目前已知）只存在 *Salmonella* Typhi 和少數 *Salmonella* Choleraesuis 的菌株。*Salmonella* 的 H 抗原有兩種 phases：phase I 和 phase II，兩種 phases 不會同時表現，phase I 是專一性的抗原（specific phase），phase II 則是非專一性的抗原（nonspecific phase）。

Salmonella 屬並非腸胃道微生物相的一員，能造成人類和動物疾病，感染途徑通常是攝入遭到排泄物汙染的食物或飲水，常見的來源包括遭到汙染的蛋殼，乳品或是處理生家禽的工作檯面。2018 年臺灣爆發一起集體食物中毒，甚至導致一名研究生死亡，與店內的生蛋汁已經遭到 *Salmonella* 汙染有關。*Salmonella* 進到小腸後，會侵入 M（microfold）cell 和腸上皮細胞（enterocyte），在進入細胞後，會留在胞吞囊泡（endocytic vacuole）中複製繁殖，之後細菌可再進入血液或淋巴。感染 *Salmonella* 症狀分為四種形式：(1) 腸胃炎（噁心、嘔吐、腹痛、腹瀉、糞便中通常沒有血）。(2) 菌血症，所有 *Salmonella* 都能造成菌血症，但以 *Salmonella* Typhi，*Salmonella* Paratyphi，*Salmonella* Choleraesuis 較常見。(3) 無症狀帶原者，*Salmonella* 會在無症狀帶原者的膽囊繁殖，不時的隨糞便排出。(4) 腸熱病（enteric fever）：由 *Salmonella* Typhi 引起的腸熱病稱為 typhoid fever（傷寒），而由 *Salmonella* Paratyphi A，*Salmonella* Schottmuelleri（舊稱 *Salmonella* Paratyphi B）和 *Salmonella* Hirschfeldii（舊稱 *Salmonella* Paratyphi C）引起的腸熱病稱為 paratyphoid fever（副傷寒），副傷寒和傷寒症狀類似，但較不嚴重，致死率較低，其他血清型鮮少引起腸熱病。

Salmonella Typhi 目前並未發現有動物宿主，所以人類應是散播此菌的唯一來源。細菌進到小腸後，再進入淋巴到達腸繫膜的淋巴結（mesenteric lymph node），再隨著血流進到肝、脾、骨髓，細菌被巨噬細胞（macrophage）吞噬，但在細胞內繁殖後再度進入血液。發病初期可由血液中分離出病菌，一週後可由尿液及糞便中分離出病菌。患者呈現持續性的發燒，並出現肝脾腫大。

五、Genus *Citrobacter*（檸檬酸桿菌屬）

分類於 *Citrobactereae* 族。*Citrobacter* 屬包含 11 個種，可居住在腸胃道，但所引起的疾病爲伺機性感染，多與新生兒或免疫力低下的患者在醫院內發生感染有關。*C. freundii* 可在腹瀉患者的糞便中被分離出來，但 *C. freundii* 是否爲導致腹瀉的致病菌並沒有被確定，*C. freundii* 曾被報導與泌尿道感染、肺炎和腹腔內潰瘍有關。*C. koseri* 與新生兒腦膜炎有關。*C. amalonaticus* 鮮少引起人類疾病，有少數病例報導與泌尿道感染和菌血症有關[2]。

六、Genus *Klebsiella*（克雷伯氏桿菌屬）

分類於 *Klebsielleae* 族。*Klebsiella* 屬最大的特徵是具有多醣體組成的莢膜（capsule），以至於菌落多呈現黏稠狀，莢膜能保護細菌抵抗吞噬作用（phagocytosis）。*K. ozaenae* 和 *K. rhinoscleromatis* 原本是獨立的種，但經由核酸序列分析，現在歸爲 *K. pneumoniae* 的亞種（subspecies），所以 *K. pneumoniae* 的全名是 *K. pneumoniae* subsp. *pneumoniae*（以下簡稱 *K. pneumoniae*），*K. ozaenae* 的全名是 *Klebsiella pneumoniae* subsp. *ozaenae*（以下簡稱 *K. ozaenae*），*K. rhinoscleromatis* 的全名是 *Klebsiella pneumoniae* subsp. *rhinoscleromatis*（以下簡稱 *K. rhinoscleromatis*）。

Klebsiella 屬不具運動性且多數不具 ornithine decarboxylase。*Klebsiella* 屬最常在臨床檢體中分離出來是 *K. pneumoniae*（克雷伯氏肺炎桿菌），其次是 *Klebsiella oxytoca*[3]，兩者皆能引起住院病人的肺炎、泌尿道感染和傷口感染，但 *K. oxytoca* 具有色胺酸酶（tryptophanase）而 *K. pneumoniae* 沒有，可以藉此區別。*K. pneumoniae* 可在住院病人和免疫功能不全的宿主（例如新生兒、老人、重病患者）引起典型肺炎，臨床上可在病人的咽喉分離出此菌，此外，*K. pneumoniae* 也會引起肝膿瘍（liver abscess），菌血症，新生兒腦膜炎等。*K. ozaenae* 曾在鼻腔分泌物和腦膿瘍中被分離出來，此菌可導致萎縮性鼻炎（atrophic rhinitis，又稱爲 ozena）。*K. rhinoscleromatis* 可導致鼻硬結腫（rhinoscleroma），這是一種鼻腔的感染疾病，主要的特徵是嚴重的腫脹，甚至導致臉部頸部的畸形[4]。

所有的 *K. pneumoniae* 菌株對 ampicillin 具有抗性，此外也有 *K. pneumoniae* 菌株攜帶具有廣效性 β- 內醯胺酶（extended-spectrum β-lactamase, ESBL）的質體，而對第三代 cephalosporine 和 aztreonam 產生抗性，也有 *K. pneumoniae* 菌株具有 carbapenemases（KPC）而對 carbapenem 產生抗性。

七、Genus *Enterobacter*（腸桿菌屬）

分類於 *Klebsielleae* 族。*Enterobacter* 屬的細菌長在 MAC 培養基上的菌落和 *Klebsiella* 屬的細菌很相似（特別黏稠），與 *Klebsiella* 屬不同的是，*Enterobacter* 屬多數具有運動性，而且多數具有 ornithine decarboxylase。*Enterobacter* 屬的細菌對人類造成伺機性感染，臨床最常見的是 *E. aerogenes* 和 *E. cloacae*，這兩種菌可分布在汙水、土壤或植物表面，也是腸道微生物相的一員，但一般認爲與腹瀉無關。*E. aerogenes* 和 *E. cloacae* 所造成的伺機性感染的部位包括尿道、呼吸道、傷口，偶有血液和腦脊髓液（CSF）。*E. cloacae* 和 *E. asburiae*、*E. kobei*、*E. ludwigii*、*E. hormaechei*、*E. nimipressuralis* 很難以表現型和 MALDI-TOF-MS 區分，因此常歸類爲 *E. cloacae* complex[5]。

八、Genus *Pantoea*（泛菌屬）

分類於 *Klebsielleae* 族。*Pantoea* 屬的細菌多爲植物致病菌，與人類疾病相關的 *Pantoea* 屬細菌最常見的是 *P. agglomerans*（曾稱爲 *Enterobacter agglomerans* 和 *Erwinia herbicola*，1989 才改爲 *Pantoea agglomerans*），

P. agglomerans 存在於水、土壤和植物，通常對免疫力低下的人體（immunocompromised host）造成伺機性感染，曾有靜脈輸注液遭到汙染引起菌血症，也有因植物刺傷引起感染的報告[6]。

九、Genus *Cronobacter*

分類於 *Klebsielleae* 族。*Cronobacter sakazakii* 原稱爲 *Enterobacter sakazakii*，曾有因嬰兒奶粉遭到汙染導致嬰兒腦膜炎和菌血症的報告[7,8]。*C. sakazakii* 菌落呈現黃色，特別是在 25℃培養時爲亮黃色（雖然 *P. agglomerans* 也是產生黃色菌落，但是需在室溫培養較長時間下才出現黃色，且不如 *C. sakazakii* 顏色明亮）。

十、Genus *Hafnia*（哈夫尼氏菌屬）

分類於 *Klebsielleae* 族。*Hafnia* 屬目前只有一種：*Hafnia alvei*（原稱爲 *Enterobacter hafniae* 和 *Enterobacter alvei*），*H. alvei* 可在無症狀的人和動物糞便中分離出來，顯示此菌可以生存於腸胃道，曾在肉類和乳品分離此菌，感染可能來自攝入遭此菌汙染的食物，對人類而言屬於伺機性感染的致病菌，曾有報告已有嚴重或多重疾病的患者感染 *H. alvei*，出現肺炎，敗血症或溶血性尿毒症候群[9,10]。*H. alvei* 的菌落會有強烈排泄物的臭味。

十一、Genus *Serratia*（沙雷氏菌屬）

分類於 *Klebsielleae* 族。*Serratia* 屬和其他腸桿菌科細菌明顯不同處在於 *Serratia* 屬具有三種水解酵素：lipase，gelatinase 和 DNase。*Serratia* 屬的細菌對 cephalothin 和 colistin 具有抗藥性。*Serratia* 屬能造成各種伺機性感染，例如化療病人的肺炎或菌血症，也多次與醫療或照護機構的群突發有關，包括泌尿道感染、呼吸道感染。*S. marcescens*、*S. rubidaea* 和 *S. plymuthica* 約有 11%～89% 的菌株，特別是來自環境的菌株，在室溫培養時會產生紅色色素 prodigiosin。*S. marcescens* 是 *Serratia* 屬中臨床最常見的細菌，來自臨床檢體的 *S. marcescens* 大多不產生 prodigiosin。*S. rubidaea* 和 *S. plymuthica* 較少與嚴重人類疾病有關，偶有一些零星感染報告。*S. liquefaciens* 能產生促進植物生長的物質、具有抑制黴菌的特性、能促進固氮共生生物（symbiont）的建立，曾有感染人類的報告。*S. odorifera* 如其名字的意思，此菌能產生馬鈴薯發霉的味道，此菌分成兩個 biogroup，biogroup 1 具有 ornithine decarboxylase，能夠發酵 sucrose 和 raffinose，主要來自呼吸道檢體。Biogroup 2 在這三項則是陰性反應，與血液和腦脊髓液感染有關。

十二、Genus *Proteus*（變形桿菌屬）

分類於 *Proteeae* 族。*Proteus* 屬的細菌存在於環境中，也是腸道微生物相的一員，大約占健康者腸道微生物相不到 0.05%，主要爲 *P. mirabilis*（奇異變形桿菌）、*P. vulgaris* 和 *P. penneri*，皆對人類造成伺機性感染。*Proteus* 屬的細菌在非選擇性培養基（nonselective media）上呈現特殊的表面移行（swarming）現象，菌體在培養基的表面從接種點往四方擴散運動，整個菌落的表面呈現波浪狀。*P. mirabilis* 是 *Proteus* 屬中臨床最常見的細菌，可在人體的呼吸道、腸胃道、皮膚、眼睛、耳朵造成伺機性感染，但最常與泌尿道感染有關，*P. mirabilis* 能產生大量的尿素酶（urease）分解尿素（urea）產生氨（ammonia）造成尿液的 pH 值上升，易使鎂離子和鈣離子以磷酸鹽類的結晶形成結石[11,12]。*Proteus vulgaris* 常自長期接受抗生素治療且免疫不全的病人的感染部位被分離出來。*P. penneri* 則與泌尿道感染以及腹部、腹股溝、頸部、踝部的傷口感染有關。

十三、Genus *Morganella*

分類於 *Proteeae* 族。*Morganella* 屬的細菌存在於環境和腸道中，*Morganella morganii* 具有尿素酶，其所引起的伺機性感染最多發生在泌尿道感染，其他包括膽道、皮膚、軟組織和血液的伺機性感染。雖然可在腹瀉病人的糞便分離出此菌，但是否是腹瀉的致病菌並沒有被確定[13]。

十四、Genus *Providencia*（普羅威登斯菌屬）

分類於 *Proteeae* 族。此屬造成的院內感染不比腸桿菌科其他細菌常見，就此 *Providencia* 屬而言，*P. rettgeri* 和 *P. stuartii* 是最常導致泌尿道伺機性感染，這與大約 98% *P. rettgeri*，30% *P. stuartii* 具有尿素酶有關，除此以外還有肺炎、腦膜炎、心內膜炎、傷口和血液感染的報告[14]。*P. alcalifaciens* 與腹瀉有關[15]。

十五、Genus *Yersinia*（耶氏桿菌屬）

分類於 *Yersinieae* 族。此屬與人類疾病最相關的是 *Y. pestis*，*Y. pseudotuberculosis* 和 *Y. enterocolitica*，所引起的感染皆是人畜共通的傳染病。可以生長的溫度範圍從 4～43℃，但是 25～30℃是 *Yersinia* 最適合生長的溫度。

Y. pestis 可在囓齒目和兔形目動物造成感染，跳蚤叮咬受感染的鼠類，*Y. pestis* 進入跳蚤的腸道繁殖，藉由跳蚤的叮咬將細菌傳播到其他老鼠或人類，或是人類處理被感染動物或感染者屍體時，不慎接觸膿液而感染。鼠疫（plaque）的臨床症狀可分成三種型式，(1) 淋巴腺鼠疫（腺鼠疫 bubonic plaque）；(2) 敗血性鼠疫（septicemic plague）；(3) 肺炎性鼠疫（肺鼠疫 pneumonic plague）。腺鼠疫是最常見的形式，臨床症狀包括發高燒、鄰近的淋巴結腫大（通常是腹股溝或腋下），如果沒有適當的治療則有可能進入第二和第三種型式，敗血性鼠疫致死率高達 75%。肺鼠疫的病人在發燒後迅速發展出肺炎的症狀，致死率高達 90%，而且此時細菌可藉由肺鼠疫病人的飛沫感染其他人。中世紀歐洲流行的黑死病被推測應是 *Y. pestis* 引起的傳染病。病人的血液檢體以 Wright-Giemsa stain 做染色，有機會看到 bipolar-staining 的菌體（菌體的兩端染色特別濃染，中間較淡），這是 Gram stain 看不出來的樣態。

Y. enterocolitica 所造成的病例可廣泛在各種動物和人類發現，其感染途徑爲攝入遭到細菌汙染的食物和飲水，在迴腸引起發炎，主要症狀爲淋巴腺炎、急性腸炎，有些病患會出現紅斑症、關節炎、敗血症。

Y. pseudotuberculosis 也是多種動物和人類的致病菌，藉由攝入遭到汙染的食物和飲水而感染，或是接觸受感染的動物，受 *Y. pseudotuberculosis* 感染的動物身上會出現稱爲 pseudotubercles 的腫塊，常造成動物死亡，被感染的人類則常常是輕症可自癒，在小孩可能出現腸繫膜淋巴炎，症狀類似盲腸炎，嚴重可出現敗血症。*Y. pseudotuberculosis* 和 *Y. enterocolitica* 在 25℃有運動性（motility）但在 37℃無運動性。*Y. pestis* 在這兩種溫度則都沒有運動性。

12-3　培養特性及鑑定法

一、血液瓊脂培養基（Sheep blood agar, SBA）

是一種非選擇性培養基，可以培養出大部分的細菌，大部分腸桿菌科的細菌在 SBA 上的型態都是大、灰色、平滑的菌落，比較特別的如下：*Klebsiella* 和 *Enterobacter* 因爲它們的多醣體莢膜而呈現黏稠狀菌落。*E. coli* 菌落多爲 β 溶血。*P. mirabilis*、*P. vulgaris* 和 *P. penneri* 因爲 swarming 而在培養基表面形成一片薄膜。*Y. pestis* 在培養 24 小時後呈現很小的菌落（pinpoint），但是 48 小時後是表面不平滑像花椰菜的菌落（rough, cauliflower）。

二、選擇性培養基（Selective media）

爲了分離出腸桿菌科的細菌，特別是從含有多種微生物的臨床檢體（例如來自腸道），可以使用下列低度選擇性培養基：MacConkey (MAC) agar 和 Eosin methylene blue (EMB) agar。如果是特別要分離出 *Salmonella* 和 *Shigella*，則可以使用中度選擇性培養基：*Salmonella-Shigella* (SS) agar、Hektoen enteric (HE) agar 和 Xylose lysine deoxycholate (XLD) agar，特別爲了從糞便檢體中分離 *Salmonella* 的新式培養基有：Xylose lysine tergitol 4 (XLT-4) agar，Rambach agar，Modified semi-solid Rappaport-Vassiliadis (MSRV) medium。

1. MacConkey (MAC) agar

含有結晶紫（crystal violet）和 0.15% 膽鹽（bile salt）可抑制革蘭氏陽性菌和部分挑剔性革蘭氏陰性菌的生長。MAC 含有乳糖（lactose）作爲單一碳水化合物，以 neutral red 作爲酸鹼指示劑，能發酵乳糖的細菌如 *Escherichia*、*Klebsiella*、*Enterobacter* 產生酸，使菌落呈現紅色。乳糖發酵較弱的 *Citrobacter*、*Providencia*、*Serratia* 在 24 小時的培養後呈無色菌落，但隨著培養時間再延長可呈現淡粉紅色菌落。至於不發酵乳糖的細菌如（除了極少的例外）*Shigella*、*Edwarsiella*、*Proteus*、*Salmonella bongori*、*Salmonella enterica* 的某些亞種、*Yersinia pestis*，*Yersinia pseudotuberculosis* 和 *Yersinia enterocolitica*，則呈現無色菌落（圖 12-1）。如果糞便檢體懷疑是來自 *Yersinia enterocolitica* 的感染，可將培養基放室溫培養。

2. Eosin methylene blue (EMB) agar

含有伊紅（eosin Y）和亞甲藍（methylene blue）可抑制革蘭氏陽性菌和部分挑剔性革蘭氏陰性菌的生長，並且也是酸鹼指示劑。原本 EMB（Holt-Harris-Teague 版本）含有乳糖和蔗糖（sucrose），Levine 版本的 EMB 則以乳糖爲單一碳水化合物，可和 MacConkey agar 兩者擇一使用。*Escherichia coli* 在強烈發酵乳糖後產生沉澱物，菌落呈現綠色金屬光澤。其他乳糖發酵菌如 *Klebsiella*、*Enterobacter*、*Serratia* 則產生紫色菌落。不發酵乳糖的細菌呈現無色菌落。*Yersinia enterocolitica* 也是不發酵乳糖，但在 Holt-Harris-Teague 版本的 EMB 中因可發酵蔗糖而呈現紫黑色菌落。

3. *Salmonella-Shigella* (SS) agar

含有高濃度膽鹽（0.85%）和檸檬酸鈉（sodium citrate）可抑制革蘭氏陽性菌和許多革蘭氏陰性菌（包括大腸菌群，coliform）的生長，是爲了培養出 *Salmonella* 和 *Shigella* 的培養基。SS 含有乳糖爲單一碳水化合物，以 neutral red 作爲酸鹼指示劑，能發酵乳糖的細菌（例如少數的 *Salmonella enterica* subsp. *arizonae*）呈現紅色菌落。SS 含有硫代硫酸鈉（sodium thiosulfate）作爲硫的來源，細菌以此產生的硫化氫（hydrogen sulfide）能與檸檬酸鐵（ferric citrate）形成黑色沉澱，*Salmonella* 生長良好，*Salmonella* 多爲不發酵乳糖，呈現無色但中央帶有黑點的菌落。*Shigella* 的生長不一致，有的良好有的略顯受抑制，*Shigella* 不產生硫化氫而呈現無色的菌落。*Proteus* 在此種培養基無法呈現表面移行（swarming）的現象。

4. Hektoen enteric (HE) agar

含有高濃度膽鹽（0.9%）適合從糞便檢體中抑制革蘭氏陽性菌和大腸菌群以凸顯 *Salmonella* 和 *Shigella* 的生長，HE 含有乳糖、蔗糖和 salicin（水楊苷 / 柳苷），以酸性品紅（acid fuchsin）和瑞香草酚藍（thymol blue）或溴瑞香草酚藍（bromothymol blue）作爲酸鹼指示劑，如果細菌發酵產酸，則使培養基呈現黃色至橘色，否則培養基則維持綠色。HE 含有硫代硫酸鈉，如果細菌生成硫化氫，與檸檬酸鐵銨（ferric ammonium citrate）形成黑色沉澱。*Salmonella* 因爲產生硫化氫形成中央帶有黑點的藍綠色菌落，*Shigella* 則因不產生硫化氫而是形成比 *Salmonella* 更綠的菌落。*Escherichia coli* 生長受到一定程度的抑制並呈現橘色小菌落。*Proteus* 則呈現小而透明的菌落。

5. Xylose lysine deoxycholate (XLD) agar

Salmonella 和 *Shigella* 雖然對膽鹽具有耐受性，但高濃度的膽鹽仍對某些 *Shigella* 的生長有影響，XLD 含有較 HE 低濃度的膽鹽（0.25% sodium deoxycholate，膽鹽的一種），因此抑制的效果較 HE 差。XLD 含有木糖（0.35% xylose）、乳糖（0.75%）和蔗糖（0.75%），以 phenol red 作爲酸鹼指示劑。XLD 和 HE 一樣含有硫代硫酸鈉與檸檬酸鐵銨可以偵測細菌是否產生硫化氫，XLD 含有離胺酸（0.5% lysine），可偵測細菌是否能進行 lysine decarboxylation，產生鹼性的胺類（amine）使培養基呈現紅色。大部分的 *Salmonella*（H_2S-positive）能先發酵木糖、再代謝 lysine 因此菌落會由黃轉紅、又因爲產生硫化氫而呈現中央帶有黑點的紅色菌落。H_2S-negative 的 *Salmonella* 則是粉紅色菌落。雖然 *Escherichia coli* 也能代謝 lysine，但是在發酵木糖、乳糖和蔗糖後產生大量的酸而呈現亮黃色菌落。至於 *Shigella* 和 *Providencia* 則呈現無色菌落。*Klebsiella* 和 *Enterobacter* 呈現黃色菌落。

6. Xylose lysine tergitol 4 (XLT-4) agar

此培養基成分和 XLD 類似，主要的不同是將 XLD 的 sodium deoxycholate 換成 tergitol 4，tergitol 4 是一種陰離子介面活性劑，能夠完全抑制革蘭氏陽性菌及黴菌的生長，對於許多革蘭氏陰性菌（例如 *Proteus*，*Pseudomonas*）也有強烈抑制作用。和 XLD 一樣含有 phenol red、硫代硫酸鈉、檸檬酸鐵銨、離胺酸、木糖、乳糖，*Salmonella* 的菌落顏色表現和在 XLD 一樣。

7. Rambach agar

主要針對 *Salmonella* 能代謝 propylene glycol 做偵測，含有 sodium deoxycholate 抑制大腸菌群（coliform）。

8. Modified semisolid Rappaport-Vassiliadis (MSRV) medium

這是半固體培養基，具有運動性的細菌

Box 12-1　Coliform（大腸菌群；大腸桿菌群）

Coliform 是指一群革蘭氏陰性、不產生孢子、有氧或兼性厭氧、缺乏氧化酶的桿菌，而且在 35℃發酵乳糖（lactose）產氣又產酸，coliform 包括 *Escherichia*、*Citrobacter*、*Klebsiella*、*Enterobacter*，以 *E. coli* 做爲 coliform 最主要代表。由於 *E. coli* 在人類和動物結腸的微生物相（biota）是常見菌種，可做爲水體是否遭到糞便汙染的指標。

（例如 *Salmonella*）能從接種點向外擴展，利用提高滲透壓、添加孔雀綠（malachite green）以及培養在 41～43℃抑制大腸菌群（coliform）的生長。

9. Bismuth sulfite (BS) agar 和 brilliant green (BG) agar

屬於高度選擇性培養基，特別設計可從糞便檢體分離出 *Salmonella* Typhi，適合在疫區有大量病人時使用，但是製備困難且效期短，目前在臨床實驗室不常使用。BS agar 含有亞硫酸鹽（sulfite），如果細菌生成硫化氫，與硫酸亞鐵（ferrous sulfate）形成黑色沉澱。

三、增菌培養基（Enrichment media）

一般感染 *Shigella* 輕症或 *Salmonella* 帶原者的糞便每公克約含 200 CFU 致病菌，而 *Escherichia coli* 和其他腸內桿菌約 10^9 CFU，爲了從糞便檢體中增加 *Salmonella* 和 *Shigella* 的數量，增菌培養基含有抑制劑壓抑 *Escherichia coli* 和其他腸內桿菌的生長，延長它們的滯留期（lag phase），而 *Salmonella* 和 *Shigella* 可生長至對數期（log phase），但在經過幾小時後 *E. coli* 和其他腸內桿菌的生長將超越 *Salmonella* 和 *Shigella*，所以在數小時內須做次培養（subculture）。以下爲兩種常用的增菌培養基：

1. Selenite broth

含有 sodium selenite 抑制 *E. coli* 和其他大腸菌群，也包括很多 *Shigella* 的菌株，適合從糞便或汙水的檢體分離出 *Salmonella*，在厭氧培養 8～12 小時，然後次培養在 SS 或 BS 培養基。

2. Gram-negative (GN) broth

含有 deoxycholate 和 citrate 抑制革蘭氏陽性菌。含有甘露醇（mannitol，0.2%）遠多於葡萄糖（0.1%）限制 *Proteus* 的生長。可增值 *Salmonella* 和 *Shigella*，但對 *E. coli* 和其他大腸菌群抑制效果不佳，培養 4 小時後，次培養在 HE 或 XLD 培養基。

四、選用培養基的原則

臨床上對於分離腸桿菌科，除了糞便和直腸拭子（rectal swab）檢體，其他檢體使用一片血液瓊脂培養基搭配一片 MAC 或 EMB 通常是足夠的。糞便和直腸拭子檢體則是直接接種於 MAC 或 EMB，並選擇 HE 或 XLD 以篩選出 *Salmonella* 和 *Shigella*，如果是無症狀患者才做增菌培養基。經過 35℃，24 小時培養後，挑選疑似的菌落做進一步之鑑定。

五、以生化試驗爲基礎的鑑定原理

各種細菌具有各自獨特的基因和代謝路徑，利用它們對各種生化試驗的不同反應將其分類。

1. Indole（吲哚）反應

Indole 是具有色胺酸酶（tryptophanase）的細菌代謝色胺酸（tryptophan）的產物，加入含有 p-dimethylaminobenzaldehyde 的 Ehrlich's reagent 或 Kovac's reagent 而呈現紅色，如果是選擇 Ehrlich's reagent，在加 Ehrlich's reagent 前會先以二甲苯（xylene）將 indole 萃取出來，提高敏感性。

2. Methyl red（甲基紅）試驗

葡萄糖發酵產生丙酮酸鹽（pyruvate）後，進一步有兩條不同的代謝路徑，一爲發酵產生 lactic acid，succinic acid，formic acid，acetic acid 等多種酸類物質（mixed acid fermentation），另一爲發酵產生 butylene glycol，細菌如果產生 mixed acid 可以維持 pH 在 4.4

以下，這正是 methyl red 變色的斷點（breakpoint），所以細菌如果產生 mixed acid 則使 methyl red 呈現紅色（陽性），否則爲黃色（陰性）。

3. Voges-Proskauer test（VP test 伯波二氏試驗）

承上面所述，細菌如果發酵丙酮酸鹽產生 butylene glycol，此過程中會產生 acetyl methyl carbinol（又稱爲 acetoin），VP test 是針對 acetoin 做測試，在氫氧化鉀（potassium hydroxide）和大氣中的氧氣作用下，acetoin 轉成 diacetyl，diacetyl 在 α-naphthol 和 creatine 的催化下形成紅色物質。大部分的腸桿菌科細菌如果是 VP 陽性則 methyl red 陰性，反之亦然。

4. Citrate utilization（檸檬酸鹽的利用）

測試細菌是否能以 citrate 作爲唯一的碳源而存活，Simmons 將原本 Koser 設計的配方加入 agar 和 bromothymol blue（也可寫 bromthymol blue，溴瑞香草酚藍，作爲酸鹼指示劑）後的培養基常稱爲 Simmons' citrate agar，此培養基還含有 ammonium dihydrogen phosphate 作爲氮源，如果細菌能存活，表示細菌也會代謝 ammonium dihydrogen phosphate 產生鹼性物質使得培養基由綠轉藍色。

5. Urease（尿素酶）反應

測試細菌是否具有 urease 將 urea 分解產生氨（ammonia），使培養基偏鹼性。

6. Decarboxylation of amino acids: lysine or ornithine（胺基酸的脫羧作用：離胺酸或鳥胺酸）

測試細菌是否具有 decarboxylase（脫羧酶）可將相對應的胺基酸移去羧基而產生鹼性化學物質，使 bromocresol purple（作爲酸鹼指示劑）呈現紫色。

7. Arginine dihydrolase（精胺酸雙水解酶）反應

細菌如果具有 arginine dihydrolase，可將 arginine 轉換成 citrulline（瓜胺酸），citrulline 接著被轉爲 ornithine，然後經由 ornithine decarboxylase 作用成 putrescine（腐胺）使 bromocresol purple 呈現紫色。

8. Phenylalanine deaminase（苯丙胺酸去胺酶）反應

細菌如果具有 phenylalanine deaminase，可將 phenylalanine（苯丙胺酸）轉換成 phenylpyruvic acid（苯丙酮酸），在加入 10% ferric chloride（$FeCl_3$）後立刻產生綠色物質。

9. Hydrogen sulfide（硫化氫）的產生

細菌如果能利用培養基中的含硫化合物產生硫化氫，硫化氫與培養基中的二價金屬離子（亞鐵離子或鉛離子）形成黑色沉澱物，前面介紹的選擇性培養基和後面介紹的生化試管提到各培養基所添加的含硫化合物和做爲硫化氫指示劑的金屬離子，大多以硫代硫酸鈉（sodium thiosulfate）作爲硫的來源，BS agar 則以亞硫酸鹽（sulfite）作爲硫的來源。做爲硫化氫指示劑的有硫酸亞鐵（ferrous sulfate）提供二價鐵離子，或是檸檬酸鐵銨（ferric ammonium citrate）和檸檬酸鐵（ferric citrate）提供三價鐵離子與硫形成硫化鐵，硫化鐵會進一步轉化爲黑色的硫化亞鐵。

10. Motility（運動性）

在臨床檢驗裡，細菌的運動性指的是利用鞭毛（flagella）的移動，其他方式，例如利用 pili 的 twitching 不算在這裡談的運動性。觀察細菌的運動性需要 0.4% 或略小於這個濃度的瓊脂（agar），稱為 semi-solid medium，具有鞭毛的細菌會從接種點往外運動出去。

11.Cytochrome oxidase（細胞色素氧化酶）活性

Cytochrome oxidase 常簡稱為 oxidase，腸桿菌科的細菌不具備此活性。以 tetramethyl-*p*-phenylenediamine（四甲基對苯二胺）做為 oxidase 的受質，氧化後呈現深藍紫色（此為陽性反應），必須在 10～20 秒內判讀，以免出現偽陽性，如果對如何判讀有困難，應加做陽性和陰性對照組。一般金屬的接種環會因火焰接觸處產生微量氧化鐵而造成偽陽性，應該使用白金或塑膠的接種環，或是木棒，棉花拭子取菌。

12.Nitrate reduction（硝酸鹽還原作用）

除了 *Pantoea agglomerans*，少數 *Serratia* 和 *Yersinia* 的某些種以外，大部分腸桿菌科的細菌具有 nitrate reductase 能將硝酸鹽（nitrate）還原為亞硝酸鹽（nitrite），任何含有 0.1% 硝酸鉀（KNO_3）的培養基可以進行此試驗，原理是針對菌液（培養基）中的 nitrite 做測試：加入第一劑 sulfanilic acid 可以形成無色的 nitrite-sulfanilic acid，再加入 α-naphthylamine 形成紅色沉澱物，如果沒有出現紅色（陰性反應）則必須考慮兩種情形，第一為細菌沒有 nitrate reductase（真的陰性反應），第二為細菌有 nitrate reductase，但是 nitrite 已經再被代謝成其他的含氮化學物質（偽陰性反應），所以須加入少量的鋅粉，鋅能催化硝酸鹽還原為亞硝酸鹽，如果細菌不具有 nitrate reductase，則加入鋅粉會使溶液出現紅色，反之，如果加入鋅粉後，溶液仍然保持無色，則表示細菌具有 nitrate reductase。由於 sulfanilic acid 和 α-naphthylamine 並不穩定，應當每隔一段時間以陽性和陰性對照組測試試劑是否還能用。

13.碳水化合物的利用（Carbohydrate utilization）

用於鑑定腸桿菌科的碳水化合物包括醣類（D-glucose，lactose，D-mannose，sucrose，L-arabinose，L-rhamnose，raffinose，maltose，D-xylose，trehalose，cellobiose，melibiose），醇類（D-mannitol，dulcitol，adonitol，myo-inositol，D-sorbitol，erythritol，D-arabitol）和醣苷（salicin，α-methyl- D-glucoside）。偵測細菌是否能利用這些有機物進行發酵，如果發酵產生酸性物質，可使酸鹼指示劑變色。這裡要特別提 glucose（葡萄糖）和 lactose（乳糖），葡萄糖的代謝路徑分成兩類，可以依上述的 Methyl red（甲基紅）試驗是否為 mixed acid fermentation，或是以 VP 試驗是否為 butylene glycol fermentation。乳糖發酵對腸桿菌科的鑑定很重要，上面介紹過多款選擇性培養基（selective media）含有大量的乳糖及各自的酸鹼指示劑，細菌必須具有 β-galactosidase（β 半乳糖苷酶）和 β-galactoside permease（β 半乳糖苷通透酶）才能快速發酵大量的乳醣，另外有一種快速檢測細菌是否具有 β-galactosidase 的方法稱為 ONPG test，這個試驗使用 O-nitrophenyl-β-D-galactopyranoside（ONPG）作為β-galactosidase 的受質，可被 β-galactosidase 分解為 galactose 和 O-nitrophenol（鄰硝苯酚）。O-nitrophenol 與 D-galactopyranoside 結合時是無色，但游離出來的 O-nitrophenol 呈現黃色。有的細菌具有 β-galactosidase 卻沒有 β-galactoside permease，發酵乳糖的速度很緩慢，但在 ONPG test 則會快速呈現陽性，因為 ONPG 不需要 β-galactoside permease 也能夠迅速進入細菌內。

六、鑑定流程

承接本章第 12-3 節之「四、選用培養基的原則」挑選疑似的菌落做鑑定，腸桿菌科細菌的生化特性列於表 12-2 和 12-3[16]。

1.傳統鑑定或商品化套組

傳統的生化鑑定通常從 BAP 或 MAC/EMB 挑選菌落接種入八種生化試管（圖 12-2 腸桿菌鑑定流程）：TSIA（triple sugar iron agar）；CIT（citrate agar）；URE（urease agar）；SIM（sulfide indole motility semi-solid medium）；VP（Voges-Proskauer semi-solid medium）；ORN（ornithine decarboxylase medium）；ARG（arginine dihydrolase medium）；LYS（lysine decarboxylase medium）；再加上 oxidase 試驗。CIT、URE 、SIM、VP、ORN、ARG、LYS 和 oxidase 在前段已經介紹過原理，以下只針對 TSIA 做介紹。商品化套組以 API 20E（BioMérieux）爲例（圖 12-3），將以上的生化試驗並增加一些項目共21種作成套組，在種菌和培養後，將各個生化結果以密碼（code）表示，將陽性結果定爲 1，陰性結果定爲 0，就可以產生 21 位數（例如：101010000111111011100），可以電腦輔助確定鑑定結果。

TSIA（或稱 TSI）的主要成分有牛肉萃（beef extract），酵母萃（yeast extract），蛋白腖（peptone），硫酸亞鐵（ferrous sulfate），硫代硫酸鈉（sodium thiosulfate），1% 蔗糖（sucrose），1% 乳糖（lactose），0.1% 葡萄糖（glucose），酚紅（phenol red），如果沒有 1% 蔗糖（sucrose）則稱爲 Kligler's Iron agar（KIA）。牛肉萃，酵母萃和蛋白腖提供豐富的養分，而且培養基中沒有添加抑制物。使得大部分的細菌能在 TSIA 或 KIA 生長。以 TSIA 或 KIA 觀察細菌是否能夠發酵葡萄糖，能夠先排除非腸桿菌科的細菌也就是排除 glucose nonfermenters，TSIA 或 KIA 的培養基是做成斜面（slant）（圖 12-4），斜面增加接觸空氣的面積，相對而言，試管底部（butt）則是厭氧環境，種菌時以穿刺法刺入培養基底部，然後在斜面上劃連續 z 字形，在 18～24 小時培養後，可以出現以下四種情形：

(1) 細菌不發酵糖類不產酸，但代謝蛋白產生的鹼性物質（胺，amine）使得培養基的斜面和底部皆呈現紅色，以 K/K 表示 alkaline slant/alkaline butt，以綠膿桿菌（*Pseudomonas aeruginosa*）爲代表。
(2) 如果細菌是發酵葡萄糖卻不發酵蔗糖和乳糖，在斜面的葡萄糖耗盡後，因爲胺基酸的氧化分解產生的鹼性物質遠多過葡萄糖發酵產生的酸而呈現鹼性，底部則因爲缺氧，胺基酸非常緩慢的分解而維持酸性，出現 alkaline slant/ acid butt（K/A），斜面部位爲紅色，底部爲黃色，以志賀氏桿菌（*Shigella*）爲代表。
(3) 如果是發酵葡萄糖卻不發酵（或弱發酵）蔗糖和乳糖並且產生硫化氫，由於底部的酸性提供足夠的氫產生硫化氫，所以出現 alkaline slant/ acid black butt（K/A/H_2S），斜面部位爲紅色，底部爲黑色，以沙門氏桿菌（*Salmonella*）、檸檬酸桿菌（*Citrobacter*）、變形桿菌（*Proteus*）爲代表。
(4) 如果是發酵葡萄糖、蔗糖和乳糖，則出現 acid slant/ acid butt（A/A），斜面部位和底部皆爲黃色，有的細菌甚至在發酵的過程產生大量氣體（gas）把培養基底部往上抬升，以 *Escherichia coli*（大腸桿菌）、*Klebsiella*（克雷伯氏桿菌）、腸桿菌（*Enterobacter*）爲代表。

表 12-2　腸桿菌科細菌的主要生化特性

	TSIA	Gas	H_2S	MR	VP	Ind	Cit	PAD	Ure	Mot	Lys	Arg	Orn	ONPG
Escherichia coli	A/A	95	1	99	0	98	1	0	1	95	90	17	65	95
Shigella groupABC	K/A	0-3	0	99-100	0	25-45	0	0	0	0	0	2-18	0-2	1-30
Shigella group D	K/A	0	0	100	0	0	0	0	0	0	0	2	98	90
Edwarsiella tarda	K/A	100	100	100	0	99	1	0	0	98	100	0	100	0
Salmonella enterica subsp. *enterica*	K/A	96	95	100	0	1	95	0	1	95	98	70	97	2
Salmonella Typhi	K/A	0	97	100	0	0	0	0	0	97	98	3	0	0
Citrobacter freundii	A/A	89	78	100	0	33	78	0	44	89	0	67	0	89
Citrobacter koseri	K/A	98	0	100	0	99	99	0	75	95	0	80	99	99
Klebsiella pneumoniae	A/A	97	0	10	98	0	98	0	95	0	98	0	0	99
Klebsiella oxytoca	A/A	97	0	20	95	99	95	1	90	0	99	0	0	100
Enterobacter aerogenes	A/A	100	0	5	98	0	95	0	2	97	98	0	98	100
Enterobacter cloacae	A/A	100	0	5	100	0	100	0	65	95	0	97	96	99
Pantoea agglomerans	A/A	20	0	50	70	20	50	20	20	85	0	0	0	90
Hafnia alvei	K/A	98	0	40	85	0	10	0	4	85	100	6	98	90
Serratia marcescens	A/A	55	0	20	98	1	98	0	15	97	99	0	99	0
Proteus vulgaris	K/A	85	95	95	0	98	15	99	95	95	0	0	0	1
Proteus penneri	A/A	45	30	100	0	0	0	99	100	85	0	0	0	1
Proteus mirabilis	A/A	96	98	97	50	2	65	98	98	95	0	0	99	0
Morganella morganii	K/A	90	20	95	0	95	0	95	95	95	0	0	95	10
Providencia rettgeri	K/A	10	0	93	0	99	95	98	98	94	0	0	0	5
Providencia stuartii	K/A	0	0	100	0	98	93	95	30	85	0	0	0	10
Providencia alcalifaciens	K/A	85	0	99	0	99	98	98	0	96	0	0	1	1
Yersinia enterocolitica	A/A	5	0	97	2	50	0	0	75	2	0	0	95	95
Yersinia pestis	K/A	0	0	80	0	0	0	0	5	0	0	0	0	50
Yersinia pseudotuberculosis	K/A	0	0	100	0	0	0	0	95	0	0	0	0	70

TSIA：Triple sugar iron agar；Gas：發酵葡萄糖產生氣體；H_2S：Hydrogen sulfide；MR：Methyl red；VP：Voges-Proskauer test；Ind：Indole；Cit：Citrate；PAD：Phenylalanine deaminase；Ure：Urease；Mot：Motility；Lys：Lysine decarboxylase；Arg：Arginine dihydrolase；Orn：Ornithine decarboxylase；ONPG：*O*-nitrophenyl-β-D-galactopyranoside；表格內數字代表在 36℃培養二天條件下的陽性率。

表 12-3 腸桿菌科細菌的醣類發酵特性和 esculin hydrolysis 特性

	glucose	lactose	sucrose	D-mannitol	dulcitol	salicin	adonitol	Myo-inositol	D-sorbitol	L-arabinose	raffinose	L-rhamnose	melibiose	esculin hydrolysis
Escherichia coli	100	95	50	98	60	40	5	1	94	99	50	80	75	35
Shigella groupABC	100	0-1	0-1	95-100	0-5	0	0	0	29-43	45-94	0-40	1-30	0-55	0
Shigella group D	100	2	1	99	0	0	0	0	2	95	3	75	25	0
Edwarsiella tarda	100	0	0	0	0	0	0	0	0	9	0	0	0	0
Salmonella enterica subsp. *enterica*	100	1	1	100	96	0	0	35	95	99	2	95	95	5
Salmonella Typhi	100	1	0	100	0	0	0	0	99	2	0	0	100	0
Citrobacter freundii	100	78	89	100	11	0	0	0	100	100	44	100	100	0
Citrobacter koseri	100	50	40	99	40	15	99	0	99	99	0	99	0	1
Klebsiella pneumoniae	100	98	100	99	30	99	90	95	99	99	99	99	99	99
Klebsiella oxytoca	100	100	100	99	55	100	99	98	99	98	100	100	99	100
Enterobacter aerogenes	100	95	100	100	5	100	98	95	100	100	96	99	99	98
Enterobacter cloacae	100	93	97	100	15	75	25	15	95	100	97	92	90	30
Pantoea agglomerans	100	40	75	100	15	65	7	15	30	95	30	85	50	60
Hafnia alvei	100	5	10	99	0	13	0	0	0	95	2	97	0	7
Serratia marcescens	100	2	99	99	0	95	40	75	99	0	2	0	0	95
Proteus vulgaris	100	2	97	0	0	50	0	0	0	0	1	5	0	50
Proteus penneri	100	1	100	0	0	0	0	0	0	0	1	0	0	0
Proteus mirabilis	100	2	15	0	0	0	0	0	0	0	1	1	0	0
Morganella morganii	99	1	0	0	0	0	0	0	0	0	0	0	0	0
Providencia rettgeri	100	5	15	100	0	50	100	90	1	0	5	70	5	35
Providencia stuartii	100	2	50	10	0	2	5	95	1	1	7	0	0	0
Providencia alcalifaciens	100	0	15	2	0	1	98	1	1	1	1	0	0	0
Yersinia enterocolitica	100	5	95	98	0	20	0	30	99	98	5	1	1	25
Yersinia pestis	100	0	0	97	0	70	0	0	50	100	0	1	20	50
Yersinia pseudotuberculosis	100	0	0	100	0	25	0	0	0	50	15	70	70	95

表格內數字代表在 36℃培養二天條件下的陽性率。

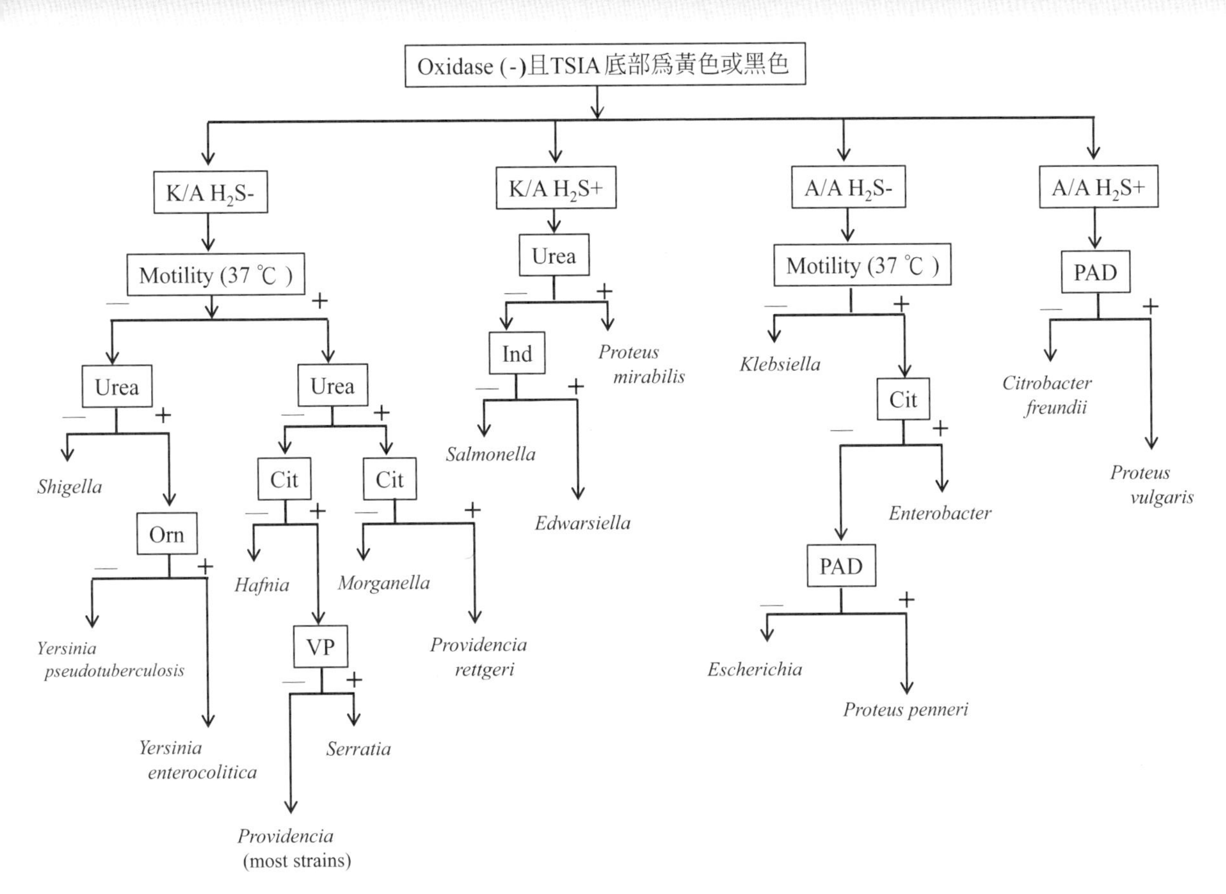

TSIA: triple sugar iron agar; H_2S: hydrogen sulfide; VP: voges-proskauer test; Ind: indole; Cit: citrate; PAD: phenylalanine deaminase; Orn: ornithine decarboxylase.

圖 12-2 腸桿菌鑑定流程圖

2.自動／半自動化鑑定系統

基於各種細菌的生化特性，利用螢光團（fluorophore），例如 4-methylumbelliferone（4-MU）或 7-Amino-4-methylcoumarin（7AMC）與磷酸根、糖類或胺基酸結合，作爲受質，在培養 2～3 小時後（如果沒有結果可以培養更長的時間），如果該受質被相對應的酵素作用並分解，螢光團游離出來並放出螢光（fluorescence），經機器偵測而給予陽性報告。例如 4-methylumbelliferyl-β-D-galactopyranoside 被 β-galactosidase 分解出 4-MU 而放出螢光。另一個相似的例子是 4-methylumbelliferyl caprylate (MUCAP) test 是利用 *Salmonella* 具有 C8-esterase 可以分解 4-methylumbelliferyl caprylate 產生 4-MU。另外也可以因爲發酵造成 pH 值大幅下降而導致螢光衰減，藉由偵測螢光變化而給予陽性報告。有的自動化鑑定系統也同時加入藥物感受性試驗，藉由偵測濁度是否上升決定 minimum inhibitory concentration (MIC)。屬於這類系統的有 MicroScan Walkaway (Beckman Coulter)，Vitek System (BioMérieux)，Phoenix System (Becton Dickinson)。

3. Matrix-assisted laser desorption ionization time-of-flight (MALDI-TOF) mass spectrophotometry 基質輔助雷射脫附游離飛行時間質譜測定法

質譜分析前需將分子游離，傳統的游離技術（例如電子游離法 electron ionization）需將樣品加熱汽化才能進行游離，可以偵測的分子通常是分子量不大的有機化合物，然而生物巨分子多爲熱不穩定，高極性，低揮發性，無法使用傳統方式游離。作爲 matrix（基質）的材料有很多種，適當的基質與待測物混和形成結晶，基質吸收雷射（laser）後將能量傳給待測物，使待測物被脫附（desorption）成氣態分子，並且與質子結合（ionization），各個分子有各自質荷比（m/z），最終在偵測器產生各自獨特的訊號，綜合訊號形成圖譜，稱爲質譜（mass spectrum）。搭配 MALDI 最適合的質譜儀是 time-of-flight（TOF）mass spectrophotometer。相同物種的質譜具有一致性，將樣本質譜與資料庫中已知質譜作比對，完成微生物菌株的鑑定。

4. 16S rRNA gene PCR-Sequencing

如果使用以上方法鑑定不出確切的結果，16S rRNA gene PCR-sequencing 已經成爲標準的分子檢驗方法，可以提供更精確的結果。16S rRNA 的基因長度大約 1500 bp，進行 PCR 放大後，再以 DNA 定序得到序列，將此序列於資料庫中比對出菌種。16S rRNA 的基因內部有 9 個高度變異的區域（hypervariable regions：V1、V2、V3、V4、V5、V6、V7、V8、V9），對各種細菌而言具有高度的專一性，因而成爲分子鑑定的標的，而穿插在 9 個變異區的是 10 個保守區（conserved regions），有些實驗室會根據目的僅選擇某些變異區做定序，因爲長度較短，例如只用 V3～V5 便足夠鑑定 *Klebsiella*，但是這段區域對於放線菌門（Actinobacteria）細菌的辨識度不好。隨著定序技術越來越準確並且可判讀的長度越來越長，可以考慮定序完整基因直接比對。此外，仍有些種無法以 16S rRNA 基因區分，可以考慮針對 *rpoB*, *tuf*, *gyrA*, *gyrB*, and heat shock proteins 等基因來做爲基因序列比對[17,18]。

5. 菌種的血清型分類

當菌種被鑑定爲 *Salmonella*、*Shigella* 或引起腸胃炎且具有毒素的 *E. coli*，需要進一步分類其 O 抗原。

(1) *Salmonella*

大約 95% 的 *Salmonella* 是屬於血清型 A 到 E1，如果懷疑菌株可能是 *Salmonella* Typhi，*Salmonella* Paratyphi 和 *Salmonella* Choleraesuis，應以生化鑑定和血清型分型確定，以利後續的治療。利用 slide agglutination 檢驗血清型，方法是在玻片上滴上血清和細菌懸浮液，觀察是否有凝集的現象，此時的細菌應當自非選擇性培養基（例如 SBA）挑選菌落以生理食鹽水做成懸浮液，另外也有 latex agglutination 套組可以提高觀察的便利性。目前商品血清有血清型 A 到 G 以及 Vi。如果 Vi 抗原爲陽性，卻不與任何 O 抗原血清反應，則需將細菌懸浮液以 100℃作用 10 分鐘破壞莢膜（capsule），再重新做 O 抗原的凝集反應。

(2) *Shigella*

Shigella 也是以 O 抗原做分型，也有商品套組可以使用，*Shigella* 菌株分爲四種 serogroup：A（*S. dysenteriae*），B（*S. flexneri*），C（*Shigella boydii*）和 D（*S. sonnei*），A、B、C group 的試劑是多價數，含有屬於同一 group 的數種血清型，而 D group 含有單一種血清型。如果沒有凝集反應，也是需以加熱方式破壞莢膜，再重新做反應。

(3)*E. coli* O157:H7

如果 *E. coli* 不能發酵 sorbitol，則須懷疑是 *E. coli* O157:H7，可以4-methylumbelliferyl-β-D-glucuronide (MUG) assay 測試，因爲大部分 *E. coli* 具有 β-glucuronidase，可以分解 MUG 產生螢光，但 *E. coli* O157:H7 不具有 β-glucuronidase，如果 *E. coli* 是 sorbitol 陰性且 MUG 陰性，應做次培養以抗 O157 的血清確定血清型，可以利用 enzyme-linked immunosorbent assay（ELISA）或 latex agglutination 測試。如果要測試是否爲 H7，則需次培養在適合發展出鞭毛的培養基。

12-4 治療（藥物感受性試驗）

一、*Escherichia coli*

引起腸炎的現象依症狀做支持性的治療，除非出現擴散到其他器官甚至循環系統的現象，則需使用抗生素，抗生素的選擇依藥物感受性試驗的結果。目前因爲越來越多的菌株具有 extended-spectrum β-lactamase（ESBL）而對 penicillins 和 cephalosporins 具有抗性。

二、*Salmonella*

不建議使用抗生素治療 *Salmonella* 引起的腸炎，因爲會使症狀持續更久。*Salmonella* Typhi 和 *Salmonella* Paratyphi 或能造成菌血症的菌株則應當依藥物感受性試驗的結果使用適當的抗生素，目前可以用的抗生素包括 fluoroquinolones，chloramphenicol，trimethoprim-sulfamethoxazole 或是廣效性的（broad-spectrum）cephalosporins。

三、*Shigella*

抗生素治療能縮短症狀持續的時間以及從糞便排出菌體的時間，抗生素的選擇依藥物感受性試驗的結果，依臨床經驗，可以從 fluoroquinolones 或是 trimethoprim-sulfamethoxazole 開始選擇。

四、*Yersinia*

Yersinia pestis 感染可以 streptomycin 治療，另外，tetracyclines，chloramphenicol 或 trimethoprim-sulfamethoxazole 也可以使用。引起腸炎的其他 *Yersinia* 菌株通常能自癒，如果需要抗生素治療，目前 *Yersinia* 菌株對廣效性的 cephalosporins，aminoglycosides，chloramphenicol，tetracyclines 和 trimethoprim-sulfamethoxazole 具有敏感性。

五、常見於腸桿菌科的抗藥酵素

1. extended-spectrum β-lactamases (ESBLs)

此類酵素能水解 penicillins 和 cephalosporins（包括廣效性 cephalosporins：cefixime，ceftriaxone，ceftizoxime，ceftazidime）。常見於（但不限於）*Klebsiella spp.*，*E. coli* 和 *P. mirabilis*。常見的 ESBL 類型（type）有 TEM，SHV 和 CTX-M。

2. AmpC β-lactamases

是一種 cephalosporinase，屬於 class C 的 β-lactamases，其基因多在染色體上且爲誘導性（inducible），但也已經發現在少數 *Klebsiella spp.*，*E. coli* 和 *P. mirabilis* 菌株的質體。具有 AmpC 的菌株能抵抗 cephalothin，cefazolin，cefoxitin，大部分 penicillins 和 β-lactamases inhibitor-β-lactam 的組合，但是對 carbapenems 不具抗性。

3. carbapenemase

此類酵素能水解 carbapenems，對 carbapenems 有抗性的腸桿菌科細菌稱為 CRE（carbapenem-resistant *Enterobacteriaceae*），carbapenemase 可以分成以下類型（type）：屬於 class A β-lactamases 的 *Klebsiella* carbapenemase（KPCs），屬於 class B β-lactamases 的 VIM，IMP，NDM 和屬於 class D β-lactamases 的 OXA-48。屬於 class B 的 β-lactamases 需要鋅離子作為輔酶，因此又稱為 metallo-β-lactamases。屬於 class A、C、D 的 β-lactamases 都在酵素活性部位有絲胺酸（serine）。class D 的 β-lactamases 又稱為 oxacillinase，能水解 oxacillin。

12-5 預防／流行病學

一、*Escherichia coli*

減少不必要的導尿管可以減少院內感染的機會。維持良好的衛生習慣，食物完全煮熟可以減少感染引起腸胃炎的菌株。

二、*Salmonella*

完全煮熟禽肉和蛋類能大幅降低感染 *Salmonella* 的機會，也要避免用具、器具或食物遭到未煮熟禽肉的汙染。由於是糞口傳染，應注意個人衛生習慣，*Salmonella* Typhi 和 *Salmonella* Paratyphi 的無症狀帶原者必須被診斷出來並且治療。對於需至流行地區旅行的人，建議施打 *Salmonella* Typhi 的疫苗。

三、*Shigella*

控制感染需包括避免菌體的散布，包括洗手以及適當的處理遭到糞便汙染的物品。

四、Yersinia

預防 *Yersinia pestis* 引起的鼠疫（plaque）必須減少鼠類的數量，高風險的個體須接受疫苗注射，可提供數月防護力。預防其他 *Yersinia* 的感染則是注意食物的處理。

12-6 病例研究

個案

一名 30 歲有東南亞旅遊史的婦女出現持續多天的發燒，使用 amoxicillin，acetaminophen 或 ibuprofen 也無法退燒（第一款藥是抗生素，第二和第三款藥是退燒藥），患者的肝腫大，腹痛，尿液檢查結果多項不正常，血液培養出 *Salmonella* Typhi，由於這生物對 fluoroquinolone 敏感，所以使用此類抗生素治療，治療四天後退燒。

問題

1. 描述 *Salmonella* Typhi 的傳染方式。
2. 描述 *Salmonella* Typhi 的生化特徵。

學習評估

1. 媒介鼠疫（plaque）的致病菌到人體的是何種節肢動物？
2. 分別依照 group antigen（A，B，C，D）與 *Shigella sonnei*，*Shigella dysenteriae*，*Shigella boydii*，*Shigella flexneri* 正確配對。
3. 細菌性泌尿道感染中最常見的致病菌是腸桿菌科的何種細菌？它和也會引起泌尿道感染的 *Klebsiella pneumoniae*、*Proteus mirabilis* 要如何區別？
4. *Proteus vulgaris* 和 *Proteus penneri* 的

生化特性很相似，但有那些生化項目可以區別這兩種細菌？

參考資料

1. **Meza-Segura M., M. B. Zaidi, A. V. P. León, N. Moran-Garcia , E. J.Martinez-Romero, J. P. Nataro, et al.** 2020. New insightsiInto DAEC and EAEC pathogenesis and phylogeny. Front. Cell Infect. Microbiol. **10:**572951. doi:10.3389/fcimb.2020.572951.
2. **Garcia, V., C. Abat , V. Moal, and J. M. Rolain.** 2016. *Citrobacter amalonaticus* human urinary tract infections, Marseille, France. New Microbes New Infect. **11:**1-5. doi:10.1016/j.nmni.2016.01.003.
3. **Chakraborty, S., K. Mohsina, P. K. Sarker, M. Z. Alam, M. I. A. Karim, S. M. A. Sayem.** 2016. Prevalence, antibiotic susceptibility profiles and ESBL production in *Klebsiella pneumoniae* and *Klebsiella oxytoca* among hospitalized patients. Periodicum Biologorum **118:**53-58
4. **Corelli, B., A. S. Almeida, F. Sonego, V. Castiglia, C. Fevre, S. Brisse, et al.** 2018. Rhinoscleroma pathogenesis:The type K3 capsule of *Klebsiella rhinoscleromatis* is a virulence factor not involved in Mikulicz cells formation. PLoS Negl. Trop. Dis. **12:**e0006201. doi:10.1371/journal.pntd.0006201.
5. **Annavajhala, M. K., A. Gomez-Simmonds, and A. C. Uhlemann** 2019. Multidrug-resistant *Enterobacter cloacae* complex emerging as a global, diversifying threat. Front. Microbiol. **10:**44. doi:10.3389/fmicb.2019.00044.
6. **Büyükcam, A., Ö. Tuncer, D. Gür, B. Sancak, M. Ceyhan, A. B. Cengiz, et al.** 2018. Clinical and microbiological characteristics of *Pantoea agglomerans* infection in children. J. Infect. Public Health **11:**304-309.
7. **Feeney, A., K. A. Kropp, R. O'Connor, and R. D. Sleator.** 2014, *Cronobacter sakazakii*:stress survival and virulence potential in an opportunistic foodborne pathogen. Gut Microbes **5:**711-718.
8. **Elkhawaga, A. A., H. F. Hetta, N. S. Osman, A. Hosni, and M. A. El-Mokhtar.** 2020. Emergence of *Cronobacter sakazakii* in cases of neonatal sepsis in upper Egypt:First report in north Africa. Front. Microbiol. **11:**215. doi:10.3389/fmicb.2020.00215.
9. **Benito, M. H., R. S. Hernández, M. J. L. Fernàndez-Reyes, and S. Hernando.** 2008. Sepsis induced by *Hafnia alvei* in a kidney transplant patient. Nefrologia. **28:**470-471.
10. **Begbey, A., J. H. Guppy, C. Mohan, and S. Webster.** 2020. *Hafnia alvei* pneumonia:a rare cause of infection in the multimorbid or immunocompromised. BMJ Case Rep. **13:**e237061. doi:10.1136/bcr-2020-237061.
11. **Wasfi, R., S. M. Hamed, M. A. Amer, and L. I. Fahmy.** 2020. *Proteus mirabilis* biofilm:Development and therapeutic strategies. Front. Cell. Infect. Microbiol. **10:**414. doi:10.3389/fcimb.2020.00414.
12. **Schaffer, J. N., and M. M. Pearson.** 2015. *Proteus mirabilis* and Urinary Tract Infections. Microbiol. Spectr. **3:**10.1128/microbiolspec.UTI-0017-2013. doi:10.1128/microbiolspec.UTI-0017-2013.
13. **Liu, H., J. Zhu, Q. Hu, and X. Rao.** 2016. *Morganella morganii*, a non-negligent opportunistic pathogen. Int. J. Infect. Dis. **50:**10-17. doi:10.1016/j.ijid.2016.07.006.

14. **Abdallah, M., and A. Balshi.** 2018. First literature review of carbapenem-resistant *Providencia*. New Microbes and New Infections **25:**16-23.
15. **Shah, M. M., E. Odoyo, and Y. Ichinose.** 2019. Epidemiology and Pathogenesis of *Providencia alcalifaciens* Infections. Am. J. Trop. Med. Hyg. **101:**290-293
16. **Procop, G. W., D. L. Church, G. S. Hall, W. M. Janda, E. W. Koneman, P. C. Schreckenberger et al.** 2017. "The *Enterobacteriaceae*" in Diagnositic Microbiology. 7ed Philadelphia PA:Wolters Kluwer Health Press, 236-253.
17. **Johnson, J. S., D. J. Spakowicz, B. Y. Hong, L. M. Petersen, P. Demkowicz, L. Chen, et al.** 2019. Evaluation of 16S rRNA gene sequencing for species and strain-level microbiome analysis. Nature Commun. **10**(1)**:**1-11.
18. **Franco-Duarte, R., L. Černáková, S. Kadam, K. S. Kaushik, B. Salehi, A. Bevilacqua, et al.** 2019. Advances in chemical and biological methods to identify microorganisms—from past to present. Microorganisms **7:**130. doi:10.3390/microorganisms7050130.

第 13 章

革蘭氏陰性桿菌——非發酵性桿菌

吳雪霞

內容大綱

學習目標

- 了解革蘭氏陰性非發酵性桿菌的一般性質、臨床意義、培養特性及鑑定方法、藥物感受性試驗、預防及流行病學。

13-1 一般性質

一、革蘭氏陰性非發酵性桿菌之分類

革蘭氏陰性非發酵性桿菌是一群需氧，不形成孢子的桿菌或球桿菌，不使用醣類作爲其能量來源或是利用非發酵方式降解醣類。在這一群中有數個菌屬或菌種因其具有特殊的增菌需求，所以不列入本章介紹，其分類見於表 13-1。在本章所討論的革蘭氏陰性非發酵性桿菌在 triple sugar iron（TSI）瓊脂或 Kligler iron agar（KIA）瓊脂斜面上生長良好，但是在這些瓊脂的底部既無法生長也不能酸化。

依據 rRNA-DNA 同源性研究，有端鞭毛具運動性（motile with polar flagella）之假單胞菌（*Pseudomonads*）可分成五個核糖體 RNA 的同源性群體（ribosomal RNA homology groups）（表 13-2）[23]。

另外，若依據特殊的表現型則可以列出

H_2S-positive group

Shewanella algae

Shewanella putrefaciens

Yellow-pigmented group

Pseudomonas luteola

Pseudomonas oryzihabitans

Sphingomonas paucimobilis

Other pigmented group

Methylobacterium

表 13-1　常見之革蘭氏陰性非發酵性桿菌

Kingdom（界）	Phylum（門）	Class（綱）	Order（目）	Family（科）	Genus（屬）
Bacteria	Pseudomonadota	Alphaproteobacteria	Caulobacterales	Caulobacteraceae	Brevundimonas
			Hyphomicrobiales	Methylobacteriaceae	Methylobacterium
			Rhodospirilales	Acetobacteraceae	Roseomonas
			Sphingomonadales	Sphingomonadaceae	Sphingomonas
		Betaproteobacteria	Burkholderiales	Alcaligenaceae	Achromobacter
			Burkholderiales	Alcaligenaceae	Alcaligenes
			Burkholderiales	Alcaligenaceae	Oligella
			Burkholderiales	Burkholderiaceae	Burkholderia
			Burkholderiales	Burkholderiaceae	Ralstonia
			Burkholderiales	Comamonadaceae	Acidovorax
			Burkholderiales	Comamonadaceae	Comamonas
			Burkholderiales	Comamonadaceae	Delftia
			Neisseriales	Neisseriaceae	Neisseria
		Gammaproteobacteria	Alteromonadales	Shewanellaceae	Shewanella
			Lysobacterales	Lysobacteraceae	Stenotrophomonas
			Pseudomonadales	Moraxellaceae	Acinetobacter
			Pseudomonadales	Moraxellaceae	Moraxella
			Pseudomonadales	Pseudomonadaceae	Pseudomonas
	Bacteroidota	Bacteroidia	Flavobacteriales	Weeksellaceae	Elizabethkingia

表 13-2 依據 rRNA-DNA 同源性，有端鞭毛具運動性（motile with polar flagella）之假單胞菌（*Pseudomonads*）可分成下列五個核糖體 RNA 的同源性群體（ribosomal RNA homology groups）

rRNA group 1
Pseudomonadaceae
Pseudomonas
rRNA group II
Burkholderiaceae
Burkholderia
Ralstonia
rRNA group III
Comamonadaceae
Acidovorax
Comamonas
Delftia
rRNA group IV
Caulobactereaceae
Brevundimonas
rRNA group V
Lysobacteraceae
Stenotrophomonas
Roseomonas

二、革蘭氏陰性非發酵性桿菌之簡介

不動桿菌屬（*Acinetobacter*）在水、汙水和土壤中無處不在。它是皮膚和陰道內的常在性菌群，可以在潮溼和乾燥的表面生存，在醫院環境中可以從呼吸器，加溼器和導管被分離出來，不動桿菌屬（*Acinetobacter*）是一重要的健康照護相關感染的病原菌。基於 DNA-DNA 雜交和營養需求的特性，不動桿菌屬（*Acinetobacter*）中至少有 25 個基因種（gonomospecies）。基因種 1-*A. calcoaceticus*，它主要是從土壤中分離；基因種 2-*A. baumannii*，它包括以前被稱爲 *A. calcoaceticus var. anitratus*；基因種 3-*A. pittii*；基因種 4-*A. haemolyticus*；基因種 5-*A. junii*；基因種 7-*A. johnsonii*；基因種 8/9-*A. lwoffii*；基因種 12-*A. radioresistens*；和基因種 13TU-*A. nasocomialis*；其餘大部分基因種都是無名。不動桿菌屬（*Acinetobacter*）內自臨床上所分離出的菌種大多數屬於遺傳密切相關的基因種 2（*A. baumannii*），基因種 13TU（*Acinetobacter nosocomialis*），以及基因種 3（*Acinetobacter pittii*）。這些遺傳密切相關菌種的表型非常相似，因此與基因種 1（*A. calcoaceticus*）統稱爲 *Acinetobacter calcoaceticus-Acinetobacter baumannii complex*（*Acb* complex）。此外，不動桿菌屬（*Acinetobacter*）又可以分爲三個主要的綜合體：

1. 糖分解性不動桿菌（Saccharolytic *Acinetobacter*）：*Acinetobacter calcoaceticus-Acinetobacter baumannii* complex（*Acb* complex），葡萄糖氧化性，非溶血性。
2. 非糖分解性不動桿菌（Nonsaccharolytic *Acinetobacter*）：*Acinetobacter lwoffii*，不能利用葡萄糖，非溶血性。
3. 溶血性不動桿菌（Haemolytic *Acinetobacter*）：*Acinetobacter haemolyticus*，具溶血性。

寡養單胞菌屬（*Stenotrophomonas*）可以存在醫院環境中，可以從長期臥床患者的呼吸道被分離出來。嗜麥芽寡養單胞菌（*Stenotrophomonas maltophilia*）普遍存在於水，土壤和植物，不是人體常在性的細菌，是健康照護相關感染的重要病原菌，可快速在住院患者的呼吸道移生。菌毛的黏附和生物膜的形成使 *S. maltophilia* 比其他類似的微生物更容易造成醫院內的傳染[28]。

假單胞菌屬（***Pseudomonas***）是最常從臨床檢體分離的革蘭氏陰性非發酵性桿菌，普遍分布於各地，並且與水和潮溼的環境有關。在自然界中典型的假單胞菌屬細菌可能存在於生物膜，或在某些物體表面或襯底上，或者以浮游的形式作爲單細胞生物體。以 16S rRNA 序列進行系統發育分析（phylogenetic analyses），假單胞菌屬（*Pseudomonas*）細菌可以分爲八群：*P. aeruginosa* group，*P. chlororaphis* group，*P. fluorescens* group，*P. pertucinogena* group，*P. putida* group，*P. stutzeri* group，*P. syringae* group 以及 incertae sedis（地位未定）（表 13-3）[3]。

Pyoverdine 是由螢光假單胞菌組（fluorescent *Pseudomonas* strains）所產生的螢光鐵載體（fluorescent siderophores），螢光假單胞菌組（fluorescent *Pseudomonas* strains）包括 *P. aeruginosa*, *P. chlororaphis*, *P. fluorescens*, *P. tolaasii*, 和 *P. putida*[21]。另有一組會產生黃色色素者（yellow-pigmented group），包括 *P. luteola* 和 *P. oryzihabitans*。

自 1980 年代中期，假單胞菌屬（*Pseudomonas*）的某些成員已應用於穀類種子或直接施用到土壤中，作爲防止作物病原體的生長或形成的方法，這種做法被統稱爲生物防治（biocontrol）。著名的具有生物防治屬性的假單胞菌屬（*Pseudomonas*）包括 *P. fluorescens*，*P. chlororaphis*，*P. protegens* 和 *P. aurantiaca*。另外，假單胞菌屬（*Pseudomonas*）的一些成員能夠代謝環境中的化學汙染物，可用

表 13-3 以 16SrRNA 序列進行假單胞菌屬的系統發育分析

P. aeruginosa group	*P. pertucinogena* group
P. aeruginosa	*P. denitrificans*
P. alcaligenes	*P. pertucinogena*
P. mendocina	
P. pseudoalcaligenes	*P. putida* group
P. resinovorans	*P. monteilii*
	P. oryzihabitans
	P. putida
P. chlororaphis group	*P. stutzeri* group
P. chlororaphis	*P. luteola*
	P. stutzeri
P. fluorescens group	
P. fluorescens	*P. syringae* group
P. tolaasii	*P. syringae*
P. veronii	
	Incertaesedis（地位未定）

於生物修復（bioremediation），著名的菌種有 *P. mendocina*, *P. alcaligenes*, *P. pseudoalcaligenes*, *P. resinovorans*, *P. veronii* 和 *P. putida*。

伯克霍爾德氏菌科（*Burkholderiaceae*）大多數均生活在土壤中，除了鼻疽桿菌（*B. mallei*）不是。鼻疽桿菌（*B. mallei*），造成馬鼻疽（glanders），是一種哺乳動物的專有病原菌，大多發生在馬及相關哺乳動物，它可以從一宿主傳染到另一個宿主引起疾病[4]。伯克霍爾德氏菌科（*Burkholderiaceae*）還包括類鼻疽桿菌（*B. pseudomallei*），引起類鼻疽；和洋蔥伯克霍爾德氏菌群（*B. cepacia* complex），是囊性纖維化（cystic fibrosis, CF）病人肺部感染的重要病原菌；和唐菖蒲伯克霍爾德氏菌（Burkholderia gladioli），會產生邦克列酸（Bongkrekic acid），這種毒素對人體是非常危險的，因爲它會破壞細胞內的粒線體，導致器官衰竭。由於它們的抗生素耐藥性和相關感染疾病的高死亡率，鼻疽桿菌（*B. mallei*）和類鼻疽桿菌（*B. pseudomallei*）被認爲是潛在的生物戰劑（potential biological warfare agents）。

Achromobacter xylosoxidans 廣泛分布於自然界，經常在水的環境中發現，偶爾也能從人的耳朵和胃腸道的正常菌群中分離出來。

Alcaligenes faecalis 通常存在水和土壤，也可以在醫院環境中潮溼的地方如呼吸器，血液透析系統和靜脈輸液等，還有人的皮膚和胃腸道中發現。

Elizabethkingia meningoseptica 存在於水，土壤和醫院環境（如飲水機，設備中儲水處），並植物和食品中，不是人體的常在性菌群，可引起健康照護相關感染。

Oligella 菌屬至少包括 2 個菌種，*Oligella ureolytica* 和 *Oligella urethralis*。*Oligella* 菌屬引起的臨床感染是罕見的，若發生常都是與胃腸道及尿路阻塞有關。

***Sphingomonas* 菌屬**普遍存在於水，土壤和植物，其菌體含有鞘醣脂（glycosphingolipids; GSLs）取代了脂多醣（lipopolysaccharide; LPS），並且通常會產生黃色色素的菌落。一些 *Sphingomonas* 菌屬（特別是 *S. paucimobilis*）與人類的疾病有關，主要是健康照護相關感染，通常很容易以抗生素治療，無生命威脅[27]。*S. paucimobilis* 有單一端鞭毛，具緩慢運動性。*S. paucimobilis* 能夠降解木質素（lignin）相關的聯苯（biphenyl）化合物，由於它的生物降解（biodegradative）和生物合成（biosynthetic）的能力，*Sphingomonas* 菌屬已被廣泛用於生物技術的應用，從環境汙染物的生物修復（bioremediation）到生產細胞外聚合物，例如鞘氨醇膠（sphingans）等，廣泛使用於食品或其他產業。

***Moraxella* 菌屬**是鼻，咽喉和上呼吸道的常在性菌群，屬機率性感染。

13-2 臨床意義

臨床上分離出革蘭氏陰性非發酵性桿菌，其中 *Pseudomonas aeruginosa* 佔最多數，其次爲 *Acinetobacter calcoaceticus - Acinetobacter baumannii* (*Acb*) complex，及 *Stenotrophomonas maltophilia* 等。革蘭氏陰性非發酵性桿菌可以在水、土壤、植物等處發現，也可以在醫療院所的環境，例如蒸餾水、消毒劑、注射液、透析液、呼吸治療器具等處檢測到。長期使用抗生素、類固醇或免疫抑制劑者，很容易受到此類細菌的感染，我們可以從病患各種不同的檢體中分離出此類細菌。

一、不動桿菌屬（*Acinetobacter*）

鮑曼不動桿菌（*Acinetobacter baumannii*）是一種重要的健康照護相關感染的病原菌，會引起各種皮膚，軟組織和傷口，尿路感染，繼發性腦膜炎，肺炎和菌血症等機率性感染。鮑曼不動桿菌（*A. baumannii*）的臨床重要性部分是源於其對許多常用的抗生素產生耐藥性的能力。許多毒性菌株具有產生圍繞菌體具有保護能力的莢膜，此由長鏈的糖所組成的莢膜，提供菌體與抗生素，抗體和補體間的物理屏障。鮑曼不動桿菌（*A. baumannii*）已被注意到其明顯地能在人造物表面長時間存活的能力，因此使其能在醫院環境中持久存在，一般認爲是與其能形成生物膜的能力有關[7]。

二、寡養單胞菌屬（*Stenotrophomonas*）

嗜麥芽寡養單胞菌（***Stenotrophomonas maltophilia***）常常在溼潤的表面移生，如在機械通氣（mechanical ventilation）用管，留置導尿管，抽吸導管和內視鏡等醫療設備[5]。通常是在有異體材料（塑料或金屬材質）的存在下容易造成感染，例如中心靜脈導管或類似裝置等，最有效的治療是移除這些異體材料。在免疫功能正常的人，*S. maltophilia* 所造成的感染極少見；相對地在免疫功能低下的病患，*S. maltophilia* 是潛在肺部感染的重要病原菌[20]，而 *S. maltophilia* 在囊性纖維化（cystic fibrosis）患者的移生率持續在增加中[36]。

三、假單胞菌屬（*Pseudomonas*）

綠膿桿菌（***Pseudomonas aeruginosa***）是一機率性致病菌（opportunistic pathogen），假單胞菌屬（*Pseudomonas*）中最常被分離的菌種，健康照護相關感染的主要病原之一。綠膿桿菌（*P. aeruginosa*）不屬於健康人正常菌群的組成，移生（colonization）常發生在鼻腔黏膜、咽喉、胃腸道、腋窩和會陰。綠膿桿菌（*P. aeruginosa*）會導致呼吸系統感染、胃腸道感染、泌尿道感染、皮炎、軟組織感染、菌血症、骨和關節感染以及其他各種全身性感染，特別是嚴重燒燙傷，癌症和愛滋病（AIDS）患者。綠膿桿菌（*P. aeruginosa*）感染對於癌症，囊性纖維化（cystic fibrosis）和燒燙傷住院患者是一個嚴重的問題，這些患者感染後的致死率將近 50%。

綠膿桿菌（*P. aeruginosa*）的毒力因子包括有菌毛（pili），藉此細菌附著於細胞表面；脂多醣（lipopolysaccharide）爲內毒素；胞外粘液（extracellular slime）能抑制吞噬；內在耐藥性（Intrinsic antimicrobial resistance）對抗生素產生耐藥反應。此外，綠膿桿菌（*P. aeruginosa*）所表現的兩種蛋白質水解酶：彈性蛋白酶（elastase）和鹼性蛋白酶（alkaline protease）會破壞組織。彈性蛋白酶能裂解膠原蛋白，IgG，IgA 和補體，會裂解纖維連接蛋白（fibronectin），以暴露肺的黏膜細胞上細菌附著的受體，還會破壞呼吸道上皮和干擾纖毛的功能。鹼性蛋白酶（alkaline protease）會干擾纖維蛋白的形成，並會溶解纖維蛋白。彈性蛋白酶（elastase）和鹼性蛋白酶（alkaline protease）也能一起引起的干擾素 γ（IFNγ）和腫瘤壞死因子（TNF）的去活化。綠膿桿菌（*P. aeruginosa*）產生外毒素 A（exotoxin A），它會抑制細胞蛋白質的合成作用。另一藍色色素，綠膿素（pyocyanin），能損害人類鼻纖毛的正常功能，破壞呼吸道上皮，並爲吞噬細胞的促炎因子。而已知的螢光色素 pyoverdine 目前沒有已知的毒力作用。此外，綠膿桿菌（*P. aeruginosa*）還會產生其他三種可溶性蛋白，細胞毒素（25 kDa），又可稱爲殺白細胞素（leucocidin）和兩種溶血素，一個是磷脂酶（phospholipase），另一個是卵磷脂酶（lecithinase）。他們以協同作用來分解脂肪和卵磷脂。由綠膿桿菌（*P. aeruginosa*）產生的黏液外多醣（mucoid exopolysaccharide）稱爲藻酸鹽（alginate），是甘露糖醛酸（mannuronic acid）和葡萄糖醛酸（glucuronic acid）的重複聚合物。藻酸鹽（alginate）黏液形成生物膜，協助細菌的附著，保護細菌於宿主的防禦機制，如淋巴細胞、巨噬細胞、呼吸道的纖毛作用、抗體和補體作用。產生黏液生物膜的菌株比他們的浮游形式對抗生素也比較不敏感。綠膿桿菌（*P. aeruginosa*）的黏液菌株最常由囊性纖維化（cystic fibrosis）患者的肺組織中分離出來。假單胞菌屬（*Pseudomonas*）感染可分爲三個不同的階段：⑴ 細菌附著和移生；⑵ 局部浸潤；⑶ 播散全身性疾病。然而，該疾病過程可在任一階段停止。

螢光假單胞菌（***Pseudomonas fluorescens***）是罕見的人類感染病原菌，並且通常會影響免疫系統受損的患者（例如，癌症治療中的患者）。2004 年到 2006 年間，在美國曾有螢光假單胞菌（*P. fluorescens*）的突發，涉及 80 名分別在六個州的癌症患者。感染的來源是患者正在使用的肝素鹽水沖洗液受到汙染 [10]。

Pseudomonas oryzihabitans 是一種會產生黃色色素，革蘭氏陰性棒狀細菌，可能會導致敗血症（sepsis），腹膜炎，眼內炎，及菌血症 [8]。這是一種人類的機率性感染病原菌，這種微生物可以感染有重大疾病的個體，包括那些接受手術或身體裝有導管的個人。

Pseudomonas luteola 是一種腐生菌，也是一種機率性感染病原菌，可導致人類和動物的菌血症，腦膜炎，人工瓣膜心內膜炎，腹膜炎。

四、伯克霍爾德氏菌屬（*Burkholderia*）

類鼻疽桿菌（***Burkholderia pseudomallei***）感染人類和動物引起類鼻疽，它也能夠感染植物。類鼻疽桿菌（*B. pseudomallei*）感染的特性與結核菌很類似，能在吞噬細胞內生存，在胸部 X 光檢查可觀察到結節病變的產生，在多種組織中呈現肉芽腫的病變，並且可以潛伏多年後重新激活。

鼻疽桿菌（***Burkholderia mallei***）是馬鼻疽的病原菌，其影響的動物，以馬，騾，驢占最多數。馬被認爲是鼻疽桿菌（*B. mallei*）的天然宿主，並且屬高度易感性 [37]。鼻疽桿菌（*B. mallei*）很少感染人類，處理此細菌的實驗室工作人員或經常接近受感染的動物者屬高危險群 [16]，而且通常是經由他們的眼，鼻，口，或在皮膚上的傷口感染的。鼻疽桿菌（*B. mallei*）是類鼻疽桿菌（*B. pseudomallei*）的一個亞種 [11]。鼻疽桿菌（*B. mallei*）是從類鼻疽桿菌（*B. pseudomallei*）的基因組經由選擇性的還原和刪除演化而來的 [30]。

洋蔥伯克霍爾德氏菌群（***Burkholderia cepacia* complex；簡稱 BCC**）至少包括 18 個不同的菌種，洋蔥伯克霍爾德氏菌（*B. cepacia*），*B. multivorans*，新洋蔥伯克霍爾德氏菌（*B. cenocepacia*），*B. vietnamiensis*，*B. stabilis*，*B. ambifaria*，*B. dolosa*，*B. anthina*，*B. pyrrocinia* 和 *B. ubonensis*[18] 等。洋蔥伯克霍爾德氏菌（*B. cepacia*）是人體的重要致病菌，通常在免疫功能低下同時有潛在肺部疾病者（如囊性纖維化或慢性肉芽腫病）易導致肺炎 [19]，鐮狀細胞血紅蛋白病患者也屬危險群。洋蔥伯克霍爾德氏菌（*B. cepacia*）之毒力因子包括塑料表面（包括醫療器械）的粘附和數種酵素如彈性蛋白酶（elastase）和明膠酶（gelatinase）等的產生。

唐菖蒲伯克霍爾德氏菌（***Burkholderia gladioli***）已被鑑定爲植物的病原菌。在人類它屬於一種機率性的感染，是健康照護相關感染的重要病原菌。在囊性纖維化（cystic fibrosis）患者會引起嚴重的肺部感染 [32]。穀物製品在發酵過程中若汙染此菌，常會產生邦克列酸（Bongkrekic acid），尤其是在其發酵不完全的製品中。邦克列酸會將細胞內粒線體的內膜中一特定通道「堵住」，此通道爲腺嘌呤核苷酸轉運蛋白（adenine nucleotide translocator, ANT），導致三磷酸腺苷（adenosine triphosphate, ATP）無法從粒線體送出來，進而導致器官衰竭。

五、其他革蘭氏陰性非發酵性桿菌

Achromobacter xylosoxidans 雖然是一種罕見的人類病原菌，但它可能會引起高死亡率的侵襲性感染。*A. xylosoxidans* 所造成的菌血症多發生於免疫力低下者或衰弱的病患。此外，*A. xylosoxidans* 也會導致囊性纖維化（cystic fibrosis）患者和氣管插管小兒病患的感染，如菌血症和嚴重的肺部感染 [24]。

Alcaligenes faecalis 能造成機率性的感染，可以從血液，痰或尿液中分離出來。

Elizabethkingia meningoseptica 會引起新生兒高死亡率的腦膜炎和敗血症（特別對早產兒具高致病性），還有幼兒園的相關感染，與植入導管相關的菌血症，在免疫功能低下的成年人的腦膜炎以及其他機率性感染。*E. meningoseptica* 也曾被報導引起健康照護相關的肺炎，心內膜炎，術後菌血症等，還有引起免疫功能正常者的軟組織感染和敗血症 [34]。

***Oligella* 菌屬**大多是從尿道中分離出來的，*O. uerolytica* 主要從有留置導管患者的尿液中發現的，*O. ureolytica* 能使尿液鹼化因而引起泌尿道結石。*O. urethralis* 則與敗血症和化膿性關節炎有關，也曾經報導過此菌會引起連續性可攜帶式腹膜透析（continuous ambulatory peritoneal dialysis，CAPD）患者的腹膜炎。

***Moraxella* 菌屬**健康照護相關和機率性感染，此菌大多是從眼睛或呼吸道分離出來的。*M. lacunata* 是棒狀革蘭氏陰性桿菌，它是人瞼結膜炎（blepharoconjunctivitis）的病原菌之一 [2]。

Neisseria* 菌屬**是不具運動性，棒狀革蘭氏陰性桿菌，Neisseria weaveri*** 屬於狗的口腔菌群，與被狗咬傷的傷口感染相關。

13-3　培養特性及鑑定法

在臨床情況下，精確的菌種鑑定是確定最佳的治療，患者的預後，以及適當的感染控制措施所必須的，相關的分離菌株尋求參考實驗室的協助鑑定通常是重要的 [26]。微生物實驗室可以使用傳統方法或商業套組（commercial kit） 進行菌種的鑑定。傳統鑑定方法包括氧化酶（oxidase）試驗，葡萄糖利用與否試驗，運動性（motility）試驗以及各種不同的生化反應試驗。

因為在大多數臨床實驗室使用傳統方法的局限性，罕見的革蘭氏陰性非發酵性桿菌的準確鑑定是一個挑戰。基質輔助雷射脫附離子化－飛行時間（Matrix-assisted laser desorption ionization-time of flight; MALDI-TOF）是有效鑑定此類細菌的一個替代的工具。具提示識別和高鑑別能力表現的 MALDI-TOF 成為難以用常規的方法來鑑定的微生物的有用鑑別工具 [14]。

一、氧化酶陰性，不具運動性

Moraxellaceae

Acinetobacter

不動桿菌屬（***Acinetobacter***）葡萄糖利用各異（glucose utility variable），在 MacConkey agar 上生長良好具色素的菌落，不會利用 nitrate。其菌體形態呈革蘭氏陰性球桿菌，常似雙球菌出現圖 13-4，容易與奈瑟氏菌（*Neisseria* spp.）混淆。不動桿菌屬（*Acinetobacter*）細菌與其他 *Moraxellaceae* 的成員的區別在於氧化酶試驗，不動桿菌屬（*Acinetobacter*）是 *Moraxellaceae* 中唯一缺乏細胞色素 C 氧化酶（cytochrome C oxidases）[9]。此菌屬中最常分離者為 *Acinetobacter calcoaceticus- Acinetobacter baumannii* complex（*Acb* complex）與 *Acinetobacter lwoffii*（表 13-8）。

二、氧化酶陰性，具運動性

Lysobacteraceae

Stenotrophomonas

Stenotrophomonas maltophilia 氧化酶陰性（oxidase negative），葡萄糖氧化（glucose oxidizer），在 MacConkey agar 生長良好，在綿羊血瓊脂其菌落為淺紫色到薰衣草綠色。*S. maltophilia* 觸酶（catalase）陽性，DNase 陽性，ONPG（o-nitrophenyl-β-D-galactosidease）反應陽性，arginine decarboxylase 陰性，lysine decarboxylase 陽性，ornithine decarboxylase 陰性，esculin hydrolyisis 陽性，和 gelatinase 陽性。*S. maltophilia* 可強烈氧化麥芽糖，葡萄糖弱氧化，對多黏菌素 B（polymyxin B）具感受性（表 13-8）。

三、氧化酶陽性，不具運動性

Alcaligenaceae

Oligella (*O. urethralis*)

Weeksellaceae

Chryseobacterium

Elizabethkingia meningoseptica

Moraxellaceae

Moraxella lacunata

Neisseriaceae

Neisseria weaveri

Elizabethkingia meningoseptica 葡萄糖氧化（glucose oxidizer），不能在 MacConkey agar 上生長，在含綿羊血瓊脂上的菌落型態呈平滑，大菌落，具有淡黃色色素。*E. meningoseptica* 葡萄糖氧化，catalase 陽性，urease 陰性，不能還原硝酸鹽，mannitol，gelatinase，esculin，ONPG（o-nitrophenyl-β-D-galactosidease），DNase，indole，PYR（pyrrolidonyl-β-naphthylamide）水解試驗均為陽性，對 vancomycin 具感受性，對 polymyxin B 和 colistin 具耐受性。*E. meningoseptica* 與 *B. cepacia* 很相似，但可藉由 indole 和 PYR 水解試驗區分，*E. meningoseptica* 兩者反應均為陽性，而 *B. cepacia* 兩者反應均為陰性加以區分（表 13-7）。

Moraxella lacunata 不具運動性，oxidase 陽性，catalase 陽性，不會利用葡萄糖（glucose asaccharolytic），不能在 MacConkey agar 上生長，能還原硝酸鹽，gelatinase 陽性，DNase 陰性（表 13-7），會消化 Loeffler's slant。

四、氧化酶陽性，具運動性，有端鞭毛（motile with polar flagella）

Pseudomonadaceae

Pseudomonas aeruginosa

Pseudomonas fluorescens

Pseudomonas putida

Pseudomonas stutzeri

Pseudomonas mendocina

Pseudomonas alcaligenes

Pseudomonas pseudoalcaligenes

Pseudomonas Species group 1

Pseudomonas oryzihabitans

Pseudomonas luteola

Burkholderiaceae（*B. mallei* 除外）

Burkholderia cepacia complex

Burkholderia pseudomallei

Burkholderia gladioli

Burkholderiaceae

Ralstonia

Comamonadaceae

Comamonas
Acidovorax
Delftia
Caulobacteraceae
Brevundimonas
Shewanellaceae
Shewanella putrefaciens
Sphingomonadaceae
Sphingomonas paucimobilis

1.假單胞菌屬（*Pseudomonas*）

氧化酶陽性（oxidase positive）（除了 *P. luteola*，*P. oryzihabitans*），葡萄糖氧化（glucose oxidizer）（除了 *P. alcaligenes*，*P. pseudoalcaligenes*，*P. species* group 1），能在 MacConkey agar 上生長（表 13-4，表 13-8）。

綠膿桿菌（***Pseudomonas aeruginosa***）有單一端鞭毛，具運動性，而且其生長的營養需求非常簡單，在大多數實驗室所用的培養基如綿羊血瓊脂（blood agar plate），eosin-methylene blue agar 或 MacConkey agar 都生長良好，其生長最適溫度爲 37℃，並且它能夠在溫度高達 42℃生長。綠膿桿菌（*P. aeruginosa*）氧化酶反應陽性，不能發酵乳糖，具有特殊的水果氣味。綠膿桿菌（*P. aeruginosa*）菌株可能會產生兩種菌落類型：一是類似煎蛋的，大的，光滑平坦的邊緣和中央提升的菌落外觀；另一種類型，經常從呼吸道和泌尿道分泌物得到，具有黏液的外觀，這是由於藻酸鹽（alginate）黏液的形成所致[12]。綠膿桿菌（*P. aeruginosa*）菌株會產生兩種類型的可溶性色素，螢光色素 pyoverdine 和彩色色素，例如綠膿素（pyocyanin；藍色）[17]，或 pyorubin（紅色），或 pyomelanin（棕色）。綠膿素所形成

表 13-4　常見的假單胞菌屬（*Pseudomonas*）細菌的鑑定

Motile with one or more polar flagella, can growth on MacConkey agar, polymyxin B susceptible, LDC (-)

	42℃	Oxidase	Glucose	Maltose	Mannitol	ONPG	ADH	Nitrate	Urease	Esculin	Pyoverdine	Pyocyanin
P. aeruginosa	+	+	+	v	v	–	+	+	v	–	+	+
P. fluorescens	–	+	+	v	v	–	+	–	v	–	+	–
P. putida	–	+	+	v	+	–	+	–	v	–	+	–
*P. stutzeri*1	v	+	+	+	+	–	–	+	v	–	–	–
P. mendocina	+	+	+	–	–	–	+	+	v	–	–	–
P. alcaligenes	v	+	–	–	–	–	–	v	v	ND	–	–
P. pseudoalcaligenes	+	+	–	–	–	–	v	+	–	–	–	–
P. Species group[1]	ND	+	–	–	–	–	v	+	–	ND	–	–
*P. oryzihabitans**	ND	–	+	+	+	–	–	–	v	–	–	–
*P. luteola**	ND	–	+	+	+	+	v	v	v	+	–	–

[1]wrinkled colony

*yellow pigmented colony

42℃: can grow at 42℃, Glucose, Maltose, Mannitol, Xylose: oxidizer, ONPG: o-nitrophenyl-B-D-galactosidease, ADH: arginine dihydrolase, Nitrate: nitrate reduction, Esculin: esculin hydrolysis, LDC: lysine decarboxylase.

+: positive, –: negative, v: variable, ND: not determined.

表 13-5 常見的伯克霍爾德氏菌屬（*Burkholderia*）細菌的鑑定

Glucose oxidizer, polymyxin B resistant

	Mmotility	Mac	42℃	Oxidase	Maltose	Mannitol	Xylose	ONPG	ADH	LDC	Nitrate
B. pseudomallei	+	+	+	+	+	+	+	–	+	–	+
B. mallei	–	v	–	+	v	–	v	ND	+	–	+
B. cepacia complex	+	+	v	+	+	+	v	v	+	v	v
B. gladioli	+	+	ND	–	–	+	ND	+	–	–	v

Mac: can growth on MacConkey agar, 42℃: can grow at 42℃, Maltose, Mannitol, Xylose: oxidizer, ONPG: o-nitrophenyl-B-D-galactosidease, ADH: arginine dihydrolase, LDC: lysine decarboxylase, Nitrate: nitrate reduction.
+: positive, –: negative, v: variable, ND: notdetermined.

表 13-6 常見 motile, oxidase positive 革蘭氏陰性非發酵性桿菌的鑑定

	Mac	Glucose	Maltose	Mannitol	Xylose	ONPG	Nitrate	Urease	Esculin	DNAse	Polymyxin B
Ralstonia mannitolilytica[1]	+	+	+	+	+	–	–	+	–	–	R
Ralstonia pickettii[1]	+	+	v	–	+	–	+	+	–	–	R
Sphingomonas paucimobilis[1]*	–	+	+	–	+	+	–	–	+	+	S
Brevundimonas diminuta[1]	+	w	–	–	–	–	–	–	–	v	v
Brevundimonas vesicularis[1]*	v	w	v	–	v	v	–	–	+	–	S
Shewanella algae[1,3]	+	+	–	–	ND	–	+	–	–	+	S
Shewanella putrefaciens[1,3]	+	v	+	–	–	–	+	–	–	+	S
Alcaligenes faecalis[2]	+	–	–	–	–	–	–	–	–	–	ND
Achromobacter xylosoxidans[2]	+	+	–	–	+	–	+	–	–	–	S
Oligella urealytica[2]	+	–	–	ND	ND	–	+	+	ND	–	S

[1] motile, one or more polar flagella
[2] motile with peritrichous flagella
[3] H_2S (TSI)
*yellow pigmented colony
S. putrefaciens: ODC (+), gelatin (+)
A. faecalis and *A. xylosoxidans*: citrate (+)
Mac: can growth on Mac Conkey agar, Glucose, Maltose, Mannitol, Xylose: oxidizer, ONPG: o-nitrophenyl-B-D-galactosidease, Nitrate: nitrate reduction, Esculin: esculin hydrolysis.
+: positive, –: negative, w: weak oxidation, v: variable, ND: not determined, R: resistant, S: susceptible.

表 13-7 常見 nonmotile, oxidase positive 革蘭氏陰性非發酵性桿菌的鑑定

	Mac	Glucose	Nitrate	Urease	Gelatin	DNAse	Indole	Polymyxin B
Burkholderia mallei	v	+	+	v	–	–	–	R
Oligella urethralis	+	–	–	–	–	–	–	ND
Chryseobacterium	v	+	v	v	v	–	+	R
Elizabethkingia meningoseptica	v	+	–	–	+	+	+	R
Moraxella lacunata	–	–	+	–	+	–	–	ND
Neisseria weaveri	v	–	–	–	ND	–	–	S

B .mallei: ADH (+)

E. meningoseptica: mannitol (+), ONPG (+), esculin (+)

Mac: can growth on MacConkey agar, Glucose: oxidizer, ONPG: o-nitrophenyl-B-D-galactosidease, ADH: argininedihydrolase, Nitrate: nitrate reduction, Gelatin: gelatin hydrolysis.

+: positive, –: negative, w: weak oxidation, v: variable, ND: not determined, R: resistant, S: susceptible.

表 13-8 常見 oxidase negative 革蘭氏陰性非發酵性桿菌的鑑定

	Motility	Glucose	Maltose	Mannitol	ONPG	ADH	LDC	Nitrate	Esculin	DNAse	Polymyxin B
*Pseudomonas oryzihabitans**	+	+	+	+	–	–	–	–	–	–	S
*Pseudomonas luteola**	+	+	+	+	+	v	–	v	+	–	S
Burkholderia gladioli	+	+	–	+	+	–	–	v	–	–	R
Stenotrophomonas maltophilia	+	+	+	–	+	–	+	v	v	+	S
Acinetobacter baumannii	–	+	–	–	–	+	–	–	–	–	ND
Acinetobacter lwoffii	–	–	v	–	–	–	–	–	–	–	ND

*yellow pigmented colony

All can growth on MacConkey agar

S. maltophilia: gelatin (+)

A. baumannii can grow at 42℃, citrate (+)

Glucose, Maltose, Mannitol: oxidizer, ONPG: o-nitrophenyl-B-D-galactosidease, ADH: arginine dihydrolase, LDC: lysine decarboxylase, Nitrate: nitrate reduction, Esculin: esculin hydrolysis.

+: positive, –: negative, v: variable, ND: not determined, R: resistant, S: susceptible.

的「藍膿（blue pus）」，這是因綠膿桿菌（*P. aeruginosa*）所引起的化膿性感染的特徵，在紫外線照射下呈現黃綠色螢光有助於在早期識別綠膿桿菌（*P. aeruginosa*）菌落。

螢光假單胞菌（***Pseudomonas fluorescens***）有多端鞭毛，具運動性，非發酵性，氧化酶陽性的革蘭氏陰性棒狀桿菌，*P. fluorescens* 菌株會產生可溶性螢光色素 pyoverdine[6]。此外，*P. fluorescens* 會產生對熱穩定的脂肪酶（lipases）和蛋白酶（proteases）。

Pseudomonas stutzeri 有多端鞭毛，具運動性，非發酵性，氧化酶陽性的革蘭氏陰性棒狀桿菌，在綿羊血瓊脂（blood agar plate）上呈現特殊皺縮型態的菌落（wrinkled colony）（圖 13-1）。

Pseudomonas oryzihabitans 有 1～2 端鞭毛，具運動性，會產生黃色色素，非發酵性，氧化酶陰性的革蘭氏陰性棒狀桿菌。

Pseudomonas luteola 有多端鞭毛，具運動性，會產生黃橙色色素，非發酵性，氧化酶陰性的革蘭氏陰性棒狀桿菌，能夠在 Trypticase soy agar，Nutrient agar 和 MacConkey agar 上生長。

2. 伯克霍爾德氏菌屬（*Burkholderia*）

有端鞭毛，具運動性（motile with polar flagella）（*B. mallei* 除外），氧化酶陽性（oxidase positive）（*B. gladioli* 除外），葡萄糖氧化（glucose oxidizer），能在 MacConkey agar 上生長（表 13-5，表 13-7，表 13-8）。

Ashdown's 瓊脂（或稱 *Burkholderia cepacia* 瓊脂）可被用於選擇性培養基，其中含有結晶紫（crystal violet）和膽鹽（bile salts）抑制革蘭氏陽性球菌的生長，含替卡西林（ticarcillin）和多黏菌素 B（polymyxin B）抑制其他革蘭氏陰性菌的生長[25]。通常在 24～48 小時即可培養出來，這種比較快的生長速率可用來區分鼻疽桿菌（*B. mallei*），後者通常需要至少 72 小時。

此外，也可以使用 OFPBL（oxidation-fermentation polymyxin-bacitracin-lactose）瓊脂，其中含有多黏菌素 B（polymyxin B）能抑制大多數革蘭氏陰性菌，包括綠膿桿菌（*P. aeruginosa*），含枯草菌素（bacitracin）抑制大多數革蘭氏陽性菌和奈瑟氏球菌屬（*Neisseria species*），它也含有乳糖，如洋蔥伯克霍爾德氏菌群（*Burkholderia cepacia* complex）不發酵乳糖，這有助於區分其他能在 OFPBL 瓊脂上生長的細菌。

3. 其他

***Shewanella* 菌屬**氧化酶陽性（oxidase positive），能在 MacConkey agar 上生長，DNAse 陽性，對多黏菌素 B（polymyxin B）具感受性；而 *Shewanella* 菌屬在 TSI（triple sugar iron）培養基底部會呈現 H_2S 陽性反應（圖 13-2），ONPG（o-nitrophenyl-β-D-galactosidease）陰性，Nitrate 還原試驗陽性，不能水解 esculin 等特性能與 *S. paucimobilis* 區分；*S. algae* 不能氧化 maltose，*S. putrefaciens*（圖 13-3）能氧化 maltose（表 13-6）。

Sphingomonas paucimobilis 氧化酶陽性（oxidase positive），葡萄糖氧化（glucose oxidizer），不能在 MacConkey agar 上生長，DNAse 陽性，能氧化 maltose 與 xylose，ONPG（o-nitrophenyl-B-D-galactosidease）陽性，Nitrate 還原試驗陰性，能水解 esculin，對多黏菌素 B（polymyxin B）具感受性（表 13-6）。

五、氧化酶陽性，具運動性，有周鞭毛（motile with peritrichous flagella）

Alcaligenaceae

Achromobacter
Alcaligenes
Oligella（*O. ureolytica*）

Achromobacter xylosoxidans 氧化酶陽性（oxidase positive），catalase 陽性，能氧化葡萄糖（反應弱）和木糖（反應強），能在 MacConkey agar 上生長，能還原硝酸鹽，citrate 陽性（表 13-6）。

Alcaligenes faecalis 氧化酶陽性（oxidase positive），catalase 陽性，不會利用葡萄糖（glucose asaccharolytic），能在 MacConkey agar 上生長，在綿羊血瓊脂其菌落形態呈現平，薄，擴散，粗糙與不規則的邊緣，可能有水果氣味，不能還原硝酸鹽，citrate 陽性，urease 和 lysine decarboxylase 陰性（表 13-6）。

Oligella ureolytica 有周鞭毛，具運動性（motile with peritrichous flagella），urease 陽性（反應非常迅速），能還原硝酸鹽，對多黏菌素 B（polymyxin B）具感受性（表 13-6）；而 ***Oligella urethralis*** 則不具運動性，urease 陰性，indole 陰性，不能還原硝酸鹽，其表型上類似 Moraxella 菌種，屬球桿菌型態（表 13-7）。*O. ureolytica* 與 *O. urethralis* 兩者皆 oxidase 陽性，catalase 陽性，不會利用葡萄糖（glucose asaccharolytic），在 MacConkey agar 上生長各異。

13-4 藥物感受性試驗

一、不動桿菌屬（*Acinetobacter*）

對多種抗生素具耐受性，特別是鮑曼不動桿菌（*A. baumannii*）對許多常用的抗生素產生耐藥性，如 broad-spectrum cephalosporins，β-lactam 類抗生素，aminoglycosides 和 quinolones。碳青黴烯類（carbapenems）已被廣泛用於治療的多重耐藥性 *Acinetobacter calcoaceticus*- *Acinetobacter baumannii* complex（*Acb* complex），然而，耐碳青黴烯類 *Acb* complex（CR*Acb*）的報告也正越來越多 [15,33]。因此，治療往往依賴多黏菌素（polymyxins），特別是黏菌素（colistin）[1]。黏菌素（colistin）被認爲是不得已而選擇的一種藥物，因爲它往往會導致腎損害等副作用 [31]。常見的革蘭氏陰性非發酵性桿菌之藥物感受性試驗請參考表 13-9。

二、寡養單胞菌屬（*Stenotrophomonas*）

嗜麥芽寡養單胞菌（***Stenotrophomonas maltophilia***）具有廣泛的內源性多重抗生素耐藥性（multi-drug resistance；MDR）[29]，而 tetracycline，doxycycline 和 sulfamethoxazole-trimethoprim 被認爲是有效的。CLSI 建議若以肉湯稀釋法（broth dilution）檢測，常用的抗菌藥物包括 ticarcillin-clavulanate，levofloxacin 和 tetracyclines；如果進行 disk diffusion，則只報告 minocycline，levofloxacin 和磺胺甲噁唑／甲氧苄啶（sulfamethoxazole/trimethoprim，SXT）。

三、假單胞菌屬（*Pseudomonas*）

綠膿桿菌（***P. aeruginosa***）能耐受包括溫度的變化，高濃度的鹽和染料，低劑量的防腐劑，以及對許多常用的抗生素具耐藥性。綠膿桿菌（*P. aeruginosa*）的天然棲息地是土壤，與桿菌，放線菌和黴菌共存，它已經發展成能抵抗各種天然存在的抗生素。此外，其傾向以生物膜形式移生，使得局部不易達到具治療效果的抗生素濃度。這些屬性有助於了解綠膿桿菌（*P. aeruginosa*）的無所不在及其爲健康照護相關感染常見的病原菌的特性。此外，假單胞菌抗生素抗性攜帶質體（plasmids），能夠通過水平基因轉移的機制（horizontal gene

表 13-9　革蘭氏陰性非發酵性桿菌之藥物感受性試驗

	disc diffusion	MIC	not available
Pseudomonas aeruginosa	v	v	
Pseudomonas fluorescens		v	
Pseudomonas putida		v	
Pseudomonas stutzeri		v	
Pseudomonas mendocina		v	
Pseudomonas luteola		v	
Pseudomonas oryzihabitans		v	
Sphingomonas paucimobilis		v	
Burkholderia pseudomallei#		v	
Burkholderia mallei#		v	
Burkholderia cepacia complex	v	v	
Burkholderia gladioli		v	
Stenotrophomonas maltophilia	v	v	
Brevundimonas diminuta		v	
Brevundimonas vesicularis		v	
Ralstonia pickettii		v	
Ralstonia mannitolilytica			v
Sphingomonas paucimobilis		v	
Shewanella algae		v	
Shewanella putrefaciens		v	
Alcaligenes faecalis			v
Achromobacter xylosoxidans		v	
Oligellaurealytica			v
Oligellaurethralis			v
Chryseobacterium		v	
Elizabethkingia meningoseptica		v	
Moraxellalacunata			v
Neisseriaweaveri			v
Acinetobacter baumannii	v	v	
Acinetobacter lwoffii	v	v	

參考 CLSI（ClinicalandLaboratoryStandardsInstitute）M45，其餘參考 CLSIM100S。

transfer；HGT），主要是轉導（transduction）與接合（conjugation）轉移這些抗藥基因。

綠膿桿菌（*P. aeruginosa*）對許多常用抗生素，如青黴素（penicillin），氨苄青黴素（ampicillin），第一及第二代頭孢菌素類（cephalosporins）具有耐藥性。綠膿桿菌（*P. aeruginosa*）對氨基糖苷類（aminoglycosides），一些第三代頭孢菌素（cephalosporins），抗假單胞菌的青黴素類〔替卡西林（ticarcillin）和哌拉西林（piperacillin）〕，氟喹諾酮類（fluoroquinolones），慶大霉素（gentamicin）和亞胺培南（imipenem）具有感受性。特別是在囊性纖維化（cystic fibrosis）患者，其因耐藥性菌株的感染幾乎無法使用抗生素治療[35]。

Pseudomonas oryzihabitans 是相當容易治療，對抗生素氨基糖苷類（aminoglycosides），頭孢菌素類（cephalosprins），喹諾酮類（quinolones），環丙沙星（ciprofloxacin），慶大霉素（gentamicin）和碳青黴烯類（carbapenems）都具有感受性。

Pseudomonas luteola 一般對廣效性抗生素，如頭孢菌素類（cephalosporins），aminosids，和環丙沙星（ciprofloxacin）均具有感受性。然而，與異物相關的感染則常對這些抗生素具有高度抗性，治療時盡可能地要將被感染的異物移除。

四、伯克霍爾德氏菌屬（*Burkholderia*）

伯克霍爾德氏菌屬（*Burkholderiaceae*）的細菌大部分對於抗生素常顯示有高度抗性，而且對於很多抗生素具有天生抗性，包括黏菌素（colistin）和慶大霉素（gentamicin）。鼻疽桿菌（*B. mallei*）除外，它對於大多數抗生素極其敏感。

類鼻疽桿菌（*B. pseudomallei*）對於很多抗生素具有內源性抗性，一個重要的機制是，它是能夠將藥物泵出（pump out）細胞，包括對氨基糖苷類（aminoglycosides），四環素類（tetracyclines），氟喹諾酮類（fluoroquinolones）和大環內酯類（macrolides）[22]。

洋蔥伯克霍爾德氏菌群（*Burkholderia cepacia* complex）也對許多常用抗生素天生耐藥，包括氨基糖苷類（aminoglycosides）和多粘菌素 B（polymyxin B）[20]。

洋蔥伯克霍爾德氏菌群（*Burkholderia cepacia* complex）的治療通常配合使用多種抗生素，包括頭孢他啶（ceftazidime），強力黴素（doxycycline），哌拉西林（piperacillin），美羅培南（meropenem），氯黴素（chloramphenicol）和磺胺甲噁唑／甲氧苄啶（sulfamethoxazole/trimethoprim，SXT）[20]。

五、其他革蘭氏陰性非發酵性桿菌

Elizabethkingia meningoseptica 對常用於治療革蘭氏陰性細菌感染用的抗生素具多重耐藥性，包括 extended-spectrum β-lactam 類藥物，aminoglycosides，tetracycline 和 chloramphenicol。雖然 vancomycin 在過去常被使用，但高的 MIC（minimum inhibitory concentration）16 μg/ml 致使需要尋找新的替代用藥，尤其是針對腦膜炎的治療。目前 ciprofloxacin，minocycline，sulfamethoxazole-trimethoprim，fluoroquinolones，piperacillin/tazobactam，rifampin 和 novobiocin 被認爲是很好的替代用藥。

Oligella 菌屬大多對 β-lactam 抗生素具感受性，然而，已經有相關報告提出此細菌藉由染色體整合（chromosomal integration）獲得 AmpC cephalosporinase，因而對 β-lactam 產生耐受性[14]。

13-5 預防／流行病學

革蘭氏陰性非發酵性桿菌的預防方法重點在加強洗手和消毒程序。我們可以藉由正確的菌種分離程序，無菌技術的操作，並仔細監控和清洗呼吸器，導管以及相關儀器等，做最好的管控。針對綠膿桿菌（*P. aeruginosa*）的傳播，燒傷傷口的局部治療可以使用抗菌劑如銀磺胺嘧啶（silver sulfadiazine），加上手術清創，可以顯著減少燒傷患者綠膿桿菌（*P. aeruginosa*）敗血症的發病率。目前有幾種類型的疫苗正在測試中，但還沒有可行的。

目前還沒有可用於人類或動物的疫苗，以防止鼻疽桿菌和類鼻疽桿菌的感染，但是有許多疫苗候選物已在進行研究中[16]。因爲鼻疽桿菌和類鼻疽桿菌列在潛在的生物戰劑的名單上，美國疾病管制和預防中心（CDC）將鼻疽桿菌分類爲 B 類危急生物製劑[4]，因此美國以及國際上對於鼻疽桿菌相關的研究僅可以在生物安全等級三的實驗室進行。

13-6 病例研究

一、個案

2015 年年底新聞報告有一名九個月大的男嬰連續發燒二天，而且每天腹瀉二至三次。此男嬰活力與食慾越來越差，尿液量明顯減少，所以家長帶著男嬰至醫院急診。經醫師詳細檢查，發現男嬰身上出現許多紅疹，手指按壓後血液再填充時間（refilling time）超過 3 秒鐘，疑似出現休克現象，立即請護理師幫男嬰抽血和放置靜脈留置針，護理師在執行醫囑時發現男嬰打針時完全沒有哭鬧，當班醫師立刻開始急救。血液報告顯示，男嬰的白血球數量過低和發炎指數 CRP 數值極高，配合臨床上休克的表現，初步診斷爲「敗血症休克」。因病況危急，院方立即安排男嬰住進兒童加護病房，進行急重症照護。後續男嬰兩套血液培養皆呈現陽性反應，報告爲綠膿桿菌，診斷是「綠膿桿菌造成的敗血症休克」。經過三週住院治療後，男嬰平安返家。

二、問題

1. 何謂「敗血症休克」？
2. 血液培養的標準操作流程（SOP）爲何？
3. 綠膿桿菌的鑑定特性爲何？

學習評估

1. 統稱爲 *Acinetobacter calcoaceticus-Acinetobacter baumannii* complex（*Acb* complex）包括那些 *Acinetobacter* 菌種？
2. 革蘭氏陰性非發酵性桿菌中被認爲是潛在的生物戰劑（potential biological warfare agents）者爲何？
3. 綠膿桿菌（*P. aeruginosa*）的黏液菌株最常由囊性纖維化（cystic fibrosis）患者的肺組織中分離出來，此類黏液菌株乃是因綠膿桿菌（*P. aeruginosa*）產生過量的何種物質所致？此物質易形成生物膜，協助細菌的附著，保護細菌於宿主的防禦機制。
4. 何種革蘭氏陰性非發酵性桿菌感染的特性與結核菌很類似，能在吞噬細胞內生存，在胸部 X 光檢查可觀察到結節病變的產生，在多種組織中呈現肉芽腫的病變，並且可以潛伏多年後重新激活？
5. *E. meningoseptica* 與 *B. cepacia* 很相似，但可藉由 indole 和 PYR 水解試驗

區分，*E. meningoseptica* 兩者反應均爲陽性或陰性？

參考資料

1. **Abbo, A., S. Navon-Venezia, O. Hammer-Muntz, T. Krichali, Y. Siegman-Igra, and Y. Carmeli**. 2005. Multidrug-resistant Acinetobacter baumannii. Emerg. Infect. Dis. **11**:22-29.
2. **Ala'Aldeen, D. A. A.** 2007. "Neisseria and moraxella". In Greenwood, David; Slack, Richard; Peitherer, John; & Barer, Mike (Eds.), Medical Microbiology (17th ed.), p. 258. Elsevier. (ISBN 978-0-443-10209-7).
3. **Anzai, Y., H. Kim, J.Y. Park, H. Wakabayashi, and H. Oyaizu.** 2000. Phylogenetic affiliation of the pseudomonads based on 16S rRNA sequence. Int. J. Syst. Evol. Microbiol. **50** Pt 4:1563-1589.
4. **Bondi, S. K., and J. B. Goldberg.** 2008. Strategies toward vaccines against *Burkholderia mallei* and *Burkholderia pseudomallei*. Expert Rev. Vaccines. **7**:1357-1365.
5. **Chang, Y. T., C. Y. Lin, Y. H. Chen, and P. R. Hsueh.** 2015. Update on infections caused by *Stenotrophomonas maltophilia* with particular attention to resistance mechanisms and therapeutic options. Front. Microbiol. **6**:893.
6. **Cox, C. D., and P. Adams.** 1985. Siderophore activity of pyoverdine for *Pseudomonas aeruginosa*. Infect. Immun. **48**:130-138.
7. **Espinal, P., S. Marti, and J. Vila.** 2012. Effect of biofilm formation on the survival of *Acinetobacter baumannii* on dry surfaces. J. Hosp. Infect. **80**:56-60.
8. **Freney, J., W. Hansen, J. Etienne, F. Vandenesch, and J. Fleurette**. 1988. Postoperative infant septicemia caused by *Pseudomonas luteola* (CDC group Ve-1)and *Pseudomonas oryzihabitans* (CDC group Ve-2). J. Clin. Microbiol. **26**:1241-1243.
9. **Garrity, G.** edited 2000. Bergey's Manual of Systematic Bacteriology Vol. 2, Pts. A & B: The Proteobacteria. (2nd ed., rev. ed.). New York: Springer. p. 454. (ISBN 0-387-95040-0).
10. **Gershman, M. D., D. J. Kennedy, J. Noble-Wang, C. Kim, J. Gullion, M. Kacica, et al.** 2008. Multistate outbreak of *Pseudomonas fluorescens* bloodstream infection after exposure to contaminated heparinized saline flush prepared by a compounding pharmacy. Clin. Infect. Dis. **47**:1372-1379.
11. **Godoy, D., G. Randle, A. J. Simpson, D. M. Aanensen, T. L. Pitt, R. Kinoshita, et al.** 2003. Multilocus sequence typing and evolutionary relationships among the causative agents of melioidosis and glanders, *Burkholderia pseudomallei* and *Burkholderia mallei*. J. Clin. Microbiol. **41**:2068-2079.
12. **Hassett, D. J., J. Cuppoletti, B. Trapnell, S. V. Lymar, J. J. Rowe, S. S. Yoon,** et al. 2002. Anaerobic metabolism and quorum sensing by *Pseudomonas aeruginosa* biofilms in chronically infected cystic fibrosis airways: rethinking antibiotic treatment strategies and drug targets. Adv. Drug Deliv. Rev. **54**:1425-1443.
13. **Mammeri, H., L. Poirel, N. Mangeney, and P. Nordmann.** 2003. Chromosomal integration of a cephalosporinase gene from Acinetobacter baumannii into Oligella urethralis as a source of acquired resistance to b-Lactams.

Antimicrob. Agents Chemother. **47**:1536-1542.

14. **Homem de Mello de Souza, H. A., L. M. Dalla-Costa, F. J. Vicenzi, D. Camargo de Souza, C. A. Riedi, N. A. Filho, et al.** 2014. MALDI-TOF: a useful tool for laboratory identification of uncommon glucose non-fermenting Gram-negative bacteria associated with cystic fibrosis. J. Med. Microbiol. **63** (Pt 9):1148-1153. doi: 10.1099/jmm.0.076869-0.
15. **Hu, Q., Z. Hu, J. Li, B. Tian, H. Xu, and J. Li.** 2011. Detection of OXA-type carbapenemases and integrons among carbapenem-resistant *Acinetobactor baumannii* in a teaching hospital in China. J. Basic Microbiol. **51**:467-472.
16. **Lau, G. W., D. J. Hassett, H. Ran, and F. Kong.** 2004. The role of pyocyanin in *Pseudomonas aeruginosa* infection. Trends Mol. Med. **10**:599-606.
17. **Lipuma, J. J.** 2005. Update on the *Burkholderia cepacia* complex. Curr. Opin. Pulm. Med. **11**:528-533.
18. **Mahenthiralingam, E., T. A. Urban, and J. B. Goldberg**. 2005. The multifarious, multireplicon *Burkholderia cepacia* complex. Nat. Rev. Microbiol. **3**:144-156.
19. **McGowan, J. E., Jr.** 2006. Resistance in nonfermenting gram-negative bacteria: multidrug resistance to the maximum. Am. J. Infect. Control. **34**:S29-37; discussion S64-73.
20. **Meyer, J. M.** 2000. Pyoverdines: pigments, siderophores and potential taxonomic markers of fluorescent *Pseudomonas* species. Arch Microbiol. **174**:135-142.
21. **Mima, T., and H. P. Schweizer.** 2010. The BpeAB-OprB efflux pump of *Burkholderia pseudomallei* 1026b does not play a role in quorum sensing, virulence factor production, or extrusion of aminoglycosides but is a broad-spectrum drug efflux system. Antimicrob. Agents Chemother. **54**:3113-3120.
22. Palleroni, N. J, R. Kunisawa, R. Contopoulou, and M. Doudoroff. 1973. Nucleic acid homologies in the genus *Pseudomonas*. Int. J. Syst. Evol. Microbiol. **23**:333-339. DOI: 10.1099/00207713-23-4-333.
23. **Parkins, M. D., and R. A. Floto.** 2015. Emerging bacterial pathogens and changing concepts of bacterial pathogenesis in cystic fibrosis. J. Cyst. Fibros. **14**:293-304.
24. **Peacock, S. J., G. Chieng, A. C. Cheng, D. A. Dance, P. Amornchai, G. Wongsuvan,** et al. 2005. Comparison of Ashdown's medium, *Burkholderia cepacia* medium, and *Burkholderia pseudomallei* selective agar for clinical isolation of *Burkholderia pseudomallei.* J. Clin. Microbiol. **43**:5359-5361.
25. **Public Health England.** 2014. Identification of glucose non-fermenting Gram- negative rods. UK Standards for Microbiology Investigations. ID 17 Issue 2.2. http://www.hpa.org.uk/SMI/pdf.
26. **Ryan, M. P., and C. C. Adley.** 2010. *Sphingomonas paucimobilis*: a persistent Gram-negative nosocomial infectious organism. J. Hosp. Infect. **75**:153-157. (ISSN: 1532-2939)
27. **Ryan, R. P., S. Monchy, M. Cardinale, S. Taghavi, L. Crossman, M.B. Avison,** et al. 2009. The versatility and adaptation of bacteria from the genus *Stenotrophomonas*. Nat. Rev. Microbiol. **7**:514-525.
28. **Schoch, P. E., and B. A. Cunha.** 1987. *Pseudomonas maltophilia*. Infect. Control. **8**:169-

172.

29. **Song, H., J. Hwang, H. Yi, R. L. Ulrich, Y. Yu, W.C. Nierman, et al.** 2010. The early stage of bacterial genome-reductive evolution in the host. PLoS Pathog. **6:**e1000922.

30. **Spapen, H., R. Jacobs, V. Van Gorp, J. Troubleyn, and P. M. Honore.** 2011. Renal and neurological side effects of colistin in critically ill patients. Ann. Intensive Care. **1**:14.

31. **Stoyanova, M., I. Pavlina, P. Moncheva, and N. Bogatzevska.** 2007. Biodiversity and incidence of *Burkholderia* species. Biotechnol Equip. **21**: 306–310.

32. **Su, C. H., J. T. Wang, C. A. Hsiung, L. J. Chien, C. L. Chi, H. T. Yu, et al.** 2012. Increase of carbapenem-resistant *Acinetobacter baumannii* infection in acute care hospitals in Taiwan: association with hospital antimicrobial usage. PLoS One. **7**:e37788.

33. **Tuon, F. F., L. Campos, G. Duboc de Almeida, and R. C. Gryschek.** 2007. *Chryseobacterium meningosepticum* as a cause of cellulitis and sepsis in an immunocompetent patient. J. Med. Microbiol. **56**:1116-1117.

34. **Van Eldere, J.** 2003. Multicentre surveillance of *Pseudomonas aeruginosa* susceptibility patterns in nosocomial infections. J. Antimicrob. Chemother. **51**:347-352.

35. **Fong, W., and K. Alibek.** 2005. Bioterrorism and Infectious Agents: A New Dilemma for the 21st Century. Springer. pp. 99–145.

36. **Waters, V. J., M. I. Gomez, G. Soong, S. Amin, R. K. Ernst, and A. Prince.** 2007. Immunostimulatory properties of the emerging pathogen *Stenotrophomonas maltophilia*. Infect. Immun. **75**:1698-1703.

37. **Whitlock, G. C., D. M. Estes, and A. G. Torres.** 2007. Glanders: off to the races with *Burkholderia mallei*. FEMS Microbiol Lett. **277**:115-122.

第 14 章

革蘭氏陰性桿菌
——弧菌菌屬、產氣單胞菌菌屬、彎曲桿菌菌屬

張益銍

內容大綱

學習目標

- 了解弧菌菌屬、產氣單孢菌菌屬、彎曲桿菌菌屬的一般特性。
- 了解弧菌菌屬、產氣單孢菌菌屬、彎曲桿菌菌屬之分離鑑定與抗藥性菌株之偵測方法。
- 了解從各種檢體分離弧菌菌屬、產氣單孢菌菌屬、彎曲桿菌菌屬之臨床意義，國內外之流行現況及控制措施。

14-1 一般性質

一、弧菌菌屬（Genus *Vibrio*）

弧菌是一種直徑 0.5～0.8 μm、長度 1.4～2.4 μm 呈彎曲逗點狀的革蘭氏陰性桿菌，經常存在於海洋、淡水和河口處，其感染的宿主範圍相當廣泛，從冷血動物到恆溫動物都有，其中包含人類在其中[1]，其感染具有明顯的季節性分布，大多數病例發生在溫暖的夏日季節月份。弧菌菌屬感染通常是由於傷口接觸到受汙染的水或食用生的或未煮熟受到汙染的海產品（特別是牡蠣）[67] 而引發的各種症狀[2]，臨床上弧菌感染與人類的腸道疾病和傷口感染疾病有較密切相關係，臨床上感染人類疾病的弧菌有：霍亂弧菌（*Vibrio cholerae*）、副溶血性弧菌又名腸炎弧菌（*Vibrio parahaemolyticus*）、創傷弧菌（*Vibrio vulnificus*）、溶藻弧菌（*Vibrio alginolyticus*）、擬態弧菌（*Vibrio mimicus*）、河川弧菌（*Vibrio fluvialis*）、達姆塞拉弧菌（*Vibrio damsela*）、霍利薩弧菌（*Vibrio hollisae*）、辛辛那提弧菌（*Vibrio cincinnatiensis*）、弗尼斯弧菌（*Vibrio furnissii*）、梅奇尼科弧菌（*Vibrio metschnikovii*）和哈維弧菌（*Vibrio harveyi*）等十二種，其中最常見感染也是重要的致病菌種是霍亂弧菌（*Vibrio cholerae*）、副溶血性弧菌又名腸炎弧菌（*Vibrio parahemolyticus*）、創傷弧菌（*Vibrio vulnificus*）及溶藻弧菌（*Vibrio alginolyticus*）等四種[73]，上述四種菌種之生化特性，如表 14-1。

這些微生物皆可在淡水或海水環境中，由深層到淺層的水域都有其存在可被分離出，於需氧或厭氧情形下皆能生長良好，屬於兼性厭氧菌，通常具有單一極鞭毛（有運動性）[3]，不會形成芽孢，會產生氧化酶，具有醱酵葡

表 14-1 臨床上感染人類疾病重要的弧菌菌種之生化特性[2, 27, 31, 46, 60, 61, 62]

Test / Species	*Vibrio cholerae*	*Vibrio parahemolyticus*	*Vibrio vulnificus*	*Vibrio alginolyticus*
Catalase	+	+	+	+
Oxidase	+	+	+	+
Acid production from Lactose	−	−	+	−
Nitrate Reduction	+	+	+	+
Indole Production	+	+	+	+
Motility	+	+	+	+
Voges-Proskauer	+	−	−	+
Citrate Utilization	+	−	+	−
Urease	−	+	−	−
Lysine Decarboxylase	+	+	+	+
Ornithine Decarboxylase	+	+	+	v
O/129 susceptibility	+	−	+	−

萄糖不產氣及還原硝酸鹽的能力，莢膜多醣體（capsular polysaccharide）、脂多醣體（lipopolysaccharide）、細胞毒素（cytotoxins）以及鞭毛，是該屬細菌重要的致病因子[4,5]。霍亂弧菌與創傷弧菌對 O/129 複合物（2,4 – Diamino -6,7- Diisopropylpteridine）具有敏感性，但 Non-O1 型霍亂孤菌則會對 O/129 複合物產生抵抗性，菌體以 0.5%Sodium Desoxycholate 試劑乳化之後會出現有陽性黏絲反應（positive string reaction）。

大部分的孤菌是親鹵化物性質且喜歡鹽分，耐鹽範圍爲 0 至 10%，喜歡 18℃以上的溫水環境[73]，在高鹼性下（pH 9 左右）能生存，培養環境中若有 Na^+ 離子的刺激，則更可以促進其生長，在生長的培養基中加入 1% NaCl 促進弧菌生長以及對於 Arginine dehydrogenase 具有陰性反應，將有助於區別與產氣單胞菌菌屬和 *Plesiomonas* 菌屬的差異[3]。由於孤菌在酸性、乾燥環境下不利生存，所以可用酸性試劑作爲殺菌該菌種之方法。近年來發現弧菌菌屬可以在螃蟹、牡蠣、貽貝和蝦等幾種海產品的表面形成生物膜並長期存在，生物膜形成是這些弧菌的主要生存機制，而快速生物膜的形成、溶血性和脂磷酸活性等就有著很高的致病潛力[71, 72]，這將會威脅到人類飲食的健康，而去除弧菌生物膜的行成、快速檢測食源性弧菌和制定防範控制措施，以減少和阻止食源性弧菌的傳播，將是當前控制疾病發生的重要手段之一[6]。弧菌感染經常在患有多種潛在疾病的患者中出現，包括肝病、心臟衰竭、糖尿病、肝硬化、酗酒和免疫功能低下等。感染時可能非常嚴重，甚至致命，它們會引起胃腸炎、嚴重的細菌性蜂窩性組織炎或壞死性筋膜炎，並可能導致感染性休克[75]。絲狀噬菌體廣泛分佈於全球海洋之中，其中絲狀噬菌體 Vaf1 的存在，將有助於提高溶藻弧菌的毒力和生物膜的形成，值得後續密切監控[76]。

二、產氣單胞菌菌屬（Genus *Aeromonas*）

產氣單胞菌屬是一種廣泛自由生存在淡水、海水、廢水、汙水、湖泊、池塘泥土及非糞類有機物質中，最常見於海鮮食品、雞隻、生乳以及肉類（如：羊肉、牛肉、豬肉）中發現其蹤影，該菌屬可在低溫（2～10℃），pH = 5 情形下存活，並能在高達 4% 的 NaCl 濃度下生長，食品中若感染細菌經冷藏於 5℃七天後，其細菌數將可增加 10～1000 倍[7, 8]。該菌屬廣泛對恆溫及冷血動物（鳥類、魚類、爬蟲類、兩棲類）會致病，對恆溫動物致病的菌株一般在 35～37℃會生長良好且具運動性，而對冷血動物致病的菌株一般在 22～25℃會生長良好且不具運動性，有運動性的菌株則具有極性單鞭毛棒狀，此類菌屬屬於兼性厭氧菌，臨床上人類感染主要是造成腸胃炎及傷口感染，也是種人畜共通感染病原菌[9]。該菌屬中許多菌株都會藉由鞭毛、菌毛、莢膜和脂多醣體（LPS）等細菌構造以及產生不耐熱的腸毒素、溶血素、蛋白酶、脂肪酶、膠原酶、彈性蛋白酶、烯醇化酶和類志賀毒素等毒力因子而來造成嚴重的疾病產生[7,8,10,11,12,13]。

臨床上感染人類疾病的最主要致病菌菌種有：嗜水產氣單胞菌（*A. hydrophila*）、*A. caviae*、*A. veronii* biotype *sobria* 等三株菌種，其中以 *A. hydrophila* 在臺灣最常被分離出，而次要致病性的菌種有 *A. veronii* biotype *veronii*、*A. jandaei* 及 *A. schubertii* 等三株菌種，屬於機會性感染[7,10,14,15]。臨床上感染人類疾病最常見的致病菌之生化特性，如表 14-2。

產氣單胞菌屬於兼性厭氧菌，菌體大小約爲 4 μm，有運動性，不會形成芽孢，會產生觸酶、氧化酶，具有還原硝酸鹽及醱酵碳水化合物並且產酸產氣的能力。對 O/129 複合物（2,4-Diamino-6,7-Diisopropylpteridine）

表 14-2 臨床上感染人類疾病重要的產氣單孢菌菌種之生化特性[8, 11, 13, 19, 21, 22]

Test / Species	*Aeromonas hydrophila*	*Aeromonas caviae*	*Aeromonas veronii bt sobria*
Arabinose fermentation	+	+	−
Arginine dihydrolase	+	+	+
β-Hemolysis on BAP	+	−	+
Catalase	+	+	+
Citrate utilization	+	+	+
DNase	+	+	+
Esculin hydrolysis	+	+	−
Gas from D-glucose	+	−	+
Indole production	+	+	+
Lactose fermentation	−	+	−
Lysine decarboxylase	+	−	+
Motility	+	+	+
Ornithine decarboxylase	−	−	−
Oxidase	+	+	+
Urease	−	−	−
Voges-Proskauer	+	−	+

具有抵抗性，以及無法於 6 % NaCl 培養基和 thiosulfatecitrate-bile salts（TCBS）培養基中生長，此兩點特性是與孤菌菌屬間最大的區別。

產氣單胞菌屬以最新的分生技術，例如：Pulsed-Field Gel Electrophoresis（PFGE）、16S rDNA、RFLP（Restriction Fragment Length Polymorphism）Analysis、rRNA Gene Restriction Patterns、PCR Amplification Assays、細菌脂肪酸分析（cellular fatty acid analysis）或是 MALDI-TOF MS 等方法，可以將產氣單胞菌菌屬，至少區別為 14 個基因分型（genospecies）、11 個型態分型（phenotypic species）、36 個菌種，其中有至少 19 種被認為是人類新出現的病原體[8, 10]。

產氣單胞菌容易引起自發的細菌性積膿（spontaneous bacterial empyema），病人一旦產生積膿現象未能立即給予抗生素的治療，則死亡率將達 20 % 之高，而產氣單胞菌菌屬中以 *A. hydrophila* 最容易產生細菌性積膿現象，*A. veronii bv. sobria* 次之[15]。

三、彎曲桿菌菌屬（Genus *Campylobacter*）

彎曲桿菌菌屬是全球腸胃炎的四大主要原因之一，並且在過去十年中在已開發國家和開發中國家裡都有不斷增加感染的趨勢[16]。該菌屬是一群主要藉由食入受到汙染的動物產品或與動物接觸而傳染的革蘭氏陰性菌，所造成的疾病大部分可靠著自我免疫能力而痊癒[17]。分子生物技術的快速發展，已將臨床上對人類有重大致病能力的彎曲桿菌（*Campylobacter jejuni*）及幽門螺旋桿菌（*Helicobacter pylori*）於孤菌科中獨立出來並予以分類，這些不同的菌種，對不同的宿主有著顯著差異程度的偏好感染，例如：*Campylobacter coli* 好發感染於豬、雞和人的身上[17]；*Campylobacter jejuni* 好發感染於人的身上，也是造成人類彎曲桿菌症的最主要菌種，但於雞和牛身上也都有發現其蹤影；*Campylobacer fetus* 好發感染於綿羊及牛的身上，近年來發現在人類的血液感染中也常發現其存在[16]，而且這些菌種與各個動物的腸胃道疾病都有著密切的關係。在感染的動物其中以雞隻被認為是最常見的感染來源及環境傳染的媒介物，這可能與大量的消費雞隻有關聯，而且雞隻腸道中容易窩藏著大量的曲狀桿菌存在，因此很容易散播病原菌於環境中。在過去 20 年的調查研究中顯示，彎曲桿菌菌屬對於感染的族群有偏向老年人增加的趨勢由其是男性，而對於抗藥性的產生也是逐漸的增加。在研究報告約一百萬的彎曲桿菌菌屬感染的病例中，顯示造成人類感染的病例約為 2.9%，而在人類感染的菌株中進一步的分型，共可區分為 64 個 serotypes 及 86 個 phage types，除上述三種菌種常被臨床分離出來之後，近年來也陸續分離出 15 種與臨床相關疾病的病原體如：*C. concisus*（也可在健康個體腸道中發現），*C. ureolyticus*，以及 *C. upsaliensis*[16, 18]，因此後續的流行病學發展仍是值得持續的嚴密監控，以防止更多的人畜共通傳染病的擴散[19]。

彎曲桿菌菌屬就以名稱得知，是個彎曲狀或 S 狀的細菌，具有極性鞭毛（彎曲桿菌為單鞭毛，幽門桿菌為多鞭毛），菌體的大小約為（0.2～0.8 μm × 0.5～5 μm），為微嗜氧菌（5～10% O_2），喜歡於潮溼的環境中生長，對乾燥環境、冷凍及高氧氣狀況非常敏感容易死亡，最佳的生長溫度視不同菌種而定，但由於缺乏冷休克蛋白基因（cold shock protein genes），所以幾乎所有菌種皆須生長在 30℃以上的環境中[20]。長久或過老培養時，其細菌體會變成球桿狀。大部分菌種皆有運動性，不會形成芽孢，會產生觸酶、氧化酶，且具有還原硝酸鹽的能力，臨床上感染人類疾病最主要的致病菌之生化特性如表 14-3。

14-2　臨床意義

一、弧菌菌屬（Genus *Vibrio*）

1. 霍亂弧菌（*Vibrio cholerae*）

霍亂弧菌根據脂多醣（LPS）的 O 抗原

表 14-3　臨床上感染人類疾病重要的彎曲桿菌菌種之生化特性[13, 17, 19]

Test / Species	*Campylobacter jejuni*	*Campylobacter coli*	*Helicobacter pylori*
Catalase	+	+	+
Hippurate hydrolysis	+	−	−
Indoxyl acetate hydrolysis	+	+	−
Motility	+	+	+
Nitrate reduction	+	+	−
Oxidase	+	+	+
Urease	−	−	+

的化學組成進行區分，就可以區分出超過 200 個血清群[2]，而其中 O1 和 O139 兩群所包含的典型（classical）及 El Tor 生物型（biotype）菌株，會產生霍亂毒素而造成流行性腹瀉（epidemic diarrhea），一般爲非侵襲性的腸道感染，El Tor 生物型仍然是全球造成霍亂疾病的主要病原體[2]，*ctxAB* 基因所編譯表現的霍亂毒素（Cholera toxin）和 *tcpA* 基因所編譯的毒素相關菌毛（toxin-coregulated pilus）是霍亂弧菌 O1 和 O139 的兩個主要毒力因子[76]；另外非 O1 和非 O139（Non-O1 and Non-O139）群菌株通常不會攜帶霍亂毒素，但可能產生其他幾種毒素，如溶血素、repeats in toxin（RTX）毒素、膽汁毒素（cholix toxin），這些毒素通常與自限性胃腸炎或輕度至嚴重的腸外症狀有關，只會產生類似霍亂的輕微腹瀉，在免疫妥協的病人身上經常可見到有侵襲性腸道疾病的發生[21,77]。

當宿主呑食超過 10^{10} 隻細菌時，細菌會以菌毛（pilus）促進定殖，殘留在小腸處並分泌腸毒素（霍亂毒素）而致病，此毒素不會侵入血液中，潛伏期約爲 1～4 天。此毒物易受熱而分解，共由兩個 A 次單位（A Subunits）及 5 個 B 次單位（B Subunits）所組成，B 次單位結合黏膜受器後幫助 A 次單位進入細胞中，A 次單位活化作用會使得細胞內 cAMP 大量增加，進而導致水分及電解質（Na^+, K^+, HCO_3^-）快速由細胞內排出至腸腔中，造成大量的米湯狀腹瀉。

感染初期的臨床表徵有發燒、畏寒、腹痛、低血壓，接著病人出現嚴重的腹部絞痛及腸胃炎現象，伴隨著有嘔吐及大量腹瀉，而病人會排出米湯狀（rice-water）的糞便是一大特色，糞便中富含黏膜、表皮細胞及弧菌[21]。在經過嘔吐及大量腹瀉之後，病人會嚴重呈現出嚴重的脫水、電解質失衡、代謝性酸中毒、低血容積性休克，甚至造成死亡，如果未能立即治療則死亡率將會高達 50%，若能給與妥善治療則於七天左右即可痊癒。

霍亂弧菌與創傷弧菌對於病人軟組織的壞死性傷害，在臨床上的表徵相類似，而有所差異的是霍亂弧菌在出血性水泡（hemorrhagic bullae）的表現上，較創傷弧菌小顆粒、數量也較少。

臨床上霍亂弧菌除了擁有鞭毛抗原（H Antigen）之外，尙可以依據細胞體抗原（O Antigen），分爲：O1、O139、非 O1、非 O139 等菌群，而 O1 群菌菌種與流行性腹瀉疾病較有相關性，非 O1 群菌菌種在臨床上最常以急性腸胃炎（例如：腹部絞痛、發燒、噁心、嘔吐等）病徵而被辨識出。

2. 副溶血性弧菌或腸炎弧菌（*Vibrio parahemolyticus*）

腸炎弧菌是一種在亞洲地區常見之腸道病源菌，容易在夏天大量繁殖[67]。在臺灣、日本及許多東南亞國家的食物中毒案例中，有一半的病例是因吃到該病源菌所汙染的食物所致，在美國及亞洲許多國家中是經由海鮮食物所造成細菌性胃腸炎之最常見的病原菌[22]，雖然傷口接觸受汙染的水也會引起感染，但不會通過人與人之間或糞口途徑傳播[2]。由於腸炎弧菌的複製時間僅需 9 分鐘，因此食入含有該病源菌汙染之食物 3～24 小時後即會發病，其發病的臨床症狀有：腹瀉、腹部絞痛、噁心、嘔吐、頭痛、發燒、畏寒，在嚴重情況下，可能會導致敗血症和死亡。該病源菌雖然會分泌一種屬於外毒之熱穩定的溶血素（thermostable direct hemolysin, TDH），標記爲 KP^+，但這種外毒素單獨作用往往不足以對人類產生致病性。而另一種外毒素（TDH-Related Hemolysin, TRH），標記爲 KP^-，但這種外毒素除了會造成食物中毒外，也偶見於傷口感染[23]。

腸炎弧菌能夠合成三種主要的表面抗原：

第一種是所有菌株都具有的 H 型鞭毛抗原；第二種是脂多醣體（lipopolysaccharide），對熱穩定的 O 型體抗原，依照此種抗原來分群，共可分爲 13 群；第三種是莢膜多醣體（capsular polysaccharide），對熱不穩定的 K 型莢膜抗原，依照此種抗原來分，共分爲 71 群。纖毛（Pili）和莢膜是該病源菌黏附於人類腸道上皮細胞和致病性的主要結構，過去臺灣長可分離出 O1：K56、O3：K29、O4：K8、O5：K15 等四型，而現在 O3：K6 型菌株是目前臺灣最常分離出之流行菌株[23, 24, 25]。

加入膽鹽和 Deoxycholate 成分來培養細菌，能夠促進細菌的黏附能力及莢膜大小，使得菌株在培養基上呈現不透光的菌落，而該菌株也會增強對腸道上皮細胞的黏附能力。相反的，沒有加入膽鹽和 Deoxycholate 成分的培養，會使得細菌在培養基上呈現透亮菌落，大大降低其黏附能力。由於食入不潔的海鮮食物所造成的急性腸胃炎，其所產生的腸道毒素和霍亂毒素相類似，但傷害嚴重度沒有那麼強烈。經過 24～48 小時的潛伏期之後，病人會出現水樣腹瀉（watery diarrhea）、發燒、嘔吐及痙攣等現象，在補充水分及電解質情形下，病人在 1～4 天也可以自我痊癒康復。副溶血性弧菌也可以藉由創傷傷口而感染到四肢、眼睛及耳朵，與創傷弧菌及溶藻弧菌（*Vibrio alginolyticus*）是最常見造成人類傷口感染的三個弧菌屬細菌[26]。

3.創傷弧菌（*Vibrio vulnificus*）

創傷弧菌對人類而言是種機會性感染病源菌，在所有食源性的病原菌中是具有很高的死亡率，因此也是一種高度致命的人類病原體。常見於熱帶及亞熱帶的沿海及河口處，喜歡鹽類及 18℃以上溫度的生存環境，感染致病常是攝食到受汙染的海產或是牡蠣食物[3]。一般依照感染宿主的不同，可以區分成三種生物類型（Biotype）：Biotype 1 主要感染人類，造成原發性敗血症和主要的傷口感染。Biotype 2 主要感染鰻魚，但人類偶發有可能感染到此類型。Biotype 3 造成某些國家地區水產養殖工人傷口感染[2]。

該類病源菌的致病性與細胞毒素（cytotoxins）、溶血素（hemolysin）、細胞溶解素（cytolysin）、蛋白分解素（proteases）、脂多醣體（lipopolysaccharide）、莢膜多醣體（capsular polysaccharide）及 metalloprotease 等諸多物質有很重要的相關性，也容易造成敗血症的發生，其中鐵離子對於細菌的生長是個很重要的影響因素[3, 27]。對於先前已有肝臟病變、糖尿病、惡性腫瘤、血色素沉著症、免疫妥協所導致的慢性腎臟疾病患者，則容易被此菌感染而嚴重發病，甚至有超過 95% 的致死率[22]。

創傷弧菌在臨床上對人體的傷害通常可區分成三種類型的疾病[27, 28]。

第一種是原發性敗血症（primary sepsis）

它是食入含有創傷弧菌的海產食物，病源菌侵入腸道黏膜進入血液中而產生敗血症，通常在疾病發生的 48 小時內，如果沒有適當的治療處理，其死亡率將高達 55%。

第二種是創傷感染疾病（wound illness）

這是由於傷口接觸到汙染的海水、海產食品或是在處理海鮮食物時受到創傷而感染到病原菌，傷口感染 16 小時後常會有出血性水泡（hemorrhagic bullae）、壞死性筋膜炎（necrotizing fasciitis）、肌炎（myositis）、蜂窩性組織炎（cellulitis）等症狀產生，一般死亡率可高達 25%，通常在初期症狀發生後 20 小時就會發生致死情形[29]。

第三種腸胃道疾病（Gastrointestinal Illness）

在免疫能力健全的病人身上一般爲急性反應，其症狀有：嘔吐、腹痛、腹瀉，但不會演變成敗血症。

二、產氣單胞菌菌屬（Genus *Aeromonas*）

產氣單胞菌菌屬是一種水生系統的重要微生物，是養殖魚類和野生魚類的常見病原體，廣泛分布於環境中，定殖並能感染人類、魚類和水生動物。生食貝類為人類感染的主要原因[86]，最常見造成人類的疾病是腸胃炎，其中以小腸結腸炎（enterocolitis）最為普遍，其傳染途徑為食入病原菌汙染的水或是食物，該細菌會產生類似霍亂毒素之腸毒素，對一般健康人感染之後，能夠引起嚴重的水瀉狀腹瀉，其症狀也類似霍亂疾病，甚至在患者糞便中可以見到血液及白血球，而患者往往在產生腹痛及出血性腹瀉數日之後，病情就會發展成出血性尿毒症候群（hemolytic uremic syndrome），而最常被分離出的感染菌種為嗜水產氣單胞菌（*Aeromonas hydrophila*）[11]。

繼腸胃道感染之後，傷口感染是第二種最常見的感染方式[26]，其傷口感染的範圍，會從初期輕微簡單的在皮膚表皮層產生疾病，例如：蜂窩性組織炎（cellulitis）、癤病（furunculosis）等，到較複雜較深層的組織感染，例如：筋膜、韌帶、肌肉、關節、骨頭、眼睛等處，造成骨髓炎，腹膜炎，膽囊炎，腦膜炎，中耳炎，心內膜炎，敗血症等炎症疾病[30]。

臨床上常見的疾病有發燒、低血壓、黃疸、極度畏寒等症狀，傷口感染則會因為病源菌產生細胞毒素及溶血素，而引起蜂窩性組織炎、敗血症、腹膜炎、腦膜炎、肺炎、心肌壞死，以及骨髓炎等嚴重疾病[7, 10, 11, 31]。對於患者先前已罹患有胃腸炎、慢性肝病、惡性腫瘤、免疫功能缺損（AIDS）或免疫功能受抑制的病人，則會很容易造成伺機性的全身疾病感染，例如敗血症，而死亡率往往高達25～50%。

三、彎曲桿菌菌屬（Genus *Campylobacter*）

1.空腸彎曲桿菌（*Campylobacter jejuni*）

空腸彎曲桿菌在已開發國家中是造成人類小腸結腸炎及發展成 Guillain-Barre 症候群之最常見的病源菌[32, 33]。彎曲桿菌的感染，主要是藉由口腔進入，在小腸處繁殖並侵犯小腸表層，或是與受感染的動物接觸所傳染。感染該病源菌若沒有嚴重的症狀產生、很長的病程發生或是有非腸道的侵入性感染時，是可以靠自我痊癒而不需要抗生素治療。

空腸彎曲桿菌主要的抗原性乃是外膜上的脂多醣體（lipopolysaccharide）及鞭毛蛋白，該菌種進入體內會產生內毒素及細胞毒素，初期發病時會有痙攣性腹痛腹瀉（帶血性腹瀉）、結腸炎、發燒頭痛等症狀，併發症常有菌血症、腦膜炎、關節炎及敗血症，該菌種好發感染於兒童族群，對於幼兒、老人以及免疫功能低下患者常有嚴重、延長及復發疾病發生[34]。胎兒彎曲桿菌（*Campylobacter fetus*）含有 S 蛋白，可以抑制血清中補體結合菌體，進而造成敗血症的現象。

一般彎曲桿菌對胃酸有敏感性，因此至少需食入 10^4 病源菌才可能造成感染，而空腸彎曲桿菌只要食入超過 500 株細菌就可以達到感染劑量，其潛伏期大約為 2～10 天（平均約 3 天），病情如果不嚴重，可於 2～6 天病程之後自行康復，如果病人沒有經過適當治療，則可能成為帶原者並持續達數月之久[18]。此菌種可以寄居於家禽與家畜動物體內，經由動物的糞便、食物與水源的汙染也可以傳染給人類，而人類間的傳染主要藉由糞口途徑傳遞。

在近年來的文章中也有發現，在人類口腔微生物的群落中有發現一些彎曲桿菌的存在（例如 *C. concisus*、*C. showae*、*C. gracilis*、*C. ureolyticus*、*C. curvus* 和 *C. rectus*），它們可

導致牙周炎的產生[16]。

2. 幽門桿菌（*Helicobacter pylori*）

感染胃幽門桿菌，臨床上症狀主要爲上消化道疾病（胃炎和胃潰瘍）、發燒、嘔吐、噁心、腹痛，長期感染該菌種會轉變成慢性胃炎、胃潰瘍和十二指腸潰瘍、胃黏膜相關組織淋巴瘤和胃腺癌[35, 36]，根據研究顯示胃幽門桿菌所造成的慢性胃炎、胃潰瘍和胃腺癌，與菌體本身外膜上幾個蛋白分子（BabA, SabA, HopQ, OipA, HopZ, HomB）、pathogenicity island 和脂多醣體有著緊密的關係之外，所產生的 *cytotoxin -associated gene A*（CagA Protein）及 *vacuolating cytotoxin gene A*（VacA Protein）這兩種蛋白質，更是導致嚴重病症的最重要毒力因子[38, 39, 40]。感染胃幽門桿菌患者，發展成胃癌的危險性較正常人高出2.7～12倍[41]，感染的病程可能達數年之久甚至終身都有可能。胃細胞的連接蛋白 Connexins（Cxs）參與著胃腺癌的發展進程，因此可做爲一個很重要的生物標誌物[42]。早期感染菌種時，宿主體內會產生 IgM 抗體，之後會持續產生 IgG 和 IgA 抗體，但這些抗體毫無保護宿主之功能。

14-3 培養特性及鑑定法

一、孤菌菌屬（Genus *Vibrio*）

1. 霍亂弧菌（*Vibrio cholerae*）

霍亂弧菌在血液培養基上可以產生 β 型溶血現象（圖 14-1），具有黏絲試驗（string test）及 DNase 試驗陽性反應，能夠在 0～3% NaCl 不同濃度鹽份的培養基中生長，在顯微鏡下觀察具有飛鏢運動（darting motility）現象[79]。

診斷霍亂弧菌的標準方法，是將糞便檢體使用鹼性蛋白腖液體培養基（ alkaline peptone water, pH 8.5 ）培養 6 至 8 小時，由於培養基鹼性高，因此可以抑制其他腸內菌的生長而避免受到干擾誤判，再者可將檢體接種於區別性培養基 TCBS（thiosulfate citrate bile sucrose）上，與溶藻弧菌相同的可獲得平滑的黃色菌落產生[2]（圖 14-2），該菌落於一般腸道桿菌培養基中亦可以生長，通常會醱酵蔗糖（sucrose）與甘露糖（mannose），但不會醱酵阿拉伯膠糖（arabinose），所以在 TSI Agar 中會呈現出整管爲酸性反應，但不會產生氣體之現象。

區別典型霍亂弧菌（classical *Vibrio cholera*）和 E1 Tor 霍亂弧菌（E1 Tor *Vibrio cholera*），可用 Voges-Proskauer 試驗、Polymyxin B 感受性試驗、雞紅血球凝集作用，以及綿羊紅血球溶血作用等試驗予以區別。再者可以藉由偵測患者糞便中是否具有 O1 和 O139 抗原作爲快速診斷方法[2]。另外可以藉由基因分析（genotyping）、核酸序列分析（DNA sequence）、各種 PCR 方法（常規 PCR、多重 PCR、即時 PCR）和 loop-mediated isothermal amplification（LAMP）快速偵測其各種毒素基因（*ace, zot, cri*, and *nanH* gene）方法，予以鑑別出感染之菌種及疫苗使用的成效[2, 43, 68]。另外也可使用一種科技新鑑定方法 MALDI-TOF MS（Matrix-Assisted Laser Desorption / Ionization Time-of-Flight Mass Spectrometry）鑑定出感染源菌種，這是近年來在醫學微生物領域上，廣泛被使用且快速又準確地鑑定菌種的一項新技術方法[44]。

2. 副溶血性弧菌（*Vibrio parahemolyticus*）

副溶血性弧菌是屬於嗜鹽性細菌，普遍存於海水或海水動物中，可以在含有 8 % NaCl 的蛋白腖液體培養基中生長良好，在 TCBS 培養基上會生長綠色的菌落，且於一般腸道桿菌培養基中無法生長，此點培養特性是霍亂弧菌最大不同之處。

腸炎弧菌在 48℃和 55℃，鹽分低於 0.5% 或酸性環境中（pH 4.0）會很快失去活性[23]，因此可以以酸性藥劑消滅該病源菌，具有 DNase 試驗陽性反應。

分離腸炎弧菌的檢體來源，常見的有：糞便、直腸拭子、鼻腔拭子[24]；由病人的腹瀉檢體中分離出的菌株，在特殊含有高鹽分甘露醇血液培養基（Wagatsuma agar）中，可產生溶血現象，又稱爲 Kanagawa 現象，而來自海水中所分離出的菌株，則無此現象發生。

該類病源菌除了可以利用在 TCBS 培養基、CHROM 培養基等區別性培養基中特性生長之外，也可以藉由基因分型、核酸序列分析、MALDI-TOF MS 及以 PCR 快速偵測其毒力基因（*tdh* and *trh* gene）等方法，予以鑑別出感染菌種[2]。

3.創傷桿菌（*Vibrio vulnificus*）

創傷弧菌具有運動性及多形性（有時弧形、有時桿狀），經由 Arginine Dehydrogenase（ADH）陰性、Lysine Decarboxylase（LDC）和 Ornithine Decarboxylase（ODC）陽性等生化特性，可以與產氣單胞菌及鄰單孢菌（*Plesiomonas spp.*）予以區別。

該類病源菌可以在 TCBS 培養基、cellobiose-polymyxin B-colistin（CPC）培養基[2]、Heart Infusion 培養基、MacConkey 培養基生長，且培養基中需含有鹽分才可以生長，於 TCBS 培養基上會生長出綠色菌落。利用乳糖醱酵、可耐受 1～6 % NaCl 鹽分（但 0% 及 8% 以上則不耐受）之特性，以及基因分型、核酸序列分析、MALDI-TOF MS 以及 PCR 快速偵測 MARTX 毒素基因（*rtxA1* gene）等方法[45]，而與其他臨床重要致病之弧菌予以區別。

對於感染不同宿主的 Biotype 1、2 這兩種生物類型的區別，我們可以藉由在 Indole Production、Ornithine Decarboxylation 及 Acid Production from Mannitol 等生化特性，而 Biotype 2 皆是陰性反應予以區別[28]。

二、產氣單胞菌菌屬（Genus *Aeromonas*）

產氣單胞菌是一種廣泛存在各種水質、非嗜鹽性的兼性厭氧細菌，最佳生長溫度爲 22～28℃[86]。一般最常於血液、創傷、腹水及糞便檢體中被分離出，在一般腸內陰性桿菌培養基（例如 MacConkey Agar）、專門分離弧菌用的培養基（例如 alkaline peptone water，但 TCBS Agar 除外）、專門分離耶氏妮雅菌用的培養基（CIN Agar）都可以生長良好，其中在 Cary-Blair 培養基是最合適生長的培養基[7, 10]，而 Alkaline Peptone Water 是較好的增殖性培養基。該病源菌於一般腸內陰性桿菌培養基中，菌落形態呈現平滑凸出，與腸內陰性桿菌相類似。在血液培養基中呈現 β 型全溶血現象。在 CIN 培養基中培養 48 小時後，由於會發酵 D-mannitol 而使得菌落呈現像牛眼的特殊菌落型態（Bulls-eye-like colonies）[7]。

產氣單胞菌在一般培養基上 35～37℃可以生長出與綠膿桿菌相似，具有水果香味的綠色菌落，可以利用 TSI 培養基上的反應（斜面鹼性、底部酸性並產生氣體）及 Indole 陽性反應的差異，與綠膿桿菌予以區別。可利用在增殖培養基中不添加鹽分可以生長良好、無法在 TCBS 培養基生長良好以及於 2,4-diamino-6,7-diisopropyl-pteridine（O129）複合物具有抵抗性等特性而與弧菌菌屬予以區別[7]。

產氣單胞菌除了有極性鞭毛及觸酶、氧化酶、Indole 陽性等生化特性與腸內菌不同之外，其餘生化特性都很相似，在分離鑑別菌種時應小心注意；在酵素活性方面，具有 Esterase、Leucine Arylamidase、將硝酸鹽降解爲亞硝酸鹽，以及進行葡萄糖發酵等強陽性反應。

產氣單胞菌的鑑定方法最常使用的還是傳統的生化試驗，尤其是利用醣類的代謝差異得以區別菌種間的鑑定。另外 16S rRNA gene (SSU) sequencing 也是分子技術上最常見的菌種鑑定方法，除此之外還可以利用 amplified fragment length polymorphism (AFLP)、Pulse-field gel electrophoresis (PFGE)、enterobacterial repetitive intergenic consensus (ERIC) sequences、housekeeping gene sequencing (*gyrB* and *rpoD* gene) 等諸多方法，可將菌種進行分類與分型 [7, 46, 47]。而近年來所發展出的 MALDI-TOF MS 新方法，亦提供了另一種快速又準確的菌種鑑定方法 [48]。

應用細菌體的脂肪酸分析（cellular fatty acid analysis），可以做為區別不同菌種間之產氣單胞菌的一種鑑定工具 [49]。

三、彎曲桿菌菌屬（Genus *Campylobacter*）

1.空腸彎曲桿菌（*Campylobacter jejuni*）

分離空腸彎曲桿菌最佳以 Cary Blair Medium Swabs 收集糞便檢體作爲培養菌種，最佳生長溫度在 42℃左右、pH 6.5～7.5、培養環境氣體的要求最佳爲 5% O_2、10% CO_2 及 85% N_2、培養 48 小時 [33, 50]，是空腸彎曲桿菌與其他菌種間最大的不同點。

近年來對於 *Campylobacter jejuni* 的快速鑑定方法有 real-time PCR、Matrix-Assisted Laser Desorption / Ionization Time-of-Flight Mass Spectrometry (MALDI-TOF) MS、Multilocus sequence typing (MLST ; detected *uncA, tkt, pgm, glyA, gltA, glnA, aspA* genes)、原位雜交螢光染色法（fluorescence *in situ* hybridization；FISH）、immunochromatography（ICT）及商品化的乳膠凝集法（latex agglutination）等數種方法，將可以快速的偵測及診斷出菌種 [18, 19, 51, 52]。而在於菌種分型上，則可依據型態構造的特徵及基因特性，可使用 Biotyping、以 capsule polysaccharide（CPS）爲基礎的 heat stable Serotyping（HS serotyping）、Phage Typing、Ribotyping、Pulsed-Field Gel Electrophoresis (PFGE) Typing、Enterobacteria Repetitive Intergenic Consensus (ERIC) Primed PCR Typing、random amplification of polymorphic DNA (RAPD)、restriction fragment length polymorphism（RFLP）的 flagellin Typing 等數種方法予以鑑定分型 [17, 18, 20, 62]。其中以 PFGE Typing 在細菌的分子流行病學研究上，是一個非常有效率的分析方法；而 MALDI-TOF 則是一個快速且準確的可用來區別 *Campylobacter jejuni* 菌種間不同菌株的工具 [53]。

在選擇性 Bolton 肉湯培養基或 Preston 肉湯培養基中先行增殖培養 4～6 小時，因爲肉湯培養基中含有 Oxyrase 可降低培養基氧氣比例，促進菌種於汙染的檢體中被分離增殖出。接著利用選擇性培養基加入多種抗生素，諸如：Charcoal cefoperazone deoxycholate（CCDA）培養基、Campy BAP 培養基（包含有 cefoperazone, vancomycin, trimethoprim, polymyxin B, and rifampicin 等抗生素）[18]、Skirrow 培養基，與 Butzler 等培養基，培養 40～48 小時後，得以成功的培養分離出菌落 [20]。大部分空腸彎曲桿菌在 Campy BAP 培養基中，其生長菌落多爲潮溼擴散狀無色或者是灰色型態，沒有溶血型。該菌種沒有醱酵或氧化碳水化合物的能力，也不會產生 H_2S 及尿素酶，但有分解 Indoxyl Acetate 能力，只有 *Campylobacter jejuni* 菌株會有馬尿酸水解（Hippurate Hydrolysis）陽性反應以及在顯微鏡下觀察具有飛鏢運動（Darting motility）現象 [80]，因此可以作爲與其他彎曲桿菌菌屬之最大區別 [20]。根據 CLSI 推薦操作該菌之藥物敏感性試驗（broth microdilution and disk diffusion）時，最好是在含有 2.5～5.0% 馬血的米勒肉湯培養基（cation-adjusted Mueller-Hinton broth）中進行[54]，由於在操作 disk diffusion 試驗抑制圈測量上目前有所爭議，所以在研究上現已有 Trek Sensititre 公司出品彎曲桿菌最小抑菌濃度平版（Campylobacter minimal inhibitory concentration plate）以作為評估有效藥物濃度之用[34]。

近年來由於定序出 capsule polysaccharide（CPS）的獨特性並也已定出 47 個 serotypes，因此標準化CPS typing 系統將可進行大規模的流行病學的調查與研究，對於疾病的防治更可提供優勢便捷的方法[17]。應用酵素免疫分析法（Enzyme Immunoassay）則可以作為直接偵測區別 *Campylobacterjejuni* 和 *Campylobacter coli* 抗原性的差異。

2.幽門桿菌（*Helicobacter pylori*）

分離培養胃幽門桿菌以胃組織為最佳檢體，使用內視鏡將活體組織取出，然後以 0.85% 生理食鹽水充分絞碎，再利用巧克力培養基或是 Skirrow 培養基，在相當潮溼的微嗜氧（5～10 % O_2 及 10 % CO_2）溫和環境中，即可培養分離出菌種，培養環境中若含有 5～8 % H_2，則可以促進細菌的生長。

菌落一般為 1～2 mm 潮溼細小透明狀，在運送檢體過程中所用的運送培養基，最好含有 20 % Glycerol 及 4 % 葡萄糖成分，並保存在冰水或 −70℃環境中，以保持細菌的存活。

強烈的尿素酵素活性（Urease Activity），及尿素呼吸試驗（Urea Breath Test）陽性，是與其他彎曲桿菌菌屬最大的不同點，在操作尿素呼吸試驗時，得須注意是否胃中有頭狀葡萄球菌（*Staphylococcus capitis* subsp. *urealyticus*）的存在，因而造成偽陽性情形發生[36]。

胃幽門桿菌感染，所造成之胃炎或胃潰瘍，在病人的胃部組織切片上，經由 Giemsa 染色或鍍銀染色法處理後，常可見到細菌型態。再者可以利用糞便抗原測定、血清學方法來偵測幽門桿菌的特異性抗體以作為菌種檢測[36]。另外可應用 Campylobacter-Like Organism (CLO) Test：polymerase chain reaction (PCR) Assay，以及毛細管電泳（capillary electrophoresis）分析尿素基因（*ureAB* gene）及鞭毛蛋白 A 基因（*flaA* gene）、線探針分析法（line probe assays）以及次世代定序法（next generation sequencing）等快速又感受性好的方法，以作為胃幽門桿菌感染之篩選方法[35, 37, 55]。

14-4 治療

一、孤菌菌屬（Genus *Vibrio*）

霍亂弧菌的治療首重在於支持性療法，給予水分及電解質的補充，再者以抗生素的施給殺滅病菌並減少腸毒素的產生。近年來由於抗生素的濫用，使得在一些流行地域已經出現對 streptomycin、trimethoprim/sulfamethoxazole 和 polymyxin B 有抗藥性的菌株產生[74]，而這種抗藥性的產生是藉由細菌質體間相互傳遞所造成，因此在用藥治療上必須謹慎小心，目前在治療弧菌菌屬感染的抗生素仍然有使用著 tetracycline、doxycycline、azithromycin、quinolones、trimethoprim、sulfonamides、oxolinic acid 和 sarafoxacin 等藥物。由於形成生物膜的菌株具有更多的毒力基因，藉由平行基因的轉移（horizontal gene transfer），使得具有生物膜的菌株更容易形成多重抗藥性菌株，在臨床用藥上值得特別注意[34, 56, 57, 82, 83]。

腸炎弧菌目前對於 Ampicillin 及 Vancomycin 有很強的抗藥性，由於該病源菌有些菌種有 R 質體（R-Plasmid）的存在，很可能會造成菌株間對抗生素感受性的差異[23]，對於較嚴重或長期感染疾病則推薦以多西環素

（doxycycline）和速博新（ciprofloxacin）等藥物進行治療[22, 83]。在一些流行地域已經出現對 colistin、amikacin、penicillin 和 cefotaxime 產生抗性，而對 chloramphenicol、nitrofurantoin and sulfamethoxazole-trimethoprim 仍保有敏感性[82]。人們也開發了低溫巴斯德消毒法和輻射滅菌法，以來消除腸炎弧菌對食物的汙染[69, 70]。

創傷弧菌的治療目前以支持性療法（去除及清創壞死組織）最爲重要，在藥物治療方面可以使用 Fluoroquinolones、doxycycline 搭配 cephalosporin（e.g. ceftazidime）以及 trimethoprim-sulfamethoxazole 搭配 aminoglycosides 第三代頭孢菌素（third-generation cephalosporin）等藥物進行治療[46, 83]。

二、產氣單胞菌菌屬（Genus *Aeromonas*）

大部分的產氣單胞菌所引起的腸胃炎是可以自我痊癒的，但是如果腹瀉型疾病是嚴重的或長期的（超過 10 天以上），甚至造成全身性感染，則需要靠藥物治療。

抗藥性細菌可通過食物鏈或人類直接接觸受到汙染的水域環境而被感染[45]。近年來在臺灣，所分離出的產氣單胞菌有著與腸內菌與綠膿桿菌一樣的 R 質體、整合子（integrons），並大部分菌種均已產生 metallo-β-Lactamase（CphA），對 carbapenems 類藥物、fluoroquinolones、紅黴素、鏈黴素、四環黴素均已產生抵抗性而失效[30, 34]，而對於 monobactams, carbapenems, Aminoglycosides、第三代或第四代廣效系列型的頭孢菌素（fourth generation Extended-Spectrum Cephalosporins）、Nitrofurans、Phenicols（氯黴素：Chloramphenicol）、Azithromycin 則維持著較高的敏感性[7, 8]，目前是以 Fluoroquinolones 和 sulfamethoxazole-trimethoprim 用以治療感染[14, 15, 31, 58, 84, 85]。近來有文章顯示出在分離出的產氣單胞菌菌屬的細菌中，有出現 plasmid-mediated quinolone resistance (PMQR) determinants 的 *qnrS* genes，以及含有對抗 colistin 的 *mcr-3* gene，這是個相當重要的警訊，值得後續持續監控著[47]。

對人類較有致病性的產氣單胞菌菌屬中，以最常在澳洲被分離出的 *A. sobria* 菌種對各類抗生素較有敏感性，在美國最常被分離出的 *A. caviae* 菌種次之敏感，而在臺灣被分離出的 *A. hydrophila* 菌種則最具有抵抗性。

三、彎曲桿菌菌屬（Genus *Campylobacter*）

1.空腸彎曲桿菌（*Campylobacter jejuni*）

空腸彎曲桿菌所引起的腸胃炎，只要給予支持性療法，補充水分及電解質就可以自我痊癒了。由於許多菌株已產生許多的抗藥機制諸如：產生抗生素修飾酶、抗生素作用點突變，以及 efflux pumps 等等[18]，因此對於 ampicillin、cephalosporins、fluoroquinolones、tetracyclines 均已產生抗藥性，而對於 ciprofloxacin、macrolides 類藥物的仍然具有敏感性[87]，因此在較嚴重或全身性感染疾病時，則可以使用其他的抗生素治療，諸如：azithromycin[34]、氯黴素、氨基糖苷類藥物（Aminoglycosides，如 Gentamicin）、carbapenems、fosfomycin 等藥物，而 ciprofloxacin 和 norfloxacin 仍然作爲急症感染性腹瀉的經驗治療選擇[87]，但在其治療前尚須進行藥物敏感性試驗後方能使用[18, 19, 20, 33, 34]。海外旅行將是產生 ciprofloxacin 抗藥性的一個公認的危險因子[87]。

2.幽門桿菌（*Helicobacter pylori*）

由於胃幽門桿菌常導致胃炎、胃潰瘍產生，由於胃幽門桿菌容易對單一抗生素產生耐藥性，因此在臨床治療上常使用幾種抗生素聯合治療方式進行治療[36]，所以在治療潰瘍藥的方面可以採用 Bismuth Substrate 加上 Amoxicillin 或四環黴素，而單純在殺滅細菌方面可以用 levofloxacin 搭配 Amoxicillin 將會有很好的殺滅成效[63, 64]。由於 clarithromycin 及 Metronidazole 等藥物在各國之間的抗藥性差異很大，而在日本及中國境內就有高達 30～50% 的抗藥性產生，整體而言建議不再使用該兩種藥物較為合適[37, 39]。

14-5　預防／流行病學

一、孤菌菌屬（Genus *Vibrio*）

1. 霍亂桿菌（*Vibrio cholerae*）

感染霍亂弧菌的方式有旅行、接觸到汙染的淡水或海水，以及生食海鮮食物而感染到病源菌，而主要的傳播途徑是靠著與病人密切接觸，或者是接觸到汙染病源菌之食物和水（糞口傳染），所以確保食物、飲用水的潔淨安全以及環境衛生，是控制疫情的首要條件。

臺灣地屬於亞熱帶地區，就自然的氣候環境而言，相當適合霍亂弧菌的生長，加上有很高的地方性 B 型肝炎病毒的傳染，或是肝硬化疾病的產生，使得人們對 O1 型及 Non-O1 型霍亂弧菌的感染有很高的感受性，因此做好醫療照顧和疾病治療，改善人們的體質和免疫力，增強對病源菌的抵抗性，將可降低疾病的產生和擴散蔓延。

如有確切的病人感染發病，除了立即隔離之外，他們的排泄物也必須消毒，而曾經與病患接觸過的人也要密切的追蹤觀察。由死菌所製成的疫苗或抗生素，對於嚴重暴露或可能接觸到病源菌的人而言，僅能提供短暫而有限的保護作用，因為霍亂疫苗所產生的保護力一般約為 3～6 個月，若對於大流行地區的防止霍亂病情擴散及控制則效果相當有限。公共衛生教育的推廣、改善環境衛生和飲用水質的安全，是預防醫學及控制疾病最重要的工作，而口服疫苗的研發使用，提供了控制疫情擴散的另一種防治策略[65]。

2. 副溶血型孤菌（*Vibrio parahemolyticus*）

副溶血型孤菌或腸炎弧菌的感染常於每年 5～9 月最為盛行期，爆發流行（outbreak）與氣候溫度變化有密切關係，常於春末秋初有較高的流行率，氣候較冷的冬天則有較低的流行率[24]，全球氣候的改變將是增加海洋微生物造成人類感染的一個很重要的因素[26]。

環境衛生及海鮮食物的清潔整理，則可降低受到病源菌的汙染，不生食或不食用受汙染的海鮮食物，是避免感染疾病的不二法門。由於此類弧菌所造成的腸炎，在支持療法下數日之後便會自動痊癒，因此疫苗的研發遠不足以衛生教育的宣導來的迫切重要。

由於莢膜多醣體遠較脂多醣體有強烈的黏附和致病力，因此目前積極以莢膜多醣體作為疫苗的研發對象。

3. 創傷孤菌（*Vibrio vulnificus*）

避免生食海鮮，特別是牡蠣、蛤蜊、蝦及魚類，以防止病源菌直接經由腸胃道侵入體內，造成菌血症、敗血症。

再者避免有傷口直接接觸海水或海產食品，尤其是在夏天病源菌有利生長情形之下。從事遠洋魚類及海洋工作者，身體的防護甚是重要，工作時最好穿戴防護衣物及手套，避免工作過程中產生創傷傷口，而讓病源菌有管道得以入侵人體，而感染疾病。

在臺灣病毒性肝炎和肝硬化疾病盛行，對於創傷弧菌的感染有著較高的感染性致病力，因此對於原先體質就衰弱或生病的人，應該盡量做好醫療照顧及妥善治療，使得身體器官機能和免疫能力能夠恢復正常，增強對病源菌的抵抗性，以降低疾病的發生。

二、產氣單胞菌菌屬（Genus *Aeromonas*）

產氣單胞菌廣泛存在於各種自然水域、土壤、動物、寵物及肉類食品中，避免攝食不潔的水源和食物、不接觸未醫護防治過的動物和寵物以及從事潔淨的娛樂活動（如：游泳、滑船、釣魚等活動清潔防護）[7]，是防範感染疾病的首要工作，由於該病源菌是屬於水質汙染的微生物，又常常與糞便中腸道細菌一起被分離出，因此可以作爲糞便汙染水質很好的指標[12]。

產氣單胞菌對於人類雖然屬於機會性病源菌，但是如果病患先前已罹患有肝膽性疾病、惡性腫瘤、糖尿病等疾病，則容易產生侵襲性的感染而擴及全身。產氣單胞菌偶爾也會在冷血動物體內被分離出來，甚至致病，因此避免在水域中創傷感染也是預防的措施之一。

近來研究發現在一些寵物龜身上，已有分離出具抗藥性的產氣單胞菌菌屬細菌，這些野生動物（抗藥性菌株的潛在宿主）將被認爲是影響人類健康潛在的公共衛生風險[8]。

三、彎曲桿菌菌屬（Genus *Campylobacter*）

1. 空腸彎曲桿菌（*Campylobacter jejuni*）

空腸彎曲桿菌是一種可以造成人畜共同傳染的細菌，人類是吃到受汙染的食物或水源而感染到疾病，然後再藉由糞口傳染達到相互間的傳染。一年四季皆可能有疾病的發生，於溫暖的月份較常見到病例，且好發感染年輕人族群[32]。

肉類食物、牛奶與水源的汙染是主要的傳染媒介，而中和胃酸的飲食（牛奶的飲用）可以降低感染細菌的數量，因此飲食的衛生、環境的清潔（特別是家禽類）以次氯酸鈉（hypochlorite）潔淨處裡、飲用滅過菌的牛奶，是避免感染疾病的最佳途徑，而衛生教育的推廣及早期的診斷治療，是預防疾病的發生、杜絕疫情發生的不二法門。

當然也可以利用一些抑制劑（例如秋葵豆莢的水萃取物）用來影響細菌的趨化性質、生物膜的形成，以及毒素的分泌等等，進而降低細菌的毒力產生、減少對宿主的影響，這也是提供一種疾病治療的方法，以及產生新的預防策略之另一種方式[18]。

大部分的 *Campylobacter jejuni* 菌株可以從人類中分離出。而 *Campylobacter coli* 菌株則較常見於家禽家畜的動物中，尤其是豬、雞和人，而 Campylobacter coli 所產生的紅黴菌及 Clindamycin 抗藥性遠較於 *Campylobacter jejuni* 來得高。

在臺灣，病人感染曲狀桿菌則較不是用 Fluoroquinolones 治療，其原因爲在家禽類以大量使用 Quinolones，而導致許多菌株對於 Quinolones 類中的 Ciprofloxacin 及 Nalidic acid 已產生抗藥性。

在開發中國家裡，疫苗的研發對疾病的防治更顯其重要，以彎曲桿菌菌株 81～176（HS23/36）的 capsule polysaccharide（CPS）結合 CRM_{197}（是一種白喉桿菌毒素的突變物）所製備成的疫苗，將可有效的降低該細菌感染而致病，以達到保護傳染的作用，而另外一種含有鞭毛蛋白或去除活性外膜蛋白所組成的疫苗與多價結合型疫苗的研究發展，將是未來發展的重要方向[17, 18]。

根據歐洲食品藥物安全局（EFSA）的報告顯示，五歲以下孩童、夏季氣候、菌株特異性的變化、宿主的免疫力、旅遊頻率、個人的社會地位和經濟狀況以及環境衛生等諸多因素，是容易導致曲狀桿菌的感染及盛行的重要影響因素，因此加強改善影響因素將可以有效率的防疫病情的發生[20]。

2. 幽門桿菌（*Helicobacter pylori*）

幽門桿菌在 20 歲以下感染率約爲 10% 左右，但年齡層到了 40～60 歲時就提高到 80 % 左右，顯示出高年齡有著高危險性的感染機會，這可能與飲食習慣和項目有些關聯。家族成員中若普遍有著胃炎的流行，則有可能發生接觸性感染。

在西方國家的健康族群中平均有 50 % 的比率，曾經有罹患過幽門桿菌，而在無症狀的華人族群中，平均有 54～62 % 的人曾有過幽門桿菌感染[66]。

幽門桿菌的外膜蛋白，在細菌體粘附定殖於胃上皮細胞中起著至關重要的作用角色，因此可以研究外膜蛋白上的幾個分子（BabA, SabA, HopQ, OipA, HopZ, HomB）特色，將有助於疫苗和治療藥物的研究開發[39]。

參考資料

1. **Romalde, J. L., A. L. Dieguez, A. Lasa, and S. Balboa.** 2014. New Vibrio species associated to molluscan microbiota:a review. Front. Microbiol. **4**:413.
2. **Baker-Austin, C., J. D. Oliver, M. Alam, A. Ali, M. K. Waldor, F. Qadri, and J. Martinez-Urtaza**. 2018. *Vibrio* spp. infections. Nat. Rev. Dis. Primers. **4**:8.
3. **de Araujo, M. R., C. Aquino, E. Scaramal, C. S. Ciola, G. Schettino, and M. C. Machado.** 2007. *Vibrio vulnificus* infection in São Paulo, Brazil:case report and literature review. Braz. J. Infect. Dis. **11**:302-305.
4. **Ceccarelli, D., N. A. Hasan, A. Huq, and R. R. Colwell.** 2013. Distribution and dynamics of epidemic and pandemic *Vibrio parahaemolyticus* virulence factors. Front. Cell. Infect. Microbiol. **3**:97.
5. **Horseman, M. A., and S. Surani.** 2011. A comprehensive review of *Vibrio vulnificus*:an important cause of severe sepsis and skin and soft-tissue infection. Int. J. Infect. Dis. **15**:e157-166.
6. **Ashrafudoulla, M., M. F. R. Mizan, S. H. Park, and S. D. Ha.** 2021. Current and future perspectives for controlling Vibrio biofilms in the seafood industry:a comprehensive review. Crit. Rev. Food Sci. Nutr. **61**:1827-1851.
7. **Janda, J. M., and S. L. Abbott.** 2010. The genus Aeromonas:taxonomy, pathogenicity, and infection. Clin. Microbiol. Rev. **23**:35-73.
8. **Fernández-Bravo A, and M. J. Figueras.** 2020. An update on the genus *Aeromonas*:taxonomy, epidemiology, and pathogenicity. Microorganisms. **8**:129.
9. **Lowry, R., S. Balboa, J. L. Parker, and J. G. Shaw.** 2014. Aeromonas flagella and colonisation mechanisms. Adv. Microb. Physiol. **65**:203-256.
10. **Janda, J. M., and S. L. Abbott.** 2010. The genus Aeromonas:taxonomy, pathogenicity, and infection. Clin. Microbiol. Rev. **23**:35-73.
11. **Ko, W. C., and Y. C. Chuang.** 1995. Aeromonas bacteremia:review of 59 episodes. Clin. Infect. Dis. **20**:1298-1304.
12. **Marcel, K. A., A. A. Antoinette, and D. Mireille.** 2000. Isolation and characterization of Aeromonas species from an eutrophic tropical estuary. Mar. Pollut. Bull. **44**:1341-1244.
13. **Khalil, M. A., A. Rehman, W. U. Kashif, M. Rangasami, and J. Tan.** 2013. A rare case of *Aeromonas hydrophila* catheter related sepsis in a patient with chronic kidney disease receiving steroids and dialysis:a case report and review of Aeromonas infections in chronic

kidney disease patients. Case. Rep. Nephrol. **2013**:735194.

14. **Ko, W. C., K. W. Yu, C. Y. Liu, C. T. Huang, H. S. Leu, and Y. C. Chuang**. 1996. Increasing antibiotic resistance in clinical isolates of Aeromonas strains in Taiwan. Antimicrob. Agents Chemother. **40**:1260-1262.
15. **Wang, J. T., C. T. Fang, P. R. Hsueh, S. C Chang, and K. T. Luh. 2000**. Spontaneous bacterial empyema caused by *Aeromonas veronii* biotype *sobria*. Diagn. Microbiol. Infect. Dis. **37**:271-273.
16. **Costa, D., and G. Iraola**. 2019. Pathogenomics of emerging *Campylobacter* species. Clin. Microbiol. Rev. **32**:e00072-18.
17. Pike, B. L., P. Guerry, and F. Poly. 2013. Global distribution of *Campylobacter jejuni* penner serotypes:A systematic review. PLoS One. **8**:e67375.
18. **Kreling, V., F. H. Falcone, C. Kehrenberg, and A. Hensel.** 2020. *Campylobacter* sp.: Pathogenicity factors and prevention methods-new molecular targets for innovative antivirulence drugs? Appl. Microbiol. Biotechnol. **104**:10409-10436.
19. **Nichols, G. L., J. F. Richardson, S. K. Sheppard, C. Lane, and C. Sarran**. 2012. Campylobacter epidemiology:a descriptive study reviewing 1 million cases in England and Wales between 1989 and 2011. BMJ Open. **2**:1-13.
20. **Silva, J., D. Leite, M. Fernandes, C. Mena, P. A. Gibbs, and P. Teixeira**. 2011. *Campylobacter* spp. as a foodborne pathogen:A review. Front. Microbiol. **2**:200.
21. **Ko, W. C., Y. C. Chuang, G. C. Huang, and S. Y. Hsu.** 1998. Infections due to non-0 I *Vibrio cholerae* in southern Taiwan:predominance in cirrhotic patients. Clin. Infect. Dis. **27**:774-780
22. **Elmahdi, S., L. V. DaSilva, and S. Parveen**. 2016. Antibiotic resistance of *Vibrio parahaemolyticus* and *Vibrio vulnificus* in various countries:A review. Food Microbiol. **57**:128-134.
23. **Wong, H. C., S. H. Liu, T. K. Wang, C. L. Lee, C. S. Chiou, D. P. Liu, et al**. 2000. Characteristics of *Vibrio parahaemolyticus* 03:K6 from Asia. Appl. Environ. Microbiol. **66**:3981-3986
24. **Chiou, C. S., S. Y. Hsu, S. I. Chiu, T. K. Wang, and C. S. Chao**. 2000. *Vibrio parahaemolyticus* serovar 03:K6 as cause of unusually high incidence of food-borne disease outbreaks in Taiwan from 1996 to 1999. J. Clin. Microbiol. **38**:4621- 4625.
25. **Hsieh, Y. C., S. M. Liang, W. L. Tsai, Y. H. Chen, T. Y. Liu, and C. M. Liang.** 2003. Stt1dy of capsular polysaccharide from *Vibrio parahaemolyticus*. Infect. Immun. **71** :3329-3336.
26. **Hundenborn, J., S. Thurig, M. Kommerell, H. Haag, and O. Nolte.** 2013. Severe wound infection with *Photobacterium damselae* ssp. *damselae* and *Vibrio harveyi*, following a laceration injury in marine environment:A case report and review of the literature. Case Rep. Med. **2013**:610632.
27. **Chiang, S. R., and Y. C. Chuang**. 2003. *Vibrio vulnificus* infection:clinical manifestations, pathogenesis, and antimicrobial therapy. J. Microbiol. Immunol. Infect. **36**:81-88.
28. **Hor, L. I., C. T. Gao, and L. Wan.** 1995. Isolation and characterization of *Vibrio vulni-*

ficus inhabiting the marine environment of the southwestern area of Taiwan. J. Biomed. Sci. **2**:384- 389.

29. **Yamane, K., J. Asato, N. Kawade, H. Takahashi, B. Kimura, and Y. Arakawa.** 2004. Two cases of fatal necrotizing fasciitis caused by *Photobacterium damsela* in Japan. J. Clin. Microbiol. **42**:1370-1372.
30. **Motukupally, S.R., A. Singh, P. Garg, and S. Sharma.** 2014. Microbial keratitis due to *Aeromonas* species at a tertiary eye care center in southern India. Asia Pac. J. Ophthalmol. (Phila). **3**:294-298.
31. **Murray, P. R., J. B. Ellen, A. P. Michael, C. I Fred, and H. Y. Robert.** 2007. Manual of clinical microbiology, ninth edition.
32. **Lin, C. W., P. L. Yin, and K. S. Cheng.** 1998. Incidence and clinical manifestations of *Campylobacter enteritis* in central Taiwan. Chin. Med. J. (Taipei)**61**:339-345
33. **Li, C. C., C.H. Chiu, J. L. Wu, Y. C. Huang, and T. Y. Lin.** 1998. Antimicrobial susceptibilities of *Campylobacter jejuni* and *coli* by using E-test in Taiwan. Scand. J. Infect. Dis. **30**:39-42.
34. **Humphries, R. M., and A. N. Schuetz.** 2015. Antimicrobial susceptibility testing of bacteria that cause gastroenteritis. Clin. Lab. Med. **35**:313-331.
35. **Lin, C. W., H. H. Wang, Y. F. Chang, and K. S. Cheng.** 1997. Evaluation of CLO test and polymerase chain reaction for biopsy-dependent diagnosis of *Helicobacter pylori* infection. Chinese J. Microbiol. lmmunol. **30**:219-227.
36. **Dai, L., O. Sahin, M. Grover, and Q. Zhang.** 2020. New and alternative strategies for the prevention, control, and treatment of antibiotic-resistant Campylobacter. Transl. Res. **223**:76-88.
37. **Pohl, D., P. M. Keller, V. Bordier, and Wagner K.** 2020. Review of current diagnostic methods and advances in *Helicobacter pylori* diagnostics in the era of next generation sequencing. World J. Gastroenterol. **25**:4629-4660.
38. **Lin, C. W., C. W., Wu, S. C. Lee, and K. S. Cheng.** 2000. Genetic analysis and clinical evaluation of vacuolating cytotoxin gene A and cytotoxin-associated gene A in Taiwanese *Helicobacter pylori* isolates from peptic ulcer patients. Scand. J. Infect. Dis. **3**:51-57
39. **Lin, C. W., Y. S. Chang, S. C. Wu, and K. S. Cheng.** 1998. *Helicobacter pylori* in gastric biopsies of Taiwanese patients witl1 gastroduodenal diseases. Jpn. J. Med. Sci. Biol. **51**:13-23
40. **Xu, C., D. M. Soyfoo, Y. Wu, and S. Xu.** 2020. Virulence of *Helicobacter pylori* outer membrane proteins:an updated review. Eur. J. Clin. Microbiol. Infect. Dis. **39**:1821-1830.
41. **Wu, M. T., M. C. Chen, and D. C. Wu**. 2004. Influences of lifestyle habits and p53 codon -:and p21 codon 31 polymorphisms on gastric cancer risk in Taiwan. Cancer Lett. **205**:61-68.
42. **Li, H., C. X. Xu, R. J. Gong, J. S. Chi, P. Liu, and X. M. Liu.** 2019. How does *Helicobacter pylori* cause gastric cancer through connexins:An opinion review. World J. Gastroenterol. **25**:5220-5232.
43. **Singh, D. V., and H. Mohapatra**. 2008. Application of DNA-based methods in typing *Vibrio cholerae* -trains. Future Microbiol.

3:87-96.

44. **Seng, P., M. Drancourt, F. Gouriet, B. La Scola, P. E. Fournier, J. M. Rolain, et al.** 2009. Ongoing revolution in bacteriology:routine identification of bacteria by matrix-assisted laser desorption ionization time-of-flight mass spectrometry. Clin. Infect. Dis. **49**:543-551.
45. **Gavin, H. E., Beubier, N. T., and Satchell, K. J. F.** 2017. The effector domain region of the *Vibrio vulnificus* MARTX toxin confers biphasic epithelial barrier disruption and is essential for systemic spread from the intestine. PLoS Pathog. **13**:e1006119.
46. **Shi, Z. Y., P. Y. Liu, Y. J. Lau, Y. H. Lin, B. Hu, and H. N. Tsai.** 1996. Comparison of polymerase chain reaction and pulsed-field gel electrophoresis for the epidemiological typing of *Campylobacter jejuni*. Diagn. Microbiol. Infect. Dis. **26**:103-108.
47. **Meng, S., Y. L. Wang, C. Liu, J. Yang, M. Yuan, X. N. Bai, et al.** 2020. Genetic diversity, antimicrobial resistance, and virulence genes of *Aeromonas* isolates from clinical patients, tap water systems, and food. Biomed. Environ. Sci. **33**:385-395.
48. **Benagli, C., A. Demarta, A. Caminada, D. Ziegler, O. Petrini, and M. Tonolla**. 2012. A rapid MALDI-TOF MS identification database at genospecies level for clinical and environmental *Aeromonas* strains. PLoS One. **7**:e48441.
49. **Hsueh, P. R., L. J. Teng, L. N. Lee, P. C. Yang, Y. C. Chen, S. W. Ho, et al.** 1998. Indwelling device-related and recurrent infections due to *Aeromonas* species. Clin. Infect. Dis. **26**:651-658.
50. **Garénaux, A., F. Jugiau, F. Rama, R. de Jonge, M. Denis, M. Federighi, et al.** 2008. Survival of *Campylobacter jejuni* strains from different origins under oxidative stress conditions:effect of temperature. Curr. Microbiol. **56**:293-297.
51. **Lehtola, M. J., T. Pitkänen, L. Miebach, and I. T. Miettinen**. 2006. Survival of *Campylobacter jejuni* in potable water biofilms:a comparative study with different detection methods. Water Sci. Technol. **54**:57-61.
52. **Debretsion, A., T. Habtemariam, S. Wilson, D. Nganwa, and T. Yehualaeshet**. 2007. Real-time PCR assay for rapid detection and quantification of *Campylobacter jejuni* on chicken rinses from poultry processing plant. Mol. Cell Probes. **21**:177-181.
53. **Alispahic, M., K. Hummel, D. Jandreski-Cvetkovic, K. Nöbauer, E. Razzazi-Fazeli, M. Hess, et al**. 2010. Species-specific identification and differentiation of *Arcobacter, Helicobacter and Campylobacter* by full-spectral matrix-associated laser desorption/ionization time of flight mass spectrometry analysis. J. Med. Microbiol. **59** (Pt 3):295-301.
54. **Clinical and Laboratory Standards Institute.** Methods for antimicrobial dilution and disk susceptibility testing of infrequently isolated or fastidious bacteria; Approved guideline-second edition. CLSI document M45-A2. Wayne (PA):Clinical and Laboratory Standards Institute; 2010.
55. **Bair, M. J., C. L. Chen, C. K. Chiang, M. F. Huang, C. C. Hu, and H. T. Chang**. 2008. Capillary electropherograms for restriction fragment length polymorphism of *Helicobacter pylori*. Electrophoresis. **29**:3964-3970

56. **Valáriková, J, J. Korcová, J. Ziburová, J. Rosinský, A. Čížová, S. Bieliková, et al.** 2020. Potential pathogenicity and antibiotic resistance of aquatic *Vibrio* isolates from freshwater in Slovakia. Folia. Microbiol (Praha). **65**:545-555.
57. **Beshiru, A., O. T. Okareh, A. I. Okoh, and E. O. Igbinosa**. 2020. Detection of antibiotic resistance and virulence genes of *Vibrio* strains isolated from ready-to-eat shrimps in Delta and Edo States, Nigeria. J. Appl. Microbiol. **129**:17-36.
58. **Chen, H. M., P. W. Chung, Y. J. Yu, W. L. Tai, L. Kao, Y. L. Chien, and C.H. Chiu.** 2003. Antimicrobial susceptibility of common bacterial pathogens isolated from a new regional hospital in southern Taiwan. Chang Gung Med. J. **26**:889-896.
59. **Yu, Q., M. Liu, H. Su, H. Xiao, S. Wu, X. Qin, S. Li, H. Mi, Z. Lu, D. Shi, and P. Li.** 2019.
Selection and characterization of ssDNA aptamers specifically recognizing pathogenic *Vibrio alginolyticus*. J Fish Dis. **42**:851-858.
60. **Mahon and J. R. Manuselis**. 2014. Textbook of diagnostic microbiology, fifth edition.
61. **Koneman, E.W., D. A. Stephen, M. J. William, C. S. Paul, and C. W. Jr. Washington. J.** 2000. Color Atlas and Textbook of Diagnostic Microbiology, fifth edition.
62. **Valera, L., and C. Esteve.** 2002. Phenotypic study by numerical taxonomy of strains belonging to the genus Aeromonas. J. Appl. Microbiol. **93**:77-95.
63. **Hsu, P. l., D. C. Wu, A. Chen, N. J. Peng, H. H. Tseng, F. W. Tsay, G. H. Lo, C. Y. Lu, F. J. Yu, and K. H. Lai**. 2008. Quadruple rescue therapy for *Helicobacter pylori* infection after two treatment failures. Eur. J. Clin. Invest. **38**:404-409.
64. **Hu, C.T., C. C. Wu, C. Y. Lin, C. C. Cheng, S. C. Su, Y. H. Tseng, and N. T. Lin.** 2007. Resistance rate to antibiotics of *Helicobacter pylori* isolates in eastern Taiwan. J. Gastroenterol. Hepatol. **22**:720-723.
65. **Lopez, A. L., J. D. Clemens, J. Deen, and L. Jodar** 2008. Cholera vaccines for the developing world. Hum. Vaccine. **4**:165-169.
66. **Wu, C. H., M. S. Wu, S. P. Huang, and J. T Lin**. 2004. Relationship between *Helicobacter pylori* infection and erosive gastroesophageal reflux disease. J. Formos. Med. Assoc. **103**:186- 190.
67. **Ma J. Y., Zhu X. K., Hu R. G., Qi Z. Z., Sun W. C., Hao Z. P., Cong W., and Kang Y. H.** 2023. A systematic review, meta-analysis and meta-regression of the global prevalence of foodborne Vibrio spp. infection in fishes: A persistent public health concern. Mar Pollut Bull. **187**:114521.
68. **Chen, D. L., Liang, Z. L., Ren, S. L., Alali, W., and Chen, L. M.,** 2022. Rapid and visualized detection of virulence-related genes of Vibrio cholerae in water and aquatic products by loop-mediated isothermal amplification. J. Food Prot. **85(1):** 44-53.
69. **Andrews, L. S., Park, D. L., and Chen, Y. P.,** 2000. Low temperature pasteurization to reduce the risk of Vibrio infections from raw shell-stock oysters. Food Addit. Contam. **17(9)**:787-791.
70. **Andrews, L., Jahncke, M., and Mallikarjunan, K.,** 2003. Low dose gamma irradiation to reduce pathogenic vibrios in live oysters

(Crassostrea virginica). J. Aquat. Food Prod. Technol. **12(3)**:71-82.

71. **Mincer T. J., Bos R. P., Zettler E. R., Zhao S., Asbun A. A., Orsi W. D., Guzzetta V. S., and Amaral-Zettler L. A.** 2023. Sargasso Sea Vibrio bacteria: Underexplored potential pathovars in a perturbed habitat. Water Res. **242**:120033.
72. **Jeong G. J., Khan F., Tabassum N., and Kim Y. M.** 2024. Cellular and physiological roles of sigma factors in Vibrio spp.: A comprehensive review. Int J Biol Macromol. **254(Pt 1)**:127833.
73. **Ibangha I. I., Digwo D. C., Ozochi C. A., Enebe M. C., Ateba C. N., and Chigor V. N.** 2023. A meta-analysis on the distribution of pathogenic Vibrio species in water sources and wastewater in Africa. Sci Total Environ. **881**:163332.
74. **Luo Y., Ye J., Payne M., Hu D., Jiang J., and Lan R.** 2022. Genomic Epidemiology of Vibrio cholerae O139, Zhejiang Province, China, 1994-2018. Emerg Infect Dis. **28(11)**:2253-2260.
75. **Hoefler F., Pouget-Abadie X., Roncato-Saberan M., Lemarié R., Takoudju E. M., Raffi F., Corvec S., Le Bras M., Cazanave C., Lehours P., Guimard T., and Allix-Béguec C.** 2022. Clinical and Epidemiologic Characteristics and Therapeutic Management of Patients with Vibrio Infections, Bay of Biscay, France, 2001-2019. Emerg Infect Dis. **28(12)**:2367-73.
76. **Li X., Wang X., Li R., Zhang W., Wang L., Yan B., Zhu T., Xu Y., and Tan D.** 2023. Characterization of a Filamentous Phage, Vaf1, from Vibrio alginolyticus AP-1. Appl Environ Microbiol. **89(6)**:e0052023.
77. **Vezzulli L..** 2022. Global expansion of Vibrio spp. in hot water. Environ Microbiol Rep. **15(2)**:77-79.
78. **Dunmire C. N., Chac D., Chowdhury F., Khan A. I., Bhuiyan T. R., LaRocque R. C., Akter A., Amin M. A., Ryan E. T., Qadri F., and Weil A. A.** 2022. Vibrio cholerae Isolation from Frozen Vomitus and Stool Samples. J Clin Microbiol. **60(10)**:e0108422.
79. **Patil S. B., Deshmukh D., Dixit J., and Damle A.** 2011. Epidemiological investigation of an outbreak of acute diarrheal disease: a shoe leather epidemiology. J Glob Infect Dis. **3(4)**:361-5.
80. **Balaban M,, and Hendrixson D. R.** 2011. Polar flagellar biosynthesis and a regulator of flagellar number influence spatial parameters of cell division in Campylobacter jejuni. PLoS Pathog. **7(12)**:e1002420.
81. **Zaafrane S., Maatouk K., Alibi S., and Ben Mansour H..** 2022. Occurrence and antibiotic resistance of Vibrio parahaemolyticus isolated from the Tunisian coastal seawater. J Water Health. **20(2)**:369-384.
82. **El-Zamkan M. A., Ahmed A. S., Abdel-hafeez H. H., and Mohamed H. M. A.** 2023. Molecular characterization of Vibrio species isolated from dairy and water samples. Sci Rep. **13(1)**:15368.
83. **Dutta D., Kaushik A., Kumar D., and Bag S..** 2021. Foodborne Pathogenic Vibrios: Antimicrobial Resistance. Front Microbiol. **12**:638331.
84. **Masters M. C., Gupta A. R., Rhodes N. J., Flaherty J. P., Zembower T. R., Alghoul M., and Krueger K. M.** 2020. Multidrug resistant

Aeromonas infection following medical leech therapy: A case report and development of a joint antimicrobial stewardship and infection prevention protocol. J Glob Antimicrob Resist. **23**:349-351.

85. **Sun Y., Zhao Y., Xu W., Fang R., Wu Q., He H., Xu C., Zhou C., Cao J., Chen L., and Zhou T.** 2021. Taxonomy, virulence determinants and antimicrobial susceptibility of Aeromonas spp. isolated from bacteremia in southeastern China. Antimicrob Resist Infect Control. **10(1)**:43.
86. **De Silva L. A. D. S., Wickramanayake M. V. K. S., and Heo G. J.** 2021. Virulence and antimicrobial resistance potential of Aeromonas spp. associated with shellfish. Lett Appl Microbiol. **73(2)**:176-186.
87. **Moffatt C. R. M., Kennedy K. J., O'Neill B., Selvey L., and Kirk M. D.** 2021. Bacteraemia, antimicrobial susceptibility and treatment among Campylobacter-associated hospitalisations in the Australian Capital Territory: a review. BMC Infect Dis. **21(1)**:848.

第 15 章

革蘭氏陰性桿菌——挑剔菌／其他少見菌

褚佩瑜

內容大綱

學習目標

- 指出何謂挑剔性（fastidious）及人畜共通性（zoonotic）細菌，並比較二者的異同。
- 條列臨床上重要的挑剔性及人畜共通性細菌，並指出其的形態、生物學及毒力特徵。
- 描述這些生物體的致病性、傳播途徑、引起的臨床疾病、流行病學及防治方法。
- 解釋如何選擇適當的檢體、分離培養基及培養環境。
- 能運用哪些方法用來鑑定這些微生物，並探討這些方法的優缺點。
- 分析執行這些細菌的感受性試驗，需考慮到哪些因素。

15-1 一般性質

這章節將介紹各種不常見的或難以歸類的革蘭氏陰性桿菌，這些細菌一般無法生長在 **MacConkey agar** 上，即使在特殊的增富培養基也生長緩慢，需以 **5～10% CO_2** 以促進生長，鑑定上常依賴分子或免疫學檢查，MALDI-TOF MS 和 16S rRNA 基因定序能提供大部份菌種的正確鑑定。很多細菌因生長緩慢及難以培養，目前也沒有常規的感受性試驗。可大略區分爲兩大部分：挑剔性細菌（fastidious bacteria）及人畜共通菌（zoonotic bacteria）。

營養挑剔革蘭氏陰性桿菌：挑剔性細菌是指於血液培養基（BAP）無法生長或生長緩慢的細菌，培養需要添加特殊的營養及環境因子才能生長以進行進一步的分離及鑑定（表 15-1）。包括：

1. 嗜血桿菌屬（*Haemophilus*）。
2. HACEK 群及二氧化碳噬細胞菌屬（*Capnocytophaga*）。
3. 博德氏菌屬（*Bordetella*）。
4. 退伍軍人桿菌屬（*Legionella*）。

人畜共通革蘭氏陰性桿菌：人畜共通感染的致病菌，指動物的致病菌，由感染動物傳染給人，人與人之間很少相互感染的致病菌，感染常與職業暴露有關。高達 75% 的人類疾病起源於人畜共通病，因疾病導致動物源性食品和經濟重大損失，也對人類和動物的健康構成威脅。包括：

1. 巴斯德氏菌屬（*Pasteurella*）。

表 15-1　概述營養挑剔菌與人畜共通菌的特性

	營養挑剔（fastidious）				人畜共通（zoonotic）			
定義	在血液培養基無法或緩慢生長，需添加特殊養分及環境的生長因子才能分離的細菌。				主要是動物的致病菌，由動物傳染人，人很少相互感染，感染常與職業暴露相關。			
Genus	*Bordetella*	*Legionella*	*Haemophilus*	HACEK	*Yersinia*	*Pasteurella*	*Brucella*	*Francisella*
氧氣	絕對需氧	絕對需氧	兼性厭氧	兼性厭氧	兼性厭氧	兼性厭氧	絕對需氧	絕對需氧
莢膜	±	−	±	−	+	±	+	+
Oxidase	±	+	+	+	−	+	+	+
Catalase	+	±	+	−/+	+	+	+	−
Flagella	±	+	−	−	−	−	−	−
O-F glucose	−	−	F	F (*Eikenella* −)	F	F/−	F	F
雙極染色（Wayson）	+	−	−	−	++	++	+	−
培養基	Regan-Lowe media	BCYEα	chocolate agar	BAP	BAP	BAP	Brucella agar	Cystine glucose blood agar

BAP: Blood agar plate; BCYE: Buffered Charcoal Yeast Extract; F: fermentation; O: oxidation.

2. 布魯氏菌屬（*Brucella*）。
3. 法蘭錫斯氏菌屬（*Francisella*）。
4. 漢賽巴通菌（*Bartonella henselae*）。
5. 念珠狀鏈桿菌（*Streptobacillus moniliformis*）、小螺旋菌（*Spirillum minus*）。

A. 營養挑剔革蘭氏陰性桿菌

一、博德氏菌屬（*Bordetella*）

分類
細菌域（Bacteria）
β- 變形菌綱（Betaproteobacteria）
伯克氏菌目（Burkholderiales）
產鹼菌科（*Alcaligenaceae*）
博德氏菌屬（*Bordetella*）

博德氏菌屬產鹼桿菌科，產鹼桿菌科細菌重要的特徵是「產鹼」，這群細菌不利用醣類，以胺基酸代謝爲主，產生強鹼反應。一般爲革蘭氏陰性短小桿菌，以**周鞭毛運動**，能生長在 MacConkey agar 上，**catalase** 和 **oxidase** 都陽性。博德氏菌屬，都是絕對需氧的，能生長在 35 ～ 37℃ 間，代謝上不利用醱醣類且很多生化系統都不反應。重要的致病菌包括百日咳博德氏菌（*Bordetella pertussis*）、副百日咳博德氏菌（*B. parapertussis*）、敗血支氣管博德氏菌（*B. bronchiseptica*），其他如 *B. avium*、*B. hinzii*、*B. holmesii* 和 *B. trematum* 等。但要注意 *B. pertussis* 只感染人類，爲營養挑剔菌無法生長在 BAP，*B. pertussis* 與 *B. parapertussis* 不具鞭毛。

毒力因子

博德氏桿菌經直接接觸、通過呼吸氣溶膠傳播感染宿主。許多博德特氏菌毒力相關因子（如鞭毛、黏附素和毒素）的表達受**雙成分調節系統 *bvgAS*** 的控制，影響其相變異（phase variation）或表現型調節（phenotypic modulation）。在疾病上扮演重要角色的毒力因子，可分爲吸附素、免疫逃脫、毒素、鞭毛和養分截取因子：

(1) **吸附素**

細菌最初經一系列蛋白質吸附素如等介導黏附於鼻咽中的纖毛上皮細胞，這除了有助於黏附上皮細胞外，其中一些還參與免疫效應細胞的附著。這些吸附素包括：

① 纖毛狀血凝素（**Filamentous Hemagglutinin, FHA**）幫助菌體吸附到呼吸道纖毛上皮細胞。

② 百日咳桿菌黏附素（pertactin, PRN）69 kDa 的外膜蛋白，具免疫原性，媒介吸附宿主細胞。

③ 菌毛（fimbriae, FIM）型 2、3：血清型專一凝集素使細菌聚生在呼吸道纖毛上皮。

④ 博德氏菌抗藥毒殺抗原（Bordetella resistance to killing antigen, BrkA）是一種 Bvg 調節蛋白，介導吸附和抵抗補體的毒殺作用。

(2) **毒素**

① 百日咳毒素（**Pertussis Toxin, PT, *ptx*** 基因）只有百日咳博德氏菌能合成）。是一種類似霍亂毒素的 A-B 毒素，主要活性是經由 ADP-Ribosyl Transferase 修飾宿主的蛋白質來干擾宿主的訊息傳導。

② 腺苷環化酶毒素（adenylate cyclase toxin, ACT），其有助於逃避先天免疫。毒素在經介導吞噬作用進入細胞內，經活化刺激 cAMP 產生，抑制吞噬細胞功能。

③ 氣管細胞毒素（Tracheal Cytotoxin,

TC）氣管毒素，成分是二醣 - 四肽，這是細菌細胞壁肽聚醣的自然分解產物。與其他毒素不同，TC 基因的表達是本質的（constitutive），其他細菌將這種分子回收到細胞質中，但在博德氏菌和奈瑟氏淋球菌，成分被釋放出來爲氣管細胞毒素，能使纖毛癱瘓，抑制上皮細胞中的 DNA 合成，並促進細胞死亡而導致氣管內纖毛的擺動停滯。

二、退伍軍人桿菌屬（*Legionella*）

分類
細菌域（Bacteria）
γ- 變形菌綱（Gammaproteobacteria）
軍團菌目（Legionellales）
軍團菌科（Legionellaceae）
軍團菌屬（*Legionella*）

1976 年，美國退伍軍人在費城開年會，爆發急性肺炎 221 人感染，以發熱、咳嗽、肺炎爲特徵，其中 34 人死亡。因而定名爲退伍軍人桿菌屬（*Legionella*），嗜肺性退伍軍人桿菌（*L. pneumophila*）就成爲 *Legionellaceae* 第一個成員。現在這個屬已有超過 50 個以上的種，70 種以上的血清型，有些絕對細胞內寄生於自由生活型阿米巴，只能在與阿米巴的共同培養中分離，這些稱爲退伍軍人菌樣阿米巴致病菌（*Legionella-like amoeba pathogens*, LLAPs）。能引起人類疾病的菌種大約有 20 個，以嗜肺退伍軍人桿菌所引起之疾病最爲嚴重。*L. pneumophila* 依據脂多醣體抗原共分爲 15 個血清型，90% 的人類感染由 *L. pneumophila* 引起，以第 1 型最常分離，其次第 4～6 型。臨床的疾病主要引起龐帝亞熱（Pontiac Fever）和退伍軍人病（Legionnaires' Disease）。

大部分 *Legionellaceae* 成員廣泛地生存在自然界中，常見於潮溼的自然環境，如湖泊、河川、溫泉、沼澤和井水。因爲 *Legionella* 菌種能耐低於 2 ～ 3 mg/L 濃度的氯，它們耐得住水的氯處理，進入給水系統繁殖。熱水系統、冷水塔、裝飾用的噴泉、渦流、溼度器和淋浴噴嘴是主要人爲的貯藏處。以飛沫傳染爲主，主要是從環境正常水壓產生的飛霧粒子感染到人類宿主。大部分疾病的爆發從汙染的水開始，其他方式有直接由呼吸治療器吸入汙染的水或分泌物，尚未有人與人之間直接感染的報告。所以，定期檢測空調冷卻塔水、熱水源、公共水源是否遭受退伍軍人桿菌的汙染是不可或缺的工作。

嗜肺軍團菌在環境中可在生物膜內聚生，以抵抗不良環境；同時能抵抗吞噬細胞消化酵素，因此能在多種原蟲（protozoa）和宿主的吞噬細胞內增殖。在 Hela 細胞中以兩種不同的形式存在：⑴ 代謝休眠、具高度傳染性的囊體期，抵抗抗生素及去垢劑，可在細胞外長期存活。⑵ 細胞內複繁殖期，其形態與培養基生長的一般細菌相同。

退伍軍人桿菌的結構特徵：細胞壁內含有特殊的支鏈脂肪酸，占總脂肪酸量的 68% 以上。有微莢膜和菌毛等結構，能抵抗宿主吞噬細胞內殺菌物質的作用，並在其中生長繁殖。產生多種酶、外毒素及內毒素樣物質，最後導致細胞死亡，釋放出數百個細菌。

1. 毒力因子

⑴ **結構**

①微莢膜和菌毛：能抵抗宿主吞噬細胞內殺菌物質的作用，並在其中生長繁殖。

②鞭毛。

③第四型線毛。

④外膜蛋白（outer membrane protein, OMP）。

⑤熱休克蛋白 60（Heat shock protein 60, Hsp60）：吸附及侵襲細胞。

⑥第四型及第二型分泌系統（type 4 and type 2 secretory system, T4SS and T2SS）。

第四型分泌系統 dor/icm（defective organelle trafficking/intracellular multiplication）能驅動宿主的內質網為細菌運輸大分子。

第二型分泌系統含有多種水解酵素，與細胞內存活有關。

(2)**分泌型物質**

①巨噬細胞感染性增強劑（macrophage infectivity potentiator）。

②產生多種酶、外毒素及內毒素樣物質。

③很多菌株產生 β-lactamase。

三、嗜血桿菌屬（*Haemophilus*）

分類
細菌域（Bacteria）
變形菌門（Proteobacteria）
γ- 變形菌綱（Gammaproteobacteria）
巴斯德菌目（Pasteurellales）
巴斯德菌科（Pasteurellaceae）
嗜血桿菌屬（*Haemophilus*）

嗜血桿菌屬、凝集桿菌屬（*Aggregatibacter*）和巴斯德氏菌屬（*Pasteurella*）同屬於巴斯德氏菌科（*Pasteurellaceae*），共同特徵為菌體小、不具鞭毛（無運動性）的多形態革蘭氏陰性桿菌（類球狀到桿狀細胞），需氧或兼性厭氧菌。能發酵醣類，一般觸酶及氧化酶陽性，並能將硝酸鹽（$\mathbf{NO_3}$）還原成亞硝酸鹽（$\mathbf{NO_2}$）。

根據伯格氏系統性細菌學手冊（Bergey's Manual of Systemic Bacteriology），有 7 種嗜血桿菌與人類有關：流行性感冒嗜血桿菌（*H. influenzae*, Hi）、副流行性感冒嗜血桿菌（*H. parainfluenzae*）、溶血性嗜血桿菌（*H. haemolyticus*）、副溶血性嗜血桿菌（*H. parahaemolyticus*）、埃及嗜血桿菌（*H. aegyptius*）、皮氏嗜血桿菌（*H. pittmaniae*）和杜克氏嗜血桿菌（*H. ducreyi*）。除杜克氏嗜血桿菌為生殖道的絕對致病菌外，這屬細菌大部分是呼吸道的正常菌叢，可導致伺機性感染。有些 *Haemophillus*、*Aggregatibacter*、*Cardiobacterium*、*Eikenella* 和 *Kingella* 屬的特定物種已被歸入首字母縮略詞 HACEK（每個屬的首字母）。這些細菌為口腔和鼻咽中正常菌叢，與牙周病或心內膜炎相關。

這屬細菌命名為嗜血桿菌（*Haemophilus*），衍生於希臘字嗜血（Blood-Lover），是因為它們生長需要添加血液中的兩種因子：X 因子和（或）V 因子（nicotinamidenine dinucleotide, NAD）。X 因子為原卟啉 IX（protoporphyrin IX）。為一組熱穩定的血紅素（hematin）或噗林（porphyrins），為有氧代謝所需的酵素如細胞色素（cytochrome）、觸酶（catalase）、過氧化酶（peroxidase）等合成所需。當細菌生長於無氧環境則不需要。

V 因子是菸鹼胺腺嘌呤核苷二磷酸（Nicotinamide adenine dinucleotide, NAD）或菸鹼胺腺嘌呤核苷二磷酸鹽（nicotinamide adenine dinucleotide phosphate, NADP）。V 因子不耐熱，又容易被綿羊血中所含的 NADase 所破壞，所以依賴 V 因子的嗜血桿菌無法生長在綿羊血培養基上。衛星現象（**Satellitism**）是用來鑑別生長需要 V 因子的營養挑剔菌，包括嗜血桿菌，衛星現象發生在當將此菌與能提供V因子的細菌共培養時，例如：金黃色葡萄球菌、肺炎雙球菌或奈瑟氏菌。嗜血桿菌能從這些微生物中獲得V因子，所以在這些細菌菌落周圍形成衛星狀小小的菌落，此稱爲衛星現象。

因爲X和V因子都存在於紅血球中，傳統上小的革蘭氏陰性球桿菌，只要它生長上需要X和（或）V因子都被歸類到這菌屬；而生長只需要V因子者，種名加上「*para*」字首。除了 ***H. ducreyi*** 生長只需要 X 因子以外，所有臨床重要的嗜血桿菌生長都需要V因子。

1.流行性感冒嗜血桿菌（*Haemophilus influenzae*）

流行性感冒（Influenza），一般提到「感冒」，是病毒感染性疾病，特徵是上呼吸道的急性發炎。症狀爲鼻黏膜的強烈發炎（Coryza，卡他性鼻炎）、頭痛、支氣管炎和嚴重的全身性肌痛。流行性感冒嗜血桿菌之所以被錯誤地命名，是因爲在 1889 年和 1890 年之間的世界性的大流行中，首先從流行性感冒病人的鼻咽檢體和死後的肺臟培養分離到這個桿菌，而誤認爲是流感的病原體。直到病毒培養技術發展出來，才發現病毒是導致流行性感冒的主因，而 *H. influenzae* 只是繼發性的侵襲患者。現已知流行性感冒嗜血桿菌是小兒及老人常見感染的病原體，可引起多種組織的化膿性病變，最常見的是嬰幼兒腦膜炎及某些病毒性疾病的繼發感染。流感嗜血桿菌，是第一個全基因體序列被解讀出來的細菌。

2.毒力因子

流行性感冒嗜血桿菌是這個屬的主要臨床致病菌，具有廣泛的致病潛力。下列的毒力因子在侵襲力及感染的起始上可能扮演重要的角色：

(1)莢膜

莢膜是嗜血桿菌最重要的毒力因子。不是所有的 *H. influenzae* 都具有莢膜，血清學依莢膜多醣，將 *H. influenzae* 分爲 a ～ f 六個血清型。因此 *H. influenzae* 分爲可分型與不可分型兩種：

①具莢膜的菌株（可分型的 Hi）造成的侵襲性疾病。

a.大部分侵襲性的感染是由具莢膜血清型 b（Hib）造成，莢膜血清 b 型是由 **RPR**——也就是核醣（Ribose）、核醣醇（Ribitol）和磷酸（Phosphate）組成，爲獨特且具有抗吞噬及抗補體活性的特質的聚合物。目前已有抗 Hib 莢膜 RPR 的結合型疫苗。Hib 主要感染幼童，經血液散布引起侵襲性疾病，如腦膜炎、蜂窩組織炎、關節炎和會厭炎。

b.其他非 b 的莢膜血清型很少在人類引起疾病，曾有報告 a、d 及 f 型在免疫缺陷病人引起肺炎，而 c 型在新生兒引起敗血症。

②不具莢膜的菌株（無法分型，non-typeable Hi, NTHi）造成非侵襲性疾病感染僅次於 Hib。無莢膜菌株直接散布在呼吸道內或其附近造成的局部性感染，在成人族群中引起肺炎和鼻竇炎，在免疫缺陷或糖尿病人引起腦膜炎，在兒童引起侵襲性下呼吸道感染，也可引起新生兒敗血症。

(2)IgA 蛋白酶

在所有的嗜血桿菌中，只有流感嗜血桿菌能產生分解 IgA 的蛋白酶，能分解分泌性 IgA。

(3)**吸附因子**

吸附在毒力因子中所扮演的角色仍未確立，研究指出，大部分無莢膜的菌株能吸附在人類上皮細胞，然而大部分血清型 b 並不具此特性。這解釋了爲什麼缺乏吸附能力的血清型 b 的菌株傾向引起系統性的感染，而具有吸附性的無莢膜菌株傾向構成局部性感染。

(4)**外膜成分與脂寡醣體**（Lipooligosaccharide, LOS）

雖然這些抗原的角色仍未確定，對這些抗原所產生的抗體可能在免疫系統中扮演重要的角色，每一個成分具有專一的能力，例如：侵襲性、吸附性及抗吞噬的功能。LOS 能麻痺纖毛運動，此功能負責清除呼吸道中的細菌。

四、HACEK 群及二氧化碳嗜細胞菌屬（*Capnocytophaga*）

HACEK 是一個由五個菌種字首所組成的縮略語，這五株菌分別是：

1. 嗜沫凝聚桿菌（*Aggregatibacter aphrophilus*）。
2. 放線共生凝聚桿菌（*Aggregatibacter actinomycetemcomitans*）。
3. 人形心桿菌（*Cardiobacterium hominis*）。
4. 腐蝕愛克納菌（*Eikenella corrodens*）。
5. 金格桿菌屬（*Kingella* spp.）。

因爲以前嗜沫凝聚桿菌屬嗜血桿菌（*Haemophilus*），而放線共生凝聚桿菌屬 *Actinobacillus*，故合稱爲 HACEK。此二細菌重新命名後，有些人改稱爲 AACEK，但有些學者仍沿用 HACEK，只是「H」改以某些伺機感染的嗜血桿菌，如 *H. parainfluenzae* 代表。這些是包括發酵和不發酵的革蘭氏陰性桿菌，生長特性類似，引起的疾病亦有相類似的症狀，其共通點有：

1. 生長需要較高的二氧化碳（5 ～ 10% 的二氧化碳濃度）；生長緩慢，一旦生長，相當容易鑑定。
2. 爲口腔的正常菌叢，致病性低，可能導致牙周感染或伺機引起心內膜炎。
3. 傾向附著已損壞或人工的心瓣膜，導致心內膜炎，常自人體的血液中培養分離出來。

1. 嗜沫凝聚桿菌（*Aggregatibacter aphrophilus*）

嗜沫凝聚桿菌原屬 CDC 群之 HB-2，現歸於 Pasteurellaceae（科），*Aggregatibacter*（屬）。爲人類上呼吸道中常見的微生物群，主要生長在牙齒及牙槽周圍的牙齦上。

2. 放線共生凝聚桿菌（*Aggregatibacter actinomycetemcomitans*）

原屬 CDC 群之 HB-3 及 HB-4 某些菌種，DNA 雜交試驗顯示與 *A. aphrophilus/paraphrophilus* 關係密切。放線桿菌屬全部都是不運動的革蘭氏陰性小桿菌或球桿菌，原本是動物致病菌或動物內生性菌叢菌屬中的成員，一般不會引起人類的感染。

3. 人形心桿菌（*Cardiobacterium hominis*）

人形心桿菌爲 *Cardiobacterium* 的唯一菌種。

4. 腐蝕愛克納菌（*Eikenella corrodens*）

E. corrodens 是口腔或大腸的正常菌叢。

5. 金格桿菌屬（*Kingella spp.*）

金格桿菌屬的成員是營養挑剔的革蘭氏陰性球桿菌到短桿菌，以成對的或短鏈狀存在，1976 年歸屬於奈瑟氏菌科 Neisseriaceae。

6. 二氧化碳噬細胞菌屬（*Capnocytophaga*）

雖然嚴格說來並不屬於 HACEK 的成員，但因爲它需要提高 CO_2 濃度來加強生長，及自血液培養中分離出來的相似性質，所以也在此章節討論。*Capnocytophaga* 菌屬目前有 7 個種，其中 5 個是人類口腔的正常菌叢，如 *C. ochracea*、*C. gingivalis* 和 *C. sputigena* 等。*C. canimorsus* 和 *C. cynodegmi* 可經貓或狗咬傷感染，範圍從溫和的局部感染到嚴重的瀰漫性血管內凝血、腎功能衰竭、休克和溶血性尿毒症，尤其在脾切除或其他虛弱（如酒精中毒）患者，但可發生在健康人群中。

B. 人畜共通（Zoonotic）革蘭氏陰性桿菌

人畜共通菌主要爲動物源的致病菌，在此介紹的人畜共通 GNB 主要爲動物傳染給人，對人類的感染常由於與受感染動物的密切接觸，尤其是職業性暴露（表 15-2）。

一、巴斯德桿菌病（Pasteurellosis）

分類
細菌域（Bacteria）
變形菌門（Proteobacteria）
γ- 變形菌綱（Gammaproteobacteria）
巴斯德菌目（Pasteurellales）
巴斯德菌科（*Pasteurellaceae*）
巴斯德菌屬（*Pasteurella*）

巴斯德桿菌病爲主要由多殺性巴氏桿菌（*Pasteurella multocida*）及其他巴斯德菌感染所引起的一種傳染病的總稱，發生於各種家畜、家禽、野生動物和人類。*Pasteurella* 主要寄生在哺乳類及鳥類的呼吸道及消化道中，它們很少是人類上呼吸道的正常菌叢。在其他動物廣泛的宿主中可能是原發性的致病菌或繼發性的侵襲者，家畜感染以肺炎爲主，而敗血症和炎性出血過程爲主要特徵。

人類感染常因貓、狗咬傷引起蜂窩組織炎、菌血症等。

二、布魯氏菌病（Brucellosis）

分類
細菌域（Bacteria）
變形菌門（Proteobacteria）
α- 變形菌綱（Alphaproteobacteria）
根瘤菌目（Rhizobiales）
布魯氏菌科（*Brucellaceae*）
布魯氏菌屬（*Brucella*）

布魯氏菌病（Brucellosis）是由布魯氏菌引起的一種人畜共通性疾病。容易侵犯乳腺和懷孕的子宮而導致牛、羊、豬的死產、早產、流產。

布魯氏菌屬與巴通氏菌、根瘤菌和農桿菌屬密切相關。布魯氏菌是小的、需氧的、不具鞭毛的、兼性細胞內寄生的革蘭氏陰性球桿菌。革蘭氏染色效果差，生長（尤其是初次分離時）需要補充二氧化碳。*Brucella* 是自由生活型的細菌，目前至少有十個種。與人類疾病有關的四個種是：流產布魯氏菌（*Brucella abortus*，7 個生物型，感染牛）、馬爾他布魯氏菌（*Brucella melitensis*，3 個生物型，感染羊）、豬布魯氏菌（*Brucella suis*，5 個生物型）和犬布魯氏菌（*Brucella canis*），這五個能引起人類感染的布魯氏菌中除了 *B. canis* 外都是潛在的生物戰劑。

表 15-2 常見人畜共通革蘭氏陰性桿菌之比較

疾病	致病菌	主要感染源	感染途徑
巴斯德桿菌病（Pasteurellosis），蜂窩性組織炎（Cellulitis）	*P. multocida*	貓、狗	貓、狗咬傷
布魯氏病（Brucellosis），波浪熱	*Brucella species*	豬、牛、羊	毛製品、與病畜接觸
土拉倫氏菌血症（Tularemia），兔熱病	*F. tularensis*	兔、鹿、蝨子（Ticks）	與病畜接觸、蝨子（叮咬）

三、土拉倫斯氏病（Tularemia）

分類
細菌域（Bacteria）
變形菌門（Proteobacteria）
γ- 變形菌綱（Gammaproteobacteria）
硫髮菌目（Thiotrichales）
弗朗氏菌科（*Francisellaceae*）
弗朗氏菌屬（*Francisella*）

弗朗氏菌兼性細胞內寄生的營養挑剔細菌，需要環丁烯（cycteine）、胱氨酸（cystine）或其他巰基（sulfhydryl）和鐵源以促進生長。

革蘭氏染色結果不良，呈小的、革蘭氏陰性的球桿菌，oxidase 和 urease 陰性，catalase 弱陽性，不具鞭毛的絕對需氧菌。可很快被熱殺死及適當消毒，但潮溼及低溫環境可殘存好幾週或好幾個月。*F. tularensis* 爲主要致病菌，在組織內可見到菌體外有莢膜。*Francisella tularensis subsp. tularensis* (Type A) 流行於北美，爲最嚴重的致病菌，*Francisella tularensis subsp. holarctia* (Type B) 流行於歐洲、前蘇聯、日本和北美，引起輕度到重度的疾病，二者都可引起所有形式的 tularemia。

四、貓抓病（Cat scatch disease, CSD）

分類
細菌域（Bacteria）
變形菌門（Proteobacteria）
α- 變形菌綱（Alphaproteobacteria）
根瘤菌目（Rhizobiales）
巴通氏菌科（*Bartonellaceae*）
巴通氏菌屬（*Bartonella*）

貓抓病是經由貓抓傷及（或）咬傷而感染，並以局部增生性肉芽腫爲特徵的發炎性腺病變（Inflammatory adenopathy），其特徵爲疼痛、亞急性的自限性疾病。現已知 CSD 可由漢賽巴通菌屬（*Bartonella*）中的 *B. henselae*、*B. clarridgeiae* 引起，可能是經由貓蚤傳播。

Bartonella 原本屬於立克次菌科中 *Rochalimaea*，1950 年由 Debre 首次描述，後來經分子雜交基因分析，完全不同於立克次體而獨立成科（*Bartonellaceae*）。巴通氏菌基因序列與流產布魯氏菌（*Brucella abortus*）和根癌農桿菌（*Agrobacterium tumefaciens*）最密切相關，都是短的革蘭氏陰性多態性桿菌狀，無鞭毛及莢膜。有細胞內生長傾向，兼性細胞內寄生的營養挑剔菌，氧化酶和過氧化氫酶陰性，在血液培養基或細胞共培養系統中生長最

好。現已發現巴通體病至少有五種病原體，即：*B. henselae*、*B. elizabethae*、*B. vinsonii*、*B. quintana* 和 *B. bacilliformis*。

五、鼠咬熱（Rat-bite fever）

由鼠咬或接觸到被老鼠汙染的東西感染。念珠狀鏈桿菌（*Streptobacillus moniliformis*）與缺陷螺旋菌（*Spirillum minus*），都可引起鼠咬熱。兩種微生物出現在無徵狀的囓齒類，特別是大鼠的上呼吸道及口腔內，皆爲革蘭氏陰性桿菌，兩者臨床症狀都是反覆發燒及流行病學上相似，也都可用青黴素治療。

15-2 臨床意義

A. 營養挑剔革蘭氏陰性桿菌

一、博德氏菌屬（*Bordetella*）

百日咳桿菌（*B. pertussis*）和副百日咳桿菌（*B. parapertussis*）主要是造成人類上呼吸道感染百日咳（whooping cough 或 pertussis）的致病菌，支氣管敗血症博德氏菌（*B. bronchiseptica*）是伺機性感染，引起肺炎及傷口感染。這三種菌主要造成孩童的疾病。

博德氏菌的感染是經由呼吸道經飛沫傳播，具有能在呼吸道纖毛的上皮細胞吸附及繁殖的獨特特性。菌體保留在區域的感染部位，但毒素及其他毒力因子能造成系統性的作用。

典型的百日咳是經由呼吸道暴露在致病菌。經 1 ～ 2 週的潛伏期。

卡它期（catarrhal phase）是起初症狀，不典型的感冒樣，包括：噴嚏、溫和的咳嗽、流鼻水，也許出現結膜炎。細菌此時在氣管和支氣管黏膜上大量繁殖並隨飛沫排出，傳染性最大。卡它期可能持續 1 ～ 2 週，但是因爲症狀不明顯，很少在此時培養細菌。

出現陣發性痙攣性咳嗽（痙攣期），這個時期的特徵是突然發生劇烈、反覆性的咳嗽，咳完吸氧時發出特殊的「喘鳴聲（whoop）」。這時細菌釋放毒素，導致黏膜上皮細胞纖毛運動失調，大量黏稠分泌物不能排出，刺激黏膜中的感受器產生強烈痙咳。喘鳴聲是因爲突然爆發劇烈長時間的咳嗽後，缺氧導致快速的吸氣所造成。這種特徵性的咳嗽可能一天發生多次，有時伴隨著嘔吐。大約 4 ～ 6 週逐漸轉入恢復期，陣咳減輕，趨向痊癒，但有 1 ～ 10% 病人易繼發溶血性鏈球菌、流感桿菌等的感染。本病病程較長，故名百日咳。在致病過程中，百日咳桿菌始終在纖毛上皮細胞表面，並不進入血流。

B. pertussis 及 *B. parapertussis* 是人類呼吸道的主要致病菌，引起百日咳或副百日咳，後者通常是一種比較溫和的疾病；二者對初次分離都是營養挑剔菌，需要特別的系統來採檢收集、傳送和培養。

B. bronchiseptica 和 *B. avium* 是鳥類和哺乳類的致病菌，一般不是挑剔菌，可以從常規途徑分離到菌體。*B. bronchiseptica* 也是人類的伺機性致病菌，引起肺炎和傷口感染。*B. holmesii* 和 *B. trematum* 最近才被發現，能造成免疫缺陷病人的菌血症、傷口和耳朵的感染。是一種鳥類的共生菌。

二、退伍軍人桿菌屬（*Legionella*）

Legionella 菌種是到處常在的革蘭氏陰性桿菌，經吸入感染。臨床上感染的病人可能表現多變異的情況，由沒有症狀到致命的疾病。

退伍軍人桿菌爲胞內寄生菌，對人類具有廣泛的致病傾向，其致病性直接依賴於胞內寄生能力。當細菌侵入體內後，一般先爲中性細胞和巨噬細胞所吞噬，但不能將細菌殺死，反而有利於擴散。經過 7 ～ 10 天後，免疫系統產生了對病菌的特異性細胞免疫，與非特異性免疫相互配合，抑制胞內細菌繁殖並增強 NK 細胞活性殺傷感染細胞。此外，特異性抗體也有一定作用，能啟動調理作用並激活補體，增加巨噬細胞的吞噬作用。

退伍軍人桿菌病多發於夏、秋兩季，既可爆發流行也可散發。臨床表現有兩種類型：

1. 退伍軍人病（又稱肺炎型）

潛伏期爲 2 ～ 6 天，症狀以高熱、呼吸系統症狀及全身中毒性表現爲特點。常有乾咳或少量黏液痰，亦可見血絲、咳血。胸痛、腹瀉常見。病人可因休克、呼吸衰竭、腎功能衰竭而死亡，死亡率約爲 16%。

2. 龐提亞克熱（又稱流感樣型）

病情溫和，有自限性，以肌痛、發熱、頭痛爲特點。無肺部炎症表現，胸部 X 光片檢查無異常，預後良好，無死亡病例。

三、嗜血桿菌屬（*Haemophilus*）

1. 流行性感冒嗜血桿菌（*Haemophilus influenzae*）

於正常人上呼吸道正常菌叢的流行性感冒嗜血桿菌，絕大多數是無莢膜的。引起人類疾病可分爲原發性感染和繼發性感染兩類。原發性感染爲強毒株引起的急性化膿性感染，常見的有：腦膜炎、鼻咽炎、急性氣管炎、化膿性關節炎和心包炎等。繼發性感染常發生在流感、麻疹、百日咳及肺結核等感染之後，如支氣管肺炎和中耳炎等。可分爲有莢膜和無莢膜二類：

⑴ **莢膜菌株的感染**

莢膜根據莢膜上的組成又細分成 a、b、c、d、e、f 六型。有莢膜的菌種，尤其是 b 型流行性感冒嗜血桿菌（*Haemophilus influenzae* type b, Hib）最具侵犯性，易侵入血流感染，例如：腦膜炎、敗血症、敗血性關節炎、骨髓炎、蜂窩狀組織炎。

① 腦膜炎

在呼吸道黏膜細胞繁殖後，經由血流侵襲及散布。莢膜血清型 b 是 3 個月到 6 歲大幼兒腦膜炎的主因。頭痛、頸部僵硬及其他腦膜炎的徵狀常在溫和的呼吸道疾病後出現。如不治療，死亡率很高。倖存者出現神經系統後遺症，如部分聽力損失和語言發育遲緩。

② 會厭炎

Hib 最常引起這個症狀，臨床表現包括：快速的發作、急性發炎、嚴重的水腫，甚至導致呼吸道阻塞，需要緊急氣管切開術處理。最常發生的年齡是 2 ～ 4 歲的幼兒。

③ 關節炎

小於 2 歲的幼童，在 Hib 經菌血症散布後最常見的疾病就是關節炎。

④ 蜂窩組織炎

Hib 感染在小於 2 歲的幼兒也常見蜂窩組織炎，雖然感染也可能在上肢的其他區域，但最普遍的位置是在臉頰。臉頰的蜂窩組織炎特徵是快速發作、疼痛、水腫及發炎區域出現帶紅的藍色（Reddish blue）。小兒科診斷常是根據小孩的年齡、症狀、表現和接近對口腔黏膜的蜂窩組織炎。

⑤ 其他可分型菌株的感染，包含急性咽炎和肺炎。肺炎是兒童常見的 Hib 感染，平均年齡是 14 個月。

由於疫苗的使用，Hib 在小兒科的感染已顯著的減少，但在老年人及沒有被預防接種的衰弱人口的感染仍是一個難題。

⑵ **非莢膜（無法分型）菌株引起的感染**

NTHi 僅次於 Hib 的臨床常見的 Hi，經接觸感染，主要在成人。很少引起侵襲性感染，尤其是在廣泛使用 Hib 疫苗的國家。一般只引起上呼吸道感染，例如：咽喉炎、鼻竇炎、中耳炎等，但是也可能在新生兒引起敗血症和老年人的肺炎（表 15-3）。

臨床表現包括：

① 慢性阻塞性肺疾病的惡化（chronic obstructive pulmonary disease, COPD）：是最常見的細菌性病因。

② 患有潛在 COPD 或 AIDS 的肺炎。

③ 兒童中耳炎、成人和兒童的鼻竇炎。

④ 產褥膿毒症和新生兒菌血症：這些感染主要由常定植於女性生殖道的 NTHi 生物型 IV 引起。

⑤ 急性結膜炎與一巴西紫斑性熱病（Brazilian purpuric fever, BPF）：流行性感冒嗜血桿菌埃及生物群（*H. influenza* biogroup aegyptius, HIBA, Hae）是流行性感冒嗜血桿菌中的一個生物型，在小兒引起俗稱粉紅眼的急性結膜炎。儘管是儘管是無莢膜的流感嗜血桿菌，Hae 能在熱帶地方引起一嚴重的系統疾病一BPF。BPF 的特徵是再發的或同時發作的結膜炎、高燒、嘔吐、瘀點、紫斑、敗血症、休克和化膿性腦膜炎，好發於 1～4 歲兒童，發病產 48 小時內死亡率可以高達 70%。

2. 杜克氏嗜血桿菌（*H. ducreyi*）

是軟性下疳（chancroid）的致病菌，這是一個具高度傳染性的性接觸傳布性疾病（sexually transmitted disease, STD）。最常見的感染部位在男性的陰莖及女性的陰唇或陰道裡面，在 4 ～ 14 天的潛伏期後，通常在生殖道或肛門周邊發展出一個不硬卻很痛，且具不規則邊緣的病變（相對於梅毒的硬下疳是硬卻不痛，具規則邊緣的病變）。在磺胺和抗生素問世以前，常發展成化膿性典型軟下疳，近代由於化學製劑的普及和提高，感染率下降，在世界各國已成爲少見的疾病。

表 15-3　概述流行性感冒嗜血桿菌在不同人群所引起的疾病

侵襲性 b 型[a] 小兒科族群	非莢膜菌株在小兒科族群	非莢膜菌株在成人族群
腦膜炎	中耳炎	肺炎、支氣管炎
CSF 50 ～ 95% 培養陽性	鼓室吸出液 50 ～ 70% 培養陽性	痰 25 ～ 75% 培養陽性
血液 50 ～ 95% 培養陽性		血液 10 ～ 30% 培養陽性
蜂窩性組織炎		鼻竇炎
皮膚 75 ～ 95% 培養陽性		鼻竇的吸出液 50 ～ 75% 培養陽性
血液 50 ～ 75% 培養陽性		
會厭炎		
血液 90 ～ 95% 培養陽性		
結膜炎		
眼睛 50 ～ 75% 培養陽性		
血液＜ 10% 培養陽性		

a：可能在免疫缺陷或糖尿病病人引起侵襲性疾病

四、AACEK 群及二氧化碳噬細胞菌屬（*Capnocytophaga*）

1. 嗜沫凝聚桿菌（*Aggregatibacter aphrophilus*）

嗜沫凝聚桿菌和副嗜沫凝聚桿菌致病的發生率非常低，常與心內膜炎有關。

2. 放線共生凝聚桿菌（*Aggregatibacter actinomycetemcomitans*）

A. actinomycetemcomitans 是人類口腔的正常菌叢，常伴隨放線菌感染（Comitans 即伴隨）。

當有口腔或心臟疾病時引起牙周病、心內膜炎，或隨著動物咬傷而感染，最獨特的是造成年輕人牙周組織炎，此症多出現在 15 ～ 20 歲，特徵是造成恆齒的臼齒及門齒的齒槽快速的退化。

毒素包括：強的殺白血球毒素、PMN 趨化抑制因子、纖維母細胞抑制因子、骨質分解因子、膠原蛋白分解酶等。

3. 人形心桿菌（*Cardiobacterium hominis*）

是鼻、嘴和喉部的正常菌叢，也可能出現在腸胃道中。臨床表現常見的是心內膜炎，也曾自腦膜炎病患分離。

4. 腐蝕愛克納菌（*Eikenella corrodens*）

常在外傷中與其他微生物協同感染，尤其在人的打架或咬傷中。也曾引起腦膜炎、蓄膿症、肺炎、骨髓炎、關節炎和手術後的組織感染。在藥物成癮者中口腔菌體汙染針頭器材（用舔針頭取代該有的消毒），然後直接接種入皮膚導致蜂窩組織炎。因爲菌體附著的特質，傾向吸附心瓣膜而引起心內膜炎。

5. 金格桿菌屬（*Kingella spp.*）

出現於人的上呼吸道的黏膜上，與細菌性心內膜炎有關，可能導致兒童的骨感染。

6. 二氧化碳噬細胞菌屬（*Capnocytophaga*）

這菌株不常造成心內膜炎，主要在顆粒球缺乏病人造成敗血症。臨床常導致口腔潰瘍、少年牙周病和心內膜炎的顆粒球貧血病人之血液分離。*C. ochrncea* 是臨床最常分離的菌株。*C. canimorsus* 和 *C. cynodegmi* 爲狗口腔的正常菌叢，人畜共同感染是經狗的咬、抓傷，臨床表現可能從咬傷部位的輕微局部感染到最終發展成休克和瀰散性血管內凝血，這在脾切除或其他虛弱（如酒癮）患者中最嚴重的，但也可發生在健康人群中；其他感染如肺炎，心內膜炎和腦膜炎也可能發生。

B. 人畜共通（Zoonotic）革蘭氏陰性桿菌

一、巴斯德桿菌病（Pasteurellosis）

人類的感染主要是經由動物病原性，感染原最常是貓、狗（或豬馬牛）之咬傷、抓傷而感染，導致蜂窩組織炎，潛伏期短病程迅速（2 小時），可能演變成膿毒性關節炎、骨髓炎（osteomyelitis）、敗血症及心內膜炎。尤其對已具肺功能障礙者更容易導致慢性呼吸道及局部器官感染。

二、布魯氏菌病（Brucellosis）

1886 年英國軍醫 Bruce 首次在馬爾他島從死於「馬爾他熱」的士兵脾臟中分離出「布魯氏菌」，確定了該病的病原體。對人類致病菌有四個：*B. melitensis*、*B. abortus*、*B. canis* 及 *B. suis*，*B. melitensis* 是最常見的致病菌，而後二者很少造成感染。

對動物細菌易感染富含赤蘚醣醇（erythritol）的組織，如動物乳房、子宮、附睪和胎兒和胎盤，導致動物的不孕、乳腺炎和流產。出現於乳汁或尿液，兼性細胞內寄生，引起慢性疾病，通常持續一生。

人類不具 erythritol，對生殖器官較不具親嗜性，易系統性感染。是一種高度傳染性的人畜共患病，具職業危害傾向。由密切接觸、攝入汙染的肉類、食物製品或分泌物包括牛奶而引起。布魯氏菌感染劑量低（<100 個生物體），潛伏期一週到數個月，感染引起菌血症，在疾病的第一階段，菌血症發生並導致典型三聯症：發熱、惡臭的汗水（特徵）和遷移性關節痛合併肌痛。體溫早低夜高，以固定的間隔持續的波動數天、數月，當疾病變慢性時還可持續到數年，故稱波浪熱（undulant fever）、馬耳他熱（Malta fever）或地中海熱。

為細胞內寄生，故難以根治，寄生於單核吞噬細胞系統，造成肉芽腫，毒力來自於內毒素，未發現有外毒素的產生。免疫力不大，病癒後可能再感染。

三、土拉倫斯氏病（Tularemia）

土拉倫斯氏病主要是由 *Francisella tularensis* 引起之典型人畜共通感染病，自然界帶菌的動物很多，感染源多與野兔（兔熱病，Rabbit Fever 或 Tularemia）和其他囓齒動物有關。兼性細胞內寄生，傾向慢性感染。

感染途徑可因：(1) 直接接觸；(2) 攝食；(3) 空氣吸入汙染病畜；(4) 遭帶原的吸血性節肢動物叮咬（最普遍的感染源是壁蝨）。臨床症狀主要因感染途徑而異，主要有發熱、皮膚潰瘍、淋巴結和肝脾腫大、呼吸道症狀和毒血症等。可分為六型：

1. 潰瘍腺體型（ulceroglandular type）：伴隨局部性淋巴結腫大的皮膚潰瘍，一般係由叮咬感染，此型最為常見。肉芽腫無出血，是與鼠疫區別的重要標誌。
2. 腺體型（glandular type）：有一個或以上腫大疼痛的淋巴結節，但無原發性皮膚潰瘍。
3. 眼腺型（oculoglandular type）：發膿結膜炎，眼瞼有黃色的肉芽腫，並伴隨耳前淋巴腺炎。
4. 口咽型（oropharyngeal type）：咽頭炎或扁桃腺炎並伴隨局部潰瘍、腫大或化膿。
5. 類傷寒型（typhoidal type）：臨床表現似傷寒，肝脾腫大，血液培養陽性，病情較重，死亡率高。
6. 肺型（pulmonic type）：經血液感染，細菌侵入肺部及肋膜腔，最嚴重，病徵為咳嗽、少痰、胸骨壓痛。

四、貓抓病（Cat scratch disease, CSD）

巴通氏菌屬對人類的感染常是人畜共同疾病，其中 *B. bacilliformis* 與 *B. quintana* 自然宿主是人類。巴通氏菌可感染宿主血管內皮細胞及紅血球，其中感染血管內皮可導致血管增生。為貓口腔中的常在菌，主要由貓或其他動物咬傷或抓傷感染，也可經蚤叮咬傳播。潛伏期潛伏期 1 ～ 2 週，症狀包括傷口傷口非疼痛性腫塊或水皰，以及淋巴結疼痛和腫脹（腋窩、腹股溝、頸部）為特徵。在很多的解剖位置出現淋巴腺病變，此蔓延在成人較兒童為常見。極少數可能導致嚴重的神經系統或心臟後遺症。免疫功能低下可能導致桿菌性血管瘤（bacillary angiomatosis）或細菌性紫斑病。

五、鼠咬熱（Rat-bite fever）

在臨床與流行病學上有許多共同點，臨床症狀以發燒、皮疹與關節炎為最主要的表現。感染後潛伏期通常少於七天，突然發生發燒、冷顫、頭痛和肌肉疼痛短時間後接著出現斑丘疹或有時是出血性皮疹，以四肢最顯著。一個或多個關節紅、腫且疼痛，大約十天左右癒合恢復正常。

念珠狀鏈桿菌（*Streptobacillus moniliformis*）與缺陷螺旋菌（*Spirillum minus*）的不同點：

1. *S. moniliformis* 潛伏期較短，症狀多出了肌痛及關節痛。
2. *S. minus* 引起鼠毒（Sodoku），在咬傷處發生潰爛及淋巴管炎。

15-3　培養特性及鑑定法

A. 營養挑剔革蘭氏陰性桿菌

一、博德氏菌屬（*Bordetella*）

1. 一般性介紹

百日咳實驗室診斷的首選方法是培養和聚合酶鏈反應。此菌在宿主外難以存活，所以培養缺乏敏感性。DFA 與培養比較大約有 60 ～ 70% 的靈敏度，而且專一性不好。PCR 方法偵測 *B. pertussis* 的 DNA（IS481 和 PT promoter 區基因），可提供較正確及快速的診斷。

2. 檢體的採集和輸送

用來培養及做直接螢光抗體（DFA）檢體可收集鼻咽後部的分泌液（首選），喉檢體的培養敏感度較低，所以不予鼓勵。

鼻咽檢體可經由小導管收集吸液或鼻腔拭子，方法如下所示：

(1) 棉棒拭子中的脂肪酸對本菌有抑制作用應該避免，拭子可用一個可彎曲的柄，以鈣藻酸鹽（Calcium Alginate）或達克龍（Dacron；多元酯：Polyester）採檢體。
(2) 一般需要採二個拭子，經由二鼻孔深入鼻咽腔，旋轉，停留數秒再然後輕輕地抽出。實際上，採檢體以拭子較吸液方法更普遍。鼻咽拭子應該在病床邊就直接塗布到培養基，或經由適當的系統輸送。病床邊塗布需要與實驗室相鄰近，因爲需要實驗室提供新鮮的培養基。
(3) 輸送系統的選擇需要能預期輸送時間：若輸送只需要二小時以內，可選擇 1% Casein Hydrolysate（Casamino Acids）Broth。
(4) 若要到 24 小時，具有 Charcoal 的 Amies Transport Media 較適合。檢體應該在室溫中運送，當送到檢驗室要儘快接種到培養基上。
(5) 若需要隔夜到數天的運送，應運用 Regan-Lowe Transport Medium，這是一種含有 10% 馬血及 40 mg/L Cephalexin 的Half-Strength Charcoal Agar（含有一半濃度的 Regan-Lowe 培養基）。這培養基被配製在螺旋蓋帽的容器，經塗布表面將拭子插入瓊脂並將拭子留下的方式接種。拭子可在 Regan-Lowe Medium 中於 35℃中，1 ～ 2 天送到檢驗室。實驗室可先檢查 *Bordetella* spp. 在輸送培養基的生長，同時將拭子接種到一分離培養基中。

3. 直接螢光抗體試驗

雖然 DFA 方法可直接使用，但敏感度低使實驗室不能依賴它發出陰性報告。只能作爲陽性報告的輔助，但有僞陽性反應發生。所以 DFA 只能合併培養方法，而不能取代培養方法。

DFA 試驗的玻片可以直接由採檢的拭子配製，也可將拭子經 1% Casein Hydrolysate 處理後配製。至少需要準備二個玻片，在檢體收集的同一天乾燥、熱固定染色或貯存在 −70℃，熱固定後立即染色。一般使用 *B. pertussis* 及 *B. parapertussis* 多株螢光標誌抗體，因此各個試劑可作爲彼此的陰性對照。在顯微鏡檢查，菌體是小、胖的桿菌或球桿菌，具有周邊黃綠色螢光及較深色的中央部位。

已有一直接對抗 *B. pertussis* 脂多醣體的單株抗體 BL-5，及一個專一於 *B. parapertussis* 的商品套組在加拿大（Biotex Laboratories Inc., Edmonton Alberta）上市。

4. 核酸偵測

自鼻咽檢體偵測 *Bordetella* spp. 核酸，不論有沒有配合放大技術，都對診斷技術提供了一可觀的改善方法。這種方法雖然也有它的限制，但能夠繞過多數檢體輸送及細菌培養的難題。

(1) **分子鑑定**

數種專一於 *Bordetella* 菌種的標的基因已被發展出來，引子設計用來放大一個或多個菌種，獨特而共有的基因，例如：*ptx*、嵌入序列（IS418 用於 *B. pertussis*，而 IS1001 用於 *B. parapertussis*）都能運用。

(2) **分子分型**

B. pertussis 和 *B. parapertussis* 只有非常少許的基因體上的異質性。在 *B. pertussis* 其 ptx（百日咳毒素起動子，PT promoter, ptx）和 prn（百日咳桿菌附著素，pertactin）基因具有多態性，可用來作分型。線毛型別的轉變具有時間特性，可能與疫苗的使用有關，但到目前爲止，非細胞疫苗仍然有效。

5. 培養和鑑定

常見致病除 *B. bronchiseptica* 可生長在 MacConkey agar 外，*B. pertussis* 和 *B. parapertussi* 無法生長於 MacConkey agar 及 BAP。自最早發展的含有甘油和綿羊血的 Bordet Gengou Potato Infusion Agar（B-G 培養基；Bordet, Gengou 爲百日咳菌的兩位發現者），此培養基含有 *Bordetella* 生長需要的添加緩衝液（Glycerol：防止自溶傾向）、Starch、Charcoal、Blood 或 Albumin 以吸收培養基產生的毒性的物質。Nicotinamide 亦爲生長所需，還有 20% Sheep RBC，用 0.25 ～ 0.5 Unit Penicillin 抑制呼吸道其他雜菌，但 B-G 培養基有效期短，已被其他培養基取代。

Regan-Lowe 培養基添加 10% 馬血和 40 mg/ L Cephalexin 是目前最成功的替代處方。因爲此培養基的半衰期有八週，所以可以商品化。但要確定培養基中 Cephalexin 的含量適當，曾有報告指出超過 40 mg/L 將抑制 *B. pertussis*，所以也推薦要同時接種到不含 Cephalexin 培養基。

要分離 *Bordetella* 菌種應培養於 35℃至少七天，要維持適當溼度的環境避免培養基乾掉。初級培養 X、V 因子可促進其生長，但不依賴 X、V 因子。

(1) 生長出菌落 *B. pertussis* 需 3 ～ 5 天，*B. parapertussis* 大約 1 ～ 2 天。
(2) 可用立體顯微鏡協助觀察菌落。在 Charcoal-Horse Blood（CHB）agar，年輕的菌落像水銀滴般是平滑、有光澤、帶銀色的。老的菌落轉爲灰白色。隨著人工培養之次數，其菌落有四個變異相，從第一相最毒（光滑）到第四相最不毒（粗糙）。因爲 *B. pertussis* 具有相變異，所以不進行次培養。

可疑的菌落應該進行革蘭氏染色，染色時 Safranin 要留置 2 分鐘，否則難以看到。小的革蘭氏陰性桿菌或球桿菌就培養物革蘭氏染色顯示小、卵形球桿菌（0.5 μm），傾向於鬆散排列團塊，中間有明顯的空間，拇指紋（thumbprint）外觀。MALDI-TOF MS 和 16S rRNA 基因定序能提供大部分菌種的正確鑑定。

進行進一步的血清凝集試驗或螢光抗體反應。培養分離菌株的螢光抗體反應，玻片應該小心製備，讓菌體能適當分布在玻片上，這能讓個別的細胞顯示周邊染色的特徵。當螢光染色或凝集試驗結果清楚，*B. pertussis* 和 *B. parapertussis* 能經由這些血清試劑試驗即可，不需要確定試驗。鑑定可由觀察生長形式、重複血清學試驗和追加生化試驗（表 15-4）。菌體具莢膜，也許有雙極染色，不具運動性、爲絕對需氧的革蘭氏陰性球桿菌。氧化氨基酸但不發酵醣類。

6. 血清學

百日咳的血清學診斷能用於研究爆發感染，及經由追蹤血清反應來確定具有免疫能力或感染狀況，但這試驗還未完全的標準化到能利用在常規的診斷上。若執行血清學方法應運用百日咳實驗室（Food and Drug Administration, Bethesda, MD）提供的血清做爲品管。

最理想的診斷上的靈敏度需要成對的血清，偵測多種免疫球蛋白類型 - 抗原組合（如 FHA 和 FT 的 IgG 和 FHA 的 IgA）。以 IgM 當做急性期抗體指標，到目前爲止結果是令人失望的。血清學也傾向於運用在追蹤上；常需要幾個星期才能得到診斷的結果。以單一檢體或鼻咽吸液做酵素免疫分析（Enzyme Immunoassay, EIA）偵測 FHA 的 IgG 或 IgA 抗體，發展到目前，結果尚未得到普遍的認可。

總結：百日咳的實驗室檢查

1. 以Dacron或植絨拭子採集2鼻咽檢體。
2. 輸送培養系統
   (1) Casamino acid（1% casein hydrolysate）
   (2) 含活性炭的 Amies 輸送培養基。
   (3) Regan- Lowe 輸送培養基。
3. PCR 檢查。
4. 以 Regan-Lowe 或 Stainer-Scholte 培養基於 35℃，CO_2 培養到 7 天。
5. 以立體顯微鏡觀察典型菌落。
6. 以格蘭氏染色篩檢 B. pertussis／類 B. parapertussis 菌落，用 Maldi-Tof 或 16S rRNA 定序來確認。

表 15-4 感染人類之 *Bordetella* 菌種的鑑別特徵

生長特徵	*B. pertussis*	*B. parapertussis*	*B. bronchiseptica*
Regan-Lowe medium	+（3～5天）	+（2～3天）	+（1～2天）
MacConkey Agar	−	−	+
Catalase	+	+	+
Oxidase	+	−	+
Urease	−	+（24 小時）	+（4 小時）
Citrate	−	+	+
Nitrate Reduction	−	−	+
Motility	−	−	+（周鞭毛）

二、退伍軍人桿菌屬（*Legionella*）

有直接檢查、培養和抗原、抗體偵測數種方法，讓實驗室可用來診斷 *Legionella* 引起的感染，大部分實驗室使用一種以上的方法來達到最大的診斷能力。實驗室診斷仰賴下列各項程序的結果：

1. 使用特殊的培養基分離菌株。
2. 尿液抗原的偵測。
3. 直接螢光抗體（DFA）。
4. 血清學。

1. 檢體的收集和處理

痰、支氣管肺泡灌洗法（Bronchoalveolar Lavage, BAL）和支氣管洗液常用來做爲培養及直接檢查的檢體。痰的化膿性篩檢（sputum purulence screens）在此並不需要，所有的痰檢體都可用來培養。通過氣管的吸液（transtracheal aspiration）、肺組織、血液、傷口、膿瘍材料、肋膜液、腹膜和心包液都可作爲檢體。呼吸道分泌物和體液（除了血液外）都可經無菌、不外漏的容器收集。

血液培養，較好的方法是使用 Isolator（Wampole Laboratories, Cranbury, NJ）系統這種溶解離心的方法。拿特殊的溶解離心試管採近 10 ml 的血液，輸送到實驗室處理，*Legionella* 菌種也能由 BACTEC 血瓶系統中分離。小塊組織可以無菌水覆蓋。

尿液則可作爲抗原的偵測。爲抗原偵測用 1 的尿液檢體也是用無菌、不漏的容器收集，在收集後 24 小時內分析，若是試驗延遲，檢體需加以 2 ～ 8℃ 冷藏或冷凍在 −20℃。

環境水源的培養也可作爲流行病學的調查，環境水原的培養至少收集 50 ～ 100 ml 放置在無菌、不漏的容器運送。

因爲鈉離子可抑制 *Legionella*，所以不可使用鹽水或緩衝液處理或輸送檢體。如果收集及處理檢體期間時間超過 2 小時，需冷藏檢體，因爲汙染的菌叢過度生長將抑制 *Legionella*。若需要將檢體輸送到參考實驗室，輸送需要延長數天，需將檢體放置在冰上，冷凍在 −70℃。

2. 直接顯微鏡檢查

直接檢查提供 *Legionella* 感染快速而正確的診斷方法，有非專一性染色和專一性染色方法。

⑴ 非專一性染色

在顯微鏡下觀察臨床檢體 *Legionella* 爲多形態的革蘭氏陰性桿菌，可能在巨噬細胞或嗜中性球中，也可能在細胞外。染色能被沙黃對染至少 10 分鐘所加強，*L. micdadei* 是弱的抗酸菌，可用修改的 Kinyoun 染色。其他染色包括 Diff-Ouik（Baxter Scientific，Kansas City, MO）和 Giemsa，能促進這菌種的偵測。但這些非專一性的方法只能對來自無菌區域的檢體來源有效。

⑵ 直接螢光抗體試驗（Direct Fluorescent Antibody, DFA）

是一種快速的實驗室手續，可用來偵測下呼吸道臨床檢體常見的 *Legionella* 菌種。如果是陽性結果，對臨床尤其是有用的；然而陰性結果並不能排除是 *Legionella* 感染，因敏感度低，已不推薦使用。

可運用的是螢光素異硫氰酸酯（Fluorescein Isothiocyanate, FITC），標示結合都已知血清型的 *L. pneumophila*（Genetic Systems, Seattle, WA）和 *L. pneumophila* Groups 1-7、*Legionella bozemanii*、*Legionella dumoffii*、*Legionella gormanii*、*Legionella longbeachae* Groups 1 和 2、*L. mirdadei* 和 *Legioneila jordanis*（SciMedx, Den- ville, NJ）。當螢光配體結合到微生物的細胞膜抗原，這些抗原 - 抗體複合物就能在螢光顯微鏡下，用紫外線激發

FITC 得到藍色螢光觀察。這些微生物能顯現嫩黃到綠色的短或球桿菌，周邊具有較強的染色。

DFA 試驗不能取代培養方法。檢體必須要有 10/ml 才能觀察到菌體。其他影響因素如抹片塗抹過厚將干擾菌體的觀察，觀察者的技術也會影響試驗的靈敏度。雖然專一性的 DFA 試驗有 94 ～ 99% 的專一性，一些報告指出有些種類的 *Pseudomonas*、*Bacteroides*、*Corynebacterium* 和其他細菌可能與這多價的配體有交叉反應。熟悉菌體形態的微生物學家就可避免誤判。有些實驗室爲避免誤判就不使用多價抗體。

一般推薦執行DFA 試驗是當有以下情形：

① 臨床醫生要求。
② 觀察到懷疑的菌體。
③ 在革蘭氏染色或特殊染色抹片中觀察許多嗜中性球，但沒有菌體時。

因爲 DFA 試驗的靈敏度較培養方法低，檢體不能只作 DFA 試驗。但 DFA 試驗提供一確定分離菌株是 *Legionella* 菌種和鑑定這屬中常見血清型的有用方法。

3. 尿液抗原試驗

食品藥物管理局認可了幾種試驗，例如：微盤酵素連結免疫分析法和快速酵素層柱分析（Rapid Immunochromographic Assay），從尿液中偵測 *L. pneumophila* 抗原，方便、快速且花費低，唯僅能檢驗血清型 1 的可溶性抗原。這血清型造成 85% 以上的退伍軍人症，尿液是個易於採取的檢體，而此抗原可以在感染的第三天出現在患者尿液中，而且持續一年。持續性的抗原尿與免疫缺陷、腎衰竭和慢性酒精中毒有關。此外，即使患者經抗生素治療，其尿液仍可檢出。酵素免疫分析因爲操作快速方便爲大部分實驗室所採用。與培養方法比較，尿液抗原分析敏感度爲 90 ～ 94%，而專一性有 97 ～ 100%。

4. DNA 探針

商品爲一種以 I^{125} 標誌特定微生物核醣體 RNA 序列的單股 DNA 探針，雜交後產物由伽瑪閃爍計數器偵測。與培養方法比較，此 DNA 探針專一性有 99 ～ 100%，而敏感度 70 ～ 75%，可取代 DFA 方法。

聚合酶連鎖反應（PCR）技術可增加探針方法的靈敏度；然而這技術目前尚未適於臨床使用。探針方法的優點是處理不像 DFA 的複雜、耗時，不需要主觀的判斷。還可鑑別所有的 *Legionella* 到種的階層。

5. 培養和鑑定

對退伍軍人症最重要的偵測方法就是培養，退伍軍人桿菌是需氧的營養挑剔菌，無法生長在綿羊血培養基，以人工培養基來分離退伍軍人桿菌時，要注意到其特殊養分的需求。L- 硫胱氨酸（**L-Cysteine**）、含鐵化合物（**Iron compound**）和 **α-Ketoglutarate** 可刺激生長。另外，用活性碳以吸收一些有害於本菌生長的過氧化物。

目前推薦以添加 0.1% α-ketoglutaric acid 之緩衝的活性碳酵母浸液瓊脂培養基（Buffered Charcoal Yeast Extact, BCYE）爲培養嗜肺性退伍軍人菌（Legionella pneumophila）的增富培養基，呈黑色，含活性碳（分解有氧代謝毒性產物）、L- 半胱氨酸（是必需的胺基酸，也是抗氧化劑）、α- 酮戊二酸鉀鹽（potassium salt of α-ketoglutaric acid，提供鉀鹽並刺激細菌生長，提高了培養基的靈敏度）和 ACES（N-2-acetamido-2-aminoethane sulfonic acid）緩衝劑是爲了維持細菌生長的最適 pH。半選擇性培養基要加入抗生素 Polymyxin B、Anisomysin，和下列藥物的二者之一：Vancomycin（PAV）或 Cefamandole（PAC），來抑制其他雜菌的生長。但有些 *Legionella* 會被半選擇性培養基抑制，因此培養時需要並用非選擇性和選擇性培養基。

接種檢體前的酸處理可以提高 *Legionella* 的分離率，檢體以 1：10 的比例稀釋到 0.2 N KCl-HCl 溶液靜置四分鐘，再將酸處理後的檢體接種到培養基上。

接種後的培養基培養在 35 ～ 37℃ 的大氣中至少七天。生長緩慢，通常 3 ～ 5 天即可觀察到 *Legionella* 圓形菌落，直徑 2 ～ 4 mm，顏色多變有白灰色或藍綠色，有光澤、溼潤、上凸的，有特殊臭味。當以顯微鏡可觀察到年輕菌落的特徵，中央部分有毛玻璃的外觀，呈淺灰色和粒狀的。菌落的周邊有粉紅色或淺藍或暗綠色帶具有犁溝狀外觀。接種後培養基要每天觀察，因老化的菌落特徵可被誤認爲其他細菌，懷疑的菌落可用長波紫外燈（366 nm）照射檢查，因爲有些 *Legionella* 菌落出現自體螢光。MALDI-TOF MS 和 16S rRNA 基因定序能提供大部分菌種的正確鑑定。

大多數退伍軍人桿菌觸酶和氧化酶爲弱陽性反應，分解馬尿酸鹽，明膠酶陽性。尿素酶陰性，不還原硝酸鹽，一般不發酵糖類。退伍軍人桿菌的生化試驗在菌種鑑定上價值有限，可疑菌落可經由生長對 L-cysteine 的需求試驗、革蘭氏染色、DFA 檢查和核酸探針，得到推測式診斷。確定試驗通常在參考實驗室執行，需進行下列各項：

⑴ 製備生長在 BCYE 培養基上可疑菌落的抹片，做革蘭氏染色，*Legionella* 是細長的革蘭氏陰性桿菌。

⑵ 次培養分離株到 BCYE 含有或不含有 L-cysteine 的瓊脂，*Legionella* 只能生長在含有 L-cysteine 的環境。

⑶ 從含有 L-cysteine 培養基製備抹片，以多價或單價抗體偵測 *Legionella* 菌種及血清型。

6. 血清學試驗

間接螢光抗體分析（Indirect Fluorescent Antibody，IFA）是最常被運用在 *Legionella* 感染的血清學檢驗，IFA 效價上升四倍以上或急性期血清大於 1：128 代表最近受到感染。然而，有些患者可能在感染八週或更長的時間而其效價都沒有上升的跡象，對流行病學研究頗有助益，然對臨床則較無價值，此外此種診斷應同時作 IgG 及 IgM，因部分患者僅 IgM 或僅 IgG 有反應。

三、嗜血桿菌屬（*Haemophilus*）

1. 流行性感冒嗜血桿菌（*Haemophilus influenzae*）

⑴ **檢體處理**

嗜血桿菌與人類的很多疾病有關係，幾乎所有細菌學檢驗的常規檢體都可能分離出這個菌屬。通常的來源，包括：血液、腦脊髓液、中耳滲出液、關節液、上、下呼吸道檢體、結膜拭子、陰道拭子和膿的引流液。

嗜血桿菌在臨床檢體中會很快死亡，Hi 對低溫非常敏感，檢體不可冷藏，需儘快送檢驗室處理。因此適當的輸送和立即的處理和接種檢體對這細菌的分離是重要的。尤其是對分離 *H. ducreyi* 的生殖道檢體，*H. ducreyi* 是極端地挑剔性細菌，棉花拭子先以無菌的磷酸鹽——生理緩衝溶液（PBS）溼潤，然後從潰瘍的底部收集檢體。必須在採檢體後 10 分鐘內處理檢體才能獲得最高分離率。

⑵ **直接檢查**

① 直接顯微鏡檢

可以革蘭氏染色直接觀察檢體中的細菌，對檢體中菌量較少時，吖啶橙（acridine orange, AO）染色可以得到較敏感的結果。在體液檢體，尤其是 CSF 或不見混濁度的體液檢體，可檢體離心（2000 rpm, 10 min）或在配有有細胞離心機（cytocentifuge，10,000xg, 10 min）後取沉澱物染色。

菌體的形態在顯微鏡下的形態學多變異，主要是小、規則的球桿菌（圖 15-1），長期培養後可呈球桿狀、長桿狀、絲狀等多形態。

在組織切片中，可以在革蘭氏染色下觀察到流行性感冒嗜血桿菌的莢膜株有清楚的未染色的區域（光圈 Halos）圍繞在菌體周圍。因 *H. ducreyi* 引起生殖道病灶處的革蘭氏染色，可以看到革蘭氏陰性球桿菌排列成群，通常把這稱爲「魚群」（School of Fish）的形成。

② 抗原檢測

b 型莢膜抗原可通過膠乳凝集或直接螢光抗體在腦脊液、尿液或其他體液中檢測到。

③ 分子檢查

PCR 分析 Hi 感染，在低菌體濃度檢體需配合以採大量檢體及離心濃縮技術。偵測 16S rRNA, rrs(16S)-rri(23S) spacer region, 或熱休克蛋白基因（groEL），可用來鑑定 Hi、*H. ducreyi* 和 *H. parainfluenzae*，但仍無法運用到對其他嗜血桿菌的鑑定。雖然在常有嗜血桿菌聚生的呼吸道檢體增加判讀上的困難，但分子鑑定仍較傳統鑑定方法敏感而有效。脈衝場凝膠電泳（pulsed-file gel electrophoresis，PFGE）仍是嗜血桿菌分型的黃金標準，其他放大方法也已運用在分子分型上如：repetitive-element sequence-based PCR, ribotyping, multilocus enzyme electrophoresis 等。多重 PCR 用於同時檢測化膿性腦膜炎的常見病原體，如肺炎球菌、腦膜炎球菌、李斯特菌和流感嗜血桿菌（標的爲保守的莢膜基因 bexA）。

⑶ **分離培養**

大部分臨床傳統上使用的培養基因爲缺乏一種或更多的生長因子，所以並不支持嗜血桿菌的生長。要分離嗜血桿菌培養基必須含有至少 10μ g/mL 的游離的 X 和 V 因子，通常使用的培養基是巧克力瓊脂，在培養基中添加枯草桿菌素（300 mg/L）是一個適於從呼吸道分離流行性感冒嗜血桿菌的優良培養基，枯草桿菌素可以用來抑制呼吸道正常菌叢的過度增殖。

H. ducreyi 和 *H. aegyptius* 因爲營養苛求的特質，可使用 Mueller-Hinton-based chocolate agar 或添加 3% 胎牛血清的 heart influsion-based 培養基，二者都需再添加 1% Iso VitaleX 或 Vitox（Remel），3μg 的 Vancomycin。

培養這細菌需將培養基放置在含有二氧化碳及高溼度中。相對於其他嗜血桿菌需培養在 37℃至少 4 天，H. ducreyi 最適溫度是 33℃，至少 7 天。

⑷ **菌落形態**

因爲它們營養挑剔的天性，嗜血桿菌無法生長在 MacConkey 瓊脂或其他用於分離腸道細菌的選擇區分性培養基。大部分臨床檢體是同時接種到多種不同的培養基，例如：血液培養基、巧克力瓊脂和 MacConkey 瓊脂，經 24 小時培養後觀察結果。無法在綿羊血培養基中培養，而在巧克力瓊脂上生長成革蘭氏陰性多態性球桿菌，這是分離的菌落有可能是嗜血桿菌的第一個線索。在巧克力瓊脂上生長的嗜血桿菌菌落爲半透明、潮溼、光滑和凸狀（圖 15-2），具有明顯的鼠臭味（Mousy odor）或像漂白水一樣的（Bleach-Like）氣味。*Haemophilus influenzae* 48 小時後轉變爲較大的灰白色菌落，莢膜菌株的菌落較非莢膜菌株的菌落大，且具黏稠性。

⑸ **生化鑑定**

很多種試驗能用在臨床實驗室中鑑定嗜血桿菌，包括：生長因子 X 和 V 因子試驗、傳統的生化試驗、在兔血或馬血培養基的溶血反應、氧化酶和觸酶試驗（表 15-5）。

① 生長因子 X 和 V 因子試驗

a. 衛星現象

當流感桿菌與金黃色葡萄球菌在血平板上共同培養時，因後者能提供嗜血桿菌生長所需要的V因子，使葡萄球

表 15-5　各嗜血桿菌之營養需求和生化反應

	H. influenzae	*H. parainfluenzae*	*H. aegyptius*	*H. haemolyticus*	*H. ducreyi*
莢膜	+	+	+	−	−
溶血	−	−	−	β	β^{w}
X 因子	+	−	+	+	+
V 因子	+	+	+	+	−
Porphyrin	−	+	−	−	−
CO_2	−	−	−	−	+/−
Catalase	+	+	+	+	−

*β^{w}：弱的 β 溶血。
只需 X 因子：*H. ducreyi*。
只需 V 因子：*H. parainfluenza*，*H. parahaemolyticus*。
二者都需要：*H. influenzae*，*H. aegyptius*，*H. haemolyticus*。

菌周圍的嗜血桿菌菌落較大，距離葡萄球菌落越遠則嗜血桿菌菌落越小，此稱為衛星現象，有助於細菌的鑑定。

b. X 和 V 因子浸條試驗（Stript Test）
是 X 和 V 因子需求試驗的傳統方法，方法如下所示：
(a) 要先將分離菌株接種到 TSB 中配製懸浮液，當接種時要小心不要將菌落旁培養基中的 X 因子轉移到 TSB 中，否則容易導致判讀上的錯誤。
(b) 再將 TSB 菌體懸浮液接種到不含 X 和 V 因子的培養基（可使用 Mueller- Hinton 瓊脂或 Trypticase Soy Agar）中。
(c) 等培養基稍乾，以無菌的鑷子分別將浸有 X 和 V 因子的浸條放置在培養基上接種菌體懸浮液的位置，浸條間距離大約 15 mm 平行放置並稍加按壓。
(d) 培養在 35 ～ 37℃、5 ～ 10% 的 CO_2 中 18 ～ 24 小時，觀察在浸條周圍的生長情形。

判讀：依賴 X 因子的菌種能生長在 X 因子浸條的四周，依賴 V 因子的菌種能生長在 V 因子浸條的四周，而 X、V 因子都依賴的菌種則只能生長在 X、V 因子浸條之間，兩種因子在培養基內擴散的交集處（圖 15-3）。當使用傳統方法時，知道菌體是在何種條件下分離是重要的，嗜血桿菌是兼性厭氧菌，當生長在無氧環境時，它們不需要血基質但仍需要 NAD。因此如果這實驗在厭氧環境中進行，流行性感冒嗜血桿菌將被誤判為副流行性感冒嗜血桿菌。

c. 紫質試驗（Porphyrin Test）這是決定細菌是否能產生紫質的試驗，也就是一種決定嗜血桿菌株生長是否需要 X 因子的替代方法。原理是根據生物體若能產生酵素將 δ- 胺基酮戊酸（δ-aminolevulinic acid, ALA）轉變成紫質，就能運用 Kovacs 試劑（對二甲基胺基苯甲醛，paradimethylaminobenzaldehyde）來偵測代謝中間產物紫質膽素原（porphobili-nogen, PBG）的存在。如果有 PBG 存在，在添加 Kovacs 試劑後，將在液相的下層將形成紅色反應；另外，若要偵測產物紫質的存在，可利用紫外線照射，將出現橘紅色螢光。

這試驗的優點是不需要 X 因子，所以不會因接種汙染 X 因子而導致錯誤；缺點是此試驗是陰性判讀，即以沒有變化爲陽性結果（一般試驗是以有變化的結果判讀爲陽性反應），這種陰性判讀當反應緩慢時容易被誤判爲陰性反應。已有數種商品能取代傳統的生化試驗，用來鑑定及做嗜血桿菌的生物分型，包括：Minitek 系統（BBL Microbiology Sys tems, Cockeysville, MD）、RapID-NH（Innovative Diagnostics, Norcross,GA）、HNID（MicroScan, West Sacramento, CA）和 NHI（BioMerieuxVitek, Hazeiwood, MO）。乳膠凝集試驗（Late x Agglutination; Murex Diagnostics, Inc., No Cross, GA; Wampole Laboratories, Cranbury, Ni; BBLMicrobiology Systems, Cockeysville, MD）和共同凝集試驗（Coagglutination Tests; Boule Diagnostics, Huddings, Sweden），能靈敏及專一性的在腦脊髓液中偵測 Hib，也可稍微運用到其他體液中。

流行性感冒嗜血桿菌抵抗力弱，加熱 50 ～ 55℃，30 分鐘被殺死，對一般消毒劑極敏感，在乾燥痰中生存時間不超過 48 小時。根據 Ornithine、Indole、Urea 反應可分成八種生物型（I ～ VIII，表 15-6），大多數臨床分離株屬於 I、II 和 III 型，大多數侵入性 Hib 菌株屬於生物型 I。一般分解葡萄糖產酸，不發酵乳糖，還原硝酸鹽，有莢膜菌株產生，不溶血，有自體溶解傾向，可被膽汁溶解。

(5)分型系統

① 莢膜血清分型和生物分型莢膜抗原是流感嗜血桿菌主要的決定因子，根據醣類組成特性分成 a 到 f 六種不同的血清分型。在 Hib 疫苗使用前，莢膜

表 15-6 流行性感冒嗜血桿菌生物型的鑑別試驗

Haemophilus Biogroup	Ornithine	Indole	Urea	Meningitis	Conjunctivitis
H. influenzae					
Biotype I	+	+	+	++++	+
Biotype II	−	+	+	+	++
Biotype III	−	−	+	+	++
Biotype IV	+	−	+	+	+
Biotype V	+	+	−	+	+
Biotype VI	+	−	−	+	+
Biotype VII	−	+	−	+	+
Biotype VIII	−	−	−	+	+

b 型菌株是最常自臨床檢體分離的血清型。在 Hib 疫苗廣泛使用後，目前莢膜 b 型菌株與 NTHi 菌株的分離率幾乎相同。因此，臨床檢體尤其是自侵襲性病分離之 *H. influenzae* 的莢膜血清分型非常重要，這可以經由表現型或基因型的分型方法來偵測。

② 分子方法分型分子方法分型的優點是專一性增強，而且可以避免 NTHi 玻片凝集的偽陽性反應。大部分偵測使用的標的基因是 cap 基因座、莢膜產生基因（bexA）、外膜蛋白 D 基因（glpQ）、16S rRNA 基因和類嵌入序列（insertion-like sequence）。PFGE 是目前嗜血桿菌分子分型的黃金標準，只是費事耗時。

③ 基質輔助鐳射是吸電離飛行時間質譜（MALDI-TOF MS）方法也改進對臨床檢體中少見的嗜血桿菌屬的鑑定。

四、HACEK 群及二氧化碳噬細胞菌屬（*Capnocytophaga*）

檢體處理

檢體的採集與輸送，如一般常規。直接檢查一般是革蘭氏染色鏡檢觀察細菌形態，一般是革蘭氏陰性不具鞭毛的球桿菌。培養皆無法生長在 MacConkey agar，需以血液或巧克力等滋養培養基，在含 5 ～ 10% CO_2 的環境培養，細菌一般生長緩慢。傳統血瓶可能需要長達 30 天的培養，但如果使用使用 BacT/ALERT 等自動化培養系統，檢測時間可減少到一週。分子檢查和 MALDI-TOF MS 都已運用在這些細菌的鑑定。

1. 嗜沫凝聚桿菌（*Aggregatibacter aphrophilus*）

嗜沫凝聚桿菌 Aphros 意嗜泡沫（fian-lov- ing），即生長需要 CO_2，原屬 CDC 群之 HB-2，現歸於 *Pasteurellaceae*（科），*Haemophilus*（屬）。生長不依賴 X 及 V 因子，能在綿羊血培養基生長，δ-Aminolevulinic Acid（ALA）-Porphyrin 試驗弱陽性反應。在巧克力培養基 48 小時產生小於 1 mm 的淡黃色凸起菌落。

2. 放線共生凝聚桿菌（*Aggregatibacter actinomycetemcomitans*）

A. actinomycetemcomitans 如同所有 AACEK 群，是營養挑剔的。無法生長在 MacCon-key 瓊脂上。至少由臨床檢體原發性的分離時需要更多濃度的 CO_2。可生長在巧克力及血液培養基，分離菌落需要長達 24 小時以上的培養，成熟的菌落在顯微鏡下會出現 4 ～ 6 角星狀排列，需 48 小時才能看到。在液體培養中，菌體形成顆粒並附著在管壁。

觸酶反應陽性、氧化酶則呈變異。尿素酶反應、Esculin 及檸檬酸反應呈陰性。是一種發酵菌，發酵葡萄糖產酸、產或不產氣，但試驗需用添加血清的含醣試管。對 Xylose，Manni-tol 和 Maltose 則呈變異性，不發酵乳醣或蔗糖。與 *A. aphrophilus* 不同點在 *A. aphrophilus* 的觸酶為陰性，ONPG 為陽性，且能發酵乳糖、蔗糖海藻糖產酸。

3. 人形心桿菌（*Cardiobacterium hominis*）

是一多形態、不運動、營養挑剔的革蘭氏陰性桿菌。血瓶生長時無法目測到可見的改變。革蘭氏染色常顯現偽陽性反應，為水滴狀或啞鈴狀的革蘭氏陰性桿菌，這細菌傾向群聚成薔薇花飾狀，腫脹。在酵母菌萃取液形成枝條狀構造。它們能生長在血液和巧克力瓊脂上，可能形成下陷到瓊脂中的菌落。但無法生長在 MacConkey 瓊脂中。

C. hominis 是一種發酵菌，但就像 *A. acti-*

nomycetemcomitans，反應很微弱，需要添加血清加強。此菌能發酵葡萄糖、甘露糖、蔗糖（不像 *A. actinomycetemcomitans*）和麥芽糖。分離株爲氧化酶陽性、觸酶陰性，而 Indole 陽性反應，後二者能協助與 Actinobacillus 菌屬加以區別。尿素酶、硝酸鹽、明膠和 Esculin 反應都呈陰性。

4.腐蝕愛克納菌（*Eikenella corrodens*）

(1) *E. corrodens* 是一種營養挑剔的革蘭氏陰性球桿菌，最好的生長環境是含有較高的二氧化碳濃度和 Hemin，添加或不加膽固醇。

(2) *E. corrodens* 是唯一菌種，因菌落能腐蝕（corrodes）下陷到培養基中（圖 15-4）而得名，菌落有漂白水味道，但不生長在 MacConkey 或 EMB 瓊脂。

(3) 在液體培養基中可能會產生吸附管壁的顆粒。

(4) 菌體不具運動性，氧化酶陽性，不水解醣類，所以特性非常像莫拉斯氏菌屬，不同的地方是觸酶陰性，及常產生黃色色素。對胺基酸的利用呈現 LDC 和 ODC 陽性，而 ADH 陰性。

5.金格桿菌屬（*Kingella* spp.）

不具鞭毛，但可能顯示出一種「猛拉或抽筋」（Twitching）的運動性。氧化酶陽性、觸酶陰性、能發酵葡萄糖及其他醣類。有 3 個種：金格金格桿菌（*K. kingae*）、產吲哚金格桿菌（*K. indologenes*）、去硝化金格桿菌（*K. denitricans*）。

(1) **去硝化金格桿菌**（*Kingella denitrificans*）

能生長在 Thayer Martin 培養基，如果菌落不下陷到瓊脂中，則形態很像奈瑟氏菌淋球菌。革蘭氏染色下的形態學像桿菌，具有方形的末端並排列成鏈，可做爲 *Kingella* 的區別特徵。能發酵葡萄糖，還原硝酸及能生長在 42℃，對尿素酶、Indole、Esculin、Gelatin 及檸檬酸鹽反應陰性；無法生長在 MacConkey 瓊脂上。這細菌很少被認爲是致病菌，但曾有報告與菌血症及潰瘍有關。

(2) **產吲哚金格桿菌**（*Kingella indologenes*）

與 *K. denitrificans* 區別在前者 Indole 陽性並能發酵麥芽糖和蔗糖，而桿菌的形狀較後者更爲圓胖。曾引起眼睛的感染。

(3) **金格金格桿菌**（*Kingella kingae*）

這個屬發酵能力較弱，不發酵蔗糖，但能發酵葡萄糖及麥芽糖，與其他 *Kingella* 不同是能產生棕黃色色素。有腐蝕（corroding）的和平滑上凸具溶血的兩種菌落形態，生化傾向於不反應。臨床可以自血液、骨、關節液、尿液和傷口分離；宿主大部分是小於五歲的幼童。分離的 *Kingella* 分離菌株通常對治療的抗生素敏感，包括青黴素。

6.二氧化碳噬細胞菌屬（*Capnocytophaga*）

是營養挑剔的、菌落下陷到培養基中（pitting）、發酵的革蘭氏陰性桿菌，革蘭氏染色下形狀是細而長、梭狀（圖 15-5），像 *Fusobacterium* 菌屬。像 HACEK 群，分離菌體時需要更多的二氧化碳濃度提供生長及更多天的培養（表 15-7）。在瓊脂表面，它們常產生橘黃色色素，不具溶血特性（圖 15-6）。雖然沒有鞭毛，但能在瓊脂表面呈現滑行運動（圖 15-7）。是發酵菌，能發酵蔗糖、葡萄糖、麥芽糖及乳醣，雖然沒有添加養分時，在 TSI 試管可能呈陰性反應。能還原硝酸、水解 Esculin，但對大部分的生化反應均呈陰性。

表 15-7 AACEK 群特徵之比較

菌株	Catalase / Oxidase	註明
Aggregatibacter aphrophilus	−/V	1. 醱酵：Glucose、Mltose、Sucrose、Lactose 2. 菌體：小的球桿菌 3. 菌落：淡黃色、小而上凸
Aggregatibacter actinomy-cetem-comitans	+/V	1. 醱酵：Glucose、Mltose 2. 不醱酵：Sucrose、Lactose 3. 菌體：非常小的球桿菌 4. 菌落：附著在瓊脂上的小菌落
Cardiobacterium homonis	−/+	1. 醱酵：Glucose、Mltose、Sucrose 2. 不醱酵：Lactose 3. 菌體：長的、梭狀、玫瑰花形（Rosette） 4. 菌落：平滑、上凸、附著在瓊脂上 5. Indole +
Eikenella corrodens	−/+	1. 不醱酵醣類 2. 菌體：直的桿菌 3. 菌落：菌落下陷到瓊脂中 4. 聞起來有漂白水的味道，Ornithine+
Kingella kingae	−/+	1. 醱酵：Glucose、Maltose 2. 不醱酵：Sucrose、Lactose 3. 菌體：球桿菌 4. 菌落：有二型式，散布、下陷或平滑、上凸而菌落下 β 溶血 5. Nitrate −
Capnocytophaga spp.	−/−	1. 醱酵：Glucose、Maltose 2. 不醱酵 Sucrose、Lactose（V） 3. 菌體：長、細的桿菌，具有 Tapered Ends 4. 菌落：扁平而不規則邊緣，可能呈現紫色的菌落

B. 人畜共通（Zoonotic）革蘭氏陰性桿菌

一、巴斯德桿菌病（Pasteurellosis）

1. *Pasteurella*

Pasteurella 目前至少已經有 17 個菌種，不同菌種間所形成的帶灰色的菌落都具有類似的外觀，大多的菌種都能生長在血液培養基及巧克力培養基，除了少數菌種外，大部分無法生長在 MacConkey 培養基上。MALDI-TOF MS 和 16S rRNA 基因定序能提供大部分菌種的正確鑑定。

顯微鏡下形狀多變異由卵形、短桿到絲

狀。沒有衛星現象，純培養的兩極染色特性都用來與嗜血桿菌區別。

不運動、觸酶陽性，大部分氧化酶陽性的兼性厭氧菌，發酵葡萄糖產生弱酸到中等酸，在 TSIA 反應結果難以判讀。

2. *Pasteurella multocida*

Pasteurella multocida 是最常被分離的菌種，現在包括了三個亞種：*Multocida*、*Septica* 和 *Gallicida*。*P. multocida*，根據莢膜抗原可分成 A-F 五個血清型。

P. multocida 產生小、上凸、半透明、不溶血而黏稠狀菌落。菌體：小、Coccoid、不運動，具深藍色強的雙極染色。對 Bile 很敏感，TSIA：A/A（Glucose、Sucrose）、H_2S +、Indole +、Nitrate Reduction +、Ornithine +。對 Penicillin 及大部分的抗生素敏感。

二、布魯氏菌病（Brucellosis）

無論爲血液培養、血清學或分子診斷都需採多次檢體，PCR 具快速、敏感、特異性，可追蹤療效及復發的優點。

檢驗單需註明爲 *Brucella* 的特殊培養，如此檢驗室可準備爲 *Brucella* 的特別培養基並延長培養時間。布魯氏菌是絕對需氧菌，血液培養以雙相瓶於 5 ～ 10% CO_2 中達 30 天，以 Brucella Agar pH 7 ～ 7.2，培養基中一定要含有 Blood、Glucose、Cystine。

顯微鏡下爲革蘭氏陰性短小桿菌，菌體無鞭毛，不形成芽孢，爲細胞內寄生菌。MALDI-TOF MS 和 16S rRNA 基因定序能提供大部分菌種的正確鑑定。生化特徵爲不發酵醣類，Catalase、Oxidase、NitrateReduction +（表 15-8）。Dipstick assays 可偵測 Brucella IgM 抗體，爲簡單、正確、快速的方法。血清學診斷：抗原有 A、M，二則彼此間可交叉反應，不同菌二者含量不同。

三、土拉倫斯氏病（Tularemia）

兔熱病根據臨床症狀，最好再加上最近被節肢動物叮咬或接觸 *F. tularensis* 汙染環境的病史。常規血液學檢查並不特別有助於診斷兔熱病，組織切片與螢光抗體檢查有助於診斷。當患者出現橫紋肌溶解症（rhabdomyolosis）的肌酸激酶（creatine kinase）濃度升高，代表預後不良。可以透過以下任一檢測中的陽性檢測結果來進行推定鑑定：直接螢光抗體（DFA）、單株抗體免疫組織染色、PCR、玻片凝集或單一血清學檢測。確認需要培養物鑑定或抗體滴度增加四倍。MALDI-TOF MS 已被證明是鑑定弗朗西斯菌菌株的準確方法。

由於感染劑量低（10 pfu），易於通過氣溶膠傳播和高毒力，處理需 BSL-3 環境。*Francisella* 可以在環境中存活數週，但難以在

表 15-8　布魯氏菌之區別

菌種	自然宿主	Urease*	H_2S產生	Thionine (1:800)	Basic Fusion (1:200)
B. abortus	牛	2 小時	+	+	–
B. melitensis	羊	2 小時	+	–	–
B. suis	豬	15 分鐘	V	–	+
B. canis	狗	15 分鐘	–	–	+

* Urease 陽性所需時間。

實驗室中培養。營養挑剔，胱氨酸（cystine or cysteine）爲其生長所需，產硫化氫。可生長在巧克力培養基、Cystine glucose blood agar、BCYEα 培養基中。絕對需氧菌，培養在 CO_2 中 2 ～ 3 天，形成小（1 ～ 2mm）、產生 α- 溶血水滴般菌落（drop-like colony）。生長於 BCYE 培養基的 *F. tularensis* 可能導致 *Legionella pneumophila* 於 DFA、IFA 的僞陽性反應。不易被染色，但具雙極染色特徵。MALDI-TOF MS 和 16S rRNA 基因定序能提供大部分菌種的正確鑑定。

生化反應

Cysteine 或 Cystine 爲其生長所需，產硫化氫。Catalase 弱陽性反應、Oxidase –。對碳水化合物代謝緩慢，可發酵 Glucose、Maltose、Mannose 產酸不產氣。水解 Gelatin、Indole +。抗 Penicillin。

四、貓抓病（Cat scratch fever）

檢體可採血液以溶解 - 離心血液培養系統（Isolator; Alere, Inc, Waltham, MA）、吸液及組織（如淋巴結、脾臟或皮膚切片）做直接鏡檢及培養。目前臨床診斷的根據都是由臨床症狀及曾被貓抓的病史（或被貓咬）、病灶處淋巴結腫大及使用 Warthin-Starry stain 染色法在組織病理的研究中看到病原菌則可供確診。鑑別診斷主要靠觀察組織切片的銀染色法、間接螢光抗體或血清學檢查，或用 PCR 法測細菌 DNA，作基因分析進行診斷。

Bartonella 爲兼性細胞內寄生的營養挑剔菌，能自發熱時期病人的周邊血中分離出來。很難培養，目前以血液培養基或細胞共培養系統中生長最好，可能需要 2 ～ 6 週，MALDI-TOF MS 和 16S rRNA 基因定序能提供大部分菌種的正確鑑定。其氧化酶和過氧化氫酶陰性。

五、鼠咬熱（Rat-bite fever）

1. *S. moniliformis* 可採血液及關節液檢體，培養在含有 15% 血液、20% 胎牛或馬血清或 5% 腹液的滋養培養基中。菌落呈煎蛋狀。可發酵葡萄糖產酸。
2. *S. minus* 可培養於老鼠腹腔但無法活體外培養，可採血液、潰瘍滲出液作暗視野檢查，Wright's 或 Giemsa 染色血液抹片。

15-4 藥物感受性試驗

這個章節的細菌大部分需要添加血液以上的營養成分才能生長，故很多細菌尚無法進行常規的感受性試驗或甚至還沒有標準化的感受性試驗。

A. 營養挑剔革蘭氏陰性桿菌

一、博德氏菌屬（*Bordetella*）

由於百日咳主要是毒素介導的，抗生素對病症作用不大，其主要作用是消除鼻咽部病灶的細菌。首選藥是大環內酯類：阿奇黴素（azithromycin）或紅黴素（erythromycin），可用於治療及暴露後預防，但必須在卡它期就開始治療才有效果，不需要對 Erythromycin 做常規的感受性試驗。Trimethoprim 和 Sulfamethoxazole 是替代性藥物。新藥如 Fluoroquinolones（Ciprofloxacin）和 Macrolides（Clarithromycin）在試管試驗有效，但缺乏臨床試驗結果。

B. pertussis 或 *B. parapertussis* 常規的抗生素感受性試驗是沒有必要的，因爲對 Macrolides 的感受性是可預測的。雖然通常 *B. bronchiseptica* 對胺基醣苷類藥物有效，但實驗室應該做這感受性試驗以支援臨床感染伺機

性 *B. bronchiseptica* 的處理。

二、退伍軍人桿菌屬（*Legionella*）

因為細胞內寄生的特性，*Legionella* 菌種的感受性試驗尚未被常規化，體外試驗無法預測臨床治療效果。感染需早期用藥，紅黴素已被 fluoroquinolones（Ciprofloxacin）和新一代的 macrolides（Azithromycin、Clarithromycin）取代，替代藥品如Doxycycline 、Erythromycin 和 rifampin。一般在治療產 48 小時得到療效。早期診斷和治療在院內感染尤其重要，因為常對免疫功能低下的患者造成危害。

三、嗜血桿菌屬（*Haemophilus*）

根據 CLSI 推薦，紙錠擴散法使用 Haemophilus test medium（HTM）瓊脂，在 35℃、5% 二氧化碳培養 16～18 小時。MIC 的測定則使用 MTH broth 做肉湯微量稀釋試驗（broth microdi- lution, BMD），在 35℃、大氣中培養 20～24 小時。

流感嗜血桿菌對 amplicillin 的抗藥性

大部分來自於產生 β- 內醯胺酶的產生，其 β- 內醯胺酶都是質體（TEM-1 或 ROB-1）相關的、分泌到細胞外的、和大量持續表現的，對 amipicillin 的 MIC ≧ 128 μg/mL，cephalosporin 和 carbapenems 對 β- 內醯胺酶的產生株仍然有效。少部分來自於 PBP 的改變（β-lactamase negative and amplicillin resistant, BLNAR），對 amipicillin 的 MIC ≧ 4 μg/mL，此類菌株 cephalosporin 亦無效。

有數種快速偵測 β- 內醯胺酶的試驗可供

表 15-9 抗生素治療與感受性試驗

微生物	治療選擇	潛在抗藥性	確認方法	評註
Haemophilus influenzae	一般對嚴重感染使用第三代頭芽菌素（如 ceftriaxone 或 cefotaxime）；對局部感染使用數種 cephalosporins, β-lactam/β-lactamase inhibitor 組合、macrolides, SXT 和某些 fluoroquinolones 有效。Rifampin 用於預防性治療	對 ampicillin 具抗藥性的 β-lactamase-mediated resistance 常見。經 PBP 改變的抗藥性少見（≦ 1%）	紙錠擴散、肉湯稀釋和一些商品套組	第三代頭芽菌素仍然有效，尚不需常規感受性試驗指導治療
Haemophilus ducreyi	Azithromycin 是首選，其他可用 cetriaxone 和 ciprofloxacin 已出現對 SXT、tetracycline 的抗藥性；因 β-lactamase 導致對 ampicillin 和 amoxicillin 抗藥性也已出現	尚沒有常規方法		
其他嗜血桿菌	NTHi 因對 β-lactam 類抗性（因 20～30% 菌株產生 β-lactamase 及很少產 PBP-3），通常使用奎諾酮類（，）和大環內酯類（azithromycin）	因 β-lactamase 導致對 ampicillin 的抗藥性也已出現	紙錠擴散、肉湯稀釋和一些商品套組 CLSI M45	第三代頭芽菌素仍然有效，尚不需常規感受性試驗指導治療

利用，包括呈色性頭芽菌素（Chromogenic Cepha- losporin；Cefinase, Becton-Dickinson, Cockeys- ville, MD）和酸測定（Acidometric；Beta-Test, Medical Wire and Equipment Co., Wiltshire, Eng- land）試驗。β- 內醯胺酶試驗陽性意味這嗜血桿菌株對 Ampicillin 和 Amoxicillin 具有抗藥性。

四、HACEK 群及二氧化碳噬細胞菌屬（*Capnocytophaga*）

HACEK 的心內膜炎首選治療藥物是 ceftriaxone（第三代頭孢菌素）或 Ampicillin 合併低劑量的 gentamicin。對 *A. actinomycetemomitans*、*Cardiobacterium spp.* 和 *Kingella spp.* 已有標準化的感受性試驗（CLSI M45）。

1. 放線共生放凝聚菌（*Aggregatibacter actinomycetemcomitans*）

雖然試管試驗對具青黴素感受性，但臨床治療不見得有效。此外，菌株對胺基醣苷類、第三代頭芽菌素、Quinolones, SXT, Rifampin, Chloramphenicol 和 Tetracycline 都具感受性。對 Vancomycin 和 Erythromycin 一般具有抗藥性。通常心內膜炎的治療常合併一種青黴素類和一種胺基醣苷類一起使用。標準化感受性試驗見 CLSI M45。

2. 人形心桿菌（*Cardiobacterium hominis*）

對 β- 內醯胺類藥物、氯黴素和四環黴素具有感受性，對胺基醣苷類、紅黴素、Clindamycin 及泛可黴素反應多變異，治療藥物選擇青黴素和一種胺基醣苷類藥物。標準化感受性試驗見 CLSI M45。

3. 金格桿菌屬（*Kingella* spp.）

分離菌株對包括 Penicillin 等大部分抗生素具感受性。標準化感受性試驗見 CLSI M45。

4. 腐蝕愛克納菌（*Eikenella corrodens*）

Eikenella 對 Clindamycin 和 Aminoglycosides 具有抗藥性，可協助鑑定及分離，在試管試驗中對 Penicillin、Ampicillin、Cefoxitin、Chloramphenicol、Carbenicillin 和 Imipenem 具感受性。

5. 二氧化碳噬細胞菌屬（Capnocytophaga）

沒有標準化的感受性試驗。對感染人類較常見的 *C. gingivalis* 等沒有既定的治療原則，一般對 clindamycin、erythromycin、tetracyclines、chloramphenicol、imipenem和其他 β-lactams 藥物有效，但已有 β-lactamase 抗藥性。對 *C. canimorsus*、*C. cynodemi* 則 penicillin 是治療首選。

B. 人畜共通（Zoonotic）革蘭氏陰性桿菌

一、巴斯德桿菌病（Pasteurellosis）

Penicillin G 或 amoxicillin-clavulanate 爲治療首選。不需感受性試驗結果引導治療。

二、布魯氏菌病（Brucellosis）

布魯氏菌因營養挑剔及兼性細胞內寄生，活體外感受性試驗結果並不可靠。首選藥物是 Doxycycline 或 tetracycline 合併 streptomycin 或 rifampin，預防再發需要抗生素持久性治療。

三、土拉倫斯氏病（Tularemia）

沒有標準化的感受性試驗，aminoglycosides 和 streptomycin 的治療的首選藥物。

四、貓抓病（Cat scratch fever）

一般具自限性，感受性試驗結果無法預測

療效。細菌性血管瘤病（Bacillary angiomatosis）和骨盆病（peliosis）使用 doxycycline 和 erythromycin 是治療首選藥物；心內膜炎使用 gentamicin 與或不與 doxycyclin 併用治療。

五、鼠咬熱（Rat-bite fever）

Penicillin 是首選藥物。

15-5 預防／流行病學

A. 營養挑剔革蘭氏陰性桿菌

一、博德氏菌屬（*Bordetella*）

幼年接種疫苗爲防治的不二方法。此菌沒有動物或環境的保存宿主，只在人與人之間飛沫傳播。

百日咳是孩童最容易傳播的疾病之一，易感兒童接觸病人後發病率接近 90%，一歲以下患兒病死率高。甚至在像美國這樣良好的預防接種系統，也會有每幾年週期的爆發傳染，而且任何時候都可能有個案發生。

在免疫注射後感染率已受到良好的控制，但百日咳菌仍持續存在人群中，暴露後菌體可以在呼吸道暫時性的增殖，個體可能沒有症狀或出現持續性的咳嗽，病人尤其是症狀輕微的非典型病人是重要的傳染源。

疫苗：傳統百日咳（P）與白喉（D）和破傷風（T）的類毒素疫苗，或再加上 B 肝、流感嗜血桿菌一併使用，稱爲三至五合疫苗；傳統爲全細胞（whole cell, WC）百日咳疫苗，是以全百日咳桿菌透過加熱、化學滅活和純化來製備的，百日咳成分還可作爲佐劑來強化疫苗成份的免疫原性，效果好（85%）但副作用也大。

無細胞百日咳疫苗（acellular pertussis vaccine, aP）由百日咳類毒素和二種或多種其他細菌成分，如 FHA、pertactin 或菌毛，功效與 WC 疫苗相同，但副作用更少。

目前美國 CDC 推薦的疫苗注射方案在 6 歲前應接受 5 次 DTaP 疫苗，青春期 11 ～ 18 歲追加一劑，到成人 19 ～ 64 歲再最後追加一劑。

在臺北自 1992 年起也有百日咳的發生，根據 Xba I 水解菌體核酸的 Pulsed-Field Gel Electrophoresis（PFGE）分子流病分析 1992 ～ 1997 年分離的菌株，結果顯示擁擠的人口密度，將促使百日咳菌株變異的累積與持續存在人群中。

二、退伍軍人桿菌屬（*Legionella*）

軍團菌棲息在水體上貯存庫可以是天然或人工水源，天然如河流、溪流甚至變形蟲；人工水源，如空調、水冷卻器。透過吸入汙染的氣溶膠感染（主要模式），尚沒有人傳人的報告，沒有動物宿主，也沒有帶菌階段。

感染的誘發因素包括：吸菸、酗酒、慢性肺病和治療處理損害黏膜纖毛的清除功能；高齡；免疫抑制包括移植、HIV 感染、類固醇治療。

三、嗜血桿菌屬（*Haemophilus*）

B 型流感冒嗜血桿菌（*Hemophilus influenzae* Type b, Hib）的防治

有莢膜的流行性感冒嗜血桿菌，根據莢膜上的多醣體（PRP），又細分成 a、b、c、d、e、f 六型。b 型流行性感冒嗜血桿菌最具侵犯性。

Hib 是引起嬰幼兒腦膜炎最主要的細菌：

(1) 死亡率約 1/10，存活下來的約 1/3 有終生嚴重的後遺症，例如：水腦、肢體運動障礙、智能不足、聽力障礙等。
(2) 九成以上的侵襲性 Hib 感染發生在 5 歲以下的幼兒，尤其是 3 個月至 3 歲的嬰幼兒，其中超過一半是發生在 1

歲以下的嬰兒。超過 5 歲很少感染 Hib。

(3) 臺灣一份自 1988 ~ 1992 的住院病人分析報告顯示，Hib 感染的腦膜炎在 5 歲以下占 44.4%。另一份報告分析全民健康保險研究資料庫（National Health Insurance Research Database, NHIRD）1997 年和 2000 年每 10 萬個 5 歲以下幼兒，罹患 Hib 腦膜炎感染率分別是 5.57 及 3.22，發生率較西方國家及其他亞洲國家爲低。這顯示自費施打 Hib 疫苗的效果。

對 Hib 腦膜炎的治療主要是注射抗生素，但是仍有很高的死亡率和嚴重後遺症。所以最有效的辦法是注射疫苗，莢膜多糖菌苗接種 18 個月以上小兒有較好的抗體反應，一年內保護率在 90% 以上。b 型流行性感冒嗜血桿菌疫苗效力約可持續 5 ~ 10 年，但 5 ~ 6 歲以後即很少會被此菌感染，所以並不需要追加。

有些國家已將此多醣體疫苗列爲常規預防注射，結果已使 Hib 腦膜炎大幅下降。限於多醣體疫苗無法引起有效的免疫記憶，Hib 連結攜帶物的結合疫苗已上市。合併白喉、破傷風和非細胞性百日咳 - 不活化的小兒麻痺疫苗 / Hib（DTaP-IPV/ Hib）注射疫苗給予 2、4、6 個月的嬰兒，也獲得推薦。

四、HACEK

HACEK 的臨床表現具有種屬特異性，但也具有一些共同特徵，如導致不明來源的牙齒感染和菌血症和感染性心內膜炎（Infective endocarditis, IE; 1.3～10%），其風險依不同的 HACEK 屬而異，傾向於青壯年、之前的牙科手術、糖尿病及潛在的心臟疾病。

B. 人畜共通（Zoonotic）革蘭氏陰性桿菌

其中 P. multocida 狗或貓咬傷或抓傷後的軟組織感染是人類最常見的巴氏桿菌病。

一、巴斯德桿菌病（Pasteurellosis）

在世界各地都有發現，野生動物和家養動物是人類感染的主要宿主，是這些動物口腔和上呼吸道的正常菌群，貓和狗的 *P. multocida* 帶原率最高。透過動物咬傷（大部分）、抓傷或舔舐傳播。人與人之間的水平和垂直傳播的報告，包括密切接觸傳播和透過受汙染的血液製品。

危險因素：可能對健康個體導致嚴重感染，尤其對假體關節、潛在肺部疾病和腹膜透析、年齡（太小、高齡）和免疫功能低下的個體（包括肝硬化、血液系統惡性腫瘤或實體器官移植的個體）特別危險。

二、布魯氏菌病（Brucellosis）

布氏桿菌病是全球性的疾病，感染常與職業性的暴露有關。全世界都有病例，公共衛生不佳的國家病例較多，常見於地中海地區、東非、中南美洲、中東等地，東南亞部分生產乳製品的農場也曾爆發流行。爲《傳染病防治法》規定之第四類傳染病，臺灣不是布氏桿菌病疫區，但是曾於近年發現數名在非洲與東南亞感染的境外移入病例。由於國際旅遊和移民的增加，布魯氏菌病的患病率在增加中。傳播

1. 食用受汙染、未經適當消毒的動物產品（最常見）
2. 接觸受感染的動物組織或體液。
3. 吸入受感染的霧化顆粒預防方法包括健康教育以減少職業和食源性風險，包括對所有乳製品進行巴氏殺菌。消除動物之間的感染來預防人類感染，

這可以透過對動物進行疫苗接種來降低流產風險和提高畜群免疫力，並透過隔離和屠宰消滅受感染的動物或畜群來實現。

三、土拉倫斯氏病（Tularemia）

土拉菌病常見於北半球，包括北美、歐洲和亞洲的部分地區，發生在北緯 30° 到 71° 之間。對該菌易感的動物種類很多，野兔和其他囓齒動物是主要傳染源。持續存在受汙染的環境、昆蟲和動物載體中，在蜱蟲體內可存活數年，且能透過卵傳遞給下一代。有多重感染途徑，通常是經由吸血性節肢動物如蜱咬、接觸病獸（野生或家養）、攝入受汙染的水或食物及吸入感染性氣溶膠引起的引起人畜共患病。

依據生化及毒力可分為兩型，分布於不同的自然棲息地，但都可從昆蟲媒介中分離。A 型（*Biovar tularensis*）只存在北美，毒力很強，主要存在兔類動物及囓齒動物體內，也可存在潮溼環境中數週甚至數月。如果人感染而沒有治療，致死率可達 5 ～ 7%。B 型（*Biovarholarctica*）存在於北美及歐、亞，毒力較弱，主要因各種囓齒動物、汙染的農產品或病原汙染的水而感染。

易感人群，男性成人的發病率較高（約占總數的 2/3）。職業性暴露對於農、牧、肉類皮毛加工及醫生和檢驗人員為高危險群，會因穿透及吸入而感染。

四、貓抓病（Cat scratch fever）

貓是韓瑟勒巴通氏菌（*Bartonella henselae*）的主要宿主，常藉由貓蚤而使菌在貓身上相互傳遞而散布，是一種散發於全世界的急性感染病。患者多為 5 ～ 14 歲兒童和青少年，男多於女。四季皆可患病，溫帶地區以秋、冬季發病者較多。主要預防的方法包括採取控制貓蚤措施並在處理貓或貓糞便後洗手。

五、鼠咬熱（Rat-bite fever）

常見於大鼠和其他囓齒動物的鼻腔和口咽菌群中，大多數大鼠是無症狀的。經動物咬抓傷感染最常見，其他如攝入被感染的大鼠糞便汙染的食物或水。過去超過 50% 的報告病例發生在兒童，常發生在生活貧困區域。目前，人口結構發生了變化，老鼠成為流行的寵物和研究對像，好發於職業暴露，如寵物店工作人員和實驗室技術人員。

15-6 病例研究

個案一

病史

一個四歲的小孩在經過幾天的發燒、頭痛和畏光之後，變得很不舒服。病人入院後採血及腦脊髓液檢體，培養 48 小時後在巧克力培養基上形成灰白色細小菌落，生長試驗發現需要 X 與 V 因子。

問題

1. 這致病菌可能是什麼？檢驗室進一步該做什麼實驗加以確定？
2. 這一屬的菌株可能引起哪些方面的疾病？
3. 這一屬細菌有哪些形態、生化、血清學上的特徵？哪些實驗可加以區別？
4. 這一屬細菌在感受性試驗上，需注意哪些與其他細菌不同的地方？
5. 關於這菌屬，目前有哪些新發現？

個案二

病史

有一個九個月大的嬰兒，出現類似感冒樣症狀，噴嚏、咳嗽、發燒、流鼻水，並出現結膜炎。痰檢體的呼吸道融合病毒（*Respiratory*

Syncytial Virus）檢查是陰性結果。醫生問診發現病人未接受 DPT 疫苗注射，採鼻咽拭子送細菌學檢查。幾天後患者出現陣發性痙攣性咳嗽，特徵是突然發生劇烈、反覆性的咳嗽，在咳嗽末了吸氣時帶有特殊的「喘息聲」。檢體直接鏡檢尋找有革蘭氏陰性短小桿菌。

問題

1. 病人可能是什麼細菌感染？致病機轉爲何？目前有沒有預防方法？
2. 你該選擇什麼樣的培養基和環境來分離致病菌？
3. 可能有哪些致病因？如何進一步由實驗室來鑑別細菌？
4. 關於此菌，目前有哪些快速鑑定方法？

學習評估

1. 不常見而挑剔性的葡萄糖醱酵菌（FastidiousGlucose Fermenters）群中，以 Wayson 法染色時呈雙極性染色（Bipolar Staining）的菌屬（Genus）爲下列何種？
   (A)*Actinobacillus*　(B)*Capnocytophaga*
   (C)*Pasteurella*　(D)*Eikenella*
2. 若實驗室缺乏含 X 因子的紙錠時，而且要做 *H. Influenzae* 的 X 因子需求試驗時，可用何種試驗取代之？
   (A) 醱酵試驗　(B)Niacin 試驗
   (C)Urease 試驗　(D)Porphyrin 試驗
3. 做 Porphyrin Test 時，使用下列何種物質當 Substrate？
   (A) Porphyrin　(B) Protoporphyrin
   (C) Δ-Aminolevulinin Acid　(D) NAD
4. 過去分離百日咳菌常用 B-G 培養基，但因 B-G 培養基有效期短，故近年來已改用下列哪一種培養基取代之？
   (A) 布氏培養基　(B) 哥倫比亞培養基
   (C) 活性碳和血液培養基　(D) 碳化培養基
5. 退伍軍人氏菌（*Legionella*）用一般革蘭氏染色不易染出，可如何加強染色？
   (A) 加上 $NaCO_3$，使溶劑變色
   (B) 用 1% Acid Alcohol 來脫色
   (C) 用 1% Basic Fuchsin 作對比染色
   (D) 無法改善
6. 鑑定 *Legionella pneumophila* 時，下列何種敘述是不正確的？
   (A) 痰檢體於接種前，需加以稀釋
   (B) 痰檢體可於 60℃水溶中加熱 1 ～ 2 分鐘，以去除汙染菌
   (C) *L. pneumophila* 只能在 BCYE（Buffered Charcoal-Yeast Extract）瓊脂培養基上生長
   (D) 傳送培養基中不可含 NaCl
7. *Eikenella corrodens* 之特徵爲？
   (A) 不具 Oxidase　(B) 發酵葡萄糖
   (C) 專一性厭氧菌　(D) 革蘭氏陰性
8. 有關 *Actinobacillus actinomycetemcomitans* 記述何者有誤？
   (A) 口腔 Normal Flora
   (B) 可引起牙周病
   (C) 爲葡萄糖非醱酵菌，氧化酶陽性
   (D) 染色爲球桿菌（*Coccobacilli*）

【解答】1. C；2. D；3. C；4. C；5. C；6. C；7. D；8. C

誌謝：本章圖片皆由陽明大學吳俊忠教授提供。

參考資料

1. **Balows, A. and W. J. Hausler.** 1995. Manual of clinical microbiology, 6th ed. American Society for Microbiology, Washington, D.C.

2. **Balows A., W. J. Hausler, K. L. Herrmann, H. D. Isenburg, and H. J. Shadomy.** 1990. Diagnostic microbiology, 8th ed. Mosby, St. louis.
3. **Birtles, R. J., T. G. Harrison, D. Samuel, and A. G. Taylor.** 1990. Evaluation of urinary antigen ELISA for diagnosing *Legionella pneumophila* serogroup1. J. Clin. Pathol. **43:**685-690.
4. **Buesching, W. J., R. A. Brust, and L. W. Ayers.** 1983. Enhanced primary isolation of *Legionella pneumophila* from clinical specimens by low-pH treatment. J. Clin. Microbiol. **17:**1153-1155.
5. **Chang, S. C., W. C. Hsieh, and C. Y. Liu.** 2000. High prevalence of antibiotic resistance of common pathogenic bacteria in Taiwan. The Antibiotic Resistance Study Group of the Infectious Disease Society of the Republic of China. Diagn. Microbiol. Infect. Dis. **36:**107-112.
6. **Chiu T. F., C. Y. Lee, P. I. Lee, C. Y. Lu, H. C. Lin, and L. M. Huang.** 2000. Pertussis seroepidemiology in Taipei. J. Formos. Med. Assoc. **99:**224-228.
7. **Forbes, B. A., D. F. Sahm, and A. S. Weissfeld.** 2002. Bailey & Scott's Diagnostic Microbiology. 7th ed, Mosby, St. louis.
8. **Kneman, E. W., S. D. Allen, W. M. Janda, P. C. Schreckenberger, and W. C. Winn.** 1997. Color Atlas and Textbook of Diagnostic Microbiology. 5th ed. JB Lippincott company.
9. **Lee Y. S., C. Y. Yang, C. H. Lu, and Y, H. Tseng.** 2003. Molecular epidemiology of *Bordetella pertussis* isolated in Taiwan, 1992-1997. Microbiol. Immunol. **47:**903-909.
10. **Liu, C. C., J. S. Chen, C. H. Lin, Y. J. Chen, and C. C. Huang.** 1993. Bacterial meningitis in infants and children in southern Taiwan: emphasis on *Haemophilus influenzae* type b infection. J. Formos. Med. Assoc. **92:**884-888.
11. **Lin, T. Y., Y. H. Wang, L. Y. Chang, C. H. Chiu, Y. C. Huang, H. Tang, and H. L. Bock.** 2003. Safety and immunogenicity of a diphtheria, tetanus, and acellular pertussis-inactivated poliovirus vaccine/*Haemophilus influenzae* type B combination vaccine administered to Taiwanese infants at 2, 4, and 6 months of age. Chang. Gung. Med. J. **26:**315-322.
12. **Lee, Y. S., C. Y. Yang, C. H. Lu, and Y. H. Tseng.** 2003. Molecular epidemiology of *Bordetella pertussis* isolated in Taiwan, 1992-1997. Microbiol. Immunol. **47:**903-909.
13. **Liu, C. C., J. S. Chen, C. H. Lin, Y. J. Chen, and C. C. Huang.** 1993. Bacterial meningitis in infants and children in southern Taiwan: emphasis on *Haemophilus influenzae* type b infection. J. Formos. Med. Assoc. **92:**884-888.
14. **Lin, T. Y., Y. H. Wang, L. Y. Chang, C. H. Chiu, Y. C. Huang, H. Tang, and H. L. Bock.** 2003. Safety and immunogenicity of a diphtheria, tetanus, and acellular pertussis-inactivated poliovirus vaccine/*Haemophilus influenzae* type B combination vaccine administered to Taiwanese infants at 2, 4, and 6 months of age. Chang. Gung. Med. J. **26:**315-322.
15. **Popovic, T., G. Ajello, and R. Facklam.** 1999. Laboratory manual for the diagnosis of meningitis caused by *Neisseria meningitidis*, *Streptococcus pneumoniae* and *Haemophilus influenzae*. WHO/CDS/CSR/EDC/99.7. Geneva: World Health Organization.

16. **Mahon, C.R., and G. Manuselis.** 2000. Textbook of diagnostic microbiology. 2rd. WB Saunders.
17. **Shao P. L., W. C. Chie, C. Y. Wang, C. Y. Yang, C. Y. Lu, L. Y. Chang, L. M. Huang, and C. Y. Lee.** 2004. Epidemiology of *Haemophilus influenzae* type b meningitis in Taiwan, 1997 and 2000. J. Microbiol. Immunol. Infect. **37:**164-168.
18. **Wang, C. C., L. K. Siu, M. K. Chen, Y. L. Yu, F. M. Lin, M. Ho, and M. L. Chu.** 2001. Use of automated riboprinter and pulsed-field gel electrophoresis for epidemiological studies of invasive *Haemophilus influenzae* in Taiwan. J. Med. Microbiol. **50:**277-283.

第16章

厭氧性革蘭氏陽性細菌

廖淑貞

內容大綱

學習目標

- 厭氧菌基本特性。
- 厭氧革蘭氏陽性球菌及桿菌之臨床意義。
- 厭氧革蘭氏陽性球菌及桿菌之分類與鑑定系統。
- 厭氧革蘭氏陽性細菌之抗藥性。

16-1 一般性質

一、厭氧菌基本特性

厭氧菌爲身體黏膜部位主要正常菌叢，屬機緣性病原，大多會造成內生性感染（indigenous infections），也會由存在於土壤或其他環境之 *Clostridium botulinum* 及 *Clostridium tetani* 引起外源性感染（exogenous infections）[22]，包括血液、頭頸、soft tissue 等感染[15]，腸道內厭氧菌也和神經系統異常有關[19]。近來由於新檢驗技術的開發使得愈來越多的 species 被發現。專性厭氧菌（obligate anaerobes）爲在沒有氧氣存在下，或低氧化還原電位（－150～－420 mV）下，才能生長的細菌。實驗室所用厭氧環境爲 85% N_2, 10% H_2, 5% CO_2 培養兩天。專性厭氧菌行厭氧呼吸、抗 sodium azide、生長需 hemin 及 vitamin K、缺乏 superoxide dismutase，而 cysteine 或 thioglycollate 能讓厭氧菌生長良好。某些厭氧菌對氧有耐受性（aerotolerant），如 *Cutibacterium acnes* 及 *Clostridium tertium*。較嚴格的厭氧菌有 *Clostridium novyi* 等，必須在氧氣小於 0.5% 下才能生長[17]。臨床上判斷厭氧菌感染之指標有 (1) 檢體有惡臭：厭氧菌可產生帶特殊氣味的短鏈代謝脂肪酸因而產生惡臭。(2) 感染部位靠近黏膜。(3) 組織有大量氣體產生。(4) 檢體具螢光反應：如有 *Prevotella* 或 *Porphyromonas* 的感染，檢體在紫外光照射下會呈現磚紅色。(5) 硫磺顆粒（Sulfur granules）的存在：表示有 *Actinomyces* 的感染。(6) 經 aminoglycoside 治療無效。(7) 特殊細菌形態。

二、厭氧革蘭氏陽性菌

革蘭氏陽性厭氧球菌（Gram-positive anaerobic cocci, GPAC）爲專性厭氧、不產孢、菌體排列成短鍊或呈簇，是人體口腔、上呼吸道、腸胃道正常菌叢。近年來重新分類，許多菌種重新歸屬於新的菌屬，目前菌屬至少有 *Anaerococcus*、*Fine-goldia*、*Parvimonas*、*Peptococcus*、*Peptostreptococcus*、*Peptoniphilus* 等。由於包含菌屬與菌種甚多，臨床上鑑定不易。

厭氧性革蘭氏陽性桿菌，可分爲產孢（spore）及不產孢兩大類。大多數菌種爲絕對厭氧，但少數菌種爲兼性厭氧，如 *C. tertium* 及 *C. histolyticum*。*C. tertium* 在有氧狀況下可以生長。不產 spore 之菌屬（Gram-positive anaerobic bacilli non-spore-forming, GPABNS）含 *Actinomyces*、*Bifidobacterium*、*Eubacterium*、*Lactabacillus*、*Cutibacterium*（*Propionibacterium*）等。產 spore 菌屬（Gram-positive anaerobic bacilli spore-forming, GPABS）爲 *Clostridium*。

16-2 臨床意義

一、革蘭氏陽性厭氧球菌（GPAC）

GPAC 會引起從皮膚膿瘍（abscess）到敗血性流產、致命的腦膿瘍、肺膿瘍、心內膜炎及菌血症。在臨床厭氧菌分離菌株中，約占 30%。*Peptococcus* species 不常見，臨床常見 *Peptostreptococcus* 特別是 *Peptostreptococcus anaerobius*。*Peptostreptococcus magnus*, *Peptostreptococcus micros* 及 *Peptostreptococcus asaccharolyticus* 分別改名爲 *Finegoldia magna, Parvimonas micra* 及 *Peptoniphilus asaccharolyticus*（表 16-1）。GPAC 大多從 polymicrobial infections 分離。*Peptostreptococcus anaerobius*、*Peptoniphilus harei*（容易被鑑定爲 *Peptoniphilus asaccharolyticus*）、*Finegoldia magna*、*Parvimonas micra* 較常自醫院臨床檢體分離，但不同地方的報告可能

有一些差異。*P. anaerobius* 乃腹腔及女性尿生殖道最常見的 GPAC[20]；*Parvimonas micra* 為口腔菌叢中主要之 GPAC，為重要口腔病原菌也會從其他部位之 mixed infection 分離；*Finegoldia magna* 則為皮膚菌叢常見GPAC，*F. magna* 相關之皮膚、軟組織、骨及關節感染通常為 pure culture，其具有許多致病因子[8]。人體常見 GPAC 的臨床意義[21]如表 16-2 所示。

二、革蘭氏陽性厭氧不產孢桿菌（GPABNS）

GPABNS 包括 *Actinomyces*、*Cutibacterium*、*Bifidobacterium*、*Eggerthella* 及 *Eubacterium* 等。侵犯皮膚之 *Propionibacterium* 已改為 *Cutibacterium*（例如 *Cutibacterium acnes*），*Propionibacterium propionicum* 屬名則改為 *Pseudopropionibacterium*。此類細菌感染，大多是黏膜表面，常同時伴隨其他細菌的感染

表 16-1　臨床相關革蘭氏陽性厭氧球菌新舊菌名對照

舊菌名	新菌名
Peptococcus niger	不變
Peptostreptococcus anaerobius	不變
Peptostreptococcus magnus	*Finegoldia magna*
Peptostreptococcus micros (*Micromonas micros*)	*Parvimonas micra*
Peptostreptococcus harei	*Peptoniphilus harei*
Peptostreptococcus asaccharolyticus	*Peptoniphilus asaccharolyticus*
Peptostreptococcus prevotii	*Anaerococcus prevotii*
Peptostreptococcus hydrogenalis	*Anaerococcus hydrogenalis*

表 16-2　人體常見的革蘭氏陽性厭氧球菌菌種及臨床意義

菌名	臨床意義
Peptostreptococcus anaerobius	致病力強的 GPAC，常造成腹腔及女性尿生殖道感染，也會引起口腔感染及心內膜炎可從各樣檢體分離出。如腦膿瘍、其他膿瘍（abscesses of jaw、pleural cavity、ear、pelvic Region、pleural cavity、urogenital tract、nasal 、wound）、血液、腦脊髓液等
Finegoldia magna	經常從臨床分離的 GPAC 造成皮膚、軟組織、骨、關節、上呼吸道、植入物感染、腦膜炎、肺炎
Parvimonas micra	periodontitis、pleural empyema、septicemia、骨髓炎、其他口腔感染、皮膚、wound、耳、關節、婦科、腹部等感染。
Peptoniphilus harei	ulcers
Peptoniphilus asaccharolyticus	vaginal discharge、skin
Anaerococcus prevotii	vaginal discharges、ovarian、peritoneal and lung abscesses

（polymicrobial infection）。*Actinomyces* spp. 爲人體口腔、腸胃道、女性生殖道之常在菌，當有外傷或手術時黏膜遭破壞而感染，引起典型 granulomatous actinomycosis，感染部位包括頭面部、胸部及腹部等，感染部位常可見到 sulfur granules，顯微鏡下可見 G（+）分枝狀桿菌被 PMN 包圍[3, 13]。

Actinomyces israelii, 及 *P. propionicum* 等和典型 actinomycosis 最相關。*Actinomyces* spp. 也會引起非典型 actinomycosis 如中樞神經系統感染等[4]。*Cutibacterium* 是人體皮膚常在菌也存在於腸胃、尿生殖道及口腔。*C. acnes* 經常會造成血液培養的汙染，因此於細菌血液培養時，皮膚必須仔細消毒乾淨再抽血，以避免汙染。*C. acnes* colonizes 皮脂腺可引起皮膚的痤瘡（acne，俗稱青春痘），也會在人體植入物形成 biofilms 導致相關感染如 prosthetic joint infection（PJI）及 prosthetic valve endocarditis[1]。*Bifidobacterium* 是人體腸道常在菌，很少引起疾病。其中 *B. dentium* 和蛀牙有關，*B. breve* 和菌血症及腹膜炎有關。*Eggerthella* 菌屬，存在於人類腸道中，和肝臟、腦及肺部等感染有關。有報導指出厭氧不產孢桿菌引起之菌血症中 *Eggerthella* 菌屬佔 70% 以上，並具高死亡率[4]。*Eubacterium* 爲人體腸道及口腔常在菌，通常自傷口、膿瘍等分離出，經常與其他細菌一起被分離。少部分會引起菌血症或心內膜炎。Lactobacilli 爲人體 microbiome 之益菌，但也會引起侵入性感染，例如 *Lactobacillus rhamnosus* 引發 bacteremia 及 endocarditis[5]。

三、革蘭氏陽性厭氧產孢桿菌（GPABS）

GPABS 爲 *Clostridium* 菌種，clostridia 爲人體腸道、生殖道及口腔菌叢的一部分，也存於環境及動物腸胃道。手術及外傷破壞黏膜完整性、血行停滯、癌症、免疫抑制、糖尿病或抗生素使用不當等易導致 clostridia 感染包括腦、耳、鼻、肺、腹部、關節、骨及 soft tissue 等。可引起多種疾病，如 Gas gangrene (myonecrosis)、cellulitis、intra-abdominal sepsis, empyema, brain abscesses、菌血症等（表 16-3）。也會引起 food poisoning 及 foodborne botulism。*Clostridium* 爲專性厭氧或具耐氧性，根據 16S rRNA 基因定序及其他特性已將 *Clostridium difficile* 歸於新屬名 *Clostridioides*。*Clostridioides* 感染屬 polymicrobial，其他細菌的存在使環境 適合 *Clostridium* 生長。C. *perfringens* 引起的 myonecrosis（gas gangrene）通常由外傷引起，突然的患處劇痛有分泌物及氣體產生、進程快速、組織遭破壞、中性球缺乏[26]。*C. perfringens* alpha toxin（乃 lecithinase）及 theta toxin（cholesterol-dependent cytolysins 當接觸 cholesterol 會聚合在膜上形成孔洞使細胞溶解）和 gas gangrene 有關，*C. perfringens* alpha toxin 會活化血小板造成栓塞。*C. perfringens* beta 毒素會導致 Necrotizing Enterocolitis (NEC)。*C. difficile* infection (CDI) 乃 antibiotic-associated 疾病是北美及歐洲最常見的醫療照護相關感染症，特別是使用 fluoroquinolone 治療之後之分離株 ribotype 027[24]。*C. difficile* 是美國每年大於 45 萬腹瀉疾病之病因，醫療花費達十億美金[18]。CDI 也出現在社區[18]，醫療照護和社區 CDI 皆和抗生素使用有關。enterotoxin TcdA 及 cytotoxin TcdB 是引起 CDI 之原因[6]，具醣化結合蛋白質的功能，binary toxin[10] 則影響 CDI 嚴重性，症狀由輕微腹瀉、bloody-slimy 腹瀉到 pseudomembranous colitis。*C. difficile* 引發之院內感染常和環境來源相關，消滅存在環境之 *C. difficile* 是阻斷傳播重要措施。*C. difficile* 除引起僞膜性腸炎（pseudomembranous colitis）也會造成腸外感染，如菌血症等。Lee 等人分析

表 16-3 人體常見的 *Clostridium* 菌種之臨床意義及致病因子

菌名	臨床意義	致病因子
Clostridium perfringens	Gas gangrene (myonecrosis)、Cellulitis、Intra-Abdominal Sepsis、Empyema、Brain Abscess、食物中毒	Alpha Toxin、Beta Toxin、Epsilon Toxin、Iota Toxin、Theta toxin、Enterotoxin
Clostridium botulinum（肉毒桿菌）	Botulism	Botulism Toxin
Clostridium tetani（破傷風桿菌）	Tetanus	Neurotoxin
Clostridioides difficile	Pseudomembranous colitis（偽膜性腸炎）、Bacteremia	308-kDa Enterotoxin (Toxin A) 及 270-kDa Cytotoxin(Toxin B)
Clostridium septicum	Bacteremia with underlying malignancy	Alpha Toxin、Beta Toxin

臺灣 *C. difficile* 菌血症，可提供臨床參考[16]。*C. botulinum* 會分泌 botulinum neurotoxin (BoNT) 導致肉毒桿菌症（botulism）主要有三種方式[7]：(1) 由 BoNT 汙染食物引起之食物中毒；(2) 傷口感染 *C. botulinum* 引起；(3) 嬰兒腸胃道之 *C. botulinum* 引起之 infant botulism，和蜂蜜攝食有關。值得注意的是，BoNT 也可由其他 *Clostridium* 所產生。

BoNT 經由抑制神經傳導物質的分泌造成無力肢體痲痺（flaccid paralysis）。破傷風由傷口感染 *C. tetani* 產生 tetanospasmin（tetanus neurotoxin TeNT）而引起，TeNT 抑制神傳導物質的分泌而造成強直性痙攣[14]。此外 *C. ramosum* 常見於臨床感染，C. *innocuum* 常見於血液培養通常對 vancomycin 具抗性。

16-3 培養特性及鑑定法

一、不適合做厭氧菌培養之檢體

厭氧菌為身體正常菌叢一部分，採取黏膜相近部位檢體須避免正常菌叢汙染。周邊血液、組織切片、骨髓、aspirates 及各種體液（cerebrospinal fluid, joint fluids，及 ascites）為可用檢體，而 expectorated sputum, voided urine, swab（throat、rectal、vaginal 或 cervical）不適合用以培養厭氧菌。

二、厭氧菌培養系統

1. Anaerobic Jars

內置有產氣包，將水加入產氣包後，產氣包會產生二氧化碳與氫氣，氫氣與空氣中的氧氣作用，即產生水。

2. Anaerobic Chamber（圖 16-1）或 Glove Box

含有催化劑、乾燥劑、氫氣（5～10%）、CO_2（5～10%）、氮氣（80～90%）及指示劑。催化劑通常為 palladium-coated alumina pellets。乾燥劑通常為 silica gel，methylene blue 可當厭氧環境之指示劑。

3. Anaerobic Bags

適用少量 plates 或運送用。且不必打開即可觀察生長情形。

三、革蘭染色及一般培養基

Gram 染色鏡檢可以幫助培養基之選擇、觀察 actinomycosis 特有的 surlfur granule，對於 polymicrobial infection 可於染色片下觀察不同菌之相對量以評估其重要性並引導抗生素之使用。CDC 厭氧血液瓊脂（tryptic soy agar）添加 yeast extract、vitamin K (1 mg/liter), and hemin (5 mg/liter) 可供革蘭陽性厭氧菌生長。

四、革蘭氏陽性厭氧球菌

1. 菌落形態

Peptostreptococcus 在一般厭氧菌培養基，如 CDC blood agar 生長良好（圖 16-2、16-3），約 2～5 天菌落明顯。*P. micra* medium 含 colistin-nalidixic acid 能選擇性偵測 *P. micra* H_2S 之生成。

2. 染色形態

P. anaerobius 染色形態為小、coccobacilli 成鏈（圖 16-4），具甜味。*F. magna* 直徑大於 0.6 μm 成對或成簇，*P. micra* 細胞比 *F. magna* 小呈短鏈[11]。*P. asaccharolyticus* 大小約 0.5～1.5 μm，成對、4 個或成團（圖 16-5）。其他菌種之染色形態與葡萄球菌類似。*P. asaccharolyticus* 易脫色為 G（–）可使用 vancomycin (5 μg)、kanamycin (1,000 μg) 及 colistin (10 μg) 紙錠加以鑑別。

3. 常見的鑑定試驗

常用來鑑定的方法包括 sodium polyanethol sulfonate（SPS）感受性、indole、nitrate 還原、urease 等傳統試驗（表 16-4）。SPS 紙錠試驗主要用來鑑定 *Peptostreptococcus anaerobius*，其對 SPS 具感受性，抑制圈大於 12 mm。過去對於 indole 陽性厭氧革蘭氏陽性球菌常直接鑑定為 *P. asaccharolyticus*，但 *P. asaccharolyticus* 也可能有 Indole 陰性，且 Song 等人發現過去鑑定為 *P. asaccharolyticus* 者，重新鑑定其實是 *Peptoniphilus harei*。Song 等人根據厭氧革蘭氏陽性球菌之生化特徵整理成實用的鑑定流程表[25]。市面上一些套組如 Rapid ID 32A 可正確鑑定 *P. micra*、*P. anaerobius* 及 *F. magna*， 鑑定為 *P. asaccharolyticus* 應視為 *P. asaccharolyticus* 或 *P. harei*。此外利用氣相色層分析儀分析揮發性脂肪酸或菌體脂肪酸、分子檢測[21] 及 MALDI-TOF MS[2] 皆可用於鑑定 GPAC。

表 16-4　常見革蘭氏陽性厭氧球菌之生化試驗

菌種名	SPS	indole	urease	alkaline phosphatase
P. anaerobius	S	–	–	–
F. magna	R	–	–	V
P. micra	R	–	–	+
Peptoniphilus harei	R	V	–	–
Peptoniphilus asaccharolyticus	R	$+^{-}$	–	–
A. hydrogenalis	R	+	V	w
A. prevotii	R	–	V	–

w：弱陽性。

五、革蘭氏陽性厭氧不產孢桿菌

1. 菌落形態

在一般厭氧菌培養基，如 CDC blood agar 生長緩慢但良好，約 2～5 天菌落明顯。

Actinomyces 及 *Mobiluncus* 生長緩慢。*Actinomyces* 培養初期之菌落爲蜘蛛狀（spider-like）（圖 16-6），二週的菌落呈臼齒狀（molar tooth）。*Bifidobacterium* and *Lactobacillus* 可選用低 pH 値的培養基（如 Rogosa）來培養。來自 PJI 之 prosthetic material 經超音波震盪同時接種於瓊脂平板及血瓶可增加 *C. acnes* 之分離率。

2. 染色形態

Actinomyces 爲直（straight）或稍微彎曲之桿菌，通常有分枝（圖 16-7）。*Bifidobacterium* 爲多形性，一端常呈現分叉（bifurcated）。*Eubacterium* 爲多形性。*Mobiluncus* 爲彎曲。*Cutibacterium*（原 *Propionibacterium*）菌體爲多形性、coccoid、long、short diphtheroidal rods 或 branched。

3. 常見的鑑定試驗

常用來鑑定厭氧革蘭氏陽性不產孢桿菌之試驗列於表 16-5，包括菌落型態、catalase、indole、硝酸鹽還原、gelatin 和 esculin 水解等[11]。*Actinomyces israelii* 爲 esculin 水解陽性（圖 16-8）。因革蘭染色過度脫色而呈革蘭陰性者可利用抗 colistin（10 μg）而對 vancomycin（5 μg）敏感的特性辨別之。亦可使用自動化系統之 Vitek card（圖 16-9）、氣相層析儀分析代謝產生之揮發性脂肪酸、16S rRNA 基因定序（gold standard）或 MALDI-TOF MS[2] 進行鑑定。

六、革蘭氏陽性厭氧產孢桿菌

1. 菌落形態

C. perfringens 引起之 gas gangrene 組織無白血球浸潤。食物中毒採糞便檢體 24 小時內檢測。*C. perfringens* 在一般厭氧菌培養基，如 CDC blood agar 生長良好，最大特徵爲雙圈溶血菌落（圖 16-10），egg yolk agar 上可偵測到 lecithinase 活性（此即 Nagler reaction 陽性）（圖 16-11）。

C. difficile 菌落具糞肥味（因產生 para-cresol），生長在 CDC blood agar 呈黃白色、扁平、邊緣不規則菌落（圖 16-12）。cycloserine-cefoxitin fructose agar（CCFA）培養基上呈

表 16-5 常見的革蘭氏陽性厭氧不產孢桿菌之特徵

菌種名	Rough colonies	Catalase	Indole	Nitrate reduction	Esculin hydrolysis	Gelatin hydrolysis
A. israelii	+	−	−	+	+	−
A. viscosus	+	+	−	+	v	−
C. acnes	−	+	+	+	−	+
Pseudopropionibacterium propionicum	+	−	−	+	−	−
Eggerthella lenta	−	−	−	−	−	−
Bifidobacterium dentium	−	−	−	−	−	−

V: variable reactions.

現黃綠色螢光。近來臨床使用 CHROMagar ™ *C. difficile* 培養基來鑑定 *C. difficile*，*C. difficile* 在此培養基生長較快（24 小時），形成扁平、毛玻璃狀、不規則菌落（圖 16-13），UV 光照射下可見螢光（圖 16-14）。

2. 染色形態

C. perfringens 爲 boxcar-shaped rods（圖 16-15），像貨櫃形狀。很少有 spore。來自 blood agar 之 *C. difficile* 菌落染色可見 subterminal spore，菌體細長，可見鏈狀排列（圖 16-16）。*C. clostridioforme, C. innocuum* 及 *C. ramosum* 染色易成革蘭陰性。

3. 常見的鑑定試驗

除了革蘭染色、菌落型態，常用的鑑定方法包括 Lecithinase、Lipase、Indole、Gelatin hydrolysis 等（表 16-6）。除了 *C . perfringens*、*C. ramosum* 及 *C. innocuum* 大多有運動性。利用氣相色層分析儀分析揮發性代謝脂肪酸、commercial kits 測 preformed enzymes、16S rRNA 基因定序及 MALDI-TOF MS[2] 皆有助於 GPABS 之鑑定。*Clostridium* 之揮發性脂肪酸主要爲 acetic acid。臨床上診斷 *C. difficile* 感染爲培養 *C. difficile*、偵測 *C. difficile* glutamate dehydrogenase（GDH）抗原並進行毒素 A 及毒素 B 檢測，同時存在 GDH 及毒素即表示爲 CDI。培養用糞便檢體可於 4℃短期保存而毒素偵測用檢體放 −70℃可延長保存期限。可用 EIA 偵測毒素或用核酸放大等分生方法檢測毒素基因。clostridia 通常對 kanamycin（1,000 μg）及 vancomycin（5 μg）敏感而抗 colistin（10 μg）。Botulism 診斷可從糞便、傷口或食物中分離 *C. botulinum* 或偵測血清、糞便或食物中之 BoNT。破傷風可由傷口分離 *C. tetani* 或血清中偵測 TeNT。

16-4 藥物感受性及藥敏試驗

厭氧菌是否需要做藥物感受性試驗爭執已

表 16-6 常見 *Clostridium* 菌種之特徵

菌種名	Lecithinase	Lipase	Indole	Gelatin hydrolysis	Nitrate reduction	Esculin hydrolysis
C. botulinum	−	+	−	+	−	V
C. difficile	−	−	−	+	−	+
C. perfringens	+	−	−	+	V	V
C. septicum	−	−	−	+	V	+
C. sordellii	+	−	+	+	−	−
C. clostridioforme	−	−	−	−	−	+
C. innocuum	−	−	−	−	−	+
C. ramosum	−	−	−	−	−	+
C. tertium	−	−	−	−	+	+
C. tetani	−	−	V	+	−	−

V: variable reactions.

久。由於厭氧菌感染也常伴隨其他兼性厭氧細菌的感染，判斷不易，加上培養較困難、費時，而厭氧菌藥敏試驗操作麻煩，因此過去醫師常憑經驗治療厭氧菌。然而近來厭氧菌的抗藥性有增加的趨勢[9, 27]，特別是對常用藥β-lactams, metronidazole 及 clindamycin。而不同 genus 或 species 對藥物的感受性常有差異，如 *B. fragilis* group 對 β-lactam 類、clindamycin 等藥物較有抗性，而 *Clostridium species* 中以 *C. ramosum* 較有抗性。不同區域或國家的細菌對藥物的感受性也不盡相同。近來更由於 MALDI-TOF MS 的發展，厭氧菌之正確分類、鑑定提升，促使過去依據預測藥物敏感性進行 empirical 治療之方式，改變成必須仰賴藥敏試驗進行治療或調查之外，並發展分子檢測等新方法。目前厭氧菌藥敏試驗結果已成為臨床治療上重要的參考依據。

一般而言，大多數厭氧菌生長緩慢，因此不適合以 disk diffusion 法測定藥物的感受性。目前美國 Clinical Laboratory Standards Institute（CLSI）建議使用 agar dilution 法（表 16-7）測定 MIC；broth microdilution 法，則只建議用於 *Bacteroides* 及 *Parabacteroides* 菌種。利用 gradient diffusion 偵測 MICs 之 E-test 是另一可靠的藥敏試驗法。

1. 有關 GPAC 藥敏資訊日增，一般而言，penicillins、clindamycin 及 metronidazole 對 GPAC 有效；而 *β*-lactams/*β*-lactamase inhibitors、cephalosporins 及 carbapenems 之效果優於 penicillins、clindamycin 及 metronidazole，其中以 carbapenems 最有效。然而存在 genus 及國家差異。有報告顯示 *P. anaerobius* 對 penicillin 抗藥性稍高[29]。少數 *F. magna* 及 *P. micra* 對 penicillin 具抗性，*F. magna* 也對 clindamycin 及 metronidazole 具抗性，目前已出現 multi-drug-resistant *F. magna*[23]。由於近年來此群細菌分類有更動，加上菌種鑑定不易，實際抗藥情形未明。故有進行 AST 之必要。而抗 metronidazole 基因（*nimB*）也存在於 GPAC[28]。
2. GPABNS 經常由 polymicrobial infection 分離出來，不須進行藥敏試驗，除非是 pure culture 或來自 sterile site。大多數 GPABNS 對 penicillin、cefoxitin、imipenem、clindamycin 具感受性。*Cutibacterium*、*Actinomyces* 及 *Lactobacillus* 本質上對用以治療厭氧菌感染之 metronidazole 具抗性[9,12]。其中 *Actinomyces* species 一般對 penicillin 敏感，其他 β-lactams 及 clarithromycin 之 MICs 也低。*Cutibacterium* 通常也對 penicillin 敏感。值得注意的

表 16-7 厭氧菌藥敏試驗

試驗條件	Agar dilution	Broth microdilution
培養基	Brucella agar supplemented with hemin (5 μg/ml), vitamin K1 (1 μg/ml), 5% (V/V) laked sheep blood	Brucella broth supplemented with hemin (5 μg/ml), vitamin K_1 (1 μg/ml), 5% (V/V) lysed horse blood
接種量	1×10^5 CFU/spot	1×10^6 CFU/ml
培養環境	厭氧，35～37℃	厭氧，35～37℃
培養時間	42～48 小時	46～48 小時

是 *Lactobacillus* 通常對 glycopeptides（vancomycin）具抗性但對 penicillin 和 ampicillin 敏感。而 *Eggerthella* 對 metronidazole 敏感但經常對 penicillin 及 ceftriaxone 具抗性。

3. *Clostridium* spp. 通常對 penicillin、cephalosporins、meropenem、clindamycin 具感受性。但 *C. ramosum* 及 *C. clostridioforme* 常對 penicillin 有抗藥，因爲會產生 β-lactamase 之故。近來對 clindamycin 抗藥的 *Clostridium* spp. 也有增加的趨勢。*C. difficile* 藥敏試驗需求日增，通常對 vancomycin、metronidazole 及 tigecycline 敏感，對 clindamycin、moxifloxacin 及 rifampin 則有抗性。

16-5 預防／流行病學

在厭氣菌的感染中，破傷風算是較嚴重的。破傷風係由破傷風桿菌之外毒素所引起，其特徵爲痛性之肌肉收縮。而最常見之初症狀爲腹部僵硬及肌肉痙攣，典型的破傷風痙攣現象爲「角弓反張」（opisthotonus）及臉部表情出現「痙笑」（risus sardonicus）之特徵。此疾病之致死率約在 20～50% 之間，且以老人及小孩爲最。破傷風遍及全球，但主要在未施打疫苗的落後國家。臺灣該病之發生以民國 45 年 1,000 多例最高，其後實施類毒素接種於民國 61 年以後病例減爲 100 例以下，自民國 70 年起，每年破傷風之報告病例皆在 20 例以下，死亡病例也逐年減少至數例（資料來源：http://cdc.health.gov.tw）。新生兒破傷風通常是因爲臍帶處理不當導致破傷風桿菌感染所引起。臨床上的典型特徵是嬰兒出生後幾天，吸吮動作和哭泣情形由正常漸漸轉變爲吸奶困難和哭泣微弱，同時嬰兒呈現牙關緊閉、全身性痙攣、肌肉僵直、角弓反張，導致無法餵奶和進食。此病致死率很高，可高達 80%。臺灣仍有病例發生，但近年來已極爲罕見（資料來源：http://cdc.health.gov.tw）。目前衛生署疾病管制局的預防措施如下：

1. 教育民衆有關接受破傷風類毒素預防注射之必要性，辨識傷口之種類（特別是有可能導致破傷風感染者）和了解受傷後可能需要採行之免疫預防措施。
2. 推行「白喉、百日咳、破傷風三合一疫苗」（DPT）之全面預防注射措施。除完成基礎接種外，並對適當年齡層實施追加接種以產生持久性（10 年以上）之破傷風抗體。現行的接種時程係針對幼兒於出生滿 2 個月、4 個月、6 個月各接種一劑 DPT，並於 18 個月時追加一劑，國小一年級則追加一劑破傷風、減量白喉混合疫苗（Td）。
3. 建議軍人、警察等意外創傷高危險群及在工作中會接觸土壤、汙物者定期（每 10 年）追加破傷風類毒素以維持主動免疫力。

16-6 病例研究

1. 自一 60 歲男性下肢傷口，培養出厭氧革蘭氏陽性菌，在 CDC blood agar 呈雙圈溶血菌落。此菌極可能是何種細菌？如何鑑定？
2. 一 52 歲女性因婦科手術併發嚴重感染，接受抗生素治療，住院兩周後出現腸炎症狀，培養出厭氧革蘭氏陽性產孢桿菌。此菌極可能是何種細菌？如何鑑定？

學習評估

1. 敘述厭氣革蘭氏陽性球菌的臨床意義及菌種鑑定方法。
2. 敘述產孢厭氣革蘭氏陽性桿菌 *Clostridium* spp. 及 *Clostridioides* 的臨床意義及菌種鑑定法。
3. 敘述 *Actinomyces* 的臨床意義及菌種鑑定方法。
4. *Propionibacterium acnes* 新菌名爲何？臨床意義及菌種鑑定方法爲何？

參考資料

1. **Achermann, Y., E. J. Goldstein, T. Coenye, and M. E. Shirtliff.** 2014. *Propionibacterium acnes*:from commensal to opportunistic biofilm-associated implant pathogen. Clin. Microbiol. Rev. **27:**419-440.
2. **Alcalá, L., M. Marín, A. Ruiz, L. Quiroga, M. Zamora-Cintas, M. A. Fernández-Chico, P. Muñoz, and B. Rodríguez-Sánchez.** 2021. Identifying Anaerobic Bacteria Using MALDI-TOF Mass Spectrometry:A Four-Year Experience. Front Cell. Infect. Microbiol. **11:**521014.
3. **Boyanova, L., R. Kolarov, L. Mateva, R. Markovska, and I. Mitov.** 2015. Actinomycosis:a frequently forgotten disease. Future. Microbiol. **10:**613-628.
4. **Butler-Wu, S. M. and R. C. She**. 2023. Anaerobic non-spore-forming Gram-positive rods. In K.C. Carroll, M.A. Pfaller, J.A. Karlowsky, M.L. Landry, A.J. McAdam, R. Patel and B.S. Pritt (Ed.). Manual of Clinical Microbiology, 13th ed. American Society for Microbiology, Washington, DC.
5. **Cannon, J. P., T. A. Lee, J. T. Bolanos, and L. H. Danziger.** 2005. Pathogenic relevance of *Lactobacillus*:a retrospective review of over 200 cases. Eur. J. Clin. Microbiol. Infect. Dis. **24:**31-40.
6. **Carter, G. P., A. Chakravorty, T. A. Pham Nguyen, S. Mileto, F. Schreiber, L. Li, P. Howarth, S. Clare, B. Cunningham, S. P. Sambol, A. Cheknis, I. Figueroa, S. Johnson, D. Gerding, J. I. Rood, G. Dougan, T. D. Lawley, and D. Lyras.** 2015. Defining the Roles of TcdA and TcdB in Localized Gastrointestinal Disease, Systemic Organ Damage, and the Host Response during Clostridium difficile Infections. mBio. **6:**e00551.
7. **Cherington, M.** 2004. Botulism:update and review. Semin. Neurol. **24:**155-163.
8. **Donelli, G., C. Vuotto, R. Cardines, and P. Mastrantonio.** 2012. Biofilm-growing intestinal anaerobic bacteria. FEMS. Immunol. Med. Microbiol. **65:**318-325.
9. **Forbes, J. D., J. V. Kus, and S. N. Patel.** 2021. Antimicrobial susceptibility profiles of invasive isolates of anaerobic bacteria from a large Canadian reference laboratory:2012-2019. Anaerobe. **70:**102386.
10. **Gerding, D. N., S. Johnson, M. Rupnik, and K. Aktories.** 2014. *Clostridium difficile* binary toxin CDT: mechanism, epidemiology, and potential clinical importance. Gut. Microbes. **5:**15-27.
11. **H., J.-S.** 2002. Anaerobic Bacteriology Manual. Star Publishing, Belmont, CA.
12. **König, E., H. P. Ziegler, J. Tribus, A. J.**

Grisold, G. Feierl, and E. Leitner. 2021. Surveillance of Antimicrobial Susceptibility of Anaerobe Clinical Isolates in Southeast Austria:*Bacteroides fragilis* Group Is on the Fast Track to Resistance. Antibiotics（Basel）. 10.

13. **Könönen, E., and W. G. Wade.** 2015. *Actinomyces* and related organisms in human infections. Clin. Microbiol. Rev. **28:**419-442.
14. **Lalli, G., S. Bohnert, K. Deinhardt, C. Verastegui, and G. Schiavo.** 2003. The journey of tetanus and botulinum neurotoxins in neurons. Trends. Microbiol. **11:**431-437.
15. **Lee, J. J., C. Y. Lien, C. C. Chien, C. R. Huang, N. W. Tsai, C. C. Chang, C. H. Lu, and W. N. Chang.** 2018. Anaerobic bacterial meningitis in adults. J. Clin. Neurosci. **50:**45-50.
16. **Lee, N. Y., Y. T. Huang, P. R. Hsueh, and W. C. Ko.** 2010. *Clostridium difficile* bacteremia, Taiwan. Emerg. Infect. Dis. **16:**1204-1210.
17. **Lehman, C. M. D.** 2018. Textbook of Diagnostic Microbiology 6th edition. Saunders
18. **Lessa, F. C., Y. Mu, W. M. Bamberg, Z. G. Beldavs, G. K. Dumyati, J. R. Dunn, M. M. Farley, S. M. Holzbauer, J. I. Meek, E. C. Phipps, L. E. Wilson, L. G. Winston, J. A. Cohen, B. M. Limbago, S. K. Fridkin, D. N. Gerding, and L. C. McDonald.** 2015. Burden of *Clostridium difficile* infection in the United States. N. Engl. J. Med. **372:**825-834.
19. **Li, Q., Y. Han, A. B. C. Dy, and R. J. Hagerman.** 2017. The Gut Microbiota and Autism Spectrum Disorders. Front. Cell. Neurosci. **11:**120.
20. **Murdoch, D. A.** 1998. Gram-positive anaerobic cocci. Clin. Microbiol. Rev. **11:**81-120.
21. **Murphy, E. C., and I. M. Frick.** 2013. Gram-positive anaerobic cocci--commensals and opportunistic pathogens. FEMS. Microbiol. Rev. **37:**520-553.
22. **Nagy, E.** 2010. Anaerobic infections:update on treatment considerations. Drugs. **70:**841-858.
23. **Shilnikova, II, and N. V. Dmitrieva.** 2015. Evaluation of Antibiotic Susceptibility of Gram-Positive Anaerobic Cocci Isolated from Cancer Patients of the N. N. Blokhin Russian Cancer Research Center. J. Pathog. 2015:648134.
24. **Shin, J. H., E. Chaves-Olarte, and C. A. Warren.** 2016. *Clostridium difficile* Infection. Microbiol. Spectr. 4.
25. **Song, Y., C. Liu, and S. M. Finegold.** 2007. Development of a flow chart for identification of gram-positive anaerobic cocci in the clinical laboratory. J. Clin. Microbiol. **45:**512-516.
26. **Stevens, D. L., A. L. Bisno, H. F. Chambers, E. D. Everett, P. Dellinger, E. J. Goldstein, S. L. Gorbach, J. V. Hirschmann, E. L. Kaplan, J. G. Montoya, and J. C. Wade.** 2005. Practice guidelines for the diagnosis and management of skin and soft-tissue infections. Clin. Infect. Dis. **41:**1373-1406.
27. **Teng, L. J., P. R. Hsueh, J. C. Tsai, S. J. Liaw, S. W. Ho, and K. T. Luh.** 2002. High incidence of cefoxitin and clindamycin resistance among anaerobes in Taiwan. Antimicrob. Agents. Chemother. **46:**2908-2913.
28. **Theron, M. M., M. N. Janse Van Rensburg, and L. J. Chalkley.** 2004. Nitroimidazole resistance genes (*nimB*) in anaerobic Gram-positive cocci (previously *Peptostreptococcus spp.*). J. Antimicrob. Chemother. **54:**240-242.

29. **Veloo, A. C., G. W. Welling, and J. E. Degener.** 2011. Antimicrobial susceptibility of clinically relevant Gram- positive anaerobic cocci collected over a three-year period in the Netherlands. Antimicrob. Agents. Chemother. **55:**1199-1203.

第 17 章

厭氧性革蘭氏陰性細菌

廖淑貞

內容大綱

學習目標

- 了解厭氧革蘭氏陰性桿菌及球菌的一般特性。
- 了解厭氧革蘭氏陰性桿菌及球菌之分離鑑定。
- 了解厭氧革蘭氏陰性桿菌及球菌之臨床意義、抗藥、治療及預防現況。

17-1 一般性質

厭氧革蘭氏陰性桿菌（Anaerobic Gram-negative bacilli）

厭氧革蘭氏陰性桿菌屬於絕對厭氧（obligately anaerobic），不形成孢子，可以利用碳水化合物、蛋白腖（Peptone）來合成脂肪酸。厭氧革蘭氏陰性菌在空氣中不生長，通常對 Metronidazole 具感受性。近來有許多分類上之改變，產生新的屬名或種名[22]，例如和 appendicitis 相關、會產色素、抗 bile 之 *Alistipes finegoldii*[22, 23]，而 *Bacteroides distasonis* 改為 *Parabacteroides distasonis*; *Bacteroides splanchnicus* 改為 *Odoribacter splanchnicus*。菌落型態、染色特性、特殊氣味、螢光及色素的有無是初步鑑定的重要依據。*F-usobacterium nucleatum* 菌體成絲狀紡錘形（圖 17-1）。*F. mortiferum* 染色不規則且具有 round bodies（菌體中間膨大處）（圖 17-2）。Pigmented *Prevotella* 及 *Porphyromonas* 會產生棕黑色素（圖 17-3）。*F. nucleatum* 可見麵包屑狀（圖 17-4）或圓形平滑菌落。而 *Porphyromonas asaccharolytica* 具紅色螢光。Pigmented *prevotella* 也具紅色螢光。*Porphyromonas gingivaalis* 則不會產生螢光。而有些 *Fusobacterium* 見黃綠色螢光。

17-2 臨床意義

厭氧革蘭氏陰性桿菌屬於人類或動物口腔、腸道、上呼吸道以及尿生殖道之常在菌，故大多是內源性感染（endogenous infection），是臨床上最常被分離的厭氧菌（占所有厭氧菌分離率 50% 以上）[3]，其中以 *Bacteroides fragilis* group 最常見，大於 40 species 包含 *Bacteroides fragilis*、*B. thetaiotamicron* 及 *B. ovatus*。這類細菌常因 mucosal surface 遭破壞而造成感染。危險因子，包括外科手術、外傷、惡性腫瘤等。人類感染主要由 *Bacteroides*、*Prevotella*、*Porphyromonas*、*Fusobacterium* 及 *Bilophila* 所引起[2, 9, 10, 15-17]。*Bacteroides fragilis* 及 *Bacteroides thetaiotamicron* 毒性比其他厭氧菌強而且抗藥性高。*Fusobacterium* 中最常被分離的是 *F. nucleatum*，常引起頭部（腦膿腫）、頸部及呼吸道感染（pleuropulmonary infections），為人工發聲器（voice prostheses）biofilm 之主要組成菌。而 *F. necrophorum* 會造成嚴重的 Lemierre's syndrome，由起始之持續性喉嚨痛、tonsillitis 後變為嚴重的敗血症（postanginal sepsis），然後轉移變成肺膿腫或肝膿腫及化膿性關節炎[25]（metastatic abscesses）。*Bilophila wadsworthia* 是造成 gangrenous 或 perforated appendicitis 常見的厭氧菌。而 *Porphyromonas gingivalis* 乃引起成人牙周炎（periodontitis）的病原菌。

17-3 培養特性及鑑定法

一、分離培養（Isolation）

當有膿腫產生、組織有壞死現象、排出液有臭味時即顯示有厭氧菌感染。檢體為血液、biopsy、aspirates（腦脊髓液、joint fluid、pus）、牙齦下菌斑、氣管肺泡沖洗液（protected BAL）等。任何在正常狀況下無菌之檢體（如血液、腦脊髓液等），應進行厭氧菌檢查，若常受正常菌群汙染之檢體則不做厭氧菌檢查，例如：喉部拭子、鼻咽檢體、咳痰、腸道內容物等。

以下五種培養基可供使用，通常搭配選擇性培養基及非選擇性培養基以提高培養率[4, 11, 21, 27, 30]。

1.非選擇性培養基

有各種不同 agar base 的血液平板培養基可供分離厭氧革蘭氏陰性菌，如 CDC-BP 及 brucella agar plate 等。

2.KVLB（Kanamycin-Vancomycin laked blood agar）/BBE（Bacteroides Bile Esculin agar）

KVLB 含 7.5 μg/ml vancomycin，用以抑制大多數革蘭氏陽性，及對 vancomycin 具感受性的 *Porphyromonas*，而 kanamycin 用以抑制大多數兼性革蘭氏陰性桿菌。laked blood（血液經反覆冷凍、解凍過程而產生）則易於觀察會產生色素的 *Prevotella* 及 *Porphyromonas* 等菌。BBE 可提供對膽汁具抗性的 *B. fragilis* group、*Bilo-phila*、*F. varium* 及 *F. mortiferum* 等細菌的生長，並能觀察細菌是否能水解 esculin。所以 KVLB/BBE 二分盤主要用於培養 *Prevotella* 及 *Bacteroides* 菌株。含 vancomycin 及 laked blood 之選擇性培養基可刺激 *Veillonella* 紅色螢光之生成。

3.PEA（Phenylethylalcohol agar）

能抑制兼性革蘭氏陰性菌生長，並抑制具 swarming 能力的 clostridia。

4.Presumpto 1 四分盤[35]

包括：LD（Lombard-Dowell）agar base（可觀察 Indole 產生）、LD-esculin（可觀察 esculin 水解、H_2S 產生及 catalase 活性）、LD-bile（可觀察對 bile 之感受性）、LD-egg yolk（可觀察卵磷脂酶、脂肪酶及蛋白酶反應）。

5.*Fusobacterium*-Neomycin-Vancomycin agar 可用以分離 *Fusobacterium*

接種完馬上放入厭氧箱中 35 ～ 37℃培養 48 小時至一個星期。

二、鑑定（Identification）

1.鑑定流程圖

圖 17-5A、B 為常見革蘭氏陰性厭氧菌之鑑定流程。

2.初步鑑定（Presumptive identification）

初步鑑定可根據染色特性、菌落型態、色素的產生、有無螢光、spot indole、nitrate reduction、lipase 活性、vancomycin（5 μg）、kanamycin（1 mg）、colistin（10 μg）抗生素紙錠[32]、catalase 活性、在 BBE 上的生長情形、醣類醱酵試驗等[22]。革蘭氏染色鏡檢對厭氧菌感染的初步診斷非常重要。*Bacteroides* 為不定型革蘭氏陰性桿菌（圖 17-6），而 *F. nucleatum* 為細絲狀革蘭氏陰性桿菌。大多數革蘭氏陰性厭氧桿菌依 kanamycin、vancomycin、colistin 紙錠可分成：*B. fragilis* group、*Alistipes*、*Parabacteroides* 以及 *Odoribacter*（kanamycin-R、vancomycin-R、colistin-R）、*Porphyromonas*（R-S-R）、*Prevotella*（V-R-V），以及包含 *Fusobacterium*、*Bilophila wadsworthia*、*Tannerella forsythia* 等（S-R-S）共四大類（表 17-1）。其中 *F. nucleatum* 及 *F. necrophorum* spot indole（+）、nitrate reduction（−）。*Bilophila* catalase（+）可生長於 BBE、HS（+）。*F. nucleatum* UV 光照射下可見黃綠色螢光，暴露在空氣中會使瓊脂變綠色，其顯微鏡下的型態似indole()的*Capnocytophaga*。Pigmented *Porphyromonas* 及*Prevotella* 會產生棕黑色素，而且大多會產生磚紅色螢光。

3.確定鑑定（Definitive identification）

當檢體來自 sterile body sites（blood、CSF 等），或病人治療無效時，可進行以下步驟確認之：

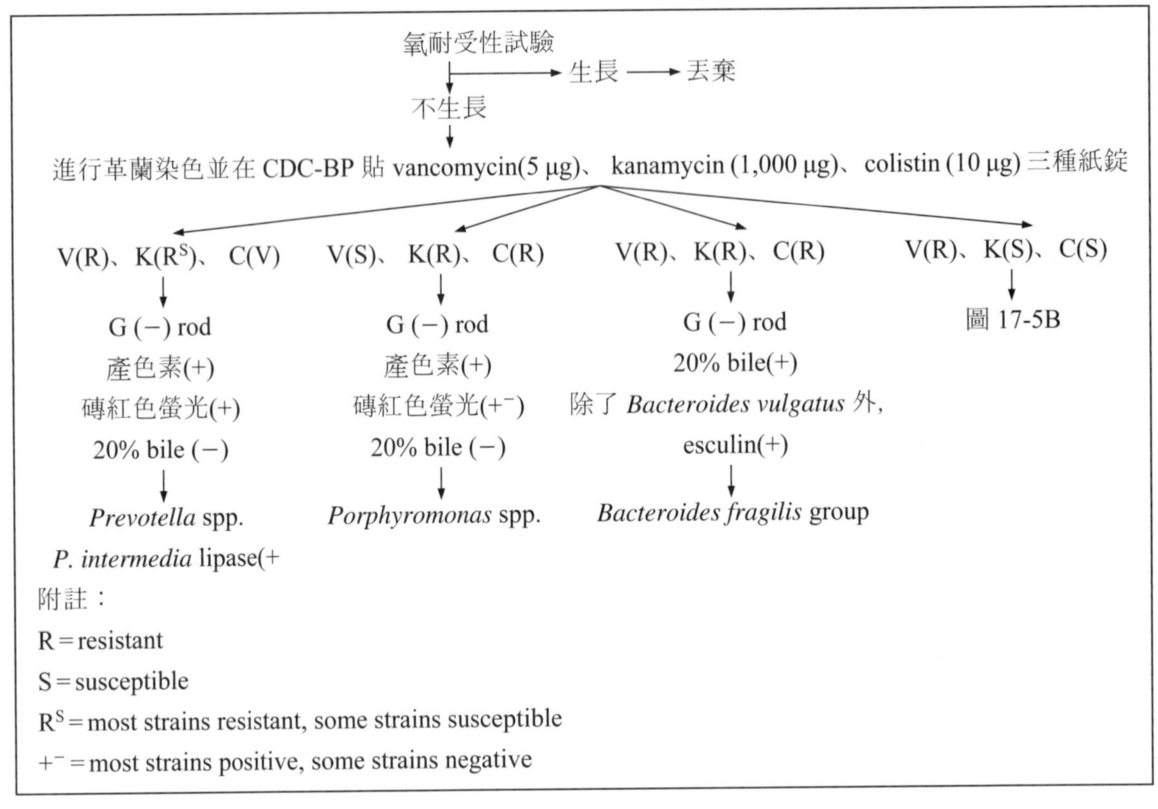

圖 17-5A 常見革蘭陰性厭氧菌之鑑定流程

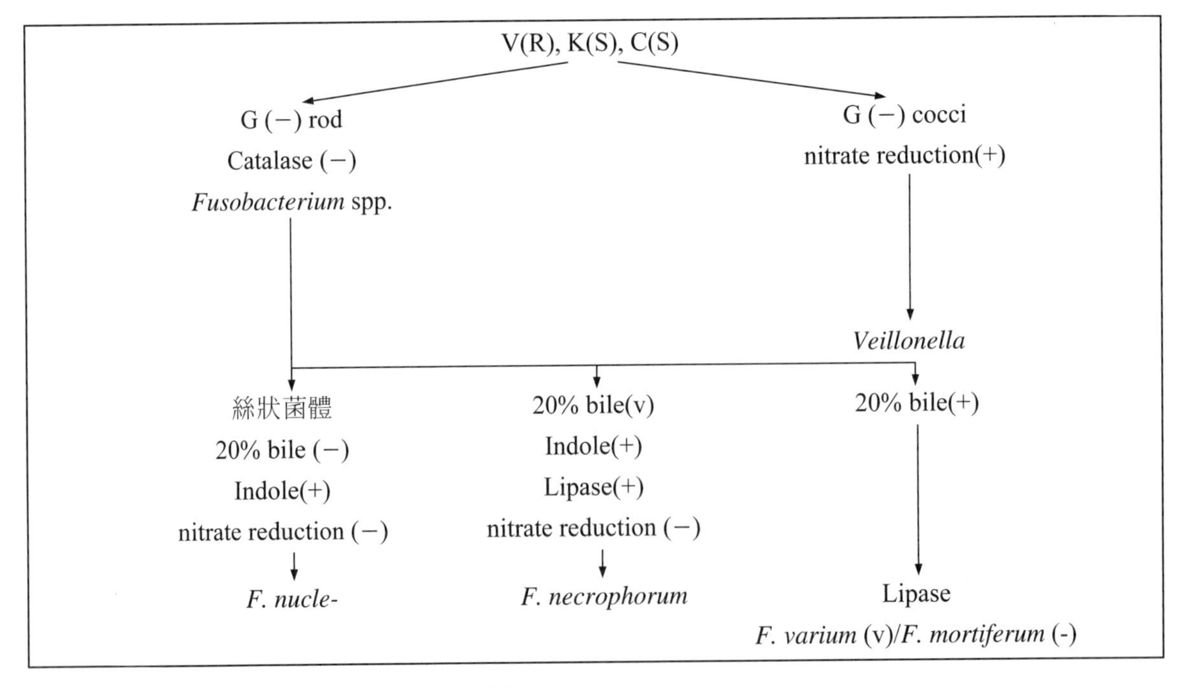

圖 17-5B continue

表 17-1 臨床常見厭氧革蘭氏陰性桿菌之特徵

	Bacteroides	*Alistipes*	*Parabacteroides*	*Odoribacter*	*Porphyromonas*	*Prevotella*	*Tannerella*	*Fusobacterium*	*Bilophila*
Cell morphology	Short rod	Short rod	Short rod	pleomorphic	V	Short rod	pleomorphic	V	straight
Pigment	−	v	−	−	v	v	−	−	−
Growth in 20% bile	+	v	+	v	−	−	−	v	+
Vancomycin (5 mg)	R	R	R	R	S	R	R	R	R
Kanamycin (1 μg)	R	R	R	R	R	v	S	S	S
Colistin (10 μg)	R	R	R	R	R	v	S	S	S
Catalase production	v	v	v	v	v	−	v	−	+
Indole production	v	v	−	+	v	v	−	v	−
Nitrate reduction	−	−	−	−	−	−	−	−	+
Glucose fermentation	+	+	+	v	v	+	−	v	−
Type species	*B. fragilis*	*A. putredinis*	*P. distasonis*	*O. splanchnicus*	*P. asaccharolytica*	*P. melaninogenica*	*T. forsythia*	*F. nucleatum*	*B. wadsworthia*

+: positive; −: negative; v: variable reaction.

(1) 添加額外的生化試驗，現在市面上有許多 microsystems 可供選擇：如 API 20A（24 ~ 48 小時培養），Rapid ID 32A、Vitek 2 ANC Card 及 API ZYM（測 preformed enzymes，2 ~ 4 小時培養）[8, 31, 33]。

(2) 利用氣相色層分析了解代謝物及菌體脂肪酸組成 [19, 24]。

(3) 16S rRNA 序列分析，可直接從檢體進行 PCR 反應來分析 [34, 36, 37]。

(4) MALDI-TOF MS 質譜鑑定 [7, 39]。

三、個論

1. *B. fragilis* group

在 Brucella Blood Agar 上菌落直徑約 2 ~ 3 公釐，呈灰白圓形，染色呈短桿狀或多形性（pleomorphic），可生長在 BBE 上，其中 *B.uniformis* 在 BBE 上生長不良。除了 *B.*

vulgatus 外，*B. fragilis* group 在 BBE 之生長（圖 17-7）呈黑色，表示可以水解 esculin。在 BBE 上可以生長的菌還有 *Bilophila*、*F. varium* 及 *F. mortiferum*。而只有 *F. mortiferum* 可以水解 esculin。*B. fragilis* Group 的鑑定必須至 species level，因其致病力及抗藥皆不同[12, 22]。其他鑑定特徵請見表 17-2。

2. 所有 *Parabacteroides* species（*P. distasonis*、*P. merdae*）皆不產生 indole 及 α-fucosidase 可用以和 *B. fragilis group* 區分（表 17-1、17-2）。

3. Pigmented *Prevotella* 及 *Porphyromonas*[6, 14, 26]

和疾病相關的有 *Porphyromonas gingivalis*[30]、*Porphyromonas endodontalis*、*Porphyromonas asaccharolytica* 和 *Prevotella intermedia* 及 *Prevotella melaninogenica*，可以產生淡棕到深黑色菌落，產生色素的時間有快、慢不同（有些要五天以上才看得見），在 laked blood agar 最容易觀察。大多數在 365 nm 下會發紅色螢光（圖 17-8），當色素產生後螢光可能會偵測不到。*Porphyromonas gingivalis*[30] 及 *Porphyromonas endodontalis* 爲口腔致病菌，*P. catoniae* 通常和致病無關，*Porphyromonas* 中只有 *P. catoniae* 不產色素。革蘭氏染色呈淡染的球桿菌或多形性（pleomorphic）桿菌。*Porphyromonas* 大多數不會利用醣類，且對 Vancomycin 具感受性，這兩個特性可將之與其他產色素的厭氧菌區分。不同於大多數 *Porphyromonas*，*P. catoniae* 爲 indole(−)，且爲 saccharolytic。其他鑑定特徵請見表 17-3。

4. Nonpigmented Saccharolytic *Prevotella*（表 17-4）

可利用對五碳醣的醱酵反應區分爲 pentosefermenter 及 non-fermenter。常用 xylose 及 arabinose 進行測試。五碳醣 non-fermenter 中 *P. bivia* 及 *P. disiens* 對 gelatin 有很強的水解能力。有些 pigmented *Prevotella* 和 nonpigmented *Prevotella* 生化反應非常類似，在色素未產生之前可利用菌體脂肪酸分析來鑑別之。這類菌染色成球桿菌或多形性，對膽汁具感受性，對 Kanamycin 具抗性，一般而言菌落似 *B. fragilis* group 但生長較慢。

表 17-2 *B. fragilis* Group 之特徵

Species	Growth in 20% Bile	Indole	Catalase	Esculin Hydrolysis	Trehalose	α-Fucosidase
B. caccae	+	−	−	+	+	+
P. distasonis	+	−	+	+	+	−
B. fragilis	+	−	+	+	−	+
B. ovatus	+	+	+	+	+	+
B. thetaiotamicron	+	+	+	+	+	+
B. uniformis	W	+	−	+	−	+
B. vulgatus	+	−	−	−	−	+

W: weak reaction.

註：*P. distasonis* 爲 *Parabacteroides distasonis*。

表 17-3　產色性 ***Prevotella*** **spp.** 及 ***Porphyromonas*** **spp.** 之特徵

Species	pigment	Indole	Lipase	Catalase	Glucose	Lactose	Esculin Hydrolysis	α-Fucosidase
Prevotella: Saccharolytic								
P. corporis	+	−	−	−	+	−	−	−
P. denticola	t	−	−	−	+	+	+	+
P. intermedia	+	+	+	−	+	−	−	+
P. loescheii	+	−	V	−	+	+	+	+
P. melaninogenica	+	−	−	−	+	+	V	+
Porphyromonas: Asaccharolytic or Weakly Saccharolytic								
P. asaccharolytica	+	+	−	−	−	−	−	+
P. catoniae	−	−	−	−	W	W	−	+
P. endodontalis	+	+	−	−	−	−	−	−
P. gingivalis	+	+	−	−	−	−	−	−

表 17-4　非產色性 ***Prevotella*** **spp.** 之特徵

Species	Growth in 20% Bile	Indole	Esculin Hydrolysis	Arabinose	Glucose	Xylose
Pentose Fermenters						
P. buccae	−	−	+	+	+	+
P. heparinolytica	−	+	+	+	+	+
P. oris	−	−	+	$+^{-}$	+	+
P. zoogleoformans	−	−	+	V	+	V
Not Pentose Fermenters						
P. buccalis	−	−	+	−	+	−
P. oralis	−	−	+	−	+	−
P. oulorum	−	−	+	−	+	−
P. veroralis	−	−	+	−	+	−
Saccharolytic and Proteolytic						
P. bivia	−	−	−	−	+	−

5. Nonpigmented Asaccharolytic 革蘭氏陰性桿菌[2, 22]

包括生長不受 formate/fumarate 刺激的 *Bilophila wadsworthia* 以及 *T. forsythia*。*B. wadsworthia* 乃大腸常在菌，可見於盲腸破裂後之腹內感染（intra abdominal infections）。但由於長得慢，常被忽略。*Bilophila wadsworthia* 具有很強的 catalase 活性，可生長於 BBE，indole、esculin 水解呈陰性反應，nitrate reduction 呈陽性反應。*T. forsythia* 乃挑剔口腔致病菌，對 bile 敏感，catalase、indole、nitrate reduction 呈陰性反應，可以水解 esculin。這些菌淡染，生長緩慢。

6. Fusobacteria（表 17-5）

乃呼吸道及腸道正常菌，在 peptone-yeast-glucose 培養基中都會產生 butyric Acid，不產生 isoacids，無運動性，菌體成桿型或紡錘細絲。*F. necrophorum* 會產生溶血素（hemolysin）、磷脂酶（phospholipase）及白血素（leucocidin）等，可能與致病有關。*Fusobacterium* 菌體淡染，*F. nucleatum* 成紡錘細絲，*F. mortiferum* 菌體呈多形性並具有圓形膨大處。*F. necrophorum* 菌體也呈多形性但通常不具圓形膨大處。*F. nucleatum* 菌落成麵包屑或凸起平滑狀。*F. varium* 呈現荷包蛋似菌落。*F. necrophorum* 及 *F. nuclea-tum* 在湯汁（broth）培養液中易見球狀生長。除 *F. mortiferum* 外 *Fusobacterium* 大多 indole 試驗呈陽性，*F. varium*、*F. mortiferum*，以及少數 *F. necrophorum* 對膽汁具抗性。除 *F. mortiferum* 外 *Fusobacterium* 大多 esculin 水解反應呈陰性，esculin 水解反應可用以區分 *F. varium* 及 *F. mortiferum*。*F. necrophorum* indole 試驗、lipase 試驗皆呈陽性（表 17-5）。

7. 厭氧革蘭氏陰性球菌（Anaerobic Gram-Negative Cocci）

這類菌對 vancomycin 具抗性，對 kanamycin 及 colistin 具感受性。菌體小而圓（直徑約 0.3 ～ 0.5 μm）、呈群聚狀或雙球狀（圖 17-9）菌落小、凸起、灰白、半透明、具紅色螢光，可還原硝酸鹽、不會利用葡萄糖，則可能是 *Veillonella*。*Megasphaera*（菌體較大，直徑大於 1.5 μm）及 *Acidaminococcus* 不具螢光，不能還原硝酸鹽。*Veillonella parvula* 常在於人類口腔、糞便中，會造成頭、頸，以及傷口感染。硝酸鹽還原呈陰性的革蘭氏陰性球菌必須以氣相色層分析法（GLC）或酵素反應鑑別之。

表 17-5 *Fusobacterium* spp. 之特徵

Species	Cellular Morphology	Indole	Growth in 20% Bile	Lipase	Esculin Hydrolysis	Threonine Converted to Propionate
F. mortiferum	Pleomorphic with round bodies	−	+	−	+	+
F. naviforme	Boat Shape	+	−	−	−	−
F. necrophorum	Pleomorphic, round ends	+	−	+	−	+
F. nucleatum	Slender, long, Pointed Ends	+	−	−	−	+
F. varium	Large with round ends	V	+	V	−	+

17-4 藥物感受性（Antibiotic susceptibilities）及藥敏試驗

厭氧革蘭氏陰性桿菌，抗藥性有逐漸上升之趨勢[1,20,22,38]。特別是 *B. fragilis* group，經常對廣效性頭芽孢菌素（broad-spectrum cephalosporin）、β-lactam/β-lactamase inhibitor 及 clindamycin 具抗性。*B. fragilis* group 及 *Parabacteroides* spp. 皆屬於全世界具高抗藥性的厭氧菌。而非 *B. fragilis* 之 *B. fragilis* group 成員抗藥問題也日益嚴重。*B. fragilis*、*B. thetaiotamicron*、*B. uniformis*、*Fusobacterium* 及 *Prevotella* 甚至出現抗 carbapenems 菌株[20]。幾乎所有被分離的 *B. fragilis* group（是最早被發現具 β-lactamase 的厭氧菌）菌株及 *Bilophila wadsworthia*，皆會產生 β-lactamase[18]。而 *Prevotella* 中具 β-lactamase 者約佔 50%。而會產生 β-lactamase 的 *F. nucleatum* 逐漸增多。此外少數的 *F. mortiferum*、*F. varium* 及 *Porphyromonas*（特別是從動物分離來的菌株）也具有 β-lactamase。細菌對 β-lactam 類藥具有抗性者，除了產生 β-lactamase 分解之以外，其他的抗藥機轉包括 penicillin-binding protein 改變或是外膜上 porin 蛋白質的改變，這些現象已經在 *B. fragilis* 及 *B. wadsworthia* 等菌中觀察到。*B. fragilis* 攜帶 *cfiA* 基因則和 imipenem 及 meropenem 抗性有關。Quinolone 的抗性也在增加當中，較新的 moxifloxacin 原本有效但是 *B. fragilis* group 對此藥也呈現高抗性[13,20]。此外 MDR *B. fragilis* group 菌株也陸續被報導[13,28]。一般而言 carbapenems、β-lactam/β-lactamase 抑制劑、metronidazole 相對於大多數 cephalosporins、clindamycin 及 fluoroquinolones 對革蘭氏陰性厭氧桿菌較有效。革蘭氏陰性球菌中 *Veillonella* 毒性小，抗藥情形不多，問題不大。傳統上由於厭氧菌之分離鑑定及抗藥試驗費時，臨床上常以經驗療法（empiric therapy），但現在的菌抗藥性通常不可預測，故 Clinical and Laboratory Standards Institute（CLSI）建議以下狀況應進行藥物感受性試驗：

1. 對於高毒力及高抗藥厭氧菌如 *Bacteroides* spp.、*Prevotella* spp.、*Fusobacterium* spp. 及 *B. wadsworthia* 等引起的感染。
2. 治療失效及持續性感染。
3. 嚴重感染（腦膿腫，骨髓炎等）。
4. 無經驗療法可供參考時。
5. 需進行長期藥物治療時。
6. 在不同醫療院所定期監測藥物感受性。
7. 新藥的使用。

目前使用的藥物感受性試驗有：agar dilution、broth microdilution 及 E 試驗[5]等，其中 agar dilution 法爲 CLSI 建議的參考方法。

17-5 治療／預防

一、治療

治療嚴重厭氧感染症應使用抗生素配合排膿、手術切除之進行。雖然大多數 *Prevotella*、*Porphyromonas*，有些 *Fusobacterium* 以及所有 *B. fragilis* group 對 Penicillin 和很多 cephalosporins 類藥物具抗藥性，piperacillin-tazobactam、carbape-nems（ertapenem、imipenem、meropenem）及 metronidazole 可用以治療大多數厭氧革蘭陰性桿菌。然而值得注意的是臺灣地區分離的 *B. fragilis*、*Prevotella* 及 *Fusobacterium* 對 carbapenem 類藥的抗性已有增加的趨勢[20]。此外對大多數厭氧革蘭陰性桿菌，tigecycline 也有不錯的效果。

二、預防

由於厭氧革蘭氏陰性桿菌屬於人類或動物口腔、腸道、上呼吸道及尿生殖道之常在菌，故大多是內源性感染。這類細菌常因 mucosal surface 遭破壞而造成感染。當存在有破壞 mucosal surface 的危險因子，例如：外科手術、外傷、惡性腫瘤等，可給予預防性治療。由於厭氧菌感染日益重要，厭氧菌培養鑑定技術之改進及新方法之建立將有利於厭氧菌之診斷。

17-6 病例研究

50 歲男性急性腹痛掛急診，發燒至 39.5℃，白血球數達 35,000/mm^3，診斷可能為盲腸炎。經腹部手術發現盲腸部位具化膿性病灶，有惡臭。採檢培養發現厭氧及好氧菌皆存在。請問可能致病的厭氧菌為何？該如何檢驗？該如何治療？

學習評估

1. 常見的厭氧革蘭氏陰性桿菌有哪些？如何分類？其臨床意義為何？
2. 常見的厭氧革蘭氏陰性球菌有哪些？其臨床意義為何？
3. 如何鑑定臨床常見之厭氧革蘭氏陰性桿菌及球菌？

參考資料

1. **Aldridge, KE, D. Ashcraft, K. Cambre, C.L. Pierson, S.G. Jenkins, J.E. Rosenblatt.** 2001. Multicenter survey of the changing in vitro antimicrobial susceptibilities of clinical isolates of Bacteroides fragilis group, Prevotella, Fusobacterium, Porphyromonas, and Peptostreptococcus species. Antimicrob Agents Chemother. **45:**1238-1243.
2. **Baron, E. J., M. Curren, G. Henderson, H. Jousimies-Somer, K. Lee, K. Lechowitz, C. A. Strong, P. Summanen, K. Tuner, and S. M. Finegold.** 1992. *Bilophila wadsworthia* isolates from clinical specimens. J. Clin. Microbiol. **30:**1882-1884
3. **Brook, I.** 1988. Recovery of anaerobic bacteria from clinical specimens in 12 years at two military hospitals. J. Clin. Microbiol. **26:**1181-1188
4. **Byrd, L.** 1992. Examination of primary culture plates for anaerobic bacteria, p. 2.4.1-2.4.6. *In* H. D. Isenberg (ed.), Clinical Microbiology Procedures Handbook. ASM Press , Washington, D.C.
5. **Citron, D. M., M.I. Ostovari, A. Karlsson, and E. C. Goldstein.** 1991. Evaluation of the E test for susceptibility testing of anaerobic bacteria. J. Clin. Microbiol. **29:**2197-2203
6. **Collins, M.D., D. N. Love, J. Karjalainen, A. Kanervo, B. Forsblom, A. Willems, S. Stubbs, E. Sarkiala, G. D. Bailey, D. I. Wigney, and H. Jousimies-Somer.** 1994. Phylogenetic analysis of members of the genus *Porphyromonas* and description of *Porphyromonas cangingivalis* sp. nov., and *Porphyromonas cansulci* sp. nov. Int. J. Syst. Bacteriol. **44:**674-679
7. **Coltella, L., L. Mancinelli, M. Onori, B. Lucignano, D. Menichella, R. Sorge, M. Raponi, R. Mancini, C. Russo.** 2013. Advancement in the routine identification of anaerobic bacteria by MALDI-TOF mass spectrometry. Eur J Clin Microbiol Infect Dis. **32:**1183-1192.

8. **Durmaz, B., H. R. Jousimies-Somer, and S. M. Finegold.** 1995. Enzymatic profiles of *Prevotella*, *Porphyromonas*, and *Bacteroides* species obtained with the API ZYM system and Rosco diagnostic tablets. Clin. Infect. Dis. **20**(Suppl 2): S192-S194.
9. **Finegold, S. M.** 1995. Overview of clinically important anaerobes. Clin. Infect. Dis. **20:**S205-S207
10. **Finegold, S. M., and H. Jousimies-Somer.** 1997. Recently described anaerobic bacteria: medical aspects. Clin. Infect. Dis. **25** (Suppl. 2): S88-S93.
11. **Finegold, S. M., H. R. Jousimies-Somer, and H. M. Wexler.** 1993. Current perspectives on anaerobic infection: diagnostic approaches. Infect. Dis. Clin. North Am. **7:**257-275
12. **Goldstein, E. J. C., and D. M. Citron.** 1988. Annual incidence, epidemiology, and comparative in vitro susceptibilities to cefoxitin, cefotetan, cefmetazole, and ceftizoxime of recent community-acquired isolates of *Bacteroides fragilis* group. J. Clin. Microbiol. **26:**2361
13. **Hartmeyer, G. N., J. So' ki, E. Nagy and U. S. Justesen.** 2012. Multidrug-resistant Bacteroides fragilis group on the rise in Europe? Journal of Medical Microbiology 61: 1784-1788.
14. **Jousimies-Somer, H. R.** 1995. Update on the taxonomy and the clinical and laboratory characteristics of pigmented anaerobic gram-negative rods. Clin. Infect. Dis. **20**(Suppl. 2): S187-S191.
15. **Jousimies-Somer, H.** 1997. Recently described clinically important anaerobic bacteria: taxonomic aspects and update. Clin. Infect. Dis. **25**(Suppl. 2): S78-S87
16. **Kasten, M. J., J. E. Rosenblatt, and D. R. Gustafson.** 1992. *Bilophila wadsworthia* bacteremia in two patients with hepatic abscess. J. Clin. Microbiol. **30:**2502-2503.
17. **Kato, N. H., H. Kato, K. Watanabe, and K. Ueno.** 1996. Association of enterotoxigenic *Bacteroides fragilis* with bacteremia. Clin. Infect. Dis. **23:**S83-S86
18. **Könönen, E., S. Nyfors, J. Mättö, S. Asikainen, and H. R. Jousimies-Somer.** 1997. β-lactamase production among oral pigmented *Prevotella* species in young children. Clin. Infect. Dis. **25** (Suppl. 2): S272-S274
19. **Könönen, E., M. -L. Väisänen, S. M. Finegold, R. Heine, and H. Jousimies-Somer.** 1996. Cellular fatty acid analysis of *Porphyromonas catoniae*-a frequent colonizer of the oral cavity in children. Anaerobe **2:**329-335.
20. **Liu, C.Y., Y.T. Huang, C.H. Liao, L.C. Yen, H.Y. Lin, P.R. Hsueh.** 2008. Increasing trends in antimicrobial resistance among clinically important anaerobes and Bacteroides fragilis isolates causing nosocomial infections: emerging resistance to carbapenems. Antimicrob Agents Chemother. 52:3161-8.
21. **Mangels, J. I., and B. P. Douglas.** 1989. Comparison of four commercial brucella agar media for growth of anaerobic organisms. J. Clin. Microbiol. **27:**2268-2271
22. Manual of Clinical Microbiology 11th ed. 2015 ASM. Chapter 54 : *Bacteroides, Porphyromonas, Prevotella, Fusobacterium,* and Other Anaerobic Gram-Negative Rods.
23. **Mavromatis, K., E. Stackebrandt, C. Munk, A. Lapidus, M. Nolan, S. Lucas et al.** 2013. Complete genome sequence of the bile-resis-

tant pigment-producing anaerobe Alistipes finegoldii type strain (AHN2437 (T)). Stand. Genomic Sci. 2013:26-36

24. **Moore, L. V. H., D. M. Bourne, and W. E. C. Moore.** 1994. Comparative distribution and taxonomic value of cellular fatty acids in thirty-three genera of anaerobic gram-negative bacilli. Int. J. Syst. Bacteriol. **44:**338-347

25. **Moreno, S., J. G. Altozano, B. Pinilla, J. C. Lopez, B. de Quiros, A. Ortega, and E. Bouza.** 1989. Lemierre's disease: postanginal bacteremia and pulmonary involvement caused by *Fusobacterium necrophorum*. Rev. Infect. Dis. **11:**319-324

26. **Paster, B. J., F. E. Dewhirst, I. Olsen, and G. I. J. Fraser.** 1994. Phylogeny of *Bacteroides, Prevotella, and Porphyromonas* spp. and related bacteria. J. Bacteriol. **176:**725-732

27. **Peterson, L. R.** 1997. Effect of media on transport and recovery of anaerobic bacteria. Clin. Infect. Dis. **25** (Suppl. 2): S134-S136.

28. **Pumbwe, L., D. W. Wareham, J. Aduse-Opoku4, J. S. Brazier and H. M. Wexler.** 2007. Genetic analysis of mechanisms of multidrug resistance in a clinical isolate of Bacteroides fragilis. Clin Microbiol Infect 13: 183-189.

29. **Rautio, M., H. saxén, M. Lönnroth, M.-L. Väisänen, R. Nikku, and H. R. Jousimies-Somer;** 1997. Characteristics of an unusual anaerobic pigmented gram-negative rod isolated from normal and inflammed appendices. Clin. Infect. Dis. **25** (Suppl. 2): S107-S110

30. **Reichelsderfer, C., and J. I. Mangels.** 1992. Culture media for anaerobes, p. 2.3.1-2.3.8. *In* H. D. Isenberg (ed.), Clinical Microbiology Procedures Handbook. ASM Press, Washington, D.C.

31. **Schreckenberger, P. C., D. M. Celig, and W. M. Janda.** 1988. Clinical evalution of the Vitek ANI card for identification of anaerobic bacteria. J. Clin. Microbiol. **26:**225-230.

32. **Summanen, P.** 1992. Rapid disk and spot test for the identification of anaerobes. P 2.5.1.-2.5.10. *In* H. D. Isenberg (ed.), Clinical Microbiology Procedures Handbook. ASM Press, Washington, D.C.

33. **Summanen, P., and H. Jousimies-Somer.** 1988. Comparative evaluation of RapID ANA and API20A for identification of anaerobic bacteria. Eur. J. Clin. Microbiol. Infect. Dis. 7:771-775.

34. **Tanner, A., M. F. J. Maiden, B. J. Paster, and F. E. Dewhirst.** 1994. The impact of 16S ribosomal RNA-based phylogeny on the taxonomy of oral bacteria. Periodontology 2000 **5:**26-51.

35. **Teng, L. J., S. W. Ho, and Y. C. Chen.** 1984. Evaluation of the presumpto 1 plate for identification of *Bacteroides* and *Fusobacterium* species. Chinese J. Med. Technol. **3:**45-48.

36. **Teng, L. J., P. R. Hsueh, Y. H. Huang, and J. C. Tsai.** 2004. Identification of *Bacteroides thetaiotamicron* on the basis of an unexpected specific amplicon of universal 16S ribosomal DNA PCR. J. Clin. Microbiol. **42:**1727-1730.

37. **Teng, L. J., P. R. Hsueh, J. C. Tsai, F. L. Chiang, C. Y. Chen, S. W. Ho, and K. T. Luh.** 2000. PCR assay for species-specific identification of *Bacteroides thetaiotamicron*. J. Clin. Microbiol. **38:**1672-1675.

38. **Teng, L. J., P. R. Hsueh, J. C. Tsai, S. J. Liaw, S. W. Ho, and K. T. Luh.** 2002. High incidence of cefoxitin and clindamycin resis-

tance among anaerobes in Taiwan. Antimicrob. Agents Chemother. **46:**2908-2913.

39. **Yunoki T, Matsumura Y, Nakano S, Kato K, Hotta G, Noguchi T, Yamamoto M, Nagao M, Takakura S, Ichiyama S.** 2016. Genetic, phenotypic and matrix-assisted laser desorption ionization time-of-flight mass spectrometry-based identification of anaerobic bacteria and determination of their antimicrobial susceptibility at a University Hospital in Japan. J. Infect. Chemother. **22:** 303-307.

第 18 章

密螺旋體、疏螺旋體、鉤端螺旋體

胡文熙

內容大綱

學習目標

- 探討密螺旋體引起的人類疾病及檢驗方法。
- 探討疏螺旋體引起的人類疾病及檢驗方法。
- 探討鉤端螺旋體引起的人類疾病與檢驗方法。

18-1 一般性質

探討螺旋體科（*Spirochaetaceae*）之密螺旋體（*Treponema*）及疏螺旋體（*Borrelia*）和鉤端螺旋體科（*Leptospiraceae*）之鉤端螺旋體（*Leptospira*）引起人類致病的細菌。這些菌大多呈細長螺旋，屬於革蘭氏陰性，並具特有軸性纖毛。

一、密螺旋體（*Treponema*）

二種密螺旋體會引起人類疾病，一種是梅毒螺旋菌（*Treponema pallidum*）包含三個亞種（subspecies），分別爲引起梅毒（syphilis）的梅毒螺旋菌（*Treponema pallidum* subsp. *pallidum*）、熱帶肉芽腫（yaws）的莓疹螺旋菌（*Treponema. pallidum* subsp. *pertenue*）、及非性病性梅毒（bejel）的流行螺旋菌（*T. pallidum* subsp. *endemicum*）；另一種是引起品它（pinta）的 *Treponema carateum*。由於不管是革蘭氏或吉姆沙氏（Giemsa）染色效果皆不彰，因此最好在暗視野顯微鏡下觀察。

二、疏螺旋體（*Borrelia*）

與密螺旋體相比，此屬細菌含 3 到 10 個疏螺旋，可被 Giemsa 染色，且可在試管內培養。近年有報告指出這屬可能再分成兩屬，*Borrelia* 和 *Borreliella*（syn *Borrelia*）。有關人類致病，一種是引起回歸熱（relapsing fever）的 *Borrelia recurrentis*，另一種是引起萊姆病（lyme disease）的 *Borreliella*（syn *Borrelia*）*burgdoferi sensus lato*。

三、鉤端螺旋體（*Leptospira*）

此屬細菌最早的分類爲二大類一是非致病性（*Leptospira biflexa*），另一是致病性腎臟鉤端螺旋體種（*Leptospira interrogans sensu lato*）。到目前人類致病性細菌除 *L. interrogans* 外還包含 *L. kirschneri*，*L. noguchii*，*L. santorosai*，*L. borgpetersenii*，*L. weilii* 等。

18-2 臨床意義

一、密螺旋體（*Treponema*）

主要有梅毒螺旋菌（*T. pallidum subsp. pallidum*）會引起梅毒是經由人與人性接觸傳染；可分爲三期，第一期（primary syphilis）、第二期（secondary syphilis）[13, 26]、及晚期（tertiary or late syphilis）。第一期特徵乃在細菌侵入處形成下疳（chancre），刮下此病灶組織可在暗視野下觀察到螺旋菌。第二期細菌已擴散到身體內任何器官，此期特徵全身皆會有皮疹症狀，然後進入潛伏期，這時只能經血清免疫方法檢測出，若進入晚期則會有神經系統及心血管疾病發生，而在任何器官皆可見到梅毒腫（gummas），自從使用 penicillin 治療，梅毒病例有遞減，然而 2000 年以後梅毒病例卻有增加趨勢，尤其是第一期及第二期[3, 33]。另外，非性病性梅毒是經患者的飲食用具造成傳染，而熱帶肉芽腫和品它都是經由接觸到患者潰爛皮膚傳染。

二、疏螺旋體（*Borrelia*）

此屬之細菌引起人類疾病有兩種：一是藉由壁蝨（tick）或蝨（louse）所引起回歸熱（relapsing fever）[11]；另一是藉由壁蝨所引起萊姆病（lyme disease）。

1.回歸熱

Borrelia recurrentis 藉由蝨（*Peduculus humanus subsp. corporis* 或 *Pedculus humanus subsp. capitis*）叮咬傳染，而人類是此菌唯一的宿主，至於 *B. hermsii*、*B. turicatae*、*B.*

parkeri 和 *B. bergmanni* 是藉由壁蝨所傳染，不管是壁蝨或蝨所引起回歸熱，臨床症狀很相似，只是由蝨引起的發熱頻率較高且時間較長。隨著細菌種類不同，其宿主可能是人類也可能是囓齒類動物。但不管是哪種螺旋菌引起皆會有週期性發熱症狀。一般在感染後 4～18 天後，病人會有發高燒、頭痛等症狀，持續 4～10 天，當宿主產生抗體後，螺旋菌消失在血流中無發燒現象，細菌躲到身體其他器官（如肝腎等），由於菌體表面蛋白質容易變異，因此常形成新的表面蛋白，而細菌又會造成另一波的發燒現象，這種發燒現象隨時間延長而遞減。

2.萊姆病

萊姆病最早是 1977 年美國耶魯大學 Dr. Steere 所報告，直到 1982 年 Dr. W. Burgdorfer 發現並確認萊姆病是一疏螺旋菌 *Borrelia burgdorferi*，至目前萊姆病原菌統稱爲 *B. burgdoferi* sensu lato，其中 *B. burgdoferi* sensu stricto、*Borreliella garinii* 和 *Borreliella afzelii* 這三種細菌是主要引起人類萊姆病[20]。*B. burgdoferi* sensu strico 是全球性分布，*B. afzelii* 較常分布於歐洲及亞洲，台灣近來報告指出上述三種萊姆病原菌在病人皮膚檢體切片皆有發現[5, 6]。此病原菌原宿主是鹿（和齧齒類動物）藉由壁蝨（*Ixodes*）攜帶經叮咬傳染給人類。壁蝨不管是幼蟲（larva）、蛹（nymph）或成蟲（adult）都能攜帶螺旋菌而傳遞給人類，其中蛹是最有效將病原菌傳遞給人類。一般分三期：第一期是游走性紅斑（erythema migrans）[8, 23]，同時有發燒、頭痛等症狀。感染數星期或數月後；進入第二期，有關節炎、神經性疾病、心臟炎；第三期，主要症狀爲慢性關節炎，且可能延續數年。

三、鉤端螺旋體（*Leptospira*）

鉤端螺旋體病（leptospirosis）主要傳染途徑經由感染鉤端螺旋菌的動物，直接或間接傳染給人類；直接是與被感染動物接觸，間接是經由環境因子（如土壤或水）含被感染動物體液尤其是尿液。台灣近年來的報告指出也會經由水災（如颱風）[24] 與鉤端螺旋菌接觸而造成感染。雖然是全世界性，但好發於開發中國家和熱帶地區。自 1997 年鉤端螺旋菌引起人畜共同感染的疾病頗受重視[31]。可以是無症狀、輕微、中度或甚至是重度。經皮膚傷口、黏膜或結膜進入血流，散布到身體各部位，例如：中樞神經系統和腎臟。臨床症狀包括感染後 2～20 天，突發高燒、頭痛、肌痛（myalgia）等。主要有兩種臨床症候群：一爲無黃疸鉤端螺旋體病（anicteric leptospirosis），包括敗血病期（septicemic stage），有發燒、頭痛症狀，之後爲免疫期（immune stage），主要症狀爲無菌性腦膜炎；另一爲黃疸鉤端螺旋體病（icteric leptospirosis），又稱 Weil's syndrome 較嚴重，造成肝、腎或血管等機能障礙[10, 29, 30]。

18-3 培養特性及鑑定法

一、密螺旋體（*Treponema*）

由於尙無適合培養基，因此主要診斷方法有下列三種：

1.直接觀測細菌

梅毒螺旋菌可以從皮膚病杜收集檢體，直接在暗視野顯微鏡（dark field microscopy, DFM）觀察螺旋菌特徵[17]：比紅血球稍大，約 8～10μm 長，含 8～14 個螺旋，或直接用螢光抗體染色（direct fluorescent antibody testing, DFA），確認梅毒螺旋菌[9, 12, 14]。

2.血清免疫法

兩種方法，(1) 非梅毒螺旋菌特異抗體（nontreponemal）及 (2) 梅毒螺旋菌特異抗體（treponemal）[16, 17, 32]。

非梅毒螺旋菌特異抗體測試，以 Cardiolipin 當抗原檢查病人血清中反應素（Reaginic 抗體），主要有兩種檢驗方法：一種是 VDRL（veneral disease research laboratory）；另一種是 RPR（rapid plasma reagin）皆爲觀察抗原與抗體結合呈現凝絮現象（flocculation）。此測試法適用於治療效果之指標。VDRL 不僅是非特異性抗體測試之標準法，同時也是公認爲唯一血清法用來檢測神經梅毒（neurosyphilis）。雖然RPR與VDRL原理相同，但是RPR不能用來檢測腦脊液（CSF）檢體。

特異性抗體測試，以螺旋菌爲抗原檢查病人血清中抗梅毒螺旋菌抗體，包括：TPI（*T. pallidum* immobilization）test、FTA-ABS（Fluorescent treponemal antibody absorption test）及 TPHA-TP（*Treponema pallidum* hemagglutination assay）。TPI 是觀察受測病人血清是否含梅毒螺旋菌抗體可以抑制活梅毒菌之運動性，因成本高且步驟瑣碎已被 FTA-ABS 方法取代。FTA-ABS 是把梅毒螺旋菌抗原固定在載玻片上，而受測病人血清則先用 *T. phagadenis* 螺旋菌萃取液處理，去掉非特異性反應，然後點在含梅毒螺旋菌載玻片，以間接螢光抗體法觀察。至於 TPHA-TP 乃將螺旋菌抗原嵌在動物（例如：火雞）紅血球上，然後與病人血清反應，觀察與血球凝集現象。

非特異性抗體測試方法，一般是用於初步篩選，故對於第一期或第二期梅毒的病患大部分都能檢驗出來，但晚期梅毒病患卻無法檢測，可用 FTA-ABS 檢測。而特異性抗體測試方法，一般是經初步篩選後，再行確認感染梅毒，因此除第一期或第二期，甚至晚期梅毒也可檢測。

3.分子檢驗

已發展不同 PCR（classical, nested, RT-PCR, qPCR）[4, 34] 方法及選擇不同標的基因（如 *bmp*, *tpp47*, *tmpA*, *polA*）分別應用於不同來源的檢體（下疳、骨頭、血清、腦脊髓液、尿液），目前使用 PCR 等分子檢驗配合 DFM 或 DFA 做爲梅毒病原菌檢測之方法。

二、疏螺旋菌體（*Borrelia*）

檢體來源可以是周邊血，活體組織和腦脊髓液（CSF）。

1.回歸熱

(1)**直接觀測細菌**

主要在暗視野顯微鏡下觀察，或用染色法（Wright's 或 Giemsa）直接觀察菌體。一般而言若在發燒期間，有 70% 機會可以觀察到菌體。

(2)**分子檢驗**

以發展不同 PCR 方法，尤其是 multiplex-real time PCR 以選擇 16S rRNA 基因或 *glpQ* 基因作爲標的，也可用營養培養基（例如：modified Kelly's medium）[15]，但主要於研究時用，較不適合檢驗用，而血清免疫檢測亦不適合。

2.萊姆病

(1)**直接觀測細菌**

組織切片檢體可用 Warthin-Starry silver 染色，而血液或腦脊髓液檢體可用 Acridine orange 或 Giemsa 染色。

(2)**培養**

Barbour-Stoenner-Kelly medium 培養[2, 22]，但效果不佳。

(3)**血清免疫法**

萊姆菌感染最常用方法是標準檢測法（standard 2-tiered testing），先以 enzyme-linked immunoassay（如 ELISA）篩選，若爲陽性反應，再用 Western blot 確認[19]。

(4)分子檢驗

近年來 *B. burgdoferi* sensu lato PCR 相關分子檢驗快速研發，以 5S-23S rDNA intergenic spacer sequence 作爲標的基因之 PCR[7] 是很好的檢測法，尤其是晚期感染（如 neuroborreliosis）。未來將很有潛力輔助血清免疫法用來檢測 *B. burgdoferi* sensu lato 病原菌。

三、鉤端螺旋菌體（*Leptospira*）

1.直接鑑定

病患感染初期，菌體可從血液、脊髓液和尿液等檢體在暗視野顯微鏡下觀察。亦可藉由螢光抗體染色，或 DNA-probe[18, 25]，甚至 PCR[1] 方法偵測。

2.培養

可用 Fletcher's semisolid medium、Korthof's liquid medium 或 Bovine serum albumin-Tween 80 medium，在室溫（或 30℃）不見光的環境下培養六週，以螺旋數目和基底用來與其他螺旋菌區分。

3.血清免疫方法

集合不同血清型菌體當抗原與病人血清結合，在顯微鏡下觀察抗原抗體凝集反應（microscopic agglutination test, MAT），若恢復期抗體效價大於急性期抗體效價四倍以上或單一抗體效價≧ 100 則是感染鉤端螺旋菌。亦可用市售的試劑以 IHA 和 ELISA[21, 28] 檢驗病人血清中有無 IgM 抗體，做爲急性感染期的檢測。

4.分子檢驗

已發展不同 PCR（conventional and real-time PCR, reverse-transcription PCR, isothermal amplification methods）方法及選擇不同標的基因（16S *rrs, secY, gyrB, lipL32, lfb1*），檢體以全血、血清、血漿爲主，甚至腦脊髓液，因此分子檢驗在緊急狀況下應是一種可行的診斷方法[27]。

18-4 藥物感受性試驗

一、密螺旋菌體（*Treponema*）

由於無法在試管內培養，因此無法執行藥物感受性試驗。

二、疏螺旋菌體（*Borrelia*）

由於無標準方法且不易培養，因此藥敏試驗較少操作。

三、鉤端螺旋體（*Leptospira*）

尙無標準化藥敏試驗。

18-5 預防

一、密螺旋體（*Treponema*）

目前尙無疫苗可用，最佳預防方法是早期發現早期治療，以免傳染他人。

二、疏螺旋體（*Borrelia*）

最有效的預防方法是避免與攜帶病原菌的蝨或壁蝨接觸，雖有重組疫苗正進行臨床試驗，但並無眞正有效疫苗。

三、鉤端螺旋體（*Leptospira*）

動物可施打疫苗，並且減少直接或間接與可能感染動物接觸。

18-6 病例研究

鉤端螺旋菌屬（*Leptospira*）

一位 18 歲孕婦由於 Fetal Distress 被緊急送入醫院，剖腹生下約 33 週的寶寶，由於孕婦並無任何產前檢查報告，因此在送進產科時馬上以 RPR 做梅毒的篩檢，發現血中反應素（reagin）效價高達 128，且出生嬰兒顯示有水腫（hydropic）、黃疸（jaundice）及肝脾腫大（hepatosplenomegaly），檢驗報告發現所有血球數目減少（pancytopenia）、血糖降低（hypoglycemia）、凝血病變（coagulopathy）、尿量減少（olguria）及酸血症（acidosis），雖經輸入紅血球、血小板及血漿，且用 Penicillin 和 Gentamicin 治療，但仍於出生 3 天後死亡。試問是否可能從胎兒臍帶找到螺旋體病原菌？若有可能，則可用哪種方法鑑定屬於何種螺旋菌？

學習評估

1. 梅毒的臨床症狀可分三期，試述每一期可以用何種檢驗方法偵測？
2. 萊姆病的病原菌是什麼？其傳染途徑爲何？目前的檢驗方法是什麼？
3. 腎臟螺旋體在感染初期（敗血病期）可由何種檢體分離？在之後免疫期可由何種檢體分離？何種培養基可以用來分離此螺旋體？

參考資料

1. **Bal, A. E., C. GraveKamp, R. A. Hartskeerl, J. DeMeza-Brewster, H. Korver, and W. J. Terpstra.** 1994. Detection of leptospires in urine by PCR for early diagnosis of leptospirosis. J. Clin. Microbiol. **32:**1894-1898.
2. **Barbour, A. G.** 1984. Isolation and cultivation of Lyme disease spirochetes. Yale J. Biol. Med. **57:**521-525.
3. **Centers for Disease Control.** 2010. Statistics of communicable diseases and surveillance report, Taiwan CDC. Centers for Disease Control, Department of Health, Taipei, Taiwan. http://www.cdc.gov.tw/uploads/files/47d8b8ba-560e-486f-8b3f-73e66a29f90b.pdf
4. **Centurion-Lara, A., C. Castro, J. M. Shaffer, W. C. Voorhis, C. M. Marra, and S. A. Lukehart.** 1997. Detection of *Treponema pallidum* by a sensitive reverse transcriptase PCR. J. Clin. Microbiol. **35:**1348-1352.
5. **Chao, L. L., Y. J. Chen, and C. M. Shih.** 2010. First detection and molecular identification of Borrelia garinii isolated from human skin in Taiwan. J. Med Microbiol. **59:**254-257.
6. **Chao, L. L., Y. J. Chen, and C. M. Shih.** 2011. First isolation and molecular identification of Borrelia burgdorferi sensus stricto and Borrelia afzelii from skin biopsies in Taiwan. Int. J. Infect. Dis. **15:**e182-e187.
7. **Chmielewski, T., J. Fiett, M. GniadKowski, and S. Thlewska-Wierzbanowska.** 2003. Improvement in the laboratory recognition of lyme borreliosis with the combination of culture and PCR methods. Mol. Diagn. **7:**155-162.
8. **Chung, Y. C., H.Y. Tsai, C. M. Shih, L. L. Chao, and R. Y. Lin.** 2002. Lyme disease in childhood: report of one case. Acta. Paediatr. Taiwan **43:**162-165.
9. **Daniels, K. C., and H. S. Forneyhough.**

1977. Specific direct fluorescent antibody detection of *Treponema pallidum*. Health. Lab. Sci. **14:**164-171.

10. **Farr, R. W.** 1995. Leptospirosis. Clin. Infect. Dis. **21:**1-6.

11. **Felsenfeld. O.** 1965 Borreliae, human relapsing fever, and parasite-vector-host- relationship. Bacteriol. Rev. **29:**46-74.

12. **Hook, E. W. III , R. E. Roddy, S. A. Lukehart, J. Hom, K. K. Homes, and M. R. Tam.** 1985. Detection of *Treponema pallidum* in lesion exudates with a pathogen- specific monoclonal antibody. J. Clin. Microbiol. **22:**241-244.

13. **Hook E.W. III and C. M. Marra.** 1992. Acquired syphilis in adults. N. Engl. J. Med. **326:**1060-1069.

14. **Ito, F., E. F. Hunter, R. W. George, V. Pope, and S. A. Larsen.** 1992. Specific immunofluorescent staining of pathogenic treponemas with a monoclonal antibody. J. Clin. Microbiol. **30:**831-838.

15. **Kelly, R. T.** 1971. Cultivation of *Borrelia hermsii.* Science **173:**443-444.

16. **Larsen, S. A., B. M. Steiner, and K. J. Kraus.** 1990. Manual of Tests for Syphilis, 8th ed. Washington DC. American Public Health association.

17. **Larsen, S. A., B. M. Steiner, and A. H. Rudolph.** 1995. Laboratory diagnosis and interpretation of tests for syphilis. Clin.Microbiol. Rev. **8:**1-21.

18. **Lefebvre, R.** 1987. DNA probe for detection of the *Leptospira interrogans* serovar hardjo genotype hardjo-bovis. J. Clin. Microbiol. **25:**2236-2238.

19. **Magnarelli, L. A.** 1995. Current status of laboratory diagnosis for Lyme disease. Am. J. Med. **98:**10S-12S.

20. **Margos G., S. A. Vollmer, N. H. Ogden, and D. Fish.** 2011. Popalation genetics, taxonomy, phylogeny and evolution of *Borrelia burgdorferi* sensu lato. Infect. Genet. Evol **11:**1545-1563.

21. **Pappas, M. G., W. R. Ballou.M. R. Gray, M. L. Tuazon, and L. W. Laughlin.** 1985. Rapid serodiagnosis of leptospirosis using the IgMspecific dot-ELISA: comparison with the microscopic agglutination test. Am. J. Trop. Med. Hyg. **34:**346-354.

22. **Pollack, R. J., S. R. Telford 3rd, and A. Spielman.** 1993. Standardization of medium for culturing Lyme disease spirochetes. J. Clin. Microbiol. **31:**1251-1255.

23. **Shih, C. M., J.C.Wang, L. L. Chao, and T. N. Wu.** 1998. Lyme disease in Taiwan: first human patient with characteristic erythema chronicum migrans skin lesion. J. Clin. Microbiol. **36:**807-808.

24. **Su, H.-P., T.-C. Chan, and C.-C. Chang.** 2011. Typhoon-related Leptospirosis and Melioidosis. Emerging Infect. Dis. www.cdc.gov/eid. **17:**1322-1324.

25. **Terpstra, W. J., G. J. Schoone, G. S. Ligthart, and J. Ter Schegget.** 1987. Detection of *Leptospira interrogans* in clinical specimens by in situ hybridization using biotin-labelled DNA probes. J. Gen. Microbiol. **133:**911-914.

26. **Tramont, E.** 1995. Syphilis in adults：from Christopher Columbus to Sir Alexander Fleming to AIDS. Clin. Infect. Dis. **21:**1361-1371.

27. **Waggoner, J. J., and B. A. Pinsky**. 2016. Molecular diagnosties for human leptospirosis. Curr Opin Infect Dis 29(5): 440-445.

28. **Watt, G., L. M. Alquiza, L. P. Padre, E. T. Takafuji, R. N. Miller, and W. T. Hockmeyer.** 1988. The rapid diagnosis of leptospirosis: a prospective comparison of the dot enzyme-linked immunosorbent assay and the genus-specific microscopic agglutination test at different stages. J. Infect. Dis. **157:**840-842.
29. **Yang, C.W., M. J. Pan, M. S.Wu, Y.M. Chen, Y.T.Tsen, C. L. Lin, C. H. Wu, and C. C. Huang.** 1997. Leptospirosis: an ignored cause of acute renal failure in Taiwan. Am. J. Kidney Dis. **30:**840-845.
30. **Yang, C. W., M. S. Wu, and M. J. Pan.** 2001. Leptospirosis renal disease. Nephrol. Dial. Transplant 16 Suppl. **5:**73-77.
31. **Yang, C. W.** 2007. Leptospirosis in Taiwan-an underestimated infectious disease. Chang Gung Med. J. Mar-Apr; **30:**109-115.
32. **Young, H.** 1998. Syphilis serology. Dermatol. Clin. **16:**691-698.
33. **Zetola, M. N., and J. D. Klausner.** 2007. Syphilis and HIV infection: an update. Clin. Infect. Dis. **44:**1222-1228.
34. **Zoechling N., E. M. Schluepen, H. P. Soyer, H. Kerl, and M. Volkenandt.** 1997. Molecular detection of *Treponema pallidum* in secondary and tertiary syphilis. Br. J. Dermatol. **36:**683-686.

第 19 章

黴漿菌屬、尿漿菌屬

胡文熙

內容大綱

學習目標

- 能夠了解黴漿菌科（*Mycoplasmataceae*）中所含兩個屬 *Mycoplasma* 和 *Ureaplasma* 與人類疾病關聯性。尤其是 *Mycoplasma* 屬中不同種的細菌，近年來研究報告更指出在人類疾病可能扮演的角色。

19-1 一般性質

黴漿菌科主要包含兩個屬：一爲黴漿菌屬（*Mycoplasma*）；另一爲尿漿菌屬（*Ureaplasma*）。它們移生（colonize）或感染（infect）人類。此類菌的特色是體積小，能自行分裂細菌中具最小染色體組，且不具細胞壁，培養基內需含脂醇（sterol），菌體才能生長，除少數種類外，大多數種類須較特別營養成分才能生長。

19-2 臨床意義

黴漿菌一般認爲是附著在口腔、上呼吸道和生殖泌尿道的正常細菌，包括：*Mycoplasma orale*、*Mycoplasma salivarium*、*Mycoplasma buccale*、*Mycoplasma faucium*、*Mycoplasma lipophilum*、*Mycoplasma primatum* 及 *Mycoplasma spermatophilum*。可能與人類疾病相關但目前尚未確定，或是可能扮演伺機性感染的有 *Mycoplasma fermentans*（圖 19-1）、*Mycoplasma pirum* 及 *Mycoplasma penetrans*（圖 19-2），這三種黴漿菌都曾在 HIV 病人分離出來[21, 22, 26]。*M. fermentans* 亦曾在 arthritis 病人關節液中分離出來[12, 15]，也曾在呼吸道感染病人檢體分離[2]。*M. fermentans* 在 HIV 病人所扮演的角色被認爲是伺機性感染源，至於在其他疾病所扮演的角色有待確定。而 *Mycoplasma genitalium* 是造成非淋球性尿道炎（nongonococcal urethritis）原凶之一[14]，也會造成女性子宮頸炎（cervicitis）及骨盆發炎（pelvic inflammatory disease）[18]。至今被確認與人類疾病相關的有 *Mycoplasma pneumoniae*、*M. genitaliun*、*Mycoplasma hominis*、*Ureaplasma parvum* 及 *Ureaplasma urealyticum*。人類感染肺炎黴漿菌（*M. pneumoniae*）所造成呼吸道症狀從輕微到嚴重皆有，也是造成社區性肺炎（community-acquired pneumonia）其中之一種重要病原菌，爲一種非典型肺炎，可能爆發流行[31]；若是感染到肺部以外（extrapulmonary）的器官，則病情較嚴重，可能導至死亡[5, 20]。最近台灣兒童感染症聯盟根據就醫記錄經分析發現肺炎黴漿菌是引起兒童社區性肺炎重要之病原菌，且 5 歲以下兒童較 5 歲以上兒童感染肺炎黴漿菌，住院期間較長且病情也較複雜[25]。*M. hominis*、*U. parvum* 及 *U. urealyticum* 發生在生殖泌尿道感染，主要部位是下生殖道，上生殖道感染則好發在女性，少數發生在男性。例如：骨盆發炎（pelvic inflammatory disease）、細菌性陰道病（bacterial vaginosis）、羊膜炎（amnionitis）、非淋球性尿道炎（nongonococcal urethritis），而且可能由孕婦傳染給新生兒而造成腦膜炎（meningitis）、膿瘍（abscess），甚至肺炎（pneumonia）[10, 27]。

19-3 培養特性及鑑定法

有關 *Mycoplasma* 的檢測，須花較長的時間做細菌培養。由於缺乏細胞壁，檢體收集、貯藏及運送皆須特別小心，若檢體是 body fluid（例如：blood、joint fluid、amniotic fluid、bronchoalveolar lavage 等），須在收集 1 小時內，4℃條件下送檢驗，若是 swabs 則須用 transport medium 運送。

一、肺炎黴漿菌（*M. pneumoniae*）

1. 菌體分離及培養

至於菌體分離及培養可用 PPLO 或 SP-4 培養基，但由於生長緩慢，一般需 7～21 天。若是液態培養基，則可因含 dye indicator（例如 phenol red），顏色變黃，表示可能有 *M. pneumonia* 生長，接著可再次培養於固態培養基，在顯微鏡下觀察，菌落呈球形具顆粒，但是非典型荷包蛋狀，並可被 guinea pig 的紅血球吸附於菌落周圍以鑑定長出的菌落爲肺炎黴漿菌，稱爲 hemadsorption test，或是在長有菌落的固態培養基灑上含 2-（p-iodophenyl）-3-nitrophenyl-5-phenyl tetrazolium chloride（0.21%）溶液，於 35℃ 1 小時，若是肺炎黴漿菌則呈紅色反應，而 3～4 小時則呈紫或黑色反應，稱爲 tetrazolium test。

2. 血清免疫法

CF 或 ELISA 較廣泛被接受[9, 17, 32]。雖然臨床實驗室常以 cold agglutination 方法評估，但並不具特異性。自 1980 年因爲有很多種抗原（整隻細菌、致病因子 P1 adhesin、recombinant Ag）可做爲檢測感染肺炎黴菌所產生的抗體，因此至目前發展成四種市售主要檢測抗體方法，the microtiter plate EIA、the membrane EIA、the indirect immunofluorescence（IFA）、及 particle agglutination（PA）。雖然有這些商業化產品，最大缺點是同時需要急性期及恢復期病人血清做檢測，由於 IgM 抗體可維持數星期甚至數個月[30]，更由於若重複感染，在健康成人會有高效價 IgG 抗體[7]，所以無法區分判斷是過去感染或是目前感染。而且缺乏足夠的報告有關血清法與其他診斷法比較，說明血清法之正確性。

3. 分子檢驗

由於肺炎黴漿菌須較長時間培養及血清免疫法之正確性有疑慮，因此必要發展分子檢驗補助檢測。在歐洲及美國已有市售商業組 PCR 相關試劑，而且至少也有 60 種以上 (含 in-house) PCR 被發表[16, 23, 29]，其標的基因包括 16S rRNA、P1、*tuf*、*parE*、dnaK、*pchA*、ATPase operon、CARDS toxin (*mpn372*)、non-coding repetitive element *repMp1*；另外，亞洲、歐洲及北美洲所發現 macrolide resistance 之肺炎黴漿菌株多數是 23S rRNA 基因點突變造成，可用 real-time PCR 檢測[33]。

至目前以血清免疫法確認 IgM 抗體存在協同 PCR 分子檢驗是偵測早期感染肺炎黴漿菌最好方法。

二、人類黴漿菌（*M. hominis*）及尿漿菌（*U. parvum*、*U. urealyticum*）

無方法可以直接偵測，雖有 PCR[1, 24, 28] 或 Immunoblotting[6, 8] 方法的報告，有助診斷，但仍待評估。

1. 人類黴漿菌

菌體分離及培養，可用 H-broth 及 H-agar plate 分離及培養 *M. hominis*。一般先用 H-broth 培養，若培養基顏色變深紅或紅紫色，表示可能有人類黴漿菌生長，再次培養於 H-agar 培養 2 天後，在顯微鏡下可觀察到大且典型荷包蛋狀的菌落。分子檢驗是用傳統 PCR 以 16S rRNA、*gap*、*yidC* 基因爲標的[3, 11, 13]。

2. 尿漿菌

可用 U-broth 及 U-agar plate 分離及培養，若 U-broth 培養基顏色變深紅或紅紫色，表示可能有尿漿菌生長，再次培養於 U-agar，2 天後，在顯微鏡下可觀察到較小的菌落，以 urea 及 $MnCl_2$ 試劑注入 agar plate，數分鐘內菌落呈深褐色，則可判定微小菌落爲尿漿菌，稱爲 manganous chloride-urea test。分子檢驗，傳統 PCR 以 16S rRNA、16S rRNA-23S rRNA intergenic spacer regions、urease、*mba*[19] 等基因爲標的，而 real-time PCR 則以 16S rRNA、urease 或 *mba* 等基因爲標的[34]；在歐洲已有市售商業組 PCR 相關試劑。

人類黴漿菌及尿漿菌常見在健康人下泌尿生殖道，因此不管是檢體培養出這兩種細菌或是 PCR 可能陽性反應，若是培養或是 real-time PCR 顯示菌數目較高，例如人類黴漿菌 ≧ 10^4 CFU/mL 較有可能會導致女性泌尿生殖道感染[4]；但是，如在新生兒氣管抽取物、血液或是成人生殖器以外無菌部位驗出這兩種細菌，則人類黴漿菌或尿漿菌應該是感染原。

19-4 藥物感受性試驗

參考 CLSI（2011）建立 broth microdilution method 或 agar dilution method 做爲肺炎黴漿菌、人類黴漿菌及尿漿菌的藥物感受性試驗。

19-5 預防

尚無疫苗問世。

19-6 病例研究

一位 25 歲男性，到醫院求診，其臨床症狀，包括：發高燒、呼吸困難（dyspnea）及嗜睡（smnolence），胸部 X 光片呈現嚴重肺間質炎（severe diffuse interstitial pneumonia），並且有些肺部以外的症狀，例如：肌炎（myositis）和不明顯溶血（subclinical haemolysis）現象。血清學檢驗除有明顯高效價 cold agglutinins，並且在住院幾天後，肺炎黴漿菌 IgM 抗體有升高趨勢，從 1：40 到 1：1280，經過 doxycycline 治療及 mechanical ventilation，病人有慢慢恢復的情形。請問用何種方式測 IgM 抗體？

學習評估

1. 分離肺炎黴漿菌可用哪些培養基？而這些培養基有一必要成分是什麼？菌落有何特性？可用什麼方法鑑定？
2. 人類黴漿菌可用什麼培養基分離？菌落有何特性？是否需要其他方法幫助鑑定？
3. 尿黴漿菌用何種培養基分離及培養？菌落有何特性？可用什麼方法鑑定？

參考資料

1. **Abele-Horn, M., C. Wolff, P. Dressel, A. Zimmermann, W. Vahlensieck, F. Pfaff, and G. Ruckdeschel.** 1996. Polymerase chain reaction versus culture for detection of *Ureaplasma urealyticum* and *Mycoplasma hominis* in the urogenital tract of adults and the respiratory tract of newborns. Eur J. Clin.Microbiol. Infect. Dis.**15:**595-598.
2. **Anisworth, J. G., J. Clarke, R. Goldin, and D. Taylor-Robinson.** 2000. Disseminated *Mycoplasma fermentans* in AIDS patients: several case reports. Int. J. STD. AIDS **11:**751-755.
3. **Baczynska, A., H. F. Svenstrup, J. Fedder, S. Birkelund, and G. Christiansen.** 2004. Development of real-time PCR for detection of Mycoplasma hominis. BMC Microbiol. **4:**35.
4. **Bebear, C., S. Pereyre, and C.M. Bebear.** Mycoplasma spp. Principels and Practice of Clinical Bacteriology, ed. 2. Edited by SH Gillespie and PW Hawkey. Hoboken, NJ, John Wiley & Sons Ltd. 2006, pp 305-315.
5. **Clyde, W. A.** 1993. Clinical overview of typical *Mycoplasma pneumoniae* infections. Clin. Infect. Dis. **17**(suppl 1): S32-S36.
6. **Constans, J., F. Poutiers, H. Renaudin, J. J. Leng, and C. Bebear.** 1991. Detection of *Mycoplama hominis* antibodies by three different

techniques, application to women with pelvic inflammatory disease. Ann Biol. Clin.(Paris') **49:**351-358.

7. **Csango, P.A., J. E. Pedersen, andR.D.Hess.** 2004. Comparison of four Mycoplasma pneumonia IgM-, IgG-, and IgA-specific enzyme immunoassay in blood donors and patients. Clin. Microbiol. Infect. **10:**1094-1098.
8. **Cunningham, C. K., C. A. Bonville, J.H.Hagen, J. L. Belkowitz, R. W. Kawatu, A.M.Higgins, and L. B. Weinner.** 1996. Immunoblot analysis of anti-*Ureaplasma urealyticum* antibody in pregnant women and newborn infants. Clin. Diagn. Lab. Immunol. **3:**487-492.
9. **Daxboeck, F, R. Krause, and C. Wenisch.** 2003. Laboratory diagnosis of *Mycoplasma pneumoniae* infection. Clin. Microbiol. Infect. **9:**267-273.
10. **Embree, J.** 1988. *Mycolasma hominis* in maternal and fetal infections. Ann NY Acad. Sci.**549:**56-64.
11. **Ferandon, C., O. Peuchant, C. Janis, A. Benard, H. Renaudin, S. Pereyre, and C. Bebear.** 2011. Development of a real-time PCR targeting the ydiC gene for the detection of Mycoplasma hominis and comparison with quantitative culture. Clin. Microbiol. Infect. **17:**155-159.
12. **Gilrog, C. B., and D. Taylor-Robinson.** 2001 The prevalence of *Mycoplasma fermentans* in patients with inflammatory arthritides. Rheumatology **40:**1355-1358.
13. **Grauo, O., R. Kovacic, R. Griffais, V. Launay, and L. Montagnier**. 1994. Development of PCR-based assays for the detection of two human mollicute species: Mycoplasma pentrans and M. hominis. Mol. Cell Probes. **8:**139-147.
14. **Horner, P. J., C. B. Gilroy, B. J. Thomas, R. O. Naidoo, and D. Taylor-Robinson.** 1993. Association of *Mycoplasma genitalium* with acute non-gonococcal urethritis. Lancet **342:**582-585.
15. **Horowitz, S., B. Evinson, A. Borer, and J. Horowitz.** 2000. *Mycoplasma fermentans* in patients with inflammatory arthritides. Rheumatology **27:**2747-2753.
16. **Hu, W. S.** 1997. Rapid detection of *Mycoplasma pneumoniae* in clinical samples by the polymerase chain reaction, Thorac. Med. **12:**147-148.
17. **Jacobs, E.** 1993. Serological diagnosis of *Mycplasma pneumoniae* infections: a critical review of current procedures. Clin. Infect. Dis. **17** (suppl 1): S79-S82.
18. **Jensaen, J. S.** 2004. Mycoplasma genitalium: the aetiological agent of urethritis and other sexually transmitted diseases. J. Eur. Acad. Dermatol. Venereol. **18:**1-11.
19. **Kong, F., Z. Ma, G. James, S. Gordon, and G. L. Gilbert.** 2000. Species identification and subtyping of Ureaplasma parvum and Ureaplasma urealyticum using PCR-based assays. J. Clin. Microbiol. **38:**1175-1179.
20. **Lin, W.C., P. I. Lee, C.Y.Lu, Y. C. Hsieh, H. P. Lai, C. Y. Lee, and L.M. Huang,** 2002. *Mycoplasma pneumoniae* encephalitis in childhood. J. Microbiol. Immunol. Infect. **35:**173-178.
21. **Lo, S.-C., M. Hayes, R. Y.-H. Wang, P. F. Pierce, H. Kotani, and J. W.-K. Shih.** 1991. Newly discovered mycoplasma isolated from patients infected with HIV. Lancet **338:**1415-

1418.

22. **Lo, S.-C., H. Kotani, andW. S. Hu.** 1993. Mycoplasmas and AIDS. p. 229-256. *In* S. Myint and A. Cann (ed.). Molecular and Cell biology of opportunistic infections in AIDS, 1st ed. Chapman & Hall, London, UK.

23. **Loens, K., H. Goossens, and M. Ieven.** 2010. Acute respiratory infection due to Mycoplasma pneumoniae: current status of diagnostic methods. Eur. J. Clin. Microbiol. Infect. Dis. **29:**1055-1069.

24. **Luki, N., P. Lebel, M. Boucher, B. Doray, J. Turgeon, and R. Brousseau.** 1998. Comparison of polymerase chain reaction assay with culture for detection of genital *Mycoplasma* in perinatal infections. Eur. J. Clin. Microbiol. Infect. Dis. **17:**255-263.

25. **Ma, Y. J., S. OM. Wang, Y. H. Cho, C. F. Shen, C. C Liu, H. Chi, Y. C. Huang, L. M. Huang, Y. C. Huang, H. C. Lin, Y. H. Ho, and J. J. Mu.** 2015. Clinical and epidemiological characteristics in children with communrly-acquired mycoplasma pneumonia in Taiwan: A outionwide surveillance. J. Microbiol, Immunol, Infect. 48: 632-638.

26. **Montagnier, L., and A. Blanchard.** 1993. Mycoplasma as cofactors in infection due to human immunodeficiency virus. Clin. Infect. Dis. **17** (suppl 1): S309-S315.

27. **Shepard, M. C.** 1988. *Ureaplasma urealyticum*: overview with emphasis on fetal and maternal infections. Ann. NY. Acad. Sci **549:**48-55.

28. **Teng, L. J., S.W.Ho, H. N. Ho, S. J. Liaw, H. C. Lai, and K. T. Luh.** 1995. Rapid detection a nd biovar differentiations of *Ureaplasma urealyticum* in clinical specimens by PCR. J. Formas. Med. Assoc. **94:**396-400.

29. **Teng, L. J., M. H. Hung, P. I. Lee, P. R. Huueh, C. N. Lee, K. T. Luh and S. W. Ho.** 1998. Detection of *Mycoplasma pneumoniae* in respiratory specimens by PCR. J. Biomed. Lab. Sci. **10:**151-156.

30. **Waites, K. B., and D. F. Talkington.** 2004. Mycoplasma pneumoniae and its role as a human pathogen. Clin. Microbiol. Rev. **17:**697-728.

31. **Wang, R. S., S. Y. Wang, K. S. Hsieh, Y. H. Chiou, I. F. Huang, M. F. Cheng, and C. C. Chiou**. 2004. Necrotizing pneumonitis caused by *Mycoplasma pneumoniae* in pediatric patients: report of five cases and review of literature. Pediatr. Infect. Dis. J. **23:**564-567.

32. **Watkins-Riedel T., G. Stanek, and F. Daxboeck.** 2001. Comparison of SeroMP IgA with four other commercial assays for serodiagnosis of *Mycoplasma pneumoniae* pneumonia. Diagn Microbiol. Infect. Dis. **40:**21-25.

33. **Wolf, B. J., W. L. Thacker, S. B. Schwartz, and J. M. Winchell.** 2008. Detection of macrolide resistance in Mycoplasma pneumoniae by real-time PCR and high resolution melt analysis. Antimiceo. Agents Chemother. **52:**3542-3549.

34. **Xiao, L., J. I. Glass, V. Paralonav, S. Yooseph, G. H. Cassell, L. B. Duffy, and K. B. Waites.** 2010. Detection and characterization of human Ureaplasma species and serovars by real-time PCR. J. Clin. Microbiol. **48:**2715-2723.

第 20 章

披衣菌科、立克次體科、貝氏考柯斯菌

胡文熙

内容大綱

學習目標

- 探討披衣菌科細菌引起人類疾病及其檢驗方法。
- 探討立克次體科細菌引起人類疾病及其檢驗方法。
- 探討貝氏考克斯（*Coxiella burnetii*）細菌引起人類疾病與檢驗方法。

20-1 一般性質

披衣菌科、立克次體科、貝氏考克斯等細菌皆細胞內生長。

一、披衣菌科（*Chlamydiaceae*）

此科包含二屬 *Chlamydia* 及 *Chlamydophila*，常引起人類疾病的三種細菌分別爲細菌砂眼披衣菌（*Chlamydia trachomatis*）、鸚鵡熱披衣菌（*Chlamydophila psittaci*）、肺炎披衣菌（*Chlamydophila pneumoniae*）。同屬的細菌擁有相同的抗原（genus-specific lipopolysaccharide），且每種細菌具有其特殊的外膜蛋白抗原（species- and strain-specific outer membrane proteins）。它們的生活史包含兩階段，在細胞內的菌體能生長和複製，但不具感染力，稱爲 reticulate body（RB）；但到細胞外的菌體無法行代謝，但具感染力，稱爲 elementary body（EB）。

二、立克次體科（*Rickettsiaceae*）

此科包含二屬，分別爲立克次體屬（*Rickettsia*）和東方體屬（*Orientia*）。目前 *Rickettsia* 屬至少含 31 species 且有逐年增加的趨勢；分爲二組，一組是斑點熱（spotted fever group）另一組是斑疹傷寒（typhus group）。而 *Orientia* 屬之 *Orientia tsutsugamushi* 引起恙蟲病，又稱叢林斑疹傷寒（scrub typhus）。此科之細菌菌體小且形狀很多種，屬於革蘭氏陰性桿菌。在宿主細胞內以二分法分裂增生，成熟後破壞細胞釋出。

三、貝氏考克斯菌（*Coxiella burnetti*）

貝氏考克斯菌（*C. burnetti*）引起人類 Q fever。較立克次體菌小，不止可以長在肺細胞內且可在細胞外存活，具二種 antigenic phase，若從動物分離屬於 phase I 具傳染力，若從細胞株培養出來，則屬於 phase II，不具傳染力。

20-2 臨床意義

一、披衣菌科（*Chlamydiaceae*）

1. 砂眼披衣菌（*C. trachomatis*）

(1) **砂眼**（Trachoma）

由 A、B、Ba 及 C 四種亞型引起，藉由手與眼接觸傳染。

(2) **花柳性淋巴肉芽腫**（Lymphogranuloma Venereum, LGV）

由 L1、L2 及 L3 三種亞型引起，分爲三期，藉由性接觸傳染。

(3) Oculogenital Infections

由 D、E、F、G、H、I、J、K 八種亞型引起，藉由性接觸、眼的分泌物傳染。若感染到眼睛，引起包涵性結膜炎（inclusion conjunctivitis）。若感染到生殖道，引起尿道炎（urethritis）、子宮頸炎（cervicitis）、巴特林氏炎（bartholinitis）、直腸炎（proctitis）、輸卵管炎（salpingitis）、副睪炎（epididymitis）及急性尿道症候群（acute urethral syndrome），並且是非淋球性尿道炎主要原因之一（60%）。和淋球菌一樣，主要造成骨盆腔發炎（pelvic inflammatory disease），也會由媽媽傳染給新生兒而引起包涵性結膜炎，甚至會引起新生兒肺炎[22]。

2. 鸚鵡熱披衣菌（*C. psittaci*）

鳥類（例如鸚鵡）是主要宿主，其排泄物藉由空氣（aerosol）傳染給人類稱爲鸚鵡熱（ornithosis 或 psittacosis），感染 5～15 天後，突然發病，症狀分歧，例如：肺炎、強烈頭痛、肝脾腫大（hepatosplenomegaly），感染症狀從輕微到嚴重皆有，且伴隨呼吸道問題。甚少是人與人之間的傳染，台灣目前只有一個病例報告 [6]。

3.肺炎披衣菌（*C. pneumoniae*）

至今只有一種血清型 TWAR[30] 被發現，與其他披衣菌不同處是 EB 呈梨子形，人與人間藉由空氣飛沫傳染。主要引起似感冒症狀，例如：肺炎、支氣管炎、咽喉炎等 [9, 18, 36, 55]。若是老年人或呼吸道不好的病人，感染則會造成嚴重肺炎。目前知道此菌可能也會與過敏或心血管疾病相關 [23, 31]。

二、立克次體科（*Rickettsiaceae*）

立克次體屬（*Rickettsia*）細菌由節肢動物（壁蝨、蝨、跳蚤、蟎）當載體從動物傳染給人類，傳播途徑可以是叮咬或是經由空氣。大部分 spotted fever group 藉由壁蝨（ticks）當載體，如引起 Rocky Mountain spotted fever（*R. rickettsia*）主要分佈在西半球；但引起 Rickettsialpox（*R. akari*）卻藉由蟎（mites）當載體是分佈全球。而 typhus group 的 2 species 其中引起 epidemic typhus（*R. prowazekii*）藉由蝨（lice）當載體，及引起 murine endemic typhus（*R. typhi*）藉由跳蚤（fleas）當載體，兩種疾病都是全球性分佈。當菌體進入血液循環，促使血管內皮細胞吞噬菌體，菌體在細胞內生長繁殖而造成細胞傷害或死亡，進而感染全身，尤其是皮膚、心、腦、肺和肌肉。

東方體屬（*Orientia*）主要成員是恙蟲東方體（*Orientia tsutsugamushi*）藉由蟎當載體傳染給人引起恙蟲病（Scrub typhus group）[10] 是台灣本土流行疾病。從早期的報告指出主要發生在澎湖 [11, 39]，1990 年以後衛生署預防研究所報告顯示，在台灣本島各縣市可能也會有恙蟲病例 [3, 5]。1997 年以來陸續有恙蟲病例報告 [12, 50]，直至近年在南台灣病例有增加的趨勢 [35, 56]。另外就是斑疹傷寒中之鼠性斑疹傷寒（murine typhus），雖然在台灣病例比恙蟲病少，根據報告從 1992 年至 2009 年共 81 確定病例，主要來自南台灣且夏季病例數較多，其中 3 病例同時感染 *Orientia tsutsugamushi*，2 病例同時感染 *Coxiella burnetti* [2]。至於斑點熱，台灣第一個病例報告在 2008 年發表，也就是貓蚤斑點熱（cat flea typhus）[49]。最近報告指出斑點熱病例在南台灣似乎被低估，尤其是貓蚤斑點熱 [33]。

三、貝氏考克斯菌（*Coxiella burnetii*）

引起 Q Fever 由動物傳染於人類。*C. burnetti* 存在牛、羊的尿液、糞便、奶類等，經空氣進入人體。由於 *C. burnetti* 能抵抗不良環境而生存。因此，除 Scandinavia 外，世界各地皆能造成地方性感染（endemic）。進入人體後，被宿主細胞吞噬，在 vacuoles 增生繁殖後，進入肺細胞 proliferation，藉由吞噬細胞帶至淋巴結而進入血液循環。早期臨床症狀，例如：頭痛、發燒、發冷及肌肉痠痛，但不管急性期或慢性期皆有非典型肺炎及 granulomatous hepatitis[42, 54]，也會引起心內膜炎（endocarditis）或關節炎（arthritis）。台灣第一個病例報告在 1994 年發表 [4]，至目前爲止南台灣出現的病例有增加的趨勢 [26, 27]，在南台灣山區中一個小鄉鎮也曾爆發 Q fever 流行 [19]。根據報告從 2004 年 4 月至 2008 年 6 月，共有 89 個 Q fever 病例及 43 個 scrub typhus 病例，其中有 5 個病例是二者皆有 [32]。

20-3 培養特性及鑑定法

一、披衣菌科（*Chlamydiaceae*）

1.砂眼披衣菌

(1)**培養**

此菌主要用細胞培養，例如：McCoy、HeLa、Monkey kidney 等細胞株[29, 44]。最常以 cycloheximide 處理 McCoy 細胞株，檢體感染細胞株 48～72 小時後，用 iodine 或 immunofluorescent 染色，判讀 inclusion body 仍爲主要鑑定方法。此種培養法其特異性 100%，但敏感性約 70～90%。

(2)**細胞學檢查法**

刮下的細胞檢體經 Giemsa 染色後，直接在顯微鏡下觀察 inclusion body，與其他診斷方法相比較，此檢查法敏感性較差。

(3)**抗原鑑定和核酸雜交法**

以 direct fluorescent antibody（DFA）方法，用 fluorescein-isothiocyanate-conjugated 抗 outer membrane protein 或 LPS 的單株抗體染 EB[8]；可用 ELISA 方法鑑定，也可用 chemiluminescent 的 DNA probe（ribosomal RNA）核酸雜交法鑑定。

(4)Amplification Assay

核酸放大法（nucleic acid amplification）[53] 鑑定之，目前市售有三種，包括：PCR、LCR 及 transcription-mediated amplification[1, 7, 45, 47]，其中 Cepheid GeneXpert（Xpert）CT/NG assay（real time PCR）同時用來檢測 *Chlamydia trachomatis* 和 *Nesseria gonorrhoeae* 有很高敏感性及特異性，適合在臨床上使用[16]。

(5)**血清免疫法**

以 CF test 測 genus-specific antigen，若陽性反應，再以 micro-IF 測 species or serovar-specific antigen 以確認。LGV specific IgM 可以用來診斷新生兒披衣菌的感染。

2.鸚鵡熱披衣菌

血清免疫法爲主要鑑定方法，以 CF test、ELISA 或 indirect micro-IF test[41, 52] 執行之，以 micro-IF test 爲標準檢測方法。披衣菌的 EB 抗原固定在載玻片上，用以測定病人血清中，是否存在抗鸚鵡熱披衣菌抗體。至於分子檢驗方法爲 nested PCR，以 16S rRNA 或外膜蛋白質 OmpA 基因做爲標的[37, 51]。

3.肺炎披衣菌

(1)**直接檢測**

檢體直接檢測披衣菌抗原，但不夠靈敏，或以 PCR[15] 方法較爲靈敏。

(2)**培養**

用 HL 或 HEp-2 細胞株培養，再用 species specific[38] 抗體鑑定。

(3)**血清免疫法**

用 CF 或 micro-IF test，但 micro-IF test 較可信賴。

(4)**分子檢驗**

以 real-time PCR 檢測。

二、立克次體科（*Rickettsiaceae*）

1.直接檢測

用螢光或酵素標示多價抗體，直接染組織切片，尤其是引起 Spotted fever group 的細菌，以紅腫皮膚組織檢體爲佳，也可用 PCR 方式檢查。

2.細菌培養

立克次體屬細菌，可用雞胚胎或細胞株培養。然而由於傳染力強，因此，只有少數設備完善實驗室，才能操作。

3.血清免疫法

爲主要診斷立克次體菌感染方法[28, 34]。最普遍用的方法稱爲 Weil-Felix 反應，抗原以

Proteus vulgaris 三種不同菌株，分別是：OX-19、OX-2及OX-K，與病人的血清抗體是否呈現凝集反應，以檢測是何種立克次體的感染。例如：若感染斑疹傷寒立克次體（*R. prowazekii*）或感染鼠性斑疹傷寒立克次體（*R. typhi*）血清則與 OX-19 呈現凝集反應（陽性），但與 OX-K 無凝集反應（陰性），引起落磯山斑疹熱之立克次體（*R. rickettsii*）與 OX-19 及 OX-2 皆爲陽性反應，OX-K 皆爲陰性反應，但痘立克次體（*R. akari*）與 OX-19、OX-2 及 OX-K 卻皆爲陰性反應。由於用的抗原是借用 *P. vulgaris*，因此特異性偏低，但仍爲用來篩選立克次體的感染。若要進一步確定，則以立克次體爲抗原進行 CF 或 micro-IF 試驗，亦可用 direct fluorescent 抗體（DFA）。洛磯山斑點熱（Rocky mountain spotted fever）可以在病人發病 7～10 天，用 CF、micro IF 或 DFA 診斷出來，其餘立克次體的感染，一般都要在發病兩個星期後才能診斷出來。

4.分子檢驗

分子檢驗以傳統 PCR、nested-PCR 或 real time qPCR，以不同基因做爲標的，如 citrate synthase (*gltA*), outer membrane protein A (*ompA*), outer membrane protein B (*ompB*), gene D (*sca4*)；*Orientia tsutsugamushi* 多數以 56-kDa 外膜蛋白質爲標的基因 [13, 24, 25]，至於 murine typhus 以 *gltA* [17, 20] 爲標的基因報告較多些。

三、貝氏考克斯菌（*Coxiella burnetii*）

1.培養

用不同細胞株，如 Vero、L-929、HEL 等分離 *C. burnetii*，最近報告指出也可用人工合成培養基 acidified citrate cysteine medium（ACCM2）培養 *C. burnetii* [40]，是否可以用來從檢體分離 *C. burnetii* 尚不清楚。

2.血清免疫法

標準檢測 *C. burnetii* 感染用血清免疫法 [46]，以間接螢光抗體法（IFA）爲主，有報告指出也可用酵素免疫法（ELISA）[43]，雖然早期是用補體結合試驗（CF）及微凝集反應（micro-agglutination）執行。

3.分子檢驗

分子檢驗以 PCR 相關方法爲主，以不同的基因做爲標的，如 16-23S, superoxide dismutase gene, *comI* gene, 或 *IS1111*，repetitive element 等基因 [14, 21, 48]。目前以 real-time PCR 或 quantitative PCR ，在感染初期（二星期內）可檢測出 *C. burnetii* 。

20-4　藥物感受性試驗

披衣菌立克次體貝式考克斯菌與一般傳統細菌培養方法不同需在適合細胞培養因此執行藥物感受性試驗有以下困難。

1.就方法討論

會影響 MIC 值判讀因素如下：(1) 不同細胞株或不同培養基 (2) 接種細菌量 (3) 細胞培養須提供氧氣 (4) 有些藥物如 gentamicin 無法進入細胞內等等。

2.就操作環境討論

需在第三級生物安全。

所以至今尚無標準化藥物感受性試驗方法被建立。

20-5 預防

一、披衣菌科（*Chlamydiaceae*）

1. 砂眼披衣菌

尚無疫苗，主要是確認感染病人，加以治療，以預防疾病傳播。

2. 鸚鵡披衣菌

治療感染鳥類或隔離進口之鳥類。

3. 肺炎披衣菌

尚無有效方法預防肺炎披衣菌感染。

二、立克次體科（*Rickettsiaceae*）

最好的預防方法是避免與會傳播立克次體的節肢動物媒介接觸。

三、貝氏考克斯菌（*Coxiella burnetti*）

最好的方法是避免與感染動物接觸。在澳洲及東歐國家有市售疫苗。

20-6 病例研究

一位 26 歲婦女到婦科去做常規骨盆檢查，她已好幾年沒做類似的健檢，這期間她訂婚，然而訂婚前她有不同的性伴侶，由於她希望能夠懷孕生子，雖然健檢一切正常，但醫生仍從子宮採取檢體做淋病病原體的培養，及披衣菌病原體螢光免疫抗體的檢查，並抽血測血清中 HIV 及梅毒抗體的效價，所有這些檢查只有披衣菌病原體為陽性反應。試問應屬於何種披衣菌？

學習評估

1. 砂眼披衣菌的培養方法為何？有哪些方法可以鑑定？如何診斷新生兒是否有此菌的感染？
2. 立克次體屬細菌依臨床症狀及細胞內生長的速度可分為哪幾組？何種方法是普通用來診斷立克次體菌感染？

參考資料

1. **Bass, C. A., D. L. Jungkind, N. S. Silverman, and J. M. Bondi.** 1993. Clinical evaluation of a new polymerase chain reaction assay for detection of *Chlamydia trachomatis* in endocervical specimens. J. Clin. Microbiol. **31:**2648-2653.
2. **Chang, K., Y. H. Chen, N. Y. Lee, H. C. Lee, C.Y.Lin, J. J.Tsai, P. L. Lu, T.C.Chen, H. C. Hsieh, W. R. Lin, P. C. Lai, C. M. Chang, C. J. Wu, C. H. Lai, andW.C.Ko.** 2012. Murine typhus in southern Taiwan during 1992-2009. Am. J. Trop. Med. Hyg. **87:**141-147.
3. **Chen, H. L., H. Y. Chen, and C. B. Horng.** 1993. Surveillance of scrub typhus in Taiwan. Zhonghua Min Guo Wei Sheng Wu Ji Mian Yi Xue Za Zhi. **26:**166-170.
4. **Chen, H. L., H. Y. Chen, Y. C. Wu, and C. B. Horng**. 1994. Q fever in Taiwan. Zhonghua Yi Xue Za Zhi (Taipei) **54:**1-6.
5. **Chen, H. L., G. J. Shieh, H. Y. Chen, andC. B. Horng.** 1995. Isolation of *Rickettsia tsutsugamushi* from the blood samples of patients in Taiwan. J. Formos. Med. Assoc. 94 Suppl **2:**S112-S119.
6. **Cheng, Y. J., K. Y. Lin, C. C. Chen, Y. L.Huang, C. E. Liu, and S. Y. Li.** 2013. Zoonotic atypical pneumonia due to Chlamydophila psittaci: first reported psittacosis case in Taiwan. J. Formos. Med. Assoc.

112:430-433.

7. **Chernesky, M. A., D. Jang, H. Lee, J. D. Burczak, H. Hu, J. Sellors, S. J. Tomazic-Allen, and J. B.Mahony.** 1994. Diagnosis of *Chlamydia trachomatis* infections in men and women by testing first-void urine by polymerase chain reaction. J. Clin. Microbiol. **32:**2682- 2685.
8. **Cles, L. D., K.Bruch, andW. E. Stamm.** 1988. Staining characteristics of six commercially available monoclonal immunofluorescence reagents for direct diagnosis of *Chlamydia trachomatis* infections. J. Clin. Microbiol. **26:**1735-1737.
9. **Cunha, B. A.** 1998. The Chlamydial pneumoniae. Drugs Today. **34:**1005-1012.
10. **Drancourt, M., and D. Raoult.** 1994. Taxonomic position of the *Richettsiae*: current knowledge, FEMS. Microbiol. Rev. **13:**13-24.
11. **Fang, R. C., W. P. Lin, P. S. Chao, N. T. Kuo, and C. M. Chen.** 1975. Clinical observations of scrub typhus on Penghu (the Pescadores Islands). Trop. Geogr. Med. **27:**143-150.
12. **Fang, C. T., W. F. Ferng, J. J. Hwang, C. J. Yu, Y. C. Chen, M. H. Wang, S. C. Chaung, and W. C. Hsieh.** 1997. Life threating scrub typhus with meningoencephalitis and acute respiratory distress syndrome. J. Formos. Med. Assoc. **96:**213-216. Erratum in **96:**390.
13. **Furuya, Y., Y. Yoshida, T. Katayama, F. Kawamori, S. Yamamoto, N. Ohashi, A. Tamura, and A. kawamura.** 1991. Specific amplification of Rickettsia tsutsugamushi DNA from clinical specimens by polymerase chain reaction. J. Clin. Microbiol. **29:**2628-2630.
14. **Fenollar F., P. E. Fournier, and D. Raoult.** 2004. Molecular detection of Coxiella burnetii in the sera of patients with Q fever endocarditis or vascular infection. J. Clin. Microbiol. **42:** 4919-4924.
15. **Gaydos, C. A., C. L. Fowler, V. J. Gill, J. J. Eiden, and T. C. Quinn.** 1993. Detection of *Chlamydia pneumoniae* by polymerase chain reaction- enzyme immunoassay in an immunocompromised population. Clin. Infect. Dis. **17:** 718-723.
16. **Gaydos, C. A.** 2014. Review of use of a new rapid real-time PCR, the Cepheid GeneXpert (Xpert) CT/NG assay, for chlamydia trachomatis and Neisseria gonorrhoeae: results for patients while in a clinical setting. Expert Rev Mol Diagn. 14(2): 135-137.
17. **Giulieri, S., K. Jaton, A. Cometta, L. T. Trellu, and G. Greub.** 2012. Development of a duplex real-time PCR for the detection of Rickettsia spp. And typhus group rickettsia in clinical samplea. FEMS Immunol. Med. Microbiol. **64:** 92-97.
18. **Hammerschlag, M. R.** 2000. The role of *Chlamydia* in upper respiratory tract infections. Curr. Infect. Dis. Rep. **2:**115-120.
19. **Hung, M. N., Y. F. Chou, M. J. Chen, M. Y. Hou, P. S. Lin, C. C. Lin, and L. J. Lin.** 2010. Q fever outbreak in a small village, Taiwan. Jpn. J. Infect. Dis. **63:**212-213.
20. **Henry, K. M., J. Jiang, P. J. Rozmajzl, A. F. Azad, K. R. Macaluso, and A. L. Richards.** 2007. Development of quantitative real-time PCR assays to detect Rickettsia typhi and Rickettsia felis, the causative agents ofmurine typhus and flea-borne spotted fever. Mol. Cell. Probes **21:**17-23.http://dx.doi.org/10.1016/

j.mcp. 2006.06.002.

21. **Hou, M. Y., M. N.Hung, P. S. Lin, Y. C.Wang, C. C. Lin, P. Y. Shu, W. Y. Shih, H. S.Wu, and L. J. Lin.** 2011. Use of a single-tube nested realtime PCR assay to facilitate the early diagnosis of acute Q fever. Jpn. J. Infect. Dis. **64:**161-162.

22. **Ito, J. I. Jr., J. M. Lyons , and L. P. Airo-Brown.** 1990. Variation in virulence among oculogenital serovars of *Chlamydia trachomatis* in experimental genital tract infection. Infect. Immun. **58:**2021-2023.

23. **Jackson, L. A., L. A. Campbell, C. C. Kuo, D. I. Rodriguez, A. Lee, and J. T. Grayston.** 1997. Isolation of *Chlamydia pneumoniae* from a carotid endarterectomy specimen. J. Infect. Dis. **176:**292-295

24. **Kim, D. M., G. Park, H. S. Kim, J. Y. Lee, G. P. Neupane, S. Graves, and J. Stenos.** 2011. Comparison of conventional, nested, and real-time quantitative PCR for diagnosis of scrub typhus. J. Clin. Microbiol. **49:**607-612.

25. **Jiang, J., T. C. Chen, J. J. Temenak, G. A. Dasch, W. M. Ching, and A. L. Richards.** 2004. Development of a quantitative real-time polymerase chain reaction assay specific for Rickettsia tsutsugamushi. Am. J. Trop. Med. Hyg. **70:**351-356.

26. **Ko, W. C., J.W. Liu, and Y. C. Chuang.** 1997. Acute Q fever as a cause of acute febrile illness of unknown origin in Taiwan: report of seven cases. J. Formos. Med. Assoc. **96:**295-297.

27. **Ko, W. C., C. C. Liang, H. Y. Chen, and Y. C. Chuang.** 2000. Seroprevalence of *Coxiella burnetii* infection in southern Taiwan. J. Formos. Med. Assoc. **99:**33-38.

28. **KoVacova, E., and J. Kazar.** 2000. Rickettsial disease and their serological diagnosis. **46:**239- 245.

29. **Krech, T., M. Bleckmann, andR. Paatz.** 1989. Comparison of buffalo green monkey cells and McCoy cells for isolation of *Chlamydia trachomatis* in a microtiter system. J. Clin. Microbiol. **27:**2364-2365.

30. **Kuo, C. C., H. H. Chen, S. P. Wang, and J. T. Grayston.** 1986. Identification of a new group of *Chlamydia psittaci* strains called TWAR. J. Clin. Microbiol. **24:**1034-1037.

31. **Kuo, C. C., J. T. Grayston, L. A. Campbell, Y. A. Goo, R.W.Wissler, and E. P. Benditt.** 1995. *Chlamydia pneumoniae* (TWAR) in coronary arteries of young adults (15-34 years old). Proc. Natl. Acad. Sci. USA. **22:**6911-6914.

32. **Lai, C. H., Y. H. Chen, J. N. Lin, L. L. Chang, W. F. Chen, and H. H. Lin.** 2009. Acute Q fever and scrub typhus, southern Taiwan. Emerg. Infect. Dis. **15:**1659-1661.

33. **Lai, C.H., L. L. Chang, J. N. Lin, K. H. Tsai, Y. C. Huang, L. L. Kuo, H. H. Lin, and Y. H. Chen.** 2014. Human spotted fever group rickettsioses are underappreciated in southern Taiwan, particularly for the species closely-related to *Rickettsia felis*. PLoS One **9:** e95810.

34. **LaScola, B., and D. Raoult.** 1997. Laboratory diagnosis of rickettsioses: current approaches to diagnosis of old and new rickettsial disease. J. Clin. Microbiol. **35:**2715-2727

35. **Lee, H. C., W. C. Ko, H. L. Lee, and H. Y. Chen.** 2002. Clinical manifestation and complications of rickettsiosis in southern Taiwan. J. Formos. Med. Assoc. **101:**385-392.

36. **Lin, T. M., C. C. Kuo, W. J. Chen, F. J. Lin, and H. L. Eng.** 2004. Seroprevalence of *Chlamydia pneumoniae* infection in Taiwan. J. Infect. **48:** 91-95.
37. **Messmer, T. O., S. K. Skelton, J. F. Moroney, H. Daugharty, and B. S. Fields.** 1997. Application of a nested, multiplex PCR to psittacosis outbreak. J. Clin. Microbiol. **35:**2043-2046.
38. **Montalban, G. S., P. M. Roblin, and M. R. Hammerschlag.** 1994. Performance of three commercially available monoclonal reagents for confirmation of *Chlamydia pneumoniae* in cell culture. J. Clin. Microbiol. **32:**1406-1407.
39. **Olson, J. G., and A. L. Bourgeois.** 1977. *Rickettsia tsutsugamushi* infection and scrub typhus incidence among Chinese military personnel in the Pescadores Islands. Am. J. Epidemiol. **106:** 172-175.
40. **Omsland, A., D. C. Cockrell, D. Howe, E. R. Fischer, K. Virtaneva, D. E. Sturdevant, S. F. Porcella, and R. A. Heinzen.** 2009. Host cellfree growth of the Q fever bacterium Coxiella burnetii. Pro. Natl. Acad. Sci. **106:**4430-4434.
41. **Persson, K., and S. Haidl.** 2000. Evalution of a commercial test for antibodies to the chlamydial lipopolysaccharide (Medac) for serodiagnosis of acute infections by *Chlamydia pneumoniae* (TWAR) and *Chlamydia psittaci.* APMIS. **108:** 131-138.
42. **Reimer, L. J.** 1993. Q fever. Clin. Microbiol. Rev. **6:**193-198.
43. **Roges, G., and E. Edlinger.** 1986. Immunoenzymatic test for Q fever. Digan. Microbiol. Infect. Dis. **4:**125-132.
44. **Sabet, S. F., J. Simmons, and H. D. Caldwell.** 1984. Enhancement of *Chlamydia trachomatis* infectious progeny by cultivation in HeLa 229 cells treated with DEAE-Dextran and cycloheximide. J. Clin. Microbiol. **20:**217-222.
45. **Schachter, J., J. Moncada, R. Whidden, H. Shaw, G. Bolan, J. D. Burczak, and H. H. Lee.** 1995.Noninvasive tests for diagnosis of *Chlamydia trachomatis* infection: Application of ligase chain reaction to first-catch urine specimens of women. J. Infect. Dis. **172:**1411-1414.
46. **Schmeer, N., H. P. Muller, W.Baumgartner, J. Wieda, and H. Krauss.** 1988. Enzyme-linked immunosorbent fluorescence assay and highpressure liquid chromatography for analysis of humoral immune responses to *Coxiella burnetti* proteins. J. Clin. Microbiol. **26:**2520-2525.
47. **Skulnick, M., R. Chua, A. E. Simor, D. E. Low, H. E. Khosid, S. Fraser, E. Lyons, E. A. Legere, and D. A. Kitching.** 1994. Use of the polymerase chain reaction for the detection of *Chlamydia trachomatis* from endocervical and urine specimens in an asymptomatic low-prevalence population of women. Diag. Microbiol. Infect. Dis. **20:**195-201.
48. **Stein, A., and D. Raoult.** 1992. Detection of *Coxiella burnetti* by DNA amplification using polymerase chain reaction. J. Clin. Microbiol. **30:**2462-2466.
49. **Tsai, K. H., H.Y. Lu, J. J. Tsai, S.K.Yu, J. H. Huang, and P. Y. Shu.** 2008. Human case of *Rickettsia felis* infection in Taiwan. Emerg. Infect. Dis. **14:** 1970-1972.
50. **Tsay, R. W., and F. Y. Chang.** 1998. Serious complications in scrub typhus. J. Microbiol.

Immuniol. Infect. **31**:240-244.

51. **Verminnen, K., B. Duquenne, D. De Keukeleire, B. Duim, Y. Pannekoek, L. Braeckman, and D. Vanrompay.** 2008. Evaluation of a Chlamydophila psittaci infection diagnostic platform for zoonotic risk assessment. J. Clin. Microbiol. **46**:281-286.
52. **Wong, K. H., S. K. Skelton, and H. Daugharty.** 1994. Utility of complement fixation and microimmunofluorescence assays for detecting serologic responses in patients with clinically diagnosed psittacosis. J. Clin. Microbiol. **32:** 2417-2421.
53. **Wu, C. H., M. F. Lee, S. C. Yin, D. M. Yang, and S. F. Cheng.** 1992. Comparison of polymerase chain reaction, monoclonal antibody based enzyme immunoassay and cell culture for detection of *Chlamydia trachomatis* in genital specimens. Sex. Transm. Dis. **19:**193-197.
54. **Wu, C. S., K. Y. Chang, C. S. Lee, and T. J. Chen.** 1995. Acute Q fever hepatitis in Taiwan. J. Gastroenterol. Hepatol. **10:**112-115.
55. **Wu, J. S., J. C. Lin, and F. Y. Chang.** 2000. *Chlamydia pneumoniae* infection in community- acquired pneumonia in Taiwan. J. Microbiol. Immunol. Infect. **33:**34-38.
56. **Yen, T.H., C. T. Chang, J. L. Lin, J. R. Jiang, and K. F. Lee.** 2003. Scrub typhus: frequently overlooked cause of acute renal failure. Ren. Fail. **25:**397-410.

第 21 章

臨床眞菌

孫培倫

内容大綱

學習目標

- 能夠寫出眞菌的一般特性
- 能夠詳述各種眞菌感染症、致病菌及其鑑定特徵
- 能夠寫出臨床上常用的眞菌感染症檢查方法及原理
- 能夠熟悉並操作各種臨床眞菌實驗室的檢查及鑑定技術
- 能夠詳述抗眞菌藥物的原理及應用
- 能夠了解分離菌種的臨床意義判讀

21-1 一般性質

一、特性

眞菌隸屬於眞菌界，爲眞核生物，具有細胞壁、細胞膜、細胞核及胞器。與植物相異之處，在於眞菌不具有葉綠體，因此無法行光合作用，必須以異營方式取得養分。眞菌沒有特化的消化器官，而是產生分解酶將物質在體外分解後，再吸收進細胞內。有別於植物和細菌細胞壁的組成，眞菌細胞壁的成分爲多醣（polysaccharide）、幾丁質（chitin）及最外層的醣蛋白（glycoproteins）；細胞膜的主要成分則是麥角固醇（ergosterol），與人體的細胞膜不同。眞菌依外觀可概分爲酵母菌及絲狀眞菌（黴菌）；酵母菌爲單細胞，菌落光滑；絲狀眞菌爲多細胞個體，具有圓柱狀菌絲，菌絲內有隔膜（septum，複數 septa），菌落多爲毛狀。有的絲狀眞菌會發展成肉眼可見的子實體，如可食用的菇類和林間樹幹上常見的各式菇類，就是眞菌的子實體。至於和人體健康及感染有關的眞菌，則多是顯微鏡下才能觀察到的微眞菌（microfungi）。

二、生長和繁殖

絲狀眞菌生長，是透過末端生長（apical growth）及菌絲分支（branching）的模式來增加個體的體積和擴大生長的範圍；酵母菌則是由出芽的方式來增加個體數量。完整的眞菌生活史包括無性世代及有性世代：無性世代以有絲分裂方式產生分生孢子（conidium，複數 conidia），再由分生孢子發育成新的個體，子代的基因型和親代相同。酵母菌的出芽生殖（圖 21-1A）、絲狀眞菌的關節孢子（arthroconidia）（圖 21-1B）、瓶梗孢子（phialoconidia）（圖 21-1C）、環痕孢子（annelloconidia）（圖 21-1D）及毛黴的孢囊孢子（sporangiospores）（圖 21-1E）均屬此類。有性世代則由不同交配型的菌絲結合後行細胞融合及核融合，經染色體複製和減數分裂後產生有性孢子。有性生殖產生的子代，其基因爲親代基因型的重組，子囊菌門的子囊孢子（ascospores）（圖 21-2A）和擔子菌門的擔孢子（basidiospores）均屬此類（圖 21-2B）。

三、命名和分類

眞菌的名稱是由屬名和種名組成，且在物種的分類上有其特定的位置。這些名稱雖然有中文譯名，但建議初學者仍應熟悉菌名的拉丁文，便於臨床工作與國際交流。眞菌的命名原則是依循《國際藻類眞菌及植物命名法規》（International Code of Nomenclature for algae, fungi, and plants）的規範。原則上一個物種只有一個科學名稱，但長久以來眞菌有一個命名法規上的特權，即雙名制（dual nomenclature）。這是因爲眞菌的有性世代和

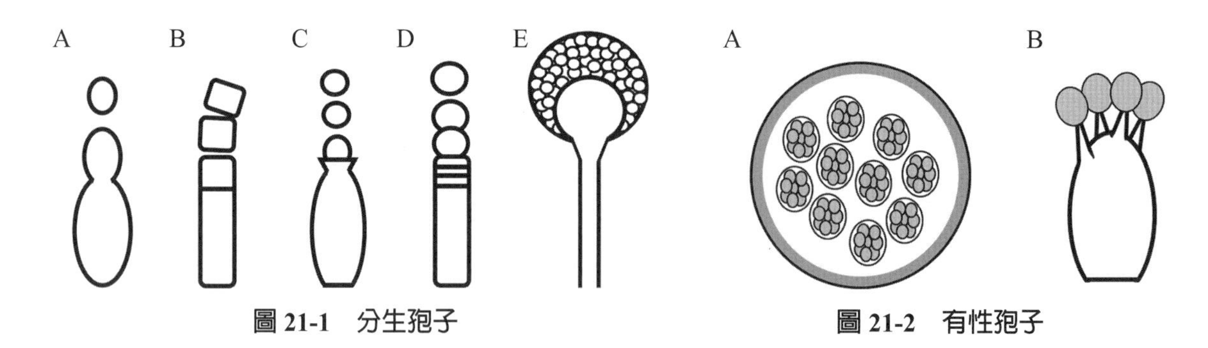

圖 21-1　分生孢子

圖 21-2　有性孢子

無性世代形態迥異，有時會在被發現時給予不同的名稱，但後來發現是同一物種。例如 *Microsporum canis* 的有性世代稱爲 *Arthroderma otae*，*Aspergillus fumigatus* 的有性世代稱爲 *Neosartorya fumigata*。由於這是同一種眞菌不同世代的表現，本質上還是同一個物種，因此在 2011 澳洲墨爾本舉行的第 18 屆國際植物學大會中，通過了修正案，正式廢除眞菌雙名制的條文。據此決議，由 2013 年 1 月 1 日起，新的物種不再爲有性及無性世代分別命名，而目前已具有雙名的眞菌，由其中擇一做爲正式的名稱，另一個名稱則成爲該菌的同物異名。

過去依據形態學上的特徵，眞菌界可分爲四個門：壺菌門（*Chytridiomycota*）、接合菌門（*Zygomycota*）、子囊菌門（*Ascomycota*）及擔子菌門（*Basidiomycota*）。自從分子親緣分析法（phylogenetic analysis）導入眞菌分類後，物種基因序列的相似度便成爲分類的重要依據。這個新的分類觀點，將眞菌界重新分爲 7 個門和 10 個亞門。重要的改變包括：⑴ 取消接合菌門，將原有的菌種歸到球囊菌門（*Glomeromycota*）及其他 4 個亞門，與臨床疾病相關的菌主要歸在毛黴亞門（*Mucoromycotina*）和蟲黴菌亞門（*Entomophthoromycotina*）；⑵ 微孢子蟲（*Microsporidia*）由原生生物改納入眞菌界，並自成一門；⑶ 立雙核亞界（*Dikarya*）來包含子囊菌門和擔子菌門，因爲屬於這兩門的眞菌通常具有雙核的時期。這兩個門包含了大部分的臨床致病眞菌。（圖 21-3）

基於上述原因，近年來眞菌的命名並不穩定，許多重要致病眞菌的名稱不斷被修改，造成臨床報告及實驗上的困擾。然而，由於這些更動是經由合法（符合眞菌命名法規）的程序

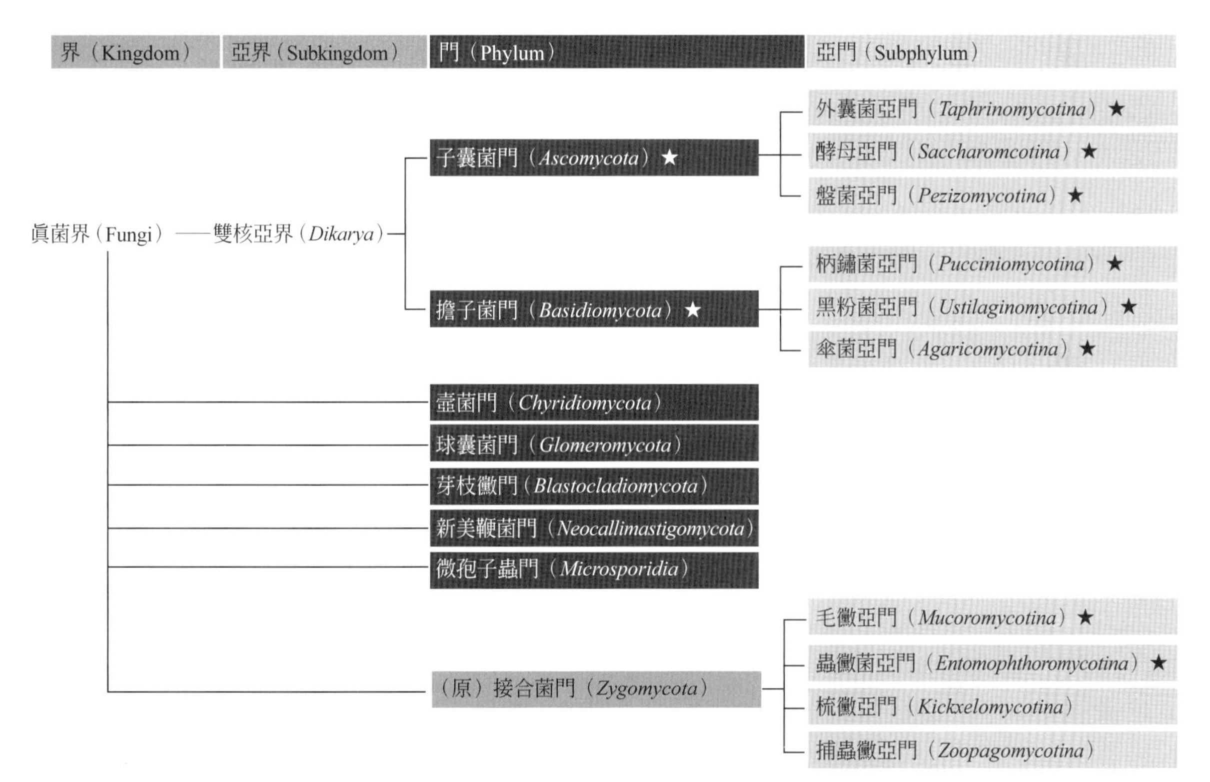

圖 21-3 眞菌的分類（星號表示包含臨床致病菌種）

發表，因此這些名稱的提出和存在，並不能因爲不符合使用習慣而被片面廢除。MycoBank（http://www.mycobank.org）是眞菌命名的資料庫，使用者可以找到每一種眞菌命名的演變及相關佐證文獻，可以解決不少名稱上的疑問。

在分類研究中，有時會發現形態相似但基因組成不同的系群（lineage），要將這些分屬不同系群的隱蔽種（cryptic species）正確分開，一般只能依賴分子工具，因爲他們可供鑑別的特徵太少了。這些菌種雖有各自的學名，但爲了臨床使用上的便利，統稱爲複合種（species complex），例如 *Trichophyton mentagrophytes* species complex、*Aspergillus fumigatus* species complex、*Sporothrix schenckii* species complex 等。由於分子鑑定所花的時間及成本較高，並不符合實際臨床的需求，因此當不需要細分鑑定時，以複合種來涵蓋這些相似的菌種是合理的作法。而當臨床治療或流行病學上必須區分菌株時，就可以使用分子的方法鑑定至正確的種名。

21-2 臨床意義

目前已命名的眞菌約有十四萬種，已知會造成人類或動物感染的種類約有六百種。隨著醫療水準的提升，許多過去無法治療的疾病都能得到控制，但取而代之的是免疫不全患者的人數逐年累積，間接造成眞菌感染症數量的攀升。而檢驗及鑑定技術的進步及分子鑑定技術的普及，也大大提高眞菌感染的診斷。據保守估計，全球眞菌感染患者接近三億，每年約有 135 萬人會因嚴重眞菌感染而失去寶貴的生命，更有許多患者因爲感染造成永久的器官損害。因此眞菌感染的診斷治療和控制，已成爲刻不容緩的議題。

與人類疾病相關的眞菌主要分布在子囊菌門、擔子菌門、毛黴亞門和蟲黴菌亞門。至於壺菌門眞菌則會感染兩生類的蛙和山椒魚，目前還沒有感染人類的病例報告。雖然已知的致病眞菌有六百多種，但只有少部分眞菌是以人類爲主要的宿主：例如親人性（anthropophilic）的皮癬菌以人類的皮膚、指甲、頭髮的角質物質爲養分來源；馬拉色菌（*Malassezia*）存在人類皮膚油脂分泌旺盛的部位；念珠菌（*Candida*）存在人類皮膚黏膜及消化道等。除了皮癬菌會主動致病外，馬拉色菌和念珠菌通常只在環境適合生長時大量繁殖，才會造成臨床症狀。雖然被這幾類眞菌感染的患者數量最多，常見的致病種類大約只有 20 種，且造成的感染以表淺感染爲主，如足癬、甲癬、汗斑、皮膚念珠菌感染等。而其他六百多種造成感染的眞菌是都存在於環境中，只有當宿主免疫力低下、曝露在大量病原體（孢子），或宿主受傷造成傷口時，才會進入人體造成伺機性的感染。這類感染的總數相對較少，但因常會侵入深部組織及器官或造成菌血症，病情通常較嚴重，死亡率或致殘率也較高。如侵襲性麴菌症、毛黴菌症、隱球菌症等。

眞菌感染症可依感染的深度、範圍及菌種的特性，概分爲以下數類。部分罕見的眞菌感染症不在本章的討論範圍，讀者可參考醫學眞菌專門書籍。

一、表淺眞菌感染

1. 變色糠疹（Pityriasis versicolor, tinea versicolor）

變色糠疹俗名汗斑、花斑癬，致病菌爲馬拉色屬（*Malassezia*）眞菌。此屬眞菌爲嗜脂性酵母菌，目前已命名的約有 14 種，當中除 *Malassezia pachydermtis* 外，均需長鏈脂肪酸方能生長，因此必須使用含油質的培養基如 modified Dixon's 或 Leeming-Notman agar，另一個簡單的方法則是直接在一般培養基加上無菌的橄欖油。與汗斑有關的菌種是 *M. globosa*, *M. sympodalis*, *M. furfur* 和 *M. slooffiae*。除了流行病學研究目的外，一般不會進行致病菌的培養檢定。典型的變色糠疹病灶爲境界明顯的斑塊，顏色呈紅色、棕色、棕灰、白色等，表面有細屑，可輕易刮取下來。病灶皮屑鏡檢時，可見圓形或瓶狀的眞菌孢子及短菌絲，有時則僅出現其中一種形態，加上黑色派克墨水染色可將菌體染成藍色，便於觀察（圖 21-4）。經培養後菌落會呈乳白色至黃棕色，質地不黏，顯微鏡下爲單細胞酵母菌，子細胞與母細胞相連時呈保齡球瓶狀（圖 21-5）。

2. 黑癬（Tinea nigra）

黑癬的致病菌爲黑酵母菌 *Hortaea werneckii*。臨床病灶爲境界明顯的暗棕色斑塊，常出現於手掌，一般不會有搔癢的症狀，患者多爲小孩。由於外觀類似惡性黑色素瘤，常引起患者及家屬的恐慌。透過病灶皮屑鏡檢，可見淡黃色短菌絲即可診斷（圖 21-6）。此菌生長速度中等，培養於 Sabouraud's dextrose agar（SDA）時，初期呈黑色黏稠狀（圖 21-7），菌落老熟後會開始出現毛狀質地。顯微特徵爲淡橄欖綠的橢圓形酵母細胞，有時細胞會在中央出現一個暗色的隔膜，細胞末端可見環痕產孢的產孢點（annellide）（圖 21-8）；老熟的菌落可觀察到暗色、有分隔的菌絲。

3. 毛幹白節病與毛幹黑節病（White piedra and black piedra）

這兩種疾病只感染髮幹，主要發生在熱帶及亞熱帶地區，但不常見。

毛幹白節病臨床上會在毛幹上形成白色軟質結節，主要侵犯臉部、腋下及生殖器部位的毛髮。致病菌爲擔子菌門 *Trichosporon*，屬酵母菌，如 *Trichosporon inkin*、*Trichosporon ovoides* 及 *Trichosporon asahii*。

毛幹黑節病主要侵犯頭皮及臉部的毛髮，致病菌 *Piedraia hortae* 屬於子囊菌，會在毛幹形成質硬的暗棕色至黑色節結，節結內有子囊及子囊孢子。這些顯微特徵主要由病灶直接鏡檢才看得到，眞菌培養只能看到暗色的菌絲。

二、表皮眞菌感染症

1. 皮癬菌感染（Dermatophyte infections, dermatophytosis, tinea）

皮癬菌爲一群具有角質分解能力的絲狀眞菌，分類上屬於皮節菌科（*Arthrodermataceae*），傳統上包含三個屬：毛癬菌屬（*Trichophyton*）、小孢子菌屬（*Microsporum*）及表皮癬菌屬（*Epidermophyton*）。根據 2017 年的分類研究，皮癬菌由原本的三個屬擴大爲七個屬，增加 *Nannizzia*、*Arthroderma*、*Lophophyton* 及 *Paraphyton* 等四個屬，部分的菌名因此有了更動。不過，基本上親人性的皮癬菌以及某些常感染人類的親動物性皮癬菌仍保留原有的名稱，其他親土性及偶爾感染人類的親動物性皮癬菌則歸到其他屬內，因此這個名稱的變動對臨床實務影響不大。新舊名稱對照如下表（表 21-1）。

依據對不同宿主的親合性及生態學特性，皮癬菌可分爲親人性（anthropophilic）、親動物性（zoophilic）及親土性（geophilic）。親人性的皮癬菌，以人類爲主要宿主：透過人與人的接觸傳染，代表性的菌種爲 *Trichophyton rubrum*、*Trichophyton tonsurans*、*Trichophyton interdigitale* 等。親動物性的皮癬菌，以動物爲主要宿主：不同的菌種各有偏好的動物宿主，如 *Microsporum canis* 主要感染犬貓，*Trichophyton mentagrophyte* 及 *Trichophyton benhamiae* 主要感染鼠兔，人類偶爾會因爲接觸罹病的寵物而被感染。至於親土性的皮癬菌則主要存在於土壤中，以土壤中的角質物質爲養分，最重要的致病菌種是 *Nannizzia gypsea*

表 21-1　臨床相關皮癬菌新舊分類名稱對照表

舊名	新名
Trichophyton rubrum	不變
Trichophyton interdigitale, zoophilic strain	*Trichophyton mentagrophytes*
Trichophyton interdigitale, anthropophilic strain	*Trichophyton interdigitale*
Trichophyton mentagrophytes var. *quinckeanum*	*Trichophyton quinckeanum*
Trichophyton tonsurans	不變
Trichophyton violaceum	不變
Trichophyton schoenlenii	不變
Trichophyton concentricum	不變
Trichophyton soudanense	不變
Trichophyton benahmiae	不變
Trichophyton erinacei	不變
Trichophyton verrucosum	不變
Trichophyton equinum	不變
Trichophyton simii	不變
Microsporum canis	不變
Microsporum audouinii	不變
Microsporum ferrugineum	不變
Microsporum gypseum	*Nannizzia gypsea*
Microsporum incurvatum	*Nannizzia incurvata*
Microsporum fulvum	*Nannizzia fulva*
Microsporum gallinae	*Lophophyton gallinae*
Microsporum nanum	*Nannizzia nana*
Microsporum persicolor	*Nannizzia persicolor*
Microsporum praecox	*Nannizzia praecox*
Epidermophyton floccosum	不變

（=*Microspoum gypseum*），人類或動物偶爾會因接觸土壤而被感染。表 21-2 爲皮癬菌三個屬的特徵，表 21-3 是臨床常見及重要之皮癬菌的特徵。

臨床上依感染部位的不同，皮癬菌感染可分爲頭癬、臉癬、體癬、手癬、股癬、足癬及甲癬等。分述如下：

表 21-2　皮癬菌三個屬顯微構造比較

屬	小分生孢子	大分生孢子	
Trichophyton	很多	有，但不一定都會出現；薄壁，外表光滑	*Trichophyton rubrum*
Microsporum	有	很多；厚壁，外表粗糙	*Microsporum canis*
Epidermophyton	無	很多；棍棒狀，外表光滑	*Epidermophyton floccosum*

表 21-3　臨床常見及重要皮癬菌之形態特徵

菌名	宿主	菌落特徵	顯微特徵
Trichophyton rubrum（圖 21-9、21-10）	人	表面白色毛狀或顆粒狀，背面酒紅色或暗棕色。	小分生孢子多，梨形，排列在菌絲的兩側。大分生孢子一般不出現，但在顆粒狀菌落的分離株常大量出現。
Trichophyton tonsurans（圖 21-11、21-12）	人	外觀多變，表面多為白色至淡黃色，背面黃色或棕色。	小分生孢子很多，形狀變化很大，呈梨形或膨大成圓形，大分生孢子柱狀或雪茄狀，常見間生的厚壁孢子（chlamydospores）。
Trichophyton mentagrophytes（圖 21-13）	鼠、兔	表面粉末狀、顆粒狀或羊毛狀，乳白色至淡黃色，背面暗棕色。	小分生孢子圓形至梨形，呈葡萄串狀聚集，或單獨分布在菌絲上。大分生孢子雪茄狀，薄壁，具 3～8 個細胞，常可見螺旋狀菌絲。
Trichophyton interdigitale（圖 21-14、21-15）	人	表面白色短毛狀，背面淡棕色。	小分生孢子圓形至梨形，常不產生大分生孢子，螺旋菌絲偶爾可見。
Trichophyton erinacei（圖 21-16、21-17、21-18）	刺蝟	表面白色粉末狀或棉花狀，背面亮黃色。	小分生孢子梨形，排列在菌絲上。大分生孢子圓柱狀至棍棒狀，具 2～6 個細胞。
Trichophyton benhamiae（圖 21-19、21-20）	兔、天竺鼠	表面粉末狀，乳白色至黃色，背面黃色、紅棕色至暗棕色。	小分生孢子圓形或梨形，大分生孢子雪茄狀，薄壁，具 3～8 個細胞。螺旋菌絲偶爾可見。

表 21-3　臨床常見及重要皮癬菌之形態特徵（續）

菌名	宿主	菌落特徵	顯微特徵
Trichophyton violaceum（圖 21-21、21-22）	人	生長速度慢，菌落表面光滑，初期爲乳黃色，之後變爲紫色。	菌絲呈不規則分枝狀，有間生的厚壁孢子。在 SDA 上一般不產生分生孢子。
Microsporum canis（圖 21-23、21-24）	犬、貓	表面白色毛狀，背面黃色。	小分生孢子梨形，大分生孢子梭狀，厚壁，表面粗糙，具 6～12 個細胞，末端呈鳥喙狀。
Nannizzia gypsea（=*Microsporum gypseum*）（圖 21-25、21-26）	土壤	生長快速，表面粉狀，肉桂色，背面淡黃色。	小分生孢子梨形，大分生孢子梭狀，薄壁，表面粗糙，具 3～6 個細胞。
Microsporum ferrugineum（圖 21-27、21-28）	人	生長速度慢，表面光滑，鏽黃色，背面乳白色至黃色。	同時有長直形具有明顯分隔的「竹狀菌絲（bamboo hyphae）」，不規則分枝的菌絲，及間生的厚壁孢子。SDA 上一般不產生分生孢子。
Epidermophyton floccosum（圖 21-29、21-30）	人	表面絨毛狀，淡黃色到芥茉黃，背面黃色至暗棕色。	大分生孢子棍棒狀，薄壁，2～5 個細胞。沒有小分生孢子，老熟菌落會有許多厚壁孢子及關節孢子。

註：廣義的 *Trichophyton mentagrophytes* 爲複合種，包含了數種形態相近的皮癬菌，如上表中的 *Trichophyton mentagrophytes*、*Trichophyton interdigitale*、*Trichophyton erinacie* 及 *Trichophyton benhmaie* 等。這幾個種的菌落異差比顯微鏡特徵大，在鑑定時記得要仔細觀察菌落的正反面顏色和菌落表面質地。若要正確診斷，目前仍有賴分子鑑定，如 ITS 的定序。

(1)**頭癬**（Tinea capitis）

頭癬爲頭皮及頭髮的感染，皮癬菌侵入毛囊後感染髮幹，利用毛髮的角質養分增殖，間接造成頭髮分解斷裂。臨床表現呈多樣性，如脫屑、斷髮、紅疹等，若感染到親動物性及親土性的菌種時，皮膚常出現嚴重發炎反應，如膿疱、腫包等，此時病灶會疼痛；若感染到親人性的菌種時，則以斷髮和脫屑爲主要病徵。臨床上摘取患者病灶處的斷髮直接顯微鏡檢，在髮幹內（endothrix）（圖 21-31）或髮幹外（ectothrix）（圖 21-32）看到眞菌孢子，即可確定診斷。不同皮癬菌也有感染髮幹內或外的不同，髮幹內均爲 *Trichophyton*，如 *Trichophyton violaceum*、*Trichophyton tonsurans* 等，髮幹外感染則以 *Microsporum* 爲主，如 *Microsporum canis*、*Microsporum audouinii* 以及部分的 *Trichophyton*，如 *Trichophyton verrucosum* 和 *Trichophyton rubrum* 等。要特別提醒的是，上述臨床和頭髮鏡檢的特徵，並不能據以推論致病菌的種類，致病菌的種類還是必須仰賴眞菌培養才能確定。由於斷髮中孢子的數量很多，因此只要取得正確的檢體，培養並不困難。頭癬的流行菌種會隨時代更迭及國家地區的不同而有差異，目前國內常見的致病菌種以 *Microsporum canis* 及 *Trichophyton violaceum* 爲主，其他如 *Trichophyton tonsurans*、

Trichophyton mentagrophytes、*Trichophyton rubrum*、*Microsporum gypseum*、*Microsporum ferrugineum* 亦有偶發病例；過去流行的 *Trichophyton schoenlenii* 在臺灣已不復見。

⑵**手癬**（Tinea manuum）、**足癬**（Tinea pedis）

為手部及腳部皮膚的感染，病灶在手背及足部多呈環形的紅色斑塊，在手掌及腳掌角質層較厚的部位，則多為厚皮及脫皮，偶爾會伴隨搔癢的小水泡。病灶皮屑顯微鏡檢可見透明具隔膜的菌絲，或者是關節孢子。最常見的致病菌為 *Trichophyton rubrum* 及 *Trichophyton interdigitale*。近年流行飼養寵物，動物來源的感染日漸增多，飼主被感染刺蝟的 *Trichophyton erinacei* 和感染兔子的 *Trichophyton mentagrophytes* 傳染造成的手癬偶亦可見。

⑶**臉癬**（Tinea faciei）、**體癬**（Tinea corporis）、**股癬**（Tinea cruris）

典型病灶主要是環形的紅色斑塊，伴隨不等程度的發炎反應。與手癬足癬相同，可經由病灶皮屑顯微鏡檢，找到透明具隔膜的菌絲或關節孢子確定診斷。臉癬和體癬的致病菌種較多樣化，由人類和動物來源的都有可能，常見的親人性皮癬菌為 *Trichophyton rubrum*，親動物性為 *Microsporum canis* 及 *Trichophyton mentagrophytes*。股癬以親人性的皮癬菌為主，如 *Trichophyton rubrum* 及 *Epidermophyton floccosum*。

由於不同的皮癬菌有其偏好的宿主或生活環境，因此透過真菌培養可以確認感染的來源，對臨床診治患者有很大的幫助。部分實驗室只鑑定到「屬」，就無法獲得這個重要的訊息，因此皮癬菌鑑定至種名或複合種有其必要性。

⑷**甲癬**（Onychomycosis）

甲癬俗稱灰趾甲，為甲板的真菌感染，一般是由未經妥善治療的足癬或手癬直接感染甲板，或由趾部外傷造成的甲肉分離處侵入甲板。臨床可見甲板變色、增厚（圖 21-33）。若未妥善治療，甲板會變形，並可能導致甲溝炎、足癬長久不癒，及繼發性的細菌感染等。臨床診斷是取病甲的碎屑鏡檢，確認是否有菌體存在（圖 21-34）。致病菌以皮癬菌為主，最常見的菌種為 *Trichophyton rubrum* 及 *Trichophyton interdigitale*。甲癬和其他部位體癬最大的不同，在於許多非皮癬菌的真菌也可能會造成甲癬，例如 *Fusarium*、*Aspergillus*、*Scopulariopsis*、*Neoscytalidium* 等。由於指甲並非無菌部位的檢體，常會同時分離出多種真菌，因此使用培養法輔助診斷甲癬，必須能正確判斷每一個菌種的臨床重要性，以避免過度診斷而執行了非必要的治療。

2.表淺念珠菌感染（Superficial candidiasis）

念珠菌症為念珠菌屬（*Candida*）真菌造成的感染，臨床可分為表淺、深部、器官及全身性的感染。表皮及黏膜感染最為常見，治療相對容易；全身性感染則主要發生在免疫不全或加護病房的住院患者，為真菌感染致死最常見的原因。念珠菌為酵母菌，行出芽生殖，臨床上最常見的致病菌是 *Candida albicans*。

⑴**皮膚黏膜念珠菌症**

病灶主要出現在皮膚皺褶及對磨處，如胯下、腋下及背部等，手部主要出現在手縫處，常與工作長時間接觸水有關。黏膜部位主要在幼兒口腔、老年人嘴角，或生殖器及包裹尿片的區域。這些部位的共同特徵為容易悶熱積汗，形成念珠菌增殖的良好環境。皮膚病灶以帶屑的紅疹為主，周圍會分布較小的衛星病灶。口腔黏膜病灶主要以潰瘍表現，有時表面會覆蓋一層白色的斑塊。診斷可由病灶處取樣鏡檢，觀察是否有單細胞的酵母菌及假菌絲（圖 21-35），有時也會出現具有真正分隔的菌絲。最常見的致病菌是 *Candida albicans*。

⑵甲念珠菌症

約佔甲癬的 5～10%，最常出現在手部的指甲，與患部經常碰水有關。臨床上指甲表面會皺褶不平整，且常同時合併慢性甲溝炎。由甲板病灶處採樣鏡檢，可見許多圓形至橢圓形的酵母菌。慢性黏膜皮膚念珠菌（chronic mucocutaneous candidiasis）是一種罕見的先天免疫缺損疾病，患者會有慢性的念珠菌感染，受感染的病甲會明顯增厚變色，並有大量的念珠菌增生。

3.皮屑芽孢菌毛囊炎（Pityrosporum folliculitis）

或稱馬拉色菌毛囊炎（*Malassezia* folliculitis），是一種與 *Malassezia* 相關的毛囊炎，其形成的原因，目前學者仍有不同的看法。共同的特徵，是在病灶處的毛囊內，可見許多圓形的 *Malassezia* 酵母菌，有時毛囊會因爲嚴重的發炎反應而破裂。典型的臨床病灶爲紅色的丘疹，分布的區域以前胸、後背、上臂爲主，有時在丘疹頂部可見小膿疱。由膿疱取樣鏡檢，可見圓形的酵母菌。使用鋼筆用的黑色派克墨水，可以將菌體染成藍色，便於觀察（圖 21-36）。

三、皮下眞菌感染症（Subcutaneous mycoses）

1.孢子絲菌症（Sporotrichosis）

致病菌爲 *Sporothrix schenckii* 複合種，具有溫度雙型性的特徵：培養在 25～27℃時爲絲狀，使用高養分的培養基如 brain-heart infusion agar 培養在 35～37℃時，則會轉成酵母菌型。絲狀眞菌型態的菌落呈棕色（圖 21-37），分生孢子長在分生孢子柄末端，圍繞成花環的形狀（圖 21-38），酵母菌型菌落乳白色，菌體呈圓形至橢圓形，行出芽生殖。臨床上主要會造成皮膚的感染，常見有兩型，第一種是固定型皮膚孢子絲菌症（fixed cutaneous sporotrichosis），在感染部位形成單一病灶；第二種是表皮淋巴型孢子絲菌症（lymphocutaneous sporotrichosis），爲複數病灶沿著淋巴迴流路徑排列成線型。近年的研究發現，過去以形態學歸類爲 *Sporothrix schenckii* 的菌，實際上包含了六個不同的種，與臨床較相關的有三種：*Sporothrix schenckii*、*Sporothrix globosa* 及 *Sporothrix brasiliensis*。不同國家的流行菌種略有不同，*Sporothrix schenckii* 流行於北美、中美洲、南美西部、澳洲及南非，*Sporothrix globosa* 流行於亞洲國家，近年在巴西造成大規模人類及貓孢子絲菌症感染的菌則是 *Sporothrix brasiliensis*。

2.著色芽生菌症（Chromoblastomycosis）

著色芽生菌症爲一群暗色絲狀眞菌引起的慢性眞菌感染，主要感染皮膚，少數病例會侵犯深部器官。典型皮膚病灶爲具疣狀表面的板塊，主要的特徵是在皮膚組織內形成褐色銅板狀的硬化體（sclerotic bodies）（圖 21-39），可由病灶表面取樣或皮膚切片觀察到。致病菌呈多樣性，最常見的爲 *Fonsecaea pedrosoi*（圖 21-40）、*Phialophora verrucosa*（圖 21-41）及 *Cladophialophora carrionii*。其中 *Fonsecaea pedrosoi* 複合種，包含 *Fonsecaea pedorsoi*、*Fonsecaea monophora*、*Fonsecaea nubica* 三個形態相近的種：外觀不易區分，必須使用分子鑑定。

3.暗色絲狀真菌症（Phaeohyphomycosis）

也是一種由暗色絲狀眞菌引起的感染，病原眞菌會在感染的組織中形成絲狀或酵母菌狀的結構，浸潤在組織中或形成囊腫。除了皮膚之外，也會感染眼角膜、鼻竇、中樞神經系統，及造成播散性感染等。與著色芽生菌症不同之處在於，暗色絲狀眞菌症並不會在人體組織中形成硬化體。目前約有 70 屬、超過 150 種造成暗色絲狀眞菌症的眞菌被報導，較重要的菌種包括 *Exophiala jeanselmei* 複合種（圖 21-42、21-43）、*Exophiala dermatitidis*、*Cladophialophora bantiana*、*Phialophora verrucosa*、*Verruconis gallopava*（=*Ochroconis gallopava*）、*Rhinocladiella mackenziei*（圖 21-44）、*Alternaria*（圖 21-45）、*Bipolaris*（圖 21-46）、*Curvularia*（圖 21-47）等。這些菌都是環境眞菌或植物病原菌，通常只有在宿主免疫情況較差時，才會造成伺機性的感染。

4. 透明絲狀真菌症（Hyalohyphomycosis）

由絲狀眞菌造成的感染，這些眞菌的細胞壁沒有肉眼可見的黑色素，因此在組織中並不會形成帶色的菌體，組織病理切片必須透過特殊染色如 PAS 及 GMS 染色後才容易觀察。目前約有 30 屬、超過 75 種眞菌被報導曾造成透明絲狀眞菌症，臨床可造成皮膚、眼、鼻竇、血液、中樞神經系統等感染。較重要的致病菌包括 *Scedosporium apiospermum*（圖 21-48）、*Scedosporium boydii*（=*Pseudallescheria boydii*）（圖 21-49）、*Lomentospora prolificans*（=*Scedosporium prolificans*）（圖 21-50）、*Fusarium*（圖 21-51）、*Paecilomyces* / *Purpureocillium*（圖 21-52）、*Acremonium* / *Sarocladium*（圖 21-53）、*Scopulariopsis*（圖 21-54）、*Trichoderma* 等。這些眞菌一般只在宿主的免疫功能低下時，才會造成伺機感染。*Fusarium* 具有典型的鐮刀狀大分生孢子及腎形的小分生孢子，鑑定至屬名並不困難，但若要依形態鑑定至種名，則需要使用特別的培養基及生長條件，難度相對較高。臨床上較重要的種爲 *Fusarium solani* 複合種及 *Fusarium oxysporum* 複合種。*Scedosporium apiospermum* 及 *Pseudallescheria boydii* 過去被認爲是同一種眞菌的無性及有性世代，近年的研究卻發現，它們屬於獨立的兩種眞菌。兩者在形態學上極爲相似，不容易區分，但 *Scedosporium boydii* 成熟的菌落，常可觀察到有性世代的閉囊殼（cleistothecia），*Scedosporium apiospermum* 則必須透過交配試驗才會產生，故可做爲初步區分的特徵。至於 *Lomentospora prolificans* 是一個具有多重抗藥性的菌種，它曾被改名爲 *Scedosporium prolificans*，但分子分類學研究發現它和 *Scedosporium* 的親源關係較遠，因此改回原名。*Scedosporium* 屬另有兩個種 *Scedosporium aurantiacum* 及 *Scedosporium dehoogii*，也具有臨床致病性。Purpureocillium lilacinum（=Paecilomyces lilacinus）主要造成皮下感染，產孢細胞排列成掃帚狀，紫色毛狀菌落爲其特徵。

5. 足菌腫（Mycetoma）

這是一種具有特殊臨床表現的眞菌感染。眞菌透過外傷進入皮下組織，感染後導致局部組織化膿腫脹並形成顆粒（grains），接著病灶穿破皮膚表面形成竇狀隧道（sinus tracts），並排出膿液及顆粒。足菌腫可分爲放線菌足菌腫（actinomycetoma）及眞足菌腫（eumycetoma），前者是由放線菌綱（actinomycetes）的細菌，如 *Actinomadurella*、*Nocardia*、*Streptomyces* 造成，後者則是由眞菌感染造成。排出的顆粒直接用顯微鏡觀察，若看到眞菌菌絲，或染色後看到細菌即可診斷。致病菌的種類則需透過顆粒的眞菌或細菌培養確認。眞足菌腫病例主要集中在乾燥的熱帶和亞熱帶國家，如非洲的蘇丹、索馬利亞等國，臺灣只有零星的病例報告。目前已知有超過 20 種眞菌可以造成足菌腫，主要的致病菌包括 *Madurella mycetomatis*、*Falciformispora senegalensis*(=*Leptosphaeria senegalensis*)、

Trematosphaeria grisea（=*Madurella grisea*）、*Scedosporium apiospermum* 等。

四、器官或全身性眞菌感染症

1.侵襲性念珠菌症（Invasive Candidiasis）

除了表皮及黏膜感染，念珠菌在重症患者常造成菌血症及播散性感染，是重症加護病房患者眞菌感染死亡的主要原因。此外，也可能造成泌尿道感染、消化道感染、眼內炎，甚至中樞神經系統的感染。目前已知超過 17 種念珠菌會造成人體感染，而當中 *Candida albicans*、*Candida glabrata*、*Candida parapsilosis*、*Candida tropicalis* 及 *Candida krusei* 造成 90% 以上的侵襲性念珠菌症病例。近年來非 *albicans* 的念珠菌菌種，如 *Candida krusei*、*Candida famata*、*Candida haemulonii*、*Candida norvegensis*、*Candida auris* 的重要性逐漸被重視，特別是 *Candida auris* 具有多重抗藥性，因此正確的鑑定變得非常重要。近幾年，念珠菌屬的菌名有非常大的變動，可參考 Kidd 等人於 2022 年的發表（參考文獻 13）。

2.麴菌症（Aspergillosis）

麴菌症是特指由 *Aspergillus* 造成的感染，臨床上可造成各種型式的疾病，如過敏性肺支氣管麴菌症（Allergic bronchopulmonary aspergillosis, ABPA）、鼻竇感染（paranasal infection）、肺麴菌球（lung aspergilloma）、慢性肺麴菌症（chronic pulmonary aspergillosis, CPA）、侵襲性肺麴菌症（invasive pulmonary apsergillosis, IPA）及皮膚和各種器官的感染，其中又以呼吸道爲最主要的感染部位。此菌爲免疫功能低下患者的大敵，特別是血液腫瘤科的患者，會造成致命的麴菌血症。目前已知的 *Aspergillus* 約有 400 種，曾報告造成臨床感染的約有 40 種，而主要的致病菌約有六種：*Aspergillus fumigatus*、*Aspergillus flavus*、*Aspergillus terreus*、*Aspergillus niger*、*Aspergillus nidulans* 及 *Aspergillus versicolor*。*Aspergillus* 具有典型的分生孢子頭（conidial head），診斷並不困難，依據菌落的顏色和產孢細胞的單雙層（圖 21-55）、分生孢子柄的表面質地及顏色、分生孢子表面質地及顏色等顯微特徵，可以將上述重要的致病菌鑑定出來（表 21-4）。

上述形態學概分的各種 *Aspergillus*, 實際上包含許多形態相似的隱蔽種，因此都是複合種，而非單一的種。例如 *Aspergillus fumigatus* 複合種中包含了 *Aspergillus fumigatus*、*Aspergillus lentulus*、*Aspergillus udagawae*、

表 21-4　臨床重要的 *Aspergillus* 屬真菌

菌名	菌落特徵	顯微特徵
Aspergillus fumigatus（圖 21-56）	深藍綠色	產孢細胞單層（uniseriate），分生孢子柄表面光滑，末端帶綠色。
Aspergillus niger（圖 21-57）	黑色	產孢細胞雙層（biseriate），分生孢子表面粗糙疣狀。
Aspergillus flavus（圖 21-58）	黃綠色	產孢細胞單層和雙層，分生孢子柄表面粗糙，分生孢子表面帶細刺。
Aspergillus terreus（圖 21-59）	肉桂色	產孢細胞雙層，分生孢子柄表面光滑。
Aspergillus nidulans（圖 21-60、21-61）	鮮綠色	產孢細胞雙層，分生孢子柄棕色；可見圓形的閉囊殼（cleistothecia）及 Hülle 細胞。

Aspergillus fumigatiaffinis 等。這些隱蔽種不容易單憑外觀加以明確區分，因此必須借助於其他分子鑑定的方法，如 DNA 定序等。由於某些隱蔽種具有先天的抗藥性，因此細部鑑定雖然耗時費工，有時仍是必要的。以臨床實驗室而言，一般鑑定至複合種就已足夠，但當臨床治療反應不如預期，或者高度懷疑是具抗藥性的菌種時，就必須重新鑑定原始菌株，以確定是屬於哪一個種，適時調整治療方向。

3. 毛黴菌病（Mucormycosis）

主要的致病菌為毛黴亞門的眞菌，過去統稱為接合菌症（zygomycosis），泛指所有接合菌門（zygomycota）眞菌造成的感染。由於分類學上的改變（見分類和命名一節），接合菌門一詞不再使用，因此毛黴亞門（Mucoromycotina）造成的疾病，也就改稱為毛黴菌病。這類眞菌廣泛存在環境中，通常只在宿主免疫功能低下或糖尿病控制不良時才會感染人體。造成的疾病包括鼻部及腦部感染（rhinocerebral）、肺部、皮膚、消化道感染等，嚴重時亦可造成播散性的感染。毛黴亞門的菌生長速度快，菌落為灰色長毛狀。顯微鏡下菌絲寬大，隔膜少見或沒有（圖 21-62）。毛黴主要根據其孢囊（sporangium）、孢囊孢子（sporangiospore）、囊軸（columella）、孢囊柄（sporangiophore）、孢囊托（apophysis）和假根（rhizoid）（圖 21-63）的形態特徵加以鑑定。重要的致病菌種為 *Rhizopus oryzae*、*Rhizopus microsporus*（圖 21-64 為 *Rhizopus* sp.）、*Rhizomucor pusillus*（圖 21-65）、*Mucor irregularis*（=*Rhizomucor variabilis*）、（圖 21-66 為 *Mucor* sp.）、*Lichtheimia corymbifera*（=*Absidia corymbifera*）（圖 21-67）、*Apophysomyces elegans*, *Cunninghamella bertholletiae*（圖 21-68）及 *Saksenaea vasiformis* 等。

4. 隱球菌症（*Cryptococcus*）

隱球菌為具有透明多醣（polysaccharide）莢膜的酵母菌，臨床主要致病菌為 *Cryptococcus neoformans* var. *neoformans*、*Cryptococcus*

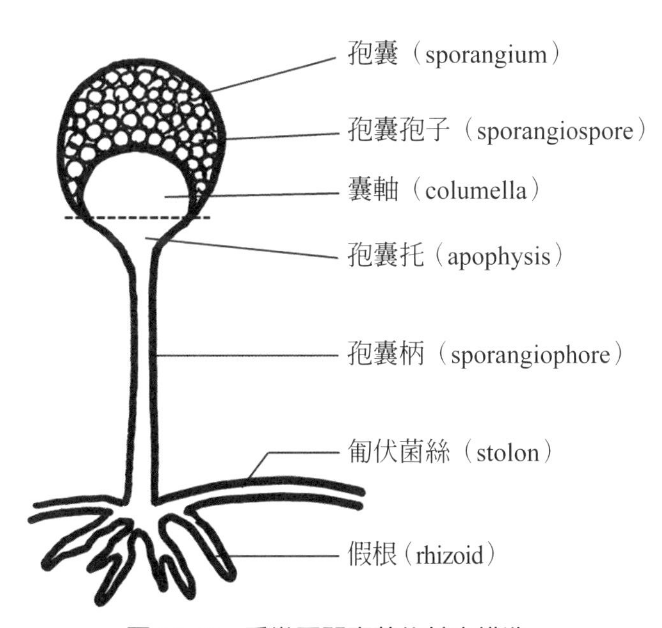

圖 21-63 毛黴亞門真菌的基本構造

neoformans var. *grubii* 及 *Cryptococcus gattii*。*Cryptococcus neoformans* 主要感染免疫缺損的患者，特別是 HIV 陽性患者，而感染 *Cryptococcus gattii* 的患者則大部分免疫功能正常。臨床主要造成肺部及中樞神經系統感染，亦可感染皮膚、眼睛、前列腺等。隱球菌具有透明的莢膜，臨床檢體（特別是腦脊髓液）可透過 India ink 墨水法染色檢查是否有菌體存在（圖 21-69）。培養於一般培養基上時，為具黏性的乳白色菌落，顯微鏡下為單細胞酵母菌，以出芽方式繁殖。培養於 bird-seed agar 或 caffeic agar 時菌落為棕色，可據此和 *Candida* 及其他白色酵母菌種類區分。Canavanine-glycin-bromthymol blue agar（CGB agar）用於區分 *Cryptococcus neoformans* 及 *Cryptococcus gattii*，接種前者的 CGB 培養基維持黃色，後者會使培養基轉變為藍色。尿素酶測試（urease test）為陽性。

2015 年的分類研究將上述 *Cryptococcus neoformans* / *Cryptococcus gattii* 複合種重新分類為 *Cryptococcus neoformans*（=*Cryptococcus neoformans* var. *grubii*）及 *Cryptococcus deneoformans*（=*Cryptococcus neoformans* var. *neoformans*），而原來的 Cryptococcus gattii 則包含五個隱蔽種：*Cryptococcus gattii*、*Cryptococcus deuterogattii*、*Cryptococcus tetragattii*、*Cryptococcus decagattii* 及 *Cryptococcus basillisporus*。這個分類見解目前仍有爭議，是否能適用於臨床，有待時間的考驗。

五、地方性溫度雙型性真菌感染症 (Endemic mycoses caused by thermally dimorphic fungi)

此處介紹的真菌具有溫度雙型性的特徵，即培養於 25～27℃時呈絲狀，培養在 35～37℃時轉成酵母菌或球型體（spherules）。這些真菌只在特定的地區流行，會造成局部或全身性的感染。

1. *Talaromyces marneffei* 感染

Talaromyces marneffei 舊名 *Penicillium marneffei*，主要感染免疫低下的患者，特別是 HIV 陽性患者，造成嚴重的感染，如肺炎、播散性皮膚感染、菌血症等。主要的流行區域為東南亞，如臺灣、中國南方、泰國、越南、印度等國。此菌具有溫度雙型性的特徵：在 25～27℃為絲狀真菌型態，菌落表面為鮮綠色，並會產生鮮紅色的色素滲入培養基中，使菌落的背面看起來呈血紅色（圖 21-70）。顯微鏡下具有典型的帚狀特徵，產孢細胞的末端略微尖細，亦可見波浪狀的菌絲（圖 21-71）。培養在35～37℃時，則為乳白色光滑的菌落，此時不再有掃帚狀結構，取而代之形成的是具有單一隔膜的酵母菌型態。紅色的色素在培養初期就會出現，是一個重要的特徵。部分 *Talaromyces* 的種如 *Talaromyces purpureogenus*、*Talaromyces ruber* 也會產生紅色的色素，不過它們並不會形成鮮綠色菌落，且不具有溫度雙型性的特徵，可據此與 *Talaromyces marneffei* 區分。

2. 組織漿菌症（Histoplasmosis）

致病菌為 *Histoplasma capsulatum*，主要的流行區域是北美密西西比及俄亥俄河流域、中美洲、非洲、東南亞國家。臺灣在 1977～2004 年有零星的境外移入病例報告，2007 年賴等人正式發表了第一例確診的本土個案。*Histoplasma capsulatum* 主要感染肺部，或由呼吸道進入後擴散至其他器官。大部分的人吸入少量孢子時，通常會自行痊癒，並不會產生明顯的症狀；其中少部分的人則可能進展成慢性肺部感染，或在免疫不全的情形下造成播散性的感染。但若吸入大量的孢子，則有較高機會形成急性的肺部感染、呼吸衰竭或播散性的感染。*Histoplasma capsulatum* 具有溫度雙型性，在 25～30℃時爲絲狀眞菌型態，菌落表面爲初期爲白色，之後呈棕色。同時具有大分生孢子及小分生孢子，大分生孢子圓形、厚壁、表面具有粗顆粒狀的隆起（圖 21-72），小分生孢子則呈梨形。培養在 35℃時，菌落轉變爲乳白色酵母菌狀，菌體爲卵圓形的單細胞酵母菌。*Sepedonium* 及 *Chrysosporium tuberculatum* 的分生孢子表面亦具有粗顆粒狀的隆起，但兩者均不產生小分生孢子，且不具有溫度雙型性的特徵，可據此與 *Histoplasma capsulatum* 區分。

傳統上 *Histoplasma capsulatum* 分爲三個變異種（variety）：*H. capsulatum* var. *capsulatum*、*H. capsulatum* var. *duboisii* 及 *H. capsulatum* var. *falciminosum*。除了馬的致病菌 *H. capsulatum* var. *falciminosum* 爲多系群（polyphyletic）需要進一步研究分析外，近年的分子分類研究認爲 *H. capsulatum* var. *duboisii* 應爲獨立的種，*H. capsulatum* var. *capsulatum* 則包含 *Histoplasma capsulatum*、*Histoplasma mississippiense*、*Histoplasma ohiense*、*Histoplasma suramericanum* 等四個種。這個分類學的見解具有流行病學上的意義，臨床的適用性則有待進一步的評估。

3. 芽生真菌症（Blastomycosis）

致病菌爲 *Blastomyces dermatitidis*，主要流行區域爲北美密西西比及俄亥俄河流域、美國東部、加拿大東部、中南美洲及非洲等，印度及亦有零星病例，臺灣目前尙無境外移入或本土的病例。病原菌經由呼吸道進入人體，主要感染肺部，並可造成皮膚、骨骼、泌尿道、中樞神經系統感染、播散性感染等。*Blastomyces dermatitidis* 爲溫度雙型性眞菌，在 25～30℃時爲絲狀眞菌型態，表面呈白色毛狀，圓形分生孢子長在側生的分生孢子柄上，或直接長在菌絲上（圖 21-73）。35℃時爲酵母菌狀，會出現具特徵性的寬底出芽生殖（broad-based budding），即分生的芽孢和母細胞間的接觸面積較寬。

Blastomyces 過去認爲只有一屬一種，近年的分子分析將隱蔽種獨立出來，並納入原屬於 *Emmonsia* 的部分菌種，因此目前 *Blastomyces* 擴大爲七個種。其中 *Blastomyces dermatitidis*、*Blastomyces gilchristii* 及 *Blastomyces helicus*（=*Emmonsia helica*）是北美洲的芽生眞菌症主要致病菌種，*Blastomyces emzantsi* 與 *Blastomyces percursus* 則是南非的芽生眞菌症主要致病菌種。

4. 球孢子菌症（Coccidioidomycosis）

致病菌爲 *Coccidioides immitis* 及 *Coccidioides posadasii*，主要流行區域在美國西南部的亞歷桑納州、加州以及中南美洲，*Coccidioides immitis* 是美國加州及華盛頓州的主要致病菌，加州以外地區的病例則以 *Coccidioides posadasii* 爲主。臺灣目前共有三個病例，均爲境外移入，尙無本土病例記錄。病原菌透過呼吸道進入人體，約 60% 患者無症狀或症狀輕微，40% 的患者會產生急性或慢性肺部感染，並可造成播散性全身感染。*Coccidioides immitis* 及 *Coccidioides posadasii* 培養在 25～30℃時爲快速生長的絲狀眞菌形態，表面呈白色毛狀，會產生大量的關節孢子（arthroconidia）（圖 21-74），在自然環境中這些關節孢子會隨風飄散，是造成感染的主要形態。在人體內，關節孢子會發育成球型體（spherules），球型體內部會產生隔膜，並在當中形成許多內孢子，當球型體破裂後，內孢子即可播散到周圍組織或其他器官。由於關節孢子的傳染力極強，此病的診斷以檢體抹片觀察球型體及血清學檢查爲主，一般不進行眞菌培養。若有培養的必要，則需在第三級生物安全等級的實驗室操作。另一種對人體無害的眞菌 *Malbranchea* 也是以關節孢子爲主要特徵，但它並非溫度雙型性，可據此加以區分。

5.副球孢子菌症（Paracoccidioidomycosis）

致病菌爲 *Paracoccioides brasiliensis*，主要流行區域爲拉丁美洲國家，如巴西、墨西哥、委內瑞拉、哥倫比亞、厄瓜多、阿根廷等國。主要造成肺部感染、亦可感染皮膚黏膜、淋巴節、中樞神經系統，或造成播散性感染。*Paracoccioides brasiliensis* 及 *Paracoccioides lutzii* 爲溫度雙型性的眞菌，在 25～30℃時爲絲狀眞菌形態，生長速度緩慢，表面呈白色毛狀，主要產生厚壁的關節孢子。在 37℃時爲酵母菌型，特徵是母細胞周邊會同時出芽產生多個子細胞，排列成類似船舵（marine wheel）的形狀。臺灣目前尚無本土或境外移入的病例。

分子親緣關係發現 *Paracoccioides brasiliensis* 也是一個複合種，包含 *Paracoccioides brasiliensis*、*Paracoccioides lutzii*、*Paracoccioides americana*、*Paracoccioides restrepiensis* 及 *Paracoccioides venezuelensis* 等五個種，須使用分子特徵才能加以區分。

6.*Emergomycosis*

這是由 *Emergomyces* 屬眞菌造成的感染。*Emergomyes* 是 2016 新提出的屬，包含了一部分之前歸在 *Emmonsia* 屬的眞菌，目前共有 7 個種，其中 *Emergomyces pasteurianus*（=*Emmonsia pasteuriana*）、*Emergomyces africanus*、*Emergomyces canadensis*、*Emergomyces europaeus* 及 *Emergomyces orientalis* 等五個種是地方性溫度雙型性眞菌感染症的致病菌。疾病分布的區域和菌種相關：*Emergomyces pasteurianus* 感染分布最廣，亞洲、歐洲和非洲都有報告；*Emergomyces africanus* 分布在南非、*Emergomyces canadensis* 分布在加拿大和美國、*Emergomyces europaeus* 分布在德國、*Emergomyces orientalis* 分布在中國。此菌主要感染免疫不全的患者，特別是 HIV 感染的病人，眞菌孢子透過呼吸道進入人體後造成肺部的感染，或播散到皮膚、骨髓、中樞神經系統，及肝、脾等內臟器官，其中 90% 以上的病例會出現皮膚病灶。室溫培養爲絲狀眞菌形態，生長速度緩慢，表面呈白色爲或淺褐色，分生孢子柄垂直於菌絲，上有圓形分生孢子。在 37℃時爲酵母菌型，可行出芽生殖。由於在組織中的形態與其他深部眞菌感染相似，正確診斷有賴組織培養及菌種鑑定。

此屬另外兩個種，*Emergomyces crescens*（=*Emmonsia crescens*）是造成肺部單芽胞囊黴菌病（adiaspiromycosis）的致病菌，*Emergomyces sola*（=*Emmonsia sola*）目前則尚無人類致病報告。

21-3 培養特性及鑑定方法

一、檢體採集

檢體的品質和處理方式會直接影響到培養的結果，採檢者必須了解正確的採檢及運送方式，實驗室工作人員則應了解檢體的處理方式。以下簡述採集及處理重點，細節可參考最新版 Manual of clinical microbiology（ASM，美國微生物學會出版）。

1.血液檢體

用於眞菌培養的血液檢體，可直接注入眞菌培養專用血瓶，如 BACTEC ™ Myco/F Lytic。切勿直接將血液塗在培養基上，或注入培養基斜面。

2. 無菌部位體液

無菌部位體液如腦脊液、胸腔液、腹水等，需以無菌容器收集。檢體量少於 2 ml時，可直接接種於培養基上；若檢體量超過 2 ml，則先以2000 g離心10分鐘，再取沉澱物接種。

3. 膿液

可直接接種於培養基上。若檢體量足夠，可取部分檢體用顯微鏡檢查，確認是否有眞菌細胞存在。若出現顆粒（grains），應先洗淨，用玻片壓碎後鏡檢及接種。

4. 皮屑、頭髮、趾甲

皮屑：採檢部位先以 70% 酒精消毒並乾燥後，以鈍緣刀片由病灶邊緣刮取皮屑，置於無菌容器內送檢。頭髮：使用鑷子拔取斷髮，或以鈍緣刀片由病灶處刮取病髮，置於無菌容器內送檢。趾甲：由趾甲病灶處取樣，可先剪除遠端的趾甲，並以 70% 酒精消毒並乾燥後，再用刮勺或鈍緣刀片由甲下增厚處取樣。若爲表淺白化型的趾甲，則直接由白色病變處表面刮取，甲屑置於無菌容器內送檢。

5. 深部皮膚組織、內臟組織

此類組織檢體需先使用刀片切碎或用研磨器磨碎後，再接種至培養基。分離毛黴菌時不能使用研磨的方式處理檢體，因爲毛黴菌菌絲的細胞間隔很少，研磨會破壞細胞壁，眞菌細胞質流失死亡後就無法培養出來。相反的，要分離 *Histoplasma* 時，由於 *Histoplasma* 菌體存在細胞，磨碎檢體有助於釋放胞內的菌體，提高培養的檢出率。

6. 眼部檢體

由於能取得的檢體量很少，角膜檢體取樣後直接由臨床醫師接種在培養基上。由於許多致病菌的生長會受抗眞菌藥物抑制，因此要選擇不會抑制眞菌生長的培養基，例如 Sabouraud's dextrose agar 或 inhibitory mould agar。眼球內的液體則先離心，再接種沉澱物。

7. 尿液

尿液需用無菌容器收集，接種前先以2000 g離心10分鐘，再取沉澱物鏡檢及接種。

二、檢體直接鏡檢

取病灶檢體直接鏡檢，是快速診斷眞菌感染的方法。

1. 氫氧化鉀法（potassium hydroxide, KOH）

氫氧化鉀可以溶開角質細胞，清除檢體中的雜質，使眞菌病原體更容易觀察。較薄的皮屑和頭髮可使用 10% KOH，較厚的角質和趾甲碎屑，則建議使用 20% KOH。於載玻片下方稍微加熱可加速角質溶解的速度，但時間不宜過長，否則 KOH 會使眞菌菌體也隨之分解，反而增加觀察的難度。

2. Calcofluor white 染色法

Calcofluor white 是一種可與眞菌細胞壁結合的染劑，使菌體在螢光顯微鏡下發出螢光。相較於氫氧化鉀法，菌體經由 Calcofluor white 染色後更容易觀察，缺點是顯微鏡必須要有螢光配件。

3. 墨水法（Indian ink）

主要用於隱球菌症的診斷。隱球菌具有多醣的莢膜，由於質地透明，無法直接觀察。加入 Indian ink 後可將背景染成黑色，就可將莢膜對比出來（圖 21-69）。

4. 派克墨水法（Parker ink）

主要用於診斷 *Malassezia* 的感染，如變色糠疹和皮屑芽孢菌毛囊炎。取變色糠疹病灶處皮屑直接用派克墨水（Parker Ink）染色，即可看到 *Malassezia* 的短菌絲和酵母菌（圖 21-75），馬拉色菌毛囊炎則取膿液直接染色，可見 *Malassezia* 酵母菌（圖 21-36）。記得要使用黑色的墨水，菌體才會染成藍色。

三、生物標記（biomarker）

1. Cryptococcal antigen

抗原標的是 *Cryptococcus* 莢膜上的 galactoxylomannan，常用的方法為 latex agglutination 法，目前有許多市售的套組可供使用。由 IMMY 開發的 CrAg® Cryptococcal Antigen Lateral Flow Assay 是新一代的快速篩檢工具，具有檢測時間短、敏感度高的優點。

2. Galactomannan（GM）

Galactomannan 是 *Aspergillus* 和 *Penicillium* 細胞壁表面的多醣體，在菌絲生長時會釋放出來。透過偵測血清或體液中 galactomannan 抗原的濃度，可以間接診斷是否有 *Aspergillus* 感染，是診斷和追蹤治療效果的有用工具，目前臨床已廣泛應用在麴菌症的診斷，如 Platelia *Aspergillus* Ag（Bio-Rad, USA）。但由於某些藥物如 amoxicillin-clavulanate 或 piperacillin-tazobactam 會使檢驗結果呈偽陽性，部分眞菌如 *Talaromyces marneffei*、*Histoplasma capsulatum*、*Fusarium*、*Paecilomyces* 也可能使檢驗結果呈陽性，因此使用 GM 檢測診斷麴菌症時，應配合臨床表現、影像學檢查及培養結果做綜合判讀。

3. (1,3)-β-D-glucan

此為眞菌細胞壁的成分，透過偵測血清或體液中 (1,3)- β-D-glucan 抗原的濃度，可偵測是否有 *Aspergillus* 或其他眞菌感染。目前較常使用的是 Fungitel®（Cape Code Associates），缺點是價格相當昂貴。由於此測試在其他眞菌感染時也呈陽性，因此用於診斷麴菌症時要特別注意。

四、培養

眞菌培養是分離致病菌的唯一方法。前述的各種診斷方法，僅能做疾病診斷的參考，並無法確定致病菌的種類。由於各種眞菌有不同的生物特性，對藥物的感受性也不盡相同，因此除了臨床診斷外，致病菌的培養鑑定有其重要性。為了保護操作者的安全以及避免其他微生物汙染，所有操作都應在合格的生物安全操作櫃內進行，並依各實驗室的生物安全守則操作。

1. 培養基的選擇

培養基可概分為分離培養基（isolation culture media）或稱選擇性培養基（selective culture media），以及鑑定用培養基（identification culture media）。前者目的是分離標的菌株，後者則用於菌株的鑑定。一般分離用的培養基都會加入抑制細菌及／或眞菌生長的抗生素，以避免混雜在檢體中的細菌或其他快速生長眞菌增生，干擾眞正致病眞菌的生長。常用的分離培養如 Mycosel agar（含 chloramphenicol, cycloheximide）、inhibitory mould agar（IMA）（含 chloramphenicol）、inhibitory mould agar with chloramphenicol and gentamicin（ICG）等。由於部分致病眞菌的生長會受到 cycloheximide 抑制，特別是伺機性感染的病原菌，因此檢體必須同時接種在不含抗眞菌成分的培養基上，如 Sabouruad's dextrose agar。而某些需要特別養分才能生長的眞菌，則必須使用特定的選擇性培養基。例如大部分的 *Malassezia* 都必須依賴脂質才能生長，因此在培養時必須在培養基中加入滅菌過的橄欖油，或用含油脂的特別培養基如 modified

Dixon's agar 或 Leeming-Notman agar。

使用平板培養基（culture plate）或培養管（culture tube）各有優缺點，視各實驗室的空間和使用習慣而定。平板培養基的接種面大，在觀察和次培養的操作上較爲方便，缺點是佔空間，且操作時易受其他眞菌的汙染。相對的，培養管較不佔空間，缺點是操作面小，要挑出特定區域做次培養較不容易。

2.培養條件

接種後的培養平板或培養管應置於培養箱中培養，溫度 25℃～30℃，深部組織檢體應多接種一分置於 35℃培養箱。固定時間檢視生長的狀況，待菌落長到足夠大小，即可進行次培養純化，進行後續鑑定。若出現快速生長的細菌或眞菌，且可能影響目標菌的生長，也應立即進行次培養或處理，以免汙染目標菌種。完全沒有菌長出的培養基平板或培養管，應保存至 4 週後後再丟棄。太早丟棄可能會漏掉生長緩慢的病原菌。

3.次培養

次培養的目的在純化出單一菌種，以進行鑑定。次培養要選用不含抗生素的培養基，一般使用 SDA 或 potato dextrose agar（PDA）即已足夠。若要培養出適合進行形態鑑定的菌落，則依菌種特性選用特定培基，以獲得標準的顯微構造。例如 *Aspergillus* 使用 malt extract agar（MEA）及 Czapek agar（CzA）；*Fusarium* 使用 oatmeal agar（OA）、Spezieller Nährstoffarmer agar（SNA）；Mucorales 使用 MEA 等。

4.蟎蟲控管

蟎蟲會侵入培養皿呑食眞菌，並在培養皿間遊走造成汙染，是眞菌實驗室的大敵！不同種類的蟎蟲體型差異很大，一般體長約 0.05～0.15 公釐（mm），用實體顯微鏡或放大鏡就可以觀察到。當眞菌菌落邊緣出現不明的凹陷，或是出現細小線狀的細菌或眞菌軌跡，就是蟎蟲入侵的徵狀（圖 21-76, 21-77）。此時應立即檢查同一區內所有的培養皿，將被蟎蟲汙染的培養皿移除滅菌。重要的菌株應立刻次培養，並將次培養的培養皿隔離存放，直至確定已無蟎蟲爲止。控制實驗室的溼度、實驗前用酒精消毒桌面及雙手，都是預防蟎蟲入侵的有效方法。

五、鑑定方法

1.形態學鑑定

形態特徵是鑑定絲狀眞菌及部分酵母菌的主要方法，觀察的內容包括菌落外觀和眞菌的顯微構造。菌落主要觀察生長的速度、正反面的顏色、形狀、外觀質地、色素的有無及顏色等。顯微特徵要觀察菌絲的形狀、顏色，分生孢子的形狀、顏色、排列方式，產孢細胞的種類爲瓶梗（phialide）或環痕（annellide）、是否出現有性世代等。上述形態會受培養基的種類、培養溫度及培養時間影響。因此在使用參考書籍的檢索表，或比對圖譜描述的形態特徵時，要確認是使用相同的培養基和培養條件，才能得到正確的結果。由於大部分分離培養基都含有抗生素，且和鑑定用的培養基成分不同，會影響眞菌生長，導致菌落形態變得不典型，因此不建議直接使用分離培養基上的菌落進行鑑定。此外，由於分生孢子是鑑定絲狀眞菌的重要特徵，不產孢的眞菌在鑑定上相當困難，因此當菌株不產孢時，可嘗試使用不同的培養基及培養條件來刺激菌株產孢。

2.製作觀察用玻片的方法

菌落成熟後，就可以製作觀察用的玻片。透明絲狀眞菌的細胞壁通常不帶色素，因此不容易用顯微鏡直接觀察。此時可以使用染劑上色，讓菌絲變明顯。常用的染劑為乳酸酚棉藍（lactophenol cotton blue），可將菌體染成藍色，方便觀察細部構造。這種染劑的缺點是會蓋掉菌體原有的顏色，因此若觀察的對象是深色的絲狀眞菌，則建議使用乳酸酚（lactophenol）溶液即可，不需另外染色。若使用配備有Differential interference contrast（DIC）套件的顯微鏡，可透過光學原理使菌絲及孢子等結構呈現立體的效果，因此即使是透明絲狀眞菌，也可以不染色就直接觀察。以下簡述幾種常用的觀察用玻片的製作方法：

⑴**絲狀眞菌**

① 玻片培養法（Slide culture）

切下一塊約 0.8～1.0 公分立方的培養基小方塊，置於載玻片上。其次將一小團菌絲接種在培養基小方塊的四個邊上，上面再覆蓋一片滅菌過的蓋玻片。最後將整個物件放在保溼的空培養皿中培養數日（圖 21-78，21-79）。菌絲會由接種處攀附在蓋玻片下方往外生長，當目測菌絲生長量已足夠時，即可將蓋玻片取下做觀察用的玻片。這種方法能夠維持分生孢子的生長及排列狀況，便於對照圖譜或檢索表觀察，玻片用封片膠密封後可以保持較長的時間，做為教學之用。缺點是對於不產孢或生長緩慢的菌種效果較差。

② 膠帶法（Tape method）

撕取一段透明膠帶，使用具黏性的一面輕輕按壓菌落表面，再將膠帶黏貼於事先滴上染劑的載玻片上，即可直接觀察。此法的優點和玻片培養法相同，可保持分生孢子原始的生長及排列狀況；缺點是對於不產孢的菌種，就無法用膠帶取得分生孢子。此外，膠帶會隨時間劣化，因此玻片較不容易保存。

③ 扯裂法（Tease mount）

這是最簡單的方法。先第一滴染劑在載波片上，選取要觀察的部位，使用探針刮取部分菌落置於染劑中，再使用兩支探針在染劑中將菌絲輕輕拉開，蓋上蓋玻片即可觀察。若要觀察產孢量較大的菌種，如*Aspergillus*、*Penicillium*、*Trichoderma*時，可在染劑上加一滴75%酒精將分生孢子趕開，便於觀察產孢細胞的特徵。此法的優點是方便快速，尤其當菌絲無法用膠帶黏起，或要觀察培養基內的構造時特別管用。缺點是分生孢子在扯開菌絲的過程中會

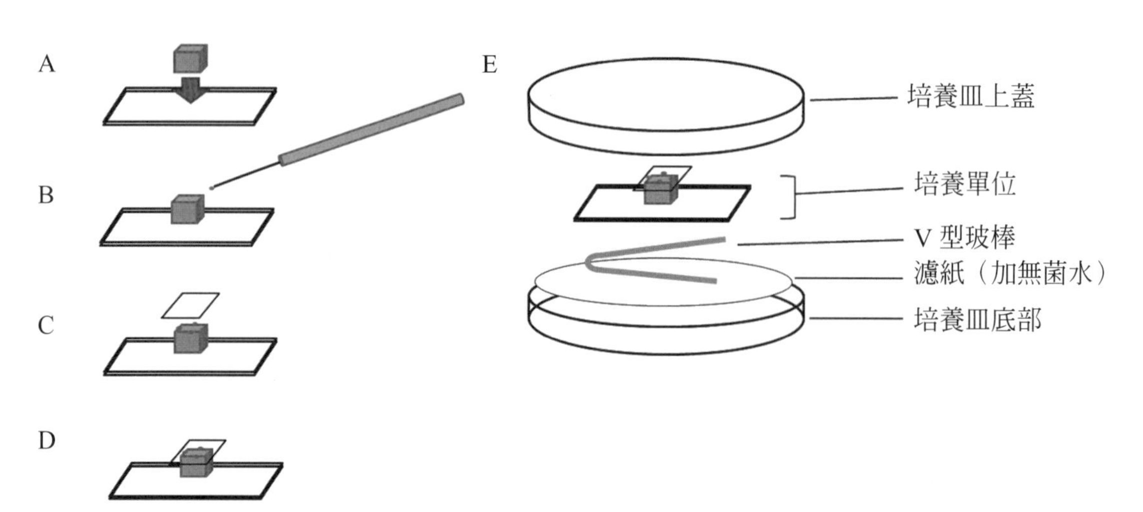

圖 21-78　玻片培養法示意圖

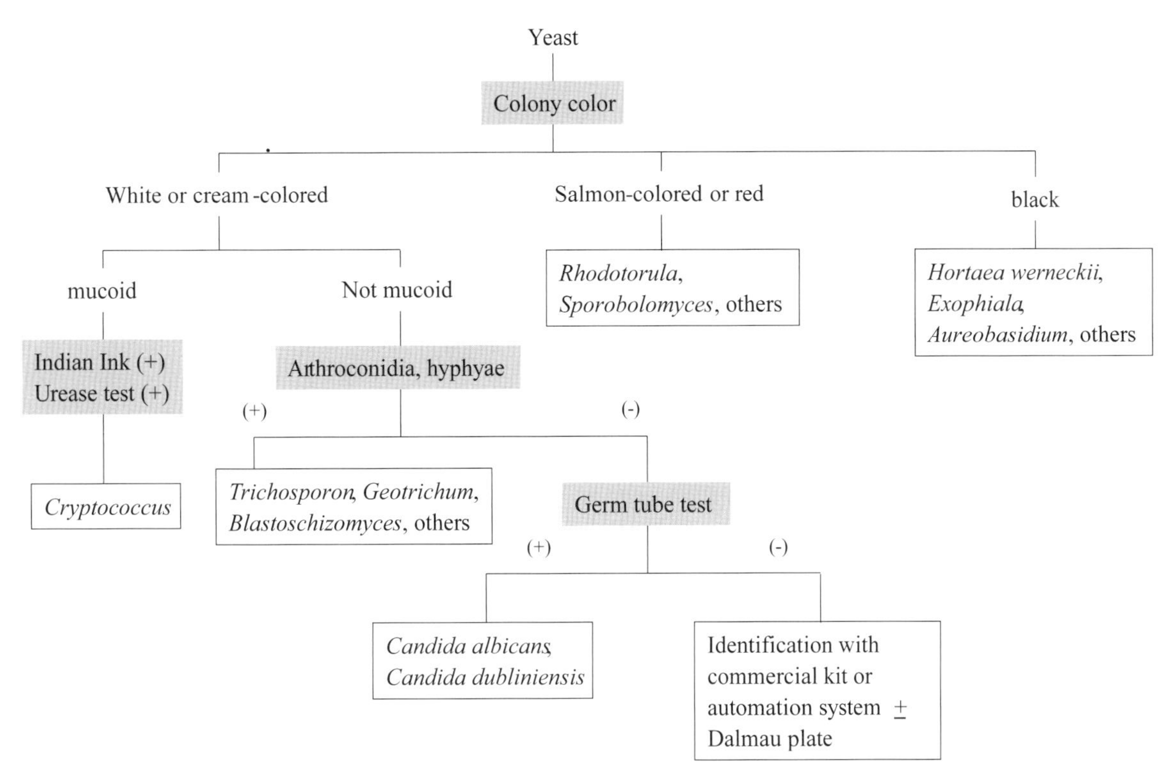

圖 21-80 酵母菌鑑定參考流程

被打散，不易觀察它們的排列方式。

⑵**酵母菌**

酵母菌由於可供辨識的形態特徵太少，常需要配合其他試驗才能鑑定。臨床檢體分離出的酵母菌是否都需要檢定，或者要檢定到多詳細的程度，每一個實驗室的規定略有不同，必須參考各實驗室的標準實驗流程執行。圖 21-80 為臨床相關的酵母菌鑑定參考流程。

① 芽管測試（Germ tube test）

於試管內置入 0.5～1.0 ml 無菌血清，加入少量待測酵母菌菌落後，置於 35～37℃溫箱培養 2～3 小時，取出培養液於顯微鏡下觀察。眞正的芽管是由酵母菌長出的菌絲，與母細胞相接處並不會收縮（圖 21-81A）。若觀察到的管狀物和母細胞相接處收縮成點狀，則這個管狀物是假菌絲，測試結果是陰性（圖 21-81B）。

② Dalmau 平板法（Dalmau plate method）

主要用於觀察酵母菌的形態，使用的培養基為 cornmeal-Tween 80 agar。將新鮮的酵母菌菌落在培養基上畫一條直線，再劃三條跨過第一條線的垂直線。接著在這些線的上方蓋一片 22×22 mm 的蓋玻片，避光置於室溫下培養三天。觀察時打開上蓋，將培養皿直接置於顯微鏡下，觀察玻片下的酵母菌的細胞和假菌絲的排列方式、厚膜孢子的有無等特徵。

③ 醣類利用試驗（Sugar assimilation test）

不同酵母菌利用各種醣類的能力不同，可據此作為檢定的方法。目前這項試驗有許多商用套組如 API 20C、ID 32C 及自動化儀器如 Vitek 2 等，配合軟體就可以比對結果加以鑑定。由於具有檢測時間短的優勢，因此大部分實驗室將其做為第一線的鑑定工具。醣類利用試驗的結果若無法正確鑑定，則要考慮是否

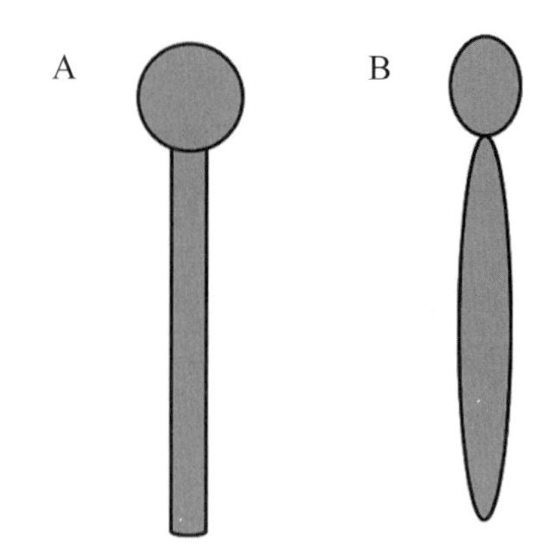

圖 21-81　芽管測試（germ tube test）

有不同菌種混雜的情形，可以再次純化後再測試；如果確定不是菌種混雜的因素，則可以使用其他鑑定方法，例如以下所述 MALDI-TOF MS 或分子鑑定。

六、MALDI-TOF MS

MALDI-TOF MS 原爲研究蛋白質體的工具，近年來發現用於眞菌的檢定有不錯的效果。其原理爲，眞菌樣本經蛋白質萃取步驟後與基質（matrix）混合，利用雷射光照射眞菌與基質（matrix）混合的樣本，使其分解成帶電的小分子蛋白質，再經由電場加速飛行後撞擊訊號偵測器，所有分子抵達訊號偵測器產生的訊號頻譜，即爲該樣本的質譜。不同的菌種會產生特定的質譜，透過資料庫比對即可鑑定該菌種爲何。這個方法在酵母菌的鑑定結果一致性高，已逐漸被應用在常規的鑑定；至於絲狀眞菌的臨床應用則仍在發展中。目前市售的兩大主流品牌爲德國 Brucker 及法國的 bio-Mérieux。使用 MALDI-TOF MS 系統鑑定仰賴完整可信的資料庫，且檢體的前處理必須使用與資料庫建立時相同的規範（protocol），才能提高鑑定的可信度。

七、分子鑑定

利用 DNA 鑑定菌種已行之有年，目前眞菌最廣泛使用的片段是核醣體 DNA 的 internal transcribed spacers（ITS）ITS1 及 ITS2，因爲這兩個片段在種間的變異較大，可做爲鑑定的依據，因此 ITS 序列被指定爲眞菌物種條碼（barcoding）的標準片段。網路上有許多資料庫可供序列比對如 GenBank、ISHAM ITS database 等。不同類群的眞菌，有時單用 ITS 片段無法正確鑑定，此時可能需要加入其他 DNA 序列做多片段的比對，或進行親緣關係分析。使用定序法進行分子鑑定時，應選用適當的資料庫，並確認鑑定的結果符合該菌株形態學及其他生物學的特徵，切勿草率以資料庫列出的第一項就當成答案。

21-4　抗真菌藥物

依作用機制的不同，抗眞菌藥物可分爲以下幾大類：

1. 多烯（Polyene）

多烯作用的部位在眞菌的細胞膜，藥物的分子嵌入細胞膜後形成孔洞，使細胞內離子流失，進而導致菌體死亡，代表性的藥物是 amphotericin B 和 nystatin。Amphotericin B 具有廣效的殺菌作用，臨床上用於治療嚴重或全身性的眞菌感染，如 *Aspergillus*、*Candida*、

Cryptococcus、mucoromycotina 及地方性溫度雙型性眞菌感染，如 *Histoplasma*、*Coccidioides*、*Blastomyces* 等，缺點是腎毒性較高。Nystatin 有口服及外用的劑型，主要用於治療念珠菌感染。

2.唑（Azoles）

唑類藥物作用在眞菌的細胞膜，透過抑制 ergosterol 合成酶，達到抑菌或殺菌的效果，爲廣效性的抗眞菌藥物。依化學結構分爲 imidazole 及 triazole 兩大類，imidazole 類的代表藥物爲 ketoconazole、clotrimazole、miconazole 等；triazole 類的代表藥物爲 fluconazole、itraconazole、voriconazole、posaconazole、isavuconazole 等。不同的唑類藥物對不同眞菌的治療效果略有不同，例如 itraconazole 對皮癬菌及許多暗色絲狀眞菌感染的治療效果較好，voriconazole 則用於治療 *Aspergillus*、*Fusarium*、*Scedosporium* 造成的感染等。

3.烯丙基胺（Allylamine）

烯丙基胺作用在眞菌的細胞膜，透過抑制細胞膜合成酶 squalene epoxidase，使細胞膜合成受阻及毒性物質的累積，導致眞菌死亡，Terbinafine 及 naftifine 即屬於此類藥物。Terbinafine 由於角質親合性佳，臨床上廣泛使用在治療皮癬菌的感染，如頭癬、體癬、甲癬等。此外對部分暗色絲狀眞菌及溫度雙型性的眞菌感染，也有不錯的治療效果。Naftifine 爲外用劑型，主要用於治療淺部的皮癬菌感染。

4.棘白菌素（Echinocandin）

Echinocandin 透過抑制眞菌細胞壁的合成酶 (1,3)-β-D-glucan，干擾細胞壁的合成，達到殺菌或抑菌的效果。目前核准上市的有三種：anidulafungin、caspofungin 和 micafungin，主要用於治療 *Candida* 及 *Aspergillus* 造成的感染。Echinocandin 對於 *Cryptococcus*、*Trichosporon*、*Fusarium*、*Mucorales* 感染無療效，因爲這些眞菌細胞壁的主要成分並非 (1,3)-β-D-glucan。

5.灰黃黴素（Griseofulvin）

Griseofulvin 分子能結合到眞菌的微管（microtubule）上，干擾細胞分裂，達到抑菌的效用。主要用在治療頭癬、體癬、足癬等皮癬菌的感染，對其他眞菌感染的治療效果不佳，因此臨床上的使用範圍較侷限。在甲癬治療上，由於使用 griseofulvin 的療程較長，目前已被 terbinafine 和 itraconazole 取代。

6.氟胞嘧啶（Flucytosine）（5-FC）

Flucytosine 透過干擾眞菌 pyrimidine 的代謝，進一步阻斷 DNA 及 RNA 的合成，達到治療的效果。由於極易在治療過程中產生抗藥性，因此很少單獨使用，通常是合併其他藥物，如與 fluconazole 和 amphotericin B 合併使用，治療念珠菌症和隱球菌症等。

近年來陸續有新的抗藥眞菌研發並進入臨床試驗，這些藥物的作用機轉較傳統藥物更多樣化，預期未來將有更多的新藥可以用來對抗眞菌感染。

21-5 抗真菌藥物感受性試驗

眞菌的藥物感受性試驗是檢測眞菌對特定藥物的最小抑菌濃度（minimal inhibitory concentration, MIC）或最小有效濃度（minimal effective concentration, MEC），最常使用的方法是 broth microdilution method。原理是將抗眞菌藥物按固定比例稀釋後，由高濃度到低濃度依序注入 96 孔盤後，再加入特定濃度的孢子懸浮液培養數天，再讀取能夠抑制眞菌生長的最小濃度，即爲該藥物對該菌的最小抑菌濃度。目前操作準則有兩個版本，一是由美國 Clinical and Laboratory Standard Institute（CLSI）制訂，另一個由歐洲臨床微生物及感染症學會制訂的 European Committee on Antimicrobial Susceptibility Testing（EUCAST），兩者在使用的 96 孔盤型式、培養液葡萄糖濃度、菌液濃度及判讀時間及方式均略有不同，但試驗結果基本上差異不大。由於測試酵母菌和絲狀眞菌使用操作準則不同，試驗前要先確定測試的對象爲何。此外，由於試驗過程繁瑣，目前並不作爲常規檢驗項目，且抗眞菌藥物感受性試驗的結果僅能提供藥物選擇的參考，並不能做爲臨床用藥的準則。

21-6 培養結果的臨床意義判讀

檢體的品質和運送及處理方式，是決定眞菌培養結果正確性的關鍵。對於一個陰性的培養結果，在臨床端應該評估：(1) 是否該病例並不是眞菌感染；(2) 採檢的方式是否正確，採檢的位置是否是菌體最集中的地方；(3) 檢體量是否足夠等。而實驗室端要考慮的有：(1) 檢體包裝和運送方式是否正確；(2) 檢體是否有適當的前處理，例如離心、切碎、研磨等；(3) 選用的培養基是否正確；(4) 培養的條件，例如溫度，是否正確；(5) 培養時間是否合適，有些長得慢的眞菌是否有給予充分的時間生長；(6) 是否出現過度生長的細菌抑制了眞菌生長等等。當培養結果是陰性，但仍無法排除眞菌感染時，可以請臨床醫師重新採檢送驗，以提高檢出率。

若培養結果爲陽性，則需要判別其代表的臨床意義。一般而言，無菌部位分離出的眞菌都需高度懷疑是致病菌，除非有明顯的汙染發生。非無菌部位的檢體，由於致病菌和汙染菌都可以被培養出來，分離株的臨床意義就需配合臨床診斷及鏡檢結果做綜合判讀。例如趾甲檢體培養出皮癬菌，一般可直接視爲致病菌。但若培養出非皮癬菌的絲狀眞菌，則必須看臨床是否爲甲癬病灶、甲屑鏡檢能否觀察到與該菌相符的菌絲特徵（例如：培養出暗色絲狀眞菌時，是否甲片鏡檢也觀察到有暗色的菌絲）、病理切片是否有甲板侵犯的證據、是否能由病灶持續分離出同一種眞菌等。醫檢師與臨床醫師間良好的溝通管道，有助於提升眞菌培養判讀的準確性。

21-7 病例研究

個案

50 歲的男性，務農，右小腿有一圓形帶屑的斑塊。皮屑鏡檢可見許多透明菌絲及關節孢子，培養結果如圖示（圖 21-82）。

問題

1. 請問此菌的鑑定？
2. 此菌是致病菌嗎？評定的依據爲何？
3. 此菌的生物及生態特性爲何？應採取何種措施以避免再次感染？

學習評估

1. 請描述眞菌特性及生長繁殖方式。
2. 請描述眞菌感染症的種類及致病菌。
3. 請描述眞菌培養和鑑定的方法。
4. 請描述抗眞菌藥物的種類及作用原理。

參考資料

1. International Code of Nomenclature for algae, fungi and plants (Melbourne Code) adopted by the Eighteenth International Botanical Congress Melbourne, Australia. http://www.iapt-taxon.org/nomen/main.php
2. Hibbett D. S., Binder M., Bischoff J. F. et al. A higher-level phylogenetic classification of the Fungi. Mycol Res 111 (Pt 5): 509-547, 2007
3. Fungal Infections. Leading International Fungal Education (LIFE) website http:// http://www.life-worldwide.org/
4. Brown G. D., Denning D. W., Gow NA et al. Hidden killers: human fungal infections. Sci Transl Med. 2012 Dec 19; 4 (165): 165rv13
5. Lips K. R., Brem F., Brenes R. et al. Emerging infectious disease and the loss of biodiversity in a Neotropical amphibian community. PNAS 103 (9): 3165-70, 2006
6. Borman A. M., Johnson E. M. Name Changes for Fungi of Medical Importance, 2018 to 2019. J Clin Microbiol. 2021 Jan 21;59(2): e01811-20.
7. De Hoog G. S., Dukik K., Monod M et al. Toward a Novel Multilocus Phylogenetic Taxonomy for the Dermatophytes. Mycopathologia. 2017;182 (1-2): 5-31.
8. Marimon R., Cano J., Gené J. et al. *Sporothrix brasiliensis*, *S. globosa*, and *S. mexicana*, three new *Sporothrix* species of clinical interest. J Clin Microbiol 45 (10): 3198-206, 2007.
9. Papon N., Courdavault V., Clastre M. et al. Emerging and emerged pathogenic *Candida* species: beyond the *Candida albicans* paradigm. PLoS Pathog. 2013;9 (9): e1003550.
10. Hagen F., Khayhan K., Theelen B., Kolecka A., Polacheck I., Sionov E., Falk R., Parnmen S., Lumbsch H. T., Boekhout T. Recognition of seven species in the *Cryptococcus gattii*/*Cryptococcus neoformans* species complex. Fungal Genet Biol. 2015 May; 78:16-48.
11. Sanchotene K. O., Madrid I. M., Klafke G. B. et al. *Sporothrix brasiliensis* outbreaks and the rapid emergence of feline sporotrichosis. Mycoses 58 (11): 652-8, 2015
12. Lackner M., de Hoog G. S., Yang L. et al. Proposed nomenclature for *Pseudallescheria*, *Scedosporium* and related genera. Fungal Diversity 67: 1-10, 2014.
13. Samson R. A., Visagie C. M., Houbraken J. et al. Phylogeny, identification and nomenclature of the genus *Aspergillus*. Stud Mycol. 78: 141-73, 2014.
14. Samson R. A., Yilmaz N., Houbraken J. et al. Phylogeny and nomenclature of the genus *Talaromyces* and taxa accommodated in *Penicillium* subgenus *Biverticillium*. Stud Mycol. 2011 Nov 15; 70(1): 159-83.
15. Sepúlveda V. E., Márquez R., Turissini D. A., Goldman W. E., Matute D. R. Genome Sequences Reveal Cryptic Speciation in the Human Pathogen *Histoplasma capsulatum*. mBio. 2017 Dec 5; 8(6): e01339-17.
16. Fisher M. C., Koenig G. L., White T. J., Taylor J. W. Molecular and phenotypic description of *Coccidioides posadasii* sp. nov., previously recognized as the non-California population of *Coccidioides immitis*. Mycologia. 2002 Jan-Feb;94(1): 73-84.
17. Brown E. M., McTaggart L. R., Zhang S. X., Low D. E., Stevens D. A., Richardson S. E. Phylogenetic analysis reveals a cryptic spe-

cies *Blastomyces gilchristii*, sp. nov. within the human pathogenic fungus Blastomyces dermatitidis. PLoS One. 2013; 8(3): e59237.

18. Maphanga T. G., Birkhead M., Muñoz J. F., Allam M., Zulu T. G., Cuomo C. A., Schwartz I. S., Ismail A., Naicker S. D., Mpembe R. S., Corcoran C., de Hoog S., Kenyon C., Borman A. M., Frean J. A., Govender N. P. Human Blastomycosis in South Africa Caused by *Blastomyces percursus* and *Blastomyces emzantsi* sp. nov., 1967 to 2014. J Clin Microbiol. 2020 Feb 24; 58(3): e01661-19.
19. Teixeira Mde M., Theodoro R. C., Oliveira F. F., Machado G. C., Hahn R. C., Bagagli E., San-Blas G., Soares Felipe M. S. *Paracoccidioides lutzii* sp. nov.: biological and clinical implications. Med Mycol. 2014 Jan; 52(1): 19-28.
20. Turissini D. A., Gomez O. M., Teixeira M. M., McEwen J. G., Matute D. R. Species boundaries in the human pathogen *Paracoccidioides*. Fungal Genet Biol. 2017 Sep; 106: 9-25.
21. Dukik K., Muñoz J. F., Jiang Y., Feng P., Sigler L., Stielow J. B., Freeke J., Jamalian A., Gerrits van den Ende B., McEwen J. G., Clay O. K., Schwartz I. S., Govender N. P., Maphanga T. G., Cuomo C. A., Moreno L. F., Kenyon C., Borman A. M., de Hoog S. Novel taxa of thermally dimorphic systemic pathogens in the *Ajellomycetaceae* (*Onygenales*). Mycoses. 2017 May; 60(5): 296-309.
22. Jiang Y., Dukik K., Muñoz J. K., Sigler L., Schwartz I. S., Govender N. P., Kenyon C., Feng P., van den Ende B. G., Stielow J. B., Stchigel A. M., Lu H., de Hoog G. S. Phylogeny, ecology and taxonomy of systemic pathogens and their relatives in *Ajellomycetaceae* (*Onygenales*): *Blastomyces*, *Emergomyces*, *Emmonsia*, *Emmonsiellopsis*. Fungal Divers. 2018; 90: 245-291.

建議參考書籍

1. De Hoog G. S., Guarro J., Gené J., Ahmed S., Al-Hatmi AM. S., Figueras M. J., Vitale R. G. Atlas of Clinical Fungi, 4th ed., 2021. Website: https://www.clinicalfungi.org/
2. Richardson M. D. Warnock D. W. Fungal infection: diagnosis and management. 4th edition. Wiley-Blackwell, 2012.
3. Carroll K. C., Pfaller M. A., Landry M. L., McAdam A. J., Patel R., Richter S. S., Warnock D. W. Ed. Manual of Clinical Microbiology, 12th ed., ASM press, 2019.
4. Kane J., Summerbell R., Sigler L., Krajden S., Land Geoffrey. Laboratory Handbook of Dermatophytes: A Clinical Guide and Laboratory Handbook of Dermatophytes and Other Filamentous Fungi from Skin, Hair, and Nails. Star Publishing, 1997.
5. Walsh T. J., Hayden R. T., Larone D. H. Medically important fungi-A guide to identification 6th ed. ASM press. 2018.
6. Kidd S., Halliday C., Alexiou H., Ellis D. Descriptions of Medical Fungi 3rd ed. The University of Adelaide, Australia. 2016. Ebook link: https://mycology.adelaide.edu.au/docs/fungus3-book-2017.pdf

第22章

抗微生物製劑感受性試驗

洪貴香、吳俊忠

內容大綱

學習目標

- 了解抗微生物製劑的種類及作用機轉。
- 了解微生物抵禦抗微生物製劑的機轉。
- 了解抗微生物製劑感受性試驗的種類及操作方法。
- 了解抗微生物製劑感受性試驗之品質管制。
- 了解影響抗微生物製劑感受性試驗結果之因素。
- 了解測定細菌產生 β 內醯胺酶（β-lactamase）的方法。

22-1 一般性質

抗微生物製劑（antimicrobial agents）泛指天然、半合成化合物、藥物或其他足以殺死或減緩細菌、眞菌、病毒、寄生蟲等微生物生長的物質。其中，抗生素（antibiotics）主要用於治療細菌引起的感染性疾病。

22-2 抗微生物製劑

抗微生物製劑依據其作用機轉和化學結構等差異加以分類（表 22-1）。抗微生物製劑主要目標爲抑制細胞壁、細胞膜、DNA、RNA 或蛋白質合成（表 22-1 和圖 22-1）[1, 2, 25, 26, 28, 29]。

22-3 微生物抵禦抗微生物製劑的機轉

微生物爲了避免抗微生物製劑的攻擊導致死亡，因而在漫長的演化過程中發展出數種抵禦的方式，包括：(1) 細胞膜滲透性改變或缺少可被辨識之標的，使抗微生物製劑無法進入細胞內；(2) 產生藥物輸出幫浦（efflux pumps），主動將進入細胞內的抗微生物製劑排出細胞外；(3) 目標基因發生突變使蛋白質結構改變，因而造成抗微生物製劑無法與之結合；(4) 產生水解酶（如 β 內醯胺酶）或修飾抗微生物製劑的酵素（如 acetyltransferase），使抗微生物製劑喪失活性（圖 22-1）[1, 25, 26, 28, 29]。

22-4 抗微生物製劑感受性試驗

執行抗微生物製劑感受性試驗的主要目的是提供臨床醫師正確選擇適當的藥物以達到有效治療病患的目標，同時還能避免因錯誤用藥所造成的醫療資源浪費，以及後續衍生的抗藥性問題。目前全世界有兩個主要制定抗微生物製劑感受性試驗標準的委員會：一爲 Clinical and Laboratory Standards Institute（CLSI）；另一爲 European Committee on Antimicrobial Susceptibility Testing（EUCAST）[16, 22]。委員會制定執行試驗的標準化方法，同時每年還會依實際情況調整不同種抗微生物製劑的判讀標準。兩個委員會在部分抗微生物製劑的判讀標準上有所不同，臨床微生物實驗室可以選擇任一委員會所制定的準則予以施行，但臺灣的實驗室主要以 CLSI 制定的標準爲主。

抗微生物製劑感受性試驗首重菌落的挑選。爲了避免選取到少數特性發生改變的菌落，新鮮培養的細菌應隨機挑取 4 ～ 5 顆單一菌落，接種至適當的培養液中培養數小時，此爲生長法（broth culture method）；或者直接挑取 4 ～ 5 顆單一菌落，此爲直接菌落懸浮法（colony suspension method），調整濁度至建議的數值後，應盡可能的在 30 分鐘內執行抗微生物製劑感受性試驗。濁度以 McFarland standard 爲依據，一般建議的濁度爲 0.5 McFarland standard，約 1.5×10^8 CFU/ml[16, 22]。除非有特殊需求，一般不建議在含有二氧化碳的溫箱培養，因爲二氧化碳會使瓊脂的酸鹼度降低，影響抗微生物製劑的活性。試驗的種類及操作方法描述如下：

一、紙錠擴散法（Disk diffusion）

又稱爲 Kirby-Bauer 法，屬於半定量法，操作簡便且成本低廉，因而廣爲臨床微生物實驗室使用。原理乃紙錠中的抗微生物製劑會擴散至瓊脂內形成一濃度梯度，當達到某一濃度再也無法抑制微生物生長時，即產生抑制圈。將調整好濁度的菌液均勻塗抹至 Mueller-Hinton 瓊脂上（少數會添加 5% 去纖維化綿羊血、

表 22-1 抗微生物製劑的種類及作用機轉

抗微生物製劑	名稱	來源	主要對象	主要標的
Fluoroquinolones 抑制 DNA 合成	Nalidixic acid, ciprofloxacin, levofloxacin and gemifloxacin	合成	嗜氧性革蘭氏陽性和陰性菌；部分厭氧性革蘭氏陰性菌和結核分枝桿菌	Topoisomerase II (DNA gyrase), topoisomerase IV
Trimethoprim-sulfamethoxazole 抑制 DNA 合成	Co-trimoxazole (a combination of trimethoprim and sulfamethoxazole in a 1:5 ratio)	合成	嗜氧性革蘭氏陽性和陰性菌	Tetrahydrofolic acid synthesis inhibitors
Rifamycins 抑制 RNA 合成	Rifamycins, rifampin and rifapentine	天然及 ansamycins 半合成（從 *S. mediterranei* 而來）	嗜氧性革蘭氏陽性、陰性菌和結核分枝桿菌	DNA-dependent RNA polymerase
Flucytosine 抑制 DNA 和蛋白質合成	5-Flucytosine (fluorocytosine, 5-FC)	合成	酵母菌和絲狀眞菌	5-FC 進入菌體後快速轉變成 5-fluorouracil (5-FU)
β-*lactams* 抑制細胞壁合成	Penicillins (penicillin, ampicillin, oxacillin), cephalosporins (cefazolin, cefoxitin, ceftriaxone, cefepime) and carbapenems (ertapenem, imipenem, meropenem)	天然及包含 carbonyl lactam ring 的 azetidinone 分子半合成（從 *P. notatum*、*C. acremonium* 和 *S. cattleya* 而來）	嗜氧和厭氧性革蘭氏陽性和陰性菌	Penicillin-binding proteins

表 22-1 抗微生物製劑的種類及作用機轉（續）

抗微生物製劑	名稱	來源	主要對象	主要標的
Echinocandins 抑制細胞壁合成	Anidulafungin, caspofungin and micafungin	天然及修飾後的脂醇半合成（從數種眞菌發酵培養液中萃取而來，包括：*Aspergillus aculeatus*、*A. rugulovalvus*、*A. nidulans*、*Coleophoma empedri*、*Zalerion arboricola*、*Hormonema-like fungus* 和 *Papularia sphaerosperma*）	酵母菌和絲狀眞菌	β-1,3-D glucan synthase
Glycopeptides and glycolipopeptides 抑制細胞壁合成	Vancomycin; teicoplanin	天然及 amino sugar 或具有脂肪酸連結的 amino sugar 胜肽鏈半合成（從 actinobacteria 而來）	革蘭氏陽性菌	Peptidoglycan units (terminal D-Ala-D-Ala dipeptide)
Lipopeptides 抑制細胞壁合成	Daptomycin and polymixin B	天然及脂肪酸連結的胜肽鏈半合成（從 *S. roseosporus* 和 *B. polymyxa* 而來）	革蘭氏陽性菌（daptomycin）；革蘭氏陰性菌（polymixins）	細胞膜
Azoles 抑制細胞膜麥角脂醇（ergosterol）合成	Imidazole (ketoconazole) and triazoles (fluconazole, isavuconazole, itraconazole, posaconazole, ravuconazole, voriconazole)	合成	酵母菌和絲狀眞菌	Lanosterol 14α-demethylase (CYP51A1)

表 22-1 抗微生物製劑的種類及作用機轉（續）

抗微生物製劑	名稱	來源	主要對象	主要標的
Polyenes 細胞膜通透性改變	Amphotericin B	從 *Streptomyces nodosus* 而來	酵母菌和絲狀真菌	麥角脂醇
Polyenes 細胞膜通透性改變	Nystatin	從 *Streptomyces noursei* 而來	酵母菌和絲狀真菌	膽固醇
Aminoglycosides 抑制蛋白質合成	Gentamicin, tobramycin, streptomycin and kanamycin	天然及 amino sugars 半合成（從 *Streptomyces* spp. 和 *Micromonospora* spp. 而來）	嗜氧性革蘭氏陽性、陰性菌和結核分枝桿菌	30S ribosome
Tetracyclines 抑制蛋白質合成	Tetracycline and doxycycline	天然及 four-ringed polyketides 半合成（從 *S. aureofaciens* 和 *S. rimosus* 而來）	嗜氧性革蘭氏陽性和陰性菌	30S ribosome
Macrolides 抑制蛋白質合成	Erythromycin and azythromycin	天然及 14- 及 16-membered lactone rings 半合成（從 *S. erythraea* 和 *S. ambofaciens* 而來）	嗜氧和厭氧性革蘭氏陽性和陰性菌	50S ribosome
Streptogramins 抑制蛋白質合成	Pristinamycin, dalfopristin and quinupristin	天然及 pristinamycin I (group B, macrolactone ringed-peptides) and pristinamycin II (group A, endolactone oxazole nucleus-bearing depsipeptides) 半合成（從 *Streptomyces* spp. 而來）	嗜氧和厭氧性革蘭氏陽性和陰性菌	50S ribosome

表 22-1 抗微生物製劑的種類及作用機轉（續）

抗微生物製劑	名稱	來源	主要對象	主要標的
Phenicols 抑制蛋白質合成	Chloramphenicol	天然及 dichloroacetic acid 半合成（從 *S. venezuelae* 而來）	部分革蘭氏陽性和陰性菌，包括：*B. fragilis*、*N. meningitidis*、*H. influenzae* 和 *S. pneumoniae*	50S ribosome

馬血或其他營養物質），以鑷子或紙錠分裝器（disk dispenser）將抗微生物製劑紙錠逐一貼上（圖 22-2）。紙錠間距至少需 2.4 公分，距離瓊脂邊緣 1.5 公分；標準化的大小培養皿可分別貼上 12 和 5 片紙錠。置於 35℃溫箱培養 18 ～ 24 小時後，度量抑制圈的直徑，並依據 CLSI 或 EUCAST 的判讀標準報告爲感受性（susceptible, S）、抵抗性（resistant, R）或中度敏感性（intermediate, I）（圖 22-3）[14]。此外，紙錠必須以內含乾燥劑的紙盒密封妥當存放於 −20 ～ 8℃，使用前應回復至室溫以避免紙錠凝結水氣，同時在試驗中加入品管菌株進行測試，以確保紙錠的品質與功效。本方法適用於腸內菌科（*Enterobacteriaceae*）、葡萄球菌屬（*Staphylococcus* spp.）、腸球菌屬（*Enterococcus* spp.）、綠膿桿菌（*Pseudomonas aeruginosa*）、不動桿菌屬（*Acinetobacter* spp.）、*Vibrio* spp.〔包括霍亂弧菌（*Vibrio cholera*）〕、*Burkholderia cepacia complex* 和 *Stenotrophomonas maltophilia* 等，以及挑剔性細菌，如：流行性感冒嗜血桿菌（*Haemophilus influenzae*）、副流行性感冒嗜血桿菌（*Haemophilus parainfluenzae*）、β 型溶血鏈球菌屬（*Streptococcus* spp. β-hemolytic Group）、草綠色鏈球菌屬（*Streptococcus* spp. Viridans Group）、肺炎鏈球菌（*Streptococcus pneumoniae*）、淋病雙球菌（*Neisseria gonorrhoeae*）和腦膜炎雙球菌（*Neisseria meningitidis*）等（表 22-2）。其他未經許可之細菌並不適用於紙錠擴散法來操作抗微生物製劑感受性試驗。

二、瓊脂稀釋法（Agar dilution）

屬於定量法，可獲得抗微生物製劑對微生物的最低抑制濃度（minimal inhibitory concentration, MIC）。原理乃配製含有不同抗微生物製劑濃度的瓊脂，當達到某一濃度，使微生物再也無法生長，此一濃度即爲最低抑制濃度。將調整好濃度的菌液以標準化的點狀接種針（inoculum-replicating device），或微量吸管接種至 Mueller-Hinton 瓊脂上（少數會添加 5% 去纖維化綿羊血、馬血或其他營養物質），最終細菌接種量爲 5×10^5 CFU/ml，靜置數分鐘待菌液乾燥，置於 35℃溫箱培養 18 ～ 24 小時（少數挑剔性細菌必須延長培養時間）後，判讀最低抑制濃度，並依據 CLSI 或 EUCAST 的判讀標準報告爲感受性或抵抗性（圖 22-4）[15, 16, 22]。含有抗微生物製劑的瓊脂培養基配製完成後必須密封好保存於 4 ～ 8℃，並且在五天內用完；少數不易存放

表 22-2 抗微生物製劑感受性試驗所需使用的培養基、培養環境和時間

細菌、酵母菌和絲狀真菌	培養基	培養環境	培養時間
腸內菌科、綠膿桿菌和 *Vibrio* spp.	Mueller-Hinton agar/broth medium	35 ± 2℃	紙錠擴散法：16 ～ 18 小時 稀釋法：16 ～ 20 小時
不動桿菌屬、*Stenotrophomonas maltophilia* 和 *Burkholderia cepacia complex*	Mueller-Hinton agar/broth medium	35 ± 2℃	20 ～ 24 小時
非腸內菌科的 *Pseudomonas* spp. 和其他非挑剔性、葡萄糖非發酵性革蘭氏陰性桿菌	Mueller-Hinton agar/broth medium；不建議使用紙錠擴散法	35 ± 2℃	16 ～ 20 小時
葡萄球菌屬	Mueller-Hinton agar/broth medium；加入 2% NaCl 測定 oxacillin	35 ± 2℃	紙錠擴散法：16 ～ 18 小時；24 小時（*S. aureus, S. lugdunensis, S. pseudintermedius* 和 *S. schleiferi* 以外之葡萄球菌屬測定 cefoxitin） 稀釋法：16 ～ 20 小時；24 小時（測定 oxacillin 和 vancomycin）
腸球菌屬	Mueller-Hinton agar/broth medium；Mueller-Hinton broth 加入 50 μg/ml calcium 測定 daptomycin；尚未批准使用瓊脂稀釋法來測定 daptomycin	35 ± 2℃	紙錠擴散法：16 ～ 18 小時 稀釋法：16 ～ 20 小時 24 小時（測定 vancomycin）
流行性感冒嗜血桿菌和副流行性感冒嗜血桿菌	*Haemophilus* test medium/broth	35 ± 2℃；5% CO_2（紙錠擴散法）；一般溫箱（培養液稀釋法）	紙錠擴散法：16 ～ 18 小時 培養液稀釋法：20 ～ 24 小時
淋病雙球菌	GC agar base 加入 1% 生長添加物	36 ± 1℃（切勿超過 37℃）；5% CO_2	20 ～ 24 小時

表 22-2 抗微生物製劑感受性試驗所需使用的培養基、培養環境和時間（續）

細菌、酵母菌和絲狀真菌	培養基	培養環境	培養時間
腦膜炎雙球菌	Mueller-Hinton agar 加入 5% 去纖維化綿羊血；Mueller-Hinton broth 加入 2.5 ～ 5% 馬血	35 ± 2℃；5% CO_2	20 ～ 24 小時
肺炎鏈球菌	Mueller-Hinton agar 加入 5% 去纖維化綿羊血；Mueller-Hinton broth 加入 2.5～5% 馬血	35 ± 2℃；5% CO_2（紙錠擴散法）；進行瓊脂稀釋法時可將培養基置於含有 CO_2 的環境以利細菌生長	20 ～ 24 小時
β 型溶血鏈球菌屬和草綠色鏈球菌屬	Mueller-Hinton agar 加入 5% 去纖維化綿羊血；Mueller-Hinton broth 加入 2.5 ～ 5% 馬血；Mueller-Hinton broth 加入 50 μg/ml calcium 測定 daptomycin	35 ± 2℃；5% CO_2（紙錠擴散法）；進行瓊脂稀釋法時可將培養基置於含有 CO_2 的環境以利細菌生長	20 ～ 24 小時
厭氧菌	Brucella agar 加入 5% 血球溶解綿羊血；Brucella broth 加入 5% 馬血；再加入 5 μg/ml hemin 和 1 μg/ml 維生素 K_1	36 ± 1℃；厭氧	培養液微量稀釋法：46 ～ 48 小時 瓊脂稀釋法：42 ～ 48 小時
Candida spp. 和新型隱球菌	RPMI 1640 medium，加入 glutamine 和酚紅酸鹼指示劑；Mueller-Hinton agar 加入 2% 葡萄糖和 0.5 μg/ml 甲基藍	35℃	培養液稀釋法：24 小時，若生長不足則再延長 24 小時 紙錠擴散法：20 ～ 24 小時

表 22-2 抗微生物製劑感受性試驗所需使用的培養基、培養環境和時間（續）

細菌、酵母菌和絲狀真菌	培養基	培養環境	培養時間
Aspergillus spp.、*Cladophialophora bantiana*、*Exophiala dermatitidis*、*Fusarium* spp.、*Paecilomyces variotii*、*Purpureocillium lilacinum*、*Rhizopus* spp. 和 *S. schenckii*	RPMI 1640 medium，加入 glutamine 和酚紅酸鹼指示劑	35℃；不須空氣對流	*Rhizopus* spp. 和毛黴目需要 21 ～ 26 小時；*Aspergillus* spp.、*C. bantiana*、*E. dermatitidis*、*Fusarium* spp.、*P. variotii*、*P. lilacinum* 和 *S. schenckii* 需要 46 ～ 50 小時；*L. prolificans*（*S. prolificans*）需要 70 ～ 74 小時

的抗微生物製劑，如 carbapenems、cefaclor 和 clavulanate 等，必須新鮮配製。接種前，含有抗微生物製劑的瓊脂培養基必須回復至室溫，並且確定瓊脂表面完全乾燥後方能使用。瓊脂培養基的組成、菌液接種體積、培養時間和微生物出現抵抗性次族群（resistant subpopulation）均會影響本方法的結果。執行瓊脂稀釋法必須同時接種不含抗微生物製劑的瓊脂培養基，以確保微生物的存活度和純度。此外，試驗中必須加入品管菌株進行測試，並且確定品管菌株的最低抑制濃度落在標準範圍內，代表培養基配製及操作過程無誤，本次實驗結果才能值得信賴。目前本方法較常用於研究單位而非一般臨床實驗室。

三、培養液微量稀釋法（Broth microdilution）

屬於定量法，可獲得抗微生物製劑對微生物的最低抑制濃度。原理與瓊脂稀釋法相同，只是將瓊脂改爲培養液。本方法使用 96 孔微量盤，每個孔中的抗微生物製劑濃度皆不同。將調整好濁度的菌液依序接種至內含不同抗微生物製劑濃度的 Mueller-Hinton 培養液（cation-adjusted Mueller-Hinton broth, CAMHB）中，混合均勻後置於 35℃溫箱培養 18 ～ 24 小時。當達到某一濃度使微生物再也無法生長時，此一濃度即判讀爲最低抑制濃度，並依據 CLSI 或 EUCAST 的判讀標準報告爲感受性或抵抗性 [15]。執行培養液微量稀釋法必須同時接種不含抗微生物製劑的培養液，以確保微生物的存活度。此外，也必須有一孔爲不含抗微生物製劑的培養液，以確定培養液未遭到汙染。試驗中必須加入品管菌株進行測試，並且確定品管菌株的最低抑制濃度落在標準範圍內，代表培養液配製及操作過程無誤，本次實驗結果才能值得信賴。

目前已有商業自動化培養液微量稀釋法系統，主要包括：Phoenix（Becton Dickinson）、VITEK（bioMérieux）、MicroScan WalkAway（Beckman Coulter）和 Sensititre（Thermo Fisher Scientific）。優點是不僅可獲得細菌鑑定結果，同時還可獲得最低抑制濃度，取代紙錠擴散法度量抑制圈可能造成的誤差、減少人爲錯誤，確立正確的報告，以及可儲存結果，改善實驗室資料管理。缺點是費用較貴、藥物的選擇受限及若 CLSI 判讀標準改變，可能因無法涵蓋所有測定濃度，而不能給予判讀結果。但是由於可節省人力成本，因此臺灣目前已有多家醫院使用全自動系統做鑑定及抗微生物製劑感受性試驗。

四、培養液大量稀釋法（Broth macrodilution）

屬於定量法，可獲得抗微生物製劑對微生物的最低抑制濃度。原理與培養液微量稀釋法相同，只是將 96 孔微量盤改爲試管，其餘操作方法皆相同。但本方法操作費時，故一般臨床微生物實驗室甚少採用，較常用於藥廠的檢測。

五、Epsilometer 法（Etest Strip）

屬於定量法，操作簡便但成本昂貴。原理與紙錠擴散法相同，即抗微生物製劑的濃度浸潤在試紙上形成一個濃度梯度，試紙條會擴散至瓊脂內，當達到某一濃度再也無法抑制微生物生長時，即產生抑制圈。將調整好濁度的菌液均勻塗抹至 Mueller-Hinton 瓊脂上（少數會添加 5% 去纖維化綿羊血、馬血或其他營養物質），以鑷子將抗微生物製劑試紙條逐一貼上，置於 35℃溫箱培養 18 ～ 24 小時後，可見到以測試紙條爲中心對稱的橢圓抑制環，橢圓環邊緣與試紙條交界處刻度即爲該微生物的最低抑制濃度，依據 CLSI 或 EUCAST 的判讀標準報告爲感受性或抵抗性（圖 22-5）。此外，抗微生物製劑試紙條必須以內含乾燥劑的紙盒密封妥當存放於 −20 ～ 8℃，同時在試驗中加入品管菌株進行測試，以確保試紙條的品質與功效。

以上五種抗微生物製劑感受性試驗方法的優缺點詳見表 22-3。

六、挑剔性細菌的抗微生物製劑感受性試驗

挑剔性細菌泛指在一般培養基上無法生長、必須額外添加營養物質，或者在一般培養條件下無法或不易生長，必須放置於特殊氣體比例的環境中才會生長的細菌（表 22-4）。近年來 CLSI 和 EUCAST 分別針對一些挑剔性細菌，制定了抗微生物製劑感受性試驗的操作方法及判讀標準，以下簡單敘述之。

1. 鏈球菌屬（*Streptococcus* spp.）和肺炎鏈球菌（*Streptococcus pneumoniae*）

鏈球菌屬，包括草綠色鏈球菌屬（*Streptococcus* spp. Viridans Group），在執行紙錠擴散法或瓊脂稀釋法時，必須在培養基中添加 5% 去纖維化綿羊血或 5% 馬血（lysed horse blood, LHB）和 20 μg/ml β-nicotinamide adenine dinucleotide（NAD）；執行培養液微量稀釋法時，則需加入 2.5 ～ 5% 馬血，建議將菌放在含有 5% 二氧化碳的溫箱培養。

CLSI 特別針對造成中樞神經系統和非中樞神經系統感染的肺炎鏈球菌，制定 penicillin 和 β-lactam 抗微生物製劑的最低抑制濃度，以便有效治療患者。草綠色鏈球菌屬若從正常無菌部位（腦脊髓液、血液和骨頭）分離出，則應測定對 penicillin 的最低抑制濃度。上述兩種情況不適用紙錠擴散法[16]。

2. 嗜血桿菌屬（*Haemophilus* spp.）和流行性感冒嗜血桿菌（*Haemophilus influenzae*）

必須選用特殊培養基，即以 Mueller-Hinton 爲基底，另外添加 hematin 和 NAD 所配製而成的 *Haemophilus* Test Medium（HTM），建議將菌放在含有 5% 二氧化碳的溫箱培養[16]。

表 22-3　抗微生物製劑感受性試驗方法的優缺點

方法	優點	缺點
紙錠擴散法	• 操作簡便、快速，可以同時測定多種抗微生物製劑 • 可以觀察細菌是否出現抵抗性次族群	• 無法獲得最低抑制濃度 • 判讀結果容易有人爲誤差
瓊脂稀釋法	• 可以獲得最低抑制濃度 • 可以同時測定多種細菌 • 國際公認標準方法	• 價格較高 • 耗時、耗費人力和空間 • 無法觀察細菌是否出現抵抗性次族群
培養液微量稀釋法	• 可以獲得最低抑制濃度 • 國際公認標準方法 • 有商業自動化系統，可以同時測定多種抗微生物製劑，避免人爲判讀誤差、減少人力和人爲錯誤以及有助資料管理	• 價格較高 • 耗時與耗費人力 • 無法觀察細菌是否出現抵抗性次族群 • 自動化系統所訂定的最低抑制濃度可能因 CLSI 或 EUCAST 判讀標準改變而無法涵蓋；抗微生物製劑選擇受限
培養液大量稀釋法	• 可以獲得最低抑制濃度	• 價格較高 • 耗時與耗費人力 • 無法觀察細菌是否出現抵抗性次族群
Epsilometer 法	• 操作簡便、快速，可以同時測定數種抗微生物製劑 • 可以獲得最低抑制濃度 • 可以觀察細菌是否出現抵抗性次族群	• 非國際公認標準方法 • 價格較高

對 ampicillin 具有抵抗性的嗜血桿菌主要是透過質體的傳播獲得 β 內醯胺酶，而且以 TEM-1 爲主。近年來發現少數嗜血桿菌不帶有 β 內醯胺酶卻對 ampicillin 具有抵抗性（β-lactamase-negative ampicillin-resistant; BLNAR），這些菌株可能透過 penicillin-binding proteins（PBPs）改變，使其對 ampicillin 產生抗性 [16, 30]。

3. 淋病雙球菌（*Neisseria gonorrhoeae*）和腦膜炎雙球菌（*Neisseria meningitidis*）

淋病雙球菌必須選用特殊培養基，即以 GC 爲基底，額外加入 1% 生長添加物（defined growth supplement），建議將菌放在含有 5% 二氧化碳且溫度不超過 37℃的溫箱培養。執行紙錠擴散法時，1% 生長添加物中必須含有半胱氨酸（cysteine）；執行瓊脂稀釋法測定淋病雙球菌對 carbapenems 和 clavulanate 感受性時，則必須使用不含有半胱氨酸的生長添加物，以避免抑制抗微生物製劑的活性。淋病雙球菌對 penicillin 的抵抗性逐年增加，主因是菌株透過質體的傳播獲得 TEM-1 β-lactamase（penicillinase-producing *N. gonorrhoeae*, PPNG）、染色體上的基因突變導致 PBPs 改變或是菌體外膜通透性降低 [18]。由於淋病雙球菌在培養液中會自行分解，故不適用培養液稀釋法 [16, 30]。

腦膜炎雙球菌在執行紙錠擴散法或瓊脂稀

釋法時，必須在培養基中添加 5% 去纖維化綿羊血；執行培養液微量稀釋法時，則需加入 2.5 ～ 5% 馬血，建議將菌放在含有 5% 二氧化碳的溫箱培養。所有人員在操作腦膜炎雙球菌時必須在生物安全操作櫃中，以防止自我感染。紙錠擴散法不建議用來測定對 penicillin 和 ampicillin 的感受性 [16, 30]。

4.幽門桿菌（*Helicobacter pylori*）

爲微需氧菌，必須在含有 5% 氧氣、10% 二氧化碳和 85% 氮氣的溫箱培養，因此增加執行抗微生物製劑感受性試驗的困難度。CLSI 僅制定瓊脂稀釋法的標準，並且也僅對 clarithromycin 有規範最低抑制濃度 [16]；EUCAST 則對於 amoxicillin、levofloxacin、clarithromycin、tetracycline、metronidazole 和 rifampicin 有規範最低抑制濃度 [22]。操作瓊脂稀釋法時，必須在 Mueller-Hinton 瓊脂培養基中添加 5% 去纖維化綿羊血，同時建議菌液濁度爲 2.0 McFarland standard，約 1×10^7 ～ 1×10^8 CFU/ml，培養 72 小時後判讀結果（表 22-4）[10]。爲了避免影響細菌生長，一旦幽門桿菌離開微需氧溫箱，應儘速操作再放回溫箱培養。

5.其他罕見的挑剔性細菌

Abiotrophia spp.、*Granulicatella* spp.（舊稱營養缺乏性或營養變異性鏈球菌）、*Aerococcus* spp.、*Aeromonas* spp.、*Bacillus* spp.（非 *B. anthracis*）、*Campylobacter jejuni/coli*、*Corynebacterium* spp.〔包括白喉桿菌（*Corynebacterium diphtheriae*）〕、*Erysipelothrix rhusiopathiae*、*Gemella* spp.、HACEK group（H：*Haemophilus influenzae*、*H. parainfluenzae*、*H. haemolyticus* 和 *H. parahaemolyticus*；A：*Aggregatibacter actinomycetemcomitans*、*A. segnis*、*A. aphrophilus* 和 *A. paraphrophilus*；C：*Cardiobacterium hominis* 和 *C. valvarum*；*Eikenella corrodens*；K：*Kingella kingae* 和 *K. denitrificans*）、*Lactobacillus* spp.、*Lactococcus* spp.、*Leuconostoc* spp.、*Listeria monocytogenes*、*Micrococcus* spp.、*Moraxella catarrhalis*、*Pasteurella* spp.、*Pediococcus* spp.、*Rothia mucilagunosa* 和 *Vibrio* spp.（包括 *V. cholerae*）等罕見的挑剔性細菌，CLSI 建議以培養液稀釋法來執行抗微生物製劑感受性試驗，少數細菌適用紙錠擴散法（表 22-4）[10]。

6.生物恐怖攻擊性（Bioterrorism）細菌

Bacillus anthracis、*Clostridium botulinum*、*Francisella tularensis*、*Yersinia pestis*、*Brucella* spp.（*B. abortus*、*B. melitensis* 和 *B. suis*）、*Burkholderia mallei*、*Burkholderia pseudomallei*、*Chlamydia psittaci*、*Clostridium perfringens*、*Coxiella burnetii*、*Escherichia coli*（*E. coli*）O157:H7、*Salmonella* spp.、*Rickettsia prowazekii*、*Shigella dysenteriae*、*Staphylococcus aureus*、*Vibrio cholera* 和 *Mycobacterium tuberculosis* 皆屬於可能引起生物恐怖攻擊的細菌，CLSI 建議以培養液稀釋法，且抗微生物製劑感受性試驗必須由參考實驗室執行（表 22-5）。

七、厭氧菌、放線菌和分枝桿菌的抗微生物製劑感受性試驗

根據 CLSI 的規範，瓊脂稀釋法和培養液微量稀釋法皆可用於測定厭氧菌、放線菌和分枝桿菌 [6, 8, 30]。厭氧菌的感受性試驗以 Brucella 爲基底，另外添加 hemin、維生素 K1 和 5% 血球溶解綿羊血（Brucella blood agar）或 5% 馬血（Brucella broth）（表 22-2）[6, 8, 16]。瓊脂稀釋法和培養液微量稀釋法應接種菌量以 10^5 /spot 和 10^6 CFU/ml 爲宜 [16, 22]。爲了避免影響細菌生長，一旦操作完必須儘速再放回厭氧溫

表 22-4 少見或挑剔性細菌的抗微生物製劑感受性試驗所需使用的培養基、培養環境和時間

細菌名稱	培養基	培養環境和時間
Abiotrophia spp. *Granulicatella* spp.	CAMHB-LHB（2.5 ～ 5.0%）＋ 0.001% pyridoxal HCl	35℃；20 ～ 24 小時
Aerococcus spp.	CAMHB-LHB（2.5 ～ 5.0%）	35℃；5% CO_2；20 ～ 24 小時
Aeromonas spp.	CAMHB	35℃；16 ～ 20 小時；紙錠擴散法：16 ～ 18 小時
Bacillus spp.（非 *B. anthracis*）	CAMHB	35℃；16 ～ 20 小時
Campylobacter jejuni/coli	CAMHB-LHB（2.5 ～ 5.0%）；Mueller-Hinton agar 加入 5% 去纖維化綿羊血	36 ～ 37℃/48 小時或 42℃/24 小時；紙錠擴散法：42℃/24 小時；5% O_2、10% CO_2 和 85% N_2（微需氧）
Corynebacterium spp.	CAMHB-LHB（2.5 ～ 5.0%）	35℃；24 ～ 48 小時
Erysipelothrix rhusiopathiae	CAMHB-LHB（2.5 ～ 5.0%）	35℃；20 ～ 24 小時
Gemella spp.	CAMHB-LHB（2.5 ～ 5.0%）	35℃；5% CO；24 ～ 48 小時
HACEK group	CAMHB-LHB（2.5 ～ 5.0%）；*Haemophilus* Test medium or Brucella broth 加入 vitamin K（1 μg/ml）、hemin（5 μg/ml）和 5.0% LHB	35℃；5% CO_2；24 ～ 48 小時
幽門桿菌	Mueller-Hinton agar 加入 5% 去纖維化綿羊血	35 ± 2℃；72 小時；5% O_2、10% CO_2 和 85% N_2（微需氧）
Lactobacillus spp.	CAMHB-LHB（2.5 ～ 5.0%）	35℃；5% CO_2；24 ～ 48 小時
Lactococcus spp.	CAMHB-LHB（2.5 ～ 5.0%）	35℃；20 ～ 24 小時
Leuconostoc spp.	CAMHB-LHB（2.5 ～ 5.0%）	35℃；20 ～ 24 小時
Listeria monocytogenes	CAMHB-LHB（2.5 ～ 5.0%）	35℃；20 ～ 24 小時
Micrococcus spp.	CAMHB	35℃；20 ～ 24 小時
Moraxella catarrhalis	CAMHB	35℃；20 ～ 24 小時；紙錠擴散法：35℃；5% CO_2；20 ～ 24 小時
Pasteurella spp.	CAMHB-LHB（2.5 ～ 5.0%）；Mueller-Hinton agar 加入 5% 去纖維化綿羊血	35℃；18 ～ 24 小時；紙錠擴散法：35℃；16 ～ 18 小時
Pediococcus spp.	CAMHB-LHB（2.5 ～ 5.0%）	35℃；20 ～ 24 小時
Rothia mucilaginosa	CAMHB-LHB（2.5 ～ 5.0%）	35℃；20 ～ 24 小時
Vibrio spp.（包括 *V. cholerae*）	CAMHB	35℃；16 ～ 20 小時；紙錠擴散法：35℃；16 ～ 18 小時

CAMHB: cation-adjusted Mueller-Hinton broth; CAMHB-LHB: cation-adjusted Mueller-Hinton broth supplemented with lysed horse blood.

表 22-5 生物恐怖攻擊性細菌的抗微生物製劑感受性試驗所需使用的培養基、培養環境和時間

生物恐怖攻擊性細菌名稱	培養基	培養環境和時間
Bacillus anthracis	CAMHB	35℃；16～20 小時
Brucells spp.	Brucella broth 調整 pH 值至 7.1 ± 0.1	35℃；48 小時
Burkholderia mallei	CAMHB	35℃；16～20 小時
Burkholderia pseudomallei	CAMHB	35℃；16～20 小時
Francisella tularensis	CAMHB 加入 2% 生長添加物	35℃；48 小時
Yersinia pestis	CAMHB	35 ± 2℃；24 小時；如果沒生長再培養 24 小時

CAMHB: cation-adjusted Mueller-Hinton broth.

箱培養 42～48 小時以判讀結果[16]。瓊脂稀釋法是良好的參考標準，適用於監測和研究；培養液微量稀釋法則僅適用於臨床實驗室監測厭氧菌 *Bacteroides* spp. 和 *Parabacteroides* spp.[8]。厭氧菌對抗微生物製劑的抗藥性逐年上升[3, 27]。針對快速生長的厭氧菌，EUCAST 以 Fastidious Anaerobe Agar 為基底，添加 5% 去纖維化馬血，以進行紙錠擴散法和瓊脂稀釋法，來評估抗微生物製劑對厭氧菌的抑菌能力（表 22-2），結果顯示，紙錠擴散法具有適當的抑菌效果[3, 27]。

放線菌的感受性試驗除了瓊脂稀釋法和培養液微量稀釋法外，包括：Etest（bioMérieux）、M.I.C.Evaluator（Thermo Fisher Scientific）和 Sensititre（Thermo Fisher Scientific）等商業化套組亦可使用[34]。

操作分枝桿菌抗微生物製劑感受性試驗仍以傳統方法為標準。但因有安全上的考量，故現今許多實驗室皆以自動化機器代替，使用培養液微量稀釋法。包括：BACTEC 460TB（Becton Dickinson）、ESP Culture System II（VersaTREK）和 BACTEC™ MGIT™ 960（Becton Dickinson）等，均為美國食品與藥物管理局認可；MB/BacT ALERT 3D（bioMérieux）則是歐洲使用的全自動機器。適用 Middlebrook 7H9 和 Middlebrook 7H10/7H11/Löwenstein-Jensen（L-J）等液體和固體培養基[19, 30]。有關傳統分枝桿菌抗微生物製劑感受性試驗請參閱第 10 章。

八、眞菌的抗微生物製劑感受性試驗

酵母菌和絲狀眞菌的抗微生物製劑感受性試驗較少執行，除非醫師為了治療病患需要準確的最低抑制濃度才會使用。抗眞菌藥物主要標的為細胞壁、細胞膜、DNA、RNA 和其他代謝所需的酵素[2, 23, 25]。多烯（如 amphotericin B）、嘧啶（如 flucytosine）、azoles〔imidazole（如 ketoconazole）和 triazoles（如 fluconazole、isavuconazole、itraconazole、posaconazole、ravuconazole 和 voriconazole）〕，以及 echinocandins（anidulafungin、caspofungin 和 micafungin）等皆為常見之抗眞菌藥物[11, 12, 17, 20, 21, 23]。紙錠擴散法和培養液稀釋法適用於酵母菌[4, 5, 11, 20]；絲狀眞菌因為在操作上有安全性的顧慮，故以培養液微量或大量稀釋法較恰當[7, 12, 21]。

執行酵母菌的感受性試驗時，培養液稀釋法可用於 *Candida* spp.（*C. albicans*、*C. glabrata*、*C. guilliermondii*、*C. krusei*、*C. parap-*

silosis 和 *C. tropicalis*）及新型隱球菌（*Cryptococcus neoformans*）；但尚未評估對雙型性眞菌 *Blastomyces dermatitidis*、*Coccidioides immitis*、*C. posadasii*、*Histoplasma capsulatum* 和 *Talaromyces marneffei*（*Penicillium marneffei*）等酵母菌型或眞菌型的感受性，並且僅適用於雙型性眞菌 *Sporothrix schenckii* species complex 菌絲體（mycelial form）的感受性[11, 12]。紙錠擴散法部分，目前 CLSI 僅針對 azoles（fluconazole 和 voriconazole）及 echinocandin（caspofungin）在 *Candida* spp. 有制定判讀標準[4, 5]。另外，絲狀眞菌，包括：皮癬菌〔dermatophytes（*Epidermophyton* spp.、*Microsporum* spp. 和 *Trichophyton* spp.）〕、*Aspergillus* spp. 及 species complex、*Fusarium* spp. 及 species complex、*Rhizopus* spp. 及其他毛黴目〔Mucorales（Zygomycetes）〕、*Lomentospora prolificans*（*Scedosporium prolificans*）、*S. schenckii species complex* 菌絲體和 dematiaceous（phaeoid），均可利用培養液微量或大量稀釋法進行感受性試驗[12]。此方法尚未評估 echinocandins 對皮癬菌以及 ciclopirox、griseofulvin 或 terbinafine 對非皮癬菌（non-dermatophyte）的感受性[12]。

近年來 CLSI 針對侵入性眞菌，包括：*Alternaria* spp.、*Aspergillus* spp.、*Bipolaris* spp.、*Fusarium* spp.、*Paecilomyces* spp.、*R. oryzae*（*R. arrhizus*）和其他毛黴目、*P. boydii* species complex 以及 *S. prolificans*，發展出紙錠擴散法以檢測其對 amphotericin B、caspofungin、itraconazole、posaconazole 和 voriconazole 等五種藥物的感受性，但目前尚未制定判讀標準[7]。此方法尚未包含雙型性眞菌酵母菌型或眞菌型或皮癬菌的感受性[7]。

酵母菌和絲狀眞菌在培養液稀釋法與紙錠擴散法所用的培養基不同。培養液稀釋法使用 RPMI 1640 培養液，紙錠擴散法則與細菌相同[4, 7, 11, 12, 13, 20, 21]。培養時間依菌種生長速度而異，平均約在 24 ～ 48 小時，判讀方式與細菌一樣[4, 7, 11, 12, 13, 20, 21]。*Candida guilliermondii* 和 *C. parapsilosis* 在 96 孔微量盤中生長緩慢，故判讀時間須再延長 12 ～ 24 小時；同樣地，隱球菌屬若在微量盤中培養 48 小時仍生長緩慢，則需移至 30℃溫箱培養[20]。切記絲狀眞菌全程操作必須要在 Class Ⅱ A 或Ⅱ B 等級生物安全櫃中進行，並且放置在沒有空氣對流的一般溫箱培養，以避免操作人員因吸入孢子而造成感染[12]。市面上有專門針對絲狀眞菌和酵母菌所生產的測定最低抑制濃度套組，例如：API ID32C（bioMérieux）、ATB FUNGUS 2（bioMérieux）、AuxaColor（Bio-Rad）、Etest（bioMérieux）、Sensititre YeastOne（Thermo Fisher Scientific）和 VITEK 2（bioMérieux）[23, 32]。有關眞菌抗微生物製劑感受性試驗請參閱第 21 章。

22-5 抗微生物製劑感受性試驗之品質管制

每個臨床微生物實驗室皆有其標準作業程序（standard operating procedure, SOP），CLSI 亦有抗微生物製劑感受性試驗之品質管制相關制度。包括：各種抗微生物製劑紙錠均須有品管菌株測定值、不同細菌應選擇適當的培養基及測定方法、培養時間長短對於準確度的影響與抗微生物製劑應以何種溶液溶解及稀釋等，皆有明確規範。臨床微生物實驗室應仔細記錄每個產品的批號及使用期限，當批號換過則全部的品管要重新執行，以確保實驗結果的可信度。此外，培養箱的溫度、溼度和氣體供應量必須每日詳加記錄，定期保養與檢修儀器，感染控制醫檢師定期測定實驗室的水質，品質管制醫檢師定期測試醫檢師執行業務的能力。

22-6 影響抗微生物製劑感受性試驗結果之因素

影響抗微生物製劑感受性試驗的因素很多，包括製劑種類的選擇、培養基、細菌接種密度，以及培養環境與時間等，詳述如下：

一、抗微生物製劑

抗微生物製劑感受性試驗首重抗微生物製劑的選擇，舉凡紙錠、粉末或 Etest 試紙條均須購自可信賴的公司，同時須注意產品是否有明確標示名稱、編號和品管菌株測定結果等。抗微生物製劑必須密封且妥善存放於 -20 ～ 8 ℃，切勿置於會自動除霜的冰箱，注意製劑的保存期限。

二、培養基

一般以 Mueller-Hinton 爲最常使用之培養基，隨著細菌的種類和營養需求不同再額外放入適量添加物；少數挑剔性細菌必須使用 *Hae-mophilus* Test Medium 或 GC agar。配製瓊脂培養基時，瓊脂必須先經高溫高壓（121℃ 15 磅）滅菌，待降溫至 45 ～ 50 ℃時再依序加入抗微生物製劑、綿羊血或其他營養添加物，盡量避免氣泡產生；溫度過高會破壞所添加之物質。瓊脂培養基的厚度也是重要的關鍵，以 10 公分的培養皿爲例，瓊脂至少須加入 20 ml，才能確保細菌可以生長良好，同時也能維持瓊脂培養基的溼度使其不易乾裂；爲減少瓊脂表面的水氣，可將瓊脂培養基置於溫箱或通風櫥（laminar flow hood）10 ～ 30 分鐘，待表面水氣蒸發後再將培養基密封好妥善存放於 4 ℃。注意傾倒瓊脂培養基時，應在平面上操作以避免瓊脂傾斜。培養基的酸鹼值爲中性（7.2 ～ 7.4），一般商業化的培養基已經調整好酸鹼值，除非另外加入的物質會影響酸鹼值否則不需再調整。注意 pH 値若低於 7.2，會使 aminoglycosides 和 macrolides 等製劑的抑菌能力喪失；但是 tetracyclines 會過度活化。反之，若 pH 値高於 7.4，則影響抗微生物製劑的效應是可以預期的。

三、細菌接種密度

新鮮培養的細菌隨機挑取 4 ～ 5 顆單一菌落，以 McFarland standard 爲依據調整菌液濁度，一般建議的濁度爲 0.5 McFarland standard，幽門桿菌則爲 2.0 McFarland standard。濁度太低或太高都會影響結果的判讀；菌液調好後應在 30 分鐘內執行試驗，以免因菌量改變而影響結果。操作瓊脂稀釋法時，以自動化的點狀接種針（inoculum replicators；直徑 3 公釐）沾取約 2 微升（平均 1 ～ 3 微升）菌液至瓊脂表面（若接種針直徑小於 1 公釐，則傳送的菌量約爲 0.1 ～ 0.2 微升）；自動接種針平均一次能傳送 27 ～ 36 個待測菌株。操作紙錠擴散法和 Epsilometer 法時，利用無菌棉棒沾菌以 60° 角方式塗抹瓊脂表面兩次以上，最後記得塗抹瓊脂邊緣，確定細菌平均分布爲止。

四、培養環境與時間

培養箱的溫度一般訂在 35 ± 2 ℃，切記淋病雙球菌的培養溫度不可超過 37 ℃。氣體比例也是影響細菌生長和抗微生物製劑感受性試驗的重要因素，除了挑剔性細菌必須在含有二氧化碳或微需氧的溫箱培養之外，其他細菌或眞菌均需置於一般溫箱，以免因二氧化碳使培養基的酸鹼度降低，進而影響抗微生物製劑的活性。此外，細菌或酵母菌的培養和判讀時間大多在 24 小時內，時間太短菌量不足，時間太長則可能因抗微生物製劑失效而影響試驗結果。

五、其他

操作紙錠擴散法時，紙錠必須貼緊瓊脂表面，同時每片紙錠間距至少 2.4 公分。以 15 公分的培養皿爲例，不得貼超過 12 片紙錠；10 公分的培養皿不得貼超過 5 片紙錠。如果可以推測抑制圈大小，則盡量將預期會出現較小抑制圈的紙錠（例如：gentamicin 和 vancomycin）放在預期會出現較大抑制圈的紙錠（例如：cephalosporins 和 carbapenems）旁邊，以避免抑制圈重疊。此外，紙錠不可放置離培養皿邊緣太近，以防因抑制圈不完整而影響結果。有些抗微生物製劑的擴散速度很快，一旦紙錠放好後就不要移動，否則必須再更換一片新的紙錠。如果瓊脂培養基有加入綿羊血，則測定抑制圈時必須把培養皿的蓋子打開，透過光線反射度量瓊脂表面的抑制圈大小。但是，測定葡萄球菌屬對 linezolid、oxacillin 和 vancomycin 的抑制圈，以及腸球菌屬對 vancomycin 的抑制圈時，必須將培養基對著光線來判讀。

二價陽離子如鎂和鈣會影響綠膿桿菌對 aminoglycoside 和 tetracycline 的試驗結果。陽離子過量或不足會影響抑制圈大小，例如測定 daptomycin 時，鈣濃度太少會降低抑制圈；鈣濃度太高則會增加抑制圈。過量的鋅離子也會降低細菌對 carbapenems 的抑制圈。此外，Mueller-Hinton 培養基中的胸腺嘧啶（thymidine or thymine）過量亦會造成細菌對 sulfonamides 和 trimethoprim 產生僞抗性（false-resistance）。因此，可測定 *Enterococcus faecalis* ATCC 29212 或 ATCC 33186 對 trimethoprim-sulfamethoxa-zole 紙錠的抑制圈大小，若大於 20 公釐則代表此培養基通過測試可用。

22-7 測定細菌產生 β 內醯胺酶的方法

若細菌具有 β 內醯胺酶則會分解 β-lactam 類抗微生物製劑，包括：盤尼西林（penicillins）、頭芽孢菌素（cephalosporins）、monobactams 和 carbapenems。因此，測定細菌是否產生 β 內醯胺酶將有助於臨床治療用藥的選擇。β 內醯胺酶的種類和測定方法詳述如下：

一、β 內醯胺酶

商業化的 Cefinase Discs 是紙錠中含有頭芽孢菌素 -nitrocefin，可快速檢測淋病雙球菌、流行性感冒嗜血桿菌、葡萄球菌屬、腸球菌屬和厭氧菌是否產生 β 內醯胺酶。測定時必須同時放入金黃色葡萄球菌 ATCC 25923 和流行性感冒嗜血桿菌 ATCC 10211 作爲陽性和陰性對照組，以確保實驗的品質。本方法不適用於測定腸內菌科，因爲其具有的 β 內醯胺酶種類繁多，以 Cefinase Discs 測定容易出現僞陰性。

二、廣效性 β 內醯胺酶（Extended-spectrum β-lactamase, ESBL）

CLSI 已制定兩種判斷 *Klebsiella pneumoniae*、*K. oxytoca*、*E. coli* 和 *Proteus mirabilis* 等細菌是否產生 ESBL 的標準，分別爲紙錠擴散法和培養液微量稀釋法。執行紙錠擴散法時，分別在 Mueller-Hinton 瓊脂上貼含有和不含有 β 內醯胺酶抑制劑（β-lactamase inhibitor）-clavulanate（10 μg）的第三代頭芽孢菌素 -ceftazidime（30 μg）及 cefotaxime（30 μg），培養 16 ～ 18 小時後測量抑制圈的直徑。凡是兩種頭芽孢菌素之一在含有和不含有 clavulanate 的紙錠之間出現抑制圈差距大於 5 公釐以上則判定爲具有 ESBL 的細菌（例如：

ceftazidime = 16 公釐，ceftazidime-clavulanate = 21 公釐）（圖 22-6）。培養液微量稀釋法測定的 ceftazidime、cefotaxime 和 clavulanate 濃度分別爲 0.25 ～ 128、0.25 ～ 64 和 4 μg/ml。培養 16 ～ 20 小時後，凡是兩種頭芽孢菌素之一在含有和不含有 clavulanate 的最低抑制濃度降低三個連續稀釋濃度以上則判定爲具有 ESBL 的細菌（例如：ceftazidime = 8 μg/ml, ceftazidime-clavulanate = 1 μg/ml）。此外，Etest 也有快速測定 ESBL 的試紙條，分別含有 ceftazidime/ceftazidime-clavulanate 和 cefotaxime/cefotaxime-clavulanate，判讀方法與上述培養液微量稀釋法相同。

目前市面上有快速篩檢 ESBL 的特製培養基，分別爲 β-Lactamase Screening Agar（BLSE agar bi-plate）和 Chromogenic media（ChromID ESBL）。BLSE agar bi-plate 一半是含有 1.5 μg/ml cefotaxime 的 Drigalski agar，另一半則是含有 2 μg/ml ceftazidime 的 MacConkey agar。培養 18 ～ 24 小時後，只要細菌能夠在 bi-plate 的任一邊生長即有可能爲 ESBL 的細菌。ChromID ESBL 內含頭芽孢菌素 -cefpodoxime，被認爲是檢測 ESBL 的良好指標，研究顯示其比 BLSE agar bi-plate 有更高的靈敏度和專一性 [33]。上述兩種商業化培養基檢測方法仍然需要以 CLSI 的標準方法來確認。

三、AmpC β 內醯胺酶

許多革蘭氏陰性細菌（*Citrobacter freundii*、*Enterobacter* spp.、*Morganella morganii*、*Providencia* spp.、*P. aeruginosa* 和 *Serratia marcescens*）的染色體上與生俱有 AmpC β 內醯胺酶，使其會分解頭芽孢菌素類抗微生物製劑 [23]；但是 AmpC β 內醯胺酶不會被 β 內醯胺酶抑制劑所抑制，因此與 ESBL 有所不同。由質體獲得 AmpC β 內醯胺酶的革蘭氏陰性細菌也都會對頭芽孢菌素產生抗性。將待測菌株均勻塗抹在 Mueller-Hinton 瓊脂上，接著分別貼上兩片 cefoxitin（30 μg）紙錠，其中 1 片加入 20 微升的 phenylboronic acid（BA; 400 mg/ml）。經培養 16 ～ 20 小時後，若 2 片紙錠的抑制圈差距大於 5 公釐以上則判定爲 AmpC β 內醯胺酶陽性 [35]（圖 22-7）。

四、*Klebsiella pneumoniae* Carbapenemase（KPC）

主要存在腸內菌科，凡是具有 KPC 的菌株幾乎對所有 β-lactam 類抗微生物製劑皆爲非敏感性。Modified Hodge Test（MHT）是 CLSI 判斷腸內菌科細菌是否產生 KPC 的標準，將大腸桿菌 ATCC 25922（carbapenems 敏感性菌株）均勻塗抹在 Mueller-Hinton 瓊脂上，再於培養基的中心點放置 ertapenem（10 μg）或 meropenem（10 μg）紙錠，接著用接種環或無菌棉棒依輻射狀向外依序劃上 KPC 陽性（*K. pneumoniae* ATCC BAA-1705）、陰性（*K. pneumoniae* ATCC BAA-1706）對照組和待測菌株。經培養 16 ～ 20 小時後，若培養基上的大腸桿菌 ATCC 25922 受到待測菌株影響而朝向中央 ertapenem 或 meropenem 紙錠方向生長形成四葉苜蓿形（cloverleaf），即判定此待測菌株爲 KPC 陽性（圖 22-8）。

由於 MHT 可能有僞陽性發生，因此可再進行 Boronic acid combined-disk（BA-CD）test 加以確認 [31]。BA-CD 的操作流程爲將待測菌株均勻塗抹在 Mueller-Hinton 瓊脂上，接著分別貼上 2 片 carbapenems（10 μg）紙錠，其中 1 片加入 10 微升的 3-aminophenylboronic acid（APB; 30 mg/ml）。經培養 16～20 小時後，在含有和不含有 APB 的紙錠之間出現抑制圈差距大於 4 公釐以上則判定爲 KPC 陽性 [31]（圖 22-9）。

五、Metallo-β-lactamase（MBL）

MBL 需要仰賴鋅離子的協助使能破壞 β-lactam 類抗微生物製劑（monobactams 除外），而且其具有 carbapenemase 的活性，會破壞目前針對治療革蘭氏陰性細菌最後一線用藥 carbapenems，使細菌產生抗藥性。實驗室利用 2-mercaptopropionic acid（2-MPA）雙紙錠協同試驗法可檢測菌株是否具有 MBL[37]。將待測菌株均勻塗抹在 Mueller-Hinton 瓊脂上，接著分別貼上第三和四代頭芽孢菌素紙錠 -ceftazidime（30 μg）、ceftazidime-clavulanate（30/10 μg）、cefepime（30 μg）以及 cefepime-clavulanate（30/10 μg），同時在培養基中心點放置 1 片空白紙錠並且加入 5 微升的 2-MPA。經培養 16 ～ 20 小時後，凡 4 片抗微生物製劑紙錠之一的周圍出現抑制圈且朝向中央（2-MPA）紙錠有明顯鈍角時，即可判定為 MBL 陽性菌株（圖 22-10）。每片紙錠間距至少 2.5 公分，距離瓊脂邊緣 1.5 公分。本方法測定腸內菌科具有高度敏感性和專一性（100%），但是測定綠膿桿菌和不動桿菌屬時專一性較差（83.3%）[37]。

22-8 病例研究

個案

一位 20 歲男性因排尿困難、有灼熱感、合併發燒而就診，醫檢師自泌尿生殖道檢體中發現革蘭氏陰性球菌，經鑑定後確認是淋病雙球菌感染。

問題

1. 敘述應該選用何種培養基及方法進行抗微生物製劑感受性試驗。
2. 淋病雙球菌在執行完抗微生物製劑感受性試驗後，應將培養基放置於一般溫箱或含有 5% 二氧化碳之溫箱？

學習評估

1. 敘述抗微生物製劑的種類及作用機轉。
2. 敘述微生物抵禦抗微生物製劑的機轉。
3. 敘述抗微生物製劑感受性試驗的種類及操作方法。
4. 是否已經充分了解抗微生物製劑感受性試驗之品質管制？
5. 是否已經充分了解影響抗微生物製劑感受性試驗結果之因素？
6. 是否已經充分了解測定細菌產生 β 內醯胺酶的方法？

參考資料

1. **Allen, H. K., J. Donato, H. H. Wang, K. A. Cloud-Hansen, J. Davies, and J. Handelsman.** 2010. Call of the wild: antibiotic resistance genes in natural environments. Nature Rev. Microbiol. 8:251-259.
2. **Anderson, J. B.** 2005. Evolution of antifungal drug resistance: mechanisms and pathogen fitness. Nature Rev. Microbiol. 3:547-556.
3. **Bavelaar, H., U. S. Justesen, T. E. Morris, B. Anderson, S. Copsey-Mawer, T. T. Stubhaug, G. Kahlmeter, and E. Matuschek.** 2021. Development of a EUCAST disk diffusion method for the susceptibility testing of rapidly growing anaerobic bacteria using Fastidious Anaerobe Agar (FAA): a development study using *Bacteroides* species. Clin. Microbiol. Infect. 27:1695.e1-1695.e6.
4. **Clinical and Laboratory Standards Institute.** Method for antifungal disk diffusion susceptibility testing of yeasts; M44-A3, ap-

proved guideline-3rd ed. CLSI, Wayne, Pa: CLSI, 2018.

5. **Clinical and Laboratory Standards Institute.** Zone diameter interpretive standards, corresponding minimal inhibitory concentration (MIC) interpretive breakpoints, and quality control limits for antifungal disk diffusion susceptibility testing of yeasts; M44-S3, informational supplement-3rd ed. CLSI, Wayne, Pa: CLSI, 2009.
6. **Clinical and Laboratory Standards Institute.** Performance standards for antimicrobial susceptibility testing of anaerobic bacteria; M11-S1, informational supplement. CLSI, Wayne, Pa: CLSI, 2010.
7. **Clinical and Laboratory Standards Institute.** Method for antifungal disk diffusion susceptibility testing of nondermatophyte filamentous fungi; M51-A, approved guideline. CLSI, Wayne, Pa: CLSI, 2010.
8. **Clinical and Laboratory Standards Institute.** Methods for antimicrobial susceptibility testing of anaerobic bacteria; M11-A9, approved standard-9th ed. CLSI, Wayne, Pa: CLSI, 2018.
9. **Clinical and Laboratory Standards Institute.** Reference method for broth dilution antifungal susceptibility testing of yeasts; M27-S4, informational supplement-4th ed. CLSI, Wayne, Pa: CLSI, 2012.
10. **Clinical and Laboratory Standards Institute.** Methods for antimicrobial dilution and disk susceptibility testing of infrequently isolated or fastidious bacteria; M45-A3, approved standard-3rd ed. CLSI, Wayne, Pa: CLSI, 2015.
11. **Clinical and Laboratory Standards Institute.** Reference method for broth dilution antifungal susceptibility testing of yeast; M27-A4, approved standard-4th ed. CLSI, Wayne, Pa: CLSI, 2017.
12. **Clinical and Laboratory Standards Institute.** Reference method for broth dilution antifungal susceptibility testing of filamentous fungi; M38-A3, approved standard-3rd ed. CLSI, Wayne, Pa: CLSI, 2017.
13. **Clinical and Laboratory Standards Institute.** Performance standards for antifungal susceptibility testing of yeasts; M60, supplement-1st ed. CLSI, Wayne, Pa: CLSI, 2017.
14. **Clinical and Laboratory Standards Institute.** Performance standards for antimicrobial disk susceptibility testing; M02-A13, approved standard-13th ed. CLSI, Wayne, Pa: CLSI, 2018.
15. **Clinical and Laboratory Standards Institute.** Methods for dilution antimicrobial susceptibility tests for bacteria that grow aerobically; M07-A11, approved standard-11st ed. CLSI, Wayne, Pa: CLSI, 2018.
16. **Clinical and Laboratory Standards Institute.** Performance standards for antimicrobial susceptibility testing; M100-S33, informational supplement-33th ed. CLSI, Wayne, Pa: CLSI, 2023.
17. **Denning, D. W.** 2002. Echinocandins: a new class of antifungal. J. Antimicrob. Chemother. 49:889-891.
18. **Dillon, J.A., and K. H. Yeung.** 1989. β-lactamase plasmids and chromosomally mediated antibiotic resistance in pathogenic *Neisseria* species. Clin. Microbiol. Rev. 2(Suppl):S125-S133.
19. **European Committee on Antimicrobial**

Susceptibility Testing. Workshop on recommendations for pharmaceutical companies regarding data required for new antituberculous drugs. 2014.

20. **European Committee on Antimicrobial Susceptibility Testing.** EUCAST technical note on the EUCAST definitive document EDef 7.3.2: method for the determination of broth dilution minimum Inhibitory concentrations of antifungal agents for yeasts EDef 7.3.2 (EUCAST-AFST).
21. **European Committee on Antimicrobial Susceptibility Testing.** EUCAST technical note on the EUCAST definitive document EDef 9.3.2: method for the determination of broth dilution minimum inhibitory concentrations of antifungal agents for conidia forming moulds EDef 9.3.2 (EUCAST-AFST).
22. **European Committee on Antimicrobial Susceptibility Testing.** Version 14.0, 2024.
23. **Hall, G. S., J. A. Sekeres, E. Neuner, J. O. Hall, A. W. Fothergill, A. Wanger, D. V. Chand, M. A. Ghannoum, D. J. Diekema, and M. A. Pfaller.** 2011. Interactions of yeasts, moulds, and antifungal agents: how to detect resistance. Humana Press (Springer), New York, USA.
24. **Jacoby, G. A.** 2009. AmpC β-lactamases. Clin. Microbio. Rev. 22:161-182.
25. **Kanafani, Z. A., and J. R. Perfect.** 2008. Antimicrobial resistance: resistance to antifungal agents: mechanisms and clinical impact. Clin. Infect. Dis. 46:120-128.
26. **Kohanski, M. A., D. J. Dwyer, and J. J. Collins.** 2010. How antibiotics kill bacteria: from targets to networks. Nature Rev. Microbiol. 8:423-435.
27. **Matuschek, E., S. Copsey-Mawer, S. Petersson, J. Åhman, T. E. Morris, and G. Kahlmeter.** 2023. The European committee on antimicrobial susceptibility testing disc diffusion susceptibility testing method for frequently isolated anaerobic bacteria. Clin. Microbiol. Infect. 29:795.e1-795.e7.
28. **McCarthy, M. W., D. P. Kontoyiannis, O. A. Cornely, J. R. Perfect, and T. J. Walsh.** 2017. Novel agents and drug targets to meet the challenges of resistant fungi. J. Infect. Dis. 216(Suppl_3):S474-S483.
29. **Mourad, A., and J. R. Perfect.** 2018. Tolerability profile of the current antifungal armoury. J. Antimicrob. Chemother. 73(Suppl_1):i26-i32.
30. **Murray, P. R., E. J. Baron, J. H. Jorgensen, M. A. Pfaller, and M. L. Landry (ed.).** 2007. Manual of Clinical Microbiology, 9th ed. American Society for Microbiology Press, Washington, D.C. USA.
31. **Pasteran, F., T. Mendez, L. Guerriero, M. Rapoport, and A. Corso.** 2009. Sensitive screening tests for suspected class A carbapenemase production in species of *Enterobacteriaceae*. J. Clin. Microbiol. 47:1631-1639.
32. **Posteraro, B., L. Efremov, E. Leoncini, R. Amore, P. Posteraro, W. Ricciardi, and M. Sanguinetti.** 2015. Are the conventional commercial yeast identification methods still helpful in the era of new clinical microbiology diagnostics? A meta-analysis of their accuracy. J. Clin. Microbiol. 53:2439-2450.
33. **Réglier-Poupet, H., T. Naas, A. Carrer, A. Cady, J. M. Adam, N. Fortineau, C. Poyart, and P. Nordmann.** 2008. Performance of chromID ESBL, a chromogenic medium for

detection of *Enterobacteriaceae* producing extended-spectrum β-lactamases. J. Med. Microbiol. 57:310-315.

34. **Schuetz, A. N.** 2014. Antimicrobial resistance and susceptibility testing of anaerobic bacteria. Clin. Infect. Dis. 59:698-705.

35. **Song, W., S. H. Jeong, J. S. Kim, H. S. Kim, D. H. Shin, K. H. Roh, and K. M. Lee.** 2007. Use of boronic acid disk methods to detect the combined expression of plasmid-mediated AmpC β-lactamases and extended-spectrum β-lactamases in clinical isolates of *Klebsiella* spp., *Salmonella* spp., and *Proteus mirabilis*. Diagn. Microbiol. Infect. Dis. 57:315-318.

36. **Wagar E.** 2016. Bioterrorism and the role of the clinical microbiology laboratory. Clin. Microbiol. Rev. 29:175-189.

37. **Yan, J. J., J. J. Wu, S. H. Tsai, and C. L. Chuang.** 2004. Comparison of the double-disk, combined disk, and Etest methods for detecting metallo-β-lactamases in gram-negative bacilli. Diagn. Microbiol. Infect. Dis. 49:5-11.

第 23 章

臨床微生物分子鑑定

張長泉

内容大綱

學習目標

- 臨床細菌分子鑑定方法及鑑定之基因標的。
- 眞菌（包括酵母菌及絲狀眞菌）血清學診斷法、分子鑑定法及鑑定之基因標的。
- 自動化檢測儀器診斷病原微生物。
- 飛行質譜儀技術鑑定細菌和眞菌。

23-1 細菌分子鑑定

一、前言

臨床微生物實驗室，傳統方法以菌株表現型（如生化反應）作爲鑑定依據，商業套組如 VITEK 2 ID card（bioMe'rieux Vitek, Marcy l'Etoile, France）或 API kit（bioMe'rieux）等，也是以菌株表現型爲根據。傳統方法可以定性或半定量，價格也相對合理，若有新的鑑定方法也常以傳統方法做爲參考標準。

但一些遺傳相近的菌種很難用表現型區分，如 *Acinetobacter calcoaceticus-Acinetobacter baumannii* complex（Acb complex，不動桿菌群）中有六種細細[1]，這些細菌容易發生錯誤鑑定。實驗室常分離到的非發酵陰性桿菌（nonfermenting Gram-negative bacilli），除了 *Pseudomonas aeruginosa*（綠膿桿菌）外，傳統方法的正確鑑定率偏低[2]。此外挑剔性（fastidious）、不容易培養，或需長時間培養（如 *Mycobacterium tuberculosis*，結核分枝桿菌）的微生物，造成鑑定上的困難或延遲。分子鑑定法可以彌補或替代傳統法，達到更快速、正確、靈敏，或更符合經濟效益。

本章中診斷（或鑑定）靈敏度（diagnostic sensitivity）及特異性（diagnostic specificity），乃根據美國CDC的定義（Diagnostic Sensitivity and Specificity for Clinical Laboratory Testing, CDC division of laboratory systems）及 Šimundić 的報告[3]。靈敏度是指正確診斷微生物 / 疾病的能力，即眞陽性（true positive）的數目除以眞陽性加假陰性（false negative）的數目，如眞陽性數目爲 8，假陰性數目爲 2，靈敏度爲 80%（8/8+2）；特異性是指正確診斷沒有某種微生物 / 疾病存在的能力，即眞陰性（true negative）的數目除以眞陰性加假陽性（false positive）的數目，如眞陰性數目爲 8，假陽性（false negative）數目爲 2，特異性爲 80%（8/8+2）。在本章中鑑定靈敏度和正確鑑定率（accurate identification rate）有時互用。

二、PCR 及其延伸術

PCR 及其延伸技術的應用很普遍，例如 PCR, multiplex PCR（多套式 PCR），real time PCR（quantitative PCR, qPCR），PCR-restriction fragment length polymorphism（PCR-RFLP，PCR- 限制酶片段長度多形性）等[4-10]。

1. PCR

以菌種或菌屬專一性引子（species- or genus-specific primers）進行 PCR[4]，檢體中只有該菌種或菌屬的某一 DNA 片段會被擴增（amplification）。PCR 成功的關鍵在引子（primer）序列和反應條件（如嚴苛度，stringency），若是引子的特異性（specificity）不夠，則其他菌種的 DNA 亦可能被 PCR 擴增。如檢測環境中的 *Listeria monocytogenes*（單核增生性李斯特菌）和 *Listeria ivanovii*，可用 PCR 擴增其 *HlyA*, *Iap*, *PrfA*, 及 *SsrA* 等基因[7]。傳統 PCR 的檢測極限（limit of detection, LOD）會因檢測基因或反應條件不同而有差異[8]。

2. Duplex PCR（雙套式 PCR）

一般 PCR 擴增對象只一個標的，duplex PCR 則同時檢測二個標的。在此舉一例子，患感染性心內膜炎（infective endocarditis）病人有生命危險，在培養陰性的病人中，約有一半是由挑剔性（fastidious）及無法培養（nonculturable）的細菌所引起，主要是 *Bartonella quintana*, *Bartonella henselae*（二種皆爲巴東體細菌）和 *Coxiella burnetii*（貝氏柯克斯體，一種胞內寄生多形性桿菌）[10]。以手術時取下的心臟瓣膜檢體，Tang[10] 使用二對引

子分別擴增 *Bartonella* spp. 的 *gltA*（the gene encoding citrate synthase）及 *Coxiella burnetii* 的 IS*111*gene（insertion sequence）。在 17 個培養陰性的檢體中，分別有 2、4 及 2 個檢體以 duplex PCR 檢測出 *Bartonella quintana, Bartonella henselae*，和 *Coxiella burnetii*。其他引起心內膜炎的病原菌包括：鏈球菌（streptococci），腸球菌（enterococci），乏養菌屬（*Abiotrophia* spp.），葡萄球菌（staphylococci）[11]。

3. Multiplex PCR（多套式 PCR）

下呼吸道感染（lower respiratory tract infection）最常見的病原菌爲 *Streptococcus pneumoniae*（肺炎鏈球菌），*Haemophilus influenzae*（流感嗜血桿菌），*Mycoplasma pneumoniae*（肺炎黴漿菌），及 *Chlamydia pneumoniae*（肺炎披衣菌），許多病人在微生物培養前已使用抗生素治療，導致有時不易培養出病原菌。Strålin 等人[12] 以 multiplex PCR 檢測支氣管肺泡沖洗液（bronchoalveolar lavage, BAL）中的病原菌，PCR 標的爲：*Streptococcus pneumoniae*（*lytA*），*Haemophilus influenzae*（16S rDNA），*Mycoplasma pneumoniae*（*P1*），及 *Chlamydia pneumoniae*（*ompA*）。在 156 個下呼吸道感染檢體中，傳統方法培養出 *Streptococcus pneumoniae*, *Haemophilus influenzae*, *Mycoplasma pneumoniae*，及 *Chlamydia pneumoniae* 之比率分別爲 14、21、3.2 及 0%。用 multiplex PCR，上述 4 種菌的檢出率分別爲 28、47、3.2 及 0.6%。其中 103 個已用抗生素治療的病人中，培養法只檢出 2.9% 檢體有 *Streptococcus pneumoniae*，而 multiplex PCR 則檢測到 31% 的病人有 *Streptococcus pneumoniae*，顯示 PCR 對已使用抗生素治療的病人仍有很好診斷效果。但値得注意的是在 36 個對照病人中，檢出 *Streptococcus pneumoniae* 和 *Haemophilus influenzae* 的比率分別爲 11% 及 39%[12]，表示診斷結果需和病人狀況一起評估。

4. Real time PCR

Real time PCR 具有快速、自動化、即時監測、定性和定量的功能，該技術已普遍的應用在臨床、食品及獸醫微生物等領域[13]。Real time PCR 是在一密閉小管（或小室）中進行，每跑完一循環儀器即進行螢光檢測，PCR 產物不必進一步以電泳分析，可節省大量時間和減少 PCR 產物對實驗室的汙染。

Mycobacterium tuberculosis complex（結核分枝桿菌群）是生長相當緩慢的細菌，傳統培養及鑑定一般需要花數週時間，Watanabe Pinhata 等人[14] 以 real time PCR 檢測痰液中的 *M. tuberculosis* complex。分析了 715 個檢體（657 個病人），其診斷靈敏度及特異性分別爲 90.3% 及 98.6%，實驗流程可以在 5 小時內完成，而使用傳統培養的靈敏度及特異性分別爲 90.3% 及 99.7%[14]。

5. PCR-restriction fragment length polymorphism（PCR-RFLP, PCR- 限制酶片段長度多形性）

以 PCR 擴增微生物某段基因後，再以限制酶（restriction enzyme）切割 PCR 產物，因不同細菌的 DNA 序列不同，造成剪切片段的數目及長度不一，在電泳膠上成爲一特異的圖譜（pattern），和已知菌種圖譜比對，而據以鑑定細菌。Wu 等人[15] 以 nested PCR-RFLP 由痰液中檢測 *Mycobacterium tuberculosis* complex（MTBC，結核分枝桿菌群）及 nontuberculous mycobacteria（NTM，非結核分枝桿菌），顯示對抗酸性染色（acid-fast stain）陽性之檢體效果佳，可以大幅縮短痰液中 MTBC 及 NTM 的診斷時間，但對抗酸性染色 1+ 或陰性檢體，其靈敏度在 50% 以下[15]。

6. 防止 PCR 實驗室汙染

實驗室長時間進行 PCR，PCR 完成後常進行膠體電泳（gel electrophoresis），跑膠遷涉到多次的吸取（pipetting）PCR 反應液，造成微量吸管（mciropipette）、桌面、實驗衣、和試劑瓶等多種實驗室用品受到 PCR 產物汙染，導致下次進行 PCR 時產生假陽性（false positive）。

有幾種方法可以防止 PCR 產物汙染：(1) PCR 反應溶液中除了 dTTP 外也加入 dUTP，則 PCR 產物除了含胸苷（thymidine）外，也含有去氧尿苷（deoxyuridine），若在下次 PCR 的反應液中添加 uracil *N*-glycosylase 酵素（UNG），UNG 會把上次 PCR 產物破壞，因 UNG 會切斷 DNA 中去氧核醣（deoxyribose）和尿嘧啶（uracil）間的糖苷鍵（N-glycosidic bond）[10]。(2)PCR 實驗分在三區進行，包括樣品準備區（DNA 萃取在此進行）、試劑調配區，及 PCR 反應／PCR 產物分析區。這三區最好設在不同房間內，每一區用不同顏色標示耗材、試劑、和生物安全櫃（biological safety cabinet），耗材和試劑不能越區使用，實驗人員移動由較乾淨區（pre-PCR）往較易汙染區（post-PCR）單向移動，實驗手套也需時常更換。(3) 紫外光可以使雙股 DNA 中的二個胸苷（thymidine）形成二聯體（dimer），使 T_{aq} 酵素（DNA polymerase）無法複製 DNA，所以 PCR 反應液在尚未加入檢體 DNA 前，可先照射紫外光，反應液中的引子（單股）不受紫外光影響。(4)PCR 需要陽性（positive control）及陰性對照組（negative control），陽性對照組應避免用太高濃度的 DNA，以能檢測到的低濃度 DNA 即可，以減少交叉汙染（cross-contamination）的機會。

三、探針雜合反應法（Probe hybridization）

探針雜合反應是利用二條互補（complementary）單股 DNA 產生雜合反應（hybridization）的原理。可將菌種專一性寡核苷酸探針（species-specific oligonucleotide probe）點漬在基材（如尼龍膜、纖維膜、玻璃或塑膠片）上，成為試紙條試劑（strip test）或陣列晶片（array），探針的長度一般以不少於 20 個核苷酸為佳[16]。

將待測菌株（或檢體）之一段基因以 5' 端標幟毛地黃素的引子（digoxigenin-labeled primer）以 PCR 擴增後，把 PCR 產物（digoxigenin-labeled PCR product）變性（如加熱）成單股，再與基材上的探針進行雜合反應，接著加入結合鹼性磷酸酶之抗毛地黃素抗體（alkaline phosphatase-conjugated antidigoxigenin antibody）反應，最後加入鹼性磷酸酶基質（substrate）使產生呈色（或螢光）信號，以判讀產生雜合反應的探針，digoxigenin 可用 biotin（生物素）取代。

1. 固相晶片

Viridans streptococci（草綠色鏈球菌）較不容易鑑定至種的層次，Chen 等人[17]使用尼龍膜陣列晶片（nylon membrane array）鑑定 11 種臨床 viridans streptococci，以 PCR 把核糖核酸基因內轉錄區（rDNA internal transcribed spacer, ITS）擴增後，和晶片上的探針（寡核苷酸）進行雜合反應，測試了 120 株 viridans streptococci 和其他細菌，鑑定靈敏度 100%，特異性 95.6%。

Lin 等人[18]發展的陣列晶片（array）可以鑑定 28 種厭氧菌（anaerobe），仍以 ITS 為檢測標的。*Legionella*（退伍軍人菌屬）中的菌種生化特性很少，菌種的鑑定有困難，Su

等人[19]以 *mip* 爲標的，陣列晶片可鑑定 *Legionella* 中 18 種細菌。Han 等人[20]的晶片可以鑑定 *Staphylococcus*（葡萄球菌屬）內 30 種細菌及 *mecA* 基因，包括 *S. aureus*（金黃葡萄球菌）及 29 種凝固酶陰性（coagulase-negative）葡萄球菌，*mecA* 基因和 methicillin（甲氧苯青黴素）抗藥性有關。

Mycobacterium（分枝桿菌屬）中許多菌種生長緩慢慢，鑑定困難又需很長時間，Gitti[21]等人以商品化雜交試紙（GenoType Mycobacterium CM and GenoType Mycobacterium AS, Hain Lifesience, Germany）鑑定 76 株 nontuberculous mycobacteria（NTM，非結核分枝桿菌），75 株（98.7%）鑑定正確，一株鑑定錯誤。Fukushima 等人[22]以陣列晶片鑑定 14 種 *Mycobacterium* spp.（*M. tuberculosis* complex and NTM），檢測標的爲 *gyrB*（the gene encoding gyrase B subunit）。

2.液相晶片（Liquid array）

一般陣列晶片（array）使用固相材料（如塑膠、尼龍膜、玻璃或纖維膜）固著探針。另外有液態陣列（liquid array）的技術，把探針（寡核苷酸、抗體或抗原）固定在微粒（microparticle）上，微粒在反應液中自由懸浮，加快了探針和檢測標的（如 PCR product、抗體或抗原）的反應速率。商業性化平台爲 Luminex Technology（Austin, Texas, USA），不同微粒具不同螢光特性（可多達數百種以上），能被儀器的光學系統辨識。微粒上的探針若和發另一種螢光的 PCR 產物結合，當它通過一狹小的流道時，光學系統會偵測到二種螢光，一種是微粒的螢光，另一種是 PCR 產物螢光，由這二種螢光組合來診斷微生物（或抗原或抗體），其原理類似流式細胞技術（flow cytometry）。

Bøving 等人[23]以 Luminex 100 儀器及 eight-plex PCR（8 套式 PCR），檢測腦脊髓液（cerebrospinal fluid, CSF）中六種常引起腦膜炎的細菌（*Neisseria meningitidis, Streptococcus pneumoniae, Escherichia coli, Staphylococcus aureus, Listeria monocytogenes,* and *Streptococcus agalactiae*）及三種病毒（herpes simplex virus types 1 and 2, and varicella-zoster virus），診斷靈敏度及特異性介於 95-100% 之間，檢驗時間一個工作天，其結果可提供疑似腦膜炎患者（patients with suspected meningitis）治療的重要參考[23]。

3.螢光原位雜合法（Fluorescence in situ hybridization, FISH）

FISH 是以標幟螢光的單股核苷酸探針（probe），和檢體中微生物的 DNA（或 RNA）進行雜合反應，並以螢光顯微鏡觀察。纖維囊泡症（cystic fibrosis）病人若感染 *Burkholderia cepacia* complex（洋蔥伯克氏群細菌），有預後不佳及傳染其他病患的機會，這些病人必須儘快隔離。Brown 和 Govan[24]以 FISH 直接檢測痰液中的 *Burkholderia cepacia* complex，雖然該方法無法檢測該群中所有菌種，但二種最重要的菌（*B. multivorans* and *B. cenocepacia*）均爲陽性反應，檢測極限（limit of detection, LOD）約爲 8×10^5 CFU/ml。

FISH 可以在螢光顯微鏡下鑑定、計數、觀察病原菌形狀大小，及在細胞內的位置等，可用於檢測不易培養或無法培養的微生物。關於 FISH 的方法、可能遇到的問題，在 Moter 和 Göbel[25]的一篇評論（review）中有詳細討論。

FISH 的應用已有近 40 年時間[26]，近年來因影像處理自動化和降低背景螢光技術的進步，該技術仍是臨床實驗室的有力工具。FISH 可以用二種或以上的螢光探針（multiple fluorescence probes），以同時偵測多個標的，常用的螢光標幟有 fluorescein（FITC，綠光）、rhodamine（TRITC，紅光），及 aminomethylcoumarin acetate（AMCA，藍光）等。

四、DNA 定序法（DNA equencing）

定序標的有16S rRNA基因（16S rDNA）[27]，核糖核酸基因內轉錄區（rDNA internal transcribed spacer, ITS）[28-30]、*mip*[31]、*recA* 基因[32] 等等。通常把具有種（或屬）特異性的基因片段以 PCR 擴增後，進行 PCR 產物定序，將序列和公用資料庫（public database）比對，可鑑定至菌種或屬。

1.16S rDNA 定序

此方法最常用來鑑定細菌，16S rDNA 以多套（multiple copies）出現在細菌中，演化上具有種或屬的保留性（conservation）。16S rDNA 長度約 1500 個核苷酸，具有足夠信息可以區分不同菌種（或屬），已知的細菌幾乎都可以查到 16S rDNA 序列。由於 DNA 定序在技術及速度上進步快速，且價格逐漸降低，有利於定序方法的應用。

Woo 等人[33] 在一篇評論（review）中指出，16S rDNA 定序有助於表現型不典型（unusual phenotypic profiles）、少見的、生長緩慢的、無法培養的（uncultivable）細菌之鑑定，在培養陰性檢體中有時還有可能找出病原菌，甚至有機會發現新菌種。在 21 世紀頭七年（2001-2007）中，透過 16S rDNA 定序，由人類檢體發現了 215 種（species）新細菌，其中 15 種歸在新的屬（genus）。新種發現最多的屬是 *Mycobacterium*（分枝桿菌屬，12 種）及 *Nocardia*（努卡氏菌，6 種），而發現最多的部位是腸胃道（26 種）及蛀牙／牙科相關細菌（19 種）[33]。

16S rDNA 定序對屬階層（genus level）鑑定正確性很高，對大多數的菌鑑定至種（species）也可靠。16S rDNA 定序，至少需定序 500 至 525 個核苷酸，最好是 1300 至 1500 個核苷酸[27]，且定序結果應有 99% 以上的序列是可判讀的。鑑定至種的層次需 99% 或以上的序列相似度（similarity）較可靠，最好是 99.5% 以上。序列比對結果若最高相似度和第二高相似度的差異小於 0.5%，也許需補做其他試驗配合鑑定[27]。

但有一些遺傳上很相近的菌種無法用 16S rDNA 序列鑑定，因其序列幾乎相同或差異很小[27]。例如 *Streptococcus pneumoniae*（肺炎鏈球菌），*Streptococcus oralis*, 及 *Streptococcus mitis*（後二種爲 viridans streptococci，草綠色鏈球菌），無法以 16S rDNA 序列區分[29]。*Mycobacterium tuberculosis* complex（結核分枝桿菌群）中 *M. tuberculosis, M. bovis*（牛結核菌）及 *M. africanum*（非洲型結核菌），其 16S rDNA 序列相似度高達 99-100%，難以鑑別這些菌種[34]。16S rDNA 定序法可參考 Relman[35]。

2.16S-23S 核糖核酸基因內轉錄區（rDNA internal trascribed spacer, ITS）定序

在細菌的 16S rDNA 和 23S rDNA 中含沒有轉錄（transcription）的區域，稱爲內轉錄區（internal transcribed spacer, ITS，圖 23-1）。在ITS中，可能有1-2個tRNA（isoleucine 及 alanine）基因，但有些菌種在 ITS 中只有一個 tRNA 基因或沒有。細菌的基因上存在多個 rDNA 操縱子（operon），每個操縱子內含有 ITS。大多數細菌由於 ITS 序列在同種內（intraspecies）相似度很高，但不同菌種間（interspecies）相對較低，因此可以利用 ITS 序列鑑定細菌[36]。

Acinetobacter calcoaceticus-Acinetobacter baumannii complex（鮑氏不動桿菌群）內有 *A. calcoaceticus*, *A. baumannii*, *A. pittii*, *A. nosoco-*

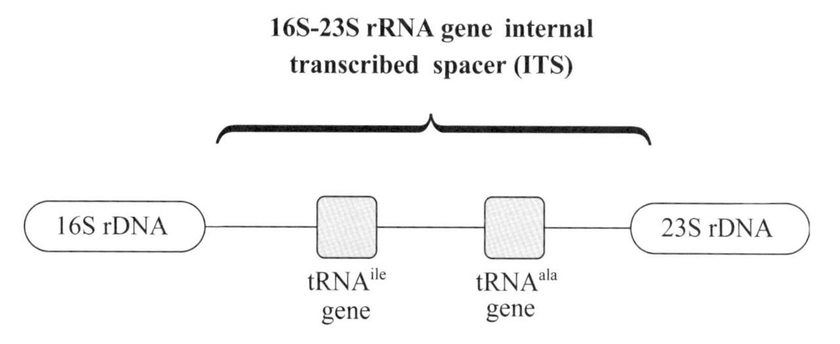

圖 23-1 16S-23S rDNA internal transcribed spacer（ITS），在細菌的 16S 和 23S rDNA 中有一間隔區稱為 ITS，在 ITS 中可能有 1-2 種 tRNA 基因，通常是胺基丙胺酸（alanine）和異亮胺酸（isoleucine）基因，有些細菌在此區域只有一個或沒有 tRNA 基因。可使用通用性引子（universal primers）擴增 ITS，正向引子互補於 16S rDNA 的 3' 端保留區（conserved region），反向引子互補於 23S rDNA 的 5' 端保留區，序列左邊為 5' 端，右邊為 3' 端。

mialis, *A. seifertii*, and *A. dijkshoorniae* 六種[1, 37]，其中 *A. baumannii* 較具抗藥性及引起嚴重院內感染[38]，各菌種間不易用生化特性區分。Chang 等人[28] 利用 ITS 定序，可以鑑定 *A. calcoaceticus*, *A. baumannii*, *A. pittii*, and *A. nosocomialis*，鑑定靈敏度達 96.2%（76/79）。

Viridans streptococci（草綠色鏈球菌）不易以生化反應鑑定，但同種內（intraspecies）ITS 序列相似度介於 0.98-1.0 間，不同種間（intsperecies）ITS 序列相似度介於 0.31-0.93 間[29]，所以不同種間之 ITS 序列有很大的區分空間，Chen 等人[29] 以 ITS 序列鑑定 106 株（11 種）viridans streptococci，所有菌株都正確鑑定，其 ITS 長度介於 246-391 個核苷酸之間，比 16S rDNA（1500 個核苷酸）短很多，有利於進行 PCR 及定序。以 ITS 和 16S rDNA 序列建構的 insertion：草綠色鏈球菌演化樹（phylogenetic tree）也很相似[29]，表示這二種序列具平行演化關係。

以 PCR 擴增 ITS 可以用通用引子（universal primer），正向引子（forward primer）及反向引子（reverse primer）分別互補於 16S rDNA 的 3' 端保留區（conserved region）和 23S rDNA 的 5' 端保留區（圖 23-1）。值得注意的是有些菌種有多條不一樣長度及序列的 ITS[30]，此時不宜用 ITS 定序鑑定細菌。

3. 其他基因定序

rpoB（the gene encoding the RNA polymerase subunit B）定序可以鑑定革蘭氏陽性球菌[39]，包括 *Streptococcus, Enterococcus, Gemella, Abiotrophia* 及 *Granulicatella*。以 *sodA*（the gene encoding the superoxide dismutase）序列鑑定 streptococci（鏈球菌）[40] 及 *Enterococcus*（腸球菌）[41]。*Legionella*（軍團菌屬）中不同種（包括 *L. pneumophila*），可以用 *mip*（the gene encoding the macrophage infectivity potentiator）序列鑑定[31, 42]。

4. 全基因體定序（whole-genome sequencing, WGS）

WGS 以往被認爲是昂貴、花太多時間，及不可能普遍進行的實驗，但這些障礙已隨著定序科技的快速進展而逐漸排除。Enkirch 等人[43] 以 WGS 分析 2016-2018 在瑞典分離的 *Mycobacterium tuberculosis*（結核分枝桿菌），並依基因序列預測這些菌株對第一線及第二線抗生素的感受性，把預測結果和傳統培養法比較。WGS 對第一線抗生素（isoniazid, rifampin, pyrazinamide, and ethambutol）藥物感受性的預測 99% 正確，而預測第二線抗生素（amikacin, capreomycin, kanamycin, ciprofloxacin, and ofloxacin）感受性則 100% 正確。故 Enkirch 等人[43] 支持在瑞典以 WGS 取代 *M. tuberculosis* 傳統藥物感受性試驗。

一些國家，如美國、英國、德國、荷蘭、和丹麥等，在 2015 年開始嘗試用 WGS 做爲例行性監視（monitoring）、偵測多重抗藥性細菌（multidrug-resistant bacteria），及偵測群爆發（outbreak）的工具[44]。

WGS 比目前其他菌株分型（typing）技術有更高的解析度（resolution），因爲它定序到單一核苷酸。做爲分子流行病學（molecular epidemiology）工具，Salipante 等人[45] 比較了 WGS 和 pulsed-field gel electrophoresis（PFGE）用於菌株分型（strain typing），他們共測試了 51 株菌，包括 vancomycin-resistant *Enterococcus faecium*（*n*=19），methicillin-resistant *Staphylococcus aureus*（*n*=17），及 *Acinetobacter baumannii*（*n*=15），發現 WGS 的解析度明顯的高於 PFGE。WGS 的結果有 28.9% 的菌株不具關聯性（nonclonal strain），但這不關聯性無法以 PFGE 區分。在菌株分型時，由於 PFGE 有假陽性（false positive）和假陰性（false negative）結果，研究者認爲也許菌株分型該有一新的黃金標準（gold standard）[45]。在可預見的未來 WGS 的應用會更趨普遍。

五、自動化檢測儀器

1. Gene Xpert MTB/RIF（Cepheid Inc., Sunnyvale, California, USA）

人類結核病（tuberculosis, TB）已有數千年歷史，據世界衛生組織（WHO）資料，2022 年全世界平均每 10 萬人口有 133 個新病例，TB 造成的死亡人數爲單一病原菌引起之第二大死因，在當年僅次於 COVID-19。2022 年全世界有 41 萬個 rifampin 抗藥性或多重抗藥性（multidrug resistance TB）病例[46]，長久以來是人類第一大傳染病，結核病的診斷和治療均需很長時間。2018 年 WHO 在紐約總部的會議（名稱：United to End TB: An Urgent Global Response to a Global Epidemic）中訂下目標，希望能在 2030 年前終結世界上的結核病，這宏偉的目標需要所有國家的合作和努力，也需要結核菌和抗藥性快速診斷的平台。

Xpert MTB/RIF（簡稱 Xpert；Cepheid, Sunnyvale, CA, USA）是一種以 real-time PCR 直接檢測檢體（如痰液）中 *Mycobacterium tuberculosis* complex（結核分枝桿菌群）及 rifampin（利福平）抗藥性的自動化機器[47]，檢體經過簡單的處理後放入測試匣，再置入儀器中進行自動化檢測。由於只需很少的人工操作，該設備可用於定點照護檢驗（point-of-care testing，或稱床邊檢驗）。該機器原理是利用 heminested PCR（半巢式 PCR），擴增 *rpoB* 基因（the gene encoding the RNA polymerase subunit B）的 rifampin 抗藥性決定區（rifampin resistance-determining region），以五對 molecular beacons（莖環探針），偵測檢體是否有 *Mtuberculosis* complex 存在，及對 rifampin 是否有抗藥性。

Xpert 對痰抹片陽性（smear-postivie）檢體，在 29 個檢體中培養法和 Xpert 皆檢測到 *M. tuberculosis* complex，故 Xpert 之靈敏度爲 100%（29/29）。對痰抹片陰性（smear-negative）檢體，39 個用固體培養基培養陽性，但 Xpert 檢測到 33 個含 *M. tuberculosis* complex，故對痰抹片陰性檢體，診斷靈敏度爲 84.6%（33/39）[47]。約 95% rifampin 抗藥菌株可以被 Xpert 檢測到[48]。

Steingart 等人[49] 統合 18 篇研究，結論是

Xpert 診斷靈敏度爲 89%，特異性爲 98%。Xpert 在 2010 被 WHO 推薦（endorsement）採用，全世界已有超過 130 個國家應用該自動化機器，使多重抗藥性結核病（multidrug resistance tuberculosis, MDR-TB）的檢出率增加 3 至 8 倍[50]。

但 Xpert 對痰抹片陰性檢體靈敏度較低，且偶有 rifampin 抗藥性僞陽性（false positive）結果，近年 Cepheid 公司推出 MTB/RIF Ultra（簡稱 Ultra）[48]。Ultra 和 Xpert 相比：痰液檢體之檢測極限（limit of detection, LOD）由 112.6 CFU/ml 降爲 15.6 CFU/ml；沒有 rifampin 抗藥性僞陽性結果；前者靈敏度爲 87.5%，後者爲 81.0%；前者分析時間 65-87 分鐘，後者爲 2 小時。對痰抹片陰性（smear-negataive）檢體，Ultra 診斷之靈敏度 78.9%，Xpert 爲 66.1%，而兩者特異性均爲 98.7%[48]。

Cepheid 公司也開發出 Gene Xpert CT/NG，90 分鐘內可以檢測臨床檢體中的 *Chlamydia trachomatis*（砂眼披衣菌，CT）及 *Neisseria gonorrhoeae*（淋病雙球菌，NG），二種細菌可引起泌尿生殖系統感染。Gaydos 等人[51]分析了 1722 個女性檢體及 1387 個男性檢體，對檢測 *C. trachomatis*，女性檢體（子宮頸、陰道及尿液檢體）之靈敏度爲 97.4%-98.7%，而男性檢體（尿液）之靈敏度爲 97.5%，男女檢體之特異性均≧ 99.4%；在檢測 *N. gonorrhoeae* 方面，女性檢體（子宮頸檢體）和男性檢體（尿液）的靈敏度分別爲 95.6%-100.0% 和 98.0%，男女檢體特異性均≧ 99.8%。Xpert CT/NG 由於分析時間短操作簡單，可應用在定點照護檢驗[51]。

2. BioFire FilmArray（bioMérieux, Marcy l'Étoile, France）

敗血症（sepsis）是感染所引起的全身性發炎反應，若能早期診斷和治療可以降低其嚴重性和死亡率。BioFire FilmArray Blood culture identification panel（BCID）[52]，可以鑑定陽性血液培養（positive blood culture）中主要病原菌（11 種革蘭氏陰性和 8 種革蘭氏陽性細菌、5 種酵母菌、和三種抗藥性基因（*mecA*, *vanA/B*, 及 bla_{KPC}），它的原理是 nested multiplex PCR（巢式多套式 PCR），第一階段 multiplex PCR，在一測試匣（pouch）的反應室（chamer）中進行。第二階段 multiplex PCR 在測試匣另外多個小室（well）中進行，小室中固定著偵測不同微生物和抗藥性基因的寡核苷酸探針（oligonucleotide probe），最後 PCR 產物和探針雜合反應（hybridization），以檢測是何種微生物及上述三種抗藥基因。只需數分鐘手動操作把檢體和緩衝液注入測試匣，測試匣置入機器後會自動進行核酸抽取、multiplex PCR、雜合反應、和讀出結果，整個過程只約需 1 小時。

Salimnia 等人[52]在美國的八個醫院中心評估 FilmArray BCID，共測試了 2207 個陽性血液培養（1568 個臨床檢體及 639 個人工接種檢體），臨床檢體中 1382 個（88.1%）檢測到單一種微生物，81 個（5.2%）測出二種或以上微生物。其他測不出菌種的檢體，是因微生物不在套組所能檢測的範圍。檢測抗藥基因 *vanA/B* 及 bla_{KPC} 的靈敏度及特異性均 100%，而檢測 *mecA* 的靈敏度及特異性分別爲 98.4% 和 98.3%[52]。

目前已有第二代 BioFire FilmArray blood culture identification 2（BCID2）panel[53]，可以檢測 43 個標的，包括 15 種革蘭氏陰性及 11 種革蘭氏陽性細菌、7 種酵母菌、和 10 種抗藥性基因，包括：carbapenemases (IMP, KPC, OXA-48-like, NDM, and VIM), colistin resistance (*mcr-1*), ESBL (CTX-M), methicillin-resistance [*mecA/C*, *mecA/C* and MREJ (MRSA)], and vancomycin resistance (*vanA/B*).

爲了檢測陽性血瓶中的微生物，Payne 等人[54]比較了 FilmArray BCID、MALDI-TOF MS（飛行質譜儀技術）、和傳統培養方法，BCID 和 MALDI-TOF MS 的診斷靈敏度分別爲 91% 和 81% 。由陽性血液培養至完成菌種鑑定，BCID，MALDI-TOF MS，和傳統培養方法分別需要 2.4 、2.9、和 26.5 小時。

許多偏遠或地區醫院，缺乏人力或技術進行微生物鑑定和抗生素感受性試驗，但利用血液培養機器進行血液培養則相對簡單。Bzdyl 等人[55]訓練澳洲區域醫院（local hospital）的人員，在血瓶顯示陽性後，使用 FilmArray BCID 檢測其中微生物及抗生素感受性。此機器能大幅減少實驗室操作時間、人力、和技術需求，能及早使用適當抗生素治療病人，對偏遠或隔離社區（isolated community）的病人，能提供良好的醫療服務。

除了 FilmArray BCID 外，FilmArray ME panel（Meningitis/Encephalitis, ME）（bioMérieux, https://www.biomerieux-diagnostics.com/filmarray-meningitis-encephalitis-me-panel），使用腦脊髓液（cerebrospinal fluid）檢體，可以檢測引起腦膜炎和腦炎的主要微生物（六種細菌、七種病毒及一種酵母菌），手動操作時間約 2 分鐘，1 小時內可以完成分析，可快速診斷引起腦膜炎／腦炎的病原菌，檢測結果可與其他臨床、流行病學及實驗室資料合併分析。FilmArray Respiratory panel 2.1 plus（bioMérieux, https://www.biomerieux-diagnostics.com/filmarrayr-respiratory-panel）可檢測引起上呼吸感染的 4 種細菌及 19 種病毒（包括新型冠狀病毒，SARS-CoV-2），分析時間 45 分鐘。FilmArray GI panel（bioMérieux, https://www.biofiredx.com/products/the-filmarray-panels/filmarraygi/）則可診斷引起腸胃道感染的 22 種微生物（包括細菌、病毒及寄生蟲），分析時間 1 小時。上述 FilmArray 不同套組，均利用 multiplex PCR 和探針雜合反應（probe hybridization）的原理。

六、基質輔助雷射脫附游離飛行時間質譜儀（matrix-assisted laser desorption ionization-time of flight mass spectrometery, MALDI-TOF MS）

質譜分析（mass spectrometery）可以精準的測定分子之質量／電價比（*m/z*），以 MALDI-TOF MS 鑑定細菌和眞菌近年來受到廣泛的注意和應用。當雷射光打擊到微生物細胞時，細胞內大分子物質（通常是含量較多的大分子，如核糖體蛋白質）被撞碎成許多大小不同片段（具有不同 *m/z*），它們在質譜儀內飛行不同時間到達檢測管，而形成該種微生物的特殊圖譜，把一未知微生物圖譜和資料庫比對，達到鑑定的目的，所以資料庫的完整性和正確性非常重要。

由於此技術應用在臨床微生物實驗室日漸普遍[56]，Clinical and Laboratory Standards Institute 建立了以 MALDI-TOF MS 鑑定培養過的微生物準則（CLSI guideline M58）[57, 58]。MALDI-TOF MS 目前已成爲一些臨床實驗室（尤其較大型實驗室）常規鑑定大部分微生物的有力工具。商業化 MALDI-TOF MS 機器主要有二種，一種是 VITEK MS（bioMérieux, Marcy l'Etoile, France），另一種是 Bruker Biotyper（Bruker Daltonik, Bremen, Germany）。

van Veen 等人[59]在 2000 年評估 MALDI-TOF MS 用於鑑定 920 株連續分離的臨床細菌和酵母菌，正確鑑定率（92.2%）比傳統方法（83.1%）高，對屬（genus）的錯誤鑑定率（0.1%）比傳統方法（1.6%）低，不同類別微生物正確鑑定率爲：*Enterobacteriaceae*（腸內科細菌）97.7%，nonfermentative Gram-negative bacteria（非發酵性革蘭氏陰性桿菌）92%，staphylococci（葡萄球菌）94.3%，streptococci（鏈球菌）84.8%，其他菌（主要爲 *Haemophilus*, *Actinobacillus, Cardiobacterium*, *Eikenella*, and *Kingella*）及酵母菌 85.2%。鑑定錯誤的菌株，通常是資料庫中該菌種的圖譜資料缺乏或不足。事隔十多年，由於資料庫的擴充和更完善，各種菌的正確鑑定率應該更高。

Baillie 等人[60] 評估 MALDI-TOF MS 鑑定由囊性纖維化（cystic fibrosis）病人呼吸道中分離的細菌，和傳統方法的一致性高達 99.6%（479/481）。Brown 等人[61] 比較 MALDI-TOF MS 和試紙條雜交反應套組（Genotype CM; Hain Lifesience, Nehren, Germany）鑑定 *Mycobacterium tuberculosis* complex（結核分枝桿菌群，*n*=73）和 nontuberculous mycobacteria（非結核分枝桿菌，*n*=44），二種方法一致性達 97%，使用 MALDI-TOF MS 可以大量縮短分枝桿菌的鑑定時間和人力成本。

Hsuesh 等人[62] 以 MALDI-TOF MS（Bruker Biotyper）鑑定 *Acinebacter*（不動桿菌屬）內菌種，正確鑑定率如下：*A. baumannii*（98.6%, 142/144），*A. pittii*（97.6%, 41/42），及 *A. nosocomialis*（72.4%, 63/87），其他菌種（100%, 28/28，包括 *A. junii*, *A. ursingii*, *A. johnsonii*, and *A. radioresistens*）。Hsuesh 等人認爲資料庫仍需擴增及改進，尤其在鑑定 *A. nosocomialis* 時[62]。

Idelevich 等人[63] 用微滴法（microdroplet）檢測 *Klebsiella pneumoniae* 和 *Pseudomonas aeruginosa* 對 meroperem（美羅培南，廣效性之 beta-lactam 抗生素）的抗藥性，把細菌懸浮液（suspension）和 meroperem 溶液等體積混合，菌液的終濃度爲 5×5^{5} CFU/mL，meroperem 的終濃度爲 2 mg/L（breakpoint concentration，區分點濃度），並有一生長對照組（growth control，不添加抗生素），把這些小滴（2-10 μl）滴到 MALDI-TOF MS 測試孔（MBT Biotargets-96, Bruker Daltonik, Bremen, Germany）上，置於 36℃保濕培養後，用濾紙由小滴的邊緣把抗生素溶液吸乾，再以 MALDI Biotyper 3.1（Bruker Daltonik）鑑定。一個有效測試（valid test）是指生長對照組在微滴中培養後，可由 MALDI-TOF MS 鑑定出正確種名（score ≧ 1.7）。若一菌株在含抗生素微滴中培養後，仍能被正確鑑定，表示此菌株在 meropenem 存在下能正常生長，即對 meropenem 不具感受性（nonsusceptible），若鑑定不正確，表示此菌株無法在 meropenem 存在下正常生長，對 meropenem 爲感受性（susceptible）。*K. pneumoniae* 經 4 小時培養後，有效測試、靈敏度、和特異性皆爲 100%，和傳統微量稀釋法（microdilution，在 35±1℃培養 18±2 h）的結果完全一致。而 *P. aeruginosa* 經 5 小時培養，有效測試爲 83.3%，靈敏度和特異性皆爲 100%[63]。

Nix 等人[64] 也利用微滴法檢測陽性血液培養中的 methicillin-resistant *Staphylococcus aureus*（MRSA），菌株在含 cefoxitin 微滴中培養四小時後，以 MALDI-TOF MS 測試，96.4% 菌株爲有效測試，MRSA 的檢測靈敏度及特異性均爲 100%。

Singhal 等[65] 在一篇評論（review）中指出，MALDI-TOF MS 是一新興科技（emerging technology），它已廣泛的應用在微生物鑑定、菌株分型（typing）、流行病調查（epidemiological study）、生物戰劑檢測（detection of biological warfare agents）、水和食物中病原菌檢驗、抗藥性檢測、和診斷血液及尿液中病原菌等領域。尤其近年來資料庫快速擴充，使菌種鑑定的正確性更高。在另一篇評論中，Tsuchida 等人[66] 指出 MALDI-TOF MS 具有快速、正確、經濟、高通量（high throughput）

及環保等優點，有改善病人癒後（prognosis）和縮短住院時間等好處，是臨床微生物實驗室重要的工具。

23-2 真菌分子鑑定

一、前言

眞菌（fungi）是環境中廣泛存在的微生物，一般不容易引起感染。因人口老化、抗生素之使用，及免疫不全病人增加等因素，使眞菌感染的機會增加[67]。眞菌感染可分爲皮膚感染（cutaneous infection）、皮下感染（subcutaneous infection）、系統性感染（systemic infection）及伺機性感染（opportunistic infection），其中以全身性及伺機性感染較爲嚴重。

眞菌爲眞核生物，依其型態可分爲酵母菌（yeasts）及絲狀眞菌（filamentous fungi；黴菌，molds）。酵母菌一般以單細胞存在，而黴菌則是以多細胞結構形成菌絲（hypha），菌絲會形成分隔（septum）將菌絲分成許多節，但較原始的眞菌菌絲缺乏分隔。有些眞菌在室溫以菌絲存在，但在較高的溫度（如37℃）則以酵母菌型態存在，稱爲雙型性眞菌（dimorphic fungi）[68]。眞菌的生活史一般含有有性世代（telemorph）及無性世代（anamorph）。有些眞菌沒有發現有性世代，稱爲不完全菌（Fungi imperfecti 或 imperfect fungi）[69]。臨床上常見的眞菌很多以無性世代存在。

絲狀眞菌的分類主要以型態和繁殖構造（reproductive structure）爲依據。酵母菌的鑑定主要以生化反應爲主，如酵母菌鑑定套組 Vitek 2 YST ID Card（bioMe'rieux Vitek, Marcy-l'Etoile, France; https://www.biomerieux-nordic.com/product/vitek-2-yst-id-card）。Vitek 2 YST ID Card 含有 46 種生化反應（包括酵素活性、醣類和氮素源利用等），可鑑定 50 種酵母菌，將一定濃度的菌液（cell suspension）接種入測試卡內，經約 15 小時培養後以各種反應結果鑑定。

二、聚醣類抗原檢測法

深部眞菌病（deep mycosis）在診斷上仍具挑戰性，且檢體取得常需用到侵入性的（invasive）方法。一些眞菌擁有特殊的細胞表面抗原可做爲診斷標的，如檢測 *Aspergillus*（曲黴屬）及 *Candida*（念珠菌屬）所引起之深部眞菌病，可測定血漿（plasma）中的葡萄糖聚糖 [(1-3)-beta-D-glucan]，早已有商業套組可用，如 Fungitec G test[70, 71]（目前已改良爲 Fungitec G MKII Nissui, Nissui Pharmaceutical, Tokyo）。(1-3)-beta-D-glucan 除了診斷深部眞菌病，還可以追蹤治療效果，但 Wright 等人[72]認爲只有該檢驗陽性，對深部眞菌病的確診仍缺乏足夠的特異性和靈敏度。

侵入性麴菌病（invasive aspergillosis, IA）易發生在異體造血幹細胞移植（allogeneic hematopoietic stem cell transplantation, HSCT）病人，及固體器官移植受贈者（solid-organ transplant recipients），導致發病或死亡[73, 74]。IA 的診斷不容易，若以 EIA（酵素免疫分析）檢測麴菌表面之半乳甘露聚醣（galactomannan, GM），靈敏度及專一性高達 90%[75]。Marr 等人[76]以 986 個血清檢體（67 位病人）評估 GM 的診斷效果，他們認爲陽性檢體之閾值（cutoff for positivity）若降至 0.5，可以增加早期診斷 IA 的靈敏度，又不致於降低專一性。Pfeiffer 等人[77]統合了 27 篇文獻（1996-2005），發現 GM 對 IA 病人的診斷靈敏度爲 0.71 [95% confidence interval (CI), 0.68-0.74]，特異性爲 0.89（95% CI, 0.88-0.90）。GM 對 IA 的診斷，在免疫功能低下（immunocompromised）的病人，有中度的正確性，而在血液惡

性腫瘤（hematological malignancy）和血幹細胞移植病人，又比用在固體器官移植受贈者的效果佳[77]。

隱球菌病（cryptococcosis）是由酵母菌 *Cryptococcus*（尤其是 *Cryptococcus neoformans*，新型隱球菌）感染所造成，在愛滋病（AIDS）人是常見感染，可以檢測血清中的 cryptoccoal polysaccharide antigen（glucuronoxylomannan, GXM）做爲診斷，其靈敏度及專一性皆達 95% 以上[78]。Saha 等人[79]比較數種快速方法〔包括 PCR，EIA，及 latex agglutination test（LAT）〕及傳統方法（鏡檢和培養）診斷隱球菌病，分析了 359 個檢體（52 個病人），包括腦脊髓液（cerebrospinal fluid, CSF）、血清及尿液，取樣時間包括抗眞菌藥物治療前及治療後，他們發現無論在治療前或治療後取樣，PCR（檢測一段 18S rDNA）最靈敏，EIA 及 LAT 次之。CSF 在開始治療後 90 天內仍呈陽性，其次是血清（治療後 65 天）及尿液（治療後 45 天），故腦脊髓液、血清及尿液檢體均適合診斷隱球菌病[79]。

深部眞菌病（deep mycosis）是嚴重感染，在診斷上不容易，雖有上述提及的非侵入性方法，目前仍需以培養、組織病理學（histopathology）以及放射影像學（radiography）等做爲參考。

三、DNA 定序法

以 PCR 擴增某一基因片段後進行定序，將序列與基因資料庫進行比對，以鑑定種（或屬）。DNA 定序法不需要有眞菌繁殖構造，只要有少量的菌體即可進行，定序結果可在公開資料庫（public database）上比對。必要時可定序多個基因[80, 81]，包括粒線體 DNA（mitochondrial DNA）、核糖核酸 DNA，以及核糖核酸基因內轉錄區（rDNA internal transcribed spacer, ITS）等。定序最常用的二個標的爲 ITS 及 28S rDNA 中的 D1/D2 高變異區（D1/D2 hypervariable region）[80]。

1. 核糖體核酸基因內轉錄區（rNDA internal transcribed spacer, ITS）定序

眞菌的基因中有重複性且高保留性的 rRNA 基因（rDNA），一個操縱子（operon）包含 18S、5.8S 及 28S rDNA（圖 23-2）。ITS1 位於 18S 與 5.8S rDNA 之間，ITS2 位於 5.8S 與 28S rDNA 之間。眞菌之 ITS 在不同種間存在序列及長度的變異，利用 ITS 作爲鑑定眞菌的工具有許多報告[82-91]。

Li 等人[91]以 ITS1 或 ITS2 序列鑑定 188 株（17 種）皮癬菌（dermatophytes），二種序列的正確鑑定率皆高於 97%。有幾種皮癬菌的 ITS 序列非常相近，如 *Trichophyton rubrum* complex（包括 *T. rubrum*, *T. soudanense*, and *T. violaceum*），但這些菌種在 ITS 區域有少數核苷酸差異〔包括單一核苷酸變異（single nucleotide polymorphism）、插入（insertion）或移除（deletion）〕，利用這些差異可做爲鑑定這些菌種的辨識碼（barcode）。

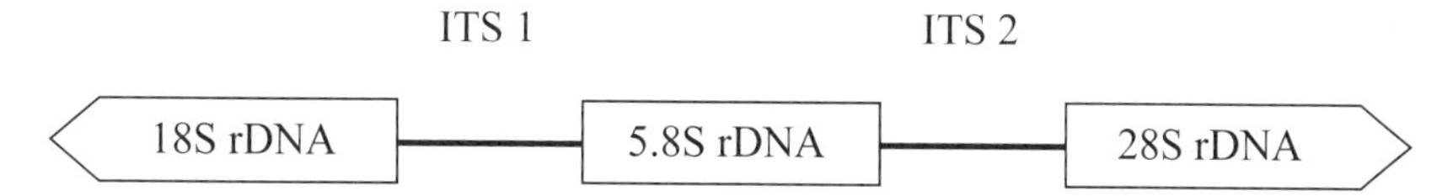

圖 23-2 真菌 rDNA internal transcribed spacer（ITS）之位置，以 PCR 擴增 ITS1 和 ITS2，可以用通用引子（universal primers），正向引子互補於 18S rDNA 的 3' 端保留區（conserved region），反向引子互補於 28S rDNA 的 5' 端保留區，序列左邊為 5' 端，右邊為 3' 端。

Leaw 等人[87] 以 ITS 序列鑑定臨床酵母菌，將序列在 GenBank 上以 BLAST（basic local alignment search tool）比對，在 373 菌株（86 種）酵母菌中，ITS1 和 ITS2 序列的正確鑑定率分別爲 96.8%（361/373）及 99.7%（372/373），故 ITS2 在酵母菌有較高的鑑定率。在實用上，整段 ITS（即 ITS1-5.8S rRDA-ITS2，約 400-700 個核苷酸）可以一起進行 PCR 和定序，不必把 ITS1 和 ITS2 的序列分開定序。但 ITS 序列相似度（sequence similarity）達多少（如 98% 或 99%）以上，可以鑑定至種的層次（species level），目前並沒有公認的標準。以 PCR 擴增眞菌 ITS 的通用引子（universal primers）及反應條件，可參考 Leaw 等人[87, 88]。

在黴菌（mold）方面，以 ITS 序列鑑定的效果較差，Ciardo 等人[92] 以 233 株臨床黴菌進行 ITS 定序，結果有 78.6% 菌株可以鑑定至種或屬（57.1% 鑑定至種，21.5% 鑑定至屬）。若以傳統形態特徵，他們只能把 13.3% 菌株鑑定至種，有 47.6% 菌株可鑑定至屬或種。

2. D1/D2 區定序

在眞菌的 28S rDNA 中有一高變異區（hypervariable region）稱爲 D1/D2 區，長約 600 個核苷酸，其序列具有種的特異性，常用來鑑定菌種[82]，公開資料庫中已有很多的 D1/D2 序列。但有些菌種的 D1/D2 序列太相似，難以鑑定至種名，此時可同時定序 ITS 及 D1/D2 區，其鑑定的可靠性會較高。

Hinrikson 等人[93] 分析了 13 種 *Aspergillus* 菌種，不同種間 D1/D2 區的序列相似度介於 91.9%-99.6%，ITS1 的序列相似度介於 57.4%-98.1%，而 ITS2 序列相似度介於 75.6%-98.3%。在 13 種 *Aspergillus* 菌種中，有 10 種其 D1/D2 區的序列差異小於或等於一個核苷酸，故鑑定很接近的 *Aspergillus* 菌種時，ITS 區域是比較好的選擇[93]。

四、PCR 及其延伸技術

1. PCR

Tirodker 等人[94] 使用 PCR 診斷重病新生兒（critically ill neonates）或小孩的眞菌血症（fungemia），以眞菌專一性（fungus-specific）引子擴增 18S rDNA，PCR 產物以電泳分析，並和血液培養（blood culture）比較。共分析了 70 個在加護病房（intensive care unit）新生兒或小孩血液檢體，在培養出 *Candida* 的九人中，9 人均爲 PCR 陽性，但在四人培養出 *Malasezia* 的檢體（可能是培養過程汙染）中，只有一人 PCR 陽性。有 57 個病人培養陰性，其中 13 人 PCR 陽性，這 13 人中 7 人有其他證據顯示有侵入性眞菌病（invasive fungal diseases）。相反的，在 44 個培養和 PCR 均陰性的病人中，沒有臨床證據顯示任何一個人有眞菌感染。研究者認爲 PCR 可做爲血液培養的有用輔佐（a useful adjunct），可早期檢測高危險群新生兒或小孩的眞菌菌血症，他們使用的是眞菌通用引子（fungal universal primer）進行 PCR[94]。

2. Multiplex PCR（多套式 PCR）

引起眞菌菌血症（fungemia）幾種主要的酵母菌，其 ITS1 長度不同，Chang 等人[84] 以三個引子（primer）的 multiplex PCR 檢測陽性血液培養（positive blood culture）中七種主要酵母菌，二個引子是眞菌通用引子（universal primers），另外一個是 *Candida albicans* 特異性引子（specific primer），以 PCR 擴增陽性血瓶中酵母菌的 ITS1，由 PCR 產物的長短及產物的多寡（*C. albicans* 二種 PCR 產物，其他六種酵母菌只一種），可以鑑定七種酵母菌：*Candida glabrata*（482 或 483 bp），*C.*

guilliermondii（248 bp），*C. parapsilosis*（229 bp），*C. albicans*（218 及 110 bp；或 219 及 110 bp），*C. tropicalis*（218 bp），*Cryptococcus neoformans*（201 bp），及 *C. krusei*（182 bp）。混合感染（mixed infection）亦能被檢測到，如 *C. albicans* 和 *C. glabrata* 同時存在血液培養中。分析了二百多個陽性血瓶（255 株酵母菌）後，247 株（96.9%）正確鑑定，七株沒有鑑定結果（not identified，不屬於上述七種酵母菌），一株鑑定錯誤[84]。此 multiplex PCR 可在一個工作天完成陽性血瓶中酵母菌的鑑定，傳統培養則需 2-4 天時間（1-2 天繼代培養，1-2 天鑑定）。

另外 Li 等人[89]以 multiplex PCR（含一通用引子及多個不同種的特異性引子）擴增 ITS，檢測陽性血瓶中常見的八種酵母菌（*Candida albicans*, *C. glabrata*, *C. guilliermondii*, *C. krusei*, *C. lusitaniae*, *C. parapsilosis*, *C. tropicalis*, 及 *Cryptococcus neoformans*），PCR 產物用電泳分析（polyacrylamide gel electrophoresis），根據不同菌種的 PCR 產物長度（116-630 bp）鑑定這八種酵母菌，靈敏度為 98.7%。

3. Real-time PCR

Hsu 等人[95]以 real-time PCR 及具有種特異性的引子（species-specific primers），並配合熔解曲線分析（melting-curve analysis），快速鑑定臨床上常分離到的七種酵母菌（*Candida albicans*, *C. glabrata*, *C. krusei*, *C. parapsilosis*, *C. tropicalis*, *C. guilliermondii*, and *Cryptococcus neoformans*），檢測標的為 ITS，58 株酵母菌鑑定結果和傳統方法完全一致。

五、探針雜合反應法（Probe hybridization）

利用二條互補（complementary）單股 DNA 產生雜合反應（hybridization）原理，把具種（或屬）特異性的單股核苷酸探針結合在一固相（solid phase）上，可以和檢體 DNA（通常是 PCR 產物）產生雜合反應。Hsiao 等人[86]所發展的尼龍膜陣列晶片（nylon membrane array），可鑑定 64 種（32 屬）黴菌，鑑定標的為 ITS，測試 397 株菌後，其鑑定靈敏度為 98.3%，特異性為 98.1%。

Han[96]等人以尼龍膜陣列晶片，直接診斷 29 位（32 個檢體）可疑甲癬（手或腳指甲受眞菌感染）患者的皮癬菌（dermatophytes）及 *Candida albicans*，並和培養方法比較。21 個檢體的結果二種方法一致（10 個晶片和培養皆陽性，11 個二種方法皆陰性），11 個檢體晶片陽性但培養陰性，這其中九個檢體進一步分析（PCR 產物選殖後再定序，及醫生評估病人病況），被認為是眞陽性（true positive）。

Li 等人[97]比較鑑定酵母菌的尼龍膜陣列晶片和 VITEK MALDI-TOF MS（bioMérieux），鑑定由血液檢體中分離的 512 株酵母菌，晶片和 VITEK MS 的正確鑑定率分別為 99.6% 和 96.9%。晶片和 MALDI-TOF MS 正確鑑定率分別為 *Candida albicans* 100%, 98.4%; *C. glabrata* 100%, 100%; *C. parapsilosis* 100%, 93.3%; *C. tropicalis* 100%, 97.3%, non-*Candida* 則分別為 91.7% 及 87.5%，較常見菌種的鑑定率較高。

六、基質輔助雷射脫附游離飛行時間質譜儀技術（MALDI-TOF MS）

Becker 等人[98]，以 760 株黴菌建立了自己實驗室的質譜儀資料庫（in-house database），並以此資料庫用 Bruker MALDI-TOF MS（Bruker Daltonik, Bremen, Germany）鑑定 390 株臨床黴菌（molds），若不考慮鑑定分數（LogScore value），則 95.4% 菌株可正確鑑定至種（species），若考慮到 Brukers' cutoff value（分數≧ 1.7 才能認為鑑定至種），則 85.6% 菌株正確鑑定。作者認為他們建立的資料庫，其黴菌鑑定能力優於傳統的顯微和肉眼形態觀察[98]。

用質譜儀鑑定黴菌時，需要以移植針刮取菌絲（菌絲會深入培養基內生長）、打破細胞壁、用有機溶劑萃取細胞內容物等冗長步驟，最近 Robert 等人[99]把 64 株黴菌分別培養在 ID Fungi Plates（IDFP, Conidia, Quincieux, France）；和傳統培養基 [Sabouraud Agar-Chloramphenicol, SAB, 和 ChromID Candida Agar, CAN2]，並比較二種細胞萃取法〔菌絲直接轉移法（rapid direct transfer, DT；及 ethanol-acetonitrile（EA）萃取法〕。DT 法把菌絲直接塗（smearing）在測試孔上，在上面加一微升（microloiter）甲酸（formic acid 70%）後，以 MALDI-TOF MS 鑑定；EA 法[100]則把菌絲刮到純水中製成懸浮液，再以乙醇（ethanol）、甲酸及乙腈（acetonitril）處理後以 MALDI-TOF MS 鑑定，步驟較為煩複。

Robert 等人[99]發現：1. 黴菌的生長速度和形態在三種培養基上差不多；2. 有 92.4% 的菌株生長在 IDFP 上，比生長在 SAB 和 CAN2 上更容易刮取菌體；3. 在 IDFP 上的黴菌用 DT 或 EA 法萃取，再用 MALDI-TOF MS 鑑定至可接受（分數≧ 1.7）的比率，沒有顯著差異（P=0.256）；4. 黴菌生長在 IDFP 並配合 DT 萃取法，以質譜儀鑑定至可接受分數（≧ 1.7）之比率（93.9%），明顯（$P \leq 0.001$）高於生長在 SAB（69.7%）或 CAN2（71.2%）再用 EA 萃取的比率。5. 生長在 IDFP 上的黴菌其外觀形態不受影響，也不影響後續的藥敏性試驗。6. 黴菌生長在 IDFP 並配合 DT 萃取法，有利於用 MALDI-TOF MS 進行黴菌鑑定[99]。

IDFP 培養基上有一透明薄膜，此膜能讓黴菌正常生長，但菌絲無法穿透此薄膜而深入瓊脂（agar），所以在刮取菌絲時不會刮到瓊脂而干擾質譜儀的鑑定。

Heireman 等人[101]比較培養在 IDFP 和 Sabouraud-gentamicin-chloramphenicol（SGC）agar 上的 75 株黴菌（包括 32 株皮癬菌，dermatophytes），並用二種資料庫 [Bruker library (version 2.0) and the public available Mass Spectrometry Identification platform (MSI) web application, version 2018] 鑑定，他們發現：1. 15% 菌株生長在 IDFP 比生長在 SGC 上快；2. 生長在 IDFP 比生長在 SGC 上黴菌有更高鑑定率，若用 IDFP 及 MSI 資料庫，屬的鑑定率增加 16%，種的鑑定率增加 5%，若用 IDFP 及 Bruker 資料庫，屬的鑑定率增加 22%，種的鑑定率增加 8%；3. 只有 73% 的菌株在 Bruker 資料庫有對應的資料，而在 MSI 資料庫有 92%。

Luethy 和 Zelazny[102]使用單一步驟蛋白質萃取法，把菌絲挑在含有小顆粒的氧化鋯 - 矽（zirconia-silica）、甲酸及乙腈溶液的小管內，以均質機（homogenizer）擊破菌絲，取其上清液供 MALDI-TOF MS 鑑定黴菌。這種方法可把原來 35 分鐘樣品製備時間（包括菌體以酒精去活化、氧化鋯 - 矽顆粒打粹，及 acetonitrile 萃取）縮減為五分鐘。Patel[103]指出雖然質譜儀用於眞菌的鑑定有很多優點，但也有一些限制，如資料庫大都是儀器公司所有，要建立自己的資料庫或更改資料庫並不實際可行，不過目前已有一些公開資料庫可用，如 Mass Spectrometry Identification platform（MSI-2 database）。另外，不同的培養基和萃取方法可能導致鑑定結果的差異也要注意。

培養基、容易有效的細胞內容物萃取方法，及質譜資料庫的擴充和完善，將使 MALDI-TOF MS 用於例行性鑑定黴菌成為實際可行，預期黴菌的鑑定在不久的未來將更快、更經濟、和更正確。

除了 MALDI-TOF MS 外，另有一種質譜儀技術可用於鑑定臨床微生物，稱為 PCR–Electrospray Ionization/Mass Spectrometry（PCR-ESI/MS，PCR- 電噴灑離子化質譜儀）。使用 PCR-ESI/MS 時，先以 PCR 擴增多個基因，包括保留性的區域（conserved regions）和具有種特異性（species-specific）基因，再以質譜儀分析個別 PCR 產物的鹼基組成（每一 PCR 產物中有多少數目的 A, G, C, T），把結果和資料庫比對以鑑定微生物。PCR-ESI/MS 和 MALDI-TOF MS 不同的是，前者的分析標為 PCR 產物的核苷酸組成，而後者是菌體中的主要組成分如核糖體蛋白質。Kaleta 等人[104] 比較了 PCR-ESI/MS（Ibis T5000 instrument, Ibis Biosciences）和 MALDI-TOF MS（Bruker MALDI Biotyper 2.0），樣品為陽性血液培養（好氣及厭氧培養）中的細菌和酵母菌，發現二者的效果差不多，以 PCR-ESI/MS 和 MALDI-TOF MS 鑑定至屬（genus）的比例分別為 0.965 和 0.969，而鑑定至種（species）的比例分別為 0.952 和 0.943。目前 PCR-ESI/MS 的應用仍不普遍。

由於 MALDI-TOF MS 具有正確性高、試劑成本低、鑑定速度快、高通量（high throughput）、資料庫逐漸完善、耗材用量極少（很環保）等優點，目前它在臨床微生物（至少是細菌和酵母菌）的應用已十分成熟，MALDI-TOF MS 的應用，被認為是 21 世紀臨床微生物實驗室的重大進展[105]。

進行細菌和真菌分子診斷和鑑定，各實驗室應評估其人力、設備、費用、實驗目的、時間、每天處理的檢體量等。

學習評估

1. 臨床微生物各種分子鑑定方法。
2. 臨床微生物分子鑑定之標的基因。
3. 各種分子鑑定法之優缺點及其限制。
4. 在自己實驗室條件下，如何選擇適當的分子鑑定法？
5. 依文獻的方法，是否能在自己實驗室進行微生物分子鑑定？

參考資料

1. **Vijayakumar, S., I. Biswas, and B. Veeraraghavan.** 2019. Accurate identification of clinically important *Acinetobacter* spp.: an update. Future Sci. OA. 5(6):FSO395.
2. **Bosshard, P. P., R. Zbinden, S. Abels, B. Böddinghaus, M. Altwegg, and E. C. Böttger.** 2006. 16S rRNA gene sequencing versus the API 20 NE system and the VITEK 2 ID-GNB card for identification of nonfermenting Gram-negative bacteria in the clinical laboratory. J. Clin. Microbiol. **44**:1359-1366.
3. **Šimundić, A. M.** 2009. Measures of diagnostic accuracy: basic definitions. EJIFCC. **19**:203-211.
4. **Jackson, C. R., P. J. Fedorka-Cray, and J. B. Barrett.** 2004. Use of a genus- and species-specific multiplex PCR for identification of enterococci. J. Clin. Microbiol. **42**:3558-3565.
5. **Chen, H. J., J. C. Tsai, T. C. Chang, W. C. Hung, S. P. Tseng, P. R. Hsueh, and L. J. Teng.** 2008. PCR-RFLP assay for species and subspecies differentiation of the *Streptococcus bovis* group based on *groESL* sequences. J. Med. Microbiol. **57**:432-438.

6. **Clarke, L., J. E. Moore, B. C. Millar, L. Garske, J. Xu, M. W. Heuzenroeder, M. Crowe, and J. S. Elborn.** 2003. Development of a diagnostic PCR assay that targets a heat-shock protein gene (*groES*) for detection of *Pseudomonas* spp. in cystic fibrosis patients. J. Med. Microbiol. **52**:759-763.
7. **Chen, J.-Q., S. Healey, P. Regan, P. Laksanalamai, and Z. Hu**. 2017. PCR-based methodologies for detection and characterization of *Listeria monocytogenes* and *Listeria ivanovii* in foods and environmental sources. Food Sci. Hum. Wellness **6**:39-59.
8. **Chandrashekhar, K. M., S. Isloor, B. H. Veeresh, R. Hegde, D. Rathnamma, S. Murag, B. M. Veeregowda, H. A. Upendra, and N. R. Hegde**. 2015. Limit of detection of genomic DNA by conventional PCR for estimating the load of *Staphylococcus aureus* and *Escherichia coli* associated with bovine mastitis. Folia Microbiol. **60**:465-472.
9. **Yamamoto, Y.** 2002. PCR in diagnosis of infection: Detection of bacteria in cerebrospinal fluids. Clin. Diagn. Lab. Immunol. **9**:508-514.
10. **Tang, Y.-W**. 2009. Duplex PCR assay simultaneously detecting and differentiating *Bartonella quintana*, *B. henselae*, and *Coxiella burnetii* in surgical heart valve specimens. J. Clin. Microbiol. **51**:2267-2272.
11. **Hoen, B., F. Alla, C. Selton-Suty, I. Beguinot, A. Bouvet, S. Briancon, J. P. Casalta, N. Danchin, F. Delahaye, J. Etienne, V. Le Moing, C. Leport, J. L. Mainardi, R. Ruimy, and F. Vandenesch**. 2002. Changing profile of infective endocarditis: results of a 1-year survey in France. JAMA **288**:75-81.
12. **Strålin, K., J. Korsgaard, and P. Olcén.** 2006. Evaluation of a multiplex PCR for bacterial pathogens applied to bronchoalveolar lavage. Eur. Respir. J. **28**:568-575.
13. **Kralik, P., and M. Ricchi**. 2017. A basic guide to real time PCR in microbial diagnostics: definitions, parameters, and everything. Front. Microbiol. **8**:108.
14. **Watanabe Pinhata, J. M., M. C. Cergole-Novella, A. Moreira Dos Santos Carmo, R. Ruivo Ferro E Silva, L. Ferrazoli, C. Tavares Sacchi, and R. Siqueira de Oliveira.** 2015. Rapid detection of *Mycobacterium tuberculosis* complex by real-time PCR in sputum samples and its use in the routine diagnosis in a reference laboratory. J. Med. Microbiol. **64**:1040-1045.
15. **Wu, T. L., J. H. Chia, A. J. Kuo, L. H. Su, T. S. Wu, and H. C. Lai.** 2008. Rapid identification of mycobacteria from smear-positive sputum samples by nested PCR-restriction fragment length polymorphism analysis. J. Clin. Microbiol. **46**:3591-3594.
16. **Hsiao, C. R., L. Huang, J. P. Bouchara, R. Barton, H. C. Li, and T. C. Chang.** 2005. Identification of medically important molds by an oligonucleotide array. J. Clin. Microbiol. **43**:3760-3768.
17. **Chen, C. C., L. J. Teng, S. K. Tsao, and T. C. Chang.** 2005. Identification of clinically relevant viridans streptococci by an oligonucleotide array. J. Clin. Microbiol. **43**:1515-1521.
18. **Lin, Y. T., M. Vaneechoutte, A. H. Huang, L. J. Teng, H. M. Chen, S. L. Su, and T. C. Chang.** 2010. Identification of clinically important anaerobic bacteria by an oligonucleotide array. J. Clin. Microbiol. **48**:1283-1290.
19. **Su, H. P., S. K. Tung, L. R. Tseng, W. C.

Tsai, T. C. Chung, and T. C. Chang. 2009. Identification of *Legionella* species by an oligonucleotide array. J. Clin. Microbiol. **47**:1386-1392.

20. **Han, H. W., H. C. Chang, and T. C. Chang.** 2016. Identification of *Staphylococcus* spp. and detection of *mecA* by an oligonucleotide array. Diagn. Microbiol. Infect. Dis. **86**:23-29.

21. **Gitti, Z., I. Neonakis, G. Fanti, F. Kontos, S. Maraki, and Y. Tselentis.** 2006. Use of the GenoType Mycobacterium CM and AS assays to analyze 76 nontuberculous mycobacteria isolates from Greece. J. Clin. Microbiol. **44**:2244-2246.

22. **Fukushima, M., K. Kakinuma, H. Hayashi, H. Nagai, K. Ito, and R. Kawaguchi.** 2003. Detection and identification of *Mycobacterium* species isolates by DNA microarray. J. Clin. Microbiol. **41**:2605-2615.

23. **Bøving, M. K., L. N. Pedersen, and J. K. Møller.** 2009. Eight-plex PCR and liquid-array detection of bacterial and viral pathogens in cerebrospinal fluid from patients with suspected meningitis. J. Clin. Microbiol. **47**:908-913.

24. **Brown, A. R., and J. R. Govan.** 2007. Assessment of fluorescent in situ hybridization and PCR-based methods for rapid identification of *Burkholderia cepacia* complex organisms directly from sputum samples. J. Clin. Microbiol. **43**:1632-1639.

25. **Moter, A., and U. B. Göbel.** 2000. Fluorescence in situ hybridization (FISH) for direct visualization of microorganisms. J. Microbiol. Methods. **41**:85-112.

26. **Levsky, J. M., and R. H. Singer**. 2003. Fluorescence in situ hybridization: past, present and future. J. Cell Sci. **116**:2833-2838.

27. **Janda, J. M., and S. L. Abbott.** 2007. 16S rRNA gene sequencing for bacterial identification in the diagnostic laboratory: pluses, perils, and pitfalls. J. Clin. Microbiol. **45**:2761-2764.

28. **Chang, H. C., Y. F. Wei, L. Dijkshoorn, M. Vaneechoutte, C. T. Tang, and T. C. Chang.** 2005. Species-level identification of *Acinetobacter* isolates of the *A. calcoaceticus-A. baumannii* complex by sequence analysis of the 16S-23S rDNA spacer region. J. Clin. Microbiol. **43**:1632-1639.

29. **Chen, C. C., L. J. Teng, and T. C. Chang.** 2004. Identification of clinically relevant viridans streptococci by sequence analysis of the 16S-23S rDNA spacer region. J. Clin. Microbiol. **42**:2651-2657.

30. **Tung, S. K., L. J. Teng, M. Vaneechoutte, H. M. Chen, and T. C. Chang.** 2007. Identification of species of *Abiotrophia*, *Enterococcus*, *Granulicatella* and *Streptococcus* by sequence analysis of the ribosomal 16S-23S intergenic spacer region. J. Med. Microbiol. **56**:504-513.

31. **Ratcliff, R. M., J. A. Lanser, P. A. Manning, and M. W. Heuzenroeder.** 1998. Sequence-based classification scheme for the genus *Legionella* targeting the *mip* gene. J. Clin. Microbiol. **36**:1560-1567.

32. **Payne, G. W., P. Vandamme, S. H. Morgan, J. J. LiPuma, T. Coenye, A. J. Weightman, T. H. Jones, and E. Mahenthiralingam.** 2005. Development of a *recA* gene-based identification approach for the entire *Burkholderia* genus. Appl. Environ. Microbiol. **71**:3917-3927.

33. **Woo, P. C. Y., S. K. P. Lau, J. L. L. Teng, H.**

Tse, and K.-Y. Yuen. 2008. Then and now: use of 16S rDNA gene sequencing for bacterial identification and discovery of novel bacteria in clinical microbiology laboratories. Clin. Microbiol. Inf. **14**:908-934.

34. **Frothingham, R., H. G. Hills, and K. H. Wilson.** 1994. Extensive DNA sequence conservation throughout the *Mycobacterium tuberculosis* complex. J. Clin. Microbiol. **32**:1639-1643.

35. **Relman, D. A.** 1993. Universal bacterial 16S rDNA amplification and sequencing, p. 489-495. *In* D. H. Persing, F. C. Tenover, T. F. Smith, and T. J. White (ed.), Diagnostic Molecular Microbiology. American Society for Microbiology, Washington, D.C.

36. **Gürtler, V., and V. A. Stanisich.** 1996. New approaches to typing and identification of bacteria using the 16S-23S rDNA spacer region. Microbiol. **142**:3-16.

37. **Nemec, A., L. Krizova, M. Maixnerova, T. J. K. van der Reijden, P. Deschaght, V. Passet, M. Vaneechoutte, S. Brisse, and L. Dijkshoorn.** 2011. Genotypic and phenotypic characterization of the *Acinetobacter calcoaceticus–Acinetobacter baumannii* complex with the proposal of *Acinetobacter pittii* sp. nov. *(*formerly *Acinetobacter* genomic species 3*)* and *Acinetobacter nosocomialis* sp. nov. (formerly *Acinetobacter* genomic species 13TU). Res. Microbiol. **162**:393-404.

38. Ko, **W. C., N. Y. Lee, S. C. Su, L. Dijkshoorn, M. Vaneechoutte, L. R. Wang, J. J. Yan, and T. C. Chang.** 2008. Oligonucleotide-array based identification of species in the *Acinetobacter calcoaceticus-A. baumannii* complex isolated from blood cultures and antimicrobial susceptibility testing of the isolates. J. Clin. Microbiol. **46**:2052-2059.

39. **Drancourt, M., V. Roux, P. E. Fournier, and D, Raoult.** 2004. *rpoB* gene sequence-based identification of aerobic Gram-positive cocci of the genera *Streptococcus*, *Enterococcus*, *Gemella*, *Abiotrophia*, and *Granulicatella*. J. Clin. Microbiol. **42**:497-504.

40. **Poyart, C., G. Quesne, S. Coulon, P. Berche, and P. Trieu-Cuot.** 1998. Identification of streptococci to species level by sequencing the gene encoding the manganese-dependent superoxide dismutase. J. Clin. Microbiol. **36**:41-47.

41. **Poyart, C., G. Quesnes, and P. Trieu-Cuot.** 2000. Sequencing the gene encoding manganese-dependent superoxide dismutase for rapid species identification of enterococci. J. Clin. Microbiol. **38**:415-418.

42. **Stølhaug, A., and K. Bergh.** 2006. Identification and differentiation of *Legionella pneumophila* and *Legionella* spp. with real-time PCR targeting the 16S rRNA gene and species identification by *mip* sequencing. Appl. Environ. Microbiol. **72**:6394-6398.

43. **Enkirch, T., J. Werngren, R. Groenheit, E. Alm, R. Advani, M. L. Karlberg, and M. Mansjö.** 2020. Systematic review of whole genome sequencing data to predict phenotypic drug resistance and susceptibility in Swedish *Mycobacterium tuberculosis* isolates 2016-2018. Antimicrob. Agents Chemother. **64**:e02550-19.

44. **Quainoo, S., J. P. M. Coolen, S. A. F. T. van Hijum, M. A. Huynen, W. J. G. Melchers, W. van Schaik, and H. F. L. Wertheim.** 2017. Whole-genome sequencing of bacterial

pathogens: the future of nosocomial outbreak analysis. Clin. Microbiol. Rev. **30**:1015-1063.

45. **Salipante, S. J., D. J. SenGupta, L. A. Cummings , T. A. Land, D. R. Hoogestraat, and B. T. Cookson. 2015.** Application of whole-genome sequencing for bacterial strain typing in molecular epidemiology. J. Clin. Microbiol. **53**:1072-1079.

46. **World Health Organization.** 2023. Global tuberculosis report. Geneva, Switzerland.

47. **Helb, D., M. Jones, E. Story, C. Boehme, E. Wallace, K. Ho, J. Kop, M. R. Owens, R. Rodgers, P. Banada, H. Safi, R. Blakemore, N. T. Lan, E. C. Jones-Lopez, M. Levi, M. Burday, I. Ayakaka, R. D. Mugerwa, B. McMillan, E. Winn-Deen, L. Christel, P. Dailey, M. D. Perkins, D. H. Persing, and D. Alland.** 2010. Rapid detection of *Mycobacterium tuberculosis* and rifampin resistance by use of on demand, near-patient technology. J. Clin. Microbiol. **48**:229-237.

48. **Chakravorty, S., A. M. Simmons, M. Rowneki, H. Parmar, Y. Cao, J. Ryan, P. P. Banada, S. Deshpande, S. Shenai, A. Gall, J. Glass, B. Krieswirth, S. G. Schumacher, P. Nabeta, N. Tukvadze, C. Rodrigues, A. Skrahina, E. Tagliani, D. M. Cirillo, A. Davidow, C. M. Denkinger, D. Persing, R. Kwiatkowski, M. Jones, and D. Alland.** 2017. The new Xpert MTB/RIF Ultra: improving detection of *Mycobacterium tuberculosis* and resistance to rifampin in an assay suitable for point-of-care testing. mBio **8**:e00812-17.

49. **Steingart, K. R., H. Sohn, I. Schiller, L. A. Kloda, C. C. Boehme, M. Pai, and N. Dendukuri.** 2013. Xpert MTB/RIF assay for pulmonary tuberculosis and rifampicin resistance in adults. Cochrane Database Syst. Rev. **Issue 1**. Art. No.: CD009593.

50. **Albert, H., R. R. Nathavitharana, C. Isaacs, M. Pai, C. M. Denkinger, and C. C. Boehme**. 2016. Development, roll-out and impact of Xpert MTB/RIF for tuberculosis: what lessons have we learnt and how can we do better? Eur. Respir. J. **48**:516-525.

51. **Gaydos, G. A., B. Van Der Pol, M. Jett-Goheen, M. Barnes, N. Quinn, C. Clark, G. E. Daniel, P. B. Dixon, E. W. Hook, 3rd, and the CT/NG Study Group.** 2013. Performance of the Cepheid CT/NG Xpert rapid PCR test for detection of *Chlamydia trachomatis* and *Neisseria gonorrhoeae*. J. Clin. Microbiol. **51**:1666-1672.

52. **Salimnia H., M. R. Fairfax, P. R. Lephart, P. Schreckenberger, S. M. DesJarlais, J. K. Johnson, G. Robinson, K. C. Carroll, A. Greer, M. Morgan, R. Chan, M. Loeffelholz, F. Valencia-Shelton, S. Jenkins, A. N. Schuetz, J. A. Daly, T. Barney, A. Hemmert, and K. J. Kanack**. 2016. Evaluation of the FilmArray Blood Culture Identification Panel: results of a multicenter controlled trial. J. Clin. Microbiol. **54**:687-698.

53. **Cortazzo, V., T. D'Inzeo, L. Giordano, G. Menchinelli, F. M. Liotti, B. Fiori, F. De Maio, F. Luzzaro, M. Sanguinetti, B. Posteraro, and T. Spanu.** 2021. Comparing BioFire FilmArray BCID2 and BCID panels for direct detection of bacterial pathogens and antimicrobial resistance genes from positive blood cultures. J. Clin. Microbiol. **59**(4):e03163-20.

54. **Payne, M., S. Champagne, C. Lowe, V. Leung , M. Hinch , and M. G. Romney**.

2018. Evaluation of the FilmArray Blood Culture Identification Panel compared to direct MALDI-TOF MS identification for rapid identification of pathogens. J. Med. Microbiol. **67**:1253-1256.

55. **Bzdyl, N. M., N. Urosevic, B. Payne, R. Brockenshire, M. McIntyre, M. J. Leung, G. Weaire-Buchanan, E. Geelhoed, and T. J. J. Inglis**. 2018. Field trials of blood culture identification FilmArray in regional Australian hospitals. J. Med. Microbiol. **67**:669-675.
56. **Calderaro, A., and C. Chezzi. 2024.** MALDI-TOF MS: A reliable tool in the real life of the clinical microbiology laboratory. Microorganisms **12**:322.
57. **Clinical and Laboratory Standards Institute**. 2017. Methods for the identification of cultured microorganisms using matrix-assisted laser desorption/ionization time-of-flight mass spectrometry. CLSI guideline M58, 1st ed. Wayne, PA, USA.
58. **Bader, O.** 2017. Fungal species identification by MALDI-TOF mass spectrometry. Methods Mol. Biol. **1508**:323-337.
59. **van Veen, S. Q., E. C. J. Claas, and E. J. Kuijper.** 2010. High-throughput identification of bacteria and yeast by matrix-assisted laser desorption ionization-time of flight mass spectrometry in conventional medical microbiology laboratories. J. Clin. Microbio1. **48**:900-907.
60. **Baillie, S., K. Ireland, S. Warwick, D. Wareham, and M. Wilks.** 2013. Matrix-assisted laser desorption/ionisation-time of flight mass specrometry: rapid identification of bacteria isolated from patients with cystic fibrosis. Br. J. Biomed. Sci. **70**:144-148.
61. **Brown, N. W., G. Orchard, and A. Rhodes.** 2020. A comparison of the HAIN Genotype CM reverse hybridisation assay with the Bruker MicroFlex LT MALDI-TOF mass spectrometer for identification of clinically relevant mycobacterial species. Br. J. Biomed. Sci. **77**:152-155.
62. **Hsueh, P. R., L. C. Kuo, T. C. Chang, T. F. Lee, S. H. Teng, Y. C. Chuang, L-J. Teng, and W-H. Sheng.** 2014. Evaluation of the Bruker Biotyper matrix-assisted laser desorption ionization-time of flight mass spectrometry system for identification of blood isolates of *Acinetobacter* species. J. Clin. Microbiol. **52**:3095-3100.
63. **Idelevich, E. A., K. Sparbier, M. Kostrzewa, and K. Becker.** 2018. Rapid detection of antibiotic resistance by MALDI-TOF mass spectrometry using a novel direct-on-target microdroplet growth assay. Clin. Microbiol. Infect. **24**:738-743.
64. **Nix, I. D., E. A. Idelevich, L. M. Storck, K. Sparbier, and O. Drews**. 2020. Detection of methicillin resistance in *Staphylococcus aureus* from agar cultures and directly from positive blood cultures using MALDI-TOF mass spectrometry-based direct-on-target microdroplet growth assay. Front. Microbiol. **11**:232.
65. **Singhal, N., M. Kumar, P. K. Kanaujia, and J. S. Virdi**. 2015. MALDI-TOF mass spectrometry: an emerging technology for microbial identification and diagnosis. Front. Microbiol. **6**:791.
66. **Tsuchida, S., H. Umemura, and T. Nakayama.** 2020. Current status of matrix-assisted laser desorption/ionization-time-of-flight mass spectrometry (MALDI-TOF MS)

in clinical diagnostic microbiology. Molecules **25**(20):4775.

67. **Singh, N.** 2001. Trends in the epidemiology of opportunistic fungal infections: predisposing factors and the impact of antimicrobial use practices. Clin. Infec. Dis. **33**:1692-1696.
68. **Guarro, J., J. Gené, and A. M. Stchigel.** 1999. Developments in fungal taxonomy. Clin. Microbiol. Rev. **12**:454-500.
69. **Kwon-Chung, K. J., and J. E. Bennett.** 1992. Medical mycology. Lea & Febiger, Philadelphia.
70. **Obayashi, T., T. Kawai, M. Yoshida, T. Mori, H. Goto, A. Yasuoka, K. Shimada, H. Iwasaki, H. Teshima, S. Kohno, A. Horiuchi, A. Ito, and H. Yamaguchi.** 1995. Plasma (1,3)-beta-D-glucan measurement in diagnosis of invasive deep mycosis and fungal febrile episodes. Lancet **345**:17-20.
71. **Tamura, H., S. Tanaka, T. Ikeda, T. Obayashi, and Y. Hashimoto.** 1997. Plasma (1,3)-beta-D-glucan assay and immunohistochemical staining of (1,3)-beta-D-glucan in the fungal cell wall using a novel horseshoe crab protein that specifically binds to (1,3)-beta-D-glucan. J. Clin. Lab. Anal. **11**:104-109.
72. **Wright, W. F., S. B. Overman, and J. A. Ribes**. 2011. (1–3)-β-D-glucan assay: a review of its laboratory and clinical application. Lab. Med. **42**:679-685.
73. **Pfeiffer, C. D., J. P. Fine, and N. Safdar**. 2006. Diagnosis of invasive aspergillosis using a galactomannan assay: a meta-analysis. Clin. Inf. Dis. **42**:1417-1427.
74. **Fukuda, T., M. Boeckh, R. A. Carter, B. M. Sandmaier, M. B. Maris, D. G. Maloney, P. J. Martin, R. F. Storb, and K. A. Marr.** 2003. Risks and outcomes of invasive fungal infections in recipients of allogeneic hematopoietic stem cell transplants after nonmyeloablative conditioning. Blood **102**:827-833.
75. **Ribaud, P., C. Chastang, J. P. Latgé, L. Baffroy-Lafitte, N. Parquet, A. Devergie, H. Espérou, F. Sélimi, V. Rocha, F. Derouin, G. Socié, and E. Gluckman.** 1999. Survival and prognostic factors of invasive aspergillosis after allogeneic bone marrow transplantation. Clin. Infect. Dis. **28**:322-330.
76. **Marr, K. A., S. A. Balajee, L. McLaughlin, M. Tabouret, C. Bentsen, and T. J. Walsh.** 2004. Detection of galactomannan antigenemia by enzyme immunoassay for the diagnosis of invasive aspergillosis: variables that affect performance. J. Infect. Dis. **190**:641-649.
77. **Pfeiffer, C. D., J. P. Fine, and N. Safdar.** 2006. Diagnosis of invasive aspergillosis using a galactomannan assay: a meta-analysis. Clin. Inf. Dis. **42**:1417-1427.
78. **Cosadevall, A., and J. R. Perfect.** 1998. *Cryptococcus neoformans*. American Society for Microbiology, Washington, D.C.
79. **Saha, D. C., I. Xess, A. Biswas, D. M. Bhowmik, and M. V. Padma.** 2009. Detection of *Cryptococcus* by conventional, serological and molecular methods. J. Med. Microbiol. **58**:1098-1105.
80. **Rakeman, J. L., U. Bui, K. LaFe, Y-C. Chen, R. J. Honeycutt, and B. T. Cookson.** 2005. Multilocus DNA sequence comparisons rapidly identify pathogenic molds. J. Clin. Microbiol. **43**:3324-3333.
81. **Balajee, S. A., L. Sigler, and M. E. Brandt.** 2007. DNA and the classical way: identification of medically important molds in the 21st

century. Med. Mycol. **45**:475-490.

82. **Borman, A. M., C. J. Linton, S. J. Miles, and E. M. Johnson.** 2008. Molecular identification of pathogenic fungi. J. Antimicrob. Chemother. **61(Suppl 1)**:i7-i12.

83. **Bouchara, J. P., H. Y. Shieh, S. Croquefer, R. Barton, V. Marchais, M. Pihet, and T. C. Chang.** 2009. Development of an oligonucleotide array for direct detection of fungi in sputum samples from patients with cystic fibrosis. J. Clin. Microbiol. **47**:142-152.

84. **Chang, H. C., S. N. Leaw, A. H. Huang, T. L. Wu, and T. C. Chang.** 2001. Rapid identification of yeasts in positive blood cultures by a multiplex PCR method. J. Clin. Microbiol. **39**:3466-3471.

85. **Chen, Y. C., J. D. Eisner, M. M. Kattar, S. L. Rassoulian-Barrett, K. LaFe, S. L. Yarfitz, A. P. Limaye, and B. T. Cookson.** 2000. Identification of medically important yeasts using PCR-based detection of DNA sequence polymorphisms in the internal transcribed spacer 2 region of the rRNA genes. J. Clin. Microbiol. **38**:2302-2310.

86. **Hsiao, C. R., L. Huang, J. P. Bouchara, R. Barton, H. C. Li, and T. C. Chang.** 2005. Identification of medically important molds by an oligonucleotide array. J. Clin. Microbiol. **43**:3760-3768.

87. **Leaw, S. N., H. C. Chang, H. F. Sun, R. Barton, J. P. Bouchara, and T. C. Chang.** 2006. Identification of medically important yeast species by sequence analysis of the internal transcribed spacer regions. J. Clin. Microbiol. **44**:693-699.

88. **Leaw, S. N., H. C. Chang, R. Barton, J. P. Bouchara, and T. C. Chang.** 2007. Identification of medically important *Candida* and non-*Candida* yeast species by an oligonucleotide array. J. Clin. Microbiol. **45**:2220-2229.

89. **Li, Y. L., S. N. Leaw, J. H. Chen, H. C. Chang, and T. C. Chang.** 2003. Rapid identification of yeasts commonly found in positive blood cultures by amplification of the internal transcribed spacer regions 1 and 2. Eur. J. Clin. Microbiol. Infect. Dis. **22**:693-696.

90. **Li, H. C., J. P. Bouchara, M. L. Hsu, R. Borton, and T. C. Chang.** 2007. Identification of dermatophytes by an oligonucleotide array. J. Clin. Microbiol. **45**:3160-3166.

91. **Li, H. C., J. P. Bouchara, M. L. Hsu, R. Barton, S. Su, and T. C. Chang.** 2008. Identification of dermatophytes by sequence analysis of the rRNA gene internal transcribed spacer regions. J. Med. Microbiol. **57**:592-620.

92. **Ciardo, D. E., K. Lucke, A. Imhof, G. V. Bloemberg, and E. C. Böttger**. 2010. Systematic internal transcribed spacer sequence analysis for identification of clinical mold isolates in diagnostic mycology: a 5-year study. J. Clin. Microbiol. **48**:2809-2813.

93. **Hinrikson, H. P., S. F. Hurst, T. J. Lott, D. W. Warnock, and C. J. Morrison**. 2005. Assessment of ribosomal large-subunit D1-D2, internal transcribed spacer 1 and internal transcribed spacer 2 regions as targets for molecular identification of medically important *Aspergillus* species. J. Clin. Microbiol. **43**:2092-2103.

94. **Tirodker, U. H., J. P. Nataro, S. Smith, L. LasCasas, and K. D. Fairchild**. 2003. Detection of fungemia by polymerase chain reaction in critically ill neonates and children. J.

Perinatol. **23**:117-122.

95. **Hsu, M. C., K. W. Chen, H. J. Lo, Y. C. Chen, M. H. Liao, Y. H. Lin, and S. Y. Li.** 2003. Species identification of medically important fungi by use of real-time LightCycler PCR. J. Med. Microbiol. **52**:1071-1076.

96. **Han, H. W., M. M.-L. Hsu, J. S. Choi, C.-K. Hsu, H. Y. Hsieh, H. C. Li , H. C. Chang, and T. C. Chang.** 2014. Rapid detection of dermatophytes and *Candida albicans* in onychomycosis specimens by an oligonucleotide array. BMC Infect. Dis. **14**:58.

97. **Li, M-C., T. C. Chang, H-M. Chen, C-J. Wu, S-L. Su, S. S-J. Lee, P-L. Chen, N.-Y. Lee, C-C. Lee, C-W. Li, L-S. Syue, and W-C. Ko**. 2018. Oligonucleotide array and VITEK matrix-assisted laser desorption ionization-time of flight mass spectrometry in species identification of blood yeast isolates. Front. Microbiol. **9**:51.

98. **Becker, P. T., A. de Bel, D. Martiny, S. Ranque, R. Piarroux, C. Cassagne, M. Detandt, and M. Hendrick**. 2014. Identification of filamentous fungi isolates by MALDI-TOF mass spectrometry: clinical evaluation of an extended reference spectra library. Med. Mycol. **52**:826-834.

99. **Robert, M. G., C. Romero, C. Dard, C. Garnaud , O. Cognet, T. Girard , T. Rasamoelina, M. Cornet , and D. Maubon.** 2020. Evaluation of ID-Fungi-Plate media for identification of molds by MALDI-Biotyper. J. Clin. Microbiol. **58**(5):e01687-19.

100. **Marklein, G., M. Josten, U. Klanke, E. Müller, R. Horré, T. Maier, T. Wenzel, M. Kostrzewa, G. Bierbaum, A. Hoerauf, and H-G. Sahl.** 2009. Matrix-assisted laser desorption ionization–time of flight mass spectrometry for fast and reliable identification of clinical yeast isolates. J. Clin. Microbiol. **47**:2912-2917.

101. **Heireman L., S. Patteet, and S. Steyaert. 2020.** Performance of the new ID-fungi plate using two types of reference libraries (Bruker and MSI) to identify fungi with the Bruker MALDI Biotyper. Med. Mycol. **58**:946-957.

102. **Luethy, P. M., and A. M. Zelazny**. 2018. Rapid one-step extraction method for the identification of molds using MALDI-TOF MS. Diagn. Microbiol. Infect. Dis. **91**:130-135.

103. **Patel, R.** 2019. A moldy application of MALDI: MALDI-ToF mass spectrometry for fungal identification. J. Fungi (Basel). **5**:4. doi:10.3390/jof5010004.

104. **Kaleta, E. J., A. E. Clark, A. Cherkaoui, V. H. Wysocki, E. L. Ingram, J. Schrenzel, and D. M. Wolk**. 2011. Comparative analysis of PCR-electrospray ionization/mass spectrometry (MS) and MALDI-TOF/MS for the identification of bacteria and yeast from positive blood culture bottles. Clin. Chem. **57**:1057-1067.

105. **Clark, A. E., E. J. Kaleta, A. Arora, and D. M. Wolk.** 2013. Matrix-assisted laser desorption ionization-time of flight mass spectrometry: a fundamental shift in the routine practice of clinical microbiology. Clin. Microbiol. Rev. **26**:547-603.

第 24 章

醫療照護相關感染

蘇玲慧、湯雅芬

內容大綱

學習目標

- 了解醫療照護相關感染的影響。
- 了解醫療照護相關感染的種類。
- 了解醫療照護相關感染常見的致病菌及危險因子。
- 了解臺灣醫療照護相關感染近況。
- 了解臨床微生物檢驗室在醫療照護相關感染監控所擔負之任務。
- 了解醫療照護相關感染群突發如何發現、確認及調查。

前言

醫療照護相關感染（healthcare-associated infection, HAI），顧名思義即是病人在接受醫療照護的過程中所得到的感染。正常健康人尙可因種種因素而得到各種感染，何況因某種或某些原因，必須住院治療的病人，在正常防禦系統不如健康人，又必須整天待在各種致病微生物充斥的醫院中，無法正常的進行各種日常活動，這些都很明顯的可能增加住院病人額外被感染的機會。因此，醫療照護相關感染的感染率只能被控制在一個合理的範圍，而不可能完全被滅絕。

醫療照護相關感染到底有多嚴重？臺灣在這方面的統計比較少，但在美國，每年到有提供緊急照護的醫院就診的病人約有 3,500 百萬個，其中平均約有 200 萬個人（5%）發生醫療照護相關感染[35]。因爲住院越久，發生醫療照護相關感染的機會越高，若以每千人住院日數來計算感染密度（infection density）（醫療照護相關感染人次 / 住院人日數 ×1000），則前述之醫療照護相關感染比率約相當於 5 感染人次 / 每千人住院日數[35]。比較近期的資料則顯示，醫療照護相關感染的盛行率，在美國大約 4%（2010-2011 年）[17]，在歐洲大約 6%（2011-2012 年）[28]，在開發中國家則可高達 15.5%[1]。在加護病房中，或是較大型的後送醫院，因爲病人的疾病嚴重度較高，醫療照護相關感染率也可能提高至 10% 以上[14, 21, 33]。醫療照護相關感染的影響，最明顯的就是死亡率（mortality）提高，以及醫療負擔增加。同樣以美國爲例，每年約有 10 ～ 40 萬個醫療照護相關血流感染個案，其中約有 4 ～ 16 萬個個案死亡（crude mortality 23.8 ～ 50%），而以該醫療照護相關血流感染爲直接致死因素者，則有 2.5 ～ 10 萬個案例（attributable mortality 16.3 ～ 35%）[4, 5, 13]。再以醫療照護相關感染肺炎爲例，其粗死亡率約爲 14.8 ～ 71%，而因此醫療照護相關感染爲直接因素之死亡率則約爲 6.8 ～ 30%[13, 19, 24]。即使是得到醫療照護相關泌尿道感染的病人，其死亡的危險性亦比未得到醫療照護相關泌尿道感染的病人增加了約 3 倍之多[22]。醫療照護相關感染的結果，必然導致住院天數的增加，增加的天數又因感染的種類而有所不同，在泌尿道感染約增加 1 ～ 4 天，在手術部位感染約增加 7 ～ 8.2 天，在血流感染約增加 7 ～ 21 天[4, 13]，在肺炎則約增加 6.8 ～ 30 天[13, 24]。因此而需額外增加的醫療費用，在每個泌尿道感染約爲 US $558 ～ 593，手術部位感染約爲 US $2,734，血流感染約爲 US $3,061 ～ 40,000，肺炎約爲 US $4,947 ～ 40,000[4, 13, 24]。若以總額預算制給付，則每個醫療照護相關感染將導致醫院方面約 US $583 ～ 4,886 的損失[13]。

很不幸的，這些嚴重的情況以及龐大的醫療資源浪費，卻是無法完全避免的。大約有 10% 的醫療照護相關感染是以大流行（epidemic）或群聚（cluster）的形式出現[10]，理論上，若醫護人員能確實執行感染管制措施，這些案例是可以避免的[36]。但是，仍有約 90% 的醫療照護相關感染是屬於地方常在性的（endemic），而其中只有20～33%有可能被避免。

即便如此，根據以上的統計，仍有約 30% 的醫療照護相關感染可以因人爲的努力而減少。因此，醫療照護相關感染的防治仍是一個必須且值得努力的方向。醫護人員小小的不方便，卻往往就是降低醫療照護相關感染，避免群突發（outbreak），減少醫療浪費的關鍵。而醫院行政單位在財力、人力上的支援，也應是一種必要且符合經濟效益的投資。現在在臺灣的醫院評鑑制度中，已將醫療照護相關感染管制政策的建立及執行，列爲重要的評鑑項目之一。在臺灣醫院感染管制學會的輔導及推動下，每年均有一批經過專業訓練及甄試合格的感染管制師加入這個工作崗位。於目前國內專任感染管制醫檢師的養成教育資料仍相當缺乏，在此謹提供一些相關的基礎知識，有興趣者可再進一步研讀更深入的專門書籍。

24-1 醫療照護相關感染收案標準及沿革

醫療照護相關感染的收案標準必須明白定義，而且相關人員均必須明瞭並共同遵守，即使是不同年代，也應盡量維持，不隨意更動，如此才能在相同的標準下，逐漸累積一個醫院的背景值。如同前一節所強調的，醫療照護相關感染率只能被控制在一個合理的範圍，不可能完全被避免。醫院是一個變動的環境，病人數目每天都不一樣，疾病嚴重度亦不同，甚至醫護人員可能也時常在更動。因此一個合適的可接受範圍的建立，便必須在相同的標準下，經由審慎的執行和評估，才能慢慢累積而得。此一標準並須與其他醫院，甚至其他國家的醫院作比較，以便判斷是否在感染管制措施的建立及執行方面，仍有需要再加強的地方。如此才能在有異常發生時，根據感染率的變動，迅速發現並加以控制。

臺灣在 2008 年以前使用的醫療照護相關感染收案標準，是由美國的疾病管制與預防中心（Centers for Disease Control and Prevention, CDC）於 1988 年所訂定的[8]。此定義與之前的最大不同處，是不再強調住院時間（如住院 72 小時後發生之感染）與醫療照護相關感染發生之必要關係。一切均以臨床證據爲主，來評估感染是否和醫療有關。

美國疾病管制與預防中心於 2004 年公告新的醫療照護相關感染收案定義[30]，2008 年又進行部分修改[11]。因此，臺灣疾病管制署於 2008 年也參考並修改適用於臺灣之醫療照護相關感染收案定義，並自 2009 年開始啟用。在新的定義中，爲了更符合現代的醫療模式，原來通稱的「院內感染」（nosocomial infection）被改爲「醫療照護相關感染」，同時對於血流感染及手術部位感染的定義做了一些修訂。

之後，由於美國疾病管制與預防中心於 2009 年 3 月又修訂了泌尿道醫療照護相關感染及導尿管相關泌尿道感染監測定義，所以臺灣疾病管制署也隨之修訂泌尿道醫療照護相關感染之收案定義[38]，並自 2010 年開始啟用。

目前臺灣之醫療照護相關感染定義[39]，係由疾病管制署與感染管制專家參考美國國家醫療保健安全網（NHSN）2017 與 2018 年版工作手冊、國際間相關文獻資料以及國內執行現況共同編修完成，於 2018 年起開始使用。本次更新之定義係以增加收案判定標準的客觀性爲主要修正方向，有助於提升國內醫療照護相關感染監測通報一致性，並與國際接軌。新版定義將醫療照護相關感染部位分爲血流感染（含中心導管相關血流感染）、肺炎、肺炎以外之下呼吸道感染、手術部位感染、泌尿道感染（含導尿管相關泌尿道感染）、其他之泌尿系統感染、骨及關節感染、中樞神經系統感染、心臟血管系統感染、眼耳鼻喉或嘴部之感染、腸胃系統感染、生殖系統感染、皮膚及軟組織感染等 13 個主要分類。與前一版定義共 12 種分類相比較，除了刪除「全身性感染」，同時將原本的「泌尿道感染」分成「泌尿道感染（含導尿管相關泌尿道感染）」與「其他之泌尿系統感染」兩種，原本的「肺炎及肺炎以外之下呼吸道感染」則分成「肺炎」與「肺炎以外之下呼吸道感染」兩種。嬰兒及新生兒因臨床症狀和成人差異很大，所以其定義有時須獨立訂定。

醫療照護相關感染的定義爲，病人因病原

體或其毒素的感染，而導致局部或全身性不良反應，且該感染症狀在入院時未發生，也非處於潛伏期中。但若此感染是另一感染轉移或續發的，不論是否有病灶轉移，除非是菌種改變或是症狀明顯的顯示為一個新的感染，否則不應視為醫療照護相關感染。此外，若是在母體內已經由胎盤傳染之感染，而且在出生後 48 小時內即發病者，如 TORCH（toxoplasmosis、rubella、cytomegalovirus、herpes simplex virus）、梅毒（syphilis）、AIDS等，亦不應視為醫療照護相關感染。若病人出院後短期內發現感染症狀，且可判斷是在住院中發生的，或是新生兒經由產道所產生的感染，則屬於醫療照護相關感染。

要判斷一個感染案件是否屬於醫療照護相關感染，應考慮各方面相關的訊息，包括檢驗室檢查結果、臨床觀察，以及其他可供鑑別診斷的工具。檢驗室資料包括微生物培養及藥物敏感性試驗結果、抗原及抗體檢查、抹片結果、聚合酶鏈鎖反應偵測結果等。臨床的觀察可以由直接診視病患、查閱病歷及護理治療卡等獲得資訊。查閱病歷時，可注意醫師的診斷，像是在手術中直接的觀察、內視鏡檢查、還有其他診斷性的檢查，如：X 光、超音波、核磁共振、病理檢驗等，配合抗生素之使用情況，都可以作為診斷的根據。

醫療照護相關感染的來源，可大致分為內因性或外因性。內因性感染源係指該感染來自病人自己的身體，包括其皮膚、口咽、鼻腔、腸胃道、泌尿道及外生殖部位等非無菌區。外因性感染源係指該感染來自病人以外的環境（例如：病人周圍的環境、檢查設備等）或人員（例如：醫護人員、訪客等），皆可能與病人產生醫療照護相關感染有關。

24-2 常見感染部位的危險因子及致病菌

不同部位的感染率是不一樣的，但是不論醫院大小或是否為教學醫院，其相對比例通常維持不變，而且與醫院的種類有關[6]。例如：在一般綜合醫院或以內科為主的醫院中，通常以泌尿道感染最多[7]；而以外科為主的醫院，則是手術部位感染比較多[6]；兒童醫院則以血流感染最多[6, 9]。以下僅就常見之感染部位的危險因子和致病菌進行分析。

一、泌尿道感染（含導尿管相關泌尿道感染）（Urinary tract infection, UTI; Including catheter-associated urinary tract infections, CAUTI）

會導致 UTI 的危險因子，最常見的是使用留置尿管或導尿管。根據一份大型的系統性分析報告指出，假如不使用尿管時，有 79.3% 的 UTI 是可以被避免的[15]。其他常見的危險因子，依序還包括中風（stroke）、膀胱功能障礙（bladder dysfunction）、住院天數 >10 天、女性病人、高血壓、年齡 >50 歲、糖尿病等[15]。對於兒科病人而言，尿液滯留（urinary stasis）容易導致細菌孳生，增加感染的機會。所以，尿道阻塞（urinary obstruction）、膀胱尿管反流（vesico-ureteric reflux），以及其他尿道畸形（urinary tract malformations）等，都是造成兒科病人 UTI 的重要危險因子[31]。

國內外 UTI 常見的致病菌主要是革蘭氏陰性桿菌，包括 *Escherichia coli*、*Klebsiella pneumoniae*、*Pseudomonas aeruginosa* 等。其他如 *Candida* spp.，以及革蘭氏陽性球菌中的 enterococci 也都很常見[29, 40]。

二、血流感染（含中心導管相關血流感染）（Bloodstream infection, BSI; Including central line-associated bloodstream infection, CLABSI）

會導致 BSI 的危險因子，在病人的內在因素方面，包括年齡（≤ 1 或≥ 60 歲）、營養不良、化學治療導致的免疫抑制、表皮破損，以及病人原本的疾病（underlying diseases）種類和嚴重度[6, 20]。因醫療措施引起的危險因子，則包括內置式裝置（indwelling devices）、接受加護照護、住院天數較長等[20]。

根據美國 CDC 的統計，常見的 BSI 致病菌在 1970 ～ 1980 年代之間的變化不大，但到了 1990 年代高抗藥性的細菌有明顯增加的趨勢[20]。在菌種方面，增加最快的是凝固酶陰性的葡萄球菌（coagulase-negative staphylococci, CoNS）從 1975 年的 6.5%（排名第四位）倍增至 1983 年的 14.2%（排名第一位）；到了 1989 年，又增加一倍成爲 27.7%；到了 1999 年，甚至高達 31.9%；到目前爲止，仍持續排名 BSI 致病菌的首位[2, 5, 20, 26]。另外，*Staphylococcus aureus* 在 1973 年已高居 BSI 致病菌首位（14.3%），到了 1983 年，被 CoNS 取代而降至第二位（12.9%），之後稍微增加到 1989 年的 16.3%，及 1999 年的 15.7%，仍然維持在第二位[2, 5, 20, 26]。Enterococci 在 BSI 致病菌中排名第三位，從 1989 年的 8.5%，增加到 1999 年的 11.1%[2, 5, 20, 26]。而 *Candida* spp. 在 1975 年尚不屬於前十名醫療照護相關感染致病菌，到了 1983 年已躋身於第七位（5.6%），到 1989 年更上升至第四位（7.8%），到 1999 年仍維持第四位（7.6%）[2, 5, 20, 26]。

在革蘭氏陰性桿菌方面，*E. coli* 和 *K. pneumoniae* 雖然早在 1975 年即以 14.1% 和 9.1% 分占 BSI 致病菌的第二、三位，但其重要性慢慢被前述革蘭氏陽性菌取代，在 1980 年代以後已下降至共約占 BSI 致病菌的 10%，目前分占第五、六位[2, 5, 20, 26]。其他革蘭氏陰性桿菌，如 *Enterobacter* spp. 及 *P. aeruginosa*，也是排名前十名的 BSI 致病菌，其比例歷年來均維持在 4 ～ 7% 之間[2, 5, 20, 26]。

臺灣血流感染致病菌在 2014 年時，前三名分別爲 *Acinetobacter baumannii*、*K. pneumoniae* 及 *Enterococcus faecium*。逐年演變至 2023 年 9 月底，前三名已變爲 *K. pneumoniae*、*E. faecium* 及 *Candida albicans*[40]。

三、肺炎（Pneumonia）

醫療照護相關肺炎感染的危險因子，包括年紀較大、營養不良，以及具有其他慢性疾病，如慢性阻塞性肺疾（chronic obstructive pulmonary disease）和神經肌肉性疾病（neuromuscular disease）等[37]。其他急性因素，包括意識不清楚、頭胸部外傷等，均會增加醫療照護相關肺炎感染的危險[37]。與診療相關的因素，包括使用人工呼吸器、胸腔手術，以及顱內壓偵測（intracranial pressure monitoring）[37]，以及服用制酸劑（antacids）（16%）或靜脈注射 ranitidine（21%）以預防壓力引起的潰瘍（stress ulcer prophylaxis）等，均較易引發住院較久後引起的醫療照護相關肺炎感染（late on-set healthcare-associated pneumonia）[23]。

國內外較常見的醫療照護相關肺炎感染致病菌則包括革蘭氏陰性桿菌（60%）[6, 37]，如：*P. aeruginosa*、*K. pneumoniae*，以及燙傷和外科加護病房較常見的 *S. aureus*（15 ～ 20%）[6, 37]。*Streptococcus pneumoniae* 和 *Haemophilus influenzae* 則較常見於社區性肺炎感染（community-acquired pneumonia）以及住院初期（前 2 ～ 5 天）的醫療照護相關肺炎感染，僅分別占醫療照護相關肺炎感染的 3 ～ 5%[6, 37]。但在社區型的醫院，由其所造成的醫療照護相關肺炎感染比例仍可高達 50%[27]。

四、手術部位感染（Surgical site infection, SSI）

SSI 是開刀後病人最常見的醫療照護相關感染，危險因子包括糖尿病[18, 32]、肥胖[32]、營養不良[19]、術後貧血[19]、術後引流管留置超過 5 天[32]等。國外最常見的手術部位感染致病菌是 *S. aureus*[25, 32]，其次是 *E. coli*[25, 32]，其他較常見的還包括 *Pseudomonas* spp.[32]，以及 CoNS[32] 等。臺灣手術部位感染致病菌前三名則分別是 *E. faecium*、*P. aeruginosa* 及 *K. pneumoniae*[40]。

24-3 臺灣醫療照護相關感染近況

臺灣的醫療照護相關感染監控始自 1976 年，由呂學重醫師自美國學成歸國後，在長庚醫院開始建立的[16]。其後各大醫院亦陸續建立各自的監控系統，在國內外相關期刊上，也零星可見一些單獨醫院的個別報告。早期較最完整的報告是台大醫院整理 1981 ～ 1999 年在該院的醫療照護相關感染資料[12]，血流感染已逐年增加至高居第一位，泌尿道感染暫居第二位，手術部位感染由 80 年代初期的第一位，慢慢降至目前的第三位，呼吸道感染則居第四位。在菌種方面，革蘭氏陰性菌一直是主要的醫療照護相關感染致病菌（51 ～ 66%）；黴菌感染則呈連續且明顯的增加（3.7 → 16.2%），主要發生在血流感染（1.0 → 16.2%）及泌尿道感染（8.4 → 14.3%）。*S. aureus* 造成的感染也持續增加中（5.2 → 12.0%），主要發生在血流感染（5.2 → 13.0%）、呼吸道感染（4.0 → 12.6%），及手術部位感染（5.5 → 15.4%）。其他部位及菌種分布情形詳見表 24-1。整體而言，除了凝固酶陰性葡萄球菌的感染增加不多以外，臺灣的醫療照護相關感染概況與歐美國家的趨勢是頗爲接近的[2, 5, 20, 26]。

另根據疾病管制署[40]於 2023 年 7 月彙總公告之全國 24 家醫學中心的醫療照護相關感染統計資料顯示，臺灣從 1999 到 2022 年間，醫療照護相關感染均呈下降情況，總感染密度從 4.8‰ 下降爲 4.2‰（年平均 2.8‰ → 2.6‰），加護病房的總感染密度則從 11.3‰ 下降爲 10.3‰（年平均 7.5‰ → 6.2‰）。此外，根據同時段 83 家區域醫院的彙總統計結果，總感染密度從 3.9‰ 下降爲 3.1‰（年平均 1.8‰ → 1.5‰），加護病房的總感染密度則從 11.3‰ 下降爲 9.8‰（年平均 7.5‰ → 4.2‰）。不管是醫學中心還是區域醫院，感染部位皆是以血流感染最多，其次依序爲泌尿道感染及肺炎。

爲能有效監控醫療照護相關感染發生的情形，疾病管制署於 2007 年建置了線上「臺灣院內感染監視系統」（Taiwan Nosocomial Infection Surveillance system, TNIS），希望透過資料的交流與同儕的比較，可以提升醫療照護相關感染控制品質。此時期的資料收集的對象，主要是發生在醫學中心與區域醫院的加護病房中的醫療照護相關感染個案。資料統計年代回溯自 2003 年，至 2023 年底共有 18 家醫學中心與 81 家區域醫院提供資料，該期間各主要多重抗藥性院內感染菌種的變化摘要如表 24-2。

爲了解全國醫院常見重要細菌（包含院感及非院感之菌株）的抗藥性情形，上述「臺灣院內感染監視系統」自 2020 年 2 月 4 日起改版爲「臺灣醫院感染管制與抗藥性監測管理系統」（Taiwan Healthcare-associated infection and Antimicrobial resistance Surveillance

表 24-1 臺大醫院在 1981 ～ 1999 年間的前 10 名醫療照護相關感染細菌，及其在各主要感染部位的發生率 [12]

細菌	百分比（1981～1986 / 1987～1992 / 1993～1998 / 1999）				
	所有部位	血流感染	呼吸道感染	泌尿道感染	手術部位感染
Candida spp.	3.7 / 9.1 / 14.4 / 16.2	1.0 / 9.2 / 16.4 / 16.2	2.0 / 5.8 / 2.1 / 2.2	8.4 / 16.0 / 23.6 / 14.3	2.4 / 5.1 / 5.9 / 6.4
Staphylococcus aureus	5.2 / 9.1 / 12.1 / 12.0	5.2 / 9.3 / 11.5 / 13.0	4.0 / 8.4 / 16.9 / 12.6	1.4 / 2.6 / 3.3 / 2.1	5.5 / 5.2 / 13.0 / 15.4
Pseudomonas aeruginosa	12.7 / 14.0 11.1 / 11.8	10.0 / 9.4 / 7.2 / 7.8	19.6 / 21.9 / 23.8 / 25.7	11.7 / 11.2 / 11.0 / 10.4	11.1 / 17.4 / 14.3 / 16.0
Escherichia coli	12.1 / 8.4 / 9.5 / 9.9	18.7 / 9.7 / 8.7 / 9.0	4.8 / 2.4 / 3.5 / 3.7	19.1 / 19.9 / 18.6 / 18.4	11.7 / 5.8 / 5.8 / 6.8
Klebsiella pneumoniae	8.1 / 5.5 / 7.2 / 6.8	11.6 / 6.6 / 7.7 / 7.0	10.9 / 9.4 / 11.5 / 10.8	9.0 / 7.0 / 8.6 / 8.2	6.9 / 3.5 / 4.2 / 4.6
Enterobacter spp.	6.0 / 7.6 / 7.4 / 6.4	8.0 / 8.6 / 7.3 / 6.9	5.2 / 8.1 / 11.8 / 8.6	9.0 / 8.4 / 6.7 / 6.3	4.5 / 7.9 / 7.8 / 5.5
Enterococcus spp.	8.8 / 7.8 / 6.7 / 6.2	8.7 / 6.2 / 6.3 / 7.6		11.6 / 9.7 / 8.1 / 6.5	10.1 / 12.6 / 9.6 / 7.9
Acinetobacter spp.	4.4 / 5.1 / 4.9 / 5.4	6.1 / 8.8 / 7.2 / 7.6	11.0 / 13.4 / 9.3 / 13.0		
凝固酶陰性葡萄球菌	2.8 / 6.9 / 6.6 / 5.1	2.7 / 8.5 / 7.9 / 4.9			3.2 / 7.1 / 9.1 / 6.8
其他非葡萄糖醱酵性革蘭氏陰性桿菌	5.7 / 6.1 / 4.8 / 4.1	5.9 / 7.7 / 6.8 / 6.7	12.3 / 13.1 / 7.8 / 8.2	7.4 / 6.5 / 4.4 / 2.8	
Serratia marcescens			3.5 / 1.9 / 3.7 / 4.1		
Proteus spp.			3.2 / 2.2 / 2.4 / 1.1	3.8 / 3.8 / 3.8 / 3.7	
Citrobacter spp.				5.9 / 4.4 / 2.4 / 2.4	
Viridans streptococci					5.2 / 5.8 / 4.2 / 3.5
Bacteroides spp.					9.7 / 4.7 / 5.0 / 3.1

表 24-2　2004 年至 2013 年間，多重抗藥性細菌在加護病房醫療照護相關感染菌種中的比例變化情形（資料摘自疾病管制署之線上「台灣醫院感染管制與抗藥性監測管理系統[40]」）

多重抗藥性細菌	醫學中心		區域醫院	
	2004年	2013年	2004年	2013年
Carbapenem-R *Enterobacteriaceae*（CRE）	1%	9%	2%	8%
Carbapenem-R *Escherichia coli*（CREC）	1%	2.4%	1%	2.4%
Carbapenem-R *Klebsiella pneumoniae*（CRKP）	1%	15%	2%	13%
Carbapenem-R *Pseudomonas aeruginosa*（CRPA）	13%	17%	13%	15%
Carbapenem-R *Acinetobacter baumannii*（CRAB）	24%	73%	34%	77%
Methicillin-R *Staphylococcus aureus*（MRSA）	90%	71%	87%	76%
Vancomycin-R *Enterococci*（VRE）	5%	29%	3%	22%
Vancomycin-R *Enterococcus faecium*（VR*E. faecium*）	10%	52%	0%	42%

System, THAS）。此段資料統計年代回溯自 2014 年，至 2023 年 9 月底爲止，提供資料的醫院共有 24 家醫學中心與 83 家區域醫院[40]。根據 2014 年至 2023 年 9 月底的資料分析，醫學中心加護病房醫療照護相關感染部位以血流感染（39～46%）最常見，泌尿道感染（33～36%）次之；區域醫院也是以此二部位最常見（泌尿道感染，39～40%；血流感染，32～39%）。相對於成人科的加護病房，無論是醫學中心或區域醫院，兒科加護病房的醫療照護相關感染部位均是以血流感染比例最高。在感染菌種方面，前十名的菌種在這 10 年中的順序變化差異很大。在醫學中心方面，截至 2023 年 9 月底，前三名菌種依序是 *E. faecium*、*K. pneumoniae* 及 *C. albicans*。*E. faecium* 排名由 2014 年的第 6 名上升至 2023 年的第 1 名；*E. coli* 則由 2014 年的第 1 名下降至 2023 年的第 4 名。在區域醫院方面，截至 2023 年 9 月底，前三名菌種依序是 *K. pneumoniae*、*C. albicans* 及 *E. faecium*。*E. faecium* 排名由 2014 年的第 7 名上升至 2023 年的第 3 名，*E. coli* 則由 2014 年的第 1 名下降至 2023 年的第 4 名。值得注意的是，無論是醫學中心或區域醫院，*E. faecium* 在加護病房醫療照護相關感染菌種的比例均從 2014 年的 < 10%（醫學中心，6.9%，第 6 名；區域醫院，4.8%，第 7 名）增加到 2023 年的 11.1%（醫學中心）與 11.3%（區域醫院）。*E. faecium* 造成醫療照護相關感染的部位主要是在血流及泌尿道，在醫學中心加護病房的血流感染及泌尿道感染菌種排名，分別從 2014 年的第 3、4 名，上升爲 2023 年的第 2 名；在區域醫院加護病房的泌尿道感染及血流感染菌種排名，分別從 2014 年的第 5、9 名，上升爲 2023 年的第 2 名。多重抗藥性細菌的比例，除了 methicillin-resistant *S. aureus* 以外，在 2014 年至 2023 年的加護病房醫療照護相關感染中，均呈現增加的趨勢（表 24-3）。其中尤其以 carbapenem-resistant *K. pneumoniae* 及 vancomycin-resistant *E. faecium* 的增加最爲明顯。

表 24-3 2014 年至 2023 年間，多重抗藥性細菌在加護病房醫療照護相關感染菌種中的比例變化情形（資料摘自疾病管制署之線上「台灣醫院感染管制與抗藥性監測管理系統[40]」，根據最新資料，統計至 2023 年 9 月底止）

多重抗藥性細菌	醫學中心		區域醫院	
	2014年	2023年	2014年	2023年
Carbapenem-R *Enterobacteriaceae*（CRE）	9.4%	30.5%	10.9%	26.2%
Carbapenem-R *Escherichia coli*（CREC）	1.9%	5.9%	1.3%	7.5%
Carbapenem-R *Klebsiella pneumoniae*（CRKP）	14.3%	46.6%	22.2%	42.7%
Carbapenem-R *Pseudomonas aeruginosa*（CRPA）	19.3%	25.5%	14.9%	20.5%
Carbapenem-R *Acinetobacter baumannii*（CRAB）	63.3%	71.5%	74.1%	78.9%
Methicillin-R *Staphylococcus aureus*（MRSA）	70.3%	47.5%	76.2%	69.7%
Vancomycin-R *Enterococci*（VRE）	31.6%	52.0%	28.3%	44.7%
Vancomycin-R *Enterococcus faecium*（VRE. *faecium*）	50.6%	68.4%	49.4%	58.8%

24-4 臨床微生物檢驗室在醫療照護相關感染監控所擔負之任務

醫療照護相關感染管制系統的建立及執行，需要多方面人員的參與。其中，臨床微生物檢驗室便扮演一個很重要的角色。因此，無論是專任的感染管制醫檢師或是兼任的臨床微生物醫檢師，其所應擔負之任務可包括下列幾項：

1. 參加醫院之「感染管制委員會」及感染管制小組的定期會議，以便適時提供專業的建議及適當的幫助。
2. 定期進行環境監控。目前疾病管制署已明確規範，醫院對內部供水系統除既有的維護計畫之外，應訂定退伍軍人菌定期檢測機制[41]。臺灣醫院感染管制學會則建議醫院應進行例行環境檢查，包括滅菌鍋的指示劑監控、血液透析室水質檢測（操作方法請參考附錄一）、牙科水質檢測[42]及內視鏡檢測[43]。其他非例行性的檢查，可包括嬰兒奶水、病患及訪客餐飲、無菌醫材、排放水等。另外，飲水機的水質須由有認證執照的實驗室進行檢驗，所得結果才有公信力。
3. 定期統計及分析感染率及藥物感受性試驗結果，建立流行病學背景資料，以便制訂或修改感染管制及預防措施。對醫療照護相關發現的高度感染性或具多種藥物抗性之微生物，以及不尋常感染之多次出現，必須能及早發覺，並向「感染管制委員會」提出報告，以便進行調查。
4. 必須能迅速且正確地鑑定引起醫療照護相關感染之微生物。為配合醫療照護相關感染的監控，尤其是有疑似群突發（outbreak）時，必須能迅速加入調查，對帶菌者之追蹤、可疑之治療用藥品、器具、食物、消毒藥物以及環境微生物之檢驗分析，必須能正確地採樣及鑑定，以追查可能來源並終止其繼續蔓延。必要時可針對調查菌種的抗藥情形，加入適當的抗生素，做選擇性培養，以增加檢出率。分離出的菌種，也必須能以適當方法加以保存。

5. 對引起醫療照護相關感染各菌株間之異同性能加以判別。因此，最好能了解並建立各種微生物適用的分型技術（Typing；進一步相關介紹，請參考附錄二），以便能迅速區分所觀察到的群聚感染是否爲眞正的醫療照護相關感染群突發，以及環境檢體中分離出的細菌是否與群突發菌株相關。

24-5 群突發的發現、確認及調查

所謂群突發，乃指某一特定區域，在某一特定時段內，某種細菌的感染率，呈統計學上明顯增加的情形[34]。根據這樣的定義，一個群突發的發現，便極爲仰賴完整的流行病學背景資料；只有能清楚了解一個單位的正常醫療照護相關感染背景値，才能在有異常時迅速的發覺。一般的群突發，均是由負責收案的感控護理師所發現的，當某單位的某種細菌的醫療照護相關感染率有異常增加時，便有可能構成一個疑似群突發，而應著手確認及調查。但是當受影響病人的層面較廣泛時，臨床微生物檢驗室可能反而較容易去發覺這種疑似群突發的存在，以下便是一個明顯的例子。

某醫院的微生物室人員發現，每天的血液培養陽性結果中，均會有 5 件左右的 *Serratia marcescens*，與平常可能數天才會檢出一件該菌的經驗有明顯的不同。負責發報告的組長在觀察相同情形持續兩、三天，並且確認不是實驗室汙染後，決定轉告感染管制人員。經過初步調查分析，馬上便歸納出這些病人均是剛接受手術的病人，由於散在不同科別，各個感控護理師尙未能發現有群聚感染的存在。幸好血液感染菌株在該醫院是會被例行保存的，所以在感控護理師進行病人資料分析的同時，所有相關菌株也同時由感控醫檢師進行基因分型分析，並且由完全相同的基因型結果確認，這些血液感染菌株應具有相同的感染源，也就是說這的確是一個由 *S. marcescens* 所引起的醫療照護相關血流感染群突發。進一步的調查發現，疼痛控制裝置使用的輸液才是眞正的禍首，因爲這些病人均有使用這種裝置，術後病人未使用這種裝置的均無此感染，有一位病人未開刀但因爲其他因素必須使用此種裝置也有相同的感染。更重要的是，在回收尙未銷毀的剩餘疼痛控制輸液中，也分離出相同基因型的 *S. marcescens*。感染源確認後，所有已泡製或使用中的疼痛控制輸液被全面停用並回收銷毀，並於確認製備場所及流程的安全性之後才另行泡製新品使用，後續追蹤亦未發現有新個案出現。此一群突發事件由於相關人員的高度警覺性，從發現到確認不超過一個星期，且因能迅速確認感染源，便能有效的遏阻其繼續蔓延，可說是一個相當成功的調查個案[3]。

當面臨一個疑似群突發時，相關人員很容易因爲現實的壓力而產生焦慮，或是因經驗不足而無法迅速確實的進行調查。因此學習並使用一套既定的處理模式，對於有效率的調查一個疑似群突發是很有幫助的。對此，美國疾病管制與預防中心建立了一套處理群突發的流程規範，在此簡述於下，可爲參考之用。

1. 評估政策面及設定適當的期望（Assess the political situation and set reasonable expectations）。

2. 確認群突發的存在（Confirm the existence of an outbreak）。
3. 由代表性案例情形設定個案定義（Develop a case definition by reviewing representative cases）。
4. 確認是否有其他個案（Identify additional cases）。
5. 將個案情形列表（Produce a line listing for case patients）。
6. 將資料依人、時、地加以整理，並畫出「流行趨勢圖」（Orient data in time, place, and person to produce an "epidemic curve"）。
7. 檢視個案病例相關的照護流程和政策（Review procedures and policies related to the care of case patients）。
8. 保留菌株、去除可能的感染源及傳播媒介（Save isolates, remove and save potential sources and vehicles）。
9. 建立並試驗假說：可利用分析法、直接觀察法或採樣培養法（Develop and test a hypothesis: analytic methods, observational studies, culture surveys）。
10. 控制措施（Control measures）

在上述的群突發調查中，第一個步驟顯然是無庸置疑的，這些異常增加的感染個案是一定要被處理的；實際的情形是當時甚至該醫院的院長也出面主持檢討會，並設定初期調查期限，若無法及時解決而新個案還一直出現時，甚至考慮將暫時停止所有手術的進行（因初期只確認到感染病人幾乎都是術後病人）。由於相關人員的合作，臨床調查及實驗室結果均能迅速完成，並且指向共同的結論，亦即群突發的確存在（步驟二）。此案件的個案定義可設定如下：在該段期間有醫療照護相關血流感染 *S. marcescens* 的病人（步驟三）。由此定義才能發現，有些非術後病人也有醫療照護相關血流感染 *S. marcescens*，而且基因型相同，應列入個案中一併分析（步驟四）。在調查初期所建立的個案定義，隨著調查的進行與證據的累積，有時會發現一些不適當之處，便應隨時修改，以期獲得最正確的結果。接著的第五個步驟——列表，乃是爲了分析比較這些個案病人之間的異同性，希望可以找出可能的感染源或傳播模式；而在上述群突發調查中，經由此步驟便很容易可以發現，手術和使用疼痛控制輸液是很重要的兩個危險因子。危險因子的尋找和確認，有時需仰賴「個案組－對照組調查」（case-control study）的方式；在上述群突發調查中，當時的確有些非血流感染的 *S. marcescens*，和即使來自血液培養，但病人並未接受手術的 *S. marcescens* 菌株被納入基因分型分析，由分型結果對照病人的臨床資料，便很容易可以確認眞正的危險因子了。第六個步驟是流行趨勢圖的繪製，其目的除了確認流行期（個案出現之後的期間）與流行前期（個案出現之前的期間，可視情形取數個月或一年以上）之間的感染率，是否有統計學上的明顯差異，還可用以檢視在流行初期時，相關的醫院環境、設備、人員或措施等，是否剛好有什麼改變，而可能導致群突發的發生（步驟七）。接著便可根據實際證據，建立可能的感染及傳播模式，並進行檢驗。一般進行環境培養調查，便是在這個階段，應避免毫無方向而冒然進行散彈式的採檢與培養。例如上述群突發調查中，疼痛控制輸液很快便被發現並確認是感染源，除了馬上移除所有使用中的疼痛控制輸液（步驟八），以避免造成更多感染個案的出現，環境調查也可正確地指向相關的製備人員、醫材、藥品、場所和泡製方法，而不必無謂的在開刀房的環境中浪費時間（步驟九）。最後便可根據問題進行感控措施的建議（步驟十），同時繼續監控是否再有新個案出現，以確認調查過程正確且群突發已完全獲得控制。

24-6 病例研究

一、病史

某醫學中心的加護病房，在連續兩週內，先後有 5 個病人發生了由 *K. pneumoniae* 引起的醫療照護相關血流感染，其藥敏試驗結果顯示均對 ampicillin、cephalothin、ceftazidime，以及 gentamicin 有抗藥性。

二、問題

1. 如何判斷這些個案是否屬於一個群突發？
2. 如何進行調查？
3. 可以懷疑的環境因素有哪些？
4. 若欲進行環境培養，如何選擇培養基？可使用哪些抗生素及合適的濃度？

學習評估

1. 如何計算醫療照護相關感染率？
2. 最常見的醫療照護相關感染種類？
3. 最常見的醫療照護相關感染細菌？
4. 應定期進行的環境監控有哪些？

參考資料

1. **Allegranzi, B., S. Bagheri Nejad, C. Combescure, W. Graafmans, H. Attar, L. Donaldson, and D. Pittet.** 2011. Burden of endemic health-care-associated infection in developing countries: systematic review and meta-analysis. Lancet 377:228-241.
2. **Banerjee, S. N., T. G. Emori, D. H. Culver, R. P. Gaynes, W. R. Jarvis, T. Horan, J. R. Edwards, J. Tolson, T. Henderson, and W. J. Martone.** 1991. Secular trends in nosocomial primary bloodstream infections in the United States, 1980-1989. National Nosocomial Infections Surveillance System. Am. J. Med. 91:86S-89S.
3. **Chiang, P. C., T. L. Wu, A. J. Kuo, Y. C. Huang, T. Y. Chung, C. S. Lin, H. S. Leu, L. H. Su.** 2013. Outbreak of *Serratia marcescens* postsurgical bloodstream infection due to contaminated intravenous pain-control fluids. Int. J. Infect. Dis. 17:e718-e722.
4. **Digiovine, B., C. Chenoweth, C. Watts, and M. Higgins.** 1999. The attributable mortality and costs of primary nosocomial bloodstream infections in the intensive care unit. Am. J. Respir. Crit. Care Med. 160:976-981.
5. **Edmond, M. B., S. E. Wallace, D. K. McClish, M. A. Pfaller, R. N. Jones, and R. P. Wenzel.** 1999. Nosocomial bloodstream infections in Uni-ted States hospitals: a three-year analysis. Clin. Infect. Dis. 29:239-244.
6. **Emori, T. G., and R. P. Gaynes.** 1993. An overview of nosocomial infections, including the role of the microbiology laboratory. Clin. Microbiol. Rev. 6:428-442.
7. **Foxman B.** 2002. Epidemiology of urinary tract infections: incidemce, morbidity, and economic costs. Am. J. Med. 113(Suppl 1A):5S-13S.
8. **Garner, J. S., W. R. Jarvis, T. G. Emori, T. C. Horan, and J. M. Hughes.** 1988. CDC definitions for nosocomial infections, 1988. Am. J. Infect. Control 16:128-140.
9. **Gaynes, R. P., J. R. Edwards, W. R. Jarvis, D. H. Culver, J. S. Tolson, and W. J. Martone.** 1996. Nosocomial infections among neonates in high-risk nurseries in the United

States. National Nosocomial Infections Surveillance System. Pediatrics 98(3 Pt 1):357-361.

10. **Haley, R. W., J. H. Tenney, J. O. Lindsey, II, J. S. Garner, and J. V. Bennett.** 1985. How frequent are outbreaks of nosocomial infection in community hospitals? Infect. Control 6:233-236.
11. **Horan, T. C., M. Andrus, and M. A. Dudeck.** 2008. CDC/NHSN surveillance definition of health care-associated infection and criteria for specific types of infections in the acute care setting; 2008. Am. J. Infect. Control 36:309-332.
12. **Hsueh, P. R., M. L. Chen, C. C. Sun, W. H. Chen,H. J. Pan, L. S. Yang, S. C. Chang, S. W. Ho, C. Y. Lee, W. C. Hsieh, and K. T. Luh.** 2002. Antimicrobial drug resistance in patho-gens causing nosocomial infections at a university hospital in Taiwan, 1981-1999. Emerg. Infect. Dis. 8:63-68.
13. **Jarvis, W. R.** 1996. Selected aspects of the so-cioeconomic impact of nosocomial infections: morbidity, mortality, cost, and prevention. Infect. Control Hosp. Epidemiol. 17:552-557.
14. **Jarvis, W. R., J. R. Edwards, D. H. Culver, J. M. Hughes, T. Horan, T. G. Emori, S. Banerjee, J. Tolson, T. Henderson, and R. P. Gaynes.** 1991. Nosocomial infection rates in adult and pediatric intensive care units in the United States. National Nosocomial Infections Surveillance System. Am. J. Med. 91(3B):185S-191S.
15. **King, C., L. Garcia Alvarez, A. Holmes, L. Moore, T. Galletly, and P. Aylin.** 2012. Risk factors for healthcare-associated urinary tract infection and their applications in surveillance using hospital administrative data: a systematic review. J. Hosp. Infect. 82:219-226.
16. **Leu, H. S.** 1995. The impact of US-style infection control programs in an Asian country. Infect. Control Hosp. Epidemiol. 16:359-364.
17. **Magill, S. S., J. R. Edwards, W. Bamberg, Z. G. Beldavs, G. Dumyati, M. A. Kainer, et al.** 2014. Multistate point-prevalence survey of healthcare-associated infections. N. Engl. J. Med. 370:1198-1208.
18. **Malone, D. L., T. Genuit, J. K. Tracy, C. Gannon, and L. M. Napolitano.** 2002. Surgical site infections: reanalysis of risk factors. J. Surg. Res. 103:89-95.
19. **Mayer, J.** 2000. Laboratory diagnosis of noso-comial pneumonia. Semin. Respir. Infect. 15:119-131.
20. **Pittet, D.** 1997. Nosocomial bloodstream infection, p. 711-769. In Wenzel, R. P. (ed.), Prevention and Control of Nosocomial Infections, 3rd ed. The Williams & Wilkins Co., Baltimore.
21. **Pittet, D., and R. P. Wenzel.** 1995. Nosocomial bloodstream infections. Secular trends in rates, mortality, and contribution to total hospital dea-ths. Arch. Intern. Med. 155:1177-1184.
22. **Platt R, Polk BF, Murdock B, and Rosner B.** 1982. Mortality associated with nosocomial u-rinary tract infection. N. Engl. J. Med. 307:637-642.
23. **Prod'hom, G., P. Leuenberger, J. Koerfer, A. Blum, R. Chiolero, M. D. Schaller, et al.** 1994. Nosoco-mial pneumonia in mechanically ventilated patients receiving antacid, ranitidine, or sucralfate as prophylaxis for stress

ulcer: a randomized controlled trial. Ann. Intern. Med. 120:653-662.

24. **Rello, J., D. A. Ollendorf, G. Oster, M. Vera-Llonch, L. Bellm, R. Redman, et al.** 2002. Epidemiology and outcomes of ventilator-associated pneumonia in a large US database. Chest 122:2115-2121.

25. **Santos, K. R., L. S. Fonseca, G. P. Bravo Neto, and P. P. Gontijo Filho.** 1997. Surgical site infection: rates, etiology and resistance patterns to antimicrobials among strains isolated at Rio de Janeiro University Hospital. Infection 25:217-220.

26. **Schaberg, D. R., D. H. Culver, and R. P. Gay-nes.** 1991. Major trends in the microbial etiology of nosocomial infection. Am. J. Med. 91:72S-75S.

27. **Schleupner, C. J., and D. K. Cobb.** 1992. A study of the etiologies and treatment of nosocomial pneumonia in a community-based teaching hospital. Infect. Control Hosp. Epidemiol. 13:515-525.

28. **Suetens, C., S. Hopkins, J. Kolman, and L. Diaz Högberg L.** 2013. Point prevalence survey of healthcare-associated infections and antimicrobial use in European acute care hospitals 2011–2012. European Centre for Disease Prevention and Control. http://ecdc.europa.eu/en/publications/_layouts/forms/Publication_DispForm.aspx?List=4f55ad51-4aed-4d32-b960-af70113dbb90&ID=865

29. **Tandogdu, Z., and F. M. Wagenlehner.** 2016. Global epidemiology of urinary tract infections. Curr. Opin. Infect. Dis. 29:73-79.

30. **Tokars, J. I., C. Richards, M. Andrus, M. Klevens, A. Curtis, T. Horan, et al.** 2004. The changing face of surveillance for health care-associated infections. Clin. Infect. Dis. 39:1347-1352.

31. **Twaij, M.** 2000. Urinary tract infection in children: a review of its pathogenesis and risk factors. J. R. Soc. Promot. Health. 120:220-226.

32. **Vilar-Compte, D., A. Mohar, S. Sandoval, M. de la Rosa, P. Gordillo, and P. Volkow.** 2000. Surgical site infections at the National Cancer Institute in Mexico: a case-control study. Am. J. Infect. Control 28:14-20.

33. **Vincent, J. L., D. J. Bihari, P. M. Suter, H. A. Bruining, J. White, M. H. Nicolas-Chanoin, et al.** 1995. The prevalence of nosocomial infection in intensive care units in Europe. Results of the European Prevalence of Infection in Intensive Care (EPIC) study. EPIC International Advisory Committee. JAMA 274:639-644.

34. **Wendt, C., and L. A. Herwaldt.** 1997. Epidemics: identification and management, p. 175. In Wenzel, R. P. (ed.), Prevention and Control of Nosocomial Infections, 3rd ed. The Williams & Wilkins Co., Baltimore.

35. **Wenzel, R. P., and M. B. Edmond.** 2001. The impact of hospital-acquired bloodstream infections. Emerg. Infect. Dis. 7:174-177.

36. **Wenzel, R. P., R. L. Thompson, S. M. Landry, B. S. Russell, P. J. Miller, S. P. de Leon, et al.** 1983. Hospital-acquired infections in intensive care unit patients: an overview with emphasis on epidemics. Infect. Control 4:371-385.

37. **Wiblin, R. T.** 1997. Nosocomial pneumonia, p. 807-819. In Wenzel, R. P. (ed.), Prevention and Control of Nosocomial Infections, 3rd ed. The Williams & Wilkins Co., Baltimore.

38. 衛生福利部疾病管制署。新版醫療照護相關感染監測定義（2014-10-01）。http://www.cdc.gov.tw/professional/info.aspx?treeid=beac9c103df952c4&nowtreeid=29e258298351d73e&tid=63DC78B180156753
39. 衛生福利部疾病管制署。新版醫療照護相關感染監測定義（2018）。https://www.cdc.gov.tw/Category/ListContent/NO6oWHDwvVfwb2sbWzvHWQ?uaid=popWLaCWcalDpLY4ZW_t_g
40. 衛生福利部疾病管制署。臺灣醫院感染管制與抗藥性監測管理系統。https://thas.cdc.gov.tw/
41. 衛生福利部疾病管制署。醫院退伍軍人菌環境檢測作業及其相關因應措施指引（2014-01-20）。https://www.cdc.gov.tw/Category/ListContent/NO6oWHDwvVfwb2sbWzvHWQ?uaid=W36JKyMxXBF834rYWKd5sA
42. 衛生福利部疾病管制署。牙科感染管制措施指引（2016-06-15）。https://www.cdc.gov.tw/Category/ListContent/NO6oWHDwvVfwb2sbWzvHWQ?uaid=e3oXMFhfti5Z82gGWZff3w
43. 衛生福利部疾病管制署。113 年度醫院感染管制查核基準。https://www.cdc.gov.tw/Category/MPage/DJZQynFYgMBfcgZQNSGlYA

附錄

附錄一

血液透析室水質檢測

定期進行環境監控是感染管制醫檢師很重要的臨床工作之一。其中，血液透析室水質檢測是臺灣醫院感染管制學會建議的例行環境檢查，其目的是監控透析器及透析用液的微生物含量，減少病人於血液透析過程中的感染機會，亦同時可監測儲存桶及水處理設備的維護情形。以下操作方法，乃根據血液透析學會112年度之「血液透析及腹膜透析訪視作業評量標準說明」[1]，及疾病管制署之「醫療機構血液透析感染管制措施指引」[2]，並參考美國醫療儀器促進學會（Association for the Advancement of Medical Instrumentation，AAMI）於1998年所訂定的建議規範[3]，以及Ledebo及Nystrand兩人於1999年所發表的相關實驗結果[4]綜合而成，僅供參考。

1. 採檢對象、頻率與時機
 (1)檢驗對象：逆滲透（reverse osmosis, RO）純水與血液透析液
 (2)採檢頻率與時機：
  ① 每個月至少操作一次
  ② 每一逆滲透純水製造機之出水端或入透析機器端，每個月至少抽驗一次
  ③ 在正常使用下，每一洗腎機之入口端，每三個月至少抽驗一次
  ④ 不合格時應檢修後每週複驗至合格為止
  ⑤ 若逆滲透純水製造系統有新安裝或更換情形時，需每週檢驗至合格為止
  ⑥ 懷疑或確定病人治療時，有致熱原產物質引起不適或菌血症時，應隨時檢測

2. 採檢方法
 (1)RO水
  ① 採檢人員應洗手並戴實驗用手套
  ② 以75%酒精消毒取樣口，酒精消毒後須等15～30秒至完全揮發
  ③ 打開開關，讓RO水沖洗至少60秒
  ④ 收集RO水至少5 mL
 (2)血液透析液
  ① 採檢人員應洗手並戴實驗用手套
  ② 以75%酒精消毒取樣口，酒精消毒後須等15～30秒至完全揮發
  ③ 使用無菌空針，收集血液透析機採檢口（機器自動稀釋）檢體量至少5 mL

3. 運送方式
 (1)應以無菌尿杯或無菌試管盛裝
 (2)應於採檢後30分鐘內送達檢驗室；若無法立即送出，應先置於4℃冷藏
 (3)若運送過程較遠，無法確定於30分鐘內送達，則需以4℃冷藏運送
 (4)檢驗室應於採檢後24小時內完成檢驗

4. 試藥及材料
 (1)胰化酪蛋白大豆培養基（Trypticase Soy Agar, TSA），兩片／檢體
 (2)1 mL無菌塑膠刻度吸管
 (3)酒精（99.5%）

5. 儀器設備

(1)冰箱：溫度能保持在 2～8℃者

(2)Pipet-aid

(3)玻璃彎棒：直徑 3 至 4 mm

(4)旋轉盤

(5)酒精燈

6. 操作步驟

(1)操作前一天，將適量之 TSA 置於室溫回溫

(2)水樣操作前應充分混合

(3)吸取 0.4 mL 的檢體，分 0.2 mL 滴種兩片 TSA

(4)將 TSA 放在旋轉盤上，一邊轉動旋轉盤，一邊以已滅菌之玻璃彎棒將 TSA 上之檢體來回塗抹推開，直至檢體均勻分布於 TSA 表面並稍乾爲止

(5)倒置培養皿，在 17～23℃下培養 7 天

(6)觀察結果並發報告

7. 結果判讀及報告方式

(1)兩片 TSA 均需計數，若兩片 TSA 計數值相差 10 倍以上，表示有汙染或混合不均勻，應重新採樣送檢

(2)總菌落數（CFU/mL）= 5 x（菌落數分析 I + 菌落數分析 II）/ 2

(3)TSA 上沒長任何細菌時，報「<5 CFU/mL；合格」

(4)TSA 上有長菌，而計算後之總菌落數在 1～49 時，須報其抹片的結果及計算數目如：「GPC/GNB = 30 CFU/mL；合格」

(5)TSA 上有長菌，而計算後之總菌落數在 50～99 時，則報其抹片的結果及計算數目如：「GPC/GNB = 60 CFU/mL；檢測結果高於行動標準」

(6)TSA 上有長菌，而計算後之總菌落數在 100（含）以上時，報其抹片的結果及計算數目如：「GPC/GNB ≥ 100 CFU/mL；不合格」

8. 判讀標準

(1)合格標準：總生菌數 < 100 CFU/mL

(2)行動標準（超過時應採取改善行動）：總生菌數 ≥ 50 CFU/mL

9. 注意事項

(1)除了細菌性檢查，RO 水、血液透析液或濃縮洗腎液均應確認致熱原（pyrogen）試驗陰性，可以 limulus amebocyte assay 進行檢查，其細菌內毒素含量應 ≦ 2 EU/mL

(2)每批操作時，應同時操作空白對照組一片，將已滅菌之玻璃彎棒在 TSA 表面塗抹，並連同檢體一同培養

(3)該批實驗之空白對照組如有細菌生長，則該次檢驗結果有長菌之報告不發出，應重新採樣送檢

參考資料

1. 血液透析及腹膜透析訪視作業評量標準說明（112 年版）。台灣腎臟醫學會。https://www.tsn.org.tw/hemodialysis.html?archiveSubCategoryId=AR0001-2

2. 衛生福利部疾病管制署。醫療機構血液透析感染管制措施指引（2019-07-08）。https://www.cdc.gov.tw/Uploads/380a8d23-d5e2-4bfb-8eb0-c826d1b1b7bc.pdf

3. **Association for the Advancement of Medical Instrumentation (AAMI).** 2004. Volume 3: Hemodialysis Systems ANSI/AAMI RD52-2004. Arlington, VA.

4. **Ledebo, I., and R. Nystrand.** 1999. Defining the microbiological quality of dialysis fluid. Artificial Organs **23:**37-43.

附錄二

細菌分型簡介

細菌分型技術是群突發的確認及調查過程中很重要的一種工具。各醫院因實際環境上的限制，不一定均能建立各種分型技術，以供欲迅速區分疑似群突發菌株間之異同性時使用。但是，感染管制醫檢師仍應對此一領域有一個概括性的了解，以便需要時可進一步應用，或是對現有資料做正確的判讀。

生物學上的分類，從界、門、綱、目、科、屬、種逐漸細分，可以將不同的生物分門別類地區分出來。我們平常熟用的細菌學名，第一個字就是「屬」（genus）名，第二個字就是「種」（species）名。但是，即使學名相同，不同的菌落（colony）間也仍可存在著許多的差異性，所以源自同一菌落經過次培養所得到的單純菌落群（pure culture），便應稱之爲「分離株」（isolate）[17]。兩個或多個分離株之間，若是無法經由表現型（phenotype）或基因型（genotype）加以區分，便可稱之爲相同「菌株」（strain）[17]。所以，由相同或不同檢體所分離到的許多「分離株」，即使經由生化鑑定爲同一「種」細菌，也可能源自相同或不同的「菌株」。以上的定義均是根據實驗室資料來做判斷，但是臨床上根據時間與空間上的分析所得的流行病學資料，亦可初步懷疑某些分離株可能具有相同的來源，亦即彼此是流行病學上相關的分離株（epidemiologically related isolates）。進行疑似群突發調查時，若某些分離株被判定是流行病學上相關的，再經由實驗室證據證明，其基因學上亦是彼此相關的（genetically related），則可稱之爲群突發菌株（outbreak strain）[17]。要注意的是，群突發通常是指某一個特定的時間與空間內，某種感染率有突然明顯增加的情形；若是感染率持續維持在某一高值，而這些分離株之間只有基因學上的相關性，卻不具流行病學上的相關性，便只能稱爲常在性菌株（endemic strain）[17]，而非群突發菌株。

細菌分型的目的，即在提供一種實驗室證據，配合臨床流行病學資料的分析，以正確判斷某些分離株彼此之間的關係。爲了達到這個目的，選擇一個適合的分型方法，顯然是很重要的。其評估條件一般可包括：分型能力（typeability）、再現性（reproducibility）、區分能力（discriminatory power）、速度、操作簡易度，以及經濟上的考量等。分型能力指的是分離株可以被成功分型的比例，並非所有分型方法都適用於所有細菌，即使是一般公認爲最好的脈衝式電泳分析（pulsed-field gel electrophoresis, PFGE），對於 *Mycobacterium chelonae* 及 *Mycobacterium abscessus* 的分型能力也分別只有 90% 和 50%[15, 19]。區分能力指的是能將不同的菌株確實區分在不同型的能力，以抗生素敏感性分型（antimicrobial susceptibility profile 或 antibiogram）爲例，這是無法以基因型分型法（genotyping）區分細菌的異同性時，最常被使用的一種表現型分型法（phenotyping），一般以藥敏性差異兩種（含）以上者判斷爲不同型。但是這樣的判斷只能作爲初步的區分，因爲若以基因分型方法區分時，常常可以將相同抗生素敏感性分型的分離株區分爲不同基因型[14, 16]，也有可能不同抗生素敏感性分型的分離株卻被區分爲相同基因型[13, 16]。後者通常在處理多重抗藥性菌株的問題時容易出現，因爲許多抗藥基因是靠質體（plasmid）傳遞的，例如超廣效性乙型內醯氨酵素（extended-spectrum e-lactamase, ESBL）的基因[13]。同一株（指基因型相同的）細菌，的確極可能具有相同的抗生素敏感性，但在不同環境下，可能進而獲得相同或不同的抗藥性質體，使得抗生素敏感性的表現改變成相同或不同[13]。這個外來質體可能在基因分型分析時被發現[3]，也有可能不被發現，使得抗生素敏感性不同的細菌，在基因分型時卻反而被歸類在同一型[13, 16]。所以，欲決定使用任何一個分型方法時，其區分能力是很重要的一個考慮因素，尤其是現在醫療照護相關感染細菌大部分都有多重抗藥的問題，在進行細菌分型結果判斷時要特別小心，最好有不同時期的分離株，以各種分型方法做比較，才能獲得比較確切的結果。至於其他的考慮因素，如再現性、速度、操作簡易度，以及經濟上的考量等，從字面便可以了解，在此不再贅述。

基本上，細菌分型的方法可分爲二大類：一類是表現型分型法（phenotyping）；另一類是基因型分型法（genotyping）。表現型分型法乃是利用細菌本身可以直接被觀察到或表現出來的特性作爲區分的標準，除了前面已提過之抗生素敏感性分型之外，還可包括生化分型（biotyping）、血清分型（serotyping）、抗菌素分型（bacteriocin typing）、噬菌體分型（phage typing）[12]等。基因型分型法則是將細菌 DNA（包括染色體及質體之 DNA）經由各種限制酵素或不同標記方法處理之後，由其結果（通常是以大小不一的 DNA 片段呈現）判讀被分析菌株彼此間的異同性，其方法包括質體分析（plasmid analysis）[2, 6]、限制酵素切割片段多型性分析（restriction fragment length polymorphism, RFLP）[10]、核糖體基因分型（ribotyping）[10]、脈衝式電泳分析（pulsed-field gel electrophoresis, PFGE）[3, 10, 12, 14, 15, 17, 19]、多重位點基因序列分型（multilocus sequence typing, MLST）[8]，以及以聚合酵素鏈鎖反應（polymerase chain reaction, PCR）爲基礎的分型方法，如隨機放大 DNA 片段多型性分析（random amplified polymorphic DNA analysis, RAPD，或 arbitrary primed PCR, AP-PCR）[2, 12]、重複序列分析（repetitive-element PCR, REP-PCR）[7]、腸內菌重複基因片段間質一致性分析（enterobacterial repetitive intergenic consensus PCR, ERIC-PCR）[4]，以及低頻切位酵素鏈鎖反應（infrequent-restriction-site PCR, IRS-PCR）[9, 14-16]等。以上各種方法的操作，請參考所列的參考資料或其他專書，在本書的第一章中亦有略述，此處不再重複。

一般而言，表現型分型法較簡單，不需要太複雜的操作步驟或太昂貴的機器設備，在大部分微生物實驗室內均可操作；但是其區分能力明顯不如基因型分型法，有的則需要仰賴一些取得不易的試劑，例如尙未商品化的抗血清（antisera）或噬菌體（bacteriophage）等，都會限制其使用上的方便性。基因型分型法的區分能力相對較高，但操作過程較費時費事，也常須使用一些較昂貴的試劑及儀器（如脈衝式電泳分析儀、基因定序儀等）設備，因此其普遍性較受限制。利用聚合酵素鏈鎖反應進行細菌分型，主要是爲了克服上述缺點，因其可在一般的分子診斷實驗室內，利用可程式控溫的聚合酵素鏈鎖反應儀，即可進行操作，其速度通常較快，比較適合群突發調查時所需的時效要求；但因爲這類方法只分析了部分的基因片段，而且會影響聚合酵素鏈鎖反應的因素很多，對於不同細菌的適用性也不盡相同，因此各種方法在使用前，均須做適當的評估，確定其區分能力及再現性均合於要求，才可放心的使用[11, 18]。

細菌分型除了可用來釐清群突發調查過程中所獲得之臨床或環境分離株的親屬關係，還可以用來分析移生（colonization）菌株與造成感染的菌株之間的關係，區分汙染菌與眞正的致病菌，確認不同病人間是否有交互感染的情形，以及評估經治療後又發生感染的病人，是因爲同一菌株引起的復發性（relapse）感染，抑或是不同菌株造成的再度感染（reinfection）。所以，細菌分型可算是一個很有用的工具，但在實際應用時，還有幾個注意事項需要留意。正如本文第二段所分析之群突發菌株與常在性菌株的差異性，其決定性條件在於是否有流行病學上的相關性。因此，在調查醫療照護相關感染案件時，應先對疑似病例進行相關資料分析，避免盲目進行非必要的實驗室細菌分型，以免導致錯誤的結論。再者，各種分型方法均有其優缺點，除了應充分了解所採用方法的特性之外，在不同次實驗之間，所有相關的步驟及使用的試藥均必須相同，才能進行有效的判讀或比對。最後，在進行群突發調查時，若欲確認疑似群突發菌株間的同源關係，除了必須能證明這些群突發菌株具有相同的分型之外，還必須能同時證明流行病學上不相關的菌株間有差異性存在，且與群突發菌株不同型。因爲當某種分型方法的區分能力不足，或該種細菌本身基因多型性不高，或甚至該菌株已是常在性菌株時，則極可能群突發菌株與其他非群突發菌株均具有相同的分型，此時便需要再加上其他方法的佐證，不可單憑分析菌株具有相同分型，便貿然判斷群突發的存在。這一點尤其在處理 *Staphylococcus aureus* 的問題時需要特別注意，該菌幾乎一直是造成醫療照護相關感染的首要細菌之一，而近幾年以脈衝式電泳分析的相關研究則顯示[1, 5, 20]，在臺灣的醫院中，幾乎有一半以上的該菌臨床分離株均屬於相同的分型[5, 20]，有的醫院該主要分型菌株的比例更高達所有 *S. aureus* 的 89%[5]。此一主要分型菌株的存在，是否代表著某種有待解決的感染管制問題，仍有待進一步的研究分析，但至少目前在監控該菌所造成的群突發問題時，這一株可能是常在性菌株的存在，已經造成了以細菌分型方法評估的困擾。爲了避免以上這些問題，通常應先確認流行趨勢圖是否有有意義的增加，再選取數株疑似群突發的流行期間內，在同一醫院或環境中的其他流行病學上不相關的同種細菌分離株，與疑似群突發菌株一起進行分型分析，才能由其結果獲得較正確的判斷。在後續的追蹤中，即使分型結果仍顯示有與群突發菌株同型的細菌存在，仍應觀察流行趨勢圖，來幫助確認群突發是否已獲得控制。總之，細菌分型雖然提供了一個很好的方法，可供研究或調查細菌流行病學之用，但仍應先對其有充分的了解，再配合臨床資料綜合判斷及評估，才能有效且正確的利用此一有用的工具。

參考資料

1. **Chen, M. L., S. C. Chang, H. J. Pan, P. R. Hsueh, L. S. Yang, S. W. Ho, et al.** 1999. Longitudinal analysis of methicillin-resistant *Staphylococcus aureus* isolates at a teaching hospital in Taiwan. J. Formos. Med. Assoc. **98:**426-432.
2. **Eisen, D., E. G. Russell, M. Tymms, E. J. Roper, M. L. Grayson, and J. Turnidge.** 1995. Random amplified polymorphic DNA and plasmid analyses used in investigation of an outbreak of multiresistant *Klebsiella pneumoniae*. J. Clin. Microbiol. **33:**713-717.
3. **Fey, P. D., T. J. Safranek, M. E. Rupp, E. F. Dunne, E. Ribot, P. C. Iwen, et al.** 2000. Ceftriaxone-resistant salmonella infection acquired by a child from cattle. N. Engl. J. Med. **342:**1242-1249.
4. **Gazouli, M., M. E. Kaufmann, E. Tzelepi, H. Dimopoulou, O. Paniara, and L. S. Tzouvelekis.** 1997. Study of an outbreak of cefoxitin-resistant *Klebsiella pneumoniae* in a general hospital. J. Clin. Microbiol. **35:**508-510.
5. **Huang, Y. C., L. H. Su, T. L. Wu, C. E. Liu, T. G. Young, P. Y. Chen, et al.** 2004. Mo-

lecular epidemiology of methicillin-resistant *Staphylococcus aureus* clinical isolates in Taiwan. J. Clin. Microbiol. **42:**307-310.

6. **Kado, C. I., and S. T. Liu.** 1981. Rapid procedure for detection and isolation of large and small plasmids. J. Bacteriol. **145:**1365-1373.
7. **Kil, K.-S., R. O. Darouiche, R. A. Hull, M. D. Mansouri, and D. M. Musher.** 1997. Identification of a *Klebsiella pneumoniae* strain associated with nosocomial urinary tract infection. J. Clin. Microbiol. **35:**2370-2374.
8. **Maiden, M. C., J. A. Bygraves, E. Feil, G. Morelli, J. E. Russell, R. Urwin, et al.** 1998. Multilocus sequence typing: a portable approach to the identification of clones within populations of pathogenic microorganisms. Proc. Natl. Acad. Sci. USA **95:**3140–3145.
9. **Mazurek, G. H., V. Reddy, B. J. Marston, W. H. Haas, and J. T. Crawford.** 1996. DNA fingerprinting by infrequent-restriction-site amplification. J. Clin. Microbiol. **34:**2386-2390.
10. **Olsen, J. E., M. N. Skov, E. J. Threlfall, and D. J. Brown.** 1994. Clonal lines of *Salmonella enterica* serotype Enteritidis documented by IS*200*-, ribo-, pulsed-field gel electrophoresis and RFLP typing. J. Med. Microbiol. **40:**15-22.
11. **Power, E. G. M.** 1996. RAPD typing in microbiology - a technical review. J. Hosp. Infect. **34:**247-265.
12. **Skibsted, U., D. L. Baggesen, R. Dessau, and G. Lisby.** 1998. Random amplification of polymorphic DNA (RAPD), pulsed-field gel electrophoresis (PFGE) and phage-typing in the analysis of a hospital outbreak of *Salmonella* Enteritidis. J. Hosp. Infect. **38:**207-216.
13. **Su, L. H., C. H. Chiu, C. Chu, M. H. Wang, J. H. Chia, and T. L. Wu.** 2003. In-vivo acquisition of ceftriaxone resistance in *Salmonella enterica* serotype Anatum. Antimicrob. Agents Chemother. **47:**563-567.
14. **Su, L. H., H. S. Leu, Y. P. Chiu, J. H. Chia, A. J. Kuo, C. F. Sun, et al.** 2000. Molecular investigation of two clusters of nosocomial bacteraemia caused by multiresistant *Klebsiella pneumoniae* using pulsed-field gel electrophoresis and infrequent-restriction-site PCR. J. Hosp. Infect. **46:**110-117.
15. **Su, L. H., J. H. Chia, H. S. Leu, S. W. Cheng, A. J. Kuo, C. F. Sun, et al.** 2000. DNA polymorphism of *Mycobacterium abscessus* analyzed by infrequent-restriction-site polymerase chain reaction. Chang Gung Med. J. **23:**467-475.
16. **Su, L. H., J. T. Ou, H. S. Leu, P. C. Chiang, Y. P. Chiu, J. H. Chia, et al.** 2003. Extended epidemic of nosocomial urinary tract infections caused by *Serratia marcescens*. J. Clin. Microbiol. **41:**4726-4732.
17. **Tenover, F. C., R. D. Arbeit, R. V. Goering, P. A. Mickelsen, B. E. Murray, D. H. Persing, et al.** 1995. Interpreting chromosomal DNA restriction patterns produced by pulsed-field gel electrophoresis: criteria for bacterial strain typing. J. Clin. Microbiol. **33:**2233-2239.
18. **Tyler, K. D., G. Wang, S. D. Tyler, and W. M. Johnson.** 1997. Factors affecting reliability and reproducibility of amplification-based DNA fingerprinting of representative bacterial pathogens. J. Clin. Microbiol. **35:**339-346.
19. **Wallace, R. J. Jr., Y. Zhang, B. A. Brown, V. Fraser, G. H. Mazurek, and S. Maloney.**

1993. DNA large restriction fragment patterns of sporadic and epidemic nosocomial strains of *Mycobacterium chelonae* and *Mycobacterium abscessus*. J. Clin. Microbiol. **31:**2697-2701.

20. **Wang, J. T., Y. C. Chen, T. L. Yang, and S. C. Chang.** 2002. Molecular epidemiology and antimicrobial susceptibility of methicillin-resistant *Staphylococcus aureus* in Taiwan. Diagn. Microbiol. Infect. Dis. **42:**199-203.

英文索引

A

B

C

D

G

H

I

K

L

M

N

O

P

Q

R

S

T

U

V

W

Y

Z

中文索引

二劃

三劃

四劃

五劃

六劃

七劃

八劃

九劃

十劃

十一劃

十二劃

十三劃

十四劃

十五劃

十六劃

十七劃

十八劃

十九劃

二十二劃

二十三劃

二十九劃

附圖

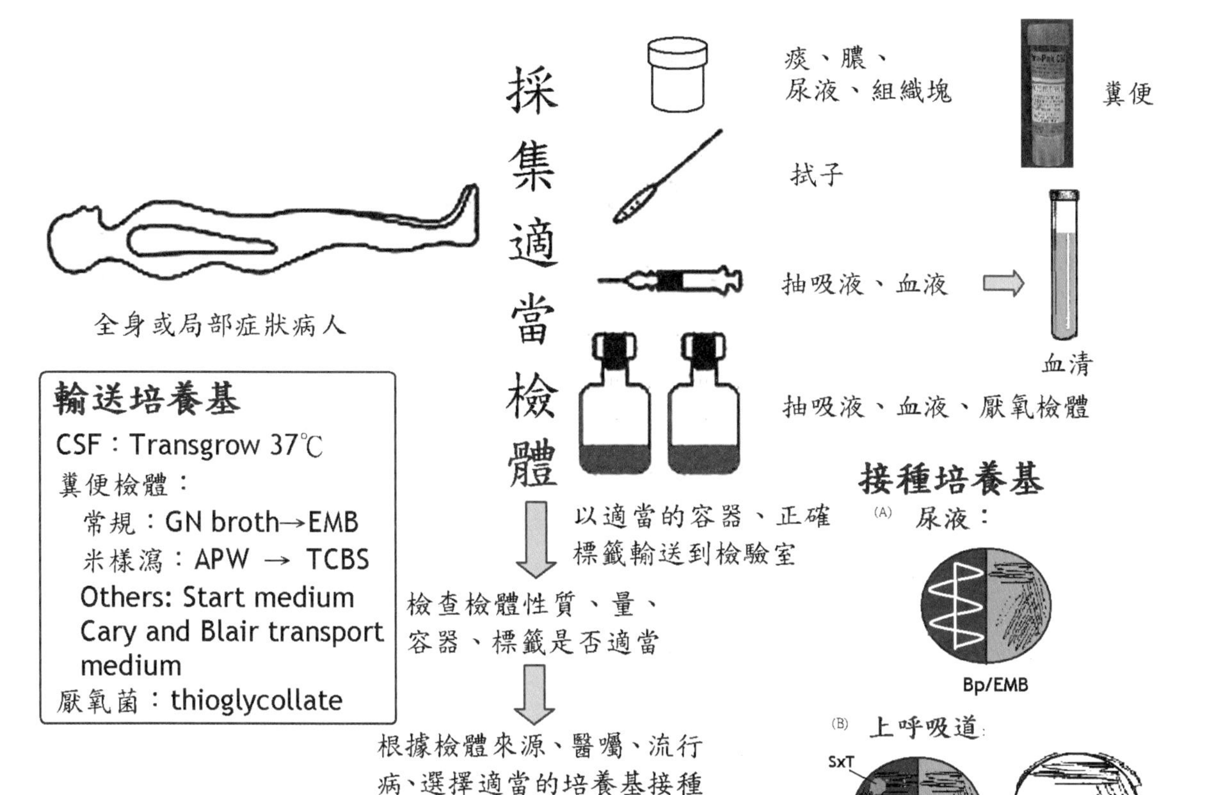

(1) 來自皮膚的檢體：30℃
(2) 嗜熱菌→熱增菌（42℃）
(3) 微需氧菌（5% O_2）
(4) 嗜碳酸菌(5% CO_2)
(5) 厭氧菌(5%CO_2, 10%H_2, 85%N_2)

選擇適當環境培養

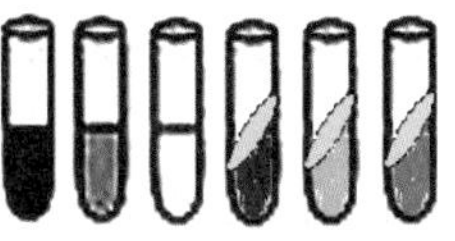

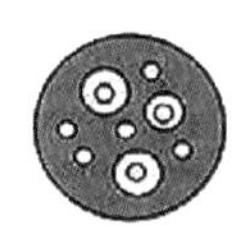

生化試驗　　感受性試驗

圖 1-1　檢體的收集與處理

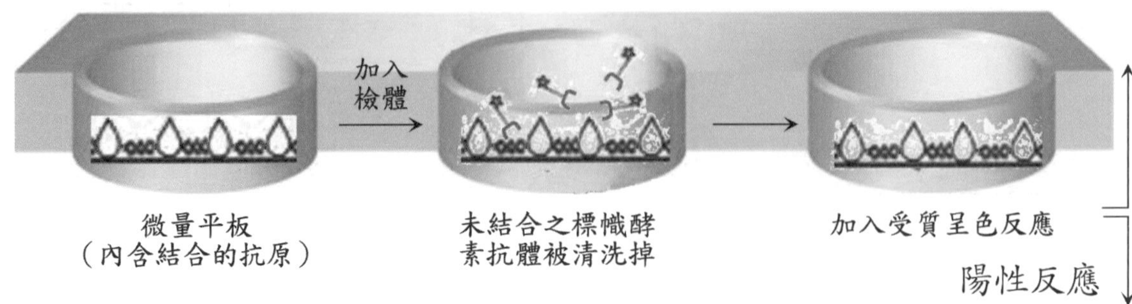

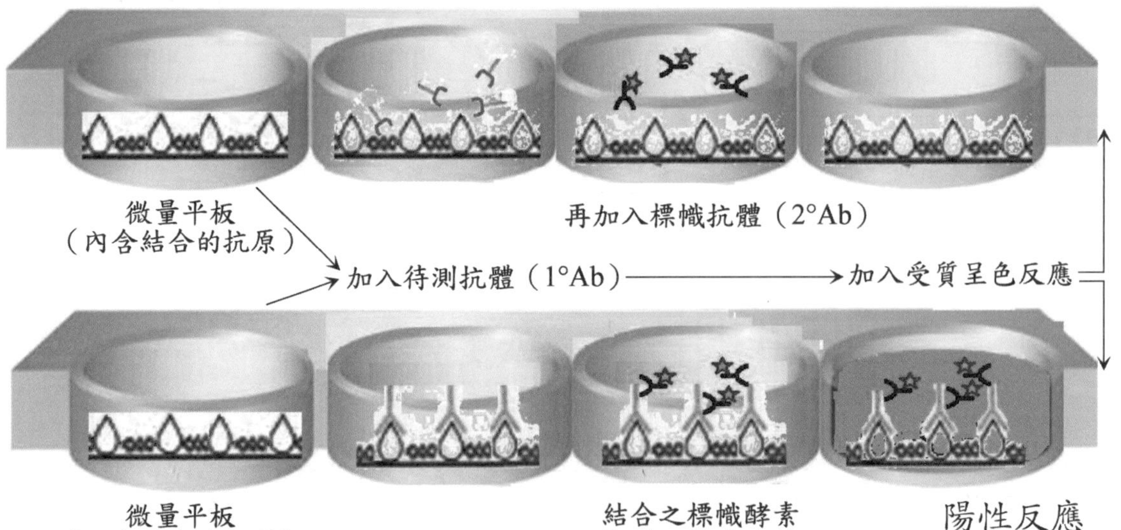

圖 1-2　酵素免疫分析（Enzyme Immunoassay）

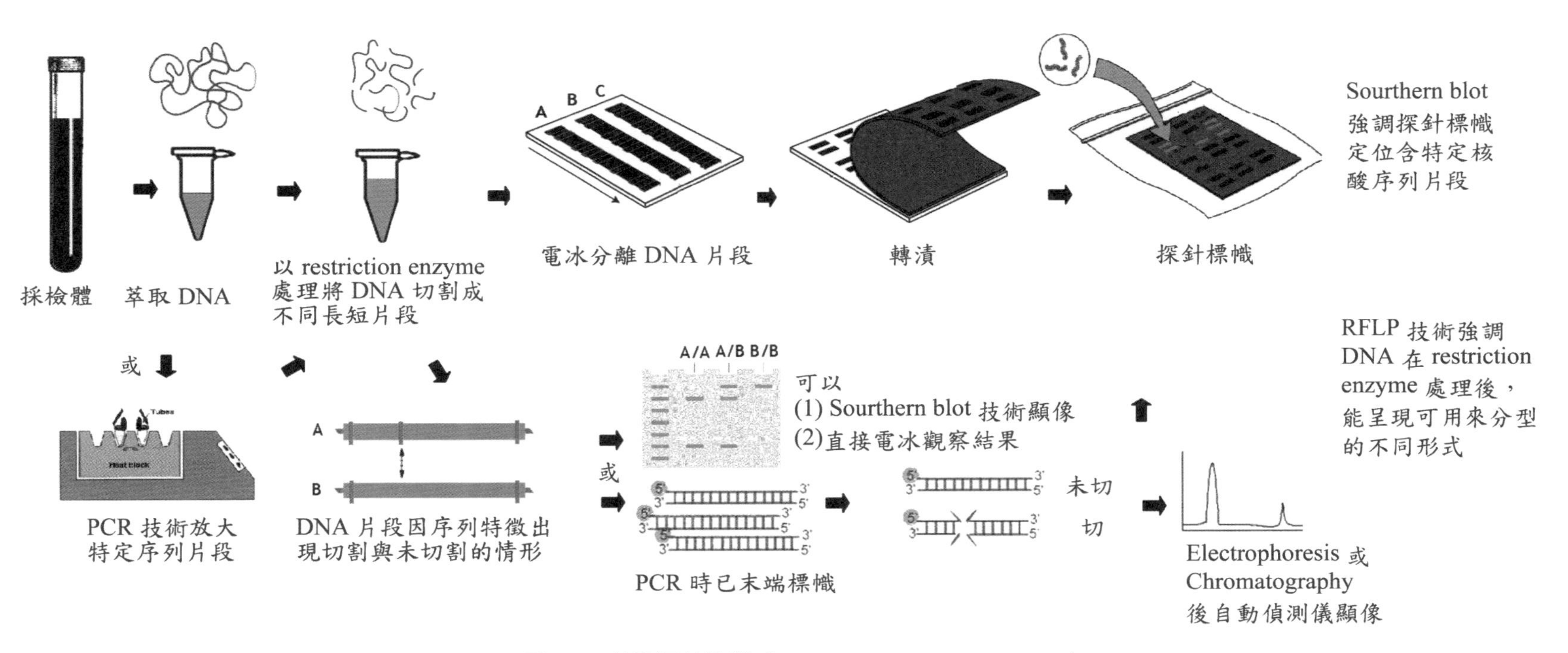

圖 1-3　核酸探針技術（Nucleic acid probes techniques）

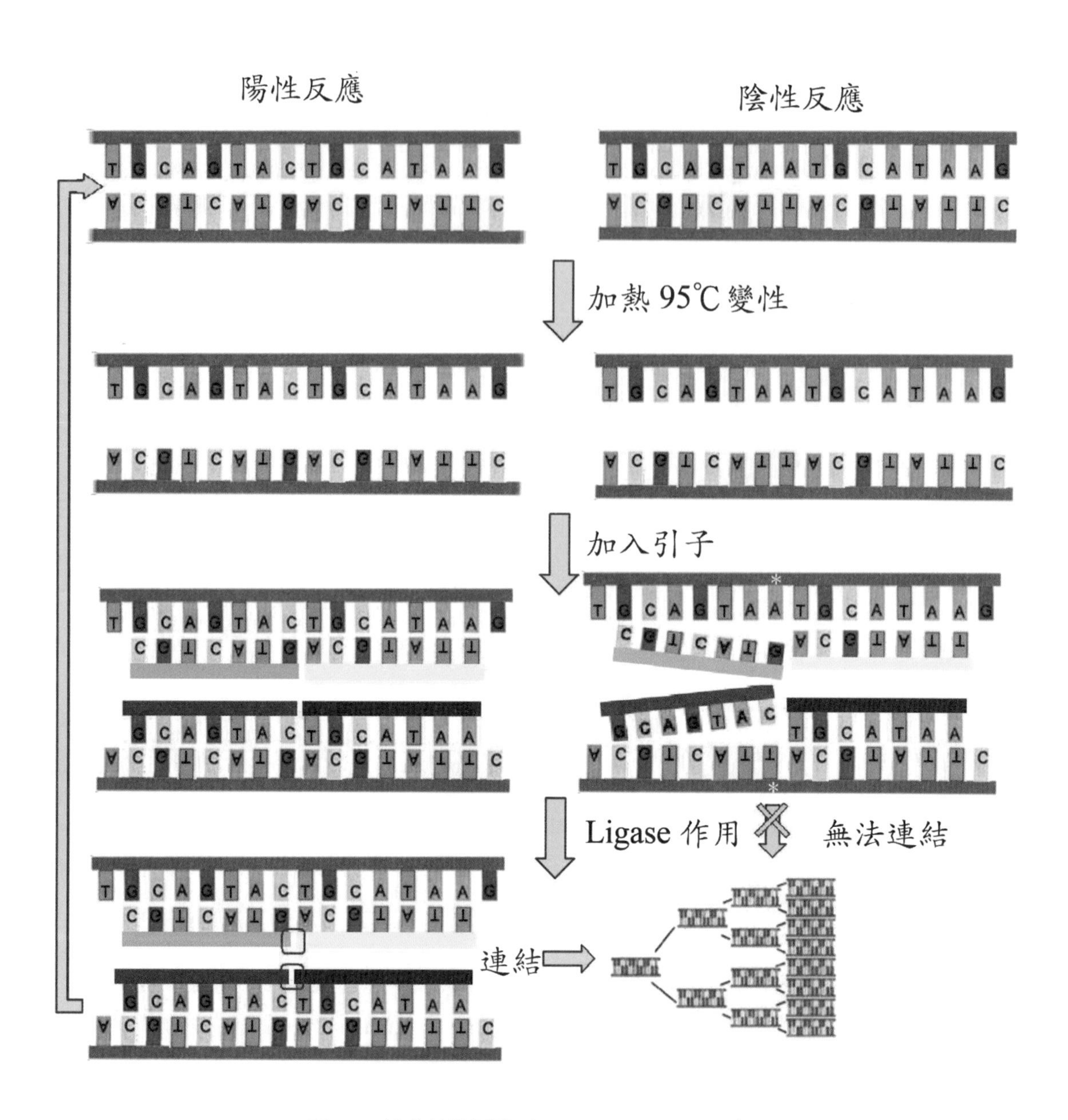

圖 1-4　結合苷鏈反應（Ligase Chain Reaction）

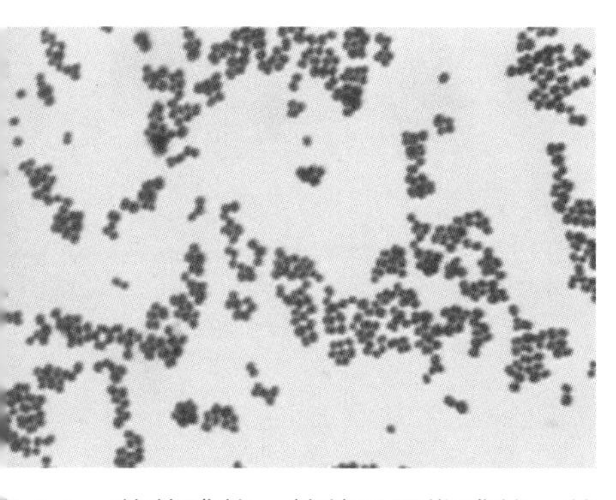

圖 3-1 葡萄球菌。革蘭氏陽性球菌，菌體大小約直徑 0.5～1.5 μm，常呈葡萄狀聚集。

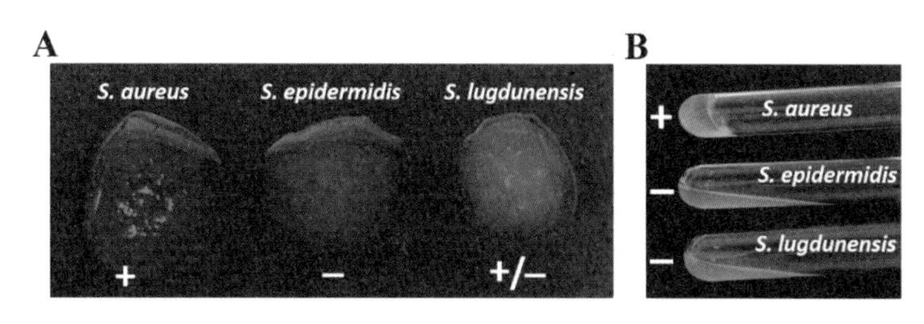

圖 3-2 凝固酶試驗（Coagulase test）。A. 玻片法（Slide method）。金黃色葡萄球菌呈現凝集陽性反應。凝固酶陰性的表皮葡萄球菌則呈現陰性反應。路鄧葡萄球菌因會產生 clumping factors，因此可能會有偽陽性反應。B. 試管法（Tube method）。金黃色葡萄球菌呈現凝集陽性反應，表皮葡萄球菌及路鄧葡萄球菌皆呈現陰性反應。

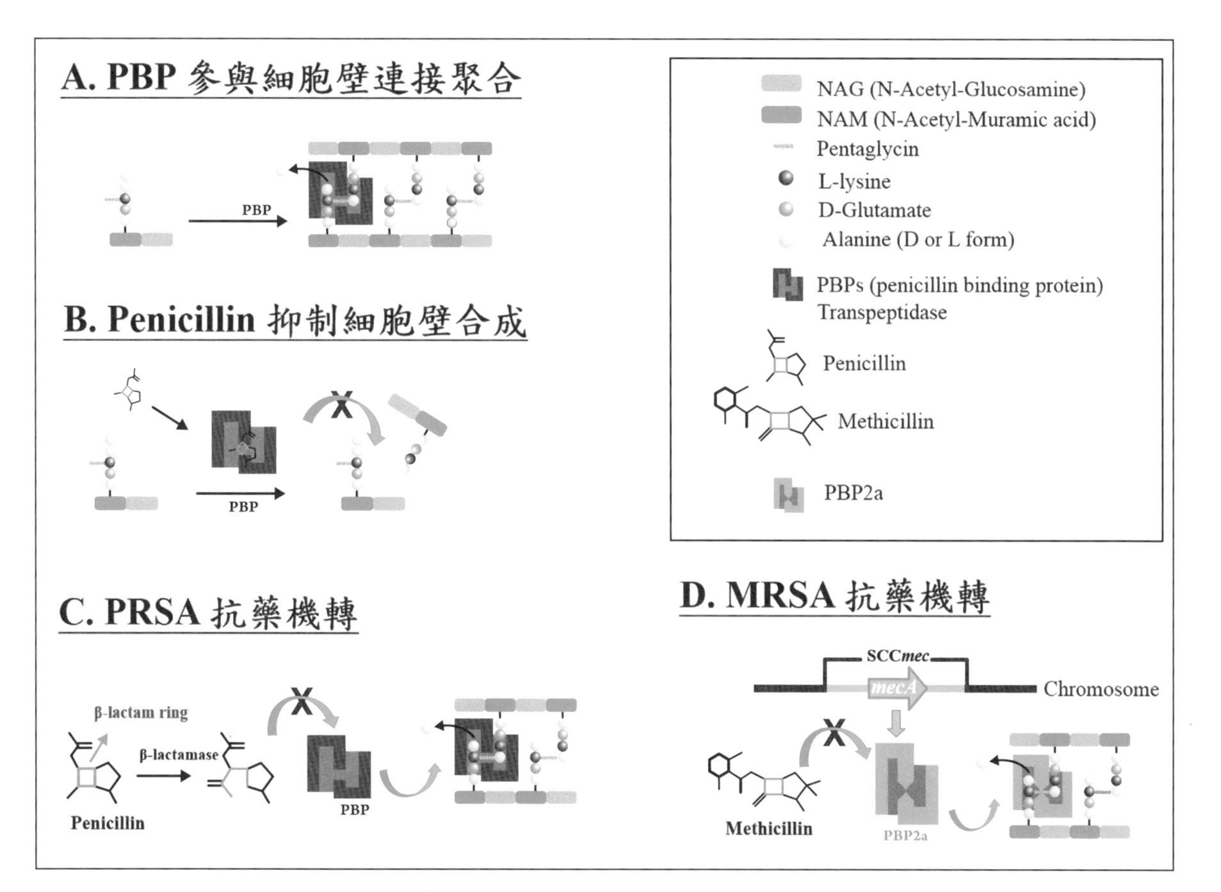

圖 3-4 青黴素作用機制以及 PRSA, MRSA 之抗藥機制

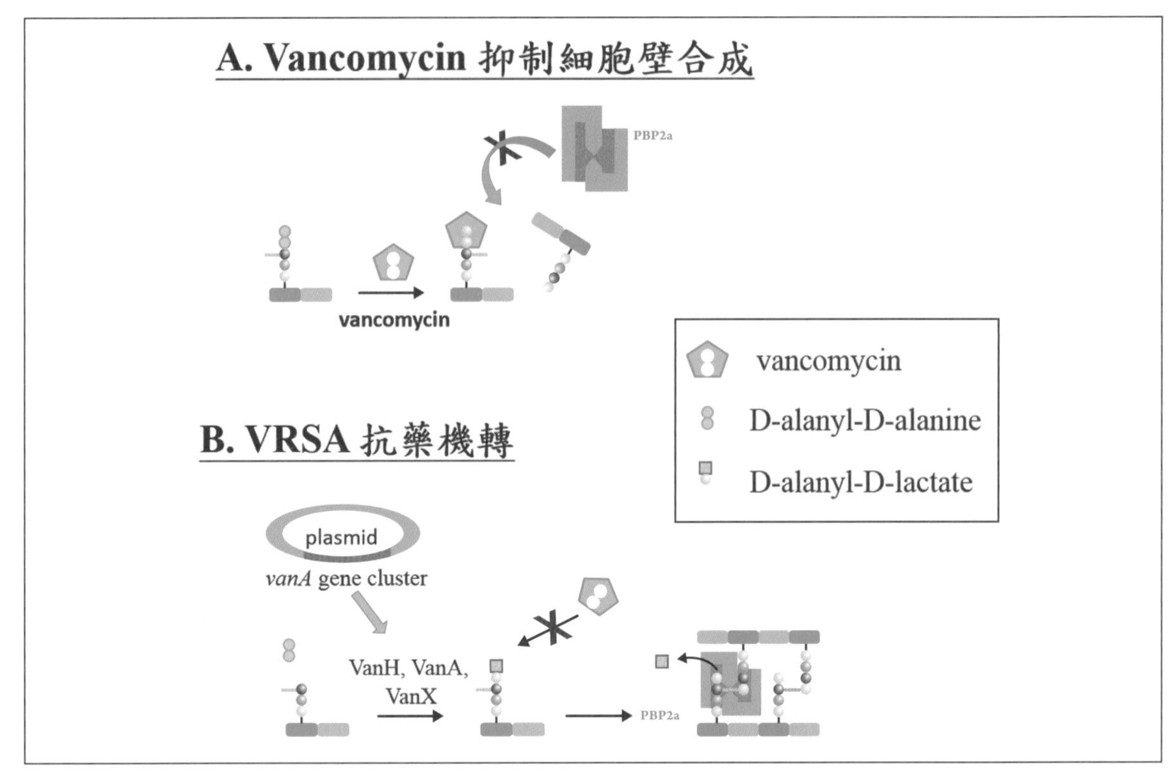

圖 3-5　萬古黴素作用機制及 VRSA 之抗藥機制

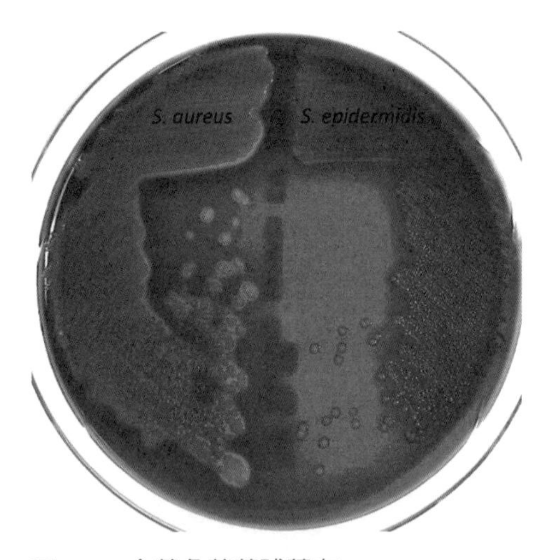

圖 3-6　金黃色葡萄球菌在 5% sheep blood agar 上呈現 β 溶血，菌落呈金黃色。凝固酶陰性菌，例如表皮葡萄球菌大都不溶血，菌落呈灰白色。

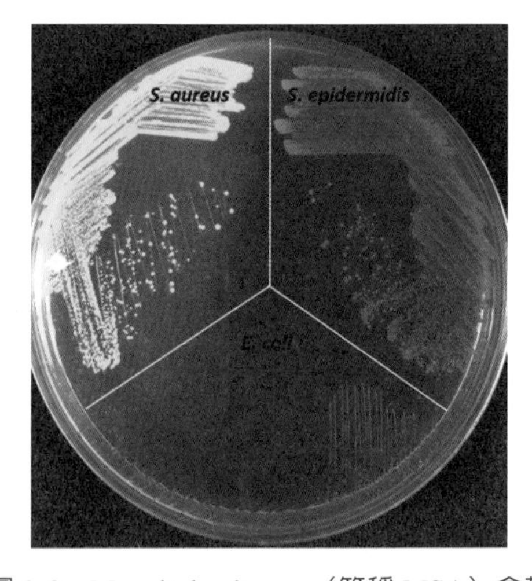

圖 3-8　Mannitol salt agar（簡稱 MSA）含較高的鹽分及 mannitol。金黃葡萄球菌耐高鹽且會發酵 mannitol，所以菌落周圍變黃色。表皮葡萄球菌和大部分的 CoNS 耐高鹽但不會發酵 mannitol，因此在 MSA 上菌落周圍不變色。葡萄球菌之外的細菌（例如大腸桿菌），大部分不耐高鹽，所以在 MSA 上無法生長。

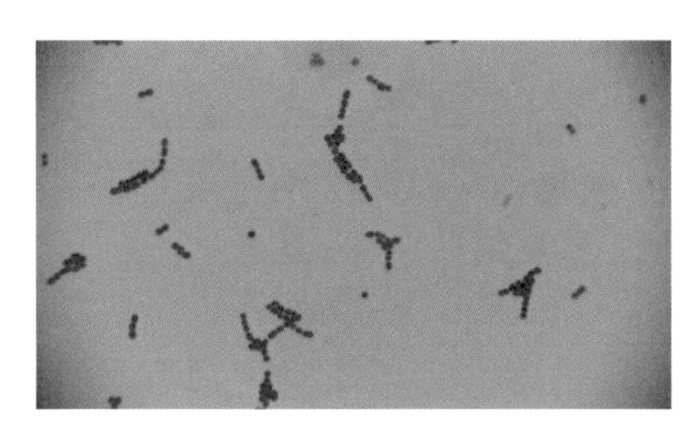

圖 5-1　*Enterociccus faecalis* 在固態培養基的革蘭氏染色結果呈現球桿狀。

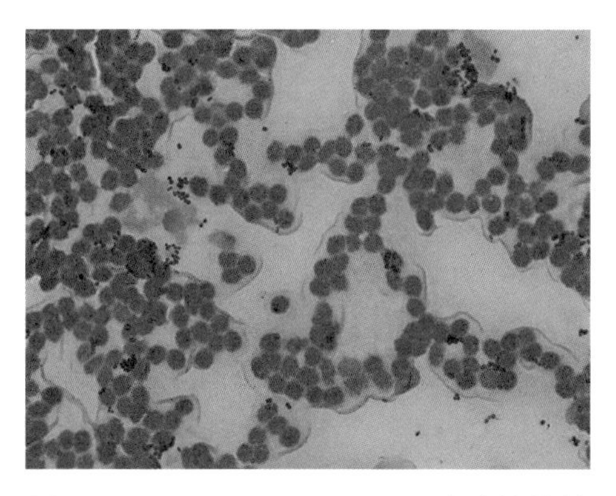

圖 5-2　*Enterococcus faecalis* 血液培養檢體（嗜氧瓶）的革蘭氏染色結果成卵鏈狀。

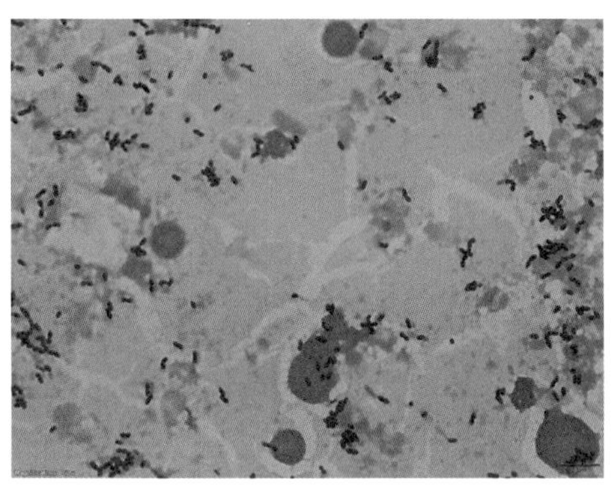

圖 5-3　*Enterococcus faecalis* 血液培養檢體（厭氧瓶）的革蘭氏染色結果成球桿狀。

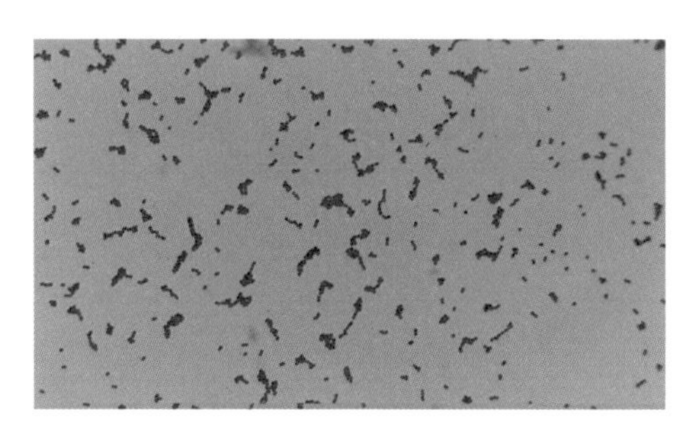

圖 5-4　*Enterococcus faecium* 在固態培養基上呈現球狀。

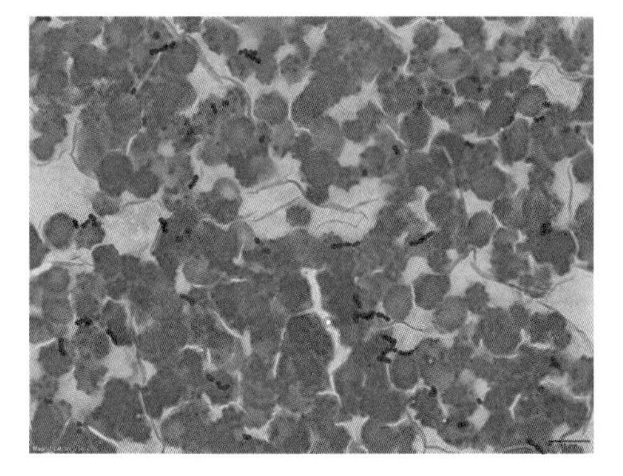

圖 5-5　*Enterococcus faecium* 血液培養檢體（嗜氧瓶）的革蘭氏染色結果成卵鏈狀。

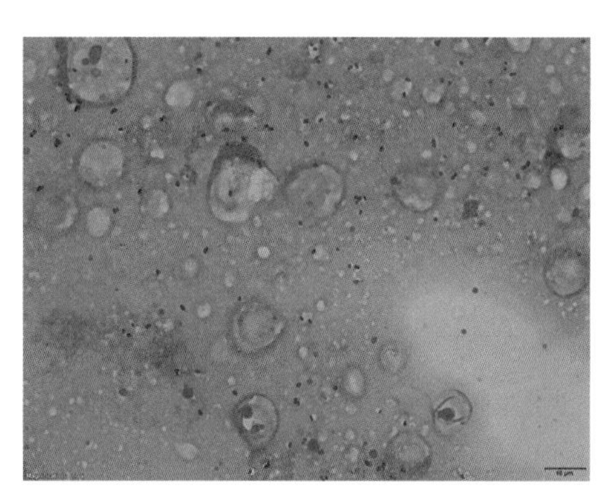

圖 5-6　*Enterococcus faecium* 血液培養檢體（厭氧瓶）的革蘭氏染色結果成短桿狀。

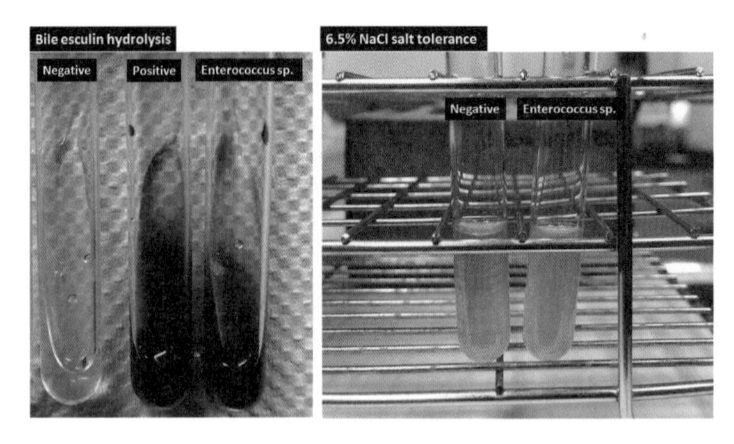

圖 5-7　Enterococcus 生化測試。

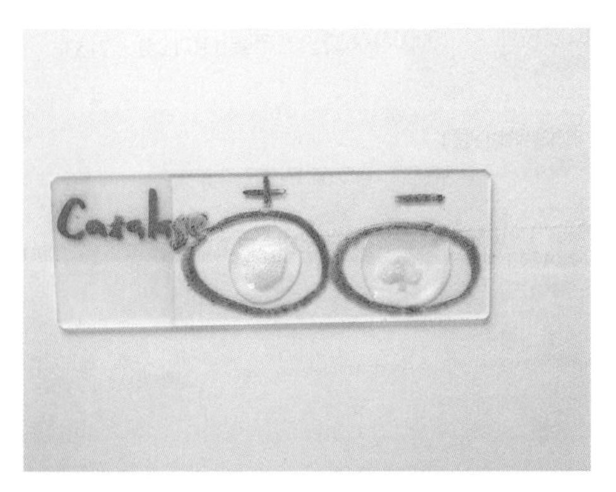

圖 6-1　大多數的奈瑟氏球菌種會產生觸酶。

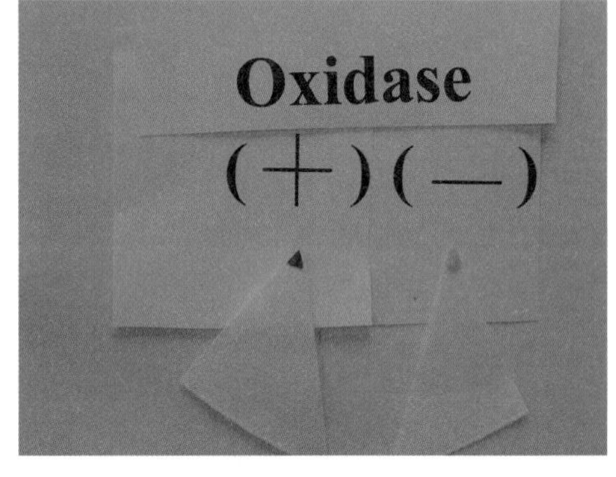

圖 6-2　大多數的奈瑟氏球菌種會產生氧化酶。

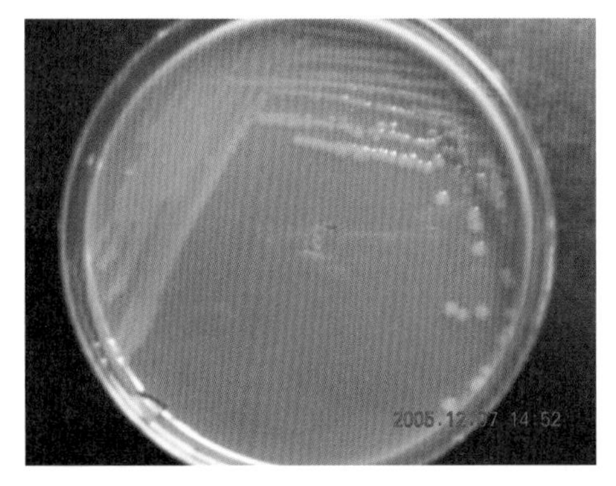

圖 6-3　奈瑟氏腦膜炎雙球菌在巧克力培養基上可生長成灰白色圓形突起的菌落。

圖 6-4　奈瑟氏腦膜炎雙球菌在 Cystine-Trypticase Agar（CTA）醣類氧化試驗中，可將 glucose 和 maltose 氧化成黃色陽性反應。

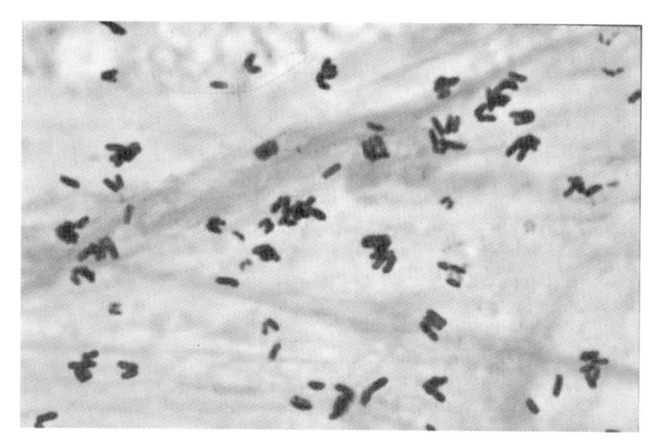

圖 7-1　革蘭氏染色鏡檢下的棒狀桿菌，菌體為一端較厚的短棒狀，並呈「中國字樣」排列。

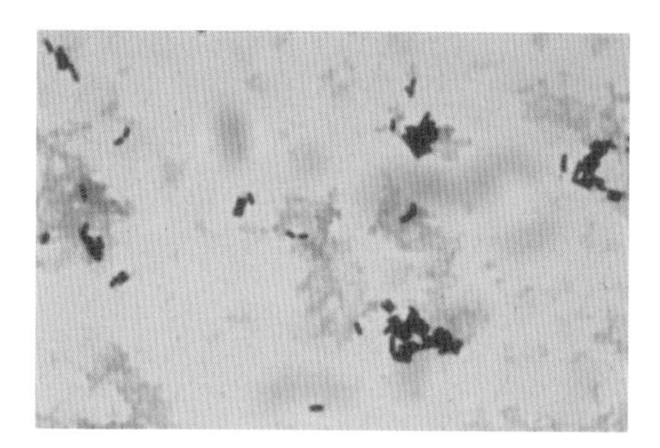

圖 7-8　*Listeria monocytogenes* 之革蘭氏染色，菌體成陽性短桿狀。

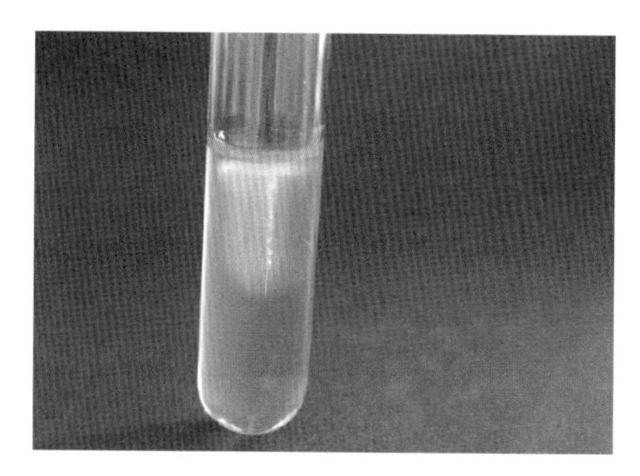

圖 8-2　*Listeria monocytogenes* 在室溫下半固態培養基中呈現的傘狀生長。

(a)

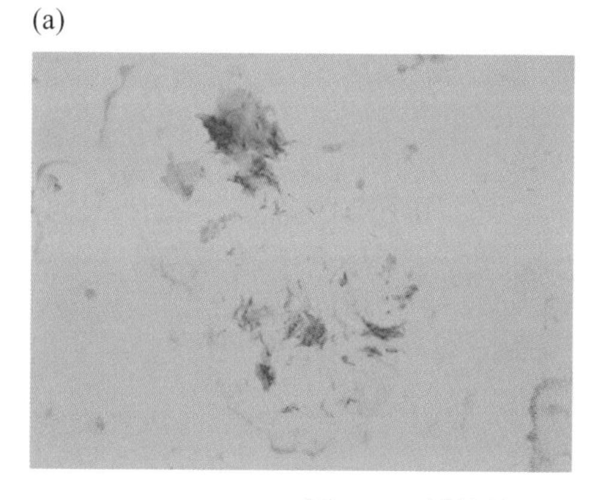

(b)

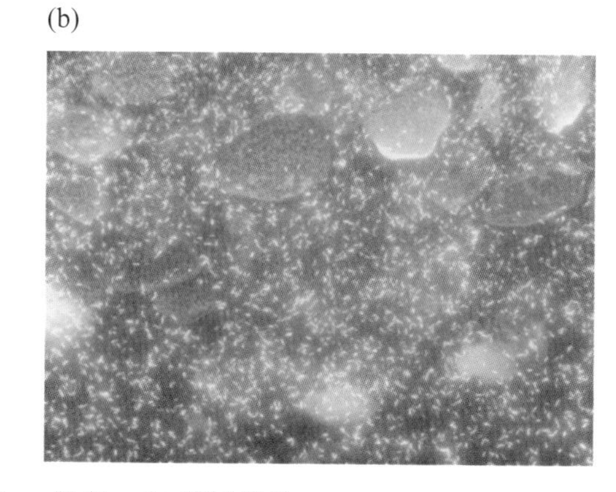

圖 10-1　結核菌。(a) Ziehl-Neelsen 染色；(b) 螢光染色。

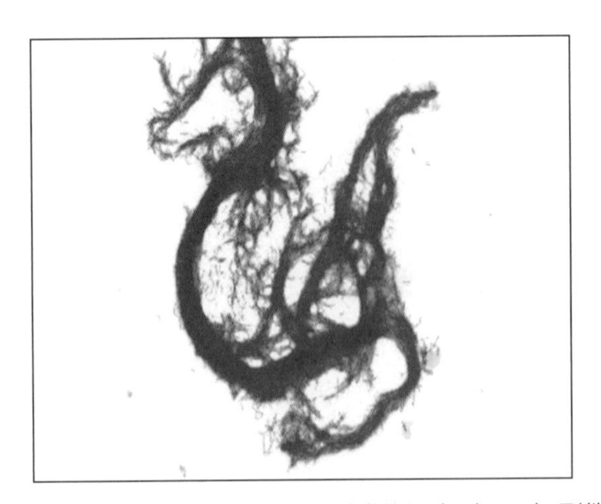

圖 10-2　結核菌在液態培養基中形成的繩索（Cord）型態。

(a) MIRU-VNTR

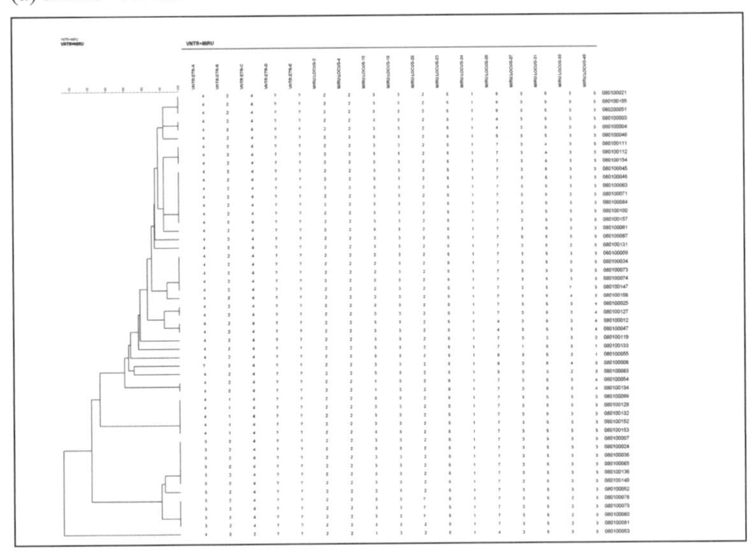

(b) WGS

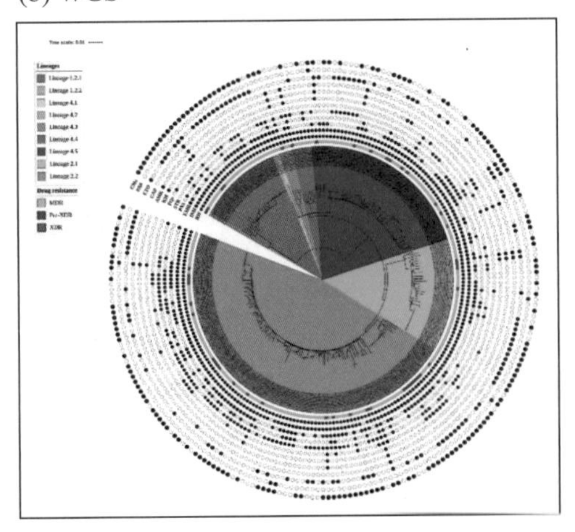

圖 10-3　基因分型圖譜 MIRU-VNTR。

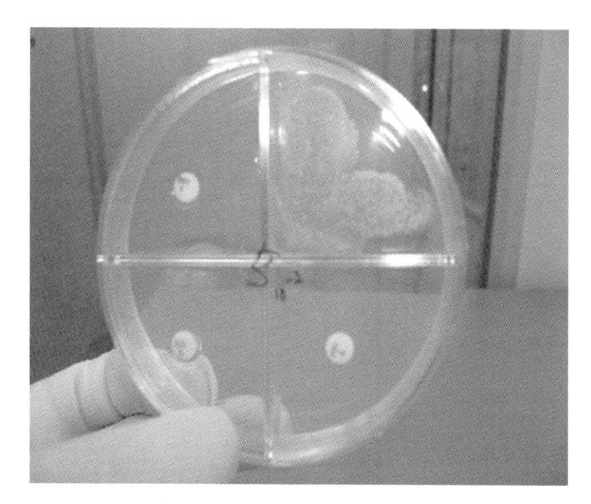

圖 10-4　固態培養法。右上為對照控制組，其他 3 格為含藥物測試組。

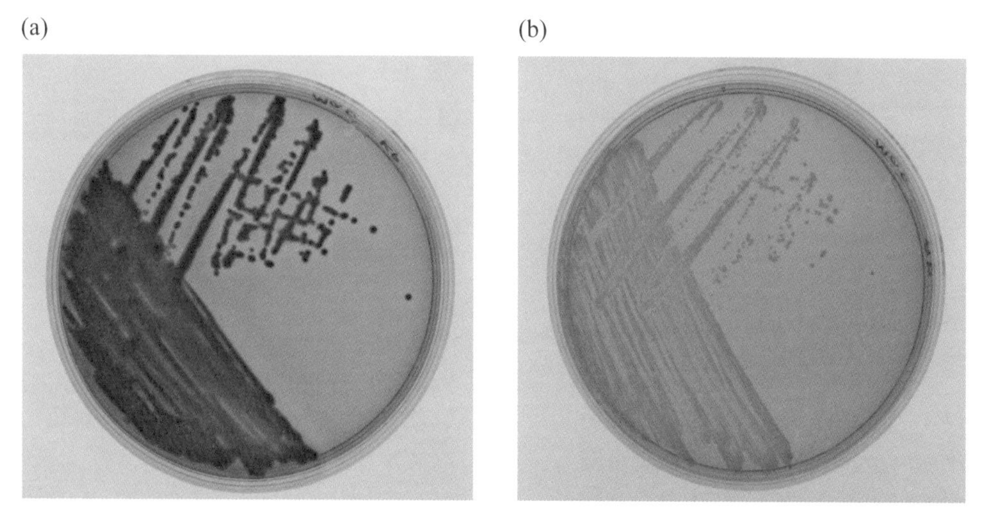

(a)　(b)

圖 12-1　腸內菌在 MacConKey 培養基呈現。(a) 會發酵乳醣呈現紅色與 (b) 不發酵乳醣呈現無色之結果。

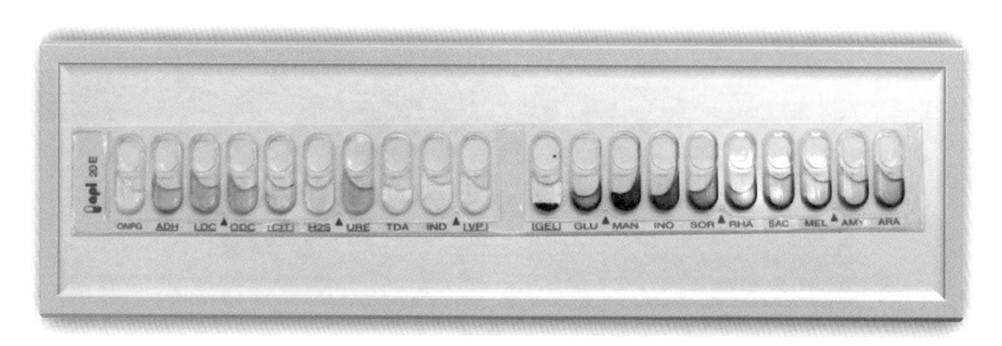

圖 12-3　商品化套組 API 20E（BioMérieux）鑑定系統。

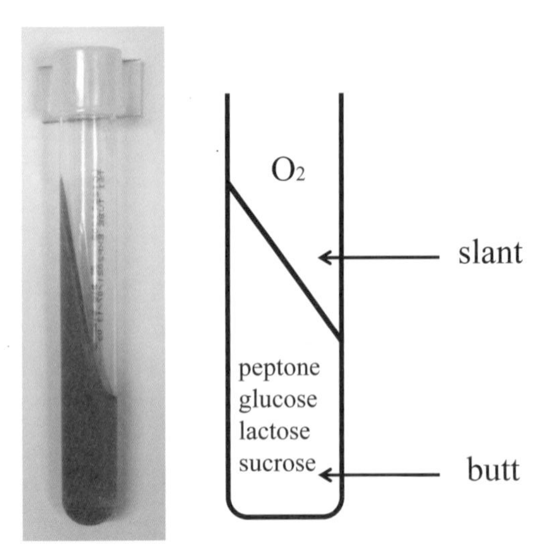

圖 12-4　TSIA 試管側面示意圖，slant：斜面，斜面上方是大氣，斜面下方是培養基。butt：試管底部。

圖 13-1　GNB 在 TSI 之反應。右側為 *P.aeruginosa* 呈 K/N 反應，斜面有金屬光澤；左側為葡萄糖醱酵菌呈 A/A 反應。

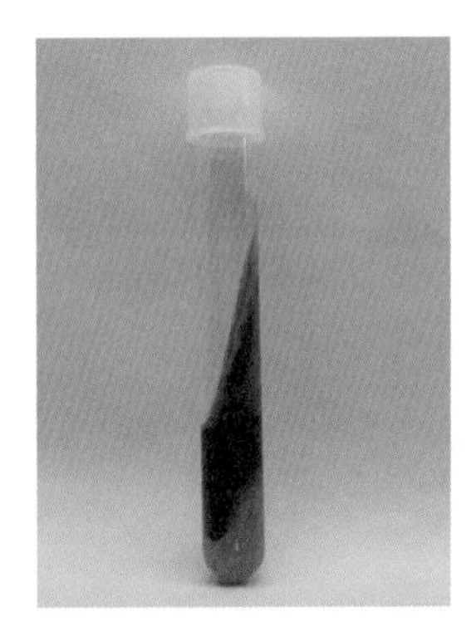

圖 13-2　*Shewanella putrefaciens* 在 TSI 呈 K/N 反應且產 H_2S。

A

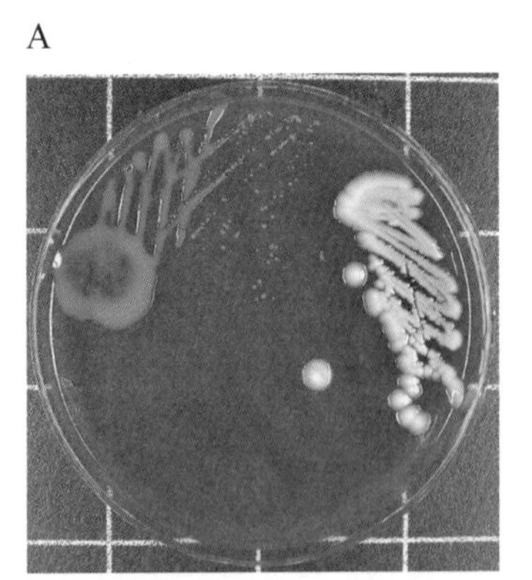

B

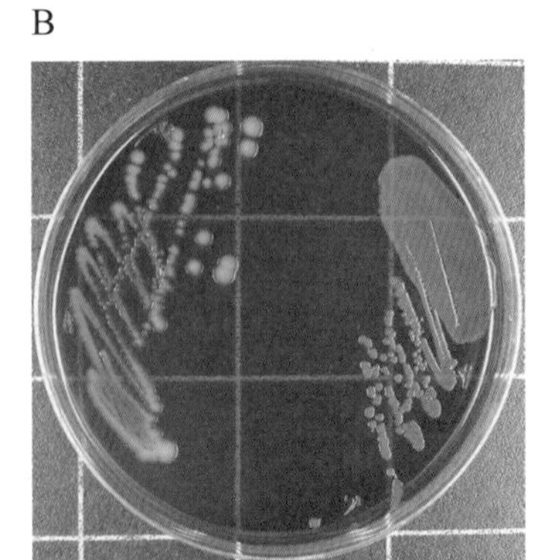

圖 13-3　A. *Acinetobacter baumannii*（右側大型白色菌落）及 *Roseomonas* sp.（左側粉紅色黏稠菌落）在 BAP 之菌落。B. 兩株 *Acinetobacter baumannii* 在 EMB 之菌落均呈粉紅色。

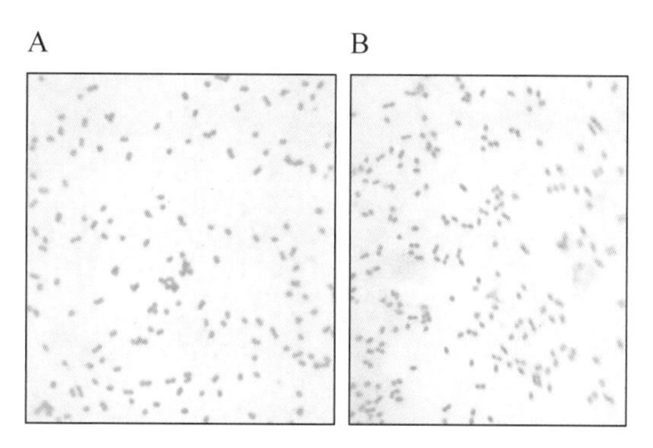

圖 13-4　A. *Acinetobacter baumannii* 及 B. *Roseomonas* sp. 之革蘭氏染色，均呈球桿狀或球狀或雙球菌形。

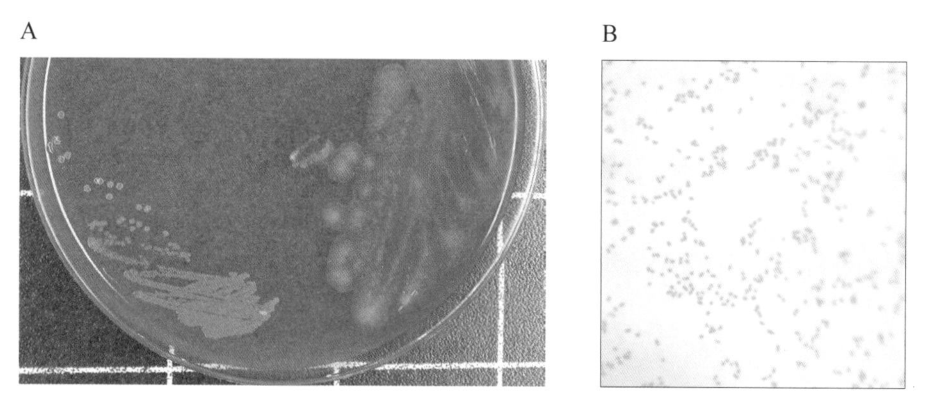

圖 13-5　A. *Alcaligenes faecalis* 及 *Pseudomonas oryzihabitans* 在 BAP 上之菌落特徵。*A. faecalis*（右）呈灰白扁平擴，*Pseudomonas oryzihabitans*（左）則為黃色乾皺較小之菌落。B. *Alcaligenes faecalis* 之革蘭氏染色，亦呈球桿狀或球狀或雙球菌形。

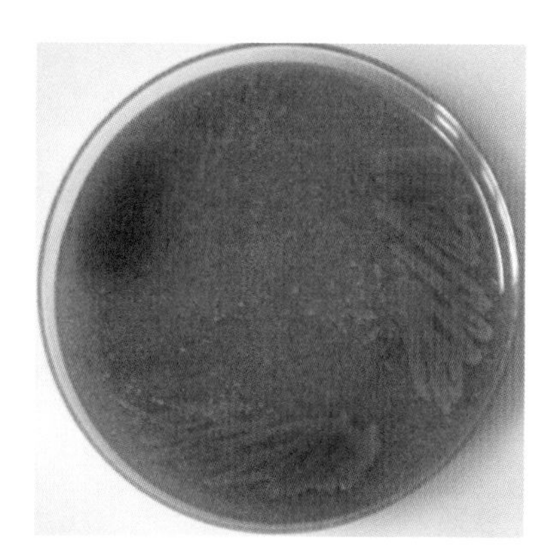

圖 13-6　*Burkholderia cepacia*（左上），*Elizabethkingia meningoseptica*（右）及 *Stenotrophomonas maltophilia*（下）在 BAP 上均呈淡黃色平滑圓形菌落。

A B

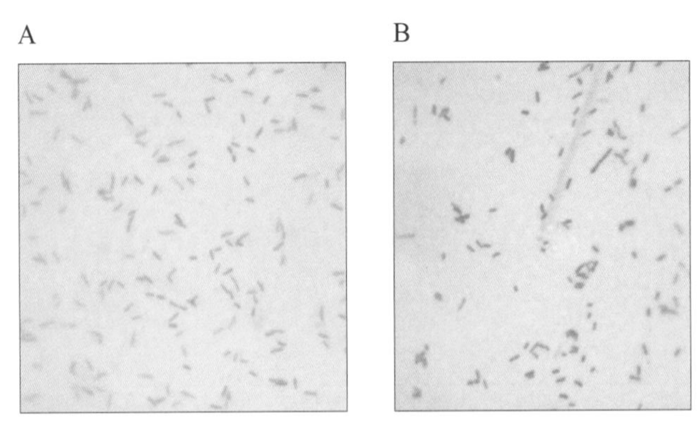

圖 13-7 A. *Burkholderia cepacia* 呈革蘭氏陰性桿狀；B. *Elizabethkiongia meningoseptica* 呈革蘭氏陰性桿狀，長短不一。

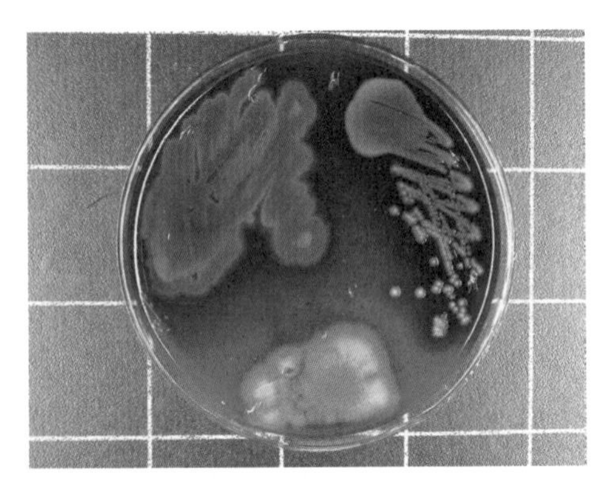

圖 13-8 三株 *Pseudomonas aeruginosa* 在 BAP 上均為大型扁平 β 溶血之菌落，但因產色素特性不同而有不同色澤。

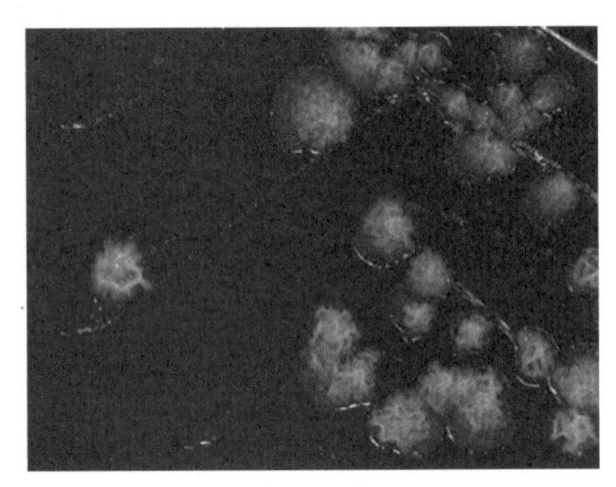

圖 13-9 *Pseudomonas stutzeri* 在 BAP 上之菌落，淺黃至棕色，乾皺，邊緣不規則，具黏附性。

A

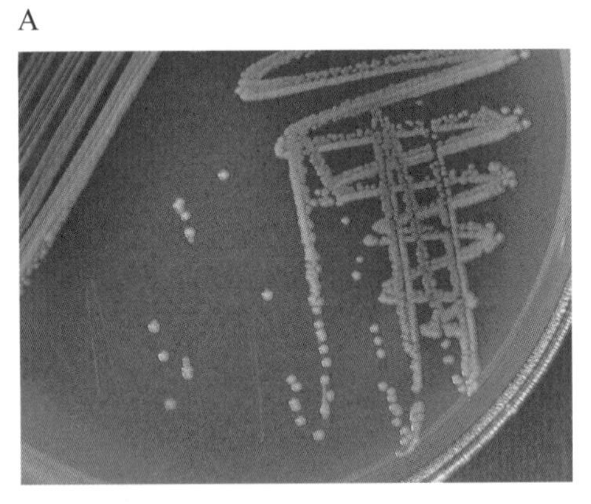

B

圖 13-10 A. *Ralstonia pickettii* 在 BAP 上之菌落，灰白至淺黃，平滑有光澤；B. *Ralstonia pickettii* 之革蘭氏染色特徵。

A

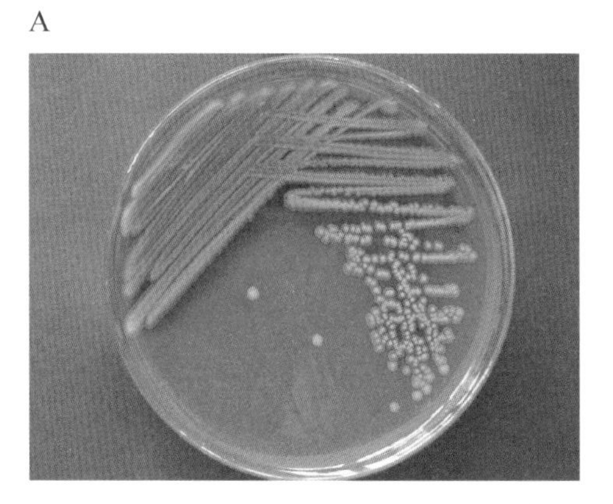

B

圖 13-11 A. *Shewanella putrefaciens* 在 BAP 上之菌落，灰棕色，平滑，底部培養基變綠；B. *Shewanella putrefaciens* 之革蘭氏染色特徵。

A

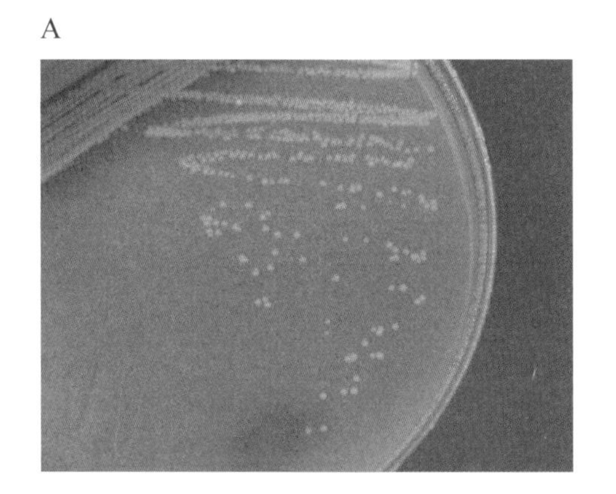

B

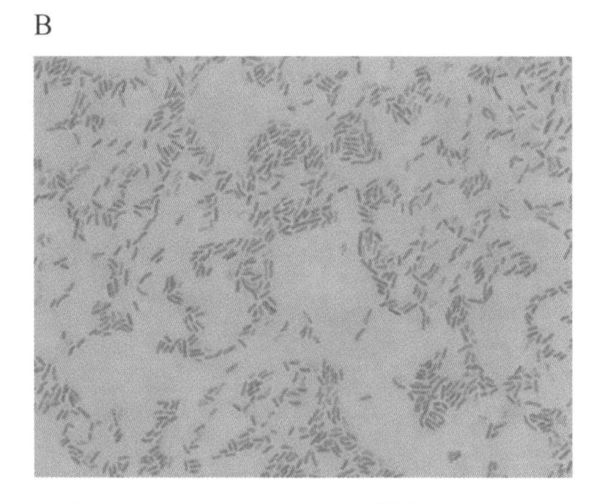

圖 13-12 A. *Stenotrophomonas maltophilia* 在 BAP 上之菌落，此菌株比圖 13-6 之菌株產生較黃之菌落。B. *Stenotrophomonas maltophilia* 之革蘭氏染色特徵。

A

B

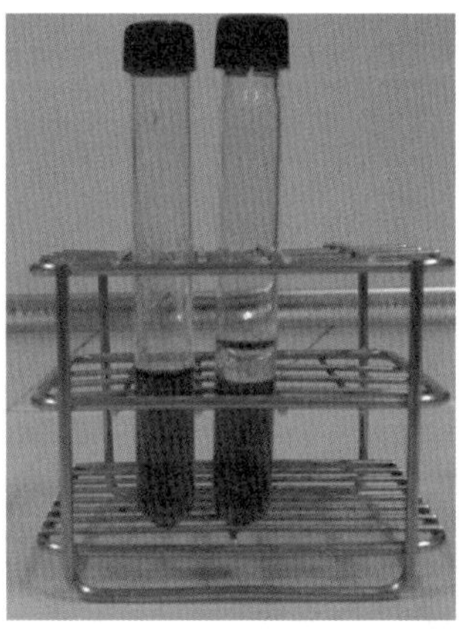

圖 13-13 A. 氧化性 GNF 在 OF/glucose 培養時，只在不加礦物油之培養管產酸；B. 無糖解力 GNF 在 OF/glucose 培養時，加或不加礦物油之培養管均不能產酸。

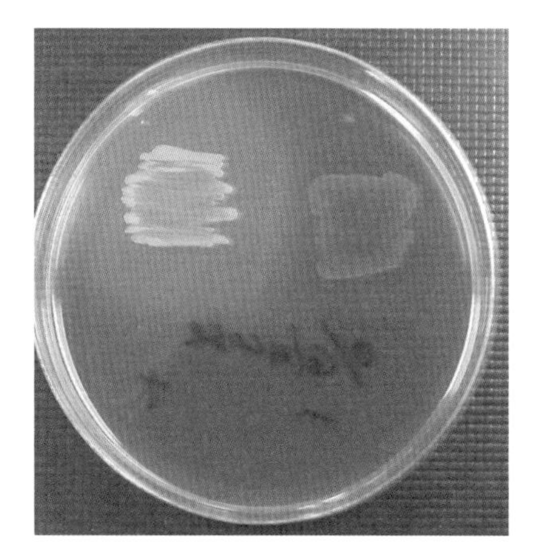

圖 13-14 GNF 在 O/glucose plate 培養時，會產酸者具氧化能力（左），不產酸者不具糖解能力（右）。

A

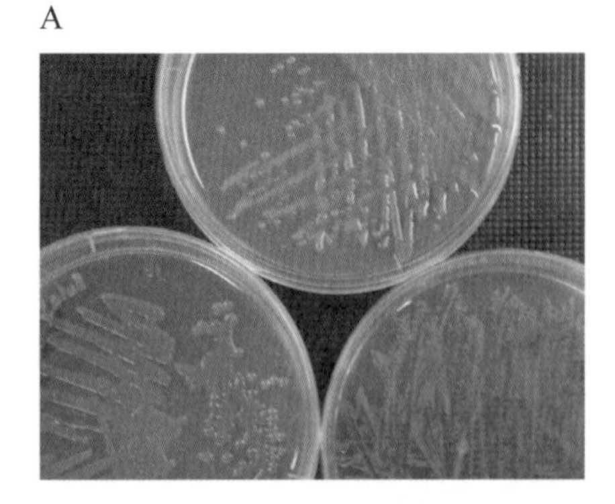

B

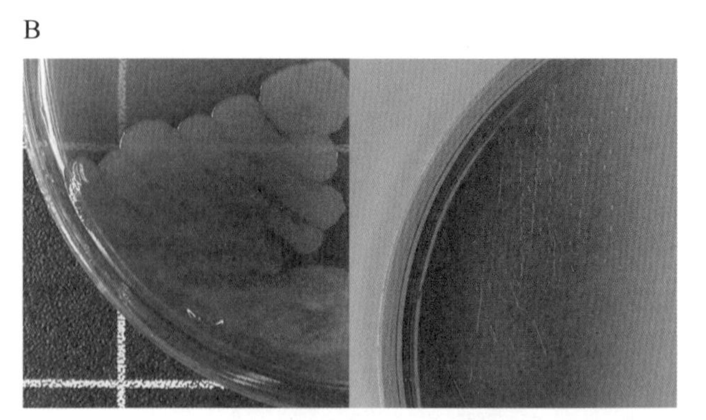

圖 13-15 A. *Roseomonas* sp.（上），*Chryseobacterium gleun*（左），*Pseudomonas oryzihabitans*（右）在 Mueller-Hinton agar 產生非水溶性色素，分別使菌落呈粉紅色、深橘黃色及深黃色；B. *Pseudomonas aeruginosa* 在 Mueller-Hinton agar 產生可溶性色素，使培養基變色。右菌株可產 pyomelanin，左菌株可產 pyocyanin。

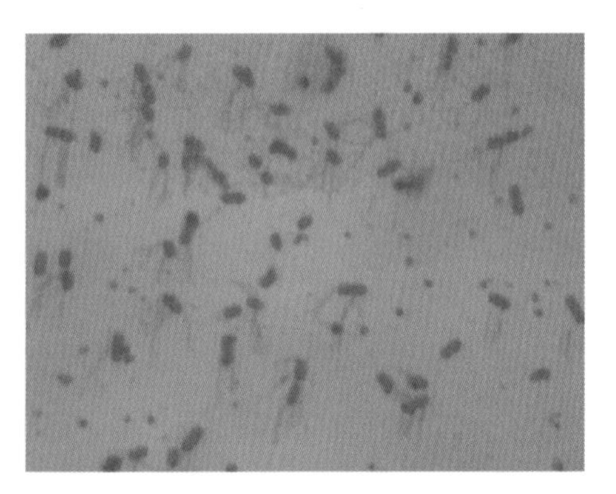

圖 13-16 周毛菌（*Alcaligenes faecalis*）以 Ryu stain 做鞭毛染色。

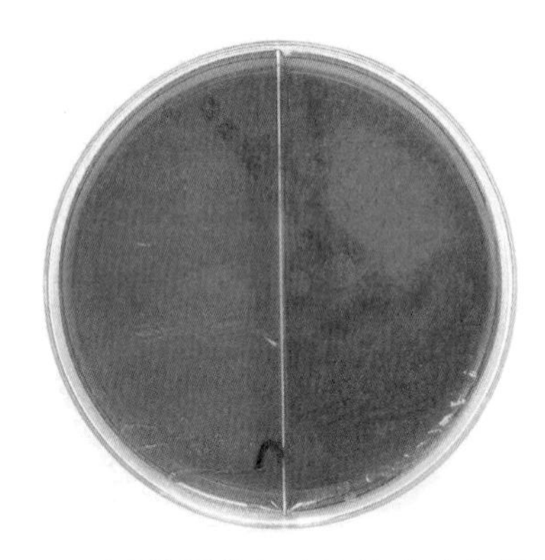

圖 14-1 霍亂弧菌在血液培養基上可以產生 β 型溶血現象。

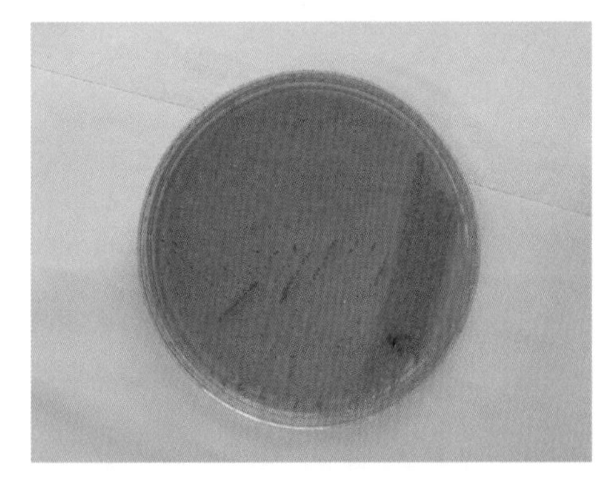

圖 14-2 霍亂弧菌檢體接種於區別性培養基 TCBS（thiosulfate citrate bile sucrose）上，可獲得平滑的黃色菌落產生。

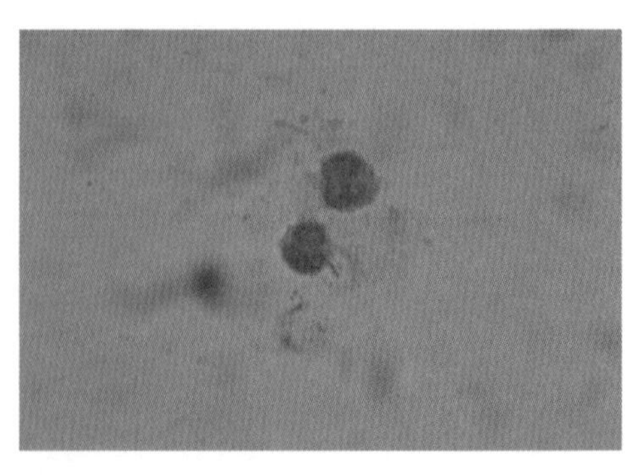

圖 15-1 檢體直接革蘭氏染色下 *H. influenzae* 的菌體型態，主要是小而規則的球桿菌。

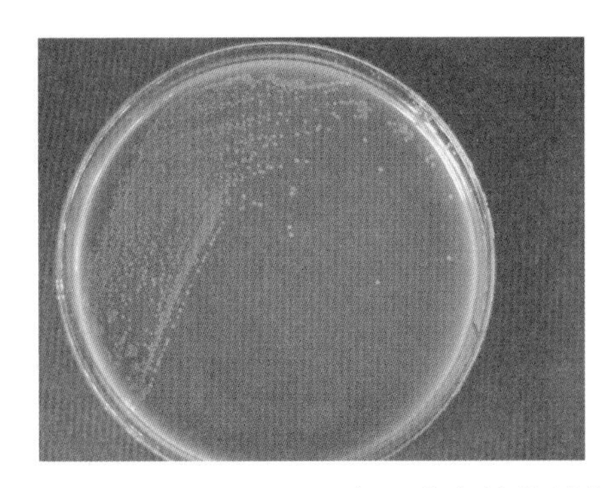

圖 15-2 *H. influenzae* 在巧克力培養基生長的，為半透明潮溼光滑凸狀之具有明顯的鼠臭味或像漂白水的味道。

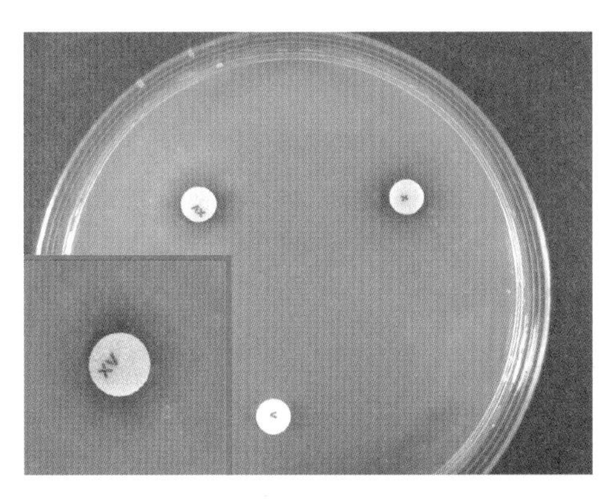

圖 15-3 X, V 因子紙錠試驗。圖中嗜血桿菌為依賴 X 因子的菌株，所以只能生長在 X 與 XV 紙錠四周，而無法生長在 V 紙錠四周。

A

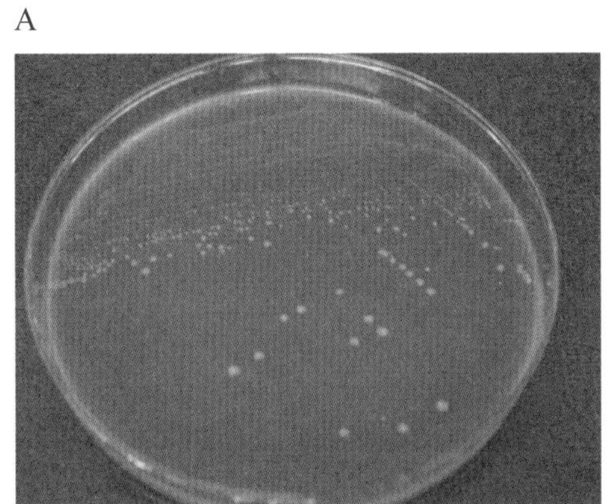

B

圖 15-4 A. *Eikenella corrodens* 菌落下陷到培養基中，故名腐蝕（*E. corrodens*）；B. 局部放大詳細照片，注意菌落邊緣下陷到瓊脂中。

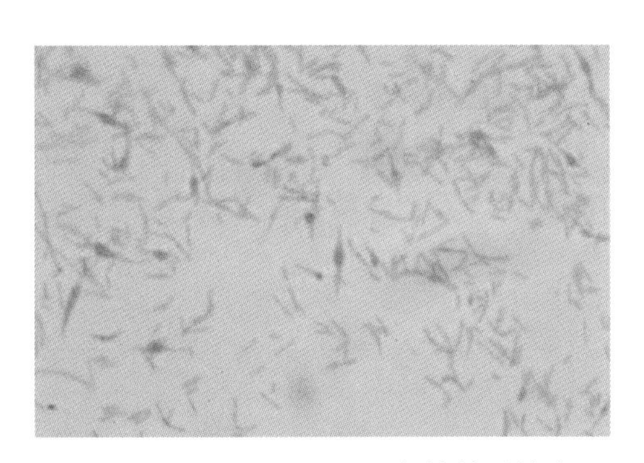

圖 15-5 *Capnocytophaga* 在革蘭氏染色下的菌體呈細而長的梭狀。

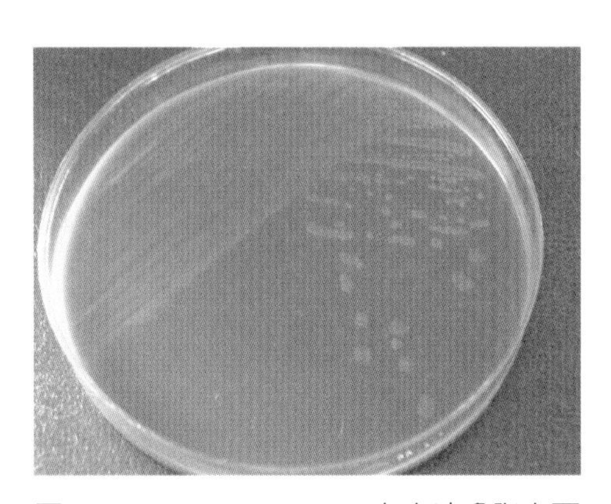

圖 15-6 *Capnocytophaga* 在血液瓊脂表面產生橘黃色色素，不具溶血特性的菌落。

A

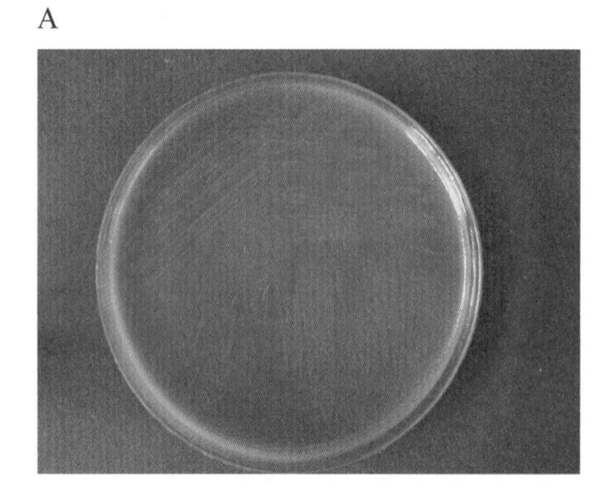

B

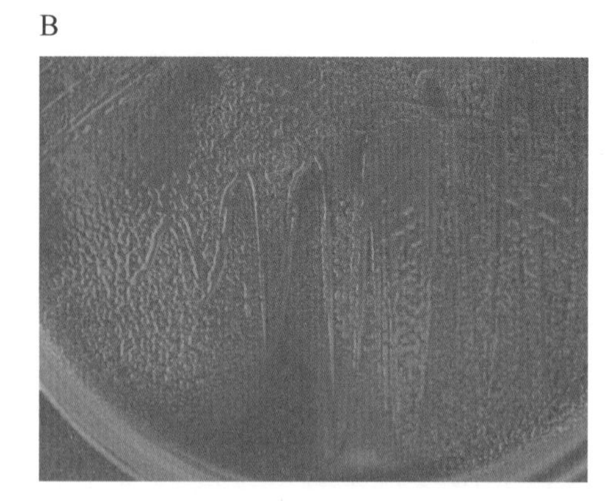

圖 15-7　A. *Capnocytophaga* 能在瓊脂表面呈現的滑行運動。B. 放大局部詳細照片，注意滑形運動形成的特徵。

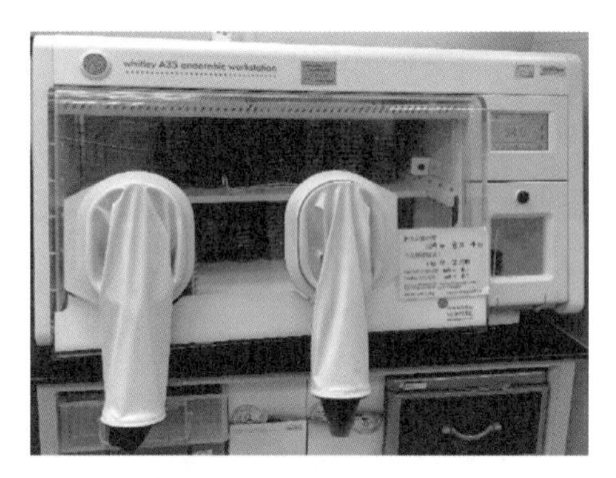

圖 16-1　厭氧操作台。

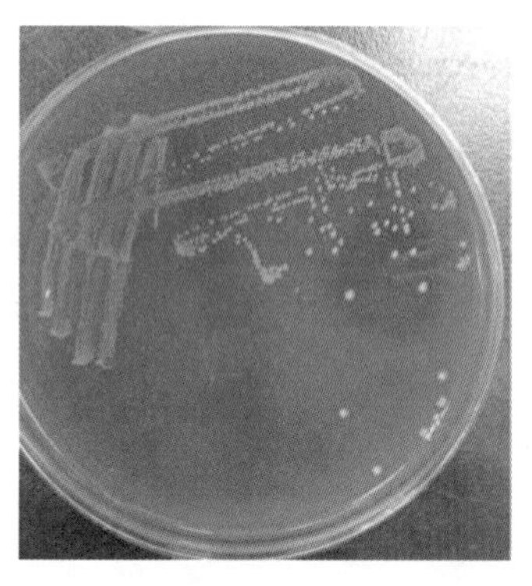

圖 16-2　*Peptostreptococcus anaerobius* 於 CDC blood agar 之菌落。

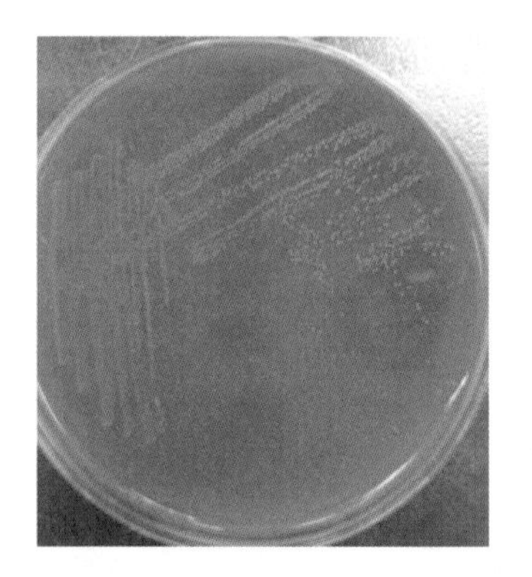

圖 16-3　*Peptoniphilus asaccharolyticus* 於 CDC blood agar 之菌落。

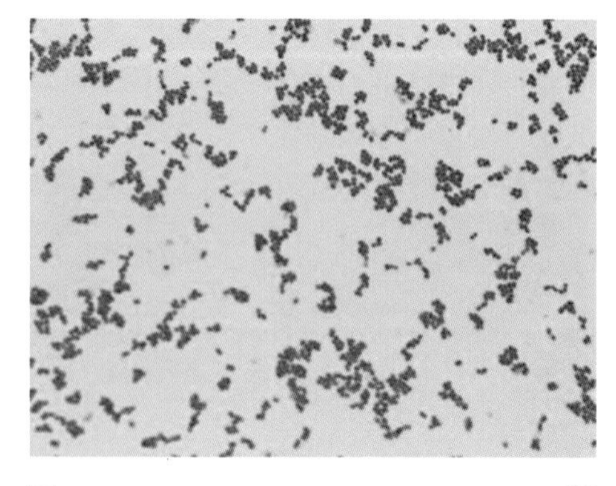

圖 16-4　*Peptostreptococcus anaerobius* 革蘭染色形態。

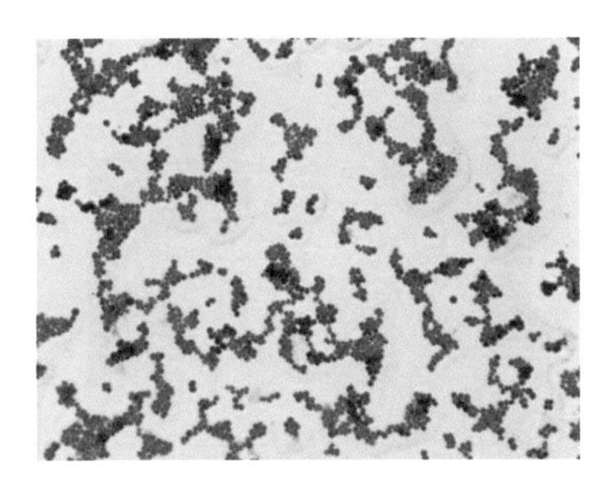

圖 16-5　*Peptoniphilus asaccharolyticus* 革蘭染色形態。

圖 16-6　*Actinomyces* 的菌落形態，培養初期為蜘蛛狀。

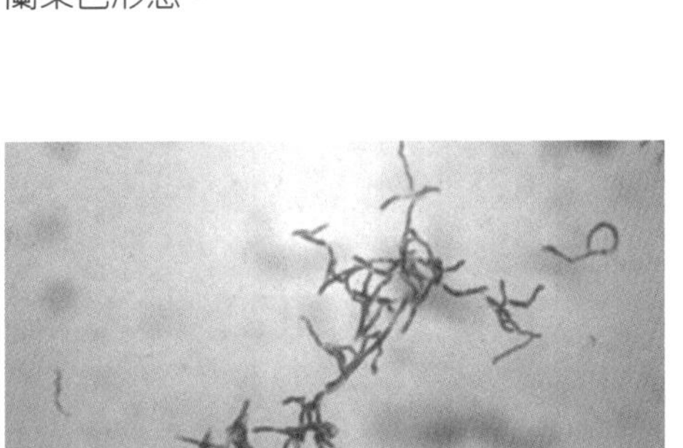

圖 16-7　*Actinomyces* 的染色形態為直或彎曲之桿菌，呈分枝狀。

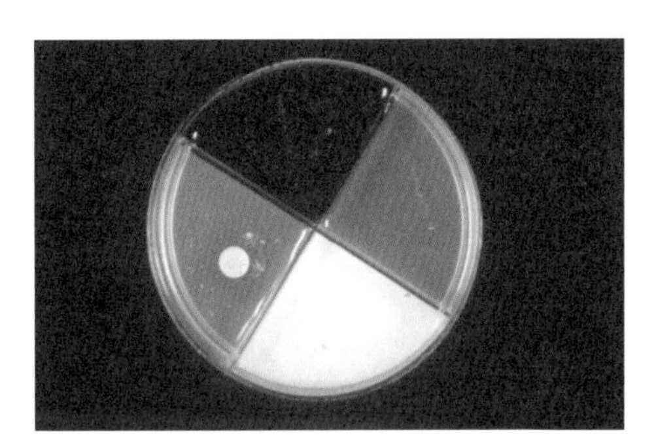

圖 16-8　*Actinomyces israelii* 水解 esculin 使培養基變黑。

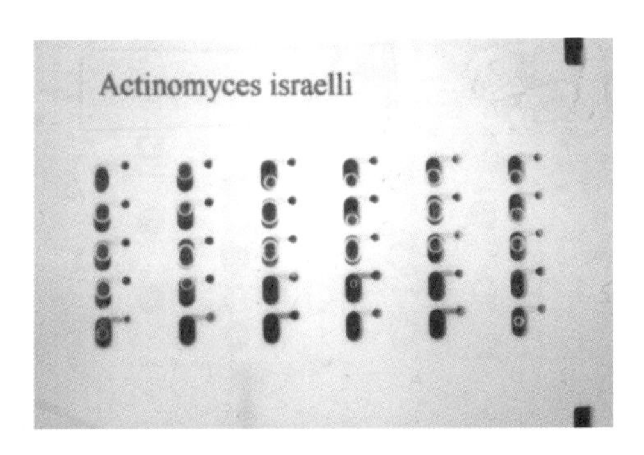

圖 16-9　*Actinomyces israelii* 在 Vitek card 之反應。

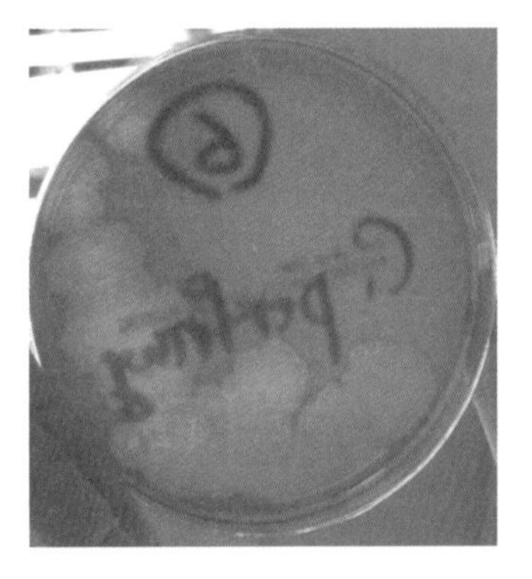

圖 16-10　*C. perfringens* 雙圈溶血菌落。

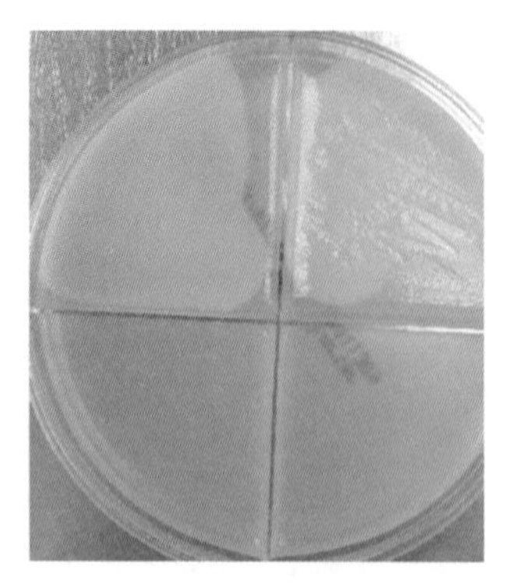

圖 16-11　*C. perfringens* 具 lecithinase 活性（四分盤之上半部）。

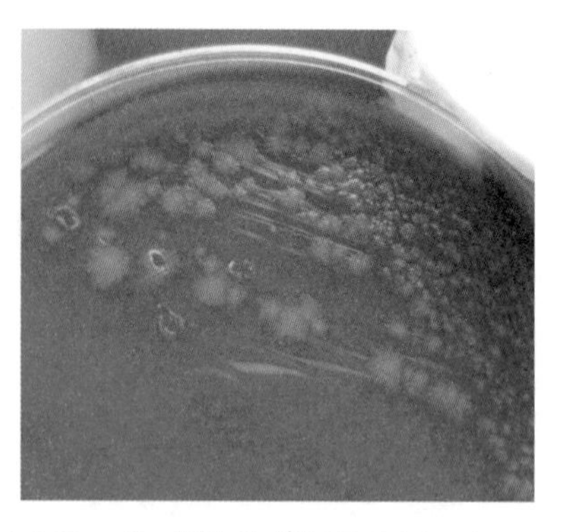

圖 16-12　*C. difficile* 在 CDC blood agar 之菌落形態。

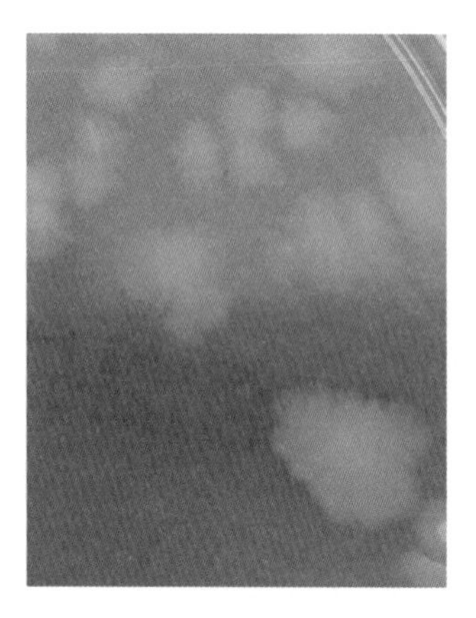

圖 16-13　*C. difficile* 在 CHROMagar ™ C. difficile 培養基之菌落形態。

圖 16-14　*C. difficile* 在 CHROMagar ™ C. difficile 培養基以 UV 光照射下可見螢光（左邊，右邊為陰性對照組）。

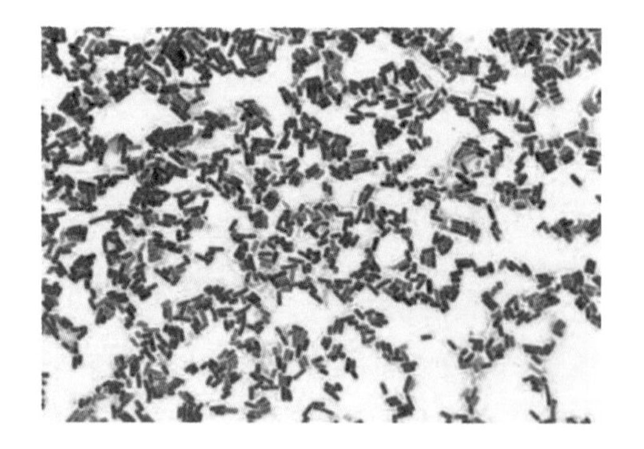

圖 16-15　*C. perfringens* 如貨櫃形狀菌體。

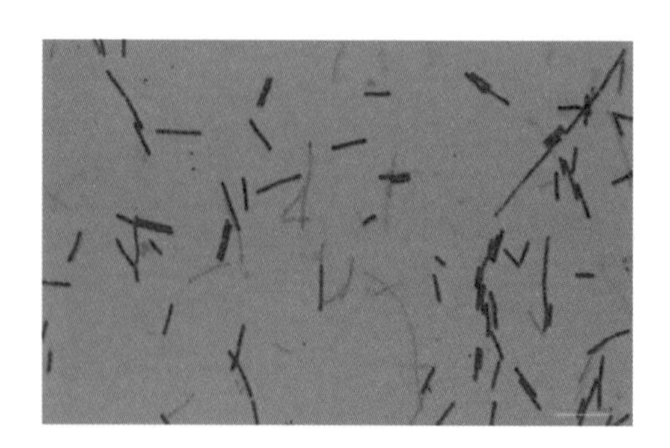

圖 16-16　*C. difficile* 革蘭染色形態。

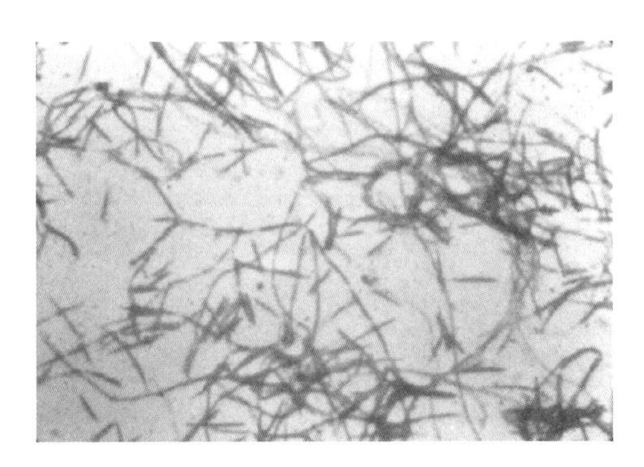

圖 17-1　*F. nucleatum* 之菌體形態。

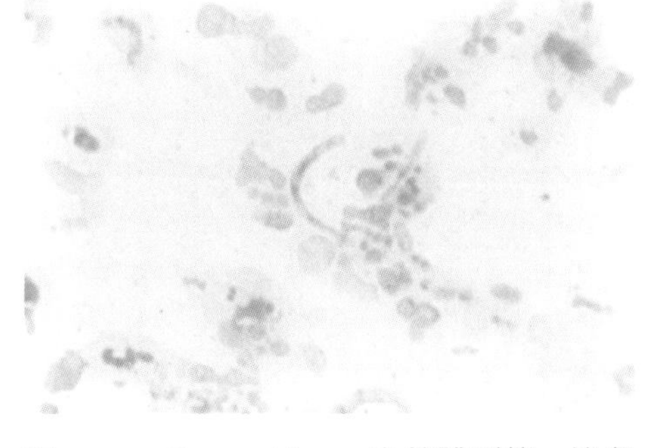

圖 17-2　*F. mortiferum* 之菌體形態，染色不規則且具有 round bodies（菌體中間膨大處）。

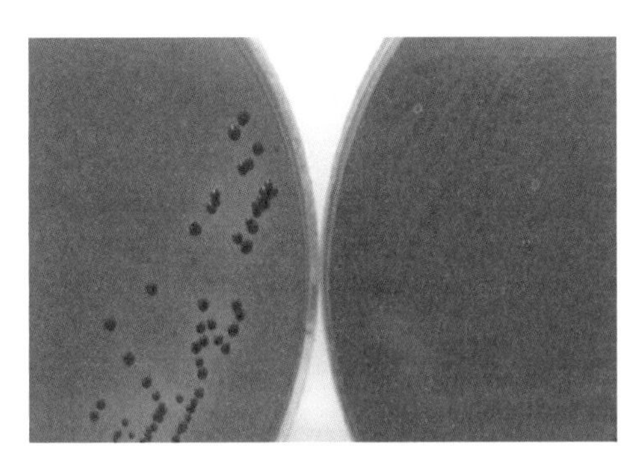

圖 17-3　Pigmented *Prevotella* 會產生棕黑色素。左、右分別為培養六天及兩天之培養盤。

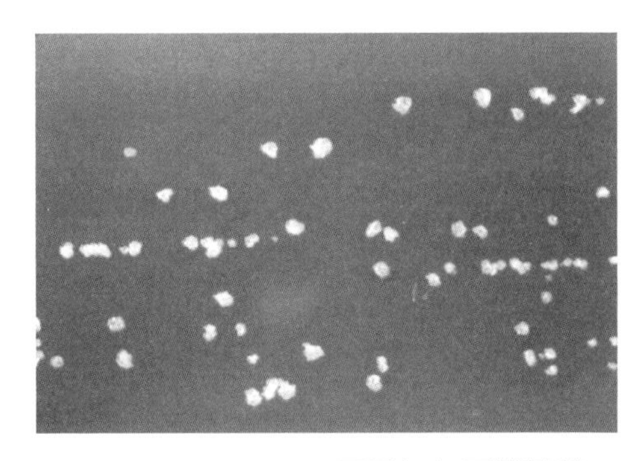

圖 17-4　*F. nucleatum* 可見麵包屑狀菌落。

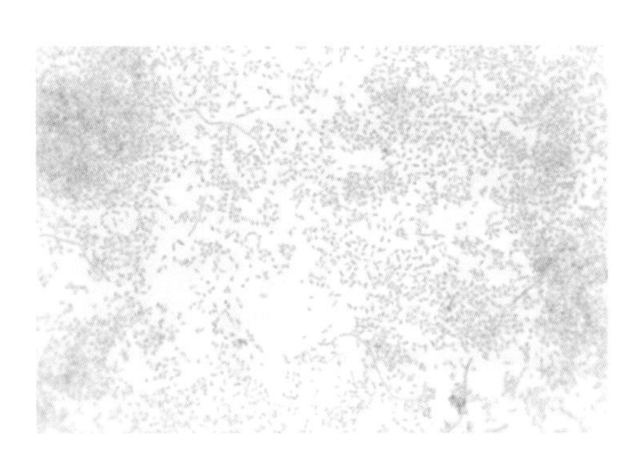

圖 17-6　*Bacteroides thetaiotamicron* 之菌體形態。

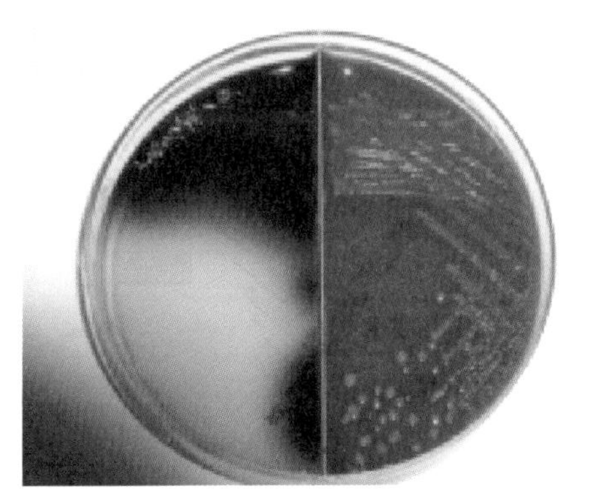

圖 17-7　*B. fragilis* group 在 KVLB/BBE 之生長，左半 BBE agar 呈黑色。

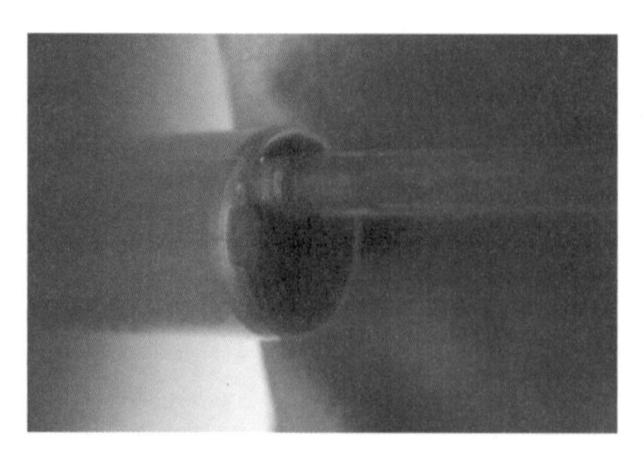

圖 17-8　針筒含 *Prevotella melaninogenica* 之 abscess 在 365 nm 下呈現紅色螢光。

圖 17-9　革蘭陰性球菌 *Veillonella* 之菌體形態。

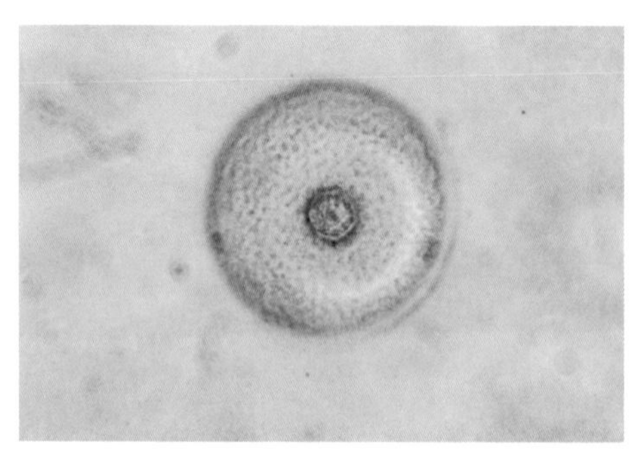

圖 19-1　*M. fermentans* 生長在 SP-4 固態培養基之單一菌落，典型荷包蛋形態。（Dr. Shyh-Ching Lo, AFIP, Washington DC USA 所提供）。

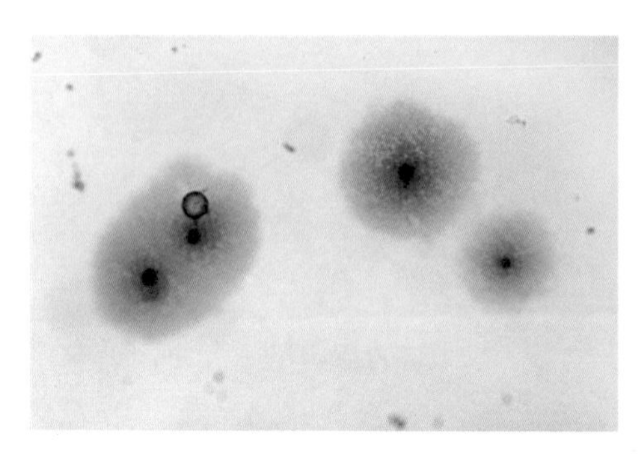

圖 19-2　從 AIDS 病人尿液檢體以 SP-4 固態培養基分離之 *M. pentrans* 菌落，經 Diene's stain 菌落形態。（Dr. Shyh-Ching Lo, AFIP, Washington DC USA 所提供）。

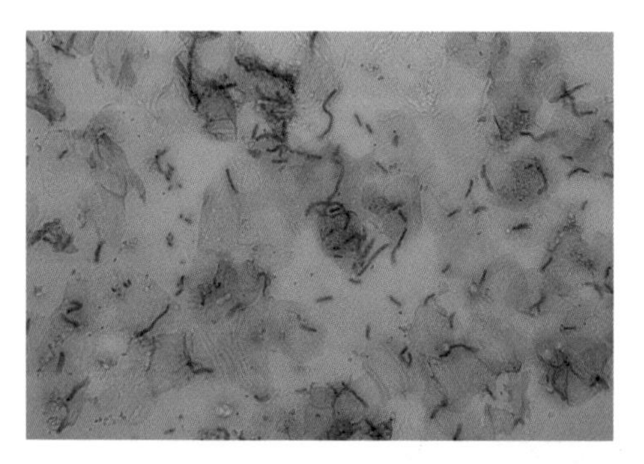

圖 21-4　汗斑鏡檢，派克墨水染色。

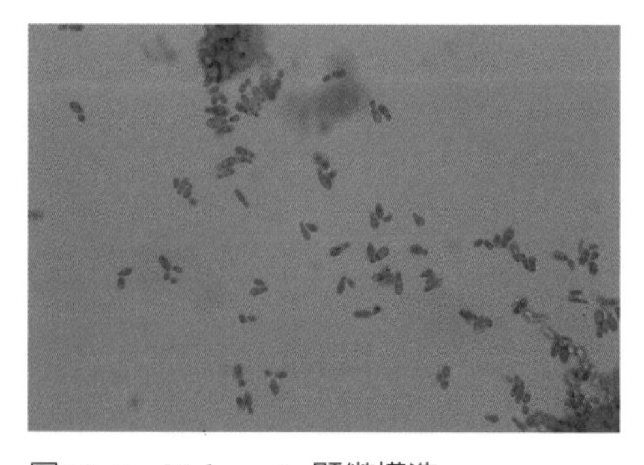

圖 21-5　*Malassezia* 顯微構造。

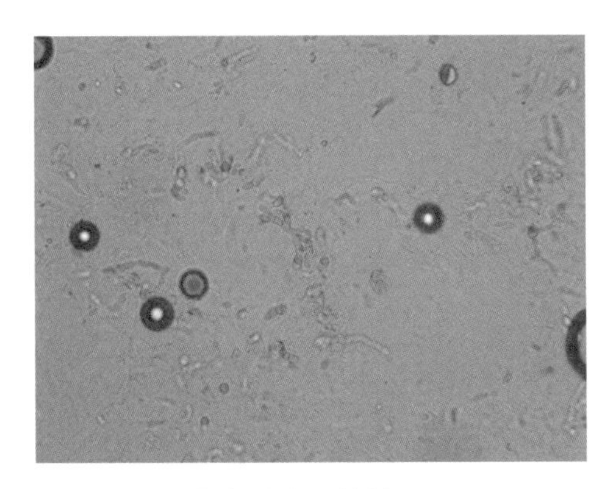

圖 21-6　黑癬病灶皮屑鏡檢。

圖 21-7　*Hortaea werneckii* 菌落。

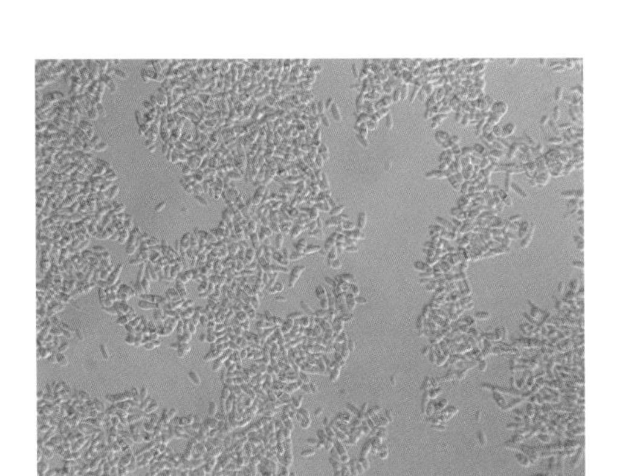

圖 21-8　*Hortaea werneckii* 顯微構造。

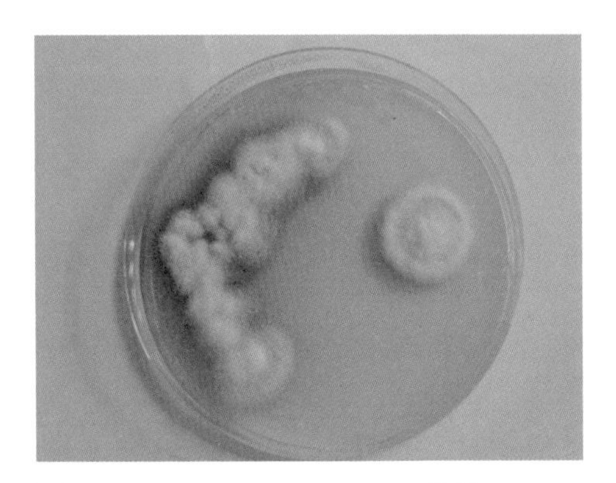

圖 21-9　*Trichophyton rubrum* 菌落。

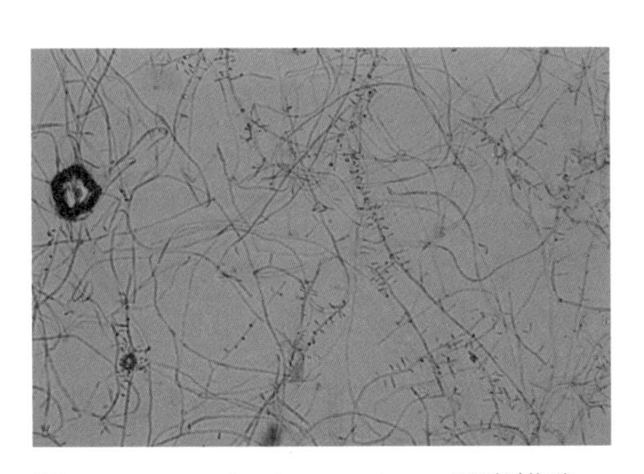

圖 21-10　*Trichophyton rubrum* 顯微構造。

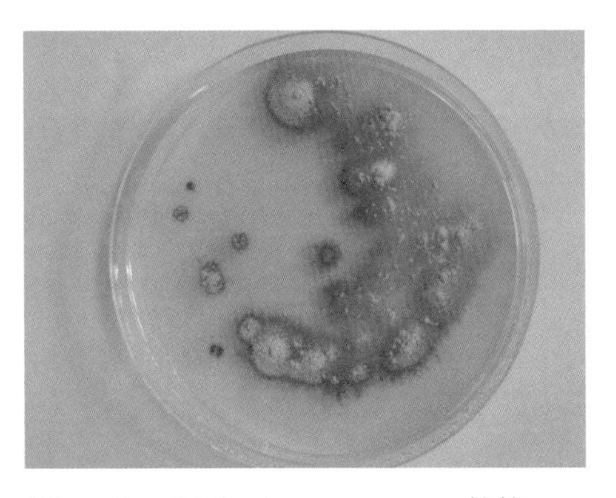

圖 21-11　*Trichophyton tonsurans* 菌落。

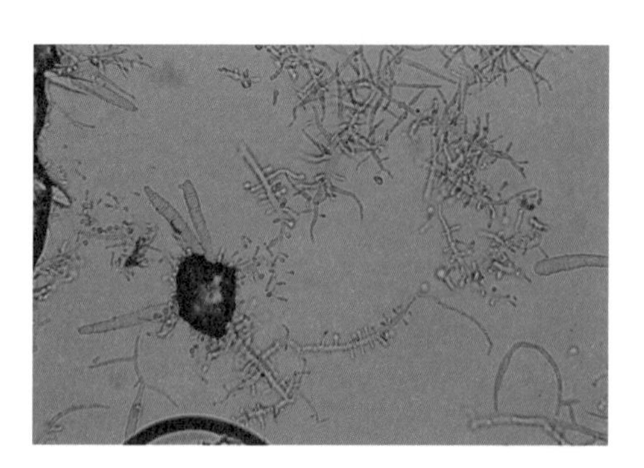

圖 21-12 *Trichophyton tonsurans* 顯微構造。

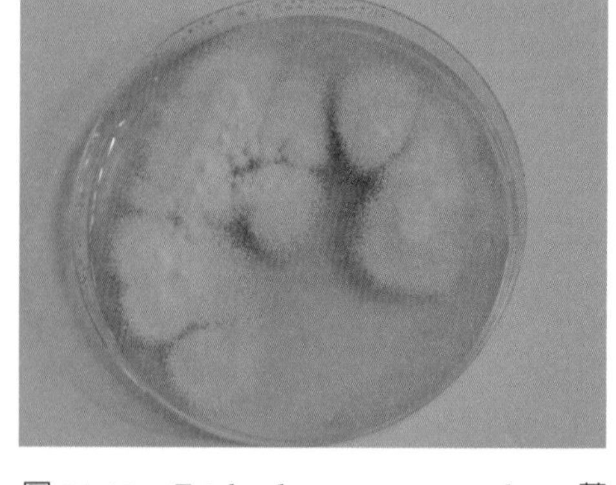

圖 21-13 *Trichophyton mentagrophytes* 菌落。

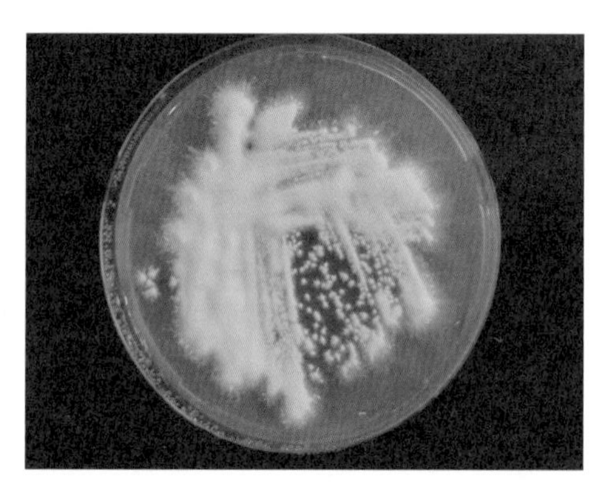

圖 21-14 *Trichophyton interdigitale* 菌落。

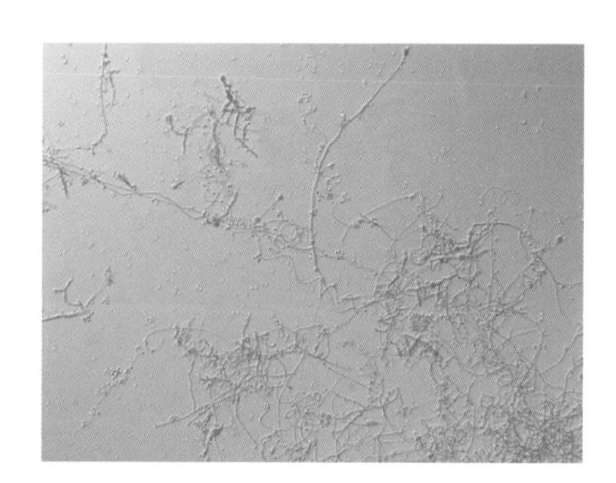

圖 21-15 *Trichophyton interdigitale* 顯微構造。

圖 21-16 *Trichophyton erinacei* 菌落正面。

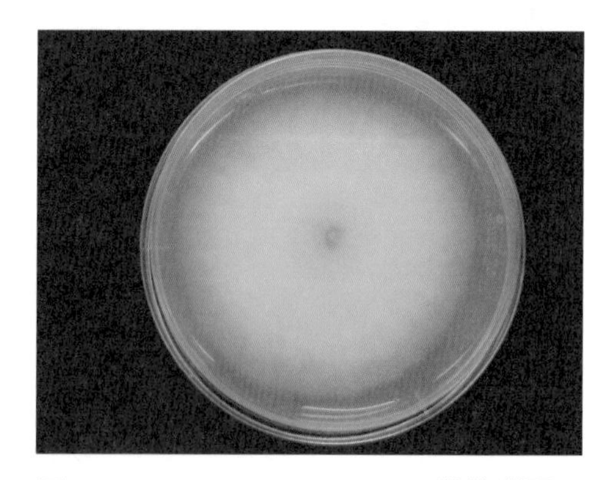

圖 21-17 *Trichophyton erinacei* 菌落背面。

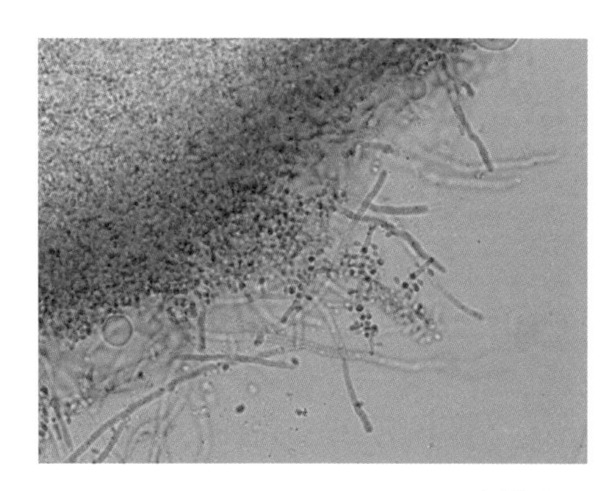

圖 21-18 *Trichophyton erinacei* 顯微構造。

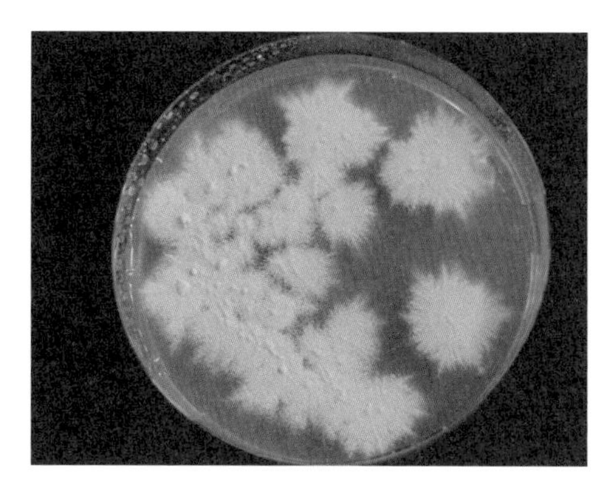

圖 21-19 *Trichophyton benhamiae* 菌落正面。

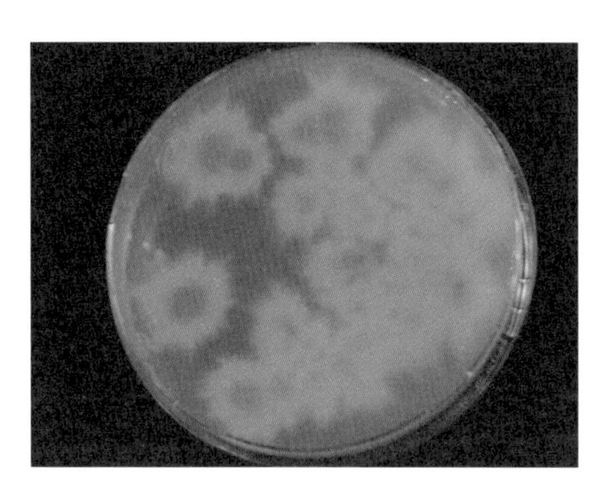

圖 21-20 *Trichophyton benhamiae* 菌落背面。

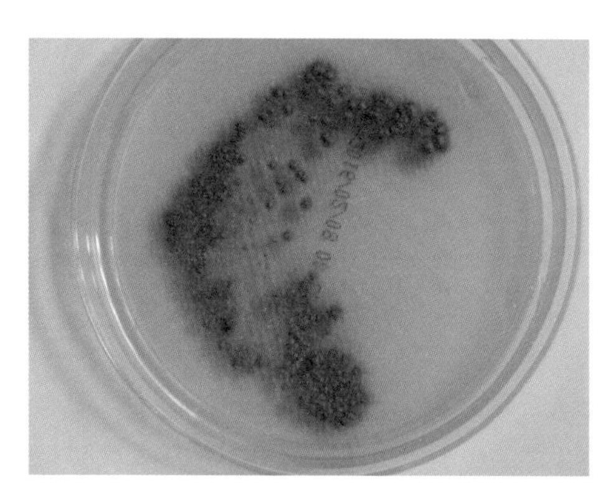

圖 21-21 *Trichophyton violaceum* 菌落。

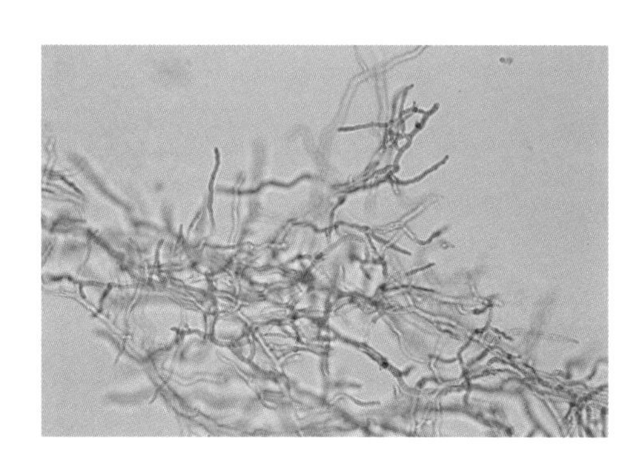

圖 21-22 *Trichophyton violaceum* 顯微構造。

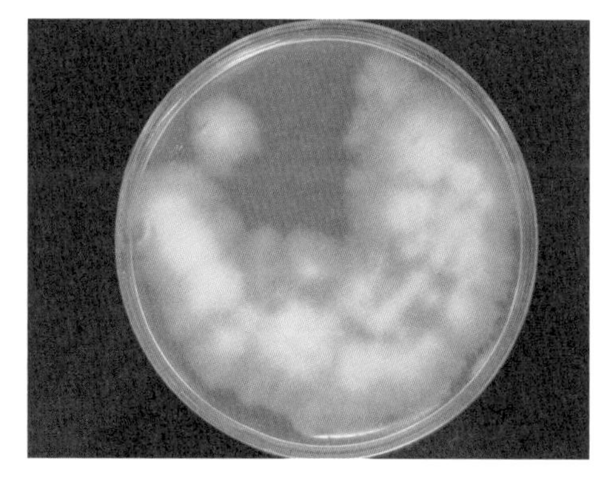

圖 21-23 *Microsporum canis* 菌落。

圖 21-24 *Microsporum canis* 顯微構造。

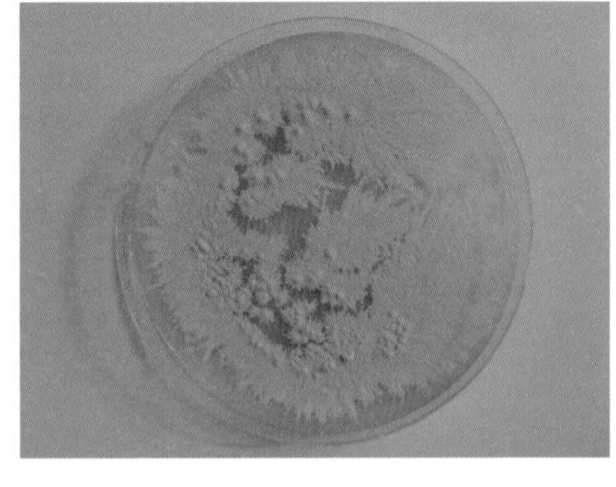

圖 21-25 *Nannizzia gypsea* (=*Microsporum gypseum*) 菌落。

圖 21-26 *Nannizzia gypsea* (=*Microsporum gypseum*) 顯微構造。

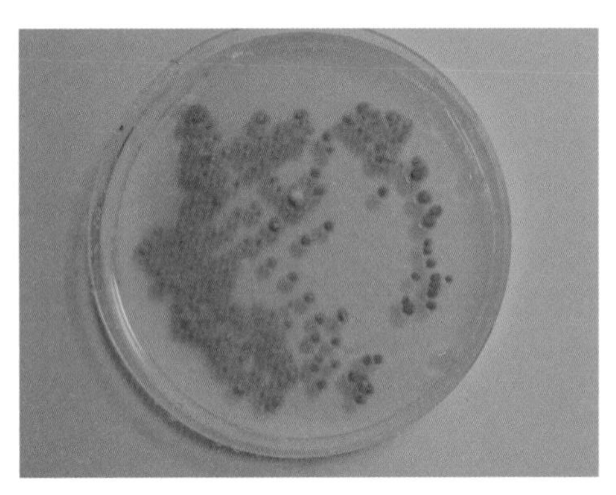

圖 21-27 *Microsporum ferrugineum* 菌落。

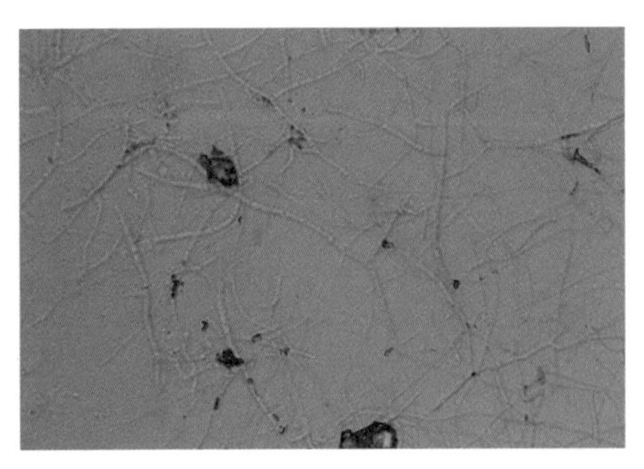

圖 21-28 *Microsporum ferrugineum* 顯微構造。

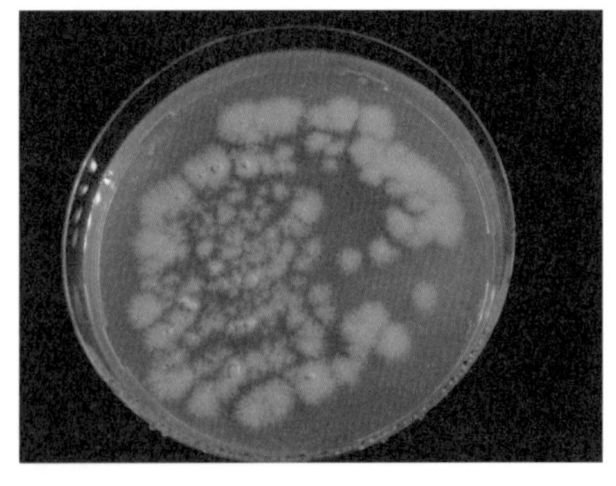

圖 21-29 *Epidermophyton floccosum* 菌落。

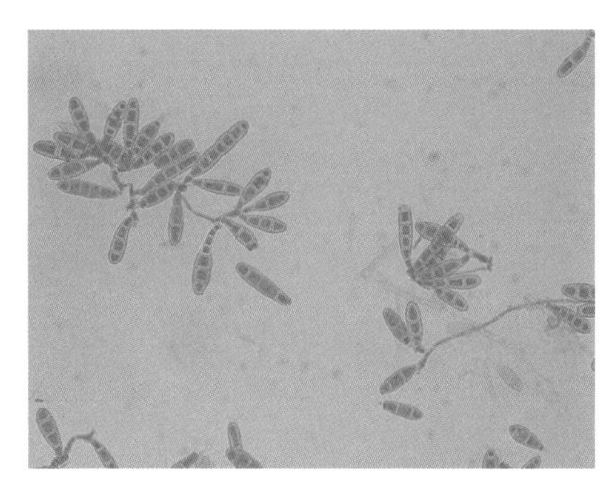

圖 21-30　*Epidermophyton floccosum* 顯微構造。

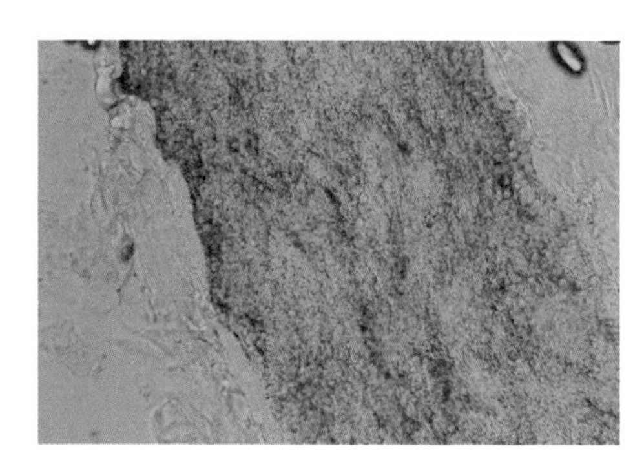

圖 21-31　頭癬，髮幹內（endothrix）感染。

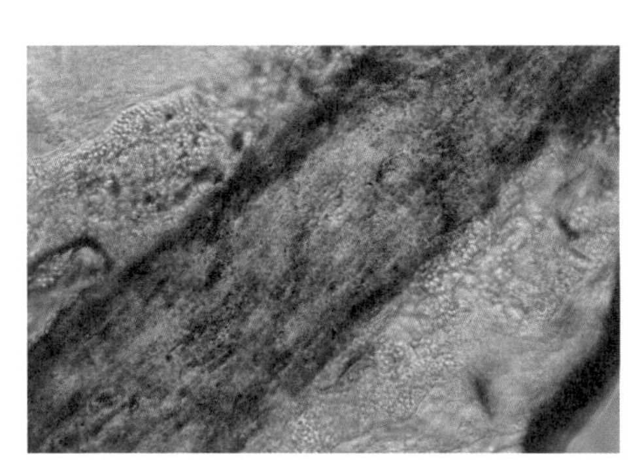

圖 21-32　頭癬，髮幹外（ectothrix）感染。

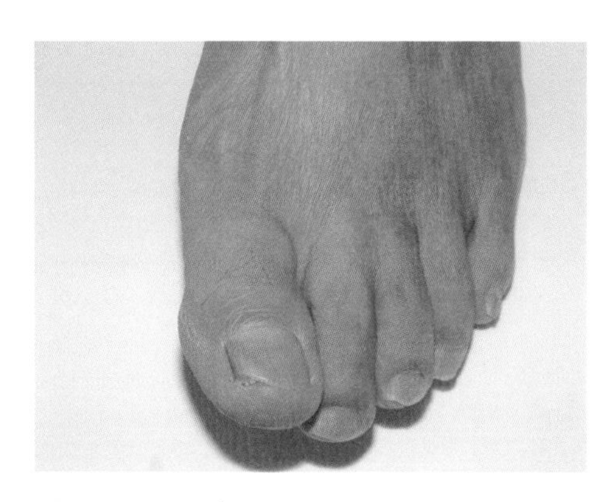

圖 21-33　甲癬。

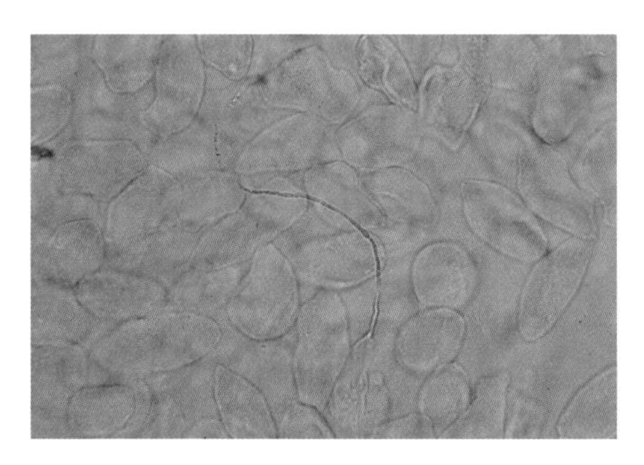

圖 21-34　甲癬碎屑鏡檢，可見透明有隔膜的菌絲。

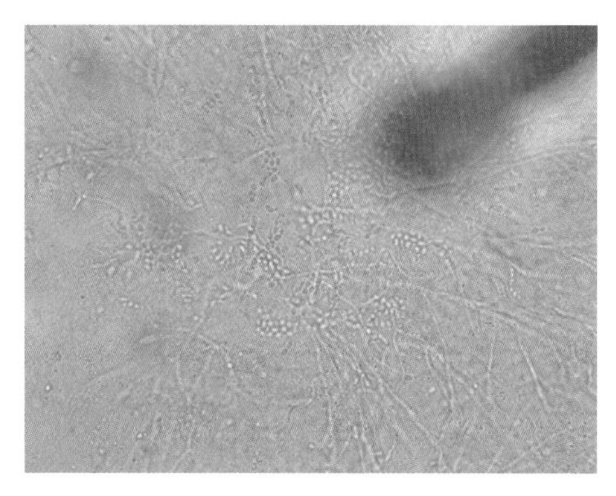

圖 21-35　念珠菌感染鏡檢，可見單細胞酵母菌及假菌絲。

圖 21-36　皮屑芽孢菌毛囊炎鏡檢，派克墨水染色。

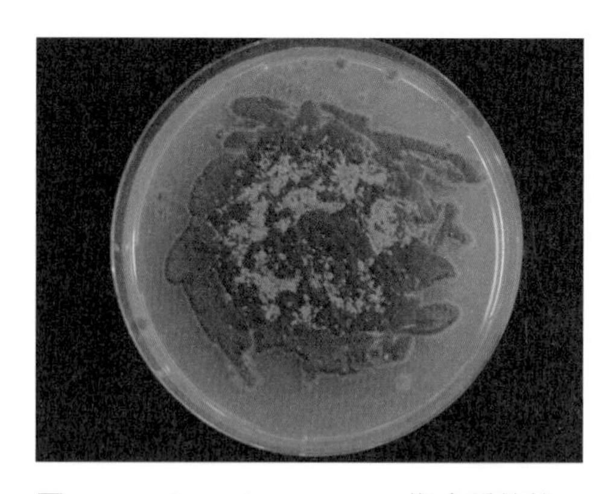

圖21-37　*Sporothrix schenckii* 複合種菌落。

圖 21-38　*Sporothrix schenckii* 顯微構造。

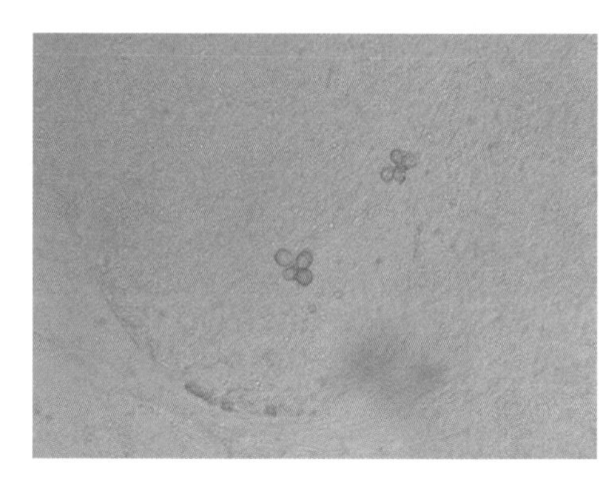

圖 21-39　著色芽生菌症皮屑鏡檢，可見褐色的硬化體（sclerotic bodies）。

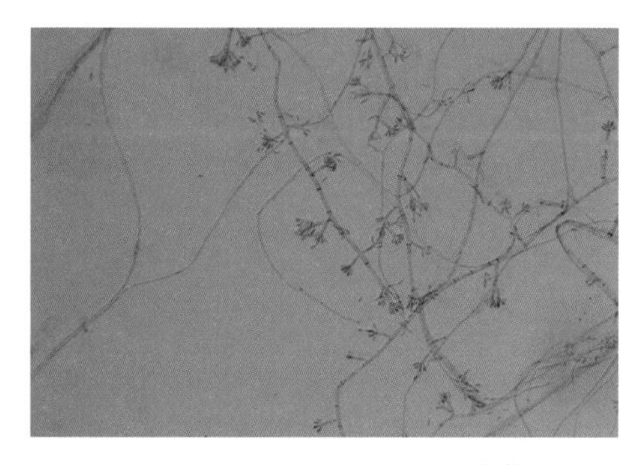

圖 21-40　*Fonsecaea pedrosoi* 顯微構造。

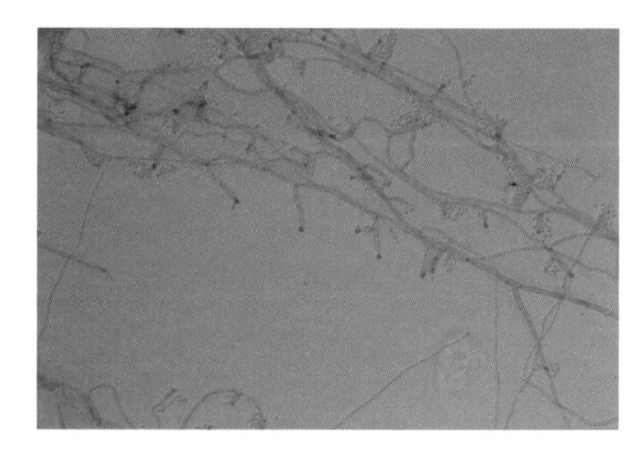

圖 21-41　*Phialophora verrucosa* 顯微構造。

圖 21-42 *Exophiala jeanselmei* 菌落。

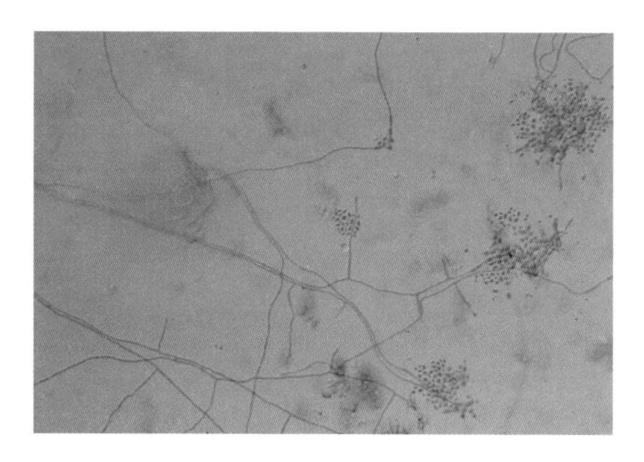

圖 21-43 *Exophiala jeanselmei* 顯微構造。

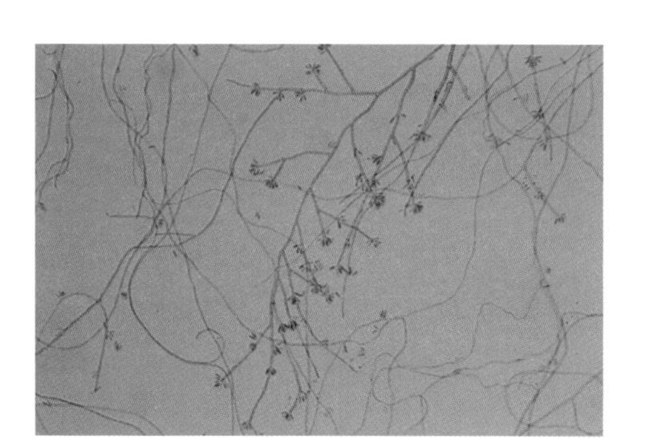

圖 21-44 *Rhinocladiella* 顯微構造。

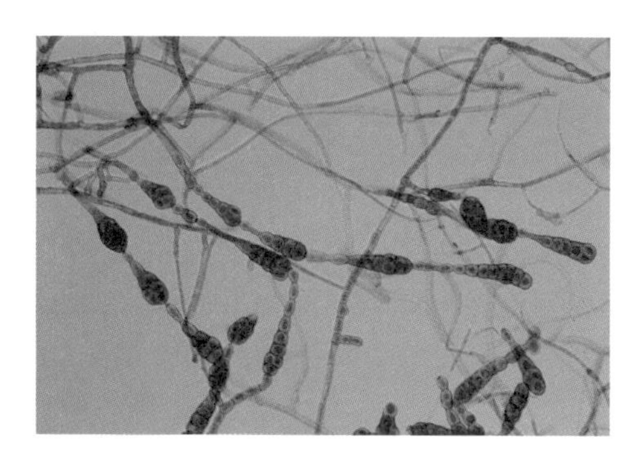

圖 21-45 *Alternaria* 顯微構造。

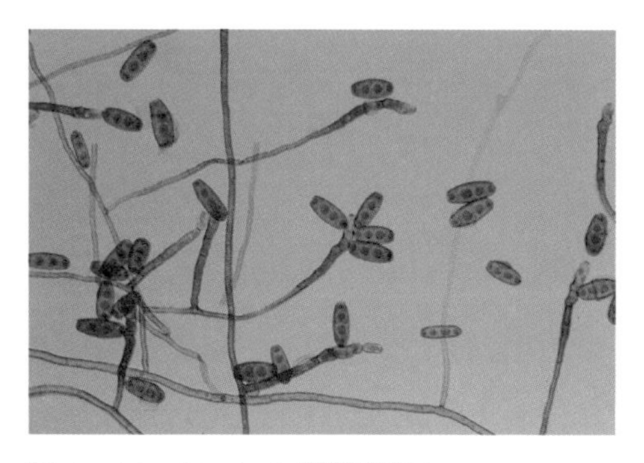

圖 21-46 *Bipolaris* 顯微構造。

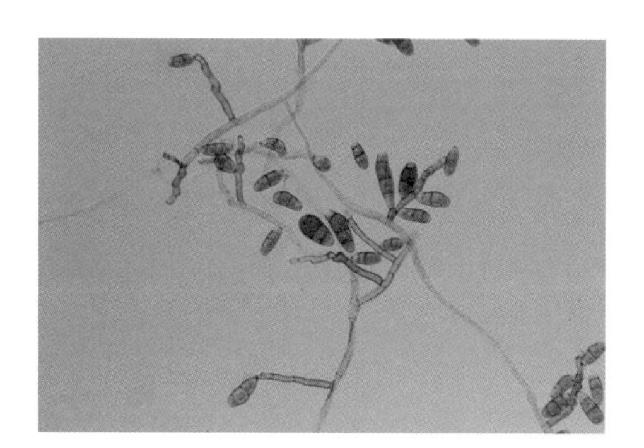

圖 21-47 *Curvularia* 顯微構造。

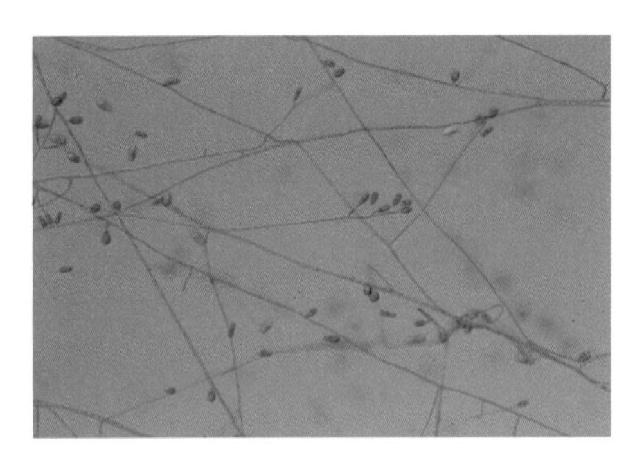

圖 21-48　*Scedosporium apiospermum* 顯微構造。

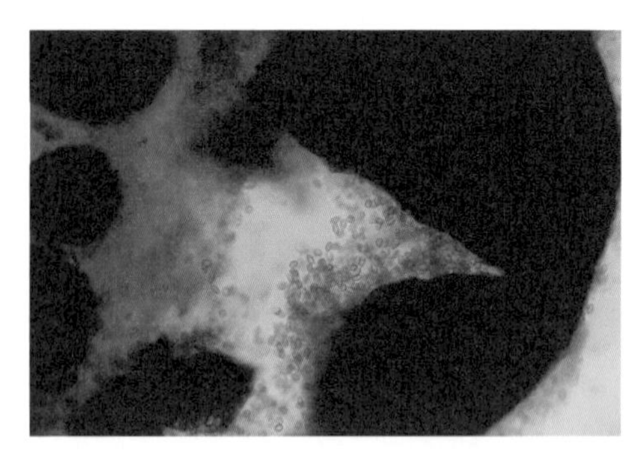

圖 21-49　*Scedosporium boydii* (=*Pseudallescheria boydii*) 顯微構造。

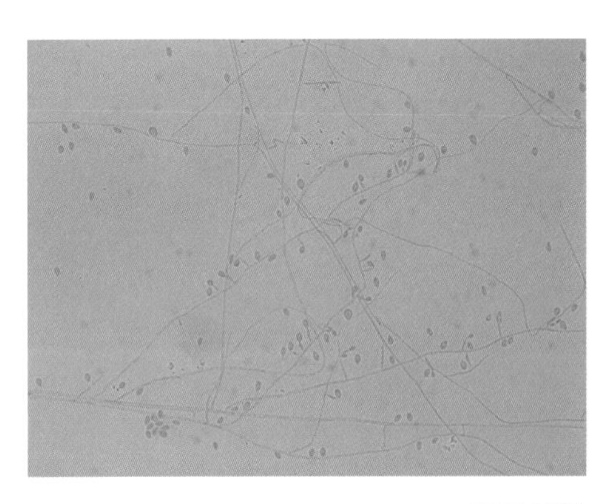

圖21-50　*Lomentospora prolificans* 顯微構造。

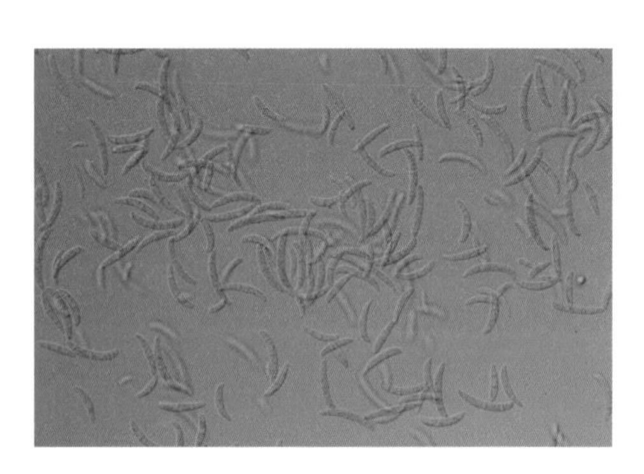

圖 21-51　*Fusaruim* 顯微構造。

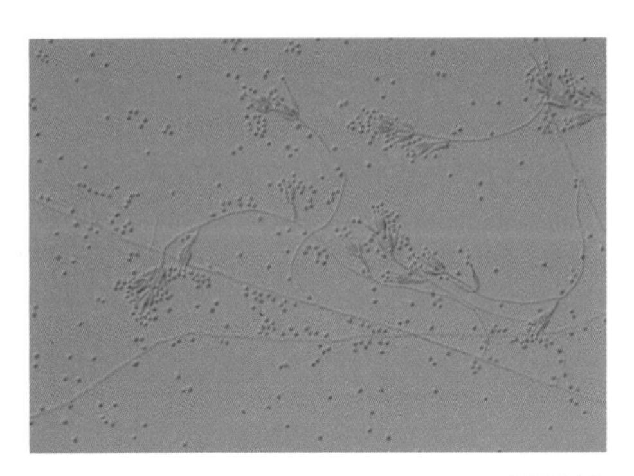

圖 21-52　*Purpureocillium lilacinum* 顯微構造。

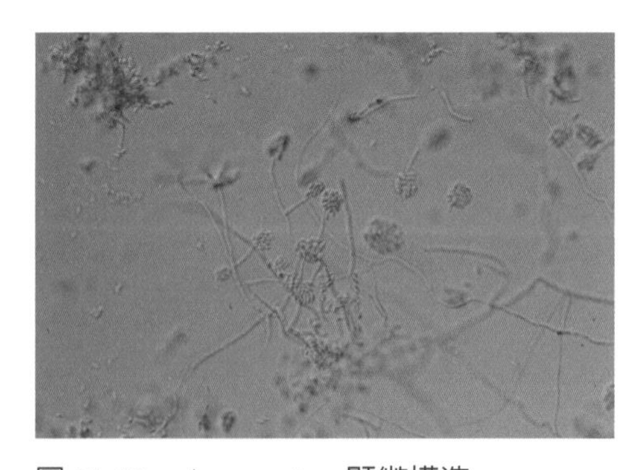

圖 21-53　*Acremonium* 顯微構造。

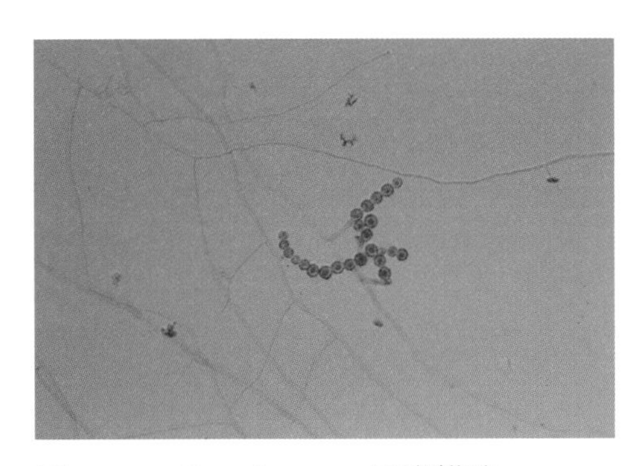

圖 21-54 *Scopulariopsis* 顯微構造。

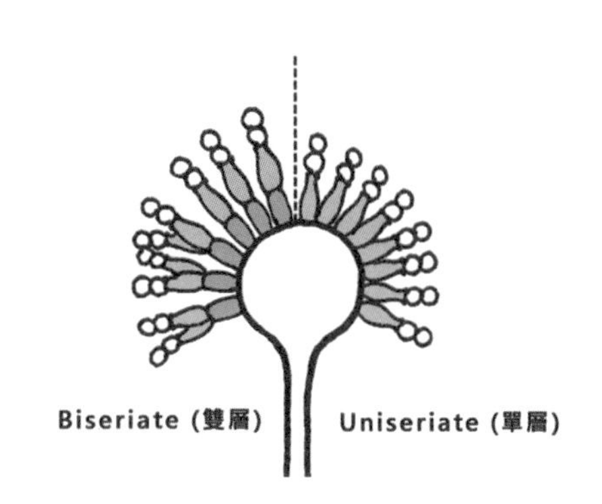

圖 21-55 *Aspergillus* conidial head。

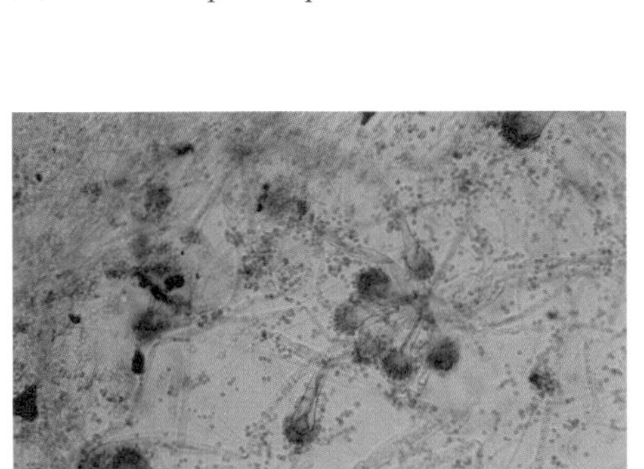

圖 21-56 *Aspergillus fumigatus* 顯微構造。

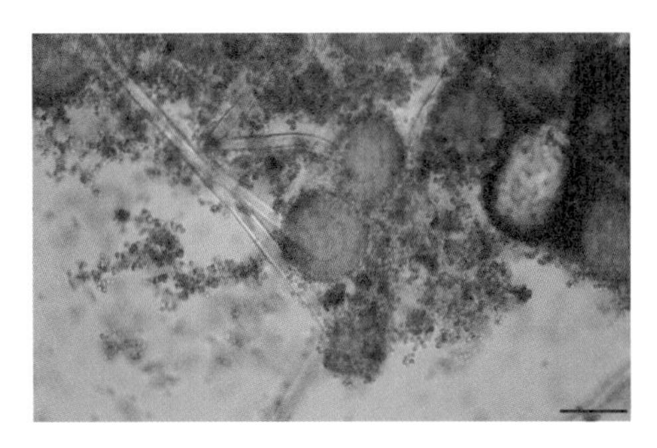

圖 21-57 *Aspergillus niger* 顯微構造。

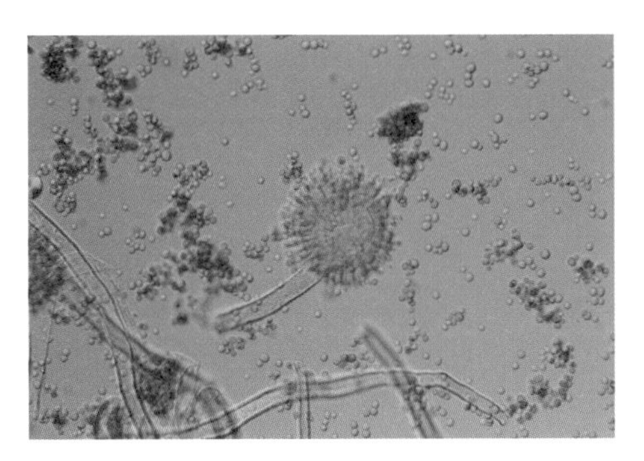

圖 21-58 *Aspergillus flavus* 顯微構造。

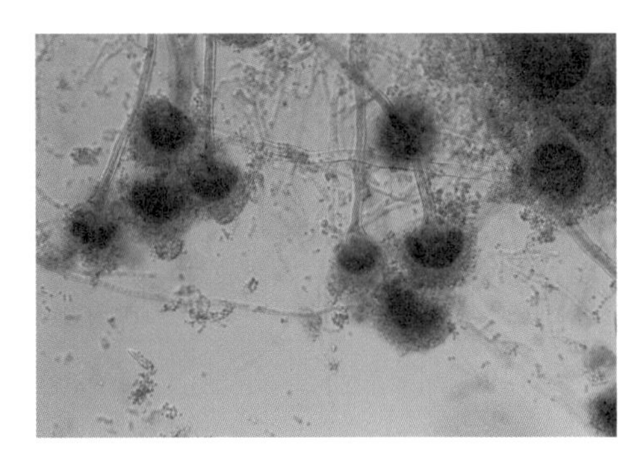

圖 21-59 *Aspergillus terreus* 顯微構造。

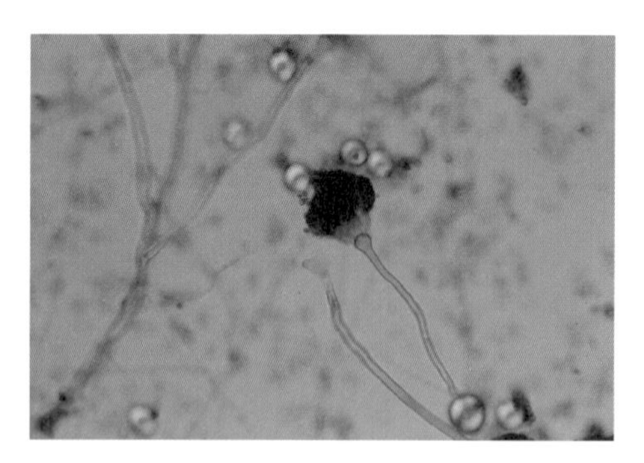

圖 21-60 *Aspergillus nidulans* 顯微構造。

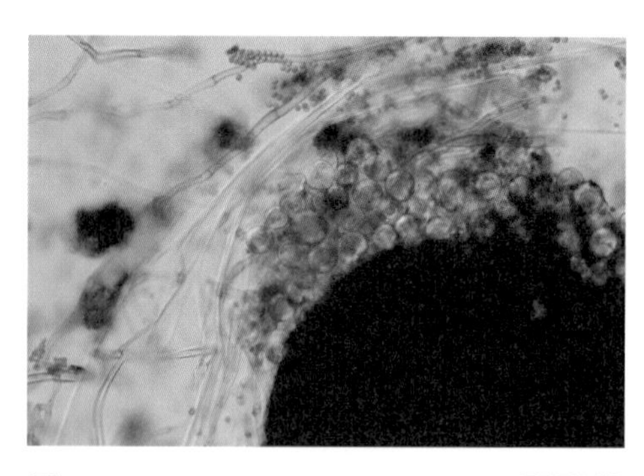

圖 21-61 *Aspergillus nidulans* 閉囊殼（cheistothecium）及 Hülle cells。

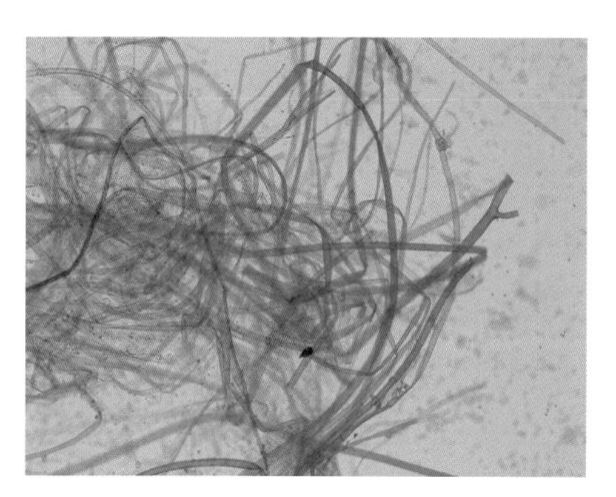

圖 21-62 Mucoromycotina 菌絲顯微構造。

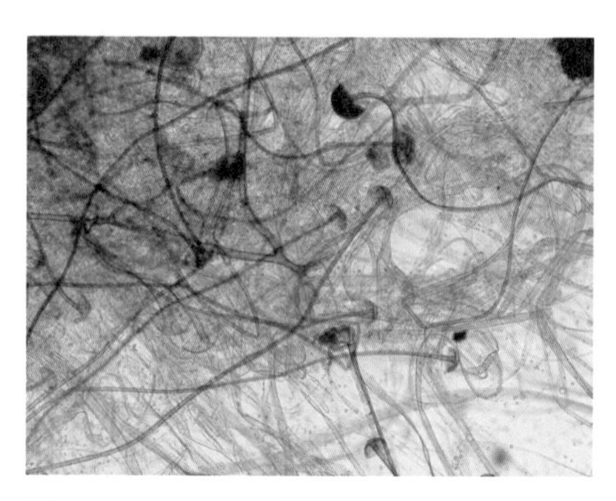

圖 21-64 *Rhizopus* 顯微構造。

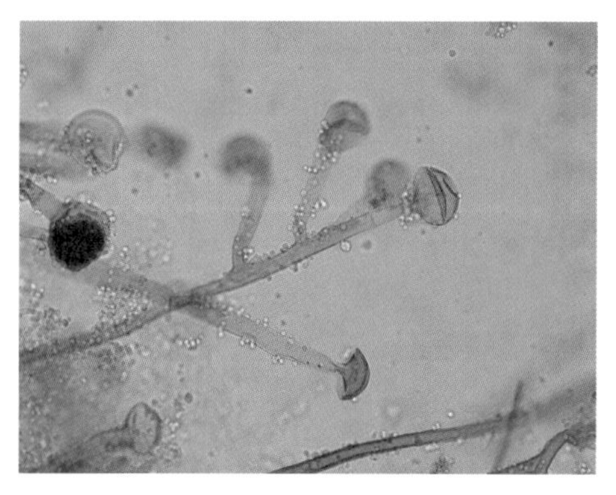

圖 21-65 *Rhizomucor pusillus* 顯微構造。

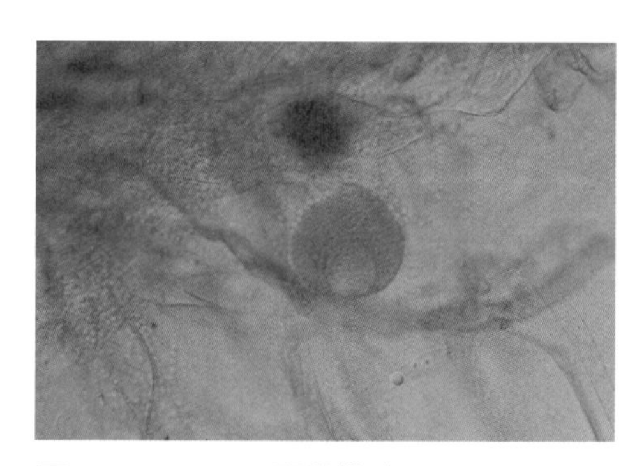

圖 21-66 *Mucor* 顯微構造。

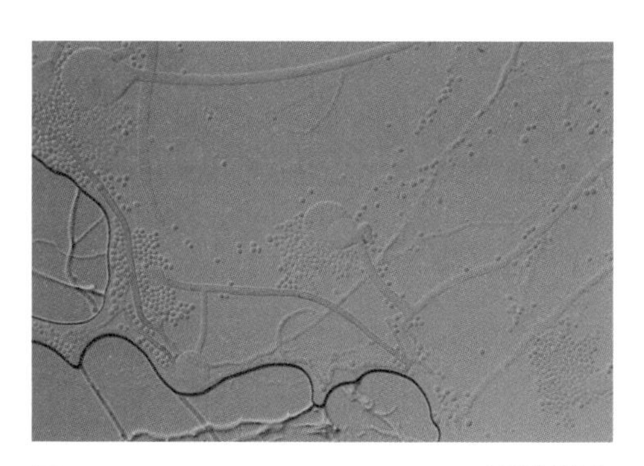

圖 21-67 *Lichtheimia corymbifera* 顯微構造。

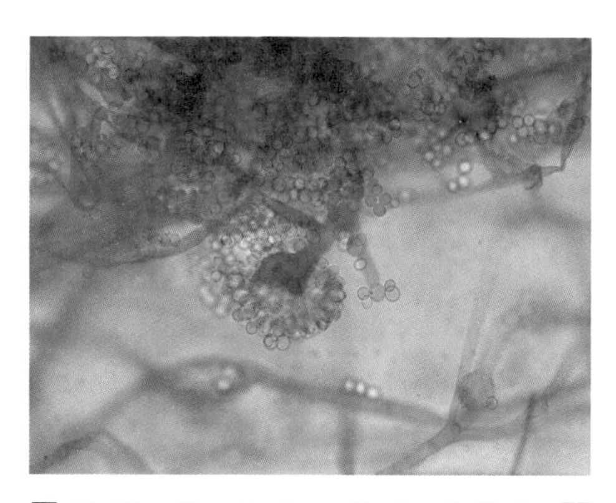

圖 21-68 *Cunninghamella bertholletiae* 顯微構造。

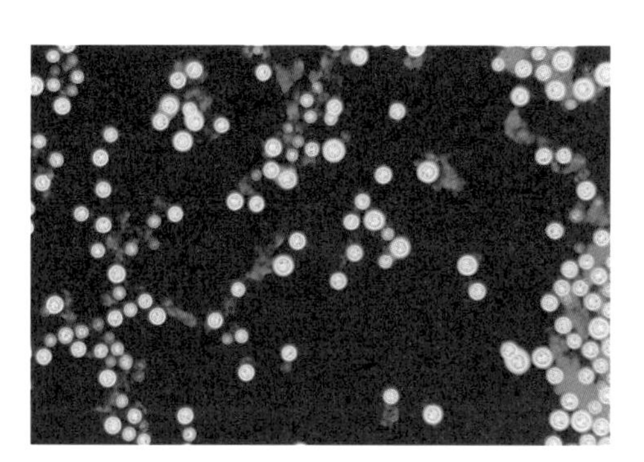

圖 21-69 *Cryptococcus*, India Ink 染色。

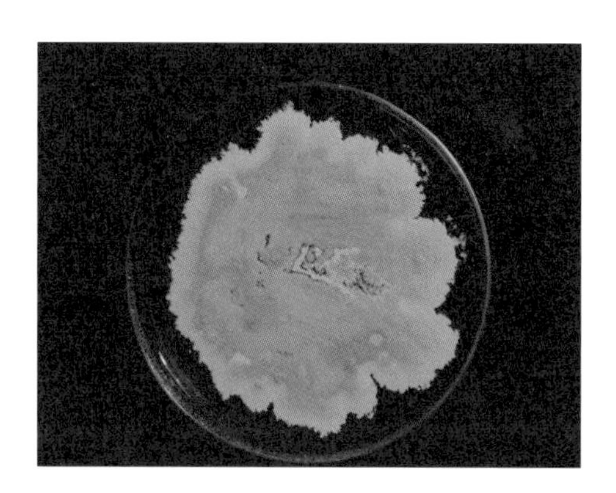

圖 21-70 *Talaromyces marneffei* 菌落。

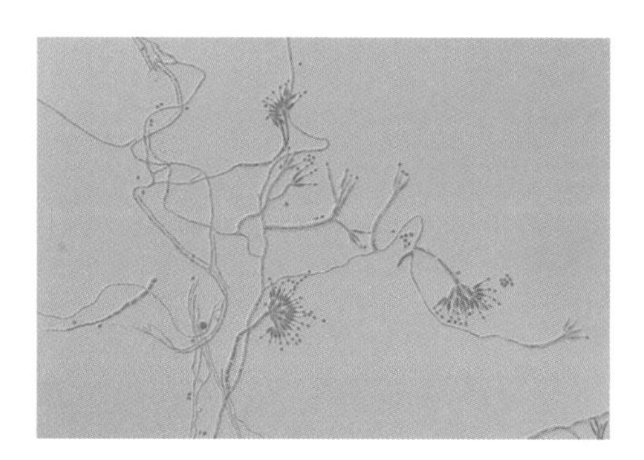

圖 21-71 *Talaromyces marneffei* 顯微構造。

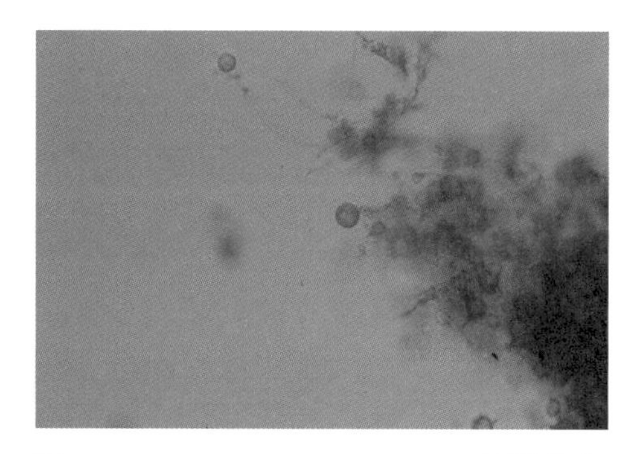

圖 21-72 *Histoplasma capsulatum* 顯微構造。

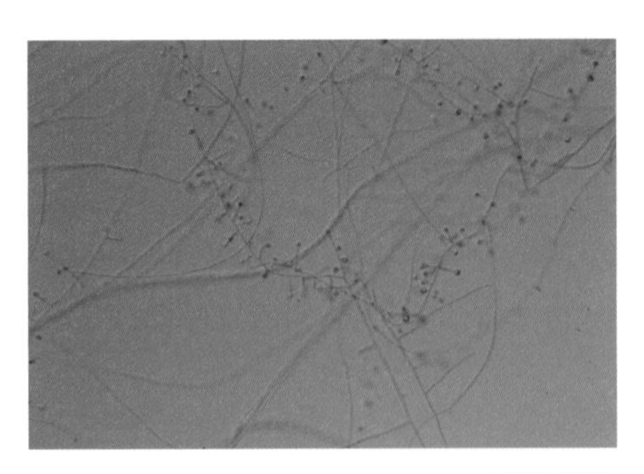

圖 21-73　*Blastomyces dermatitidis* 顯微構造。

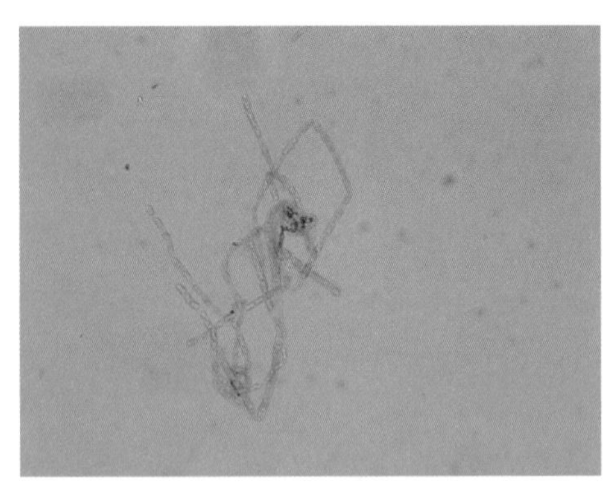

圖 21-74　*Coccidioides immitis* 顯微構造。

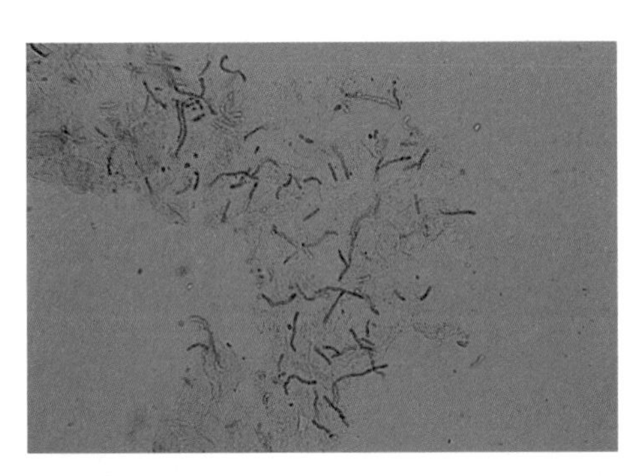

圖 21-75　*Malassezia* 皮屑鏡檢，派克墨水染色。

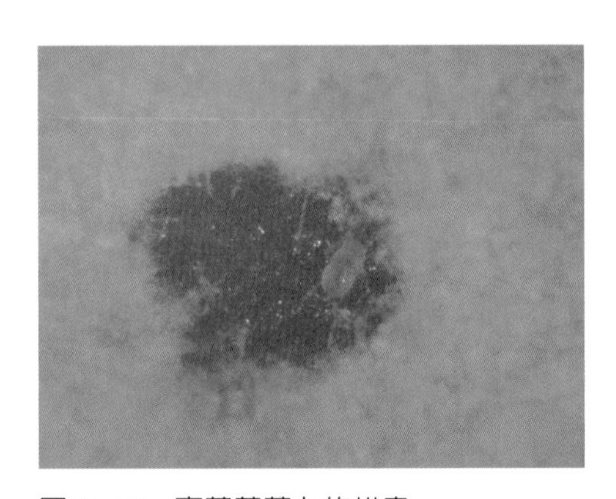

圖 21-76　真菌菌落上的蟎蟲。

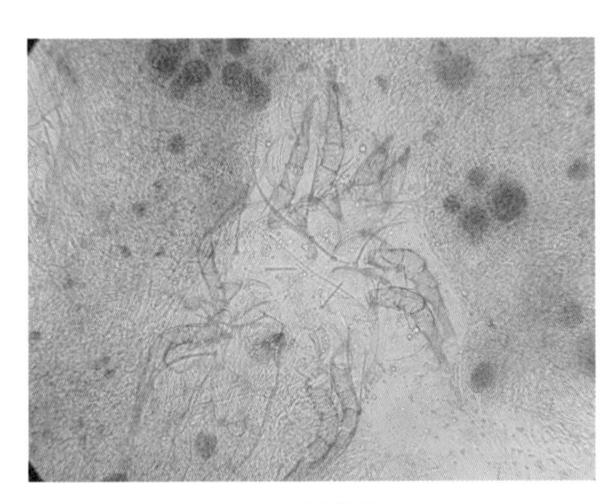

圖 21-77　蟎蟲的顯微構造。

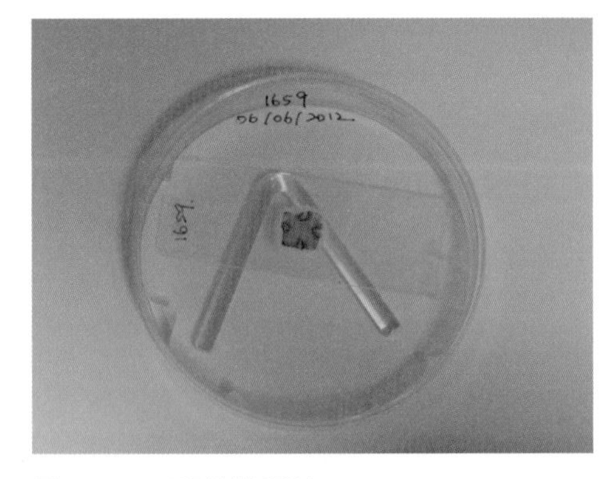

圖 21-79　玻片培養法。

圖 21-82　病例研究

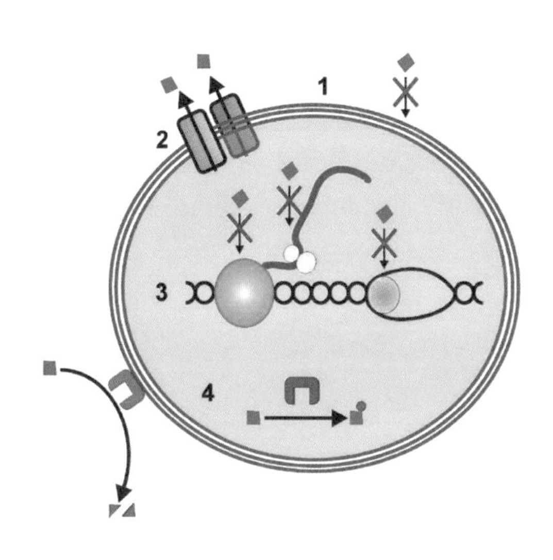

圖 22-1　微生物抵禦抗微生物製劑的機轉。1. 細胞膜滲透性改變或缺少可被辨識之標的，使抗微生物製劑（藍色方塊）無法進入細胞內；2. 產生藥物輸出泵浦（efflux pumps）（橘紅色），主動將進入細胞內的抗微生物製劑排出細胞外或排出細胞間質層（periplasmic space）；3. 目標基因發生突變使蛋白質結構改變，因而造成抗微生物製劑無法與之結合，例如：DNA 解旋酶（gyrase；粉紅色）、RNA 聚合酶次單元 B（RNA polymerase subunit B；綠色）以及 30S 核醣體次單元蛋白質 S12（30S ribosomal subunit protein S12；黃色）發生突變，造成細菌對抗微生物製劑 fluoroquinolones、rifampicin 和 streptomycin 產生抗藥性；4. 產生水解酶（如 β 內醯胺酶；橘色）或修飾抗微生物製劑的酵素（如 acetyltransferase；桃紅色），使抗微生物製劑喪失活性。

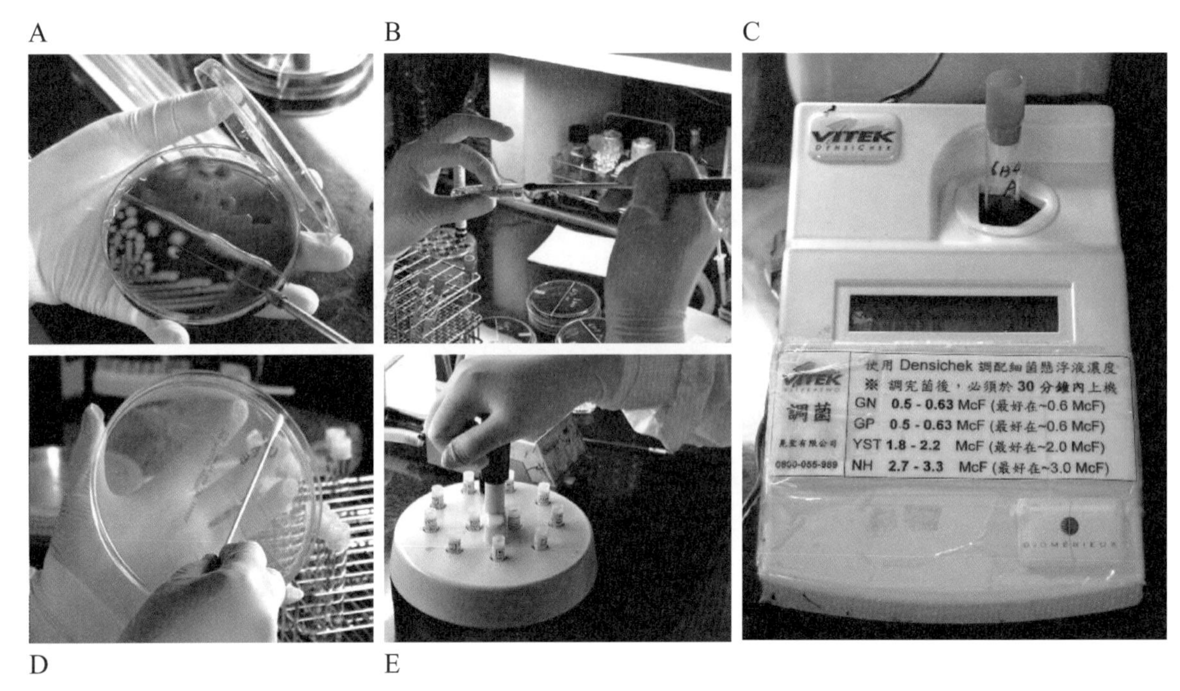

圖 22-2　紙錠擴散法操作流程。A. 新鮮培養的細菌隨機挑取 4 ～ 5 顆單一菌落；B. 懸浮至適當的培養液中；C. 以 McFarland standard 為依據調整濁度至建議的數值；D. 將調整好濁度的菌液均勻塗抹至 Mueller-Hinton 瓊脂上，靜置 3 ～ 10 分鐘待瓊脂表面乾燥；E. 以鑷子或紙錠分裝器（disk dispenser）將抗微生物製劑紙錠逐一貼上。感謝成大醫院病理部黃愛惠醫檢師協助拍攝。

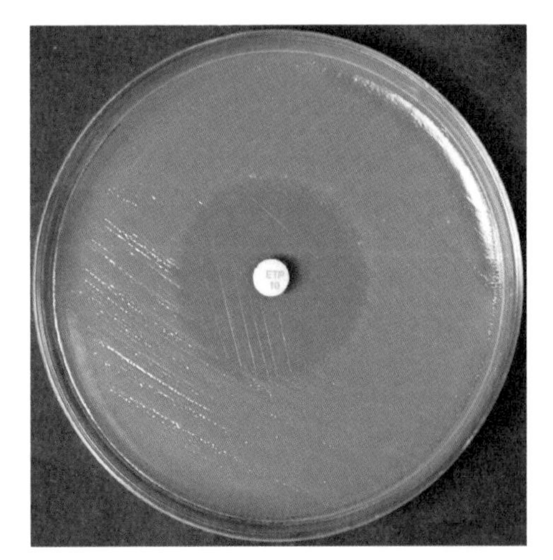

圖 22-3　紙錠擴散法。圖為大腸桿菌（*Escherichia coli*）對抗微生物製劑紙錠 ertapenem（ETP, 10 μg）具有感受性（susceptible, S）。

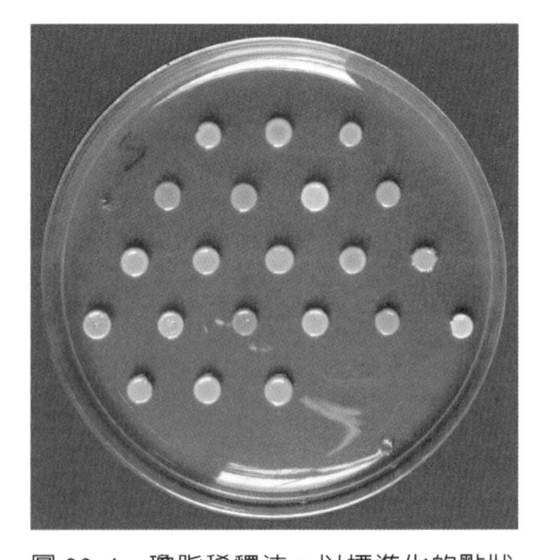

圖 22-4　瓊脂稀釋法。以標準化的點狀接種針將待測菌株接種至含有抗微生物製劑的 Mueller-Hinton 瓊脂上，經培養 18 ～ 24 小時後，在特定抗微生物製劑濃度之下，沒有生長的細菌則判讀此濃度為最低抑制濃度。

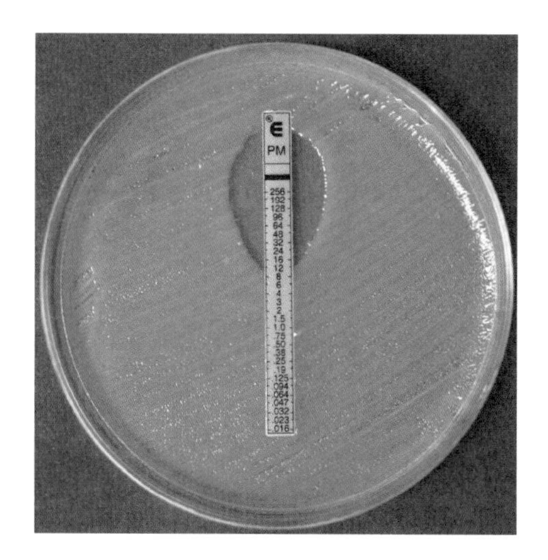

圖 22-5 Etest 法。圖為克雷白氏肺炎桿菌（*Klebsiella pneumoniae*）對抗微生物製劑試紙條 cefepime 具有中度敏感性（intermediate, I），顯示最低抑制濃度為 12 μg/ml。

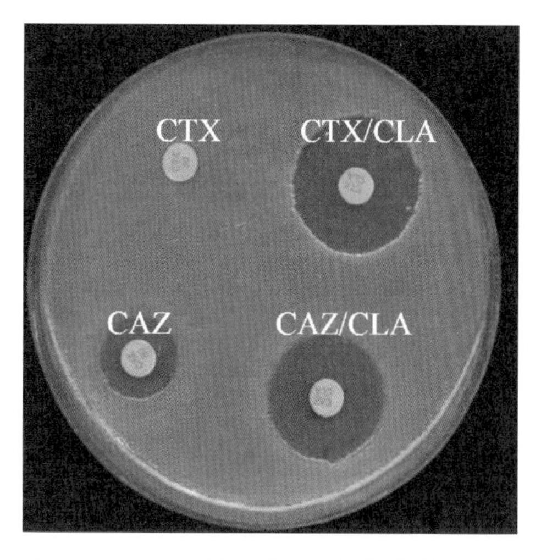

圖 22-6 ESBL 測定方法。圖為具有 ESBL 的克雷白氏肺炎桿菌，對兩種頭芽孢菌素 ce-ftazidime（CAZ, 30 μg）和 cefotaxime（CTX, 30 μg）在含有和不含有 β 內醯胺酶抑制劑 -clavulanate（CLA, 10 μg）的紙錠之間出現抑制圈差距大於 5 公釐以上。

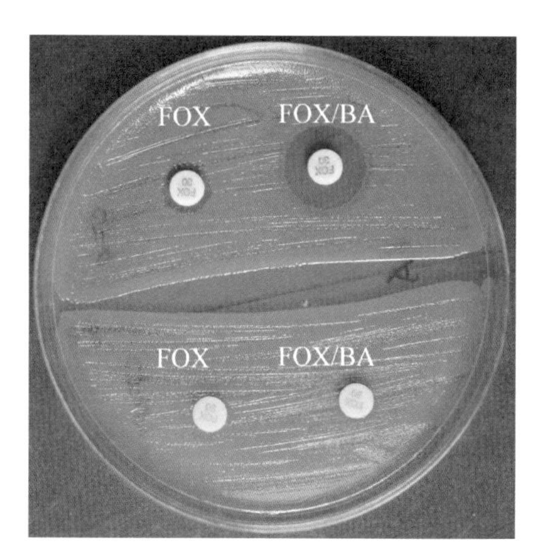

圖 22-7 AmpC β 內醯胺酶測定方法。圖上為具有 AmpC β 內醯胺酶的 *Citrobacter freundii*，對 cefoxitin（FOX, 30 μg）在含有和不含有 phenylboronic acid（BA, 400 mg/ml）的紙錠之間出現抑制圈差距大於 5 公釐以上；圖下為不具有 AmpC β 內醯胺酶的 C. *freundii*。

圖 22-8 Modified Hodge Test（MHT）。圖為 KPC 陽性的克雷白氏肺炎桿菌 ATCC BAA-1705、KPC 陰性的 ATCC BAA-1706 和待測菌株。KPC 陽性菌株使培養基上的大腸桿菌 ATCC 25922 朝向中央 ertapenem（ETP, 10 μg）紙錠方向生長形成四葉苜蓿形。

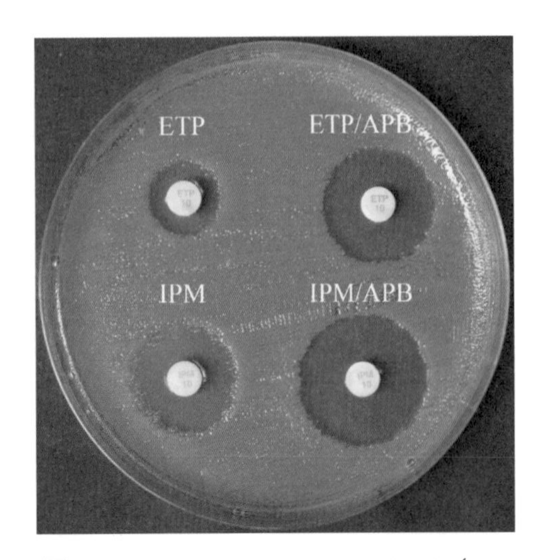

圖 22-9　Boronic acid combined-disk（BA-CD）test。圖為具有 KPC 的克雷白氏肺炎桿菌 ATCC BAA-1705，對 ertapenem（ETP, 10 μg）和 imipenem（IPM, 10 μg）在含有和不含有 3-aminophenylboronic acid（APB）的紙錠之間出現抑制圈差距大於 4 公釐以上。

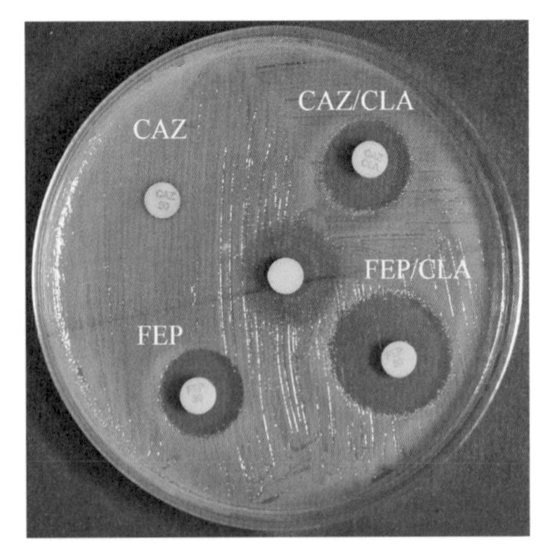

圖 22-10　2-mercaptopropionic acid（2-MPA）雙紙錠協同試驗法。圖為具有 MBL 的克雷白氏肺炎桿菌，對 ceftazidime-clavulanate（CAZ/CLA, 30/10 μg）、cefepime（FEP, 30 μg）和 cefepime-clavulanate（30/10 μg）出現抑制圈，並且朝向中央含有 2-MPA 的紙錠形成明顯鈍角。

國家圖書館出版品預行編目資料

臨床微生物學：細菌與黴菌學／吳俊忠，吳雪霞，周以正，周如文，林美惠，胡文熙，洪貴香，孫培倫，張長泉，張益銍，彭健芳，湯雅芬，曾嵩斌，楊宗穎，楊翠青，廖淑貞，褚佩瑜，蔡佩珍，蘇伯琦，蘇玲慧作. -- 九版. -- 臺北市：五南圖書出版股份有限公司，2024.10
面； 公分
ISBN 978-626-393-780-2（平裝）

1.CST: 微生物學 2.CST: 細菌 3.CST: 真菌

369.8 113013648

5J14

臨床微生物學——細菌與黴菌學

總 校 閱— 吳俊忠（66.3）
作　　者— 吳俊忠、吳雪霞、周以正、周如文、林美惠、胡文熙、洪貴香、孫培倫、張長泉、張益銍、彭健芳、湯雅芬、曾嵩斌　楊宗穎　楊翠青、廖淑貞、褚佩瑜、蔡佩珍、蘇伯琦、蘇玲慧
編輯主編— 王俐文
責任編輯— 金明芬
封面設計— 姚孝慈
出 版 者— 五南圖書出版股份有限公司
發 行 人— 楊榮川
總 經 理— 楊士清
總 編 輯— 楊秀麗
地　　址：106台北市大安區和平東路二段339號4樓
電　　話：(02)2705-5066　　傳　　真：(02)2706-6100
網　　址：https://www.wunan.com.tw
電子郵件：wunan@wunan.com.tw
劃撥帳號：01068953
戶　　名：五南圖書出版股份有限公司
法律顧問　林勝安律師
出版日期　2006年8月初版一刷
2008年1月二版一刷
2009年2月三版一刷（共四刷）
2012年2月四版一刷（共三刷）
2014年10月五版一刷（共二刷）
2016年10月六版一刷（共四刷）
2019年10月七版一刷（共三刷）
2021年10月八版一刷（共三刷）
2025年2月九版一刷
定　　價　新臺幣750元